化学选矿

（第2版）

黄礼煌　编著

北　京
冶 金 工 业 出 版 社
2025

内 容 提 要

本书是在第1版的基础上作了一定的增删和修改，系统地论述了化学选矿的基本原理及其应用，主要阐述了矿物原料的分解方法和相关设备，论述了浸出溶液净化和析出化学精矿的方法、原理、工艺和应用，介绍了钨、铀、铜、金、铝、钽、铌等矿物原料及难选中矿、离子吸附型稀土矿、非金属矿物原料的化学选矿方法和生产实践。

本书主要供从事矿物加工（选矿）生产、科研、管理和教学的科技人员、职工和大中专院校师生使用参考。

图书在版编目(CIP)数据

化学选矿／黄礼煌编著．—2版．—北京：冶金工业出版社，2012.4
(2025.1重印)

ISBN 978-7-5024-5811-9

Ⅰ.①化…　Ⅱ.①黄…　Ⅲ.①化学—应用—选矿　Ⅳ.①TD925.6

中国版本图书馆CIP数据核字(2012)第047221号

化学选矿（第2版）

出版发行　冶金工业出版社　　**电　话**　(010)64027926
地　址　北京市东城区嵩祝院北巷39号　　**邮　编**　100009
网　址　www.mip1953.com　　**电子信箱**　service@mip1953.com

责任编辑　徐银河　美术编辑　彭子赫　版式设计　孙跃红
责任校对　王永欣　责任印制　范天娇
北京虎彩文化传播有限公司印刷
1990年6月第1版，2012年4月第2版，2025年1月第4次印刷
787mm×1092mm　1/16；29.75印张；723千字；463页
定价89.00元

投稿电话　(010)64027932　投稿信箱　tougao@cnmip.com.cn
营销中心电话　(010)64044283
冶金工业出版社天猫旗舰店　yjgycbs.tmall.com

第2版前言

1971年，我们在广东矿冶学院（现广东工业大学）选矿专业设立化学选矿必修课，并编写了专题讲义。1980年，在全国率先编写了我国第一部《化学选矿》讲义。1983年初，作者调南方冶金学院（现江西理工大学）任教，同年全面修改补充了该讲义。后经多方征求意见和多年教学实践，1989年再次修改、补充后交冶金工业出版社，1990年6月，我国首部《化学选矿》专著面世。

《化学选矿》面世至今已20年，我国的化学选矿无论在生产实践、教学和科学研究等方面均获得了长足的进步和发展，这期间收到了许多反馈的信息和极其宝贵的建议，强烈要求修订《化学选矿》。

作者根据我国化学选矿的现状和发展趋势，对第1版的内容进行了较大修改、补充和增删。对矿物原料浸出进行了改写，补充了相关内容，将化学沉淀法及金属沉积法净化、生产化学精矿两章改写为难溶盐沉淀法净化和生产化学精矿、化学还原沉淀法净化和生产化学精矿、电化学还原沉积法回收和提纯金属三章；对硫脲法提金进行改写和充实；补充了铝矿物原料的化学选矿，以适应和满足生产发展的需求；对其他章节的内容也进行了相应的充实和增删。全书由第1版的42万字增至第2版的70余万字，在理论阐述和生产应用方面均有所加强。

这次修订第2版，虽然根据有关资料和本人在教学及科研实践中的成果，对相关内容进行了补充、修订和完善，但书中不妥之处在所难免，恳请读者批评指正。

趁此机会，对提出宝贵意见和提供资料的同行、专家、学者和冶金工业出版社表示衷心的感谢。对给我热情支持和鼓励，并帮助做了大量文字整理工作的曾志华同志致以真诚的谢意！

黄礼煌

2011年7月于江西理工大学

第1版前言

近20多年来，随着科学技术和经济建设的迅猛发展，各国对矿产资源的需求量与日俱增，矿产资源开采量翻番的周期愈来愈短。易采易选的单一富矿愈来愈少，其开采量所占比重愈来愈小；嵌布粒度细、品位低的难选复合矿的开采量愈来愈大，其所占比例愈来愈大。矿产品加工部门和用户对矿产品的品种和质量要求愈来愈高，对矿产品加工过程中的环保要求也愈来愈高。为了满足国民经济各部门对矿产品的需求，矿物工程学科承受着愈来愈大的压力，因此，在完善原有的重力选矿、浮选和磁电选矿等物理选矿法的同时，急切要求发展新的分选效率、经济效益和环保效益更高的选矿方法。正因如此，近20年来，化学选矿法及化学选矿和物理选矿的联合流程得到了迅速的发展。

为适应我国选矿工程学发展的需要，在总结国内外化学选矿生产实践的基础上，结合近十几年来进行"化学选矿"教学和自身的科研实践，对原编的"化学选矿"讲义进行了增删和充实，写成了这本《化学选矿》。

本书阐述了化学选矿的特点，论述了化学选矿过程各作业（包括焙烧、浸出、固液分离、浸液净化和化学精矿生产等）的基本原理和工艺，简略介绍了各作业所用的主要设备，并结合我国矿产资源的特点，较系统地介绍了有关铀、钨、铜、金、钽、铌、难选中矿、离子吸附型稀土矿和非金属矿物原料的化学选矿实践。

本书写作过程中，得到了中南工业大学胡为柏教授、胡熙庚教授，中国有色金属学会余兴远教授的热情鼓励和大力支持，许多厂矿、研究院所为本书提供了宝贵资料和数据，作者在此一并表示衷心的感谢。

由于作者水平有限，时间较仓促，书中缺点错误在所难免，恳请读者批评指正。

作　者

目 录

0 绪　　论

近几十年来，矿物工程学获得了极其迅速的发展，为了解决人类面临的资源、能源和环境保护等问题，在矿物加工领域内发展了许多新的分选方法和分选工艺。目前除利用矿物物理性质的差异进行物理分选外，物理选矿法和化学选矿法的联合流程得到了普遍的重视和应用。事实证明，突破原有的物理选矿方法，单独使用化学选矿法或将其与物理选矿法组成联合流程，是解决矿物资源贫、细、杂等难选课题和使未利用资源资源化的重要途径。随着人类对自然矿物资源需求量的不断增长，为了在现有技术、经济条件下最大限度地综合利用矿物资源，提高矿物加工过程的经济效益和环境效益，一种处理矿物原料的新工艺——“化学选矿法”就应运而生了。随着社会生产和科学技术的不断进步和发展，化学选矿的应用范围愈来愈广，其方法和工艺也日益完善。

化学选矿是基于矿物和矿物组分的化学性质的差异，利用化学方法改变矿物组成，然后用相应方法使目的组分富集的矿物加工工艺。它是处理和综合利用某些贫、细、杂等难选矿物原料的有效方法之一，也是使未利用资源资源化和解决三废（废水、废渣和废气）处理、变废为宝及保护环境的重要方法之一。在处理对象与目的方面，它与物理选矿法相同，都是处理矿物原料和使组分富集、分离及综合利用矿物资源，但其应用范围较物理选矿法宽，除处理难选原矿外，还可处理物理选矿的中间产品，物理选矿的尾矿、粗精矿、混合精矿及可从三废中回收有用组分。而在方法原理及产品形态方面，化学选矿法与物理选矿法完全不同。物理选矿是仅利用矿物物理性质的差异而不改变矿物组成的矿物分选过程，用的是物理方法，而化学选矿则是利用矿物和矿物组分化学性质的差异而改变矿物组成的分选过程，用的是化学方法。前者得到矿物精矿，后者则得到化学精矿，通常这两种精矿均需送冶炼处理才能得到金属。化学选矿法在原理上与处理矿物精矿的经典冶金（水法或火法）有许多相似之处，都是利用化学、物理化学和化工的基本原理解决矿物加工中的有关工艺问题，但其处理对象、产品形态和具体工艺又有很大差异。化学选矿处理的矿物原料，一般有用组分的含量低，杂质含量高，组成复杂，各组分共生关系密切，一般只得到供冶炼处理的化学精矿。冶炼处理的原料一般为选矿的精矿，组成简单，有用组分含量高，得到的产品为供用户使用的纯金属。因此化学选矿过程较冶金过程承受更大的经济上和技术上的“压力”，它必须采用有别于冶金常用的工艺和方法，才能在处理低价值的难选矿物原料中取得经济效益，这样就形成了化学选矿自身的独特工艺和方法。故不可将化学选矿和冶金等同起来，化学选矿是介于原物理选矿与冶金间的过渡性学科，是组成现代矿物工程学的重要内容之一。

化学选矿与物理选矿及冶炼的关系如图 0.1 所示。

典型的化学选矿过程的原则流程图如图 0.2 所示。从图 0.2 可知，化学选矿过程一般包括六个主要作业：

（1）原料准备：包括矿物原料的破碎筛分、磨矿分级、配料混匀等作业，目的是使物

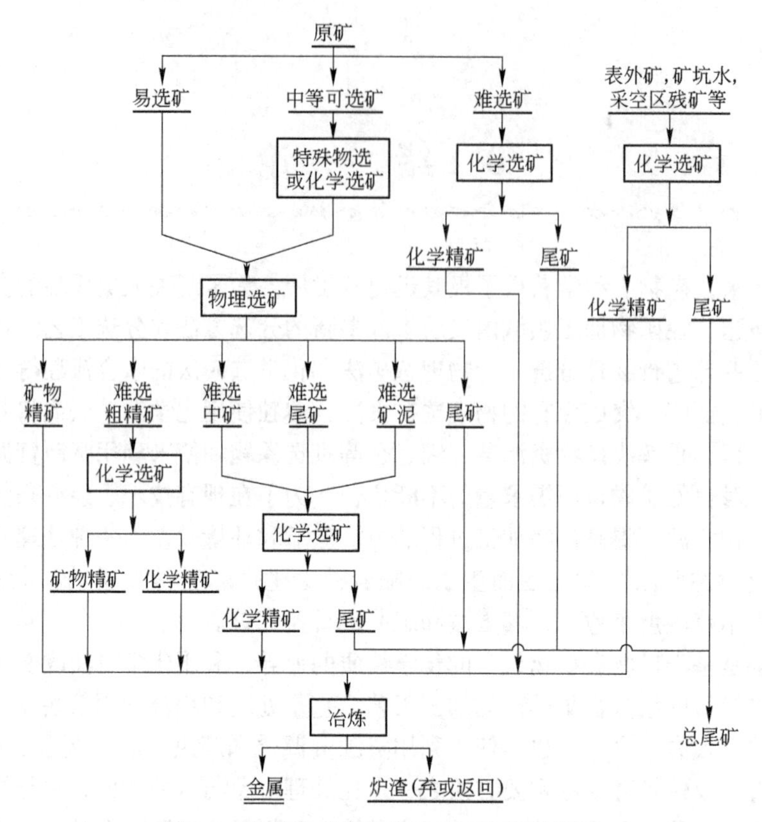

图 0.1　化学选矿与物理选矿及冶炼关系图

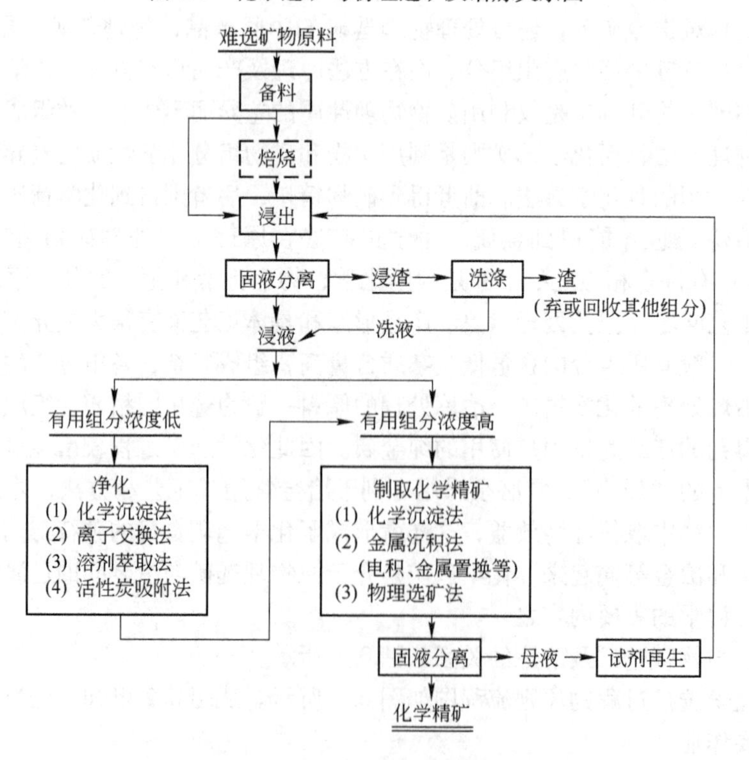

图 0.2　化学选矿的原则流程图

料碎磨至一定的粒度，为后续作业准备细度、浓度合适的物料或混合料，以使物料分解更完全。有时还需用物理选矿方法除去某些有害杂质，使目的矿物预先富集，使矿物原料与化学试剂配料、混匀，为后续作业创造较有利的条件。

(2) 焙烧：焙烧的目的是使目的组分矿物转变为易浸或易于物理分选的形态，使部分杂质分解挥发或转变为难浸的形态，且可改变原料的结构构造，为后续作业准备条件。焙烧产物有焙砂、干尘、湿法收尘液和泥浆，可根据其组成及性质采用相应方法从中回收各有用组分。

(3) 浸出：可根据原料性质和工艺要求，使有用组分或杂质组分选择性地溶于浸出溶剂中，从而使有用组分与杂质组分相分离或使有用组分相分离。一般条件下是浸出含量少的组分。浸出时可直接浸出矿物原料，也可浸出焙烧后的焙砂、烟尘等物料。可采用相应的方法从浸出液和浸出渣中回收有用组分。

(4) 固液分离：采用沉降倾析、过滤和分级等方法处理浸出矿浆，以获得供后续处理的澄清溶液或含少量细矿粒的稀矿浆。固液分离的方法除用于处理浸出矿浆外，还常用于化学选矿的其他作业，使沉淀悬浮物与溶液分离。

(5) 浸出液的净化：为了获得高品位的化学精矿，浸出液常采用化学沉淀法、离子交换法或溶剂萃取法等进行净化分离，以除去杂质，得到有用组分含量较高的净化溶液。

(6) 制取化学精矿：从净化液中沉淀析出化学精矿一般可采用化学沉淀法、金属置换法、电积法和物理选矿法等。

有时可采用炭浆法、矿浆树脂法、矿浆直接电积法或物理选矿法直接从浸出矿浆中提取有用组分、省去或简化固液分离作业。有时也可采用上述方法将浸出、净化和制取化学精矿等作业组合在一起，以提高化学选矿过程的技术经济指标。

浮选或磁选作业前有时采用酸或碱等化学试剂处理矿物原料以改变矿物表面性质的过程不应属于化学选矿的范畴，因其不改变矿物组成而仅改变矿物表面的物理化学性质，故一般将其从属于物理选矿过程进行讨论。但也有人认为这些改变矿物表面物理化学性质的化学处理过程仍应属于化学选矿的内容。

由于近年来的不断研究和实践，目前化学选矿已被成功地用于处理某些难选的黑色、有色、稀有金属和非金属矿物原料，如铁、锰、钛、铜、铅、锌、钨、钼、锡、金、银、钽、铌、钴、镍、铀、钍、稀土、磷、铝、石墨、金刚石、高岭土等矿物原料。除已大规模地用于从物理选矿尾矿、难选中矿、难选原矿、粗精矿、表外矿、废石等固体矿物原料中回收某些有用组分外，还可从矿坑水、洗矿水和海水中提取某些有用组分，其应用范围正日益扩大，现已成为处理某些难选矿物原料和治理三废的常规方法之一。

一个先进的方法、流程或工艺，除技术上先进外，经济上还必须合理。化学选矿法虽然是处理贫、细、杂等难选矿物原料和使未利用资源资源化的有效方法，综合利用系数也较高，但化学选矿过程需要消耗大量的化学试剂，因而在通常条件下应尽可能利用现有的物理选矿方法处理矿物原料，仅在用物理选矿法无法处理或得不到满意的技术经济指标时，才考虑采用化学选矿工艺。采用化学选矿工艺时，也应尽可能采用物理选矿和化学选矿的联合流程，即采用多种选矿方法和工艺，以期最经济合理地综合利用矿物资源。采用选矿联合流程时，物理选矿作业可位于化学选矿作业之前，也可在其间或其后，这取决于原料特性和对产品形态的要求。此外，还应尽可能地采用闭路流程，使试剂充分再生回收和使水循环使用，以降低化学选矿的成本和减少环境污染，取得最好的经济效益、社会效益和环境效益。只有在化学选矿工艺具有明显的技术经济效益的前提下，才单独采用化学选矿工艺处理某些矿物原料，此时除设法降低试剂耗量、降低能耗外，还应同时考虑化学选矿过程的三废处理问题。

1　矿物原料的焙烧

1.1　焙烧的理论基础

焙烧是在适宜的气氛和低于矿物原料熔点的温度条件下，使矿物原料中的目的组分矿物发生物理和化学变化的工艺过程。该过程通常是作为选矿准备作业，以使目的组分矿物转变为易浸或易于物理分选的形态。

焙烧反应为主要发生于固-气界面的多相化学反应，遵循热力学和质量作用定律，反应过程的自由能变化可用下式表示：

$$\begin{aligned}\Delta G &= \Delta G^{\ominus} + RT\ln Q \\ &= -RT\ln K + RT\ln Q \\ &= RT(\ln Q - \ln K)\end{aligned} \tag{1.1}$$

式中　ΔG——指定条件下的过程自由能变化，J/mol；

$\Delta G^{\ominus}$——标准状态下的过程自由能变化，J/mol；

R——理想气体常数，8.3143J/(mol·K)；

T——绝对温度，K；

K——反应平衡常数；

Q——指定条件下，反应生成物与反应物的活度商。

根据式（1.1）可知，虽然某过程的标准自由能变量为定值，但只要改变反应物和生成物的活度和反应温度，即可改变反应进行的方向。ΔG为过程反应温度和活度商的函数，而$\Delta G^{\ominus}$仅为反应温度的函数，因此，可采用$\Delta G^{\ominus}$值来比较相同温度条件下各反应过程自动进行的趋势。为了使用方便，常将各种热力学数据归纳成表或绘制成不同的曲线图来表示其间的函数关系，$\Delta G^{\ominus}-T$曲线即是其中常见的一种，焙烧过程常用$\Delta G^{\ominus}-T$曲线表示各化合物的稳定性及估计各化合物在反应过程中的行为。必须指出，恒温恒压条件下判断过程能否自动进行的真正判据是ΔG，不是$\Delta G^{\ominus}$，但$\Delta G^{\ominus}$值能为我们预测反应能否自动进行提供最基本的条件。

焙烧这一多相化学反应过程可大致分为气体的扩散与吸附——化学反应两个步骤，其相应的速度常数K_D、K_K及总速度常数K与温度T的关系如图1.1所示。低温时，$K_K << K_D$，总反应速度取决于界面的化学反应速度，而与气流速度无关。速度常数与温度的关系可用阿累尼乌斯公式表示：

$$K \approx K_K = A \cdot e^{-E/RT} \tag{1.2}$$

式中　A——常数；

E——活化能。

低温时反应在动力学区进行。随着温度提高，化学反应速度增加的梯度比扩散速度大，至某一温度后，$K_K >> K_D$，此时总反应速度决定于扩散速度，与温度的关系较小，过程的这一区域称为扩散区。动力学区进入扩散区的转变温度因反应而异。当其他条件相同时，扩散常是高温反应的控制步骤。

扩散分外扩散和内扩散。反应初期，反应速度主要与外扩散有关，外扩散速度主要取决于气流的运动特征——层流或紊流。层流运动时，垂直于反应界面的运动分速度为零，此时气体分子的扩散速度可以用菲克定律表示：

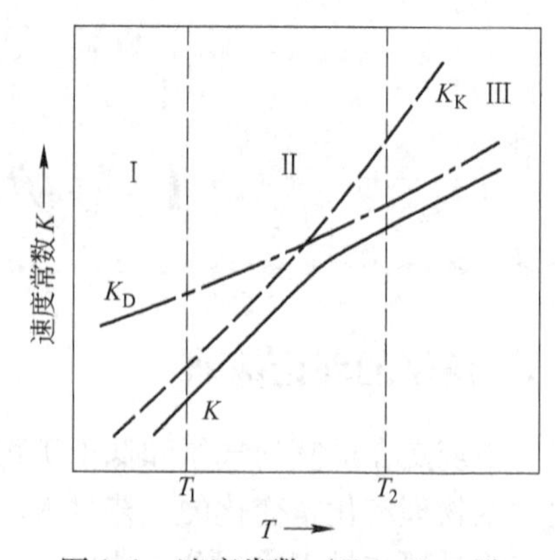

图 1.1 速度常数（K_D、K_K、K）与温度 T 的关系

I—动力学区；II—过渡区；III—扩散区

$$V_D = -\frac{dC}{dt} = \frac{DA}{\delta}(C - C_s)$$

$$= K_D \cdot A \cdot (C - C_s) \qquad (1.3)$$

式中 V_D——气体分子的扩散速度，mol/s；

D——扩散系数，其值为$\frac{C - C_s}{\delta} = 1$时单位面积的扩散速度，cm/s；

δ——气膜层厚度，cm；

C，C_s——气体在气流本体及固体表面的浓度，mol/L；

A——反应表面积，cm^2。

气体作紊流运动时，扩散速度大为增加，但固体表面仍保持一层流的气膜层，气体分子通过此层流气膜层进行缓慢的扩散，并最终限制外扩散速度。反应进行一定时间后，固体表面生成了固体反应产物，反应产生的气体经解吸后也在固相外面形成一层气膜，此时反应气体分子须通过气膜和固体反应产物层才能到达固体表面，此扩散称为内扩散。因此，反应进行一定时间后，通常起决定作用的是内扩散，内扩散速度与固体产物层的厚度成反比。

矿粒的粒度直接影响反应面积，反应速度一般随矿粒粒度的减小而增大。

影响焙烧反应速度的主要因素为：气相中反应气体的浓度，气流的运动特性（紊流度），温度以及物料的物理及化学性质（如粒度、孔隙度、化学组成及矿物组成等）。

根据焙烧的气氛条件及过程中目的组分发生的主要化学变化，可将焙烧过程大致分为：氧化焙烧与硫酸化焙烧、还原焙烧、氯化焙烧与氯化离析、钠盐焙烧、煅烧。

1.2 氧化焙烧与硫酸化焙烧

硫化矿物在氧化气氛条件下加热，将全部（或部分）硫脱除转变为相应的金属氧化物（或硫酸盐）的过程，称为氧化焙烧（或硫酸化焙烧）。在焙烧条件下，硫化矿物转变为金属氧化物和金属硫酸盐的反应可表示为：

$$2MeS + 3O_2 \longrightarrow 2MeO + 2SO_2 \qquad (1)$$

$$2SO_2 + O_2 \rightleftharpoons 2SO_3 \qquad (2)$$

$$MeO + SO_3 \rightleftharpoons MeSO_4 \qquad (3)$$

氧化焙烧时，金属硫化物转变为金属氧化物和二氧化硫的反应（式(1)）是不可逆的，而式(2)、式(3) 是可逆的。上列各反应的平衡常数为：

$$K_1 = \frac{p_{SO_2}^2}{p_{O_2}^3}$$

$$K_2 = \frac{p_{SO_3}^2}{p_{SO_2}^2 \cdot p_{O_2}}$$

$$K_3 = \frac{1}{p_{SO_3(MeSO_4)}}$$

式中 p_{SO_3}——炉气中 SO_3 的分压；

p_{O_2}——炉气中 O_2 的分压；

p_{SO_2}——炉气中 SO_2 的分压；

$p_{SO_3(MeSO_4)}$——金属硫酸盐的分解压。

当炉气中的三氧化硫分压大于金属硫酸盐的分解压即 $p_{SO_2} \cdot \sqrt{K_2 \cdot p_{O_2}} > p_{SO_3(MeSO_4)}$ 时，焙烧产物为金属硫酸盐，过程属硫酸化焙烧（部分脱硫焙烧）。反之，当 $p_{SO_2} \cdot \sqrt{K_2 \cdot p_{O_2}} < p_{SO_3(MeSO_4)}$ 时，金属硫酸盐分解，焙烧产物为金属氧化物，过程属氧化焙烧（全脱硫焙烧）。因此，在一定温度下，硫化矿物氧化焙烧产物取决于气相组成和金属硫化物、氧化物及金属硫酸盐的离解压。

p_{SO_3} 和 $p_{SO_3(MeSO_4)}$ 与温度的关系如图 1.2 和表 1.1 所示。

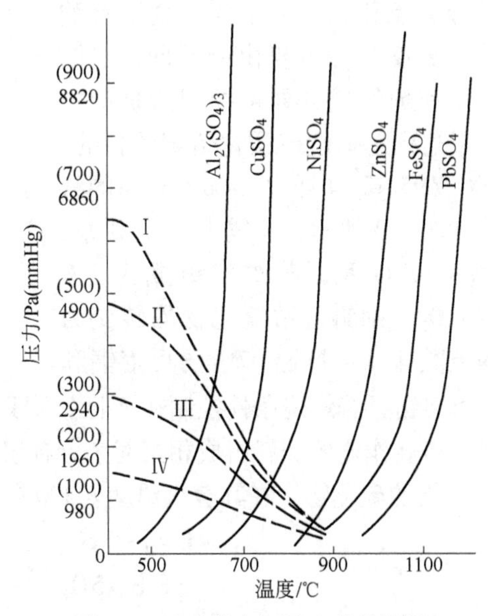

图 1.2 硫酸盐离解及生成条件图

Ⅰ—10.1% SO_2 +5.05% O_2；Ⅱ—7.0% SO_2 +10% O_2；Ⅲ—4.0% SO_2 +14.6% O_2；Ⅳ—2.0% SO_2 +18.0% O_2

表 1.1 金属硫酸盐的离解温度及产物

硫 酸 盐	开始离解温度/℃	强烈离解温度/℃	离 解 产 物
$FeSO_4$	167	480	$Fe_2O_3 \cdot 2SO_3$
$Fe_2O_3 \cdot 2SO_3$	492	560（708）	Fe_2O_3
$Al_2(SO_4)_3$	590	639	Al_2O_3
$ZnSO_4$	702	720	$3ZnO \cdot 2SO_3$
$3ZnO \cdot 2SO_3$	755	767（845）	ZnO
$CuSO_4$	653	670（740）	$2CuO \cdot SO_3$
$2CuO \cdot SO_3$	702	736	CuO
$PbSO_4$	637	705	$6PbO \cdot 5SO_3$
$6PbO \cdot 5SO_3$	952	962	$2PbO \cdot SO_3$
$MgSO_4$	890	972	MgO
$MnSO_4$	699	790	Mn_3O_4
$CaSO_4$	1200	—	CaO
$CdSO_4$	827	—	$5CdO \cdot SO_3$
$5CdO \cdot SO_3$	878	—	CdO

图中实线表示 $p_{SO_3(MeSO_4)}$ 与温度的关系，虚线表示 p_{SO_3} 与温度的关系。曲线交点为 $p_{SO_3}=p_{SO_3(MeSO_4)}$。当温度较低及炉气中二氧化硫的浓度较高时，金属硫化物将转变为相应的金属硫酸盐。当温度升至700～900℃时，金属硫酸盐将分解为相应的金属氧化物。由于各种金属硫酸盐的分解温度和分解自由能不同，控制焙烧温度和炉气成分即可控制焙烧产物组成，以达到选择性硫酸化焙烧的目的。如680℃（950K）时的Cu-Co-S-O系的状态图。如图1.3所示，实线为Co-S-O系，虚线为Cu-S-O系，若炉气组成为8% SO_2、4% O_2，则铜、钴硫化物均转变为相应的硫酸盐，可产出97%的可溶铜和93%的可溶钴，若焙烧条件控制在A区，则只能产出可溶性硫酸钴和不溶于水的氧化铜。

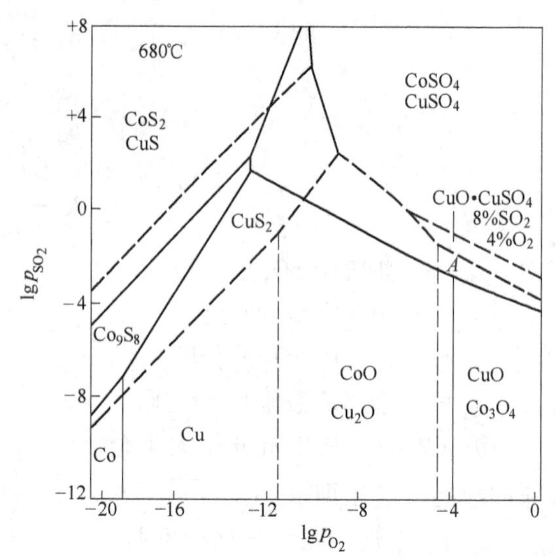

图1.3 680℃时的Cu-Co-S-O系状态图

进入焙烧作业的炉料组成相当复杂，各组分矿物在氧化焙烧过程中的行为如下：

（1）铁的硫化物。在其着火温度（300～500℃）或更高温度下，依下式进行反应：

$$4FeS_2 + 11O_2 \longrightarrow 2Fe_2O_3 + 8SO_2$$
$$3FeS + 5O_2 \longrightarrow Fe_3O_4 + 3SO_2$$
$$2FeS + 3\frac{1}{2}O_2 \longrightarrow Fe_2O_3 + 2SO_2$$

最后一个反应在700℃时将立即向右边移动。焙烧过程生成的氧化铁与其他金属化合物发生相互反应：

$$16Fe_2O_3 + FeS_2 \longrightarrow 11Fe_3O_4 + 2SO_2$$
$$10Fe_2O_3 + FeS \longrightarrow 7Fe_3O_4 + SO_2$$
$$6Fe_2O_3 + Cu_2S \longrightarrow 2Cu + 4Fe_3O_4 + SO_2$$
$$9Fe_2O_3 + ZnS \longrightarrow ZnO + 6Fe_3O_4 + SO_2$$
$$Fe_2O_3 + MeO \longrightarrow MeO \cdot Fe_2O_3$$

最后三个反应在600～800℃时进行甚为完全。此外，炉气中的 SO_3、SO_2 也是铁硫化物的氧化剂。黄铁矿是易焙烧的硫化物，其着火温度视粒度大小而异，焙烧结果得到氧化亚铁、氧化铁、四氧化三铁和未氧化的硫化亚铁。但焙烧产物主要为氧化铁。

（2）铜的硫化物。焙烧过程中铜的硫化物的反应为：

$$2CuFeS_2 \xrightarrow{550℃} Cu_2S + 2FeS + S$$
$$2CuS \xrightarrow{400℃} Cu_2S + S$$
$$2Cu_2S + 5O_2 \xrightarrow{200 \sim 300℃} 2CuO + 2CuSO_4$$
$$Cu_2S + 2O_2 \xrightarrow{300℃} 2CuO + SO_2$$

$$4CuO \xrightarrow{>1000℃} 2Cu_2O + O_2$$

$$SO_2 + \frac{1}{2}O_2 \xrightarrow{<650℃} SO_3$$

$$CuO + SO_3 \xrightarrow{<650℃} CuSO_4$$

当有硫化物存在时，反应生成的硫酸铜会在很低温度下进行相互反应而分解：

$$CuSO_4 + 3CuS \xrightarrow{100℃} 2Cu_2S + 2SO_2$$

$$2CuSO_4 + Cu_2S \xrightarrow{300\sim400℃} 2Cu_2O + 3SO_2$$

因此，铜硫酸化焙烧的温度应小于650℃，氧化焙烧的温度应高于650℃，此时焙烧产物主要为未经氧化的硫化亚铜、氧化铜及少量的硫酸铜。

（3）锌的硫化物。闪锌矿在焙烧过程中发生下列反应：

$$ZnS + 1\frac{1}{2}O_2 \longrightarrow ZnO + SO_2$$

$$SO_2 + \frac{1}{2}O_2 \longrightarrow SO_3$$

$$ZnO + SO_3 \longrightarrow ZnSO_4$$

$$ZnS + 2O_2 \longrightarrow ZnSO_4$$

$$3ZnSO_4 \xrightarrow{>200℃} 3ZnO \cdot 2SO_3 + SO_2 + \frac{1}{2}O_2$$

$$3ZnO \cdot 2SO_3 \xrightarrow{>700℃} 3ZnO + 2SO_2 + O_2$$

闪锌矿为致密硫化矿物，其着火温度为550℃，而且生成的硫酸锌和氧化锌薄层也很致密。因此，闪锌矿较难氧化。

（4）铅的硫化物。方铅矿在焙烧时的主要反应为：

$$PbS + 1\frac{1}{2}O_2 \longrightarrow PbO + SO_2$$

$$SO_2 + \frac{1}{2}O_2 \longrightarrow SO_3$$

$$PbO + SO_3 \longrightarrow PbSO_4$$

$$3PbSO_4 + PbS \xrightarrow{550℃} 4PbO + 4SO_2$$

$$PbSO_4 \xrightarrow{950℃} PbO + SO_3$$

因此，在焙砂中铅主要呈氧化铅形态存在。但原料中有方铅矿时，可与其他硫化物及氧化铅、二氧化硅生成低熔点的共晶而使炉料熔结块，所以方铅矿的焙烧宜在较低温度下进行。

（5）银的硫化物。银常呈辉银矿形态存在，焙烧时的氧化反应为：

$$Ag_2S + O_2 \longrightarrow 2Ag + SO_2$$

200℃时氧化银的离解压为9.975Pa（1330mmHg），故易离解，在焙烧条件下不可能生成氧化银。当炉气中有大量的三氧化硫时，可生成硫酸银：

$$2Ag + 2SO_3 \longrightarrow Ag_2SO_4 + SO_2$$

$$Ag_2S + 4SO_3 \longrightarrow Ag_2SO_4 + 4SO_2$$

$$Ag_2SO_4 \xrightarrow{950℃} 2Ag + SO_2 + O_2$$

因此，焙砂中银呈未变化的辉银矿、金属银和硫酸银形态存在。

（6）金。金常与金属硫化物伴生，且多呈自然金形态存在，在焙烧过程中不发生任何变化。

（7）砷的硫化物。砷常呈毒砂（FeAsS）和雌黄（As_2S_3）的形态存在。毒砂在中性气氛中加热时按下式离解：

$$FeAsS \longrightarrow As + FeS$$

生成的元素砷会挥发，遇氧按下式氧化：

$$2As + 1\frac{1}{2}O_2 \longrightarrow As_2O_3$$

在氧化气氛中，砷硫化物按下式氧化：

$$As_2S_3 + 4\frac{1}{2}O_2 \longrightarrow As_2O_3 + 3SO_2$$

$$2FeAsS + 5O_2 \longrightarrow Fe_2O_3 + As_2O_3 + 2SO_2$$

As_2O_3 易挥发，120℃时挥发已显著，其挥发率随温度的升高而快速增加，500℃时的蒸气压可达 98066.5Pa（1atm）。部分 As_2O_3 在氧化剂（空气中的氧及易还原的氧化物 Fe_2O_3、SO_2 等）的作用下可转变为挥发性小的 As_2O_5，升高温度和增大空气过剩量将促进 As_2O_5 的生成。生成的 As_2O_5 将与金属氧化物（PbO、CuO、FeO 等）作用生成砷酸盐：

$$3PbO + As_2O_5 \longrightarrow Pb_3(AsO_4)_2$$

$$3FeO + As_2O_5 \longrightarrow Fe_3(AsO_4)_2$$

生成的砷酸盐很稳定，只在高温时才离解。因此，氧化焙烧时通常难以将砷全部除去。

（8）锑的化合物。锑主要呈辉锑矿和脆硫锑铅矿（$Pb_2Sb_2S_5$）等形态存在，其在焙烧过程中的行为与 As_2S_3 相似，氧化反应为：

$$2Sb_2S_3 + 9O_2 \longrightarrow 2Sb_2O_3 + 6SO_2$$

生成的 Sb_2O_3 在高温和大量过剩空气的条件下将部分转变为 Sb_2O_4 及 Sb_2O_5，这些高锑化合物在高温时相当稳定，它们可与金属氧化物生成锑酸盐：

$$Sb_2O_5 + 3PbO \longrightarrow Pb_3(SbO_4)_2$$

锑酸盐很稳定。在同样温度下，Sb_2O_3 及 Sb_2S_3 较 As_2O_5 及 As_2S_3 的蒸气压小。因此，焙烧过程中的脱锑率较脱砷率小。

（9）镉的化合物。镉常呈硫镉矿（CdS）形态存在，焙烧时氧化为氧化镉和硫酸镉。硫酸镉是很稳定的化合物，仅在焙烧末期的高温条件下才离解为氧化镉。氧化镉在1000℃时开始挥发，1220℃时的蒸气压可达 0.1725Pa(23mmHg)。因此，高温焙烧时大量的镉挥发而富集于烟尘中。

（10）铊和铟。物料中的铊和铟在 800～1000℃时以氧化物形态挥发。

（11）脉石矿物。脉石中的氧化物有石英、方解石、白云石、菱镁矿、石膏等，焙烧时发生下列反应：

$$CaCO_3 \xrightarrow{900℃} CaO + CO_2$$

$$MgCO_3 \xrightarrow{600℃} MgO + CO_2$$

$$CaCO_3 \cdot MgCO_3 \xrightarrow{700℃} CaO + MgO + 2CO_2$$

$$CaO + MeSO_4 \longrightarrow CaSO_4 + MeO$$

$$CaSO_4 \xrightarrow{>1250℃} CaO + SO_3$$

$$CaO + Fe_2O_3 \longrightarrow CaO \cdot Fe_2O_3$$

$$SiO_2 + 2MeO \longrightarrow 2MeO \cdot SiO_2$$

氧化钙与氧化铁作用生成亚铁酸钙将减少氧化铁的氧化作用，对脱硫不利。二氧化硅与金属氧化物可在较高温度下生成硅酸盐，使炉料结块，而氧化铅最易产生造渣作用。虽然有的金属氧化物与二氧化硅生成的硅酸盐在后续浸出时金属氧化物可转入溶液（如 $ZnO \cdot SiO_2$ 中的 ZnO 可溶于稀硫酸），但分解出来的 SiO_2 呈胶体存在于溶液中，使矿浆澄清过滤产生困难。因此，要尽量减少炉料中二氧化硅和铅的含量。

氧化焙烧的温度应高于相应硫化物的着火温度，而硫化物的着火温度与其粒度有关（见表1.2）。实践中焙烧温度常波动于580～850℃，一般不超过900℃，否则炉料将熔结（见表1.3）。

表1.2 某些硫化物的着火温度

粒度/mm	该粒度下着火温度/℃				
	黄铜矿	黄铁矿	磁硫铁矿	闪锌矿	方铅矿
0.1～0.15	364	422	460	637	720
0.15～0.20	375	423	465	644	730
0.2～0.3	380	424	471	646	730
0.3～0.5	385	426	475	646	735
0.5～1.0	395	426	480	646	740
1.0～2.0	410	428	482	646	750

表1.3 某些硫化物的熔化温度

硫 化 物	熔化温度/℃	硫 化 物	熔化温度/℃
FeS	1171	Ni_3S_2	784
Cu_2S	1135	Sb_2S_3	546
PbS	1120	SnS	812
ZnS	1670	Na_2S	920
Ag_2S	812	MnS	1530
CoS	1140	CaS	1900

氧化焙烧可使重金属硫化矿物转变为易浸的氧化物或硫酸盐，使硫化铁转变为难浸的氧化铁，并可改变物料的结构构造，使其疏松多孔，而且可使砷、锑、硒、铅等部分挥发（见表1.4）。

表1.4 氧化焙烧时某些组分的挥发率 （%）

组 分	挥发率	组 分	挥发率
As	60～80	In	5～10
Sb	20～40	Ta	50～70
Bi	10～15	Cd	5～20
Se	25～50	Pb	5～10
Te	10～20	Zn	5～7

氧化焙烧常用脱硫率或目的组分的硫酸化程度来衡量，广泛用于铁、铜、铜-镍、钴、钼、锌、锑等硫化矿的处理，也可在炉料中加入硫化剂（元素硫、黄铁矿等）使某些重金属氧化物转变为相应的硫酸盐。

氧化焙烧作业可根据生产规模采用间断或连续的方式进行。处理量小时，可在间断作业的焙烧锅或反射炉中进行。处理量大时，可采用连续作业的回转窑、沸腾炉或多层焙烧炉。有关这些设备的构造和操作可参考有关专著。

1.3 还原焙烧

还原焙烧是在低于炉料熔点和还原气氛条件下，使矿石中的金属氧化物转变为相应低价金属氧化物或金属的过程。除了汞和银的氧化物在低于400℃温度条件下于空气中加热可分解析出金属外，绝大多数金属氧化物不能用热分解的方法还原，只能采用添加还原剂的方法将其还原。金属氧化物的还原可用下式表示：

$$MeO + R \longrightarrow Me + RO \quad \Delta G^{\ominus} = \Delta G^{\ominus}_{RO} - \Delta G^{\ominus}_{MeO} - \Delta G^{\ominus}_{R}$$

式中 MeO——金属氧化物；

R，RO——还原剂和还原剂氧化物。

上式可由 MeO 和 RO 的生成反应合成：

$$R + \frac{1}{2}O_2 \longrightarrow RO \qquad \Delta G^{\ominus}_{RO} = RT \ln p_{O_2(RO)}$$

$$-)\ Me + \frac{1}{2}O_2 \longrightarrow MeO \qquad \Delta G^{\ominus}_{MeO} = RT \ln p_{O_2(MeO)}$$

$$MeO + R \longrightarrow Me + RO \qquad \Delta G^{\ominus} = RT \ln \frac{p_{O_2(RO)}}{p_{O_2(MeO)}}$$

金属氧化物能被还原的必要条件是 $\Delta G^{\ominus} < 0$，即：$p_{O_2(RO)} < p_{O_2(MeO)}$。因此，凡是对氧的化学亲和力比被还原的金属对氧的亲和力大的物质均可作为该金属氧化物的还原剂。金属氧化物的标准生成自由能变化随温度的升高而急剧增大，而一氧化碳的标准生成自由能变化则随温度的升高而显著地降低（见图1.4），故在较高的温度条件下，碳可作为许多金属氧化物的还原剂。图中曲线位置愈低的金属氧化物愈稳定，愈难被还原；反之，则愈易被还原。

还原焙烧时可采用固体还原剂、气体还原剂或液体还原剂。生产中常用的还原剂为固体炭、一氧化碳气体和氢气。

固体炭燃烧时可发生下列反应：

(1) $C + O_2 \longrightarrow CO_2$ $\qquad \Delta G^{\ominus}_1 = -94200 - 0.2T$

(2) $2C + O_2 \longrightarrow 2CO$ $\qquad \Delta G^{\ominus}_2 = -53400 - 41.9T$

(3) $2CO + O_2 \longrightarrow 2CO_2$ $\qquad \Delta G^{\ominus}_3 = -135000 + 41.5T$

(4) $CO_2 + C \longrightarrow 2CO$ $\qquad \Delta G^{\ominus}_4 = 40800 - 41.7T$

$C\text{-}O_2$ 系的 $\Delta G^{\ominus}\text{-}T$ 关系如图1.5所示，图中线2、4向右倾斜说明碳对氧的化学亲和力随温度的升高而增大，线1、2、3相交于978K，说明温度高于978K时，CO 较 CO_2 稳定。当温度低于978K时，CO_2 较 CO 稳定。

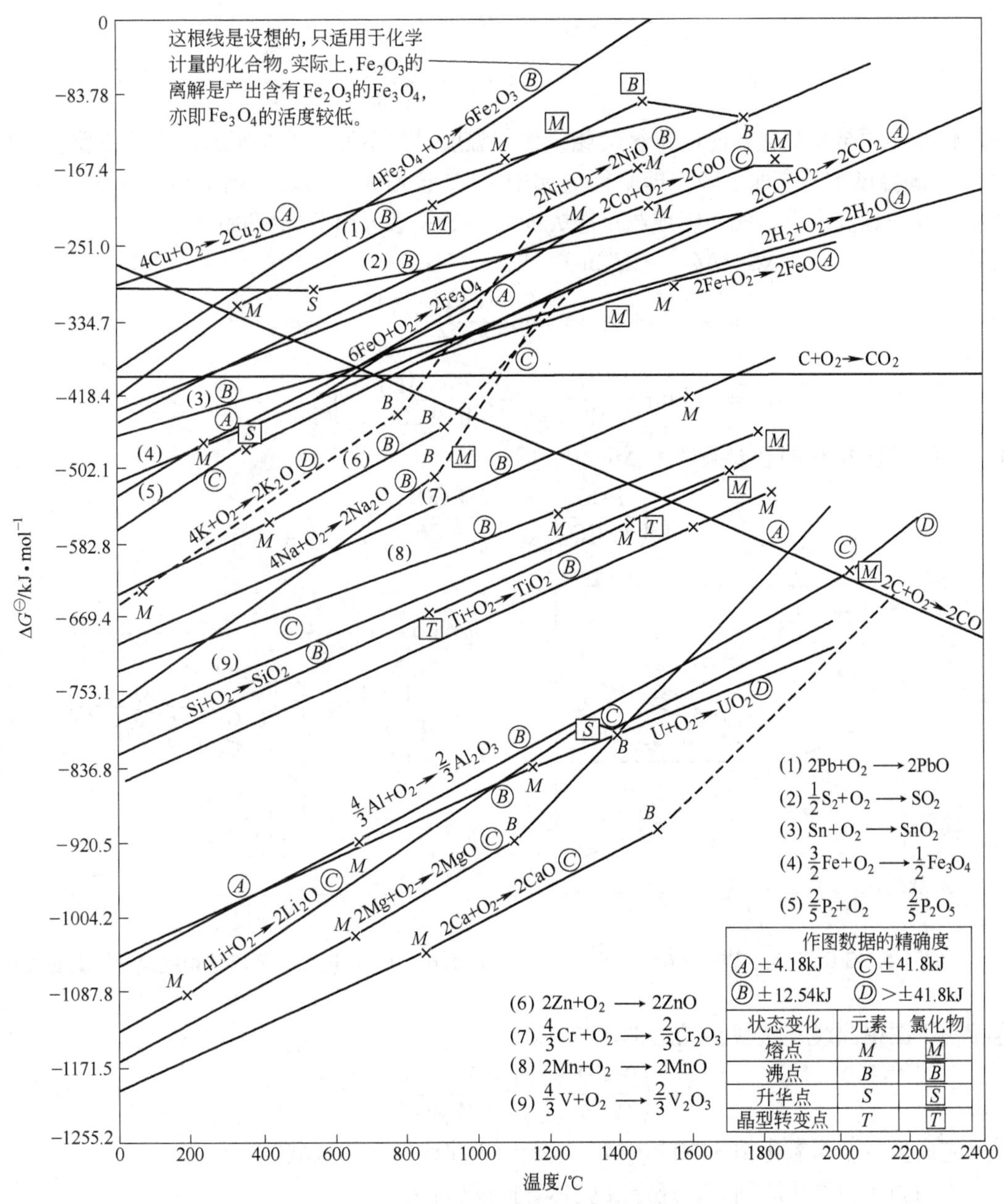

图 1.4　氧化物标准生成自由能与温度的关系

一氧化碳气体还原金属氧化物的反应称为间接反应：

$$CO + \frac{1}{2}O_2 \longrightarrow CO_2 \qquad \Delta G_1^{\ominus}$$

$$+）\ MeO \longrightarrow Me + \frac{1}{2}O_2 \qquad \Delta G_2^{\ominus}$$

$$MeO + CO \longrightarrow Me + CO_2 \qquad \Delta G_3^{\ominus}$$

若还原过程不生成液相，则上式的平衡常数为：

$$K_p = \frac{p_{CO_2}}{p_{CO}} = \frac{\%\,CO_2}{\%\,CO}$$

$$\Delta G_3^{\ominus} = -RT\ln K_P = -RT\ln\frac{\%CO_2}{\%CO}$$

一氧化碳还原金属氧化物时的平衡气相组成与温度的关系如图 1.6 所示。当还原反应放热时，K_P 随温度的升高而下降，即平衡气相中% CO 会增大。反之，则平衡气相中% CO 会减小。在一定温度下，气相组成与反应方向之间的关系可用下式判断：

$$\begin{aligned}\Delta G &= \Delta G^{\ominus} + RT\ln Q \\ &= -RT\ln K_P + RT\ln\left(\frac{\%CO_2}{\%CO}\right)_{实际} \\ &= RT\left[\ln\left(\frac{\%CO_2}{\%CO}\right)_{实际} - \ln\left(\frac{\%CO_2}{\%CO}\right)_{平衡}\right]\end{aligned}$$

由于 CO 还原 MeO 的必要条件为 $\Delta G < 0$，即：

$$\left(\frac{\%CO_2}{\%CO}\right)_{实际} < \left(\frac{\%CO_2}{\%CO}\right)_{平衡}$$

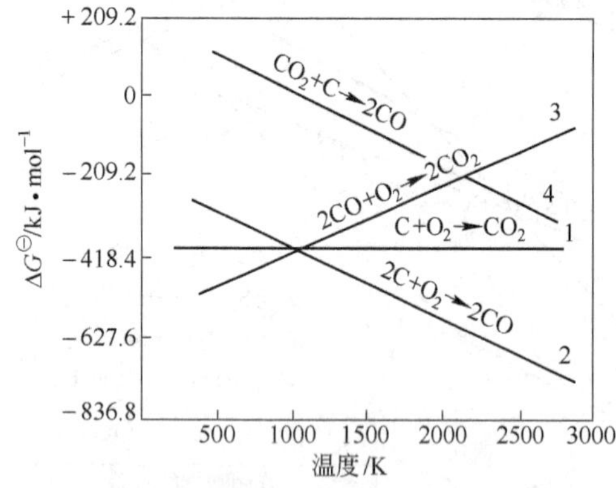

图 1.5　C-O_2 系各反应的 $\Delta G^{\ominus}$-T 图

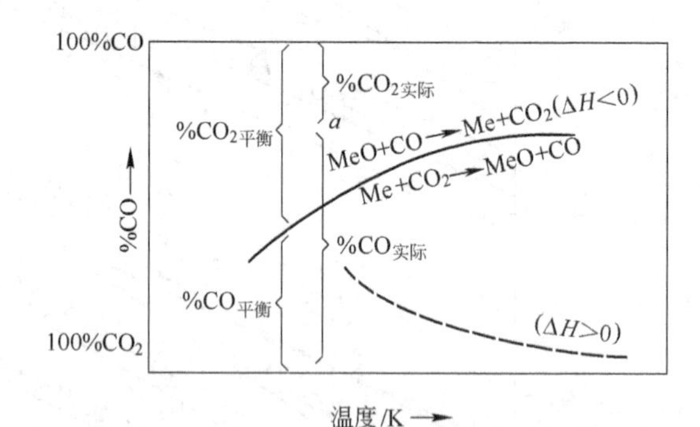

图 1.6　用 CO 还原时平衡气相组成与温度的关系

这相当于图中曲线（实线）的上部区域。若

$$\left(\frac{\%CO_2}{\%CO}\right)_{实际} > \left(\frac{\%CO_2}{\%CO}\right)_{平衡}$$

则反应向生成金属氧化物的方向进行，这相当于曲线的下部区域。

当用固体炭作还原剂时，还原反应称直接反应：

$$MeO + CO \longrightarrow Me + CO_2 \tag{4}$$

$$+)\ CO_2 + C \longrightarrow 2CO \tag{5}$$

$$MeO + C \longrightarrow Me + CO \tag{6}$$

固体炭还原金属氧化物时的平衡气相组成与温度的关系如图 1.7 所示，两曲线相交于 a 点，即在 a 点处于平衡状态，当压力不变时，a 点以外的其他各点均为非平衡状态。若体系处于 c 点，$T_h > T_o$，此时反应（4）处于平衡态，但对反应（5）则有 CO_2 过剩，将促使固体炭向气化方向进行，增加体系% CO，这又破坏了反应（4）的平衡，促使金属氧化物被还原，直至全部金属氧化物被还原而在 b 点达到平衡。反之，若体系处于 d 点，则使金属被氧化而使气相组成向 e 点移动，至全部金属被氧化后在 e 点达到平衡。因此，a 点对应的温度是该压力下固体炭还原金属氧化物的开始还原温度（理论开始还原温度）。因炭的气化反应平衡与压力有关，故理论开始还原温度也随压力而改变，压力愈大，开始还原温度愈高；金属氧化物愈稳定，开始还原温度也愈高。从图1.7可知，当温度高于 T_o 时，一氧化碳（有炭存在时）可作为金属氧化物的还原剂。而当温度低于 T_o 时，体系中的金属反被一氧化碳氧化（实际被 CO 分解析出的 CO_2 所氧化）。

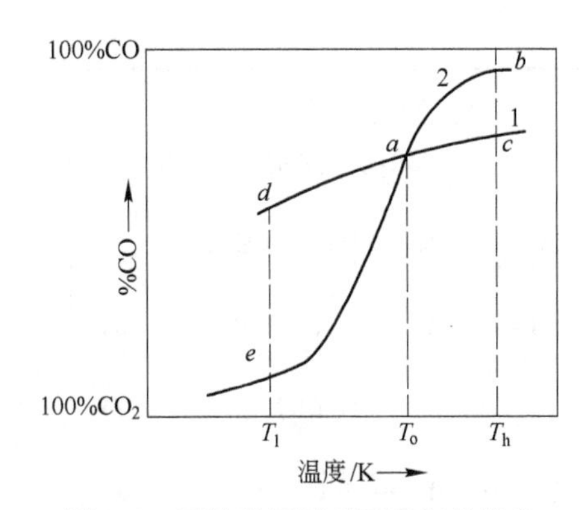

图1.7 固体炭还原时平衡气相组成与温度的关系

金属氧化物除呈纯态存在外，还呈结合状态存在，结合态的金属氧化物较纯态稳定，较难被还原，须在较高的还原温度条件下才能被还原。

还原焙烧目前主要用于处理难选的铁、锰、镍、铜、锡、锑等矿物原料。

1.3.1 弱磁性贫铁矿石的还原磁化焙烧

我国铁矿资源中，弱磁性贫铁矿占相当大的比例，目前可用浮选、重选、强磁选或还原焙烧-磁选等工艺处理。虽然强磁选工艺显示了巨大的优越性，但在我国还原焙烧-磁选工艺仍是处理这类矿石的有效方法之一。还原磁化焙烧是在一定条件下，使弱磁性的赤铁矿、褐铁矿和针铁矿等选择性地被还原为强磁性的磁铁矿或γ-赤铁矿。

工业上用的还原剂主要为各种煤气、天然气及焦炭、煤粉等，起还原作用的主要是 CO 和 H_2。用 CO 和 H_2 还原氧化铁的反应及其平衡常数计算式列于表1.5。Fe-CO-O_2 系及 Fe-H_2-O_2 系平衡图如图1.8所示。从图1.8可知，Fe_2O_3 几乎在任何温度条件下均易被还原为 Fe_3O_4，但温度低时的反应速度慢。当温度高于572℃时，若 CO%（或 H_2%）高，可产生过还原反应而生成弱磁性的 FeO；当温度低于572℃，若 CO%（或 H_2%）高，同样可产生过还原反应而生成金属铁。因此，氧化铁矿石磁化焙烧时应严格控制炉温及煤气流量，而且焙烧时间不宜过长。温度低于810℃时，CO 的还原能力较 H_2 强；温度高于810℃时，则 H_2 的还原能力较 CO 强。

表1.5 氧化铁还原反应及其平衡常数

还原反应	平衡常数 K_P
CO 为还原剂	$\lg K_P = \lg \frac{p_{CO_2}}{p_{CO}}$
$3Fe_2O_3 + CO \longrightarrow 2Fe_3O_4 + CO_2$ (1)	$\lg K_P = \frac{1440}{T} + 2.98$
$Fe_3O_4 + CO \longrightarrow 3FeO + CO_2$ (2)	$\lg K_P = -\frac{1834}{T} + 2.17$
$FeO + CO \longrightarrow Fe + CO_2$ (3)	$\lg K_P = -\frac{914}{T} - 1.097$
$\frac{1}{4}Fe_3O_4 + CO \longrightarrow \frac{3}{4}Fe + CO_2$ (4)	$\lg K_P = -0.009$

续表 1.5

还 原 反 应		平衡常数 K_P
H_2 为还原剂		$\lg K_P = \lg \frac{p_{H_2O}}{p_{H_2}}$
$3Fe_2O_3 + H_2 \longrightarrow 2Fe_3O_4 + H_2O$	(5)	$\lg K_P = -\frac{297}{T} + 4.56$
$Fe_3O_4 + H_2 \longrightarrow 3FeO + H_2O$	(6)	$\lg K_P = -\frac{3577}{T} + 3.75$
$FeO + H_2 \longrightarrow Fe + H_2O$	(7)	$\lg K_P = -\frac{827}{T} + 0.468$
$\frac{1}{4}Fe_3O_4 + H_2 \longrightarrow \frac{3}{4}Fe + H_2O$	(8)	$\lg K_P = -\frac{1742}{T} + 1.557$

还原焙烧条件下，褐铁矿首先脱除结晶水，然后按赤铁矿的反应被还原为磁铁矿。菱铁矿则可采用中性磁化焙烧法，在不通空气或通入少量空气的条件下将其分解为磁铁矿：

$$3FeCO_3 \xrightarrow{300\sim400℃} Fe_3O_4 + 2CO_2 + CO$$

（不通空气）

$$2FeCO_3 + \frac{1}{2}O_2 \longrightarrow Fe_2O_3 + 2CO_2$$

（通入少量空气）

$$3Fe_2O_3 + CO \longrightarrow Fe_3O_4 + CO_2$$

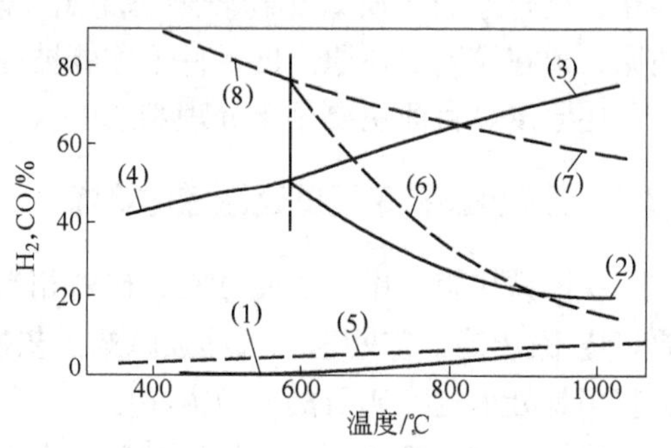

图 1.8 Fe-CO-O_2 系及 Fe-H_2-O_2 系平衡图

（图中数字与表 1.5 中反应式序号对应）

黄铁矿采用氧化磁化焙烧法经短时间焙烧可氧化为磁黄铁矿，长时间焙烧可进一步氧化为磁铁矿：

$$7FeS_2 + 6O_2 \longrightarrow Fe_7S_8 + 6SO_2$$

$$3Fe_7S_8 + 38O_2 \longrightarrow 7Fe_3O_4 + 24SO_2$$

还原磁化焙烧主要用于贫赤铁矿的焙烧-磁选工艺中，中性磁化焙烧及氧化磁化焙烧主要用于从其他精矿中除去菱铁矿和黄铁矿。

生产中采用还原度来衡量还原磁化焙烧过程，它是还原焙烧矿中 FeO 含量与全铁含量比值的百分数：

$$R = \frac{FeO}{TFe} \times 100\%$$

我国鞍钢烧结总厂在处理矿石性质和焙烧条件时，认为 $R=42\% \sim 52\%$ 时焙烧矿的磁性最强，选别指标最高（磁铁矿的还原度为 42.8%）。但还原度不能真正反映焙烧矿的质量，此法简单易行，有一定的实用价值。

影响还原磁化焙烧产品质量的主要因素为矿石的物化性质（矿物组成、结构构造、粒度特性等）、焙烧温度、气相组成、还原剂类型及设备类型等，焙烧块矿常用竖炉，焙烧粉矿可采用斜坡炉、沸腾炉等。

国内所用煤气的大致组成列于表 1.6 中，各种气体还原剂的还原效果列于表 1.7 中。

从表1.7中数据可知，水煤气的还原效果最好，因其有效还原组分高（占87%）、热损少（因CH_4及高级碳氢化合物含量少）、放热量大（CO含量高）、可减少煤气用量。但生产中一般采用混合煤气，既可得到较好的分选指标，又有利于整个冶金企业的煤气平衡，减少基建投资。

表1.6 各种煤气的主要成分

煤气种类	煤气成分/%(体积)							
	CO_2	C_nH_{2n}	O_2	CO	H_2	CH_4	N_2	Q_H/kJ·m^{-3}
焦炉煤气	3.0	2.8	0.4	8.8	58	26	1.1	20064
混合煤气	13.0	0.4	0.5	22.3	14.3	5.1	44.4	6487
高炉煤气	15.36	—	—	25.37	2.11	0.36	56.8	3469
水煤气	8.0	—	0.6	37.0	50.0	0.4	4.0	10157

表1.7 不同气体还原剂所得焙烧矿的分选指标

煤气种类	原矿品位/%	精矿品位/%	尾矿品位/%	铁回收率/%
混合煤气	36.95	62.55	10.94	85.30
焦炉煤气	35.24	56.27	11.95	83.91
水煤气	33.02	63.20	8.04	86.40

1.3.2 粒铁法

回转窑粒铁法是一种用劣质燃料处理不适于高炉炼铁的高硅贫铁矿和矿粉的方法，由于不需用优质焦炭和可利用大量的贫铁矿和粉矿，国内外均发展较快。目前处理的铁矿石品位一般为25%~50%，矿石粒度影响小，粒度与矿石结构，铁矿物组成有关，一般褐铁矿宜小于20mm，赤铁矿小于15mm，磁铁矿小于5~10mm。燃料为高炉不能用的焦粉和煤粉（褐煤、烟煤或无烟煤粉），一部分作还原剂，一部分作热源，要求含碳量高，含灰分低，磷硫含量愈低愈好。作还原剂用的固体燃料含挥发分应少，而加热用的燃料则要求挥发分高。回转窑粒铁炉渣应为黏度大、熔点高、热稳定性好的酸性渣。因此，炉料中CaO/SiO_2（或$CaO+MgO/Al_2O_3+SiO_2$）的比值应为0.15~0.25，配料时应加入适量的河砂或石灰石作熔剂，以满足造渣要求。

氧化铁直接还原的平衡图如图1.9所示，它由氧化铁间接还原平衡线与固体炭气化反应等压平衡线组成，交点A、B的对应温度为710℃和680℃，因此，温度高于710℃时会产生$Fe_2O_3 \rightarrow Fe_3O_4 \rightarrow FeO \rightarrow Fe$的变化，温度低于680℃时，Fe和FeO均将被氧化为Fe_3O_4。所以，在铁矿石的直接还原过程中，氧化铁和铁的稳定区实际上受温度控制。压力变化时，其开始还原温度也发生变化。

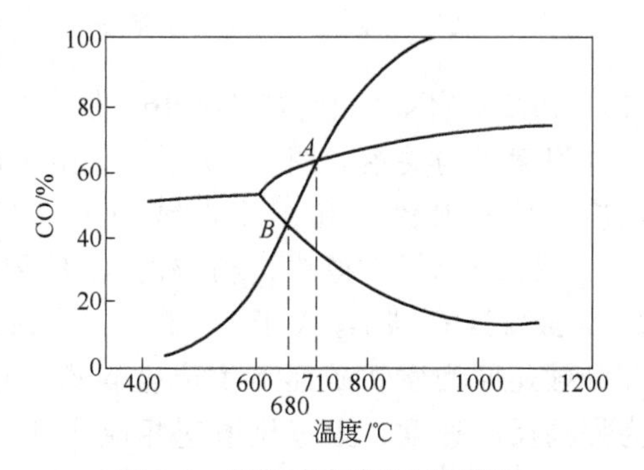

图1.9 氧化铁直接还原平衡图

破碎至一定粒度的铁矿石与煤粉（1~

3mm)、熔剂（0～3mm的河砂或石灰石）按一定比例混合后均匀给入回转窑，与高温气流逆向运行，经预热带、还原带和粒铁带后由窑头排出，各带的工作温度分别为250～500℃、500～1100℃和1100～1300℃。生成的粒铁悬浮于粒铁带的渣中，随窑体的转动，半熔融态的粒铁互相碰撞聚集长大并与炉渣黏结在一起呈熔融物从窑头排出，经水淬、冷却、磨矿、筛分等作业后送去磁选或重选，可获得铁含量为95%的粒铁，铁的回收率达85%～90%。粒铁可作炼钢、废钢代用品及铁合金原料，杂质含量高的粒铁可作高炉炼铁的原料。

1.3.3　含镍红土矿的还原焙烧

目前已探明的镍储量中氧化镍矿约占80%，硫化矿占20%，而含镍红土矿是世界上最大的氧化镍矿资源，因其品位低，镍呈化学浸染状态存在，目前无法用物理选矿法富集。工业上一般可采用直接酸浸或还原焙烧-低压氨浸的方法回收其中的镍，直接酸浸需高温高压设备，应用不广。采用氨浸则须预先将氧化镍还原为活性金属镍、钴镍合金。还原焙烧-常压氨浸工艺出现于1924年，但直至1944年才用于工业上。

常用气体还原剂（含CO-CO_2、H_2-H_2O的混合煤气）进行选择性还原焙烧，其主要反应为：

$$NiO + H_2 \longrightarrow Ni + H_2O \tag{7}$$

$$NiO + CO \longrightarrow Ni + CO_2 \tag{8}$$

$$CoO + H_2 \longrightarrow Co + H_2O \tag{9}$$

$$CoO + CO \longrightarrow Co + CO_2 \tag{10}$$

$$3Fe_2O_3 + H_2 \longrightarrow 2Fe_3O_4 + H_2O \tag{11}$$

$$3Fe_2O_3 + CO \longrightarrow 2Fe_3O_4 + CO_2 \tag{12}$$

$$Fe_3O_4 + H_2 \longrightarrow 3FeO + H_2O \tag{13}$$

$$Fe_3O_4 + CO \longrightarrow 3FeO + CO_2 \tag{14}$$

$$FeO + H_2 \longrightarrow Fe + H_2O \tag{15}$$

$$FeO + CO \longrightarrow Fe + CO_2 \tag{16}$$

$$H_2O + CO \longrightarrow H_2 + CO_2$$

$$CO_2 + C \longrightarrow 2CO$$

反应(7)～(16)的K_P值为：

$$K_P = \frac{\%CO_2}{\%CO} \quad 或 \quad \frac{\%H_2O}{\%H_2}$$

973～1073K范围内反应(7)～(16)的$\Delta G^{\ominus}$及K_P值列于表1.8中。773～1273K范围内K_P值与温度T的关系如图1.10所示。由于反应（11）、(12）极易进行，图中未列此两反应，从表中数值和图中曲线可知，反应(7)～(12)的$\Delta G^{\ominus}$值较反应（13）～（16）的$\Delta G^{\ominus}$值负得多，相应的K_P值要大得多，若控制气相组成$\%CO_2/\%CO$大于2.53或$\%H_2O/\%H_2$大于2.45时，镍钴氧化物可优先还原为金属镍、钴，氧化铁大部分被还原为磁铁矿而不生成金属铁。由于矿石中金属氧化物的结合状态较复杂及为提高反应速度，上述比值应相应小些，当控制$\%CO_2:\%CO = 1:1$时，难免会生成少量的氧化亚铁和金属铁。

表 1.8　反应(7) ~ (16)的 $\Delta G^{\ominus}$ 和 K_P 值与温度的关系

反应	700℃		730℃		750℃		800℃	
	$\Delta G^{\ominus}$/kJ·mol^{-1}	K_P	$\Delta G^{\ominus}$/kJ·mol^{-1}	K_P	$\Delta G^{\ominus}$/kJ·mol^{-1}	K_P	$\Delta G^{\ominus}$/kJ·mol^{-1}	K_P
(7)	-38.54	117.7	-39.57	115.6	-40.18	113.2	-41.53	105.7
(8)	-42.13	183.6	-42.09	156.5	-44.31	141.3	-41.97	109.7
(9)	-31.60	50.09	-31.76	45.27	-31.89	42.64	-32.14	36.8
(10)	-34.79	73.45	-34.01	59.29	-33.55	51.88	-32.62	38.09
(11)	-62.57	2330	-64.08	2194	-64.87	21.43	-67.42	1928
(12)	-85.36	38990	-87.07	34510	-88.11	31920	-90.83	26670
(13)	-17.66	1.245	-3.62	1.545	-4.87	1.774	-6.07	2.449
(14)	-4.54	1.754	-5.66	1.927	-6.40	2.075	-8.25	2.523
(15)	+6.20	0.4634	+6.02	0.4856	+5.89	0.4991	+5.58	0.5347
(16)	+3.07	0.6839	+3.72	0.6794	+3.73	0.6138	+5.25	0.5572

还原焙烧含镍红土矿，国外一般采用多层焙烧炉，也可采用回转窑。国内采用沸腾炉的工业试验也取得了较好的指标，采用 -0.3mm 和 -0.074mm 两种含镍红土矿的还原焙烧试验表明，适宜的焙烧温度为 710 ~ 730℃（见图 1.11），在 700 ~ 800℃ 范围内，镍、钴的浸出率随温度的升高而降低，温度超过 900℃ 时降低更明显，细粒矿石较粗粒降低的幅度更大。通过对加热后的烧结作用、橄榄石化作用和铁酸盐（Ni）作用的考查表明，引起浸出率降低的主要原因是由于产生了烧结作用，使比表面积急剧降低影响气-固反应的正常进行。焙砂的冷却方式对焙砂的质量影响很大，在空气中冷却会导致还原物料再氧

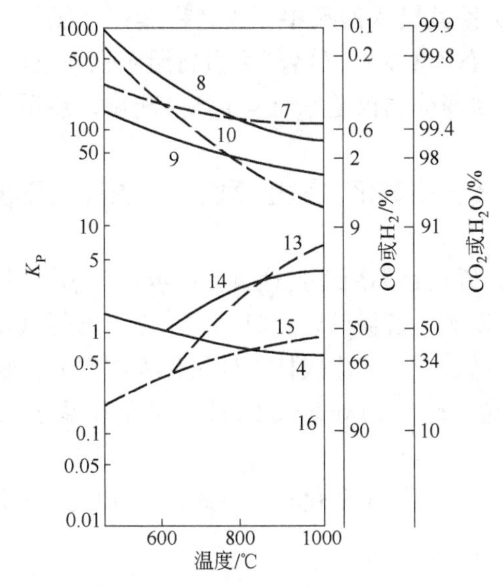

图 1.10　用 CO-CO_2 和 H_2-H_2O 混合气体还原 Fe，Ni，Co

（数字为反应编号，实线表示与 CO-CO_2 有关的平衡，虚线表示与 H_2-H_2O 有关的平衡）

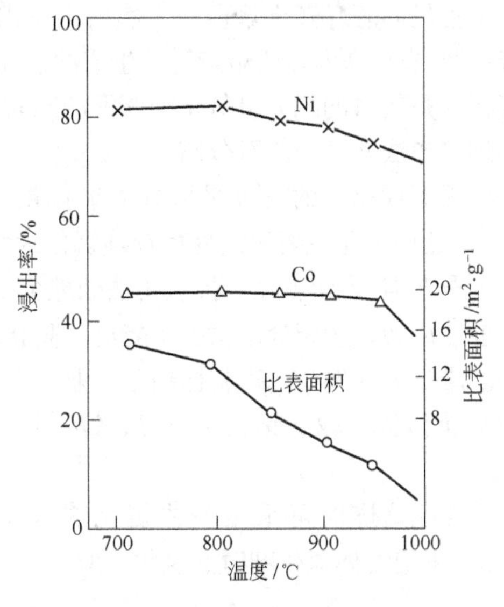

图 1.11　加热温度与比表面积和浸出率的关系

化，即使密封保护冷却后的焙砂再暴露于空气中也会发生再氧化并伴随放热现象，若放热温度达170℃时，镍浸出率可由91.87%降至73.84%。试验表明，以氮气保护密闭冷却的效果最好，二氧化碳保护冷却的效果次之。

此外，还原焙烧工艺还可用于精矿除杂、粗精矿精选、强化氧化铜矿浮选、处理氧化镍钴矿。如锡粗精矿的还原焙烧可排除生成五氧化二砷、砷酸盐及重金属硫酸盐的副反应，可提高脱砷率和脱硫率，但焙烧温度不宜过高，以免物料熔化及造成硫化锡及氧化亚锡挥发损失。国外常用多膛炉和回转窑作锡矿还原焙烧设备。多膛炉的最高温度达450～850℃，回转窑的窑头温度为950℃，窑尾温度为400℃，砷、硫脱除率达85%～95%。我国某厂采用沸腾炉、沸腾层温度为800～900℃，煤粉加入量为6%～10%，除杂率（%）为：S85～98，As75～90。氧化铜矿可用还原焙烧法进行预处理而后浮选，如某氧化铜矿含铜0.93%，含硫0.15%，加入1%～3% Na_2SO_4，于沸腾炉中在850℃下进行还原焙烧可使铁转化为磁铁矿、铜主要呈铜粒存在于焙砂中，可用浮选或重选—浮选法回收。某些低品位的氧化镍钴矿可经还原硫化焙烧后用浮选法回收钴镍，可用黄铁矿、元素硫、硫酸钠、高硫煤或焦炭、石膏、含硫气体作硫化剂。如某含镍约1%的氧化镍矿，加入10%～15%的黄铁矿，在还原气氛下于1100℃进行还原硫化焙烧，镍的硫化率达90%～92%，浮选回收率为84%～89%，精矿中镍品位达2.2%～2.6%。

1.4 氯化焙烧

氯化焙烧是在一定温度和气氛条件下，用氯化剂使矿物原料中的目的组分转为气相或凝聚相的氯化物，以使目的组分分离富集的工艺过程。据产品形态可将其分为中温氯化焙烧、高温氯化焙烧和氯化-还原焙烧（离析）三种类型。中温氯化焙烧时，生成的氯化物基本上呈固态存在于焙砂中，然后用浸出的方法使其转入溶液中，故又将其称为氯化焙烧-浸出法。高温氯化焙烧时，生成的氯化物呈气态挥发，故又将其称为高温氯化挥发法。离析法是使目的组分呈氯化物挥发的同时又使金属氯化物被还原而呈金属态析出，然后用物理选矿法使其与脉石分离。

根据气相中的含氧量可分为氧化氯化焙烧（直接氯化）和还原氯化焙烧（还原氯化）。还原氯化主要用于处理较难氯化的物料。

早在18世纪就用直接氯化法处理金银矿石，以后逐渐用于处理重有色金属矿物原料。目前已成功地用于处理黄铁矿烧渣、高钛渣、钛铁矿、贫锡矿以及钽、铌、铍、锆等氧化物。难选氧化铜矿的离析已用于工业生产，据报道，许多能生成挥发性氯化物或氯氧化物的金属如锡、铋、钴、铅、锌、镍、锑、铁、金、银、铂等矿物原料均可采用离析法处理。

氯化焙烧时可采用气体氯化剂（Cl_2、HCl）或固体氯化剂（NaCl、$CaCl_2$、$FeCl_3$等）。采用气体氯化剂时的氯化反应为：

$$MeO + Cl_2 \longrightarrow MeCl_2 + \frac{1}{2}O_2$$

$$\Delta G_1^{\ominus} = \Delta G_{MeCl_2}^{\ominus} - \Delta G_{MeO}^{\ominus}$$

$$MeS + Cl_2 \longrightarrow MeCl_2 + \frac{1}{2}S_2$$

$$\Delta G_2^{\ominus} = \Delta G_{MeCl_2}^{\ominus} - \Delta G_{MeS}^{\ominus}$$

$$MeO + 2HCl \longrightarrow MeCl_2 + H_2O$$

$$\Delta G_3^{\ominus} = \Delta G_{MeCl_2}^{\ominus} + \Delta G_{H_2O}^{\ominus} - \Delta G_{MeO}^{\ominus} - 2\Delta G_{HCl}^{\ominus}$$

$$MeS + 2HCl \longrightarrow MeCl_2 + H_2S$$

$$\Delta G_4^{\ominus} = \Delta G_{MeCl_2}^{\ominus} + \Delta G_{H_2S}^{\ominus} - \Delta G_{MeS}^{\ominus} - 2\Delta G_{HCl}^{\ominus}$$

某些金属氯化物、硫化物的 $\Delta G^{\ominus}$-T 图以及 MeO-Cl_2 系和 MeS-Cl_2 系的 $\Delta G^{\ominus}$-T 图分别如图 1.12 ~ 图 1.15 所示。

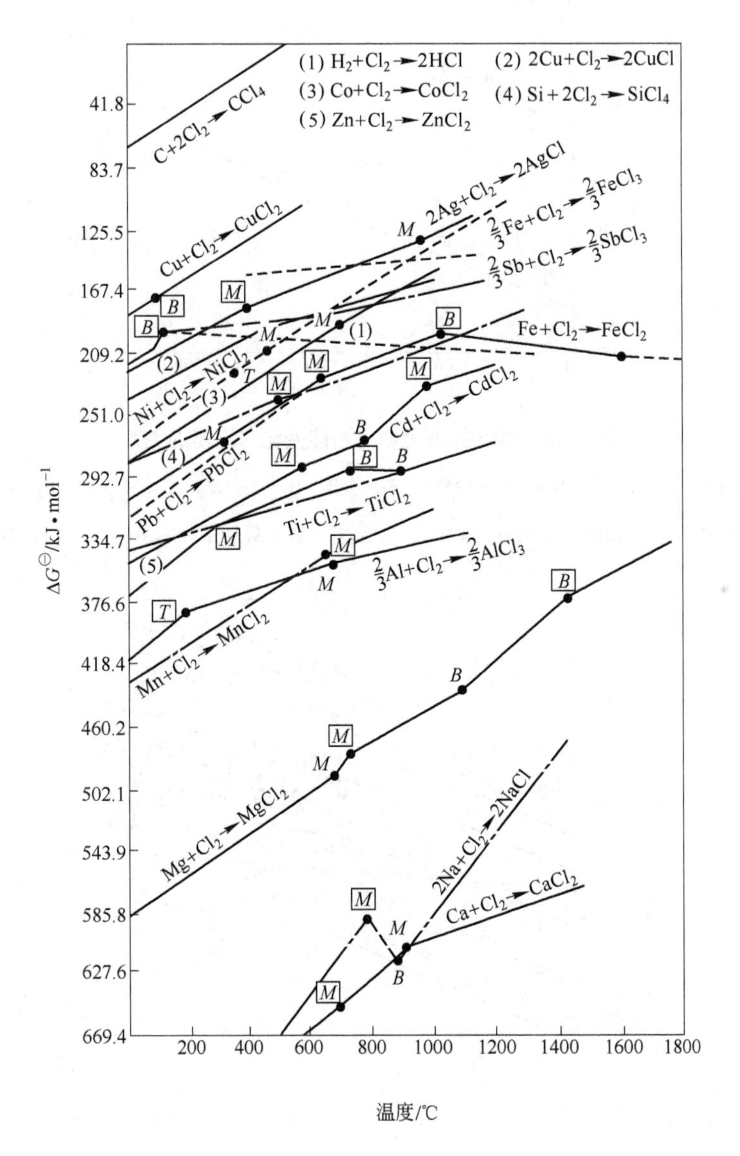

图 1.12 某些氯化物的 $\Delta G^{\ominus}$-T 关系图

T—金属的晶型转变温度；*M*—金属的熔点；*B*—金属的沸点；[T]—氯化物的晶型转变温度；[M]—氯化物的熔点；[B]—氯化物的沸点

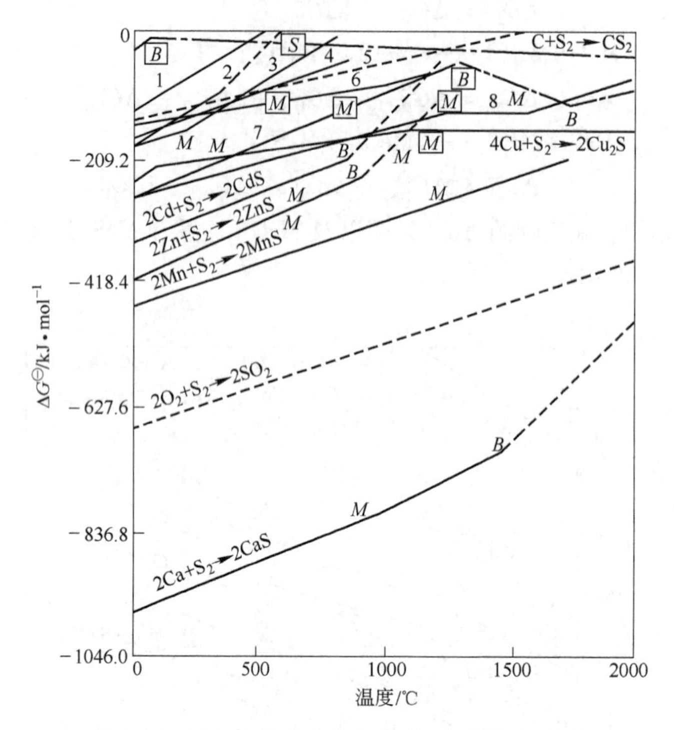

图 1.13 MeS 标准生成自由能变化与温度的关系

1—$2Cu_2S + S_2 \rightarrow 4CuS$；2—$2Hg + S_2 \rightarrow 2HgS$；3—$\frac{4}{5}Bi + S_2 \rightarrow \frac{2}{5}Bi_2S_5$；4—$\frac{4}{3}Sb + S_2 \rightarrow \frac{2}{3}Sb_2S_3$；5—$2H_2 + S_2 \rightarrow 2H_2S$；6—$4Ag + S_2 \rightarrow 2Ag_2S$；7—$2Pb + S_2 \rightarrow 2PbS$；8—$2Fe + S_2 \rightarrow 2FeS$

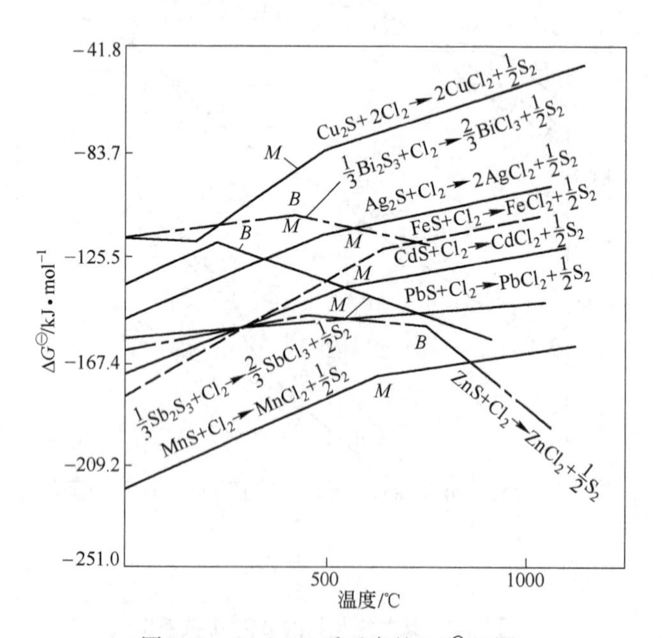

图 1.14 MeS-Cl_2 系反应的 $\Delta G^{\ominus}$-T 图

某些金属氧化物和硫化物与气态氯化剂反应标准自由能变化列于表 1.9 中。从图中曲线及表中所列数据可知，一些常见金属如金、镉、铅、锌、铜等的氧化物较易被氯气氯

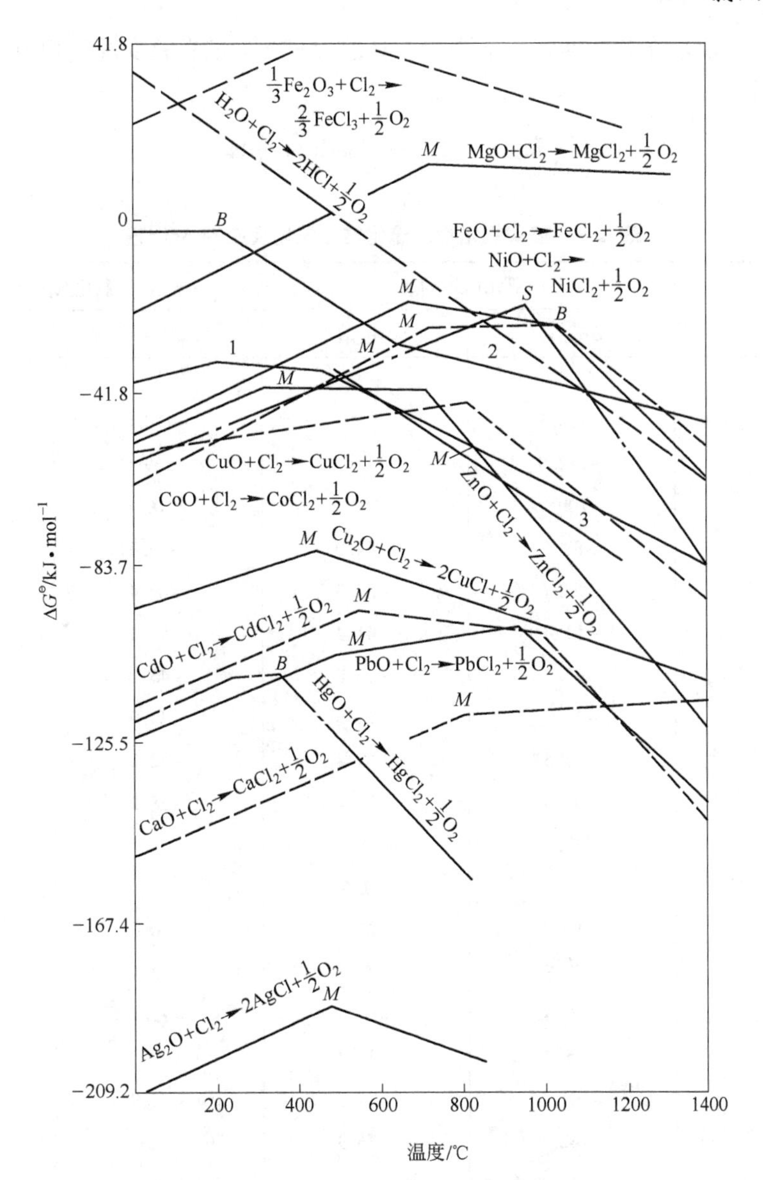

图 1.15 某些氧化物氯化反应的标准自由能变化与温度的关系

M，B，S—氯化物的熔点、沸点和升华温度；M'，B'—氧化物的熔点和沸点；

1—$\frac{1}{3}Bi_2O_3+Cl_2 \rightarrow \frac{2}{3}BiCl_3+\frac{1}{2}O_2$；2—$\frac{1}{3}Sb_2O_3+Cl_2 \rightarrow \frac{2}{3}SbCl_3+\frac{1}{2}O_2$；3—$SnO+Cl_2 \rightarrow SnCl_2+\frac{1}{2}O_2$

化，氧化镍和氧化钴的氯化要差些，而四氧化三铁和一般脉石组分如氧化硅、氧化铝、氧化镁等（氧化钙除外）难氯化，但低价氧化铁能被氯气氯化。采用氯化氢作氯化剂时，其氯化能力随温度的升高而降低，易被氯气氯化的银、铜、铅、锌等氧化物也易被气态氯化氢所氯化，而氧化硅、氧化铝、氧化镁等照样难被氯化，氧化镍、氧化钴和氧化亚铁只在低温时才被氯化氢所氯化。对比金属氧化物和硫化物氯化时的标准自由能变化，可知许多金属硫化物较易被氯气所氯化，且较氧化物易氯化。同种金属硫化物而言，与氯气反应的标准自由能变化要比其与氯化氢反应的标准自由能变化负得多。因此，对多数金属硫化物而言，最好采用氯气作氯化剂。在高温时，硫化物用氯化氢氯化常常是无效的。氯化反应为可逆反应，反应在非标准状态下进行，其进行程度与过程温度及气相组成有关。如对下列反应而言：

$$MeO + Cl_2 \longrightarrow MeCl_2 + \frac{1}{2}O_2$$

表 1.9 某些氧化物、硫化物、氯化反应的 $\Delta G^{\ominus}$ 值 (kJ/mol)

化合物	氯化剂为 Cl_2		氯化剂为 HCl	
	$\Delta G^{\ominus}_{500℃}$	$\Delta G^{\ominus}_{1000℃}$	$\Delta G^{\ominus}_{500℃}$	$\Delta G^{\ominus}_{1000℃}$
金属氧化物				
Ag_2O	-193.1		-199.8	
HgO	-132.9		-139.6	
PbO	-100.7	-104.5	-107.4	-76.9
CdO	-88.6	-94.9	-95.3	-67.3
Cu_2O	-62.7	-52.3	-69.4	-24.7
MnO	-51.4	-41.4	-58.1	-22.2
NiO	-38.5	-26.8	-45.1	+0.84
ZnO	-37.2	-73.6	-43.9	-46.0
SnO	-35.5	-69.4	-42.2	-41.8
FeO	-31.8	-21.7	-38.5	+5.9
CoO	-37.0	-28.4		
Fe_3O_4		+7.6		
MgO	+16.7	+25.9	+10.0	+53.5
Cr_2O_3	+59.8	+77.7	+53.1	+105.3
TiO_2	+79.4	+66.5	+72.7	+94.1
Al_2O_3	+66.0	+39.3		+66.9
SiO_2	+101.6	+89.5	+94.9	+117.0
CaO	-142.1	-76.9		
金属硫化物				
Cu_2S	-85.7	-54.3	+58.5	+121.2
PbS	-152.6	-146.3	-8.4	-29.3
ZnS	-152.6	-181.8	-8.4	-6.3
Ag_2S	-116.0	-100.3	+28.2	+75.2
CdS	-139.2	-151.7	+2.9	+48.9
Bi_2S_3	-109.5		+38.9	
FeS	-133.8	-114.1	+10.5	+82.3
Sb_2S_3	-133.8		+6.3	
MnS	-183.9	-200.6	-41.8	+8.4

过程的自由能变化为：

$$\Delta G = \Delta G^{\ominus} + RT\ \ln \frac{a'_{MeCl_2} \cdot p'^{1/2}_{O_2}}{a'_{MeO} \cdot p'_{Cl_2}}$$

若 $MeCl_2$、MeO 为凝聚相，则：

$$\Delta G = RT\ \ln \frac{p_{Cl_2}}{p^{1/2}_{O_2}} - RT\ \ln \frac{p'_{Cl_2}}{p'^{1/2}_{O_2}}$$

式中 p_{Cl_2}，p_{O_2}——反应平衡时气相中氯和氧的分压；

p'_{Cl_2}，p'_{O_2}——反应体系气相中氯和氧的分压。

反应向生成氯化物方向进行的必要条件为 $\Delta G<0$，即

$$\frac{p'_{Cl_2}}{p'^{1/2}_{O_2}} > \frac{p_{Cl_2}}{p'^{1/2}_{O_2}}$$

否则，氯化物被氧所氧化。因此，金属氧化物被氯气氯化时需一定的氯氧比，此比值的大小与温度有关，而在一定温度下所需的最小氯氧比可用该温度下的 $\Delta G^{\ominus}$ 值进行估算。由于各金属氧化物氯化标准自由能变化值不同，在一定温度下控制一定的氯氧比即可达到选择性氯化分离的目的。

氯化过程中可采用增加氯气分压或降低氧气分压的方法提高体系的氯氧比，而加入还原剂是降低体系中氧气分压的最有效的方法。可与氧生成稳定化合物的还原剂有碳、一氧化碳、硫和氢等（见表1.10）。生产中常用的是碳和一氧化碳，此时的氯化反应为：

$$MeO + C + Cl_2 \longrightarrow MeCl_2 + CO \qquad (A)$$

$$MeO + \frac{1}{2}C + Cl_2 \longrightarrow MeCl_2 + \frac{1}{2}CO_2 \qquad (B)$$

$$MeO + CO + Cl_2 \longrightarrow MeCl_2 + CO_2 \qquad (C)$$

$$\Delta G^{\ominus}_{A} = \Delta G^{\ominus}_{MeCl_2} + \Delta G^{\ominus}_{CO} - \Delta G^{\ominus}_{MeO}$$

$$= \Delta G^{\ominus}_{1} + \Delta G^{\ominus}_{CO}$$

所以 $\Delta G^{\ominus}_{A} < \Delta G^{\ominus}_{1}$（因 $\Delta G^{\ominus}_{CO}$ 为相当大的负值）

表1.10 各种还原剂与氧反应时 $\Delta G^{\ominus}$ 值

反 应	$\Delta G^{\ominus}$/kJ · mol^{-1}	
	500℃	1000℃
$2C + O_2 \longrightarrow 2CO$	-360.32	-448.6
$C + O_2 \longrightarrow CO_2$	-395.18	-395.8
$2CO + O_2 \longrightarrow 2CO_2$	-429.98	-342.8
$S + O_2 \longrightarrow SO_2$	-305.2	-269.2
$2H_2 + O_2 \longrightarrow 2H_2O$	-407.6	-404.0

某些金属氧化物加碳氯化时的 $\Delta G^{\ominus}$-T 曲线如图1.16，图1.17所示。将其与图1.15比较，可知有固体炭存在时，金属氧化物更易被氯气氯化，不仅原来易被氯气氯化的氧化物更易被氯气氯化，甚至某些难被氯气直接氯化的轻金属和稀有金属氧化物也变得易被氯化（如钛、镁、锡等氧化物）。

同理，采用气态氯化氢作氯化剂时，为了防止氯化物水解，气相中应有足够高的

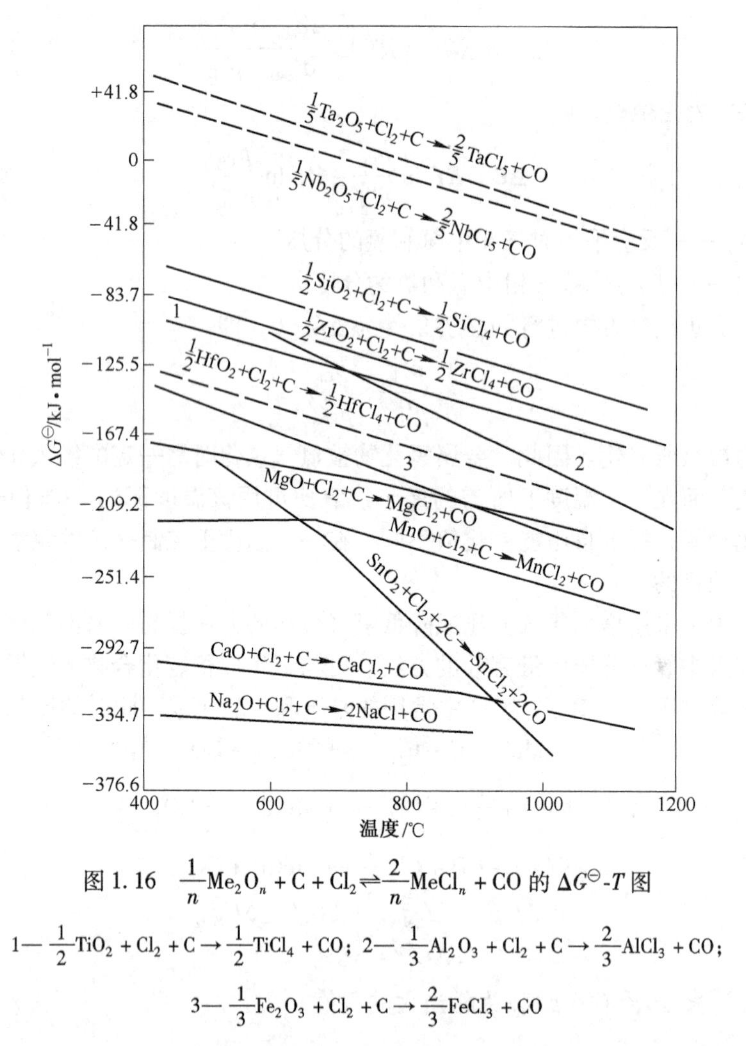

图 1.16　$\frac{1}{n}Me_2O_n + C + Cl_2 \rightleftharpoons \frac{2}{n}MeCl_n + CO$ 的 $\Delta G^{\ominus}$-T 图

1—$\frac{1}{2}TiO_2 + Cl_2 + C \rightarrow \frac{1}{2}TiCl_4 + CO$；2—$\frac{1}{3}Al_2O_3 + Cl_2 + C \rightarrow \frac{2}{3}AlCl_3 + CO$；

3—$\frac{1}{3}Fe_2O_3 + Cl_2 + C \rightarrow \frac{2}{3}FeCl_3 + CO$

%HCl/%H_2O比值。可采用增加氯化氢分压或降低水蒸气压力的方法提高体系中%HCl/%H_2O比值，而尽量降低体系中水蒸气压力是提高此比值最有效的方法。因此，焙烧物料应干燥，使用氢含量低的燃料以减少气相中的水分含量。同时，在一定温度下添加还原剂也能使难以被氯化氢氯化的氧化物变得较易被氯化。控制一定的%HCl/%H_2O比值即可达到选择氯化的目的。

除气态氯化剂外，工业上还常使用氯化钠和氯化钙等固体氯化剂。氯化钠和氯化钙具有很高的热稳定性，在一般焙烧温度下不会热离解。高温条件下，固体氯化剂虽可与物料组分发生相互反应，但固相间接触不良，其反应速度慢。因此，固体氯化剂的氯化作用主要是通过其他组分使其分解而得的氯气和氯化氢来实现的。试验表明，物料中的氧化硅、氧化铁、氧化铝等以及气相中的二氧化硫、氧和水蒸气等皆可促进固体氯化剂的分解。其分解反应为：

$$2NaCl + SO_2 + O_2 \longrightarrow Na_2SO_4 + Cl_2$$
$$2NaCl + SiO_2 + H_2O \longrightarrow Na_2SiO_3 + 2HCl$$
$$2NaCl + SiO_2 + \frac{1}{2}O_2 \longrightarrow Na_2SiO_3 + Cl_2$$

$$CaCl_2 + SO_2 + O_2 \longrightarrow CaSO_4 + Cl_2$$

$$CaCl_2 + SiO_2 + \frac{1}{2}O_2 \longrightarrow CaSiO_3 + Cl_2$$

$$CaCl_2 + SiO_2 + H_2O \longrightarrow CaSiO_3 + 2HCl$$

固体氯化剂分解时的 $\Delta G^{\ominus}$-T 图如图 1.18 所示，从图中曲线可知，SO_2 和 SO_3 促进了固体氯化剂的分解，降低了分解温度，因此，氯化钠主要为氧化分解，但须借助其他组分的帮助，否则分解较难进行。

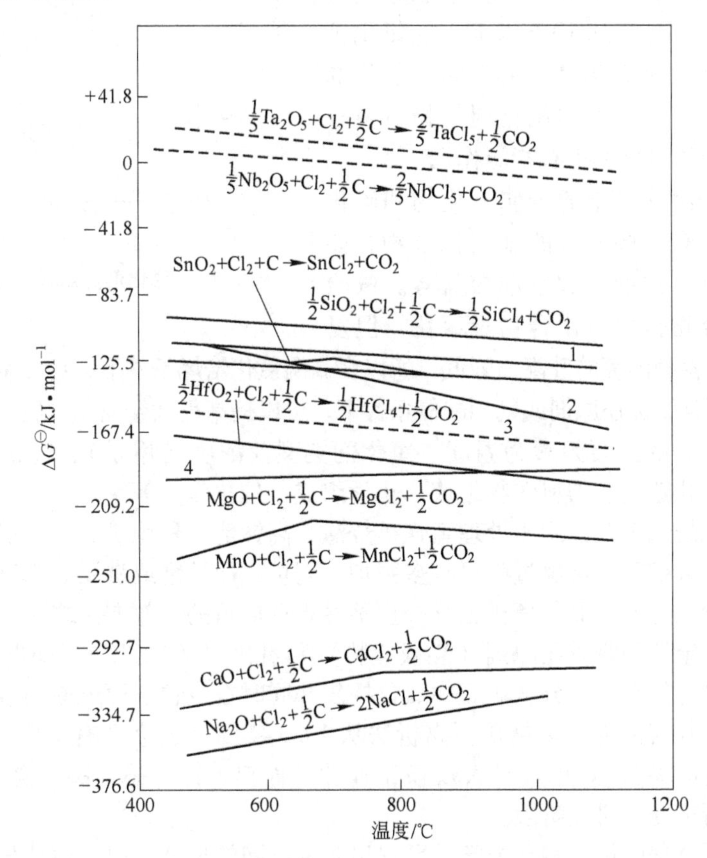

图 1.17 $\frac{1}{n}Me_2O_n + \frac{1}{2}C + Cl_2 \rightleftharpoons \frac{2}{n}MeCl_n + \frac{1}{2}CO_2$ 的 $\Delta G^{\ominus}$-T 图

1— $\frac{1}{2}ZrO_2 + Cl_2 + \frac{1}{2}C \rightarrow \frac{1}{2}ZrCl_4 + \frac{1}{2}CO_2$；2— $\frac{1}{2}TiO_2 + Cl_2 + \frac{1}{2}C \rightarrow \frac{1}{2}TiCl_2 + \frac{1}{2}CO_2$；

3— $\frac{1}{3}Al_2O_3 + Cl_2 + \frac{1}{2}C \rightarrow \frac{2}{3}AlCl_3 + \frac{1}{2}CO_2$；4— $\frac{1}{3}Fe_2O_3 + Cl_2 + \frac{1}{2}C \rightarrow \frac{2}{3}FeCl_3 + \frac{1}{2}CO_2$

中温氯化焙烧时，促进氯化钠分解的最有效组分是炉气中的二氧化硫。因此，以氯化钠为氯化剂的中温氯化焙烧工艺要求原料应含有相当数量的硫，当硫含量不足时可加入适量的黄铁矿。若在中性或还原性气氛中进行氯化焙烧，则氯化钠的分解主要是靠水蒸气进行高温水解，而其他组分（如 SiO_2 等）可起促进作用，氯化钙常用作高温氯化挥发的氯化剂，二氧化硫虽可促进氯化钙的分解并降低其氧化分解温度，但氯化钙的低温过早分解是不利的，此时分解析出的氯气虽可使目的组分氯化但不能挥发，当氯化物随同未分解的氯化剂进入炉内高温区时，会因氯化钙的过早分解而造成氯气浓度不够，致使金属氯化物重新分解而降低氯化效果，且氯化钙分解生成的硫酸钙相当稳定，残留在焙砂中，影响焙砂的进一步利用。因此，高温氯化挥发时，原料中硫含量高是不利的。高温氯化挥发时使氯化钙分解的促进剂主要是氧化硅、氧化铁和氧化铝，但体系中一定要有氧和水。由于炉料含一定水分以及含氢燃料的燃烧，气相中总难免有水蒸气存在，有时可高达10%以上，故氯化钙分解的主要产物常是氯化氢。由于固体氯化剂的化学分解作用，有关气体氯化剂与物料组分的作用规律对固体氯化剂仍有指导作用。

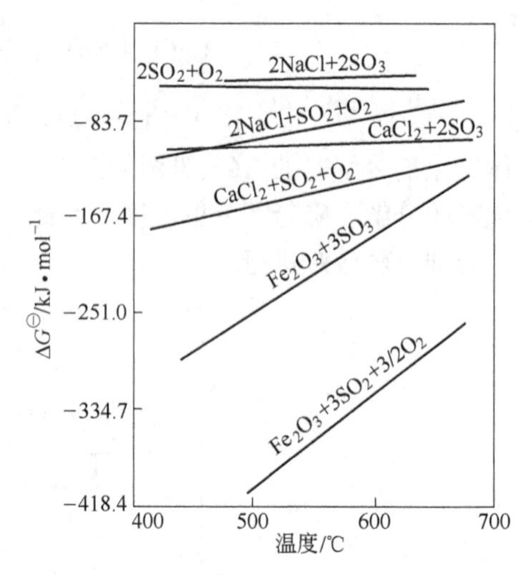

图 1.18　氯化剂分解反应的 $\Delta G^{\ominus}$-T 图

矿物原料中除含简单的金属氧化物和硫化物外，有时还含有一些复杂的金属化合物，如硅酸盐、铁酸盐、铝酸盐和铝硅酸盐等。试验表明，复杂化合物较简单化合物难氯化，但复杂化合物的稳定性随温度的升高而降低，所以在高温氯化焙烧条件下，许多复杂金属化合物仍可被氯化，而且添加还原剂或气相缺氧条件下，可以提高复杂金属化合物的氯化效果。

影响氯化焙烧的主要因素为温度、氯化剂类型及浓度（用量）、气相组成、气流速度、物料粒度、孔隙度、物料矿物组成、化学组成、催化作用等。

目前，氯化焙烧工艺已用于处理黄铁矿烧渣、高钛渣、贫镍矿、红土矿、贫锡矿、复杂金矿及贫铋复合矿等。焙烧过程可在多膛炉、竖炉、回转窑或沸腾炉中进行。

除氯化焙烧工艺外，氯化离析也是处理某些难选矿石的有效方法之一，该方法是在矿物原料中加入一定量的炭质还原剂（煤或焦粉）和氯化剂（$CaCl_2$ 或 NaCl），在中性或弱还原气氛下加热，使有用组分从矿石中氯化挥发并同时在炭粒表面还原为金属颗粒，随后用物理选矿法将其富集为化学精矿。离析法从1923年问世至今已有半个多世纪的历史，难选氧化铜矿石的离析70年代已大规模工业化，而铅、锌、铋、锑、锡、镍、铁、金、银等矿石的离析仍处于研究阶段。

有关铜离析过程的机理和动力学，已提出各种不同的见解，但一般认为铜离析过程可分为三个阶段：

（1）食盐水解产生氯化氢气体。在700～800℃条件下，食盐与矿石中的水蒸气和氧化硅或铝硅酸盐作用可产生氯化氢：

$$2NaCl + H_2O + xSiO_2 \longrightarrow Na_2O \cdot xSiO_2 + 2HCl\uparrow$$

$$4NaCl + Al_2O_3 \cdot 2SiO_2 \cdot 2H_2O \longrightarrow (Na_2O)_2 \cdot Al_2O_3 \cdot 2SiO_2 + 4HCl\uparrow$$

试验表明，水蒸气是使食盐分解的必要条件，而氧化硅和铝硅酸盐仅起促进作用。在铜离析条件下，食盐水解速度快、氯化氢的平衡压力几乎瞬间就达到。NaCl、$CaCl_2$、$MgCl_2$、NaF、NaBr、NaI、$KClO_3$ 及其不同比例的混合物皆可使铜离析，但食盐的离析效果最好，氯化钙次之，其他试剂的离析效果较差。

（2）氧化铜的氯化与挥发。氧化铜或氧化亚铜的氯化挥发可表示为：

$$2CuO + 2HCl \longrightarrow \frac{2}{3}Cu_3Cl_3 + H_2O + \frac{1}{2}O_2$$

$$\Delta G^{\ominus}_{800℃} = -27.2\text{kJ/mol}$$

$$Cu_2O + 2HCl \longrightarrow \frac{2}{3}Cu_3Cl_3 + H_2O$$

$$\Delta G^{\ominus}_{800℃} = -56.52\text{kJ/mol}$$

试验表明，氯化氢的扩散速度快，氯化反应在矿石中均匀进行。因此，氯化速度取决于氯化氢气体与分散在矿石中的铜离子间的化学反应速度。体系中含 CO 时可提高氯化反应速度，但 CO 浓度有一极大值，且为温度的函数（如 750℃约 10%，825℃时为 5%）。这可能为氧化铜的早期还原除去晶格氧使其转变为活性较大的氧化亚铜的缘故。当 CO 浓度达极限值后，可使氧化铜就地还原为金属铜，而金属铜的活性小，故继续增大 CO 浓度对氯化速度的影响甚微。

（3）氯化亚铜被氢还原并析出于炭粒表面。氯化亚铜还原可能有多种机理，但被氢还原较为公认：

$$\frac{2}{3}Cu_3Cl_3 + H_2 \longrightarrow 2Cu + 2HCl\uparrow$$

反应再生的氯化氢可重新氯化氧化铜，故离析所需的氯化剂用量远较化学理论量低。氢是氯化亚铜的活泼还原剂。在离析条件下，氢的来源有：炭质还原剂本身所含挥发分的裂化以及水煤气反应：

$$C + H_2O \longrightarrow CO + H_2 \qquad \Delta G^{\ominus}_{800℃} = -17.29\text{kJ/mol}$$

$$CO + H_2O \longrightarrow CO_2 + H_2 \qquad \Delta G^{\ominus}_{800℃} = -1.424\text{kJ/mol}$$

$$C + CO_2 \longrightarrow 2CO \qquad \Delta G^{\ominus}_{800℃} = -16.54\text{kJ/mol}$$

所产生的氢气吸附于炭粒表面，将氯化亚铜蒸气还原为金属铜粒，炭粒则成为金属铜沉积和发育的核心。若不加炭粒作还原剂，被氢气还原的细粒金属铜将分布于脉石和炉壁表面而难以回收。

此外，也有人认为是氯化亚铜蒸气与炽热的炭粒和水蒸气接触时直接被还原为金属铜：

$$2Cu_2Cl_2 + C + 2H_2O \longrightarrow 4Cu + 4HCl + CO_2$$

还有人认为还原按下式进行：

$$Cu_2Cl_2 + H_2O \longrightarrow Cu_2O + 2HCl$$

$$Cu_2O + CO \longrightarrow 2Cu + CO_2$$

$$CO_2 + C \longrightarrow 2CO$$

氯化亚铜的还原发生在炭粒表面上是由于炭粒可产生一氧化碳。

影响离析结果的主要因素有：矿石性质、温度、离析反应时间、氯化剂类型及用量、还原剂类型及用量、水分含量及工业炉型等。

试验表明，各种难选的氧化铜矿均可用离析法处理、硫化铜矿应预先氧化焙烧才能进行离析，原料中硫含量应低于 0.3%。碱性脉石分解产生的氧化钙会降低铜的离析速度，方解石的有害影响甚于白云石。矿石粒度主要取决于炉料加热方式，若用回转窑可粗些。离析温度与矿石性质，热交换条件有关，含碱性脉石时，离析温度一般应低于其分解温度，温度太高可使炉料发黏或局部熔化而使操作困难，并使松脆易磨易浮的离析铜转变为致密有延展性的难磨难浮的片铜。氧化铜矿的开始离析温度约 600℃，但有效的离析温度一般为700～800℃或稍高些。离析反应时间与反应温度等因素有关。在炉料不熔结条件下，适当提高温度，热工传热好可缩短反应时间。当其他条件相同时，适当增加离析反应时间则可提高铜的回收率。工业上常用食盐作氯化剂，盐比（盐与矿重之比）与热工制度、炉型及矿石性质有关。原料中钙、铁含量高时的盐比硅质原料高，两段离析的盐比为0.1%～1.0%，而一段回转窑离析的盐比则高达1.8%～2.0%。食盐的粒度影响甚微，不用细磨。常用煤粉、焦炭粉或石油焦作还原剂，其用量与还原剂特性（类型、挥发分含量、固定碳含量、灰分及粒度组成等）、热工制度及原料性质有关。两段离析的还原剂用量约0.5%～1.5%，直接加热的一段离析的还原剂用量约3.5%～4.0%。还原剂粒度和挥发分含量对离析铜的特性有很大影响。水蒸气是离析时食盐水解的必要条件，原料带入的水分及离析过程产生的水分足可保证此条件，故不需补加水。试验表明，气相中水分含量高达30%时不影响铜的离析，且有助于抑制氧化铁矿物的氯化离析。

工业上有一段离析和两段离析两种工艺，前者是将矿石、氯化剂和还原剂混合后在同一设备中进行加热、氯化挥发和离析，该工艺流程简单，金属挥发损失小，但热利用率低，还原剂和氯化剂用量大，离析反应所需气氛难以保证。两段离析是预先将矿石加热至离析温度，然后进入离析室与氯化剂、还原剂混合进行氯化挥发和离析，其优点是反应气氛易保证，氯化剂、还原剂用量小，炉气腐蚀性小，离析指标高，但加热后的矿石很难与氯化剂、还原剂混合均匀，离析温度较难保证，离析反应器难密封，排料装置较复杂。

1973年瑞典明普罗（MIPRO）公司申请了机械窑的专利。机械窑是内衬隔热耐磨衬里和以氧化铝球为磨矿介质的球磨机，操作时可将机械功转变为热能，从而可在还原气氛中及添加煤和其他试剂（如卤化物）的条件下对矿石和矿石产品进行热处理。用机械窑对含镍红土矿进行半工业试验表明，将干燥矿石在焙烧炉内加热至950℃，然后将热矿和氯化钙及焦炭一起投入机械窑进行热处理，产物在中性气氛中冷至100℃，经棒磨、磁选，可得含镍60%的镍铁富集物，镍回收率高达90%。试验表明，在衬里和介质磨损及窑表面热损失方面均未出现严重问题。此类型机械窑是离析及其他热处理工艺较理想的设备。

1.5 钠盐烧结焙烧

1.5.1 钠盐烧结焙烧

钠盐烧结焙烧是在矿物原料中加入钠盐（如苛性钠、碳酸钠、食盐、硫酸钠等），在一定的温度和气氛条件下，使难溶的目的组分矿物转变为可溶性的相应钠盐的焙烧过程。所得焙烧（烧结块）可用水、稀酸液或稀碱液进行浸出，可使目的组分转入浸液中，从而达到分离富集目的组分的目的。钠盐烧结焙烧法可用于提取有用组分，也可用于除去粗精矿中的某些杂质及作为提取某些高熔点金属（如钒、钨、铬等）的准备作业。

工业上常用此工艺提取钨、钒等有用组分。难处理的低度钨矿物原料、钾钒铀矿、铝土矿、钒钛磁铁矿等难选矿物原料的钠盐烧结焙烧过程的主要反应为：

$$2FeWO_4 + 2Na_2CO_3 + \frac{1}{2}O_2 \xrightarrow{700 \sim 850℃} 2Na_2WO_4 + Fe_2O_3 + 2CO_2 \uparrow$$

$$3MnWO_4 + 3Na_2CO_3 + \frac{1}{2}O_2 \xrightarrow{700 \sim 850℃} 3Na_2WO_4 + Mn_3O_4 + 3CO_2 \uparrow$$

$$2MnWO_4 + 2Na_2CO_3 + \frac{1}{2}O_2 \xrightarrow{700 \sim 850℃} 2Na_2WO_4 + Mn_2O_3 + 2CO_2 \uparrow$$

$$CaWO_4 + Na_2CO_3 + SiO_2 \xrightarrow{800℃} CaSiO_3 + Na_2WO_4 + CO_2 \uparrow$$

$$2Al(OH)_3 + 2NaOH \xrightarrow{100℃} 2NaAl(OH)_4$$

$$AlOOH + NaOH + H_2O \xrightarrow{155 \sim 175℃} NaAl(OH)_4$$

$$Al_2O_3 + 2NaOH + 3H_2O \xrightarrow{230 \sim 240℃} 2NaAl(OH)_4$$

$$K_2O \cdot 2UO_3 \cdot V_2O_5 + 6Na_2CO_3 + 2H_2O \xrightarrow{100 \sim 180℃} 2Na_4[UO_2(CO_3)_3] + 2KVO_3 + 4NaOH$$

$$V_2O_5 + Na_2CO_3 \longrightarrow 2NaVO_3 + CO_2 \uparrow$$

$$SiO_2 + Na_2CO_3 \longrightarrow Na_2SiO_3 + CO_2 \uparrow$$

钠盐烧结焙烧温度比一般焙烧温度高，接近物料软化点，但仍低于物料熔点，此时熔剂熔融形成部分液相，可使反应试剂与炉料较好地接触，可提高反应速度。因此，钠盐烧结焙烧的目的不是炉料的烧结，而是使难溶的目的组分矿物转变为相应的可溶性钠盐，烧结块可直接送水淬浸出或冷却磨细后送浸出作业。

此工艺除用于提取某些有用组分外，还常用于除去难选粗精矿中的某些杂质以提高精矿质量，如用于除去锰精矿、铁精矿、石墨精矿、金刚石精矿、高岭土精矿等粗精矿中的磷、铝、硅、钒、铁、钼等杂质。除杂的主要反应为：

$$SiO_2 + Na_2CO_3 \xrightarrow{700 \sim 800℃} Na_2SiO_3 + CO_2 \uparrow$$

$$SiO_2 + 2NaOH \xrightarrow{500 \sim 800℃} Na_2SiO_3 + H_2O$$

$$Ca_3(PO_4)_2 + 3Na_2CO_3 \longrightarrow 2Na_3PO_4 + 3CaCO_3$$

$$MoS_2 + 3Na_2CO_3 + 4\frac{1}{2}O_2 \longrightarrow Na_2MoO_4 + 2Na_2SO_4 + 3CO_2 \uparrow$$

$$As_2S_3 + 6Na_2CO_3 + 7O_2 \longrightarrow 2Na_2AsO_4 + 3Na_2SO_4 + 6CO_2 \uparrow$$

$$Al_2O_3 + 2NaOH \xrightarrow{500 \sim 800℃} 2NaAlO_2 + H_2O$$

$$Fe_2O_3 + 2NaOH \xrightarrow{500 \sim 800℃} 2NaFeO_2 + H_2O$$

$$Fe_2O_3 + Na_2CO_3 \longrightarrow 2NaFeO_2 + CO_2 \uparrow$$

$$\vdots$$

所生成的钠盐在后续的浸出过程中均转入浸液中，但铝酸钠和铁酸钠在弱碱介质中发生水解，其反应可表示为：

$$NaAlO_2 + 2H_2O \longrightarrow Al(OH)_3 \downarrow + NaOH$$

$$2NaFeO_2 + 2H_2O \longrightarrow Fe_2O_3 \cdot H_2O \downarrow + 2NaOH$$

因此，浸出 pH 值因除杂类型而异。

1.5.2 从钒钛磁铁矿中提取钒

工业上从钒钛磁铁矿中提取钒可采用直接法和间接法两种工艺。

1.5.2.1 间接提钒工艺

间接提钒工艺是将钒钛磁铁矿精矿经高炉熔炼，70% ~80% 的氧化钒被还原进入生铁中，含钒铁水用氧气或空气吹炼，使钒氧化进入渣中，钒渣含钒达8%～12%。钒渣经破碎、磨矿和磁选除铁后，加入钠盐送入回转窑中进行钠盐烧结焙烧，钒渣中的钒被氧化为五价的偏钒酸钠，用水浸出烧结块，可得偏钒酸钠溶液，加入硫酸可沉淀析出五氧化二钒沉淀，经过滤、洗涤、干燥，可得粉状五氧化二钒产品。

1.5.2.2 直接提钒工艺

钒钛磁铁矿精矿不经高炉熔炼，直接加入钠盐并制成球团，送回转窑中进行钠盐烧结焙烧，使钒转变为水溶性的偏钒酸钠。用水浸出烧结块，偏钒酸钠转入浸液中。固液分离可使钒与其他组分分离。浸液加入硫酸可沉淀析出五氧化二钒沉淀，经过滤、洗涤、干燥，可得粉状五氧化二钒产品。与间接提钒工艺比较，直接提钒工艺的钒回收率可提高10%～15%。但水浸钒后的球团含微量钠盐，不宜直接进高炉炼铁，只能作生产海绵铁的原料。

1.6 煅烧

煅烧是天然化合物或人造化合物的热离解或晶形转变过程，此时化合物受热离解为一种组成更简单的化合物或发生晶形转变。碳酸盐的热离解常称为焙解。煅烧作业可用于直接处理矿物原料以适于后续的工艺要求，也可用于化学选矿后期处理以制取化学精矿，满足用户对产品的要求。

煅烧过程的反应可表示为：

$$MeCO_3 \longrightarrow MeO + CO_2$$

$$MeSO_4 \longrightarrow MeO + SO_2 + \frac{1}{2}O_2$$

$$MeS_2 \longrightarrow MeS + \frac{1}{2}S_2$$

$$(NH_4)_2WO_4 \longrightarrow WO_3 + 2NH_3 + H_2O$$

$$\vdots$$

影响煅烧过程的主要因素为煅烧温度、气相组成、化合物的热稳定性等。某些碳酸盐、氧化物的离解压与温度的关系如图1.19和图1.20所示。从图中曲线可知，当气相中p_{CO_2}分压相同时，菱铁矿较易焙解，方解石最稳定。在大气中（$p_{O_2}=20kPa$），最稳定的氧化物是磁铁矿，而银、汞氧化物易热离解。因此，银、汞可呈自然金属态存在于地壳中。

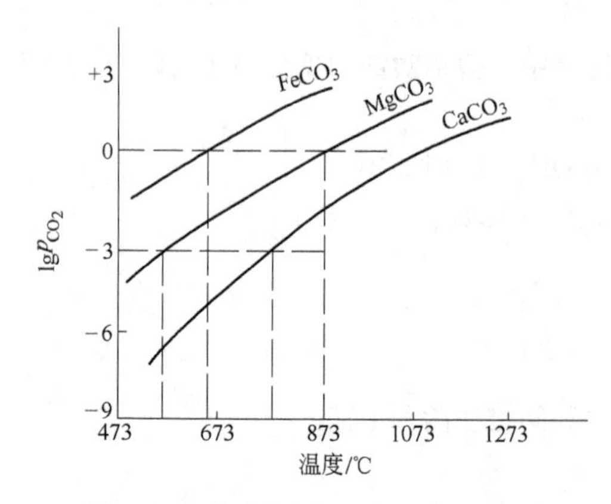

图1.19 碳酸盐离解压与温度的关系

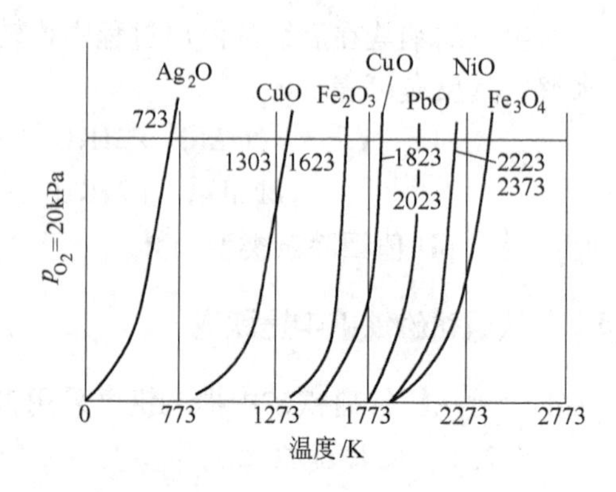

图1.20 某些氧化物的离解压与温度的关系

各种化合物热离解的基本规律大致相同，下面以碳酸盐为例讨论适用于各种化合物热离解的一般规律。化合物的热离解一般是可逆的，温度升高时化合物离解，而温度降低时离解产物又重新化合。对碳酸盐而言，可用下式表示：

$$MeCO_3 \rightleftharpoons MeO + CO_2$$

在固相间无液相存在的最简单条件下，即碳酸盐和氧化物均呈纯结晶相存在时，上述反应的平衡常数仅决定于二氧化碳的分压：

$$K_P = p_{CO_2(MeCO_3)}$$

在碳酸盐焙解体系中，有两个独立组元和三个相，根据相律，该体系的自由度为1，即：$f = c - p + 2 = 2 - 3 + 2 = 1$。说明碳酸盐焙解体系中，在相成分不变的条件下，二氧化碳的平衡分压仅决定于温度。

一般将平衡分压称为该化合物的离解压。它不仅表示体系实际存在的平衡状态，而且可作为衡量该化合物热稳定度的标准。化合物的离解压愈高，则该化合物的热稳定度愈小，愈易热离解。化合物的离解压可由实验测定，也可用化学热力学的方法进行计算。当离解压的数值很小［如小于10833kPa（10^{-2}atm）］时，只能用计算法求得。

根据等温方程式，体系的自由能变化为：

$$\begin{aligned}\Delta G &= \Delta G^{\ominus} + RT\ln Q \\ &= -RT\ln K_P + RT\ln Q \\ &= RT\ln p_{CO_2} - RT\ln p_{CO_2(MeCO_3)} \\ &= 4.576T[\lg p_{CO_2} - \lg p_{CO_2(MeCO_3)}]\end{aligned}$$

式中 $p_{CO_2(MeCO_3)}$——碳酸盐的平衡离解压；

p_{CO_2}——气相中二氧化碳的实际分压。

碳酸盐焙解时体系自由能的变化值表示金属氧化物对二氧化碳亲和力的大小。当 $p_{CO_2} = 1.013 \times 10^5$Pa（1atm）时，$\Delta G = \Delta G^{\ominus}$，此时的亲和力称为标准化学亲和力。因此，$\Delta G^{\ominus}$值可作为衡量碳酸盐的热稳定度或氧化物对二氧化碳的化学亲和力的标准。$\Delta G^{\ominus}$愈负或$p_{CO_2(MeCO_3)}$愈大，金属氧化物对二氧化碳的亲和力愈小，碳酸盐愈易热离解，热离解的温度愈低。当 $p_{CO_2} > p_{CO_2(MeCO_3)}$时，$\Delta G > 0$，反应向生成碳酸盐的方向进行；当 $p_{CO_2} < p_{CO_2(MeCO_3)}$时，$\Delta G < 0$，反应向碳酸盐热离解的方向进行。

根据上述原理即可选择碳酸盐的热离解条件。图1.21为某些碳酸盐的离解压曲线。从图可知，在某一温度下，菱铁矿的离解压最大，菱镁矿次之，方解石的离解压最小。因此，菱铁矿的热稳定度最小，方解石的热稳定度最大，菱镁矿居中。如果热离解条件选在 a 点，则菱铁矿和菱镁矿热离解而方解石不热离解。要使方解石热离解可采用提高温度（箭头Ⅰ）或用降低气相中二氧化碳的分压（箭头Ⅱ）的方法来实现。但在低温时碳酸盐的离解压很小，以致用降低二氧化碳的分压的方法来实现碳酸盐的热离解是不可能的，其次从动力学方面考虑，低温时也难保

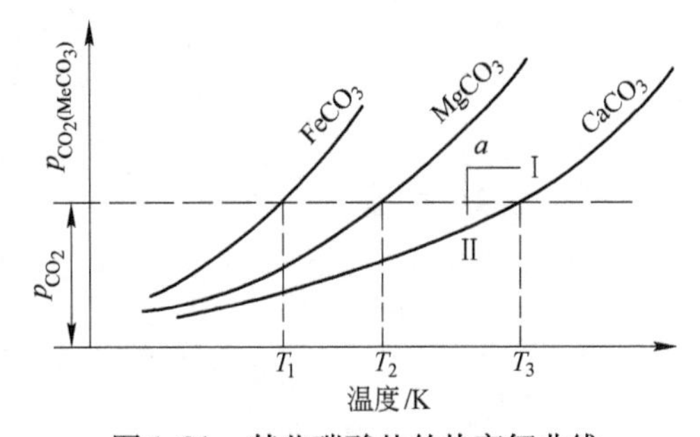

图1.21 某些碳酸盐的热离解曲线

证碳酸盐的热离解速度。因此，工业上一般是将矿物原料加热至一定温度而使碳酸盐热离解。碳酸盐开始热离解温度与气相中二氧化碳的分压有关，如当 $p_{CO_2}=1.013\times10^5$Pa（1atm）时，碳酸钙的焙解温度为 910℃，而在空气中［此时 $p_{CO_2}=303.9$Pa（0.003atm）］、碳酸钙开始焙解的温度为 530℃。但在低温时，由于 $p_{CO_2(MeCO_3)}<<1$，从而要使碳酸盐焙解是相当困难的。而在高温时，$p_{CO_2(MeCO_3)}$ 相当大，所以要阻止碳酸盐焙解也相当困难。碳酸盐的热稳定度愈大，其焙解的开始温度和化学沸腾温度（离解压为 1.013×10^5Pa（1atm）时的焙解温度）也愈高。

由于各种化合物（如碳酸盐、氧化物、氢氧化物、硫化物、含氧酸盐等）的热稳定度不同，控制煅烧温度和气相组成即可选择性地改变某些化合物的组成或发生晶形转变，再用相应方法处理即可达到除杂和使有用组分富集的目的。如菱铁矿为弱磁性矿物，可在中性或弱氧化性气氛下加热至 570℃以上，使其转变为强磁性的四氧化三铁，然后用磁选法进行富集。石灰石和菱镁矿可在 900℃左右的温度条件下焙解为氧化钙和氧化镁，氧化钙可用消化法分离，氧化镁可用重选法回收（因其密度为 1.3～1.6g/cm³）。因此，碳酸盐型磷矿可用煅烧-消化工艺进行选别而获得优质磷精矿。锰矿物的可浮性随煅烧温度的提高而增大，最适宜的煅烧温度为 600～1000℃，此条件下锰矿物转变为稳定的黑锰矿。

此外，在 1000℃左右的温度条件下，可使 α-锂辉石（不与硫酸反应）转变为能被硫酸分解的 β-锂辉石，且岩体体积发生变化，可用空气分级法从围岩中分离出细级别的 β-锂辉石。绿柱石在 1700℃条件下在电弧炉中进行热处理，随后进行制粒淬火，可使其转变为易溶于硫酸的无定形态（玻璃状）绿柱石。

2　矿物原料浸出

2.1　概述

矿物原料浸出是浸出剂选择性地溶浸矿物原料中某矿物组分的工艺过程。矿物原料浸出的目的，是选择适当的浸出剂使矿物原料中的目的矿物选择性地溶解，使目的组分转入溶液中，以使目的组分与杂质组分或脉石矿物相互分离。因此，矿物原料的浸出过程是目的组分提取、分离和富集的过程。

进入浸出作业的原料，通常为难以用物理选矿方法（如重选、浮选、电选、磁选和放射性选矿等）处理的原矿、物理选矿的中矿、尾矿、粗精矿、贫矿、表外矿和冶金过程的中间产品等。依据矿物原料特性，须经化学选矿处理的矿物原料可预先经焙烧作业处理而后进行浸出，也可不经焙烧作业而直接进行浸出。因此，矿物原料的浸出作业是化学选矿过程中极普遍的作业。

用于浸出作业的试剂，称为浸出剂；浸出作业所得溶液，称为浸出液；浸出后的残渣，称为浸出渣。实践中常采用有用组分或杂质组分的浸出率、浸出的选择性、试剂耗量和吨矿成本等指标衡量浸出过程的效率。

某组分的浸出率，是指在该浸出条件下，转入浸出液中的量与其在被浸原料中的总量之比的百分数。设被浸原料干重为 Q（t）、某组分在原料中的品位为 α（%）、浸出液的体积为 V（m^3）、该组分在浸出液中的浓度为 C（t/m^3）、浸出渣干重为 M（t）、该组分在浸出渣中的含量为 δ（%）。则该组分的浸出率：

$$\varepsilon_{浸} = \frac{VC}{Q\alpha} \times 100\% = \frac{Q\alpha - M\delta}{Q\alpha} \times 100\% \tag{2.1}$$

浸出过程中，组分 1 和组分 2 的浸出选择性系数：

$$\beta = \frac{\varepsilon_1}{\varepsilon_2} \tag{2.2}$$

浸出选择性系数为相同浸出条件下，各组分的浸出率之比。此值愈接近 1，其浸出选择性愈差。

矿物原料的浸出方法较多，有各种不同的分类方法。依浸出试剂为无机物或有机物，可分为水溶剂浸出和非水溶剂浸出。前者是采用各种无机化学试剂的水溶液或水作浸出剂，后者是采用有机溶剂作浸出剂。详细分类见表 2.1。

依浸出过程中被浸物料和浸出剂的流动方式，浸出可分为渗滤浸出和搅拌浸出两大类。渗滤浸出是浸出剂在重力作用下自上而下或在压力作用下自下而上通过固定物料层的浸出过程。渗滤浸出可细分为就地渗滤浸出（地浸）、矿堆渗滤浸出（堆浸）和槽式渗滤浸出（槽浸）等。搅拌浸出是将磨细的矿物原料与浸出剂放入浸出搅拌槽中，在进行强烈

表 2.1 浸出方法依浸出试剂分类

浸出方法		常用浸出试剂
水溶剂浸出	酸法	稀硫酸、浓硫酸、盐酸、硝酸、氢氟酸、亚硫酸等
	碱法	碳酸钠、苛性钠、氨水、硫化钠等
	盐浸	氯化钠、氯化铁、硫酸铵、氯化铜、次氯酸钠等
	热压浸出	酸或碱、水
	细菌浸出	硫化矿物＋菌种＋培养基
	氧化配合浸出	氧化剂＋配合剂
	电化学浸出	用电解方法生成氧化剂和浸出剂
	水浸出	水
非水溶剂浸出		有机溶剂

搅拌的条件下完成浸出的过程。渗滤浸出法只适用于某些特定的条件，而搅拌浸出法使用非常普遍。

依浸出时的温度和气体压力条件，浸出可分为常温常压浸出和高温高压（热压）浸出两大类。目前，常温常压浸出较常见，但热压浸出可提高浸出速率和浸出率，其应用范围正日益扩大。

依浸出过程的化学反应原理，浸出可分为一般浸出、配合浸出、热压浸出、电化学浸出和细菌浸出等。

进入浸出作业的矿物原料的化学组成和矿物组成均较复杂，有用组分一般呈金属硫化物、金属氧化物、含氧酸盐和自然金属等形态存在。脉石矿物一般为硅酸盐、铝硅酸盐、铝酸盐和碳酸盐，有时还含碳物质和有机质。矿物原料的结构构造也相当复杂，各有关组分除呈单独矿物形态存在外，有时还呈微细粒、胶体、结合体、包体或染色体等形态存在。

为了使矿物原料中某些难浸矿物（如金属硫化矿物、硅酸盐等）转变为易于浸出的化合物；除去有机物质和使某些杂质矿物转变为难以浸出的形态；使硫化矿物中的包体金、包体胶态锡、结合铜、包体银等单体解离或裸露；改变原料结构，使其疏松多孔等。浸出前，可预先对矿物原料进行焙烧，然后浸出焙砂或焙烧烟尘；或对预先磨细的矿物原料或浮选精矿进行预氧化酸性浸出，使原料中的包体、胶态物及结合体单体解离或裸露，然后再对预氧化渣进行相应的浸出，以浸出相应的有用组分。浸出前的准备作业有：破碎、磨矿、分级作业，有时还有配料、预浸等作业。其目的是为浸出作业准备较好的作业条件，以提高相应的被浸组分的浸出速率和浸出率。

根据被浸原料的特性和浸出的目的，浸出作业可浸出有用组分，也可浸出杂质组分或作为浸出作业前的预处理作业。

浸出方法和浸出剂的选择主要取决于被浸原料的矿物组成和化学组成、浸出目的、原料的结构构造、浸出剂的价格、对矿物原料的反应能力及对设备材质的要求等。如物理选矿产出的钨精矿有时砷、锡、铜、铋等杂质含量超标，则常采用焙烧法除砷、除锡，用浮选法除铜，用浸出法除铋；若浮选金精矿中金主要呈包体金形态存在，浸金前须预先采用相应方法进行处理，使自然金粒单体解离或裸露。常见浸出剂及其应用列于表 2.2 中。

表 2.2 常用浸出剂及其应用

浸出剂	浸出矿物类型	脉石
稀硫酸	铀、钴、镍、铜、磷等氧化矿，镍、钴、锰硫化物，磁黄铁矿	酸性
稀硫酸 + O_2	有色金属硫化矿、晶质铀矿、沥青铀矿、含砷硫化矿	酸性
盐 酸	氧化铋、辉铋矿、磷灰石、白钨矿、氟碳铈矿、复稀金矿、辉锑矿、磁铁矿、白铅矿	酸性
热浓硫酸	独居石、易解石、褐钇铌矿、钇易解石、复稀金矿、黑稀金矿、氟碳铈矿、烧绿石、硅铍钇矿、榍石	酸性
硝 酸	辉钼矿、银矿物，有色金属硫化矿物、氟碳铈矿、细晶石、沥青铀矿	酸性
王 水	金、银、铂族金属	酸性
氢氟酸	钽铌矿物、磁黄铁矿、软锰矿、钍石、烧绿石、榍石、霓石、磷灰石、云母、石英、长石	酸性
亚硫酸	软锰矿、硬锰矿	酸性
氨 水	铜、镍、钴氧化物、硫化铜矿物、铜、镍、钴金属、钼华	碱性
碳酸钠	白钨矿、铀矿	
$Na_2S + NaOH$	砷、锑、锡、汞硫化矿	
苛性钠	铝土矿、铅锌硫化矿、锑矿、含砷硫化矿、独居石	
氯化钠	白铅矿、氯化铅、离子吸附稀土矿、氯化焙砂、氯化焙烧烟尘	
氰化钠	金、银、铜矿物	
Fe^{3+} + 酸	有色金属硫化矿、铀矿	
氯化铜	铜、铅、锌、铁硫化矿	
硫 脲	金、银、铋矿、汞矿	
氯 水	有色金属硫化矿、金、银	
热压氧浸	有色金属硫化矿、金、银、独居石、磷钇矿	
细菌浸出	铜、钴、锰、铀矿、有色金属硫化矿、硫砷铁矿、黄铁矿	
水 浸	盐、芒硝、天然碱、钾矿、硫酸铜、硫酸化烧渣、钠盐烧结块	
硫酸铵等盐溶液	离子吸附型稀土矿	

2.2 浸出过程的热力学

浸出过程通常是水溶液中多相体系（固、液、气）的化学反应过程。根据浸出过程化学反应的实质，可将浸出过程分为：一般浸出、配合浸出、热压浸出、电化学浸出和细菌浸出等。

2.2.1 常压一般浸出

一般浸出时，浸出过程通常在常温常压下进行，浸出的化学反应可分为氧化-还原反应和非氧化-还原反应两大类。每一大类又可分为有氢离子参加反应和没有氢离子参加反应的两个小类。

2.2.1.1 有氢离子参加的氧化-还原反应

此时，由A物质变为B物质的反应，可用下列通式表示：

$$aA + mH^+ + ne \longrightarrow bB + cH_2O \tag{2.3}$$

其平衡电极电位可用能斯特（Nerst）公式表示：

$$\varepsilon = \varepsilon^{\ominus} - \frac{RT}{nF}\ln Q$$

式中 ε——非标准状态下的溶液平衡还原电位，V；

$\varepsilon^{\ominus}$——标准状态下的溶液的标准还原电位，V；

Q——非标准状态下的活度商；

R——气体常数，8.31J/(℃·mol)；

T——绝对温度（非特指时，一般为298K）；

n——参加反应的电子数；

F——法拉第常数，96500C/mol。

代入上式，则得：

$$\begin{aligned}\varepsilon &= \varepsilon^{\ominus} - \frac{RT}{nF}\ln\frac{[B]^b \cdot [H_2O]^c}{[A]^a \cdot [H^+]^m} \\ &= \varepsilon^{\ominus} + \frac{8.31 \times 298}{96500n} \times 2.3\ \lg\frac{[A]^a \cdot [H^+]^m}{[B]^b} \\ &= \varepsilon^{\ominus} + \frac{0.0591}{n}\lg\frac{[A]^a \cdot [H^+]^m}{[B]^b} \\ &= \varepsilon^{\ominus} + \frac{0.0591}{n}(a\lg\alpha_A - m\mathrm{pH} - b\lg\alpha_B)\end{aligned} \tag{2.4}$$

从式（2.4）可知，对于有氢离子参加的氧化-还原反应而言，反应进行的程度决定于溶液的平衡还原电位和溶液的pH值。

2.2.1.2 无氢离子参加的氧化-还原反应

此时，由A物质变为B物质的通式可表示为：

$$aA + ne \longrightarrow bB \tag{2.5}$$

其平衡条件为：

$$\varepsilon = \varepsilon^{\ominus} + \frac{0.0591}{n}(a\lg\alpha_A - b\lg\alpha_B) \tag{2.6}$$

从式（2.6）可知，无氢离子参加的氧化-还原反应的进行程度仅决定于溶液的平衡还原电位。

2.2.1.3 有氢离子参加的非氧化-还原反应

此时，由A物质变为B物质的通式可表示为：

$$aA + mH^+ \longrightarrow bB + cH_2O \tag{2.7}$$

该反应的平衡常数为：

$$K = \frac{[B]^b \cdot [H_2O]^c}{[A]^a \cdot [H^+]^m} = \frac{\alpha_B^b}{\alpha_A^a \cdot [H^+]^m}$$

$$\lg K = b\lg\alpha_B - a\lg\alpha_A + m\mathrm{pH}$$

$$pH = \frac{1}{m}\lg K - \frac{1}{m}(b\lg\alpha_B - a\lg\alpha_A)$$

当 $\alpha_A = \alpha_B = 1$ 时，$pH^{\ominus} = \frac{1}{m}\lg K$

代入上式，得：

$$pH = pH^{\ominus} - \frac{1}{m}(b\lg\alpha_B - a\lg\alpha_A) \tag{2.8}$$

由式（2.8）可知，对有氢离子参加的非氧化-还原反应而言，反应进行的程度仅决定于溶液的 pH 值。

2.2.1.4 无氢离子参加的非氧化-还原反应

此时，由 A 物质变为 B 物质的通式可表示为：

$$aA \longrightarrow bB$$

其平衡常数 K 为：

$$K = \frac{[B]^b}{[A]^a} = \frac{\alpha_B^b}{\alpha_A^a}$$

$$\lg K = b\lg\alpha_B - a\lg\alpha_A \tag{2.9}$$

由式（2.9）可知，对无氢离子参加的非氧化-还原反应而言，反应进行的程度仅决定于其反应平衡常数。

综上所述，水溶液中一般的化学反应及其平衡条件，可综合见表 2.3。

表 2.3 水溶液中一般化学反应及其平衡条件

反应类型		与平衡有关者	平衡表达式
非氧化-还原反应	无 H^+ 无 e	一、一 $m=0$、$n=0$	$\lg K = b\lg\alpha_B - a\lg\alpha_A$
	有 H^+ 无 e	pH、一 $m\neq0$、$n=0$	$pH = pH^{\ominus} - \frac{1}{m}(b\lg\alpha_B - a\lg\alpha_A)$
氧化-还原反应	无 H^+ 无 e	一、ε $m=0$、$n\neq0$	$\varepsilon = \varepsilon^{\ominus} + \frac{0.0591}{n}(a\lg\alpha_A - b\lg\alpha_B)$
	有 H^+ 有 e	pH、ε $m\neq0$、$n\neq0$	$\varepsilon = \varepsilon^{\ominus} + \frac{0.0591}{n}(a\lg\alpha_A - b\lg\alpha_B - mpH)$

从表 2.3 可知，水溶液中的化学反应与溶液的还原电位，pH 值和组分活度有关。在指定的温度和压力条件下，可将溶液的电位和 pH 值表示于平面图上（ε-pH 图）。ε-pH 图是近 50 年才发展起来的，它可指明反应自动进行的条件、指明组分在水溶液中稳定存在的区域和范围。它可为浸出、分离和电解等作业提供热力学依据，成为研究浸出、分离和电解等作业热力学的常用工具。

常见的 ε-pH 图有金属-水系、金属-配合剂-水系、硫化物-水系等。20 世纪 70 年代后，由于热压技术的推广和应用，又出现热压条件下的 ε-pH 图。

绘制 ε-pH 图时，习惯规定电位采用还原电位，化学反应方程左边为氧化态、电子 e 和 H^+，反应方程右边为还原态。

绘制 ε-pH 图的步骤一般为：

（1）确定体系中可能发生的各类化学反应及每个化学反应的平衡方程式；

（2）由有关的热力学数据计算反应的 $\Delta G_T^{\ominus}$，求出平衡常数 K 或 $\varepsilon_T^{\ominus}$；

（3）导出各个化学反应的 ε_T 与 pH 值的关系式；

（4）根据 ε_T 与 pH 值的关系式，在指定的离子活度或气相分压的条件下，计算出各个温度下的 ε_T 与 pH 值；

（5）绘制 ε-pH 图。

下面以 Fe-H_2O 系的 ε-pH 图为例，说明 25℃时的 ε-pH 图的一般绘制方法。

Fe-H_2O 系有关的主要化学反应及其平衡条件关系式为：

（1）氧化-还原反应：

$$Fe^{2+} + 2e \longrightarrow Fe$$

$$\varepsilon = \varepsilon^{\ominus} + \frac{0.0591}{n}(\lg\alpha_{Fe^{2+}} - \lg\alpha_{Fe})$$

由于 $\alpha_{Fe} = 1$，$n = 2$，$\Delta G_{Fe}^{\ominus} = 0$，$\Delta G_{Fe^{2+}}^{\ominus} = -84935\text{J/mol}$

因为 $nF\varepsilon^{\ominus} = -\Delta G^{\ominus}$

所以 $$\varepsilon^{\ominus} = \frac{-[0-(-84935)]}{2\times96500} = -0.441\text{V}$$

故 $$\varepsilon = -0.441 + 0.0295\lg\alpha_{Fe^{2+}} \quad (1)$$

同理可得：

$$Fe^{3+} + e \longrightarrow Fe^{2+}$$

$$\varepsilon = 0.771 + 0.0591\lg\frac{\alpha_{Fe^{3+}}}{\alpha_{Fe^{2+}}} \quad (2)$$

$$Fe(OH)_2 + 2H^+ + 2e \longrightarrow Fe + 2H_2O$$

$$\varepsilon = -0.047 - 0.0591\text{pH} \quad (3)$$

$$Fe(OH)_3 + 3H^+ + e \longrightarrow Fe^{2+} + 3H_2O$$

$$\varepsilon = 1.057 - 0.177\text{pH} - 0.0591\lg\alpha_{Fe^{2+}} \quad (4)$$

$$Fe(OH)_3 + H^+ + e \longrightarrow Fe(OH)_2 + H_2O$$

$$\varepsilon = 0.271 - 0.0591\text{pH} \quad (5)$$

（2）非氧化-还原反应：

$$Fe(OH)_3 + 2H^+ \longrightarrow Fe^{2+} + 2H_2O$$

$$K = \frac{[Fe^{2+}]}{[H^+]^2} = 1.6\times10^{13}$$

$$\text{pH}^{\ominus} = \frac{1}{2}\lg K = \frac{1}{2}\lg 1.6\times10^{13} = 6.60$$

所以 $$\text{pH} = 6.60 - \frac{1}{2}\lg\alpha_{Fe^{2+}} \quad (6)$$

$$Fe(OH)_3 + 3H^+ \longrightarrow Fe^{3+} + 3H_2O$$

$$\text{pH} = 1.53 - \frac{1}{3}\lg\alpha_{Fe^{3+}} \quad (7)$$

有了各类化学反应平衡条件关系式，根据所指定的反应体系各组分的活度（或气体分压），可计算出 ε_T 和 pH 值。然后，即可在直角坐标上绘制 ε - pH 图。若非特指时，反应温度一般为 298K（25℃），反应体系各组分的活度（分压）均为 1。此条件下的 Fe-H_2O 系的 ε-pH 图如图 2.1 所示，图中①、②、③、④、⑤、⑥、⑦线分别表示相应的化学反应式的平衡条件。

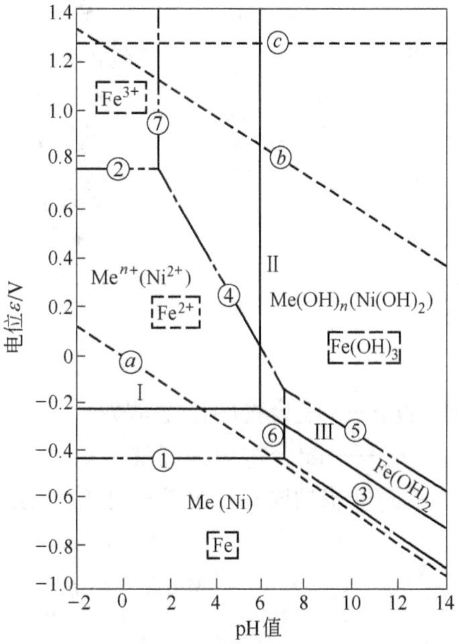

由于化学反应在水溶液中进行，在 ε-pH 图上还绘制了标志水稳定区的 a 线（H_2 线）和 b 线（O_2 线）。水本身仅在一定的还原电位条件下才稳定，超出此范围，则分别析出氢气或氧气。

图 2.1 Fe-H_2O 系的 ε-pH 图

水的稳定上限析出氧气，其反应为：

$$O_2 + 4H^+ + 4e \longrightarrow 2H_2O$$

$$\varepsilon_{O_2/H_2O} = 1.229 - 0.0591pH + 0.0148 \lg p_{O_2} \tag{2.10}$$

当 $p_{O_2} = 98066.5$ Pa（1atm）时：

$$\varepsilon_{O_2/H_2O} = 1.229 - 0.0591pH$$

水的稳定下限析出氢气，其反应为：

$$2H^+ + 2e \longrightarrow H_2$$

$$\varepsilon_{H^+/H_2} = -0.0591pH - 0.0295\lg p_{H_2} \tag{2.11}$$

当 $p_{H_2} = 98066.5$Pa（1atm）时：

$$\varepsilon_{H^+/H_2} = -0.0591pH$$

应当指出，当反应温度不是 298K（25℃），平衡时各组分的活度不为 1，而为其他具体数值时，须按所给条件进行计算，另行绘制 ε-pH 图。因此，每一个 ε-pH 图仅适用于某一反应温度和所指定的组分活度。

2.2.2 常压配合浸出

当浸出剂中含有目的组分的配合剂时，某些难氧化的正电性金属可与配合剂作用，可大幅度降低其被氧化的还原电位，生成稳定的配合物转入浸液中。

假设其配合反应为：

$$Me^{n+} + zL \longrightarrow MeL_z^{n+} \tag{2.12}$$

式中 Me^{n+}——金属阳离子；

L——配合体（可带电或不带电）；

z——金属阳离子的配位数。

配合反应可由下列反应合成：

$$Me + zL \longrightarrow MeL_z^{n+} + ne \qquad -\varepsilon^{\ominus}_{MeL_z^{n+}/Me}$$

$$+)\ Me^{n+} + ne \longrightarrow Me \qquad \varepsilon^{\ominus}_{Me^{n+}/Me}$$

$$Me^{n+} + zL \longrightarrow MeL_z^{n+} \qquad \varepsilon^{\ominus}_{Me^{n+}/MeL_z^{n+}}$$

$$K_f = \frac{\alpha_{MeL_z^{n+}}}{\alpha_{Me^{n+}} \cdot \alpha_L^z}$$

$$\Delta G^{\ominus} = -RT\ln K_f = -nF\varepsilon^{\ominus}$$

所以

$$\varepsilon^{\ominus}_{Me^{n+}/MeL_z^{n+}} = -\varepsilon^{\ominus}_{MeL_z^{n+}/Me} + \varepsilon^{\ominus}_{Me^{n+}/Me} = \frac{RT}{nF}\ln K_f$$

$$\varepsilon^{\ominus}_{MeL_z^{n+}/Me} = \varepsilon^{\ominus}_{Me^{n+}/Me} - \frac{RT}{nF}\ln K_f = \varepsilon^{\ominus}_{Me^{n+}/Me} + \frac{RT}{nF}\ln K_d = \varepsilon^{\ominus}_{Me^{n+}/Me} + \frac{0.0591}{n}\lg K_d \quad (2.13)$$

式中 K_f——配合物的稳定常数；

K_d——配合物的解离常数。

不同价态的同一金属离子的配合反应为：

$$Me^{m+} + (m-n)e \longrightarrow Me^{n+} \qquad m > n$$

$$MeL_P^{m+} + (m-n)e \longrightarrow MeL_P^{n+}$$

$$\varepsilon^{\ominus}_{MeL_P^{m+}/MeL_P^{n+}} = \varepsilon^{\ominus}_{Me^{m+}/Me^{n+}} - \frac{0.0591}{m-n}\lg\frac{K_m}{K_n} \quad (2.14)$$

式中 K_m——同一金属高价离子的配合常数；

K_n——同一金属低价离子的配合常数。

从式（2.13）可知，金属离子与配合体生成的配合物愈稳定（即 K_f 愈大），配离子与金属电对的标准还原电位值愈小，即相应的金属愈易被氧化而呈配离子形态转入浸出液中。同理，从式（2.14）可知，若同一金属的高价离子配合物比低价离子配合物稳定（即 $K_m > K_n$），则其低价离子配合物愈易被氧化而呈高价离子配合物形态存在。试验研究和生产实践中，常利用此原理浸出某些标准电极电位较高、较难被常用氧化剂氧化的目的组分（如金、银、铜、钴、镍等）。

某些配合体的标准还原电位值列于表 2.4 中。

表 2.4 某些配合体的标准还原电位值 $\varepsilon^{\ominus}$

电 极 反 应	$\varepsilon^{\ominus}$/V
$Au^+ + e \rightarrow Au$	+1.58
$Au^{3+} + 3e \rightarrow Au$	+1.12
$Au(CN)_2^- + e \rightarrow Au + 2CN^-$	-0.6
$Au(SCN_2H_4)_2^+ + e \rightarrow Au + 2SCN_2H_4$	+0.38
$Ag^+ + e \rightarrow Ag$	+0.799
$Ag(CN)_2^- + e \rightarrow Ag + 2CN^-$	-0.31
$Ag(SCN_2H_4)_3^+ + e \rightarrow Ag + 3SCN_2H_4$	+0.12
$Hg^{2+} + 2e \rightarrow Hg$	+0.85
$HgCl_4^{2-} + 2e \rightarrow Hg + 4Cl^-$	+0.38
$HgBr_4^{2-} + 2e \rightarrow Hg + 4Br^-$	+0.21
$HgI_4^{2-} + 2e \rightarrow Hg + 4I^-$	-0.04

续表 2.4

电极反应	$\varepsilon^{\ominus}/V$
$Hg(CN)_4^{2-} + 2e \rightarrow Hg + 4CN^-$	-0.37
$Cu^{2+} + 2e \rightarrow Cu$	+0.337
$Cu(NH_3)_4^{2+} + 2e \rightarrow Cu + 4NH_3$	-0.038
$Co^{3+} + e \rightarrow Co^{2+}$	+1.80
$Co(NH_3)_6^{3+} + e \rightarrow Co(NH_3)_6^{2+}$	+0.10
$Co(CN)_6^{3-} + e \rightarrow Co(CN)_6^{4-}$	-0.83
$Mn^{3+} + e \rightarrow Mn^{2+}$	+1.51
$Mn(CN)_6^{3-} + e \rightarrow Mn(CN)_6^{4-}$	-0.22
$Fe^{3+} + e \rightarrow Fe^{2+}$	+0.771
$Fe(CN)_6^{3-} + e \rightarrow Fe(CN)_6^{4-}$	+0.36
$Fe(edta)^{-} + e \rightarrow Fe(edta)^{2-}$	-0.12
$Fe(bpy)^{3+} + e \rightarrow Fe(bpy)^{2+}$	+1.10
$Fe(phen)_3^{3+} + e \rightarrow Fe(phen)_3^{2+}$	+1.14

注：edta 代表乙二胺四乙酸；bpy 代表联吡啶；phen 代表邻二氮菲。

从表 2.4 中数据可知，由于生成配合物，大幅度降低了正电性金属的标准还原电位；多数条件下，同一金属的高价配离子比低价配离子稳定，但也有少数例外。

2.2.3 热压浸出

2.2.3.1 热压无氧浸出

水溶液的沸点随蒸气压的上升而提高。水的临界温度为 374℃，热压浸出温度一般低于 300℃。

热压无氧浸出，是在不添加氧或其他气体试剂的条件下，采用单纯提高浸出温度的方法，以增加被浸组分在浸出液中的溶解度的浸出方法。此浸出方法已成功地用于铝土矿的热压无氧碱浸、钨矿物原料的热压无氧碱浸、钾钒铀矿的热压无氧碱浸等。

2.2.3.2 热压氧浸

室温常压条件下，氧在水中的溶解度仅 8.2mg/L。水沸腾时，氧在水中的溶解度为零。但在密闭容器中，氧在水中的溶解度则随容器中水的温度和气体压力而变化。不同分压下，氧在水中的溶解度与温度的关系如图 2.2 所示。

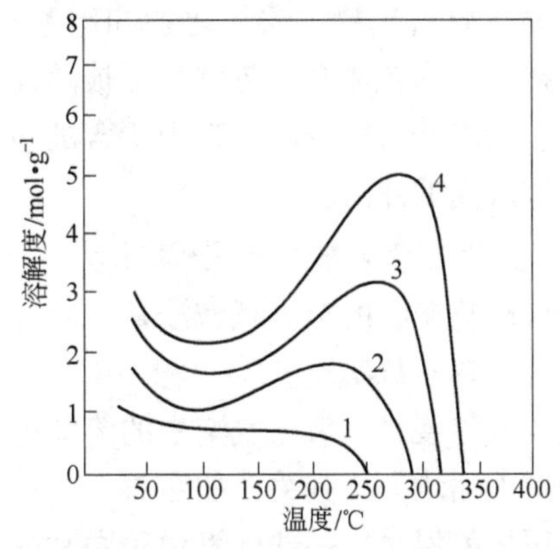

图 2.2 不同分压下氧在水中的溶解度与温度的关系
1—3.4MPa（34atm）；2—6.8MPa（68atm）；3—10.3MPa（103atm）；4—13.7MPa（137atm）

从图 2.2 的曲线可知，当温度一定时，氧在水中的溶解度，随压力的增大而增大；当压力不变时，氧在水中的溶解度在 90～100℃ 时最低，然后随温度的升高而增大，至 230～280℃ 时达最高值，而后则随温度的升高而急剧地降为零。

热压氧浸金属硫化矿物可在酸介质中进行，也可在碱介质中进行。

A 金属硫化矿物的热压氧酸浸

热压氧酸浸金属硫化矿物的过程包括金属硫化矿物的分解和砷、铁离子的水解沉淀两个步骤。其反应可表示为：

$$CuFeS_2 + 3\frac{1}{2}O_2 + H_2O \xrightarrow{热压} CuSO_4 + H_2SO_4 + Fe^{3+}$$

$$FeS_2 + 3O_2 + 2H_2O \xrightarrow{热压} 2H_2SO_4 + Fe^{3+}$$

$$FeAsS + 3O_2 + 2H_2O + H^+ \xrightarrow{热压} H_3AsO_4 + H_2SO_4 + Fe^{3+}$$

$$ZnS + 2O_2 \xrightarrow{热压} ZnSO_4$$

$$CuS + 2O_2 \xrightarrow{热压} CuSO_4$$

$$NiS + 2O_2 \xrightarrow{热压} NiSO_4$$

$$Cu_2S + \frac{1}{2}O_2 + 2H^+ \xrightarrow{热压} CuS + Cu^{2+} + H_2O$$

其中高价铁离子是金属硫化矿物的氧化剂，低价铁离子氧化为高价铁离子成为氧的传递媒介，对硫化矿物的氧化分解可起催化作用。

当酸度低时，高价铁离子将水解，生成氧化铁的水合物；也可发生成矾反应，生成碱式硫酸铁、水合氢黄钾铁矾（草铁矾）沉淀。其化学反应为：

$$2Fe^{3+} + (3+n)H_2O \longrightarrow Fe_2O_3 \cdot nH_2O\downarrow + 6H^+$$

$$Fe^{3+} + SO_4^{2-} + H_2O \longrightarrow Fe(OH)SO_4\downarrow + H^+$$

$$3Fe^{3+} + 2SO_4^{2-} + 7H_2O \longrightarrow (H_3O)Fe_3(SO_4)_2(OH)_6\downarrow + 5H^+$$

砷化合物氧化生成的砷酸根将呈砷酸铁或臭葱石的形态沉淀。其化学反应为：

$$Fe^{3+} + AsO_4^{3-} \longrightarrow FeAsO_4\downarrow$$

$$Fe^{3+} + AsO_4^{3-} + H_2O \longrightarrow FeAsO_4 \cdot H_2O\downarrow$$

因此，金属硫化矿物热压氧酸浸后的浸渣中，主要含脉石矿物、铁氧化物和砷酸铁等。若硫化矿物中含包体金，包体金可被单体解离或裸露。碳酸盐可被分解，其中所含的包体金可被单体解离或裸露。

B 金属硫化矿物的热压氧碱浸

金属硫化矿物的热压氧碱浸常在氨介质中进行，称为热压氧氨浸。

热压氧氨浸时，氧在氨液中的溶解度随氨浓度的增大而增大，其关系如图 2.3 所示。

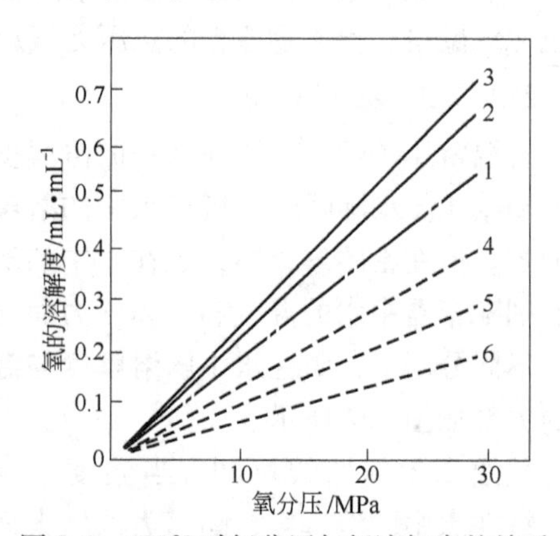

图 2.3 130℃时氧分压与氧溶解度的关系

1—蒸馏水；2，3—含 NH_3 分别为 38g/L、83g/L；4~6—含 $(NH_4)_2SO_4$ 分别为 100g/L、200g/L、300g/L

热压氧氨浸时，一部分氨用于中和酸而生成铵离子，一部分则与金属离子生成金属氨配离子。热压氧氨浸金属硫化矿物的化学反应为：

$$2FeS_2 + 8OH^- + 7\frac{1}{2}O_2 \xrightarrow{\text{热压}} Fe_2O_3\downarrow + 4SO_4^{2-} + 4H_2O$$

$$2FeAsS + 10OH^- + 7O_2 \xrightarrow{\text{热压}} Fe_2O_3\downarrow + 2AsO_4^{3-} + 2SO_4^{2-} + 5H_2O$$

$$2CuFeS_2 + 8NH_4OH + 9\frac{1}{2}O_2 \xrightarrow{\text{热压}} Fe_2O_3\downarrow + 2Cu(NH_3)_4^{2+} + 4SO_4^{2-} + 4H_2O$$

$$CoS + 3NH_4OH + O_2 \xrightarrow{\text{热压}} Co(NH_3)_3^{2+} + SO_4^{2-} + 3H_2O$$

$$NiS + 3NH_4OH + O_2 \xrightarrow{\text{热压}} Ni(NH_3)_3^{2+} + SO_4^{2-} + 3H_2O$$

热压氧氨浸金属硫化矿物时，浸渣主要为脉石矿物、铁氧化物。浸出生成的硫酸根和砷酸根及铜、钴、镍等呈氨配离子进入浸液中。

2.2.4 电化学浸出

电化学浸出时可利用不溶阳极电解碱金属氯化物水溶液所产生的氯气作浸出剂，浸出含金原料中的金，使金转入浸液中。

其电化反应为：

阳极：

$$2Cl^- - 2e \longrightarrow Cl_2$$

$$2ClO^- - 2e \longrightarrow 2Cl^- + O_2$$

$$2ClO_3^- - 2e \longrightarrow 2Cl^- + 3O_2$$

阴极：

$$2H_2O + 2e \longrightarrow H_2 + 2OH^-$$

氯化钠水溶液中的Na^+离子与溶液中的OH^-离子生成NaOH。若以石墨板为阳极板，氧在石墨板上的超电位比氯在石墨板上的超电位高。因此，不溶阳极电解氯化钠水溶液时，阳极反应主要为析氯反应。总的化学反应式可表示为：

$$2Cl^- + 2H_2O \xrightarrow{\text{隔膜电解}} Cl_2 + H_2\uparrow + 2OH^-$$

电氯化浸出金时，一般采用隔膜电解法，可将阳极产物和阴极产物（氢气和碱）分开。进入阳极室的含金物料与新生态氯反应生成三氯化金，进而生成金氯氢酸。其反应为：

$$2Au + 3Cl_2 + 2HCl \longrightarrow 2HAuCl_4 \qquad \varepsilon^{\ominus} = +1.002V$$

采用无隔膜电解法时，电解产物相互作用，在阳极上生成氯酸钠和气态氧，阴极上生成气态氢。其反应为：

$$2Cl^- + 9H_2O \xrightarrow{\text{无隔膜电解}} 2ClO_3^- + 9H_2\uparrow + 1\frac{1}{2}O_2\uparrow$$

$$Au + 3ClO_3^- + HCl \longrightarrow HAuCl_4 + 4\frac{1}{2}O_2\uparrow$$

2.2.5 细菌浸出

细菌浸出是近60年来迅速发展起来的新的浸矿方法，又称生物浸出。生物浸出是利用细菌或其代谢产物使矿物组分氧化、还原等化学反应破坏矿物结构，使有关组分转入浸液中的浸出过程。

利用绘制常温常压下的 ε-pH 图的方法，只要确定所研究条件下的各反应物质的热力学数据及有关反应的平衡方程和关系式，计算出相应的 ε_T 及 pH 值，同样可绘制金属-配合物-水系的 ε-pH 图，热压浸出的 ε-pH 图和电化学浸出的 ε-pH 图。

ε-pH 图现已被广泛应用于金属腐蚀、地球化学、选矿、冶金、分析化学及电化学等各个领域。在化学选矿领域，利用 ε-pH 图可判断浸出过程进行的条件和趋势、可判断目的组分在水溶液中稳定存在的区域和范围。

目前，已发表了铜、铁、银、锌、钴、镍、锡、钛、铅、铝、砷、金、铍、镉、汞、硒、碲等的金属-水系的 ε-pH 图、某些金属-配合剂-水系的 ε-pH 图、金属硫化物-水系的 ε-pH 图及热压条件下某些金属硫化物-水系和硫-水系的 ε-pH 图。由于各组分的热力学数据不全或不甚准确，与金属矿物有关的 ε-pH 图尚不齐全，仍有待进一步补充和完善。

2.3 浸出过程的动力学

2.3.1 浸出速度的控制步骤

浸出过程动力学是研究浸出速度及其相关影响因素的学科。浸出过程是发生于固-液界面的多相化学反应过程，它与焙烧过程的固-气界面的多相化学反应及溶液萃取中的液-液界面的反应相同，其反应速度均由吸附、化学反应和扩散三个步骤决定。在研究非催化的多相反应动力学时发现，相界面的吸附速度很大，很快达吸附平衡。多相反应的反应速度主要决定于扩散速度和化学反应速度。以扩散速度为控制步骤时，多相反应处于扩散区；以化学反应速度为控制步骤时，多相反应处于动力学区；以扩散速度和化学反应速度联合控制时，多相反应处于过渡区。

对于许多固-液多相化学反应而言，扩散经常是速度最慢的步骤。多相化学反应速度与反应物在界面处的浓度、反应生成物在界面处的浓度及性质、界面的性质及面积、界面几何形状及界面处有无新相生成等因素有关。下面主要根据界面的性质，分别讨论浸出速度的数学表达式。

2.3.2 内扩散阻力小时的浸出速度方程

若反应产物很快脱离矿粒表面，或剩下的壳层和不参与反应的矿物和脉石疏松多孔时，浸出剂的内扩散阻力可以忽略不计。固体（矿粒）与浸出剂液体接触时，固体表面紧附着一层液体，此层液体称为能斯特（Nerst）附面层，其厚度约 0.03mm，层内的传质仅靠扩散来进行。此时，浸出剂的扩散速度可用菲克定律表示：

$$\begin{aligned} V_D &= \frac{dC}{dt} = \frac{DA}{\delta}(C - C_S) \\ &= K_D A(C - C_S) \end{aligned} \tag{2.15}$$

式中 V_D——浸出剂浓度的变化，称为扩散速度，mol/s；

C——溶液本体中浸出剂的浓度，mol/mL；

C_S——矿粒表面上浸出剂的浓度，mol/mL；

A——矿粒与浸出剂溶液接触的相界面积，cm^2；

δ——扩散层厚度，cm；

D——扩散系数，cm^2/s；

K_D——扩散速度常数，$K_D = \frac{D}{\delta}$cm/s。

矿粒表面进行的化学反应速度为：

$$V_K = \frac{dC}{dt} = K_K A C_S^n \tag{2.16}$$

式中 V_K——因化学反应引起的浸出剂浓度变化，称为化学反应速度，mol/s；

K_K——化学反应速度常数，cm/s；

n——反应级数，一般条件下 $n=1$。

浸出一定时间后，反应达平衡。在稳定状态下，扩散速度与化学反应速度相等：

$$V = K_D A(C - C_S) = K_K A C_S$$

$$C_S = \frac{K_D}{K_D + K_K} C$$

将其代入得：

$$V = \frac{K_K \cdot K_D}{K_D + K_K} AC \tag{2.17}$$

从式（2.17）可知：

（1）当 $K_K \ll K_D$ 时，$V = K_K AC$，表明浸出过程的反应速度受化学反应控制；

（2）当 $K_D \ll K_K$ 时，$V = K_D AC$，表明浸出过程的反应速度受扩散控制；

（3）当 $K_D \approx K_K$ 时，$V = \frac{K_K \cdot K_D}{K_D + K_K} AC$，表明浸出过程处于混合区或过渡区。

浸出温度对浸出速度的影响，可用阿累尼乌斯公式或速度常数的温度系数表示。阿累尼乌斯公式为：

$$K = K_0 e^{-\frac{E}{RT}}$$

式中 K——反应速度常数；

E——活化能；

K_0——常数，即 $E=0$ 时的反应速度常数。

两边取对数，得：

$$\begin{aligned} \lg K &= \lg K_0 - \frac{E}{2.303RT} \\ &= B + \frac{A}{T} \end{aligned} \tag{2.18}$$

$$B = \lg K_0,\ A = -\frac{E}{2.303R} = -\frac{E}{19.14} = -0.052E$$

从式（2.18）可知，反应速度常数的对数与 $\frac{1}{T}$ 呈直线关系（图 2.4）。因为 E 值为正数，斜率 A 肯定为负值。从图 2.4 曲线可知，反应温度低时，$\frac{1}{T}$ 值大，E 值大，直线斜率大，反应处于动力学区；反应温度高时，$\frac{1}{T}$值小，E 值小，直线斜率小，反应处于扩散区；BC 段直线则为过渡区。因此，根据活化能（E）的大小，可判断反应过程的控制步骤。

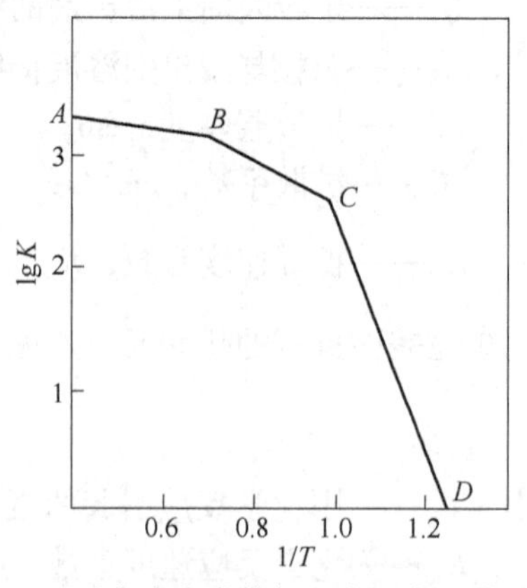

图 2.4 反应速度常数与反应温度的关系

反应速度常数的温度系数是指当反应温度提高 10℃时，反应速度常数所增加的比率。即

$$\begin{aligned}\lg\gamma &= \lg\frac{K_{T+10}}{K_T}=\frac{E}{2.303RT}-\frac{E}{2.303R(T+10)}\\ &=\frac{10E}{2.303RT(T+10)}\\ &=\frac{0.52E}{T(T+10)}\end{aligned} \tag{2.19}$$

用实验方法测得反应速度常数的温度系数，可利用式（2.19）计算出反应温度为 T 时的 E 值。因此，根据 E 值可判断反应过程的控制步骤，也可直接根据反应速度常数的温度系数来判断反应过程的控制步骤，见表 2.5。

表 2.5 多相反应的控制步骤

控制类型	温度系数 γ	活化能 $E/\text{kJ}\cdot\text{mol}^{-1}$
扩散控制	<1.5	<12
混合控制		20~24
化学反应控制	2~4	>42

判断反应过程控制步骤的目的，是为了利用各控制步骤的特性，以提高反应过程的速度。如反应过程受化学反应控制时，温度系数大，可采用提高反应温度的方法，有效地提高反应过程的反应速度；若反应过程受扩散控制，温度系数小，提高反应温度对提高反应速度影响较小，此时可采用增加搅拌强度和适当增加磨矿细度等技术措施，以有效地提高反应过程的反应速度。

若以矿粒减重来表示浸出速度，则矿粒的浸出速度可以下式表示：

$$V_K = -\frac{dW}{dt} = \alpha K_K AC$$

$$\begin{aligned}V_D &= -\frac{dW}{dt} = \alpha\frac{D}{\delta}AC\\ &= \alpha K_D AC\end{aligned}$$

若矿粒为平板状，A 可视为定值。在稳定态时，对以上任一式进行积分，可得：

$$-\int_{W_0}^{W}dW = \alpha KAC\int_0^t dt$$

$$W_0 - W = K't \tag{2.20}$$

式中 W_0——矿粒的起始重；

W——浸出 t 时间后的矿粒重；

α——反应化学计量系数。

从式（2.20）可知，浸出过程中矿粒重量的减量与浸出时间呈直线关系，常将其称为直线规律。

浸出前，矿粒常被细磨，矿粒可近似地视作球形体。试验和生产实践中，常采用浸出率表示浸出的程度。设矿粒的起始半径为 r_0，矿粒的起始表面积为 S_0，未反应矿粒半径为 r，未反应矿粒表面积为 S，矿粒的密度为 ρ。则可得：

$$\varepsilon = \frac{W_0 - W}{W_0} = 1 - \frac{W}{W_0}$$

$$1 - \varepsilon = \frac{W}{W_0} = \left(\frac{r}{r_0}\right)^3$$

$$\frac{S}{S_0} = \left(\frac{r}{r_0}\right)^2 = (1-\varepsilon)^{2/3}$$

所以

$$S = S_0(1-\varepsilon)^{2/3} \tag{2.21}$$

当采用浸出率表示浸出速度时，可以下式表示：

$$\frac{d\varepsilon}{dt} = K'S$$

式中 K'——单位面积的浸出速度。

将式（2.21）代入可得：

$$\frac{d\varepsilon}{dt} = K'S_0(1-\varepsilon)^{2/3}$$

移项积分，可得：

$$\int_0^{\varepsilon} \frac{1}{(1-\varepsilon)^{2/3}} d\varepsilon = \int_0^t K'S_0 dt$$

$$1 - (1-\varepsilon)^{1/3} = \frac{1}{3}K'S_0 t = Kt \tag{2.22}$$

从式（2.22）可知，$1-(1-\varepsilon)^{1/3}$与 t 呈直线关系。根据直线的斜率可以求得反应速度常数 K。

2.3.3 内扩散阻力大时的浸出速度方程

当反应产物层或壳层对浸出剂的扩散存在很大阻力时，浸出试剂通过此壳层的扩散速度，可用壳层的增重速度表示：

$$\frac{dW'}{dt} = \alpha \frac{DAC}{Y}$$

$$= \frac{\alpha}{K} \cdot \frac{DAC}{W'} \tag{2.23}$$

式中 W'——反应产物层的质量；

Y——反应产物层的厚度，$Y = KW'$。

由于内扩散阻力大，浸出试剂的外扩散速度较大，浸出试剂浓度 C 可视为常数。将式（2.23）积分，可得：

$$\int_0^{W'} W' dW' = \frac{\alpha}{K} DAC \int_0^t dt$$

$$\frac{W'^2}{2} = K't$$

因为 $W' \approx W_0 - W$

$$W' = b(W_0 - W)$$

所以 $\frac{b^2}{2} = (W_0 - W)^2 = K't$

$$(W_0 - W)^2 = K''t \tag{2.24}$$

从式（2.24）可知，当内扩散阻力大时，矿粒重量减量的平方与浸出时间呈直线关系。作图可得一抛物线，即在此条件下，浸出速度服从抛物线规律。

以浸出率表示浸出速度时，可得下式：

$$\varepsilon = 1 - \frac{W}{W_0}$$

$$W = W_0(1 - \varepsilon)$$

$$[W_0 - W_0(1 - \varepsilon)]^2 = K''t$$

$$W_0^2\varepsilon^2 = K''t$$

$$\varepsilon^2 = K'''t \tag{2.25}$$

若矿粒为球形体，浸出时其界面面积 A 会不断变化。此时，以浸出率表示的浸出速度方程为：

$$Z + 2(1 - Z)\frac{M_R DC}{\alpha\varphi_R r_0^2}t = [1 + (Z - 1)\varepsilon]^{2/3} + (Z - 1)(1 - \varepsilon)^{2/3} \tag{2.26}$$

式中 Z——体积变化系数，$Z = \frac{V_P}{\alpha V_R} = \frac{r_2^3 - r_1^3}{r_0^3 - r_1^3}$；

V_P——反应产物的摩尔体积；

V_R——浸出剂的摩尔体积；

r_0——矿粒的原始半径；

r_1——未反应内核的半径；

r_2——形成产物后的球粒半径；

M_R——浸出剂的摩尔量；

ρ_R——浸出剂的密度；

其他符号意义同前。

从式（2.26）可知，等式右边与浸出时间 t 呈直线关系。当 $Z = 1$ 时，可得其简化式：

$$\frac{2M_R DC}{\alpha\varphi_R r_0^2}t = 1 - \frac{2}{3}\varepsilon - (1 - \varepsilon)^{2/3} \tag{2.27}$$

式（2.27）仅适用于浸出过程反应前后矿粒体积不发生变化的场合。如用高价铁盐浸出黄铜矿时，可用此式描述其浸出速度。

2.3.4 影响浸出率与浸出速度的主要因素

从上述浸出过程热力学和浸出速度方程可知，影响浸出率和浸出速度的主要因素为矿物原料组成、浸出温度、磨矿细度、浸出方法、氧化剂、还原剂、配合剂、搅拌强度、浸出矿浆液固比和浸出时间等。在一定范围内，目的组分的浸出率和浸出速率皆随上述有关因素数值的增大而增大，但有一适宜值。

2.3.4.1 矿物原料组成

被浸矿物原料组成是选择浸出方法的主要依据。若矿物原料中的脉石矿物主要为硅酸盐、铝硅酸盐等酸性矿物，则浸出作业可在酸性介质或碱性介质中进行；反之，若脉石矿物主要为碳酸盐类碱性矿物，则浸出作业只能在碱性介质中进行。除脉石矿物组成外，被浸组分的矿物组成也是决定浸出方法的关键因素之一。若被浸组分矿物易溶于水，一般仅用水浸就可达浸出目的；若被浸组分矿物易溶于稀酸溶液或稀碱溶液，则在常温常压条件下，采用稀酸溶液或稀碱溶液浸出即可达浸出目的；若被浸组分矿物呈难溶于酸、碱的金属硫化矿物形态存在时，只能在添加氧化剂的条件下使硫化矿物氧化分解，才能使目的组分转入酸溶液或碱溶液中；若被浸组分矿物呈高价金属氧化物或氢氧化物形态存在时，只能采用具有还原能力的试剂作浸出剂，采用还原浸出的方法才能使相应的被浸组分转入浸液中。

2.3.4.2 磨矿细度

浸出过程在矿粒的固-液相界面进行多相反应，相界面积及浸出矿浆的黏度均与磨矿细度密切相关。浸出前的磨矿细度主要取决于被浸目的矿物的嵌布粒度、围岩特性、矿石结构和浸出方法等因素。一般要求目的矿物应单体解离或裸露，以使被浸目的矿物能与浸出剂接触。在一定范围内，增加磨矿细度可以提高浸出速度和浸出率。但磨矿粒度过细，易泥化，不仅增加磨矿费用，而且会增加矿浆黏度，增大扩散阻力，还可能在被浸目的矿物表面形成泥膜，最终导致降低浸出速度和浸出率。

2.3.4.3 浸出温度

浸出时，试剂的扩散系数与浸出温度呈直线关系，可用下式表示：

$$D = \frac{RT}{N} \cdot \frac{1}{2\pi r\mu}$$

式中 N——阿伏加德罗常数；

r——扩散物质粒子直径；

μ——扩散介质黏度。

而化学反应速度常数与温度呈指数关系。因此，在低温区，化学反应速度远低于扩散速度；在高温区，化学反应速度则高于扩散速度。所以在常温常压下，在接近于浸出剂沸点的条件下进行浸出，将有利于提高浸出速度和浸出率。热压条件下浸出，可以提高浸出矿浆的沸点，故热压浸出可以加速浸出过程和提高目的组分的浸出率。因此，在可能条件下，应采用沸点较高的试剂作浸出剂。

2.3.4.4 浸出剂浓度

浸出过程中，浸出试剂的浓度梯度是影响浸出速度的主要因素之一。由于矿粒表面的浸出试剂浓度较小，所以浸出速度主要取决于浸出试剂的初始浓度。浸出试剂的初始浓度愈高，浸出速度愈大。随着浸出过程的进行，浸出试剂不断地被消耗，浸出速度也随之逐渐降低。浸出终了时，浸出矿浆中常要求保持一定的浸出试剂剩余浓度。因此，浸出过程中浸出试剂的用量主要决定于浸出目的组分的耗量、浸出杂质组分的耗量、试剂的氧化分解、剩余浓度和浸出矿浆的液固比等因素。

2.3.4.5 氧化剂

浸出过程中，为了使被浸目的矿物氧化分解，常添加氧化剂。最常用的氧化剂为空气、过氧化氢、二氧化锰、氯气、次氯酸盐、高价铁盐等。有时浸出试剂本身既是浸出试剂又是氧化剂。常通过试验的方法决定氧化剂的类型和用量，尤其是浸出试剂易氧化分解时，氧化剂类型和用量的选择极为关键。因此，氧化剂类型和用量的选择常是浸出过程成败的关键因素之一。

2.3.4.6 还原剂

被浸矿物原料中常含相当数量的还原组分，如硫化矿物中的硫和亚铁盐等。在浸出前的再磨作业中，由于球磨衬板和钢球的磨损，一般有约 0.5～1.5kg/t 的金属铁粉进入矿浆中。这些还原组分在浸出过程中将消耗氧化剂和浸出试剂，有的还原组分可使已溶的目的组分还原沉淀析出，如金属铁粉和亚铁离子可置换已溶金。因此，浸出前进行试验研究时，应查明主要的还原组分的数量及其有害影响的程度，有些有害组分须在浸出前将其除去。

有时还原剂本身就是浸出试剂，有时还须在浸出过程中加入一定数量的还原剂，以提高浸出试剂的有效浓度及降低其氧化分解的损耗。

2.3.4.7 配合剂

某些较难浸出的目的组分常采用配合浸出的方法使其转入浸液中。配合剂在化学选矿领域的应用相当普遍，不仅用于浸出，而且常用于浸液的净化、有用组分的分离富集和制取化学精矿等作业和工序中。浸出过程中常用的配合剂为 NH_3、Cl^-、SO_4^{2-}、CO_3^{2-}、CN^-、SCN_2H_4、$S_2O_3^{2-}$ 等。

2.3.4.8 浸出矿浆液固比

浸出矿浆液固比对浸出速度和浸出率有较大的影响。浸出试剂用量与浸出矿浆的黏度、与矿浆液固比密切相关。提高浸出矿浆液固比，可降低矿浆黏度，有利于试剂扩散、矿浆搅拌、输送和固液分离，其他浸出条件相同时可获得较高的浸出速度和浸出率。当浸出终了时的试剂剩余浓度相同时，提高矿浆液固比将增加浸出试剂耗量和降低浸液中的目的组分浓度，增大后续作业的处理量和试剂耗量。但浸出矿浆液固比不宜太小，否则，对矿浆搅拌、试剂传质、固液分离不利，甚至使已溶的目的组分沉淀析出，降低目的组分的浸出率。因此，选择矿浆液固比时，应考虑已溶目的组分在浸液中的溶解度，当其溶解度较小时，浸出矿浆的液固比宜大些。

2.3.4.9 搅拌强度

浸出过程中，搅拌矿浆除防止矿粒沉降使其悬浮外，还可减小扩散层厚度、增大扩散系数，提高浸出速度和浸出率。因此，搅拌浸出的浸出率常高于渗滤浸出的浸出率。当磨矿细度高，矿粒很细时，提高搅拌强度的意义较小。此时细微矿粒易被液体的旋涡流吸住，使矿粒表面的液体更新速度随搅拌强度的增加而变化很小。当搅拌强度增至某值后，微细矿粒开始随液流一起运动，此时搅拌则失去作用。同时，增加搅拌强度将增大动力消耗和设备磨损。目前搅拌浸出常采用双层搅拌桨的低速机械搅拌浸出槽和压缩空气搅拌浸出槽（巴槽），搅拌的目的是使矿粒悬浮，充气靠压风实现。此类搅拌浸出槽的搅拌强度低，动力消耗低和磨损小。

2.3.4.10 浸出时间

当其他浸出条件相同时，浸出速度起始较高而后渐低，浸出率随浸出时间的延长而提高，但有峰值。但浸出时间过长会降低设备的处理能力和增加生产成本。

2.3.4.11 浸出工艺

浸出方法可分为渗滤浸出和搅拌浸出两大类，前者适用于某些特定的场合，后者在生产实践中应用较普遍。

依据浸出及目的组分的回收是否同步可将其分为一步法浸出工艺和二步法浸出工艺两种。

一步法工艺是将目的组分的浸出和目的组分的回收有机地结合在一起，使浸出矿浆液相中的目的组分浓度始终维持最低值。此工艺的特点是浸出速率高，浸出率高，省去了昂贵的固液分离作业，流程简短等。属于此类工艺的有炭浆法（CIP）、炭浸法（CIL）、树脂矿浆法（RLP）、矿浆电积法（EIP）等。

二步法工艺是将目的组分的浸出和已浸目的组分的回收分别在两个作业中进行。一般将浸出终了的矿浆先进行固液分离，然后对固体部分进行逆流洗涤，获得含已浸目的组分的浸出溶液和浸出渣。浸出液送后续的目的组分回收作业，浸渣则送尾矿库堆存或送去回收其他的有用组分。与一步法工艺比较，二步法工艺流程较复杂，作业周期较长，浸出速度和浸出率较低。

鉴于浸出过程的多样性和复杂性，浸出过程热力学和动力学及浸出机理的研究还不很充分，浸出过程的最佳工艺参数一般均由试验研究决定。

2.4 常压一般浸出

2.4.1 水浸

水浸是以水为浸出剂，在常温常压条件下进行的浸出过程。适用于浸出所有水溶性的矿物和化合物如岩盐、芒硝、天然碱、钾矿等水溶性矿物均采用水浸法直接就地溶浸进行开采，将水溶浸液抽至地面，从中回收有关组分。

有些氧化率高的硫化铜矿，其天然氧化产物为硫酸铜，在原矿破碎过程中在预检查筛分作业进行洗矿，洗矿筛下产物经螺旋分级机分级，返砂进细矿仓，分级溢流进浓密机，浓密机底流返球磨机给矿。浓密机溢流水中所含硫酸铜有时大于0.5g/L，可送去回收铜，处理量小时可产出海绵铜；处理量大时，可采用萃取-电积的工艺直接产出电解铜。

有些铀矿的地下矿坑水中含有一定浓度的铀，这是由于地下酸性水对铀矿体就地浸出的结果，使部分铀转入地下酸性水中。此时可采用相应的方法从中回收铀。

2.4.2 常压酸法浸出

2.4.2.1 酸性浸出试剂

常压酸性浸出是矿物原料化学选矿中最常用的浸出方法之一。三大强酸（硫酸、盐酸、硝酸）、氢氟酸、王水及中等强度的亚硫酸、磷酸、醋酸等皆可作为某些矿物原料的浸出剂。其中稀硫酸溶液是使用最广的浸出试剂。

稀硫酸溶液为非氧化酸（$\varepsilon^{\ominus}_{H_2SO_4/H_2SO_3}=+0.17V$），其特点是可用于处理含大量还原性组分（如有机质、硫化物、氧化亚铁等）的矿物原料；稀硫酸浸出液可用难溶盐沉淀法、化学还原沉淀法、电化学还原沉积法、离子交换树脂吸附法、有机溶剂萃取法及物理选矿等方法进行浸液净化和制取化学精矿；硫酸价廉易得，设备材质和防腐问题易解决；硫酸的沸点较高，在常压下可采用较高的浸出温度，以获得较高的浸出速度和浸出率。

热浓硫酸为强氧化酸，可将大部分金属硫化矿物氧化为相应的硫酸盐，还可分解某些难浸出的稀有金属矿物。

盐酸可与多种金属化合物作用，生成相应的可溶性金属氯化物。盐酸的反应能力比硫酸强，金属氯化物的溶解度比相应的硫酸盐高，可浸出某些硫酸无法浸出的含氧酸盐类矿物。依具体的浸出条件，盐酸可表现为还原性或氧化性。盐酸用作浸出剂的缺点是其价格比硫酸高、具挥发性，劳动条件比使用硫酸时差，设备材质和防腐蚀要求较硫酸高。

硝酸为强氧化剂，其分解能力比硫酸和盐酸强。硝酸价格较贵，对材质和防腐蚀要求较高，具挥发性。除特殊情况外，一般不单独采用硝酸作浸出剂，常将其用作氧化剂。

氢氟酸常用于浸出分解硅酸盐和铝硅酸盐矿物，如常用作钽铌、锂铍矿物的浸出剂，随后从硫酸和氢氟酸体系中萃取回收钽铌等有用组分。

王水常用于浸出铂族金属，可使铂、钯、金转入浸出液中，而铑、钌、锇、铱、银等呈不溶物留在浸渣中。然后采用相应的方法从浸液和浸渣中回收各有用组分。

中等强度的亚硫酸为还原性酸性浸出剂，可作为某些氧化性矿物原料的浸出剂。生产实践中可将二氧化硫气体直接充入矿浆中代替亚硫酸。亚硫酸浸出的选择性非常高，浸液较纯净。

2.4.2.2 常压简单酸浸

简单酸浸的矿物原料主要为某些金属氧化矿物和金属硫化矿物经氧化焙烧后的焙砂和某些难物理分选的物料。原料中的主要矿物有自然金属、金属硫化矿物、金属氧化物和金属含氧酸盐等。浸出过程的主要化学反应可以下列反应方程表示：

$$MeO + 2H^+ \longrightarrow Me^{2+} + H_2O$$

$$Me_3O_4 + 8H^+ \longrightarrow 2Me^{3+} + Me^{2+} + 4H_2O$$

$$Me_2O_3 + 6H^+ \longrightarrow 2Me^{3+} + 3H_2O$$

$$MeO_2 + 4H^+ \longrightarrow Me^{4+} + 2H_2O$$

$$MeO \cdot Fe_2O_3 + 8H^+ \longrightarrow Me^{2+} + 2Fe^{3+} + 4H_2O$$

$$MeAsO_4 + 3H^+ \longrightarrow Me^{3+} + H_3AsO_4$$

$$MeO \cdot SiO_2 + 2H^+ \longrightarrow Me^{2+} + H_2SiO_3$$

$$MeS + 2H^+ \longrightarrow Me^{2+} + H_2S$$

常压简单酸浸时，目的组分矿物在酸浸出液中的稳定性决定其 $pH_T^{\ominus}$ 值。$pH_T^{\ominus}$ 值小的化合物难被酸液浸出，$pH_T^{\ominus}$ 值大的化合物易被酸液溶解。

某些金属氧化物的酸溶 $pH_T^{\ominus}$ 值列于表 2.6 中。

某些金属铁酸盐的酸溶 $pH_T^{\ominus}$ 值列于表 2.7 中。

某些金属砷酸盐的酸溶 $pH_T^{\ominus}$ 值列于表 2.8 中。

某些金属硅酸盐的酸溶 $pH_T^{\ominus}$ 值列于表 2.9 中。

表 2.6 某些金属氧化物的酸溶 $pH_T^\ominus$ 值

氧化物	MnO	CdO	CoO	NiO	ZnO	CuO
$pH_{298}^\ominus$	8.96	8.69	7.51	6.06	5.801	3.945
$pH_{373}^\ominus$	6.792	6.78	5.58	3.16	4.347	3.549
$pH_{473}^\ominus$			3.89	2.58	2.88	1.78
氧化物	In_2O_3	Fe_3O_4	Ga_2O_3	Fe_2O_3	SnO_2	
$pH_{298}^\ominus$	2.522	0.891	0.743	-0.24	-2.102	
$pH_{373}^\ominus$	0.969	0.0435	-0.431	-0.991	-2.895	
$pH_{473}^\ominus$	-0.453		-1.412	-1.579	-3.55	

表 2.7 某些金属铁酸盐的酸溶 $pH_T^\ominus$ 值

铁酸盐	$CuO\cdot Fe_2O_3$	$CoO\cdot Fe_2O_3$	$NiO\cdot Fe_2O_3$	$ZnO\cdot Fe_2O_3$
$pH_{298}^\ominus$	1.581	1.213	1.227	0.6747
$pH_{373}^\ominus$	0.560	0.352	0.205	-0.1524

表 2.8 某些金属砷酸盐的酸溶 $pH_T^\ominus$ 值

砷酸盐	$Zn_3(AsO_4)_2$	$Co_3(AsO_4)_2$	$Cu_3(AsO_4)_2$	$FeAsO_4$
$pH_{298}^\ominus$	3.294	3.162	1.918	1.027
$pH_{373}^\ominus$	2.441	2.382	1.32	0.1921

表 2.9 某些金属硅酸盐的酸溶 $pH_T^\ominus$ 值

硅酸盐	$PbO\cdot SiO_2$	$FeO\cdot SiO_2$	$ZnO\cdot SiO_2$
$pH_{298}^\ominus$	2.636	2.86	1.791

某些金属硫化物的酸溶 $pH_T^\ominus$ 值列于表 2.10 中。

表 2.10 某些金属硫化矿物简单酸溶的 $pH_T^\ominus$ 值

硫化物	As_2S_3	HgS	Ag_2S	Sb_2S_3	Cu_2S	CuS
$pH_{298}^\ominus$	-16.12	-15.59	-14.14	-13.85	-13.45	-7.088
硫化物	$CuFeS_2$①	PbS	NiS (γ)	CdS	SnS	ZnS
$pH_{298}^\ominus$	-4.405	-3.096	-2.888	-2.616	-2.028	-1.586
硫化物	$CuFeS_2$②	CoS	NiS (α)	FeS	MnS	Ni_3S_2
$pH_{298}^\ominus$	-0.7351	+0.327	+0.635	+1.726	+3.296	+0.474

①反应产物为 $Cu^{2+}+H_2S$；②反应产物为 $CuS+H_2S$。

从表 2.6～表 2.10 中的 $pH_T^\ominus$ 值可知，大多数金属氧化物、金属铁酸盐、金属砷酸盐和金属硅酸盐能溶于酸性液中；同一金属的铁酸盐、同一金属的砷酸盐和同一金属的硅酸盐均比其简单氧化物稳定，较难被酸液溶解；金属硫化矿物中只有 FeS、NiS（α）、CoS、MnS 和 Ni_3S_2 等能简单酸溶；随着浸出温度的提高，金属氧化物在酸液中的稳定性也相应增大。因此，钴、镍、锌、铜、镉、锰、磷等氧化矿，氧化焙烧的焙砂和烟尘可采用简单酸浸法浸出。氧化焙烧时须严格控制焙烧温度，以防止较易酸浸的简单金属氧化物转变为较难酸浸的金属含氧酸盐。简单酸浸时，只须适当控制酸度（pH 值）即可达到选择性浸出的目的。

稀硫酸溶液浸出时，游离态的二氧化硅不溶解，但结合态的硅酸盐会部分溶解生成硅酸。其溶解量随浸出酸度和温度的升高而增大。当 pH 值小于 2 时，硅酸会聚合生成硅胶，对后续作业的操作有一定的影响。因此，简单酸浸时，应尽量避免采用高酸度浸出。

稀硫酸溶液浸出时，氧化铝较稳定，溶解量小，对后续作业的有害影响小。

稀硫酸溶液浸出时，氧化铁很稳定，但氧化亚铁易被稀硫酸溶液分解，其分解率约40%～50%。

稀硫酸溶液浸出时，碳酸盐、钙镁氧化物、磷钒氧化物等易被分解。稀土、锆、钍、钽铌等矿物在稀硫酸溶液中非常稳定。铜、锑、砷、铬等硫化矿物也很稳定，在稀硫酸溶液中一般不分解。

有时为了除去粗精矿中所含的硫酸盐溶解度较小的杂质，可采用盐酸代替硫酸作浸出剂。如可采用稀盐酸溶液浸出除去钨粗精矿中的磷、铋、钙、钼等杂质。

氢氟酸可用作钽铌矿物或钽铌富集物、硅酸盐和铝硅酸盐矿物的浸出剂，使钽铌呈氟配酸形态转入浸液中，使包裹于硅酸盐和铝硅酸盐矿物中的金银矿物单体解离或裸露。

2.4.2.3 常压氧化酸浸

某些金属硫化矿物的 $MeS\text{-}H_2O$ 系的 ε-pH 图，如图 2.5 所示。

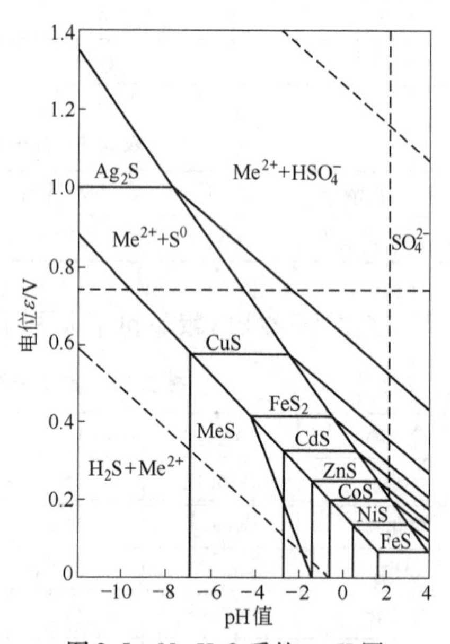

图 2.5 $Me\text{-}H_2O$ 系的 ε-pH 图

从图 2.5 中的曲线可知，金属硫化矿物在水溶液中虽然比较稳定，但在有氧化剂存在的条件下，几乎所有的金属硫化矿物在酸溶液或碱溶液中均不稳定。此时发生两类氧化反应：

$$MeS + \frac{1}{2}O_2 + 2H^+ \longrightarrow Me^{2+} + S^0 + H_2O$$

$$MeS + 2O_2 \longrightarrow Me^{2+} + SO_4^{2-}$$

不同的金属硫化矿物在水溶液中的元素硫 S^0 稳定区的 $pH^{\ominus}_{上限}$ 和 $pH^{\ominus}_{下限}$ 不相同。表 2.11 列举了主要金属硫化矿物的元素硫 S^0 稳定区的 $pH^{\ominus}_{上限}$、$pH^{\ominus}_{下限}$ 及 $Me^{2+} + 2e + S^0 \longrightarrow MeS$ 的标准还原电位 $\varepsilon^{\ominus}$ 值。

表 2.11 金属硫化矿物在水溶液中元素硫稳定区的 $pH^{\ominus}_{上限}$ 和 $pH^{\ominus}_{下限}$ 及 $\varepsilon^{\ominus}$ 值

硫化物	HgS	Ag_2S	CuS	Cu_2S	As_2S_3	Sb_2S_3
$pH^{\ominus}_{上限}$	−10.95	−9.7	−3.65	−3.50	−5.07	−3.55
$pH^{\ominus}_{下限}$	−15.59	−14.14	−7.088	−8.04	−16.15	−13.85
$\varepsilon^{\ominus}$	1.093	1.007	0.591	0.56	0.489	0.443

续表 2.11

硫化物	FeS_2	PbS	NiS (γ)	CdS	SnS	In_2S_3
$pH^{\ominus}_{上限}$	-1.19	-0.946	-0.029	0.174	0.68	0.764
$pH^{\ominus}_{下限}$	-4.27	-3.096	-2.888	-2.616	-2.03	-1.76
$\varepsilon^{\ominus}$	0.423	0.354	0.340	0.326	0.291	0.275
硫化物	ZnS	$CuFeS_2$	CoS	NiS (α)	FeS	MnS
$pH^{\ominus}_{上限}$	1.07	-1.10	1.71	2.80	3.94	5.05
$pH^{\ominus}_{下限}$	-1.58	-3.89	-0.83	0.450	1.78	3.296
$\varepsilon^{\ominus}$	0.264	0.41	0.22	0.145	0.066	0.023

从表2.11中的数据可知，只有$pH^{\ominus}_{下限}$较高的FeS、MnS、NiS（α）、CoS等可以简单酸溶，大多数金属硫化矿物的$pH^{\ominus}_{下限}$是比较小的负值，只有使用氧化剂才可将金属硫化矿物中的硫氧化，才能使金属硫化矿物中的金属组分呈离子形态转入浸液中。根据工艺要求，可以通过控制浸出矿浆的pH值和还原电位，使金属硫化矿物中的金属组分呈离子形态转入溶液中，使硫氧化为元素硫或硫酸根。

常压氧化酸浸时，常用的氧化剂为Fe^{3+}、Cl_2、O_2、HNO_3、NaClO、MnO_2等。它们被还原的电化方程及标准还原电位为：

$$Fe^{3+} + e \longrightarrow Fe^{2+} \qquad \varepsilon^{\ominus} = +0.771V$$

$$Cl_2 + 2e \longrightarrow 2Cl^- \qquad \varepsilon^{\ominus} = +1.36V$$

$$O_2 + 4H^+ + 2e \longrightarrow 2H_2O \qquad \varepsilon^{\ominus} = +1.229V$$

$$NO_3^- + 3H^+ + 2e \longrightarrow HNO_2 + H_2O \qquad \varepsilon^{\ominus} = +0.94V$$

$$2ClO^- + 4H^+ + 2e \longrightarrow Cl_2 + 2H_2O \qquad \varepsilon^{\ominus} = +1.63V$$

$$2MnO_2 + 2H^+ + 2e \rightleftharpoons Mn_2O_3 + H_2O \qquad \varepsilon^{\ominus} = +1.04V$$

此外，有些低价化合物（如UO_2、U_3O_8、Cu_2S、Cu_2O等）也需使用氧化剂将其氧化为高价化合物以后才能溶于酸液中。U-H_2O系的ε-pH图如图2.6所示。

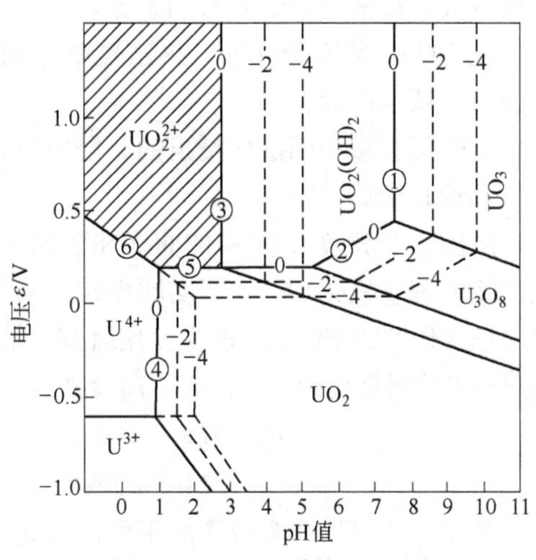

图2.6 U-H_2O系的ε-pH图

铀矿中的铀主要呈UO_2、U_3O_8、UO_3等形态存在，其中UO_3易溶于酸，而UO_2和U_3O_8只有添加氧化剂时才能溶于酸。其浸出反应可表示为：

$$UO_3 + 2H^+ \longrightarrow UO_2^{2+} + H_2O$$

$$pH = 7.4 - \frac{1}{2}\lg\alpha_{UO_2^{2+}} \qquad (8)$$

$$U_3O_8 + 4H^+ - 2e \longrightarrow 3UO_2^{2+} + 2H_2O$$

$$\varepsilon = -0.40 + 0.12pH + 0.0911\ \lg\alpha_{UO_2^{2+}} \quad (9)$$

$$UO_2^{2+} + 2H_2O \longrightarrow UO_2(OH)_2 + 2H^+$$

$$pH = 2.5 - \frac{1}{2}\lg\alpha_{UO_2^{2+}} \qquad (10)$$

$$UO_2 + 4H^+ \longrightarrow U^{4+} + 2H_2O$$

$$pH = 0.95 - \frac{1}{4}\lg\alpha_{U^{4+}} \tag{11}$$

$$UO_2^{2+} + 2e \longrightarrow UO_2$$

$$\varepsilon = 0.22 + 0.031\lg\alpha_{UO_2^{2+}} \tag{12}$$

$$UO_2^{2+} + 4H^+ + 2e \longrightarrow U^{4+} + 2H_2O$$

$$\varepsilon = 0.33 - 0.12pH + 0.031\lg\frac{\alpha_{UO_2^{2+}}}{\alpha_{U^{4+}}} \tag{13}$$

通常铀矿浸出液中的铀浓度为1g/L（约10^{-2}mol）。从图2.5可知，UO_2直接酸溶需较高的酸度（$pH<1.45$）。当加入氧化剂时，UO_2则易氧化为UO_2^{2+}进入浸液中（$pH<3.5$，$\varepsilon>0.16V$）。因此，工业生产中常采用MnO_2作氧化剂，Fe^{3+}/Fe^{2+}作催化剂，在$1.45<pH<3.5$的条件下，用稀硫酸溶液在常温常压下氧化浸出铀矿石。MnO_2用量约为矿石重量的0.5%~2.0%，Fe^{2+}来自于矿石本身所含亚铁盐的溶解。

采用稀硫酸溶液浸出铜矿石时，其中所含的孔雀石、蓝铜矿、黑铜矿、硅孔雀石等次生氧化铜矿物可直接溶于稀硫酸浸液中，但低价的氧化铜矿物和次生硫化铜矿物（如赤铜矿Cu_2O、辉铜矿Cu_2S、铜蓝CuS等）只在有氧化剂存在的条件下，才能完全溶于稀硫酸浸液中；而原生的黄铜矿和金属铜在有氧化剂存在时，其在酸液中的溶解速度也较小。因此，稀硫酸溶液宜用于浸出含次生铜矿物，尤其是含次生氧化铜矿物的铜矿物原料。

热浓硫酸为强氧化酸，可将大多数金属硫化矿物氧化为相应的金属硫酸盐。其反应可表示为：

$$MeS + 2H_2SO_4 \xrightarrow{\text{热浓硫酸}} MeSO_4 + SO_2 + S^0 + 2H_2O$$

用水浸出硫酸化渣，铜、铁等转入浸液中，铅、金、银、锑等留在浸渣中，再用相应的方法从浸液和浸渣中回收各有用组分。

在200~250℃条件下，热浓硫酸还可分解某些稀有金属矿物，如可分解磷铈镧矿、独居石、钛铁矿等。

有时可直接用硝酸作浸出剂，浸出辉钼矿、有色金属硫化矿物、铜银矿物、含砷硫化矿物和稀有金属矿物。

从图2.5和表2.11中的曲线和数据可知，若干变价离子的高价化合物是许多金属硫化矿物的理想氧化剂。生产实践中常用高价铁盐溶液作金属硫化矿物的氧化剂，而且较常使用三氯化铁的酸性液，较少使用硫酸高铁的酸性液，因硫酸高铁的酸性液在浸出过程中易生成一系列难溶的硫酸盐沉淀。高价铁离子氧化浸出金属硫化矿物的反应可以下式表示：

$$MeS + 8Fe^{3+} + 4H_2O \longrightarrow Me^{2+} + 8Fe^{2+} + SO_4^{2-} + 8H^+$$

$$MeS + 2Fe^{3+} \longrightarrow Me^{2+} + 2Fe^{2+} + S^0$$

从反应式可知，高价铁离子可使金属硫化矿物的硫氧化为硫酸根或元素硫。从反应自由能的变化和$MeS\text{-}H_2O$系的ε-pH图可知，反应主要生成硫酸根，但实际生成的硫酸根很少，硫主要氧化为元素硫。如用三氯化铁溶液浸出铜蓝时，只有4%的硫氧化为硫酸根，大部分硫呈元素硫形态析出。这可能是由于虽然硫酸根较易生成，但其反应速度慢，因而实际生成的硫酸根很少。

根据三氯化铁溶液浸出各种金属硫化矿物的试验结果，其从难到易的浸出顺序为：辉钼矿→黄铁矿→黄铜矿→镍黄铁矿→辉钴矿→闪锌矿→方铅矿→辉铜矿→磁黄铁矿。这一浸出顺序与金属硫化物的标准还原电位顺序不尽相同，这可能是由于浸出速度不同的缘故。

采用高价铁盐溶液浸出金属硫化矿物时，可采用调整溶液 pH 值和调整高价铁离子浓度的方法，控制溶液的还原电位和反应产物。欲使目的金属组分呈离子形态存在于溶液中，硫呈元素硫形态留在浸出渣中，除对不同的金属硫化矿物应满足其氧化的还原电位条件外，溶液的 pH 值还应低于 $pH^{\ominus}_{上限}$ 而高于 $pH^{\ominus}_{下限}$。

采用高价铁盐溶液浸出金属硫化矿物时，应采用相应的方法进行试剂再生。常用的高价铁盐再生的方法为：氧化法、隔膜电解法和软锰矿再生法等。

A　氧化法

采用将一定压力的空气或氯气通入含亚铁离子的溶液中，将亚铁离子氧化为高铁离子。其反应为：

$$2Fe^{2+} + \frac{1}{2}O_2 + H_2O \longrightarrow 2Fe^{3+} + 2OH^-$$

$$Fe^{2+} + \frac{1}{2}Cl_2 \longrightarrow Fe^{3+} + Cl^-$$

当高铁离子浓度达要求时，用酸调整溶液的 pH 值后即可将其返回浸出作业循环使用。

B　隔膜电解法

隔膜电解时的电极反应为：

阳极反应：

$$2Cl^- - 2e \longrightarrow Cl_2 \qquad \varepsilon^{\ominus} = +1.395V$$

$$Fe^{2+} - e \longrightarrow Fe^{3+} \qquad \varepsilon^{\ominus} = +0.771V$$

阴极反应：

$$FeCl_2 + 2e \longrightarrow Fe + 2Cl^- \qquad \varepsilon^{\ominus} = -0.44V$$

$$2HCl + 2e \longrightarrow H_2\uparrow + 2Cl^- \qquad \varepsilon^{\ominus} = 0.00V$$

从上述电极反应可知，阳极反应主要是亚铁离子被氧化为高铁离子，而氯根氧化为氯气的反应非常缓慢。但新生成的初生态氯的氧化能力很强，足可将亚铁离子氧化为高铁离子。当阴极室充入氯化亚铁溶液时，阴极反应主要为亚铁离子被还原为金属铁。当阴极室只充入稀盐酸溶液时，阴极反应主要为析氢反应。

当亚铁量不足时，可采用盐酸溶解铁屑的方法获得氯化亚铁溶液。当高铁离子浓度过高时，可用石灰中和法除去多余的铁离子和其他杂质离子。

C　软锰矿再生法

软锰矿粉为中等强度的氧化剂，在氯化亚铁溶液中加入一定量的软锰矿粉，搅拌一定时间，当高铁离子达要求浓度后再调整 pH 值，然后即可将其返回浸出作业循环使用。

某矿产出的高砷锡铋粗精矿的组成（%）为：Bi 8 ~ 15、Sn 3 ~ 4、As 18 ~ 22。采用三氯化铁溶液浸出的方法进行铋与砷锡的分离。浸出剂组成（g/L）为：Fe^{3+} 30、HCl120，在液固比为 4 的条件下浸出 4h，铋的浸出率为 80% ~ 90%，Fe^{3+} 的用量为理论量的0.9~1.0倍。浸出过程反应为：

$$Bi + 3FeCl_3 \longrightarrow BiCl_3 + 3FeCl_2$$

$$Bi_2S_3 + 6FeCl_3 \longrightarrow 2BiCl_3 + 6FeCl_2 + 3S^0$$

$$Bi_2O_3 + 6HCl \longrightarrow 2BiCl_3 + 3H_2O$$

采用三氯化铁和盐酸的混合溶液作浸出剂，是由于盐酸可浸出氧化铋和使浸出的pH值小于0.5，以防止氯化铋水解呈氯氧铋和氢氧化铋沉淀析出。在上述浸出条件下，锡、砷矿物不与三氯化铁溶液作用，仍留在浸渣中。浸出作业采用两段浸出，第一段为氧化浸出，固液分离后得砷锡浸渣和氧化浸出液。氧化浸出液送第二段还原浸出，采用高砷锡铋粗精矿将氧化浸液中的残余高价铁离子还原，固液分离得还原浸出渣和还原浸出液。还原浸出渣返回第一段氧化浸出，还原浸出液送去进行隔膜电积得海绵铋。隔膜电积时，在阳极区再生氯化铁，再生后返回浸出作业。

浸出原生硫化铜矿物需较高的溶液还原电位，如某厂采用含 Fe^{3+} 212g/L、HCl 120g/L的溶液作浸出剂，浸出以黄铜矿为主的铜矿物原料，铜的浸出率达99.9%。

高价铜离子也是氧化剂，采用氯化铜浸出金属硫化矿物的反应为：

$$CuFeS_2 + 3CuCl_2 \longrightarrow FeCl_2 + 4CuCl + 2S^0$$

$$\Delta G^{\ominus} = -51.76\text{kJ/mol}$$

$$Cu_2S + 2CuCl_2 \longrightarrow 4CuCl + S^0$$

$$\Delta G^{\ominus} = -166.77\text{kJ/mol}$$

$$FeS_2 + 2CuCl_2 \longrightarrow FeCl_2 + 2CuCl + 2S^0$$

$$\Delta G^{\ominus} = -23.51\text{kJ/mol}$$

$$PbS + 2CuCl_2 \longrightarrow PbCl_2 + 2CuCl + S^0$$

$$\Delta G^{\ominus} = -64.22\text{kJ/mol}$$

$$ZnS + 2CuCl_2 \longrightarrow ZnCl_2 + 2CuCl + S^0$$

$$\Delta G^{\ominus} = -80.10\text{kJ/mol}$$

从上述反应的标准自由能变化值可知，氯化铜溶液浸出金属硫化矿物从难到易的顺序为：黄铁矿→黄铜矿→方铅矿→闪锌矿→辉铜矿。由于氯化亚铜的溶解度小，通常采用氯化铜、氯化钠和盐酸的混合溶液作金属硫化矿物的浸出剂，可使氯化亚铜CuCl转变为 $CuCl_2^-$ 离子存在于浸出液中。同样可用氧化法（空气，液氯、软锰矿等作氧化剂）及隔膜电解法再生浸出试剂。

为了浸出较难氧化的辉钼矿，可采用强氧化剂（如NaClO等）作浸出剂。如某选厂产出的难选钼中矿含泥量高、性质复杂难选，若将其返至前部浮选作业，将会恶化整个浮选过程。因此，该选厂采用次氯酸钠溶液作浸出剂，单独处理钼中矿。以钼酸钙（或钼酸铵）的形态回收钼中矿中的钼。过程反应可表示为：

$$MoS_2 + 9NaClO + 6NaOH \longrightarrow Na_2MoO_4 + 9NaCl + 2Na_2SO_4 + 3H_2O$$

$$Na_2MoO_4 + CaCl_2 \longrightarrow CaMoO_4\downarrow + 2NaCl$$

$$Na_2MoO_4 + 2NH_4Cl \longrightarrow (NH_4)_2MoO_4\downarrow + 2NaCl$$

浸出作业的工艺参数为：Mo:NaClO=1:(9~10)，温度低于50℃，浸出2h，用盐酸调pH值至5~6，加入氯化钙，其用量为理论量的120%，煮沸10~20min，过滤可得钼酸钙（化学精矿）。钼的浸出率为85%～90%，沉淀率为95%～97%。钼的总回收率可达80%～85%，化学精矿中的钼含量可达35%～40%。

2.4.2.4 常压还原酸浸

常压还原酸浸的原料为高价金属氧化物或高价金属氢氧化物，如低品位锰矿、海底锰结核、净化作业产出的钴渣、锰渣等。有用组分主要为：MnO_2、Co（OH）$_3$、Co_2O_3、Ni（OH）$_3$ 等。

常压还原酸浸的原理图如图2.7所示。

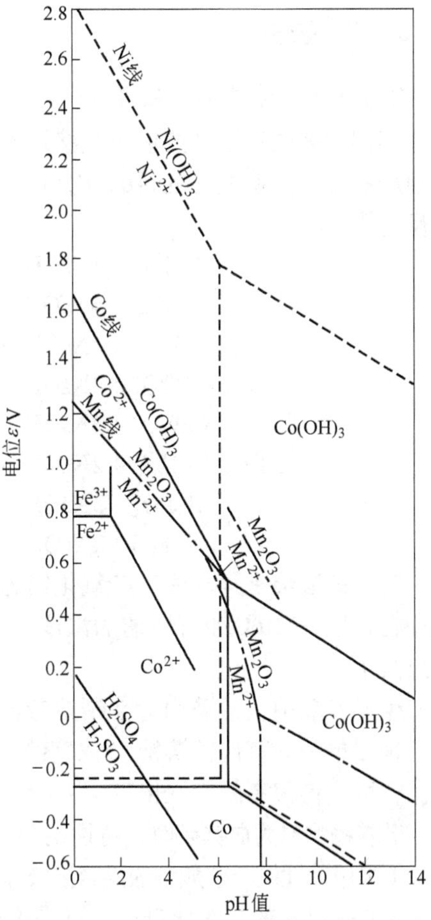

工业生产中常用的还原浸出剂为 Fe^{2+}、Fe^0、HCl、SO_2 等。其浸出反应为：

$$MnO_2 + 2Fe^{2+} + 4H^+ \longrightarrow Mn^{2+} + 2Fe^{3+} + 2H_2O$$

$$\varepsilon = 0.457 - 0.118pH - 0.0295\ \lg\alpha_{Mn^{2+}} + 0.0591\ \lg\frac{\alpha_{Fe^{3+}}}{Fe^{2+}}$$

$$MnO_2 + \frac{2}{3}Fe + 4H^+ \longrightarrow Mn^{2+} + \frac{2}{3}Fe^{3+} + 2H_2O$$

$$\varepsilon = 1.264 - 0.118pH - 0.0295\ \lg\alpha_{Mn^{2+}} + 0.0197\ \lg\alpha_{Fe^{3+}}$$

$$MnO_2 + SO_2 \longrightarrow Mn^{2+} + SO_4^{2-}$$

$$\varepsilon = 1.058 - 0.0295\ \lg\alpha_{Mn^{2+}} - 0.0295\ \lg\alpha_{SO_4^{2-}} + 0.0295\ \lg p_{SO_2}$$

$$2Co(OH)_3 + SO_2 + 2H^+ \longrightarrow 2Co^{2+} + SO_4^{2-} + 4H_2O$$

$$\varepsilon = 1.578 - 0.0591pH - 0.0295\alpha_{Co^{2+}} - 0.0295\ \lg\alpha_{SO_4^{2-}} + 0.0295\ \lg p_{SO_2}$$

$$2Ni(OH)_3 + SO_2 + 2H^+ \longrightarrow 2Ni^{2+} + SO_4^{2-} + 4H_2O$$

$$\varepsilon = 2.089 - 0.0591pH - 0.0295\ \lg\alpha_{Ni^{2+}} - 0.0295\ \lg\alpha_{SO_4^{2-}} + 0.0295\ \lg p_{SO_2}$$

图2.7 常压还原酸浸的原理图

金属铁的还原能力比亚铁离子大，用量少，但其耗酸量大，铁会污染浸出液。二氧化硫的还原能力大，不耗酸，不污染浸出液。二氧化硫的工业浸出工艺参数为：SO_2 含量为6%～8%，浸出温度为70～80℃，浸出6～7h，钴、镍、锰的浸出率均可达98%～99%。

盐酸主要用于浸出钴渣，但盐酸的还原能力较小，浸出温度较高（80～90℃），浸出pH值应小于2。其浸出反应为：

$$2Co(OH)_3 + 6HCl \longrightarrow 2CoCl_2 + 6H_2O + Cl_2$$

$$2Ni(OH)_3 + 6HCl \longrightarrow 2NiCl_2 + 6H_2O + Cl_2$$

盐酸还可浸出镍冰铜。其浸出反应为：

$$Ni_3S_2 + 6HCl \longrightarrow 3NiCl_2 + 2H_2S + H_2\uparrow$$

由于 Cu_2S 的平衡pH值较负，难酸溶。因此，采用盐酸浸出镍冰铜，可使镍、钴与铜基本分离。

2.4.3 常压碱浸

2.4.3.1 苛性钠溶液浸出

不同浓度的苛性钠溶液可直接用于浸出方铅矿、闪锌矿、铝土矿、钨锰铁矿、白钨矿和独居石等，可使相应的目的组分转入浸出液或浸渣中。常压苛性钠溶液浸出时的主要化学反应为：

$$PbS + 4NaOH \longrightarrow Na_2PbO_2 + Na_2S + 2H_2O$$
$$ZnS + 4NaOH \longrightarrow Na_2ZnO_2 + Na_2S + 2H_2O$$
$$FeWO_4 + 2NaOH \longrightarrow Na_2WO_4 + Fe(OH)_2\downarrow$$
$$MnWO_4 + 2NaOH \longrightarrow Na_2WO_4 + Mn(OH)_2\downarrow$$
$$CaWO_4 + 2NaOH \rightleftharpoons Na_2WO_4 + Ca(OH)_2$$
$$Al_2O_3 \cdot nH_2O + 2NaOH \longrightarrow 2NaAlO_2 + (n+1)H_2O$$
$$RePO_4 + 3NaOH \longrightarrow Re(OH)_3\downarrow + Na_3PO_4$$
$$FeS + 2NaOH \longrightarrow Fe(OH)_2 + Na_2S$$

苛性钠溶液是拜耳法生产氧化铝的主要浸出试剂。若铝土矿中的铝呈三水铝石形态存在，在常压，110℃和苛性钠的浓度（Na_2O_k）为 200 ~ 240g/L 的条件下，铝可完全转入浸出液中。

生产实践中，常采用苛性钠溶液浸出硅含量高的钨细泥及钨锡中矿等低度钨难选物料。采用单一的苛性钠溶液（浓度约 40%）在常压加温（约 110℃）的条件下浸出黑钨细泥，可获得很高的钨浸出率。

若被浸物料为白钨矿时，苛性钠溶液浸出钨的反应为可逆反应。为使浸出反应向右边进行，须采用苛性钠与硅酸钠的混合溶液作浸出剂，才能获得较高的钨浸出率。当被浸的白钨原料中含有一定量的二氧化硅时，可采用单一的苛性钠溶液作浸出剂。此时的浸出反应可表示为：

$$CaWO_4 + SiO_2 + 2NaOH \longrightarrow Na_2WO_4 + CaSiO_3\downarrow + H_2O$$

苛性钠溶液浸出钨原料时，溶液中的溶解氧可将低价铁和锰部分地氧化为高价铁和高价锰。其反应为：

$$2Fe(OH)_2 + \frac{1}{2}O_2 + H_2O \longrightarrow 2Fe(OH)_3\downarrow$$

$$2Mn(OH)_2 + \frac{1}{2}O_2 + H_2O \longrightarrow 2Mn(OH)_3\downarrow$$

低价铁和低价锰被氧化为高价铁和高价锰，有利于钨的浸出。

2.4.3.2 硫化钠溶液浸出

硫化钠溶液可浸出分解砷、锑、锡、汞的硫化矿物，可使相应的目的组分呈可溶性硫代酸盐的形态转入浸出液中。其反应可表示为：

$$As_2S_3 + 3Na_2S \longrightarrow 2Na_3AsS_3$$
$$As_2S_5 + 3Na_2S \longrightarrow 2Na_3AsS_4$$
$$Sb_2S_3 + 3Na_2S \longrightarrow 2Na_3SbS_3$$
$$Sb_2S_5 + 3Na_2S \longrightarrow 2Na_3SbS_4$$
$$SnS_2 + Na_2S \longrightarrow Na_2SnS_3$$

$$HgS + Na_2S \longrightarrow Na_2HgS_2$$
$$As_2S_3 + Na_2S \longrightarrow 2NaAsS_2$$
$$Sb_2S_3 + Na_2S \longrightarrow 2NaSbS_2$$

Bi_2S_3、SnS 不溶于硫化钠溶液中。

为了防止硫化钠水解失效，以提高相应组分的浸出率，实践应用中常采用硫化钠与苛性钠的混合溶液作浸出剂。

生产实践中，可利用上述反应原理进行精矿除杂或从矿物原料中提取这些有用组分，如从铜、钴、镍精矿中除砷，从锡矿中提取锡，从辰砂中提取汞等。

2.4.4 常压盐浸

盐浸是采用某些无机盐水溶液或其酸性液（或碱性液）作浸出剂，以浸出矿物原料中的某些目的组分。常用的盐浸试剂为：NaCl、$CaCl_2$、$MgCl_2$、$(NH_4)_2SO_4$ 等。盐浸的机理不尽相同。

2.4.4.1 氯化钠溶液浸出

氯化钠溶液可作为浸出剂或添加剂（配合剂）使用。用作浸出剂时，氯化钠溶液可直接与目的组分矿物作用，使目的组分呈可溶性氯化物的形态转入浸出液中。用作添加剂时，起配合剂作用，以提高被浸组分在浸出液中的溶解度。$CaCl_2$、$MgCl_2$ 的作用与 NaCl 相似。

氯化钠的酸性液（pH 为 0.5～1.5）可作为白铅矿、氯化铅、氯化银的浸出剂。浸出白铅矿的反应为：

$$PbSO_4 + 2NaCl \longrightarrow PbCl_2 + Na_2SO_4$$
$$PbCl_2 + 2NaCl \longrightarrow Na_2PbCl_4$$

$PbCl_2$ 在水溶液中的溶解度取决于溶液温度和 NaCl 的浓度（见表 2.12）。为了避免硫酸钠引起可逆反应，可采用 NaCl-$CaCl_2$ 的混合溶液作浸出剂。

表 2.12 氯化铅在氯化钠水溶液中的溶解度

氯化钠浓度/g·L^{-1}	溶解度/g·L^{-1}		
	13℃	50℃	100℃
0	7	11	21
20	3	8	17
40	1	4	11
60	0	3	13
80	0	4	12
100	0	5	15
140	1	7	21
180	3	10	30
220	5	12	42
260	9	21	65
300	13	35	95

$PbCl_2$ 在 $CaCl_2$ 水溶液中的溶解度列于表 2.13 中。

浸出液中的杂质可采用金属置换法进行分离和回收，如可用铜除去和回收银，用铅除去和回收铜。净化后的含铅溶液，可采用氯化铅结晶法、铁置换法、不溶阳极（石墨）电积法、石灰或碳酸钠沉淀法回收铅。

表 2.13 氯化铅在氯化钙水溶液中的溶解度 (%)

25℃	$CaCl_2$	0	0.350	0.650	1.25	2.44
	$PbCl_2$	1.031	0.576	0.382	0.227	0.164
	$CaCl_2$	4.83	9.16	17.18	29.90	42.3
	$PbCl_2$	0.121	0.156	0.311	0.220	6.36
60℃	$CaCl_2$	0	0.350	0.677	1.281	3.564
	$PbCl_2$	1.887	1.368	1.068	0.751	0.520
	$CaCl_2$	4.176	10.51	17.73	29.46	44.48
	$PbCl_2$	0.478	0.489	0.914	3.696	7.265

在离子稀土矿开采初期，生产实践中采用6%～7%的氯化钠水溶液作浸出剂浸出稀土。浸出稀土的主要反应是钠离子置换离子吸附型稀土矿中的稀土离子，使稀土离子转入浸出液中。采用此浸出工艺浸出离子吸附型稀土矿时，稀土的浸出率可达95%以上。

2.4.4.2 硫酸铵溶液浸出

目前，主要采用硫酸铵溶液作离子吸附型稀土矿的浸出剂，硫酸铵溶液已基本上取代了氯化钠水溶液作浸出剂浸出稀土。由于 NH_4^+ 离子的交换势比 Na^+ 离子的交换势大，故通常仅采用1.5%～3.0%的硫酸铵水溶液即可将95%以上的离子相稀土转入浸出液中。

2.5 常压配合浸出

2.5.1 碱性配合浸出

2.5.1.1 氨配合浸出

氨是金属铜、钴、镍的有效配合浸出剂。金属铜、钴、镍的氨浸机理相似，属电化腐蚀氧化配合机理，其浸出速度取决于氧的分压和氨的浓度（见图2.8）。$Cu-NH_3-H_2O$ 系、$Ni-NH_3-H_2O$ 系和 $Co-NH_3-H_2O$ 系的 ε-pH 图分别如图2.9～图2.11所示。

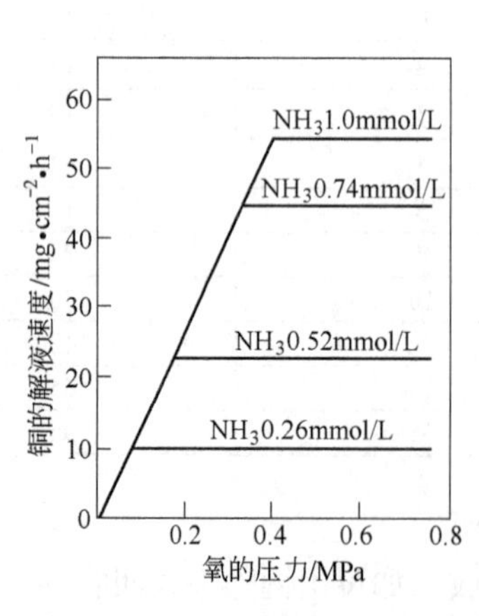

图2.8 氨浸时的氨浓度和氧分压对铜的溶解速度的影响

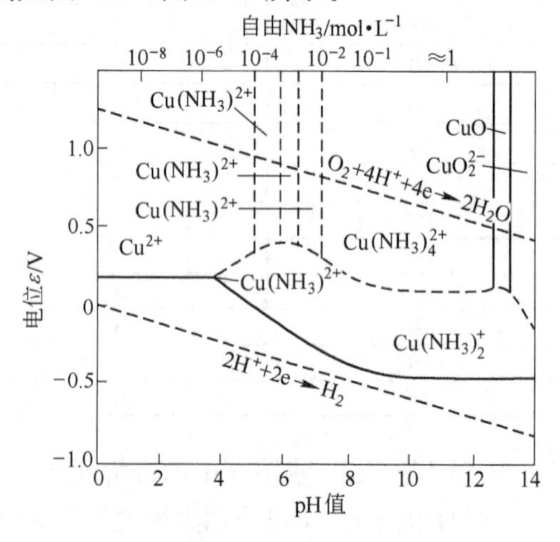

图2.9 $Cu-NH_3-H_2O$ 系的 ε-pH 图

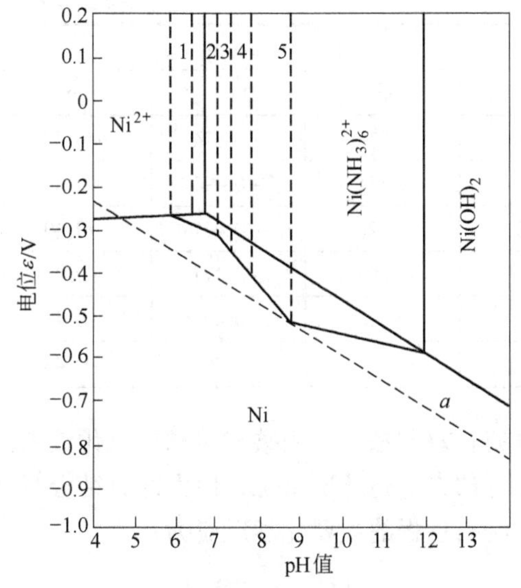

图 2.10 Ni-NH_3-H_2O 系的 ε-pH 图

1—$Ni(NH_3)^{2+}$；2—$Ni(NH_3)_2^{2+}$；

3—$Ni(NH_3)_3^{2+}$；4—$Ni(NH_3)_4^{2+}$；

5—$Ni(NH_3)_5^{2+}$

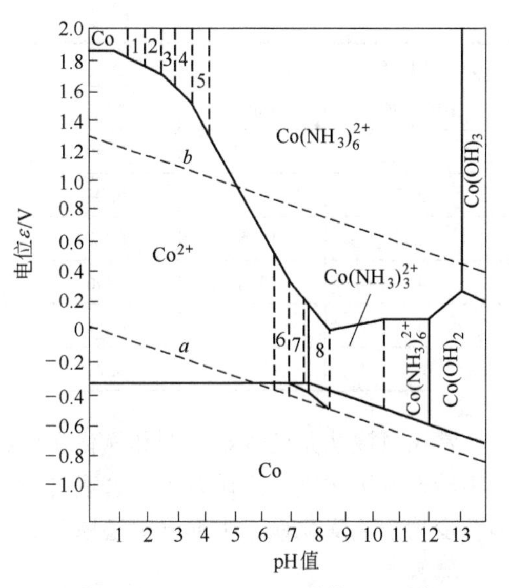

图 2.11 Co-NH_3-H_2O 系的 ε-pH 图

1—$Co(NH_3)^{3+}$；2—$Co(NH_3)_2^{3+}$；3—$Co(NH_3)_3^{3+}$；

4—$Co(NH_3)_4^{3+}$；5—$Co(NH_3)_5^{3+}$；6—$Co(NH_3)_2^{2+}$；

7—$Co(NH_3)_3^{2+}$；8—$Co(NH_3)_4^{2+}$

由于金属铜、钴、镍在氨液中形成了稳定的可溶性氨配离子，扩大了它们在溶液中的稳定区和降低了它们被氧化成配合离子的还原电位，使它们较易转入氨浸出液中。

Fe-NH_3-H_2O 系的 ε-pH 图，如图2.12所示。

从图中曲线可知，溶液中存在空气时，$Fe(NH_3)_n^{2+}$ 的稳定区相当小，极易被氧化为高价铁，当浸液 pH = 10 时，呈氢氧化铁沉淀析出。因此，在氨液中可选择性地浸出铜、钴、镍。

目前，已发现多种金属氨配离子，如锌、汞、银、镉、铜、镍、钴等的氨配离子。25℃时的铜、镍、钴的氨配离子生成反应的平衡常数的 $\lg K_f$ 和 $\varepsilon^{\ominus}_{Me(NH_3)_Z^{2+}/Me}$ 值列于表2.14中。

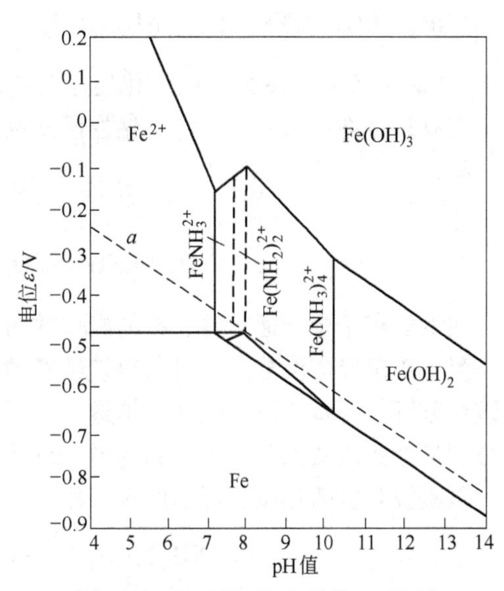

图 2.12 Fe-NH_3-H_2O 系的 ε-pH 图

表 2.14 $Me(NH_3)_Z^{2+}$ 生成反应的 $\lg K_f$ 和 $\varepsilon^{\ominus}_{Me(NH_3)_Z^{2+}/Me}$ 值

$Me(NH_3)_Z^{2+}$ 中的 Z 值	$\lg K_f$			$\varepsilon^{\ominus}_{Me(NH_3)_Z^{2+}/Me}$		
	Cu^{2+}	Ni^{2+}	Co^{2+}	Cu^{2+}	Ni^{2+}	Co^{2+}
0				0.337	−0.241	−0.267

续表 2.14

$Me(NH_3)_Z^{2+}$ 中的 Z 值	$\lg K_f$			$\varepsilon^{\ominus}_{Me(NH_3)_Z^{2+}/Me}$		
	Cu^{2+}	Ni^{2+}	Co^{2+}	Cu^{2+}	Ni^{2+}	Co^{2+}
1	4.15	2.80	2.11	0.214	-0.324	-0.329
2	7.65	5.04	3.47	0.111	-0.390	-0.378
3	10.54	6.77	4.52	0.026	-0.441	-0.409
4	12.68	7.96	5.28	-0.038	-0.477	-0.431
5		8.71	5.46		-0.499	-0.436
6		8.74	4.84		-0.500	-0.481

常压氨浸法是处理金属铜和氧化铜矿物原料的有效方法，采用碳酸铵和氢氧化铵的混合溶液作浸出试剂。当矿石中结合铜含量高时，可预先进行还原焙烧，使大部分结合氧化铜转变为游离氧化铜，少部分被还原为金属铜。浸出过程的主要化学反应为：

黑铜矿：

$$CuO + 2NH_4OH + (NH_4)_2CO_3 \longrightarrow Cu(NH_3)_4CO_3 + 3H_2O$$

蓝铜矿：

$$2CuCO_3 \cdot Cu(OH)_2 + 10NH_4OH + (NH_4)_2CO_3 \longrightarrow 3Cu(NH_3)_4CO_3 + 12H_2O$$

$$Cu + Cu(NH_3)_4CO_3 \longrightarrow Cu_2(NH_3)_4CO_3$$

$$Cu_2(NH_3)_4CO_3 + 2NH_4OH + (NH_4)_2CO_3 + \frac{1}{2}O_2 \longrightarrow 2Cu(NH_3)_4CO_3 + 3H_2O$$

可见，$Cu^+ \rightarrow Cu^{2+} + e$ 之间的氧化还原反应起了催化作用，可加速金属铜的浸出溶解。

在有氧存在的条件下，镍、钴的浸出反应可表示为：

$$Ni + \frac{1}{2}O_2 + nNH_3 + CO_2 \longrightarrow Ni(NH_3)_n^{2+} + CO_3^{2-}$$

$$Co + \frac{1}{2}O_2 + nNH_3 + CO_2 \longrightarrow Co(NH_3)_n^{2+} + CO_3^{2-}$$

在氨配离子中，通常镍、钴的配位数为 6，铜的配位数为 4。

浸出矿浆经固液分离，可获得较纯净的浸出液。将浸出液加热至沸点，氨配离子和碳酸铵被分解，氨及二氧化碳呈气体逸出。浸液中的铜呈氧化铜沉淀析出。浸液中的镍、钴则分别呈碱式碳酸镍和氢氧化钴的形态沉淀析出。含氨和二氧化碳的蒸气经冷凝吸收后转变为碳酸铵和氢氧化铵，可返回洗涤作业或浸出作业循环使用。过程的主要反应为：

$$Cu(NH_3)_4CO_3 \xrightarrow{加热} CuO\downarrow + 4NH_3\uparrow + CO_2\uparrow$$

$$2Ni(NH_3)_6CO_3 + 2H_2O \xrightarrow{加热} Ni(OH)_2 \cdot NiCO_3 \cdot H_2O\downarrow + 12NH_3\uparrow + CO_2\uparrow$$

$$[Co(NH_3)_6]_2(CO_3)_3 + 3H_2O \xrightarrow{加热} 2Co(OH)_3\downarrow + 12NH_3\uparrow + 3CO_2\uparrow$$

$$(NH_4)_2CO_3 \xrightarrow{加热} 2NH_3\uparrow + CO_2\uparrow + H_2O$$

$$4NH_3 + CO_2 + 3H_2O \longrightarrow (NH_4)_2CO_3 + 2NH_4OH$$

常压氨浸时，硫化铜矿物溶解不完全，镍、钴的硫化矿物及贵金属留在浸出渣中，可采用浮选法从浸出渣中回收铜、镍、钴的硫化矿物及贵金属，浮选产出的硫化矿物精矿送冶炼厂处理。此外，可采用热压氨浸法处理铜、镍、钴的硫化矿物原料。

常压氨浸法的特点为：

（1）常压下的浸出速度相当高，浸出时间较短；

（2）浸出选择性高，可获得相当纯净的铜、镍、钴的浸出液；

（3）从浸液中制取铜、镍、钴的沉淀物的工序相当简单；

（4）浸出试剂易再生回收；

（5）适用于处理铁质含量高且以碳酸盐脉石为主的铜、镍、钴的矿物原料。

但浸液蒸氨过程中，蒸馏塔易结疤，影响操作的正常进行。

从铜的氨浸液中析铜除加热蒸氨法外，还可采用：

（1）氢还原法：在 170～205℃和 4MPa 条件下，采用氢气可将氨浸液中的铜还原，产出球状铜粉；

（2）萃取-电积法：采用 LIX-64 羟肟萃取剂从氨浸液中萃铜，负铜有机相用硫酸溶液反萃可得硫酸铜溶液，电积产出电铜。

2.5.1.2 氰化浸出金银

氰化浸出提取金银是目前国内外处理金银矿物原料的常规方法，自 1887 年开始采用氰化物从矿石中浸金至今已有 120 多年的历史。氰化法提取金银，工艺成熟，技术经济指标较理想。

氰化物是金、银、铜矿物的有效溶剂。其浸出反应可表示：

$$Au(CN)_2^- + e \longrightarrow Au + 2CN^-$$

$$\varepsilon = -0.64 + 0.0591\ \lg\alpha_{Au(CN)_2^-} + 0.118p_{CN}$$

$$Ag(CN)_2^- + e \longrightarrow Ag + 2CN^-$$

$$\varepsilon = -0.31 + 0.0591\ \lg\alpha_{Ag(CN)_2^-} + 0.118p_{CN}$$

$$Cu_2S + 6CN^- \longrightarrow 2Cu(CN)_3^{2-} + S^{2-}$$

$$K_f = 1.85 \times 10^{28}$$

从金、银氰化浸出的电化方程可知，当 p_{CN} 相同时，金的平衡电位比银的平衡电位低。因此，当氰化物浓度相同时，金比银更易被氰化物浸出。同时，金、银的平衡电位皆随浸出剂中氰根浓度的增大而下降，金、银愈易被浸出。采用二步法工艺时，浸出矿浆经固液分离后，常用锌置换法从贵液中回收金银，置换所得金泥经熔炼可得合质金（金银合金）。采用一步法工艺时，所得载金炭或载金树脂经解吸后，常用不溶阳极电积的方法获得金泥，经金银分离和熔炼获得金锭和银锭。

实际氰化生产中，氰根浓度一般为 0.03%～0.25%，以 0.05% 计算，相当于 10^{-2} mol/L，浸液中金、银的浓度分别为 $2g/m^3$ 和 $20g/m^3$，相当于 $\alpha_{Au} = 10^{-5}$mol/L、$\alpha_{Ag} = 10^{-4}$ mol/L。锌置换时，溶液中锌离子的活度 $\alpha_{Zn^{2+}} = 10^{-4}$mol/L。根据氰化浸出金银的有关反应的平衡条件和上述所给定的具体条件，即可计算出有关的 ε_T、p_{CN} 和 pH 值，所绘制的 Au、Ag、Zn-CN^--H_2O 系的 ε-pH 图如图 2.13 所示。

图中还绘制了 a、b、c、d 线，其相应的平衡方程为：

$$2H^+ + 2e \longrightarrow H_2$$

$$\varepsilon_{H^+/H_2} = -0.0591pH - 0.0295\ \lg p_{H_2} \qquad a$$

当 $p_{H_2}=0.1\text{MPa}$（1atm）时，则

$$\varepsilon_{H^+/H_2}=-0.0591\text{pH}$$

$$O_2+4H^++4e\longrightarrow 2H_2O$$

$$\varepsilon_{O_2/H_2O}=1.229-0.0591\text{pH}+0.0148\lg p_{O_2} \quad ⓑ$$

当 $p_{O_2}=0.1\text{MPa}$（1atm）时，则

$$\varepsilon_{O_2/H_2O}=1.229-0.0591\text{pH}$$

$$O_2+2H^++2e\longrightarrow H_2O_2$$

$$\varepsilon_{O_2/H_2O_2}=0.68-0.0591\text{pH}-0.0295\lg\alpha_{H_2O_2}+0.0295\lg p_{O_2} \quad ⓒ$$

当 $\alpha_{H_2O_2}=10^{-5}\text{mol/L}$ 时，$p_{O_2}=0.1\text{MPa}$（1atm）时，则

$$\varepsilon_{O_2/H_2O_2}=0.83-0.0591\text{pH}$$

$$H_2O_2+2H^++2e\longrightarrow 2H_2O$$

$$\varepsilon_{H_2O_2/H_2O}=1.77-0.0591\text{pH}+0.0295\lg\alpha_{H_2O_2} \quad ⓓ$$

当 $\alpha_{H_2O_2}=10^{-5}$时，则

$$\varepsilon=1.62-0.0591\text{pH}$$

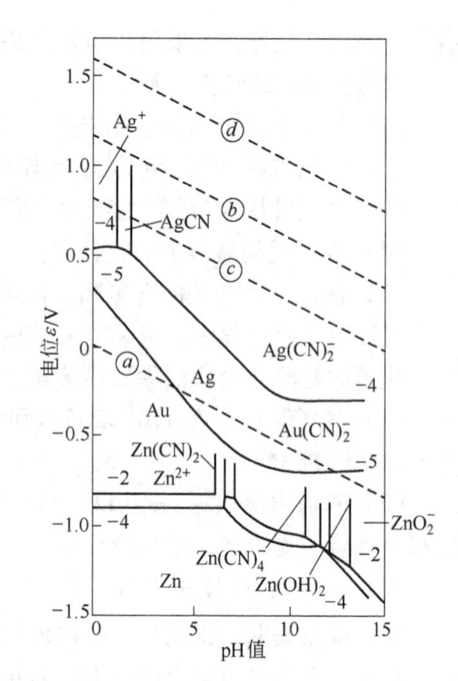

图 2.13　Au、Ag、Zn-CN⁻-H₂O 系的 ε-pH 图

从图 2.13 中各线的相对位置可知，氰化液中溶解氧的氧化能力足可将金、银氧化使其呈金氰配离子和银氰配离子转入浸出液中，同时生成过氧化氢。生成的过氧化氢又可促进金、银的溶解。因此，金、银氰化浸出的化学反应式可表示为：

$$2Au+4CN^-+O_2+2H_2O\longrightarrow 2Au(CN)_2^-+H_2O_2+2OH^- \quad (A)$$

$$2Au+4CN^-+H_2O_2\longrightarrow 2Au(CN)_2^-+2OH^- \quad (B)$$

其综合式为：

$$4Au+8CN^-+O_2+2H_2O\longrightarrow 4Au(CN)_2^-+4OH^-$$

考察结果认为式（B）的反应速度很缓慢，金、银的氰化浸出几乎完全按式（A）进行。

从图 2.13 的曲线可知，当 pH = 9.0 时，氰化浸出金、银的推动力最大。因此，生产实践中常加入石灰作保护碱，使浸出矿浆的 pH 值维持在 10 左右，以稳定操作。由于银的氧化线比氢线（*a* 线）高，故氰化浸银时不会析出氢气。金的氧化线比氢线（*a* 线）低，氰化浸金时有可能析出氢气，但析出氢气的 pH 值范围较小。

通常认为金、银的氰化浸出机理属电化腐蚀-氧化配合机理。化学反应速度较快，氰化过程的速度取决于溶液中的氧和氰根的扩散速度。理论推导表明，当溶液中 $[CN^-]:[O_2]=6.0$ 时，金的浸出速度达最大值。实际测定结果为：当 $[CN^-]:[O_2]=4.69\sim7.4$ 时，金的氰化浸出速度达最大值。可以认为理论推导值与实际测量值是吻合的。

在常压室温条件下，溶液中的溶解氧浓度为 8.2mg/L，相当于 $0.256\times10^{-3}\text{mol/L}$，故相应的适宜氰根浓度为 $6\times0.256\times10^{-3}\text{mol/L}=1.54\times10^{-3}\text{mol/L}$，即相当于 0.01% 的氰根浓度时，金的氰化浸出速度达最大值。因此，金、银氰化浸出时，除应添加石灰维持矿浆的 pH 值为 10 左右外，还应不断向浸出矿浆中鼓入空气，以使矿浆中的游离氰根浓度

和溶解氧的浓度保持一定的比例。

金矿物原料中除含银外，一般均含有其他的伴生组分。这些伴生组分有的对金、银的氰化浸出可起促进作用，有的对金银的氰化浸出则起有害的作用。试验研究表明，少量的铅、汞、铋、铊等盐类可加速金的氰化浸出。由于金只能从溶液中置换铅、汞、铋、铊这四种金属离子，可能是金与被置换所得金属形成合金，改变了金粒的表面状态，产生蚀变，从而加速金粒的氰化溶解。

与金伴生的磁黄铁矿，铜、锌、铁硫化矿物，砷、锑矿物和含碳物质等皆对金的氰化浸出起有害作用。因此，处理含以上有害于氰化浸金的组分时，应采取适当措施预先将其除去或将其有害作用降至最小，必要时可采用其他方法处理此类不宜氰化的含金银矿物原料。

为了强化氰化浸出金银过程，除了完善传统的二步法（CCD 流程）外，目前在工业生产中已广泛采用一步法提金工艺，其中包括氰化炭浆法（CCIP）、氰化炭浸法（CCIL）、氰化树脂矿浆法（CRIP）、氰化磁炭法（CMagchal）等。在氰化浸出金银的同时，金、银氰根配阴离子被活性炭或阴离子交换树脂所吸附，矿浆液相中已溶金、银的浓度始终维持最低值，故一步法提金工艺可强化浸出过程，提高氰化浸出金银的速度和浸出率。一步法提金工艺也可用于其他浸出金银的工艺中。

2.5.1.3 硫代硫酸盐溶液浸出金银

浸出金银时，采用的硫代硫酸盐主要为硫代硫酸铵或硫代硫酸钠。它们均含有 $S_2O_3^{2-}$ 基团，易溶于水，在干燥空气中易风化，在潮湿空气中易潮解。在酸性介质中将转变为硫代硫酸，并立即分解为元素硫和亚硫酸，亚硫酸又立即分解为二氧化硫和水。因此，硫代硫酸盐在酸性介质中分解的最终产物为元素硫、二氧化硫和水。故硫代硫酸盐溶液浸出金银只能在碱性介质中进行，而且一般采用氨介质。

硫代硫酸根离子中的两个硫原子的平均价态为 +2 价，具有较强的还原性，易被氧化为 +4 价和 +6 价。其被氧化的反应可表示为：

$$2S_2O_3^{2-} + 4Cl_2 + 4H_2O \longrightarrow 2SO_4^{2-} + 8Cl^- + 8H^+$$

$$2S_2O_3^{2-} + I_2 \longrightarrow S_4O_6^{2-} + 2I^-$$

硫代硫酸根离子可与一系列金属阳离子（如 Au^+、Ag^+、Cu^+、Cu^{2+}、Fe^{2+}、Pt^{4+}、Pd^{4+}、Hg^+、Ni^{2+}、Cd^{2+} 等）生成配合离子。某些金属硫代硫酸盐配合离子和金属氨配合离子的稳定常数（*K* 值）列于表 2.15 中。

表 2.15 某些金属硫代硫酸盐配合离子的稳定常数（*K* 值）

配合离子	*K* 值	配合离子	*K* 值
$Au(S_2O_3)_2^{3-}$	1×10^{28}	$Cu(S_2O_3)_2^{2-}$	2.0×10^{12}
	5×10^{28}	$Au(NH_3)_2^+$	1.1×10^{26}
$Ag(S_2O_3)^-$	6.6×10^{8}		1.1×10^{27}
$Ag(S_2O_3)_2^{3-}$	2.2×10^{18}	$Ag(NH_3)^+$	2.3×10^{8}
$Ag(S_2O_3)_3^{5-}$	1.4×10^{14}	$Ag(NH_3)_2^+$	1.6×10^{7}
$Cu(S_2O_3)^-$	1.9×10^{10}	$Cu(NH_3)_2^+$	7.2×10^{10}
$Cu(S_2O_3)_2^{3-}$	1.7×10^{12}	$Cu(NH_3)_4^+$	4.8×10^{12}
$Cu(S_2O_3)_3^{5-}$	6.9×10^{18}		

浸出剂中存在铜、氨的条件下，硫代硫酸盐溶液浸出金的机理为电化学腐蚀-氧化配合机理。其浸出原理模型如图 2.14 所示。

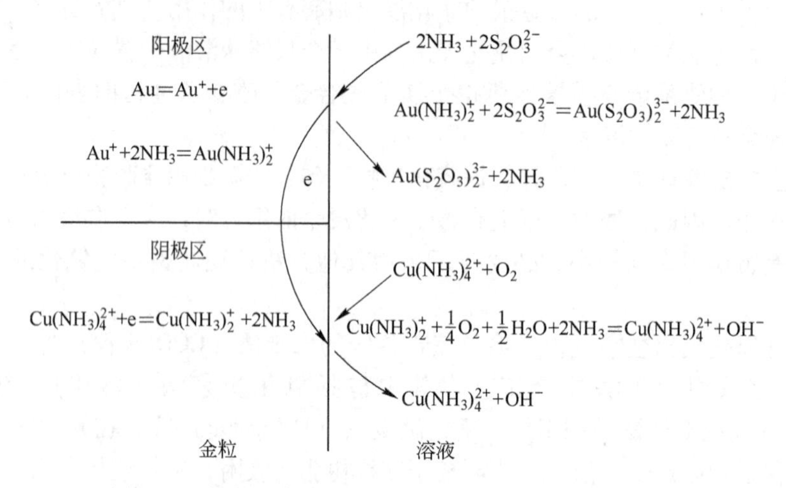

图 2.14 氨性硫代硫酸盐浸出金的电化学-氧化配合模型

浸出过程的反应可表示为：

阳极反应：

$$Au \longrightarrow Au^{+} + e$$

$$Au^{+} + 2NH_3 \longrightarrow Au(NH_3)_2^{+}$$

$$Au(NH_3)_2^{+} + 2S_2O_3^{2-} \longrightarrow Au(S_2O_3)_2^{3-} + 2NH_3$$

阴极反应：

$$Cu(NH_3)_4^{2+} + e \longrightarrow Cu(NH_3)_2^{+} + 2NH_3$$

$$Cu(NH_3)_2^{+} + \frac{1}{4}O_2 + \frac{1}{2}H_2O + 2NH_3 \longrightarrow Cu(NH_3)_4^{2+} + OH^{-}$$

从上列反应式可知，氨在阳极催化了金离子与硫代硫酸根离子的配合反应，铜氨配离子在阴极催化了氧的还原反应。

硫代硫酸盐溶液浸出金时，金的浸出率与硫代硫酸盐浓度、亚硫酸盐浓度、浸出温度、氧的分压、搅拌强度、氨的浓度和铜离子浓度等因素有关（请参阅《金银提取技术（第 3 版）》（冶金工业出版社）有关章节）。

2.5.2 酸性配合浸出

2.5.2.1 液氯法提金

液氯法提金是以氯气或漂白粉加硫酸反应产生的氯气作浸出剂，浸出含金矿物原料中的金。此提金方法由珀西于 1848 年研制成功。19 世纪后半期曾大规模用于美国、澳大利亚等国的金选矿厂。后来由于氰化提金工艺的出现和不断完善，液氯法提金工艺才逐渐被氰化提金工艺所取代。近 30 年来，由于环境保护等因素的缘故，液氯法提金工艺又引起各国的重视，今后仍有可能再次成为提金的主要方法之一。

Cl^{-}-H_2O 系的 ε-pH 图如图 2.15 所示。

图中的主要平衡线为：

$$HClO \longrightarrow ClO^- + H^+$$

$$pH = 7.49 + \lg \frac{\alpha_{ClO^-}}{\alpha_{HClO}} \quad ①$$

$$Cl_{(ag)} + 2e \longrightarrow 2Cl^-$$

$$\varepsilon = 1.395 + 0.0295 \lg \frac{\alpha_{Cl_{2(ag)}}}{\alpha^2_{Cl^-}} \quad ②$$

$$HClO + H^+ + 2e \longrightarrow Cl^- + H_2O$$

$$\varepsilon = 1.494 - 0.0295pH + 0.0295 \lg \frac{\alpha_{HClO}}{\alpha_{Cl^-}} \quad ③$$

$$ClO^- + 2H^+ + 2e \longrightarrow Cl^- + H_2O$$

$$\varepsilon = 1.715 - 0.0591pH + 0.0295 \lg \frac{\alpha_{ClO^-}}{\alpha_{Cl^-}} \quad ④$$

$$2HClO + 2H^+ + 2e \longrightarrow Cl_{2(ag)} + 2H_2O$$

$$\varepsilon = 1.594 - 0.0591pH + 0.0295 \lg \frac{\alpha^2_{HClO}}{\alpha_{Cl_{2(ag)}}} \quad ⑤$$

式中 $Cl_{2(ag)}$——溶解氯。

从图2.15中曲线可知，Cl^-离子在整个pH值范围内均稳定，且覆盖水的整个稳定区；$Cl_{2(ag)}$的稳定区很小，$Cl_{2(ag)}$仅存在于低pH值区域，在碱性液中将转变为次氯酸、氯酸和高氯酸。溶解氯、次氯酸、氯酸和高氯酸均为强氧化剂，可将水氧化而析出氧气，可氧化氯化物而析出氯气，也可氧化金属和其他化合物。

$Au\text{-}Cl^-\text{-}H_2O$系的$\varepsilon$-pH图如图2.16所示。从图中曲线可知，在强酸性介质中，液氯的还原电位高于除金以外的其他贵金属被氧化的还原电位（见表2.16）。

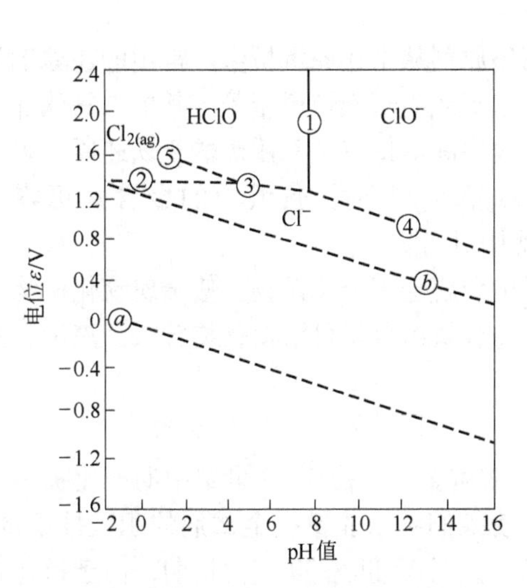

图2.15 $Cl^-\text{-}H_2O$系的ε-pH图

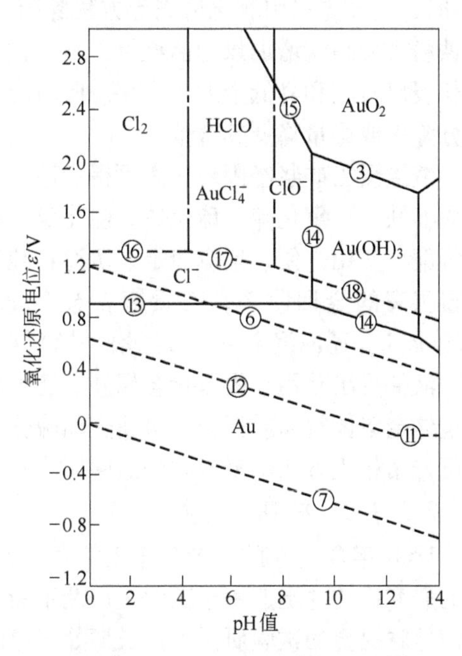

图2.16 $Au\text{-}Cl^-\text{-}H_2O$系的$\varepsilon$-pH图

表 2.16 含氯氧化剂及贵金属被氧化的标准还原电位（$\varepsilon^{\ominus}$）

电对	ClO^-/Cl^-	$HClO/Cl_{2(ag)}$	Au^+/Au	Au^{3+}/Au	Cl_2/Cl^-	Pt^{4+}/Pt
$\varepsilon^{\ominus}$	1.715	1.594	1.58	1.42	1.395	1.20

电对	Ir^{3+}/Ir	Pd^{2+}/Pd	Ag^+/Ag	Ru^{3+}/Ru	Rh^{3+}/Rh
$\varepsilon^{\ominus}$	1.15	0.98	0.80	0.49	0.81

液氯可水解为次氯酸和盐酸，次氯酸的还原电位高于金被氧化的还原电位。因此，氯气可氧化金，呈三氯化金形态转入溶液，进而转化为金氯配阴离子存在浸出液中。其反应可表示为：

$$2Au + 3Cl_2 \longrightarrow 2AuCl_3$$

$$2AuCl_3 + 2HCl \longrightarrow 2HAuCl_4$$

漂白粉加硫酸反应生成的氯气也能浸出金。其反应可表示为：

$$CaOCl_2 + H_2SO_4 \longrightarrow CaSO_4 + H_2O + Cl_2$$

$$Ca(OCl)_2 + H_2SO_4 \longrightarrow CaSO_4 + H_2O + \frac{1}{2}O_2 + Cl_2$$

$$Cl_2 + H_2O \longrightarrow HCl + HClO$$

$$2Au + 3Cl_2 + 2HCl \longrightarrow 2HAuCl_4$$

液氯法提金的浸金速度和金的浸出率与浸出剂中的氯离子浓度和介质 pH 值密切相关。气态氯的饱和溶液中的氯离子浓度为 5g/L。为了提高溶液中的氯离子浓度和酸度，常在溶液中加入盐酸和食盐，以提高液氯的浸金速度和金的浸出率。

液氯提金时，金的浸出率还与含金原料中的硫含量、贱金属含量、金属铁粉含量、磨矿细度等因素有关。液氯法不宜用于处理硫含量大于 1% 的含金矿物原料。硫含量大于 1% 时，应预先采用氧化焙烧等方法除硫，以使硫含量降至小于 1%。同理，贱金属和金属铁粉含量高将增加氯的消耗量，金属铁粉还可还原沉积已溶金，将导致增加生产成本、延长浸出时间和降低金的浸出率。此时应预先采用相应的方法，将这些有害于液氯提金的组分除去或尽量降低其含量。

液氯浸出矿浆经固液分离可得贵液，可采用还原剂从中还原沉析金。常用的还原剂为硫酸亚铁、二氧化硫、硫化钠、硫化氢、草酸、木炭或离子交换树脂等。其中二氧化硫具有价廉、使用方便、反应稳定、沉淀物纯净和回收率高等优点。采用硫酸亚铁还原金可以获得很高的金回收率，若贵液含金 2000mg/L 或 50mg/L 时，贫液中的金含量可降至 0.09mg/L。还原沉金可在渗滤槽（桶）或搅拌槽中进行。

液氯浸出除用于提取贵金属外，还可用于浸出分解金属硫化矿物，使金属硫化矿物中的包体金单体解离或裸露，可使金属硫化矿物中的金属组分呈可溶氯化物转入浸液中，然后可采用相应方法从浸液和浸渣中回收有用组分。

2.5.2.2 硫脲法提金

1868 年合成硫脲，1869 年人们发现硫脲可以溶解金银。由于 19 世纪中期氰化提金工艺的研究成功并迅速用于工业生产及不断完善，使人们寻求非氰提金试剂的积极性不高，致使硫脲提金的试验研究工作长期处于停滞状态。直至 20 世纪 30 年代初期，由于氰化提金大量使用氰化物，环境污染问题开始引起各国的关切。1937 年美国罗斯等人首次采用硫脲从金矿石中浸出金获得成功，1941 年前苏联科学院公布了普拉克辛等人的研究成果，20 世纪下半期各国科学家广泛开展了硫脲浸出金银的热力学、动力学和工艺条件的试验研究，取得了许多成果，有的已用于工业生产。

我国硫脲提金试验研究始于20 世纪 70 年代初期，长春黄金研究所（现长春黄金研究院）研制成功了硫脲铁浆提金工艺（TFeIP），进行了大量的小型试验、工业试验，并于1983 年在广西龙水金矿建成投产了日处理 10t 浮选金精矿的生产试验厂。20 世纪 70 年代后期我国许多金矿山、研究院所和高等院校均开展了硫脲提金的试验工作。黄礼煌教授的硫脲提金专题组相继研究成功了硫脲矿浆直接电积一步法提金工艺、硫脲炭浸（炭浆）一步法提金工艺和发表相关论文 10 篇，并对相关工艺进行了全流程小型试验，取得了可喜的成果。

在已进行的许多非氰提金试剂中，目前许多专家认为最有工业应用前景的是硫脲。

硫脲为金银的有机配合剂，在有氧化剂存在的条件下，硫脲酸性溶液可从金银矿物原料中浸出金银，金银分别呈金硫脲配阳离子 Au（SCN_2H_4）$_2^+$ 和银硫脲配阳离子 Ag（SCN_2H_4）$_3^+$ 的形态转入浸出液中。较一致地认为硫脲浸出金银属电化学腐蚀-氧化配合机理，其浸金模型如图 2.17 所示。其电化学反应方程可表示为：

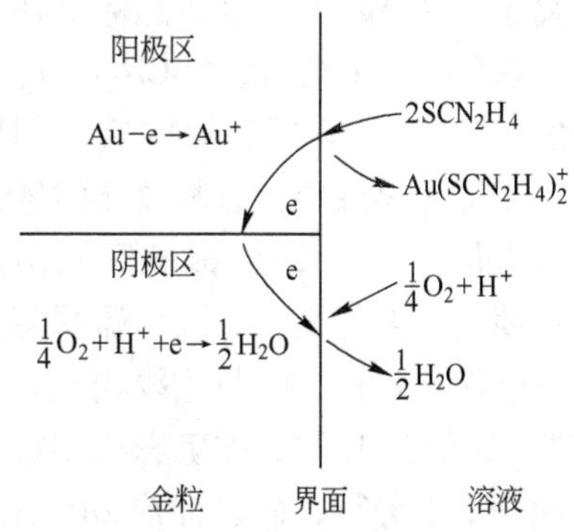

图 2.17 硫脲酸性液浸出金的模型

阳极反应：

$$Au - e \longrightarrow Au^+$$

$$Au^+ + 2SCN_2H_4 \longrightarrow Au(SCN_2H_4)_2^+$$

阴极反应：

$$\frac{1}{4}O_2 + H^+ + e \longrightarrow \frac{1}{2}H_2O$$

总反应式为：

$$Au + 2SCN_2H_4 + \frac{1}{4}O_2 + H^+ \rightleftharpoons Au(SCN_2H_4)_2^+ \ \frac{1}{2}H_2O$$

$$\Delta G^{\ominus} = +0.849V$$

25℃时测量 $Au(SCN_2H_4)_2^+/Au$ 电对的标准还原电位为 +0.38 ±0.01V，故其平衡条件为：

$$\varepsilon = 0.38 + 0.0591\ \lg\alpha_{Au(SCN_2H_4)_2^+} - 0.118\ \lg\alpha_{SCN_2H_4}$$

同理，硫脲酸性液浸出银的反应可表示为：

$$Ag(SCN_2H_4)_3^+ + e \rightleftharpoons Ag + 3SCN_2H_4$$

25℃时测量电对 Ag（SCN_2H_4）$_3^+$/Ag 的标准还原电位为 +0.12 ±0.01V，故其平衡条件为：

$$\varepsilon = 0.12 + 0.0591\ \lg\alpha_{Ag(SCN_2H_4)_3^+} - 0.177\ \lg\alpha_{SCN_2H_4}$$

从图 2.17 可知，金在阳极区失去电子与硫脲分子配合为金硫脲配阳离子转入溶液中，而氧在金的阴极区获得电子被还原转变为水。由于金的氧化和与硫脲分子配合及氧的被还原，硫脲浸出金的反应得以持续进行。

25℃时，Au(Ag)-SCN_2H_4-H_2O 系的 ε-pH 图如图 2.18 所示。

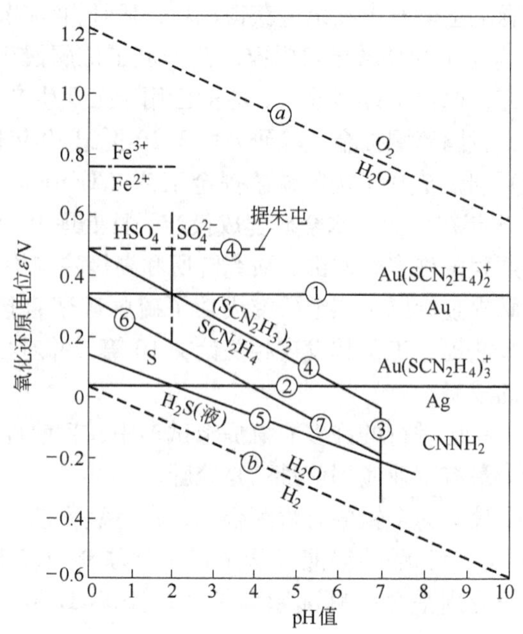

图 2.18 Au (Ag) -SCN_2H_4-H_2O 系的 ε-pH 图

条件：(SCN_2H_4) = (SCN_2H_3) = 10^{-2}mol/L，

[$Au(SCN_2H_4)_2^+$] = [$Ag(SCN_2H_4)_3^+$] = 10^{-4}mol/L，

$p_{O_2} = p_{H_2} = 0.1$MPa

从图 2.18 可知，金溶解线①的标准还原电位为 +0.38V，由于生成金硫脲配阳离子，使 Au^+/Au 电对的标准还原电位从 1.58 降至 $Au(SCN_2H_4)_2^+/Au$ 电对的 +0.38V，采用普通的氧化剂即可将金氧化而溶于硫脲溶液中；银溶解线②的标准还原电位为 +0.12V，由于生成银硫脲配阳离子，使 Ag^+/Ag 电对的标准还原电位从 +0.799V 降至 $Ag(SCN_2H_4)_3^+/Ag$ 电对的 +0.12V，采用普通的氧化剂即可使银溶于硫脲溶液中；硫脲氧化线④的标准还原电位为 +0.42V，故硫脲浸出金银时不宜使用强氧化剂，否则，硫脲将迅速氧化分解而失效；①线与④线相交，交点对应的 pH 值为 1.78，即硫脲浸出金只能在酸性介质中进行，而且介质 pH 值宜小于 1.78，否则，硫脲将氧化失效，硫脲氧化生成的二硫甲脒也将失去氧化剂的作用，硫脲浸出金的介质 pH 值一般为 1～1.5；②线与④线相交，交点对应的 pH 值为 6.17，即硫脲浸出银只能在酸性介质中进行，而且介质 pH 值宜小于 6.17，否则，硫脲将氧化失效，硫脲氧化生成的二硫甲脒也将失去氧化剂的作用，硫脲浸出银的 pH 值一般为 1～5；②线比①线低，即在相同的硫脲浸出条件下，银的浸出率将高于金的浸出率。

硫脲酸性液浸出金银时，金银的浸出率主要与金银物料的矿物组成、介质 pH 值、金粒大小、再磨细度、氧化剂类型与用量、还原剂类型与用量、硫脲用量、浸出液固比、浸出温度、搅拌强度、浸出时间及浸出工艺等因素有关（请参阅《金银提取技术（第 3 版）》有关章节）。

2.5.2.3 氯盐浸出银铅

采用氯化钠等氯盐可以浸出白铅矿、氯化挥发物和氧化焙砂酸浸渣等物料，以回收其中所含的银铅等有用组分。

从表 2.12 和表 2.13 中的数据可知，氯盐用量为理论量时，反应生成的氯化铅和氯化银均留在浸渣中。当氯盐用量大大超过理论量时，铅、银呈配合物转入浸液中。其反应可表示为：

$$PbSO_4 + 2NaCl \longrightarrow PbCl_2 + Na_2SO_4$$

$$PbCl_2 + 2NaCl \longrightarrow Na_2PbCl_4$$

$$AgCl + NaCl \longrightarrow NaAgCl_2$$

浸出液可用转动铅板置换银，可得海绵银，经熔炼得银锭。置银后液可用硫化钠加石灰沉淀铅或碳酸钠沉淀铅的方法回收铅。沉铅后液可返回银铅浸出作业循环使用。

2.5.2.4 王水浸金

王水为1份硝酸和3份盐酸的混合酸，常用作浸出剂以分离金银和铂族金属。王水浸出时的主要反应为：

$$HNO_3 + 3HCl \longrightarrow Cl_2 + NOCl + 2H_2O$$

$$Au + 3Cl_2 + 2HCl \longrightarrow 2H[AuCl_4]$$

$$Pt + 2Cl_2 + 2HCl \longrightarrow H_2[PtCl_6]$$

$$Pd + 2Cl_2 + 2HCl \longrightarrow H_2[PdCl_6]$$

王水浸出时，金、铂、钯转入浸出液中，而铑、钌、锇、铱和氯化银留在浸出渣中。可用亚铁盐从浸液中还原沉析金。采用氯化铵从沉金后液中沉淀铂。用二氯二氨亚钯法从沉铂后液中沉淀钯。沉钯后液中还含有少量的贵金属，可采用锌粉置换法进行回收。

2.6 热压浸出

在密闭容器（高压釜）进行热压浸出，可以提高浸出速度和浸出率，可使用气体或挥发性物质作浸出剂。目前，工业上可采用热压技术浸出铀、钨、钼、铜、镍、钴、锌、锰、铝、钒、金等。

热压浸出可分为热压无氧浸出和热压氧浸两大类，后者又可分为热压氧酸浸和热压氧碱浸两小类。

2.6.1 热压无氧浸出

溶液的沸点随蒸气压的增大而升高，纯水的沸点与蒸气压的关系如图2.19所示。水的临界温度为374℃，热压浸出温度一般低于300℃。因温度大于300℃时，水的蒸气压大于10MPa（100atm）。

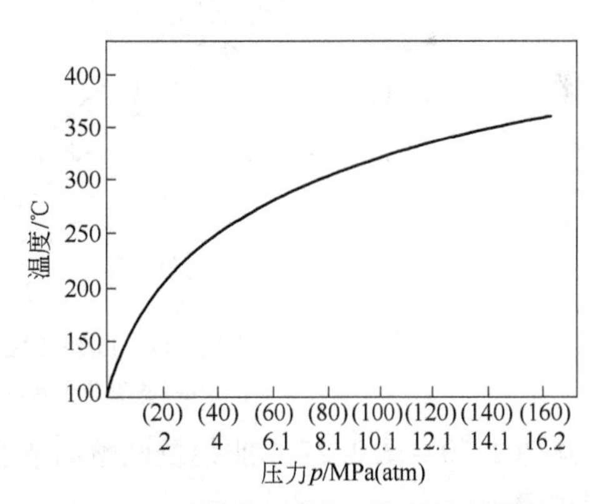

图2.19 水的饱和蒸气压与温度的关系

热压无氧浸出是在不使用氧或其他气体试剂的条件下，采用单纯提高浸出温度的方法，以增加被浸目的组分在浸出液中的溶解度的浸出方法。如铝土矿的热压无氧碱浸、钨矿物原料的热压无氧碱浸、钾钒铀矿的热压无氧碱浸等。其相应的反应可表示为：

三水铝石：

$$2Al(OH)_3 + 2NaOH \xrightarrow{100℃} 2NaAl(OH)_4$$

一水软铝石：

$$AlOOH + NaOH + H_2O \xrightarrow{155\sim200℃} NaAl(OH)_4$$

一水硬铝石：

$$Al_2O_3 + 2NaOH + 3H_2O \xrightarrow{230 \sim 280℃} 2NaAl(OH)_4$$

白钨矿：

$$CaWO_4 + Na_2CO_3 \xrightarrow{180 \sim 200℃} Na_2WO_4 + CaCO_3$$

钾钒铀矿：

$$K_2O \cdot 2UO_3 \cdot V_2O_5 + 6Na_2CO_3 \xrightarrow{100 \sim 180℃} 2Na_4[UO_2(CO_3)_3] + 2KVO_3 + 4NaOH$$

2.6.2 热压氧酸浸

金属硫化矿物几乎不溶于水，甚至当水的温度升至400℃时也如此。但当有氧存在时，金属硫化矿物则易溶于水。当氧压为1MPa（10atm），温度为110℃，溶液中金属和硫的浓度为0.1mol/L时，S-H-O及Me-S-H-O（Me为Zn、Cu、Ni、Co、Fe等）系的ε-pH图如图2.20～图2.27所示。

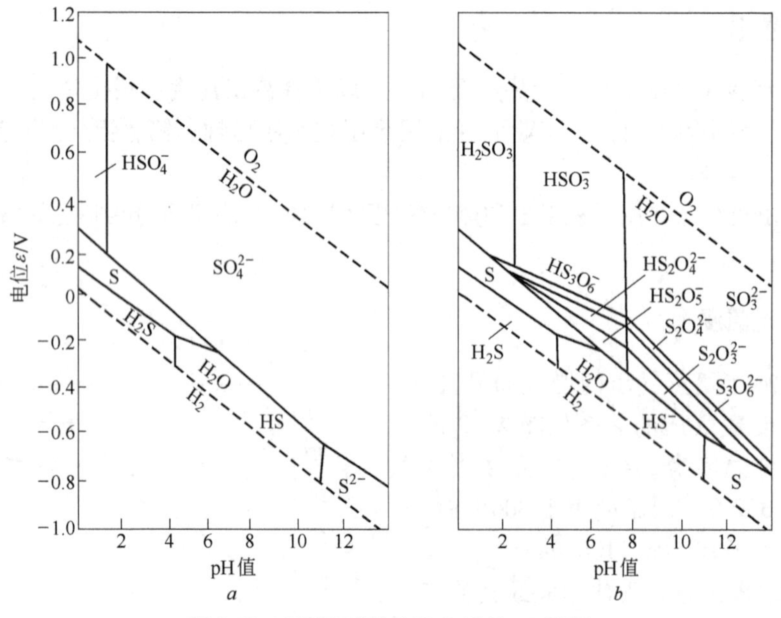

图2.20 110℃时的S-H-O系的ε-pH图

a—硫氧化为六价；*b*—硫氧化为四价

从图2.20～图2.27中曲线及试验结果表明，热压氧酸浸金属硫化矿物时，一般遵循下列规律：

（1）在浸出温度低于120℃的酸性介质中，金属以离子形态进入溶液中，而硫呈元素硫形态析出。某些条件下会生成少量的硫化氢。各种金属硫化矿物析出元素硫的酸度不同，磁黄铁矿、镍黄铁矿和辉钴矿氧化时最易析出元素硫；黄铁矿氧化时析出元素则需低温、低氧压和高酸度（$pH < 2.5$）；铜、锌硫化矿物仅在酸介质中就能析出元素硫。热压氧酸浸硫化铁矿时，铁被氧化为三价铁，三价铁离子完全或部分水解，呈氢氧化铁或碱式硫酸铁的形态沉淀析出；

（2）在浸出温度低于120℃的中性介质中，金属和硫同时进入溶液中，硫呈硫酸根形态存在；

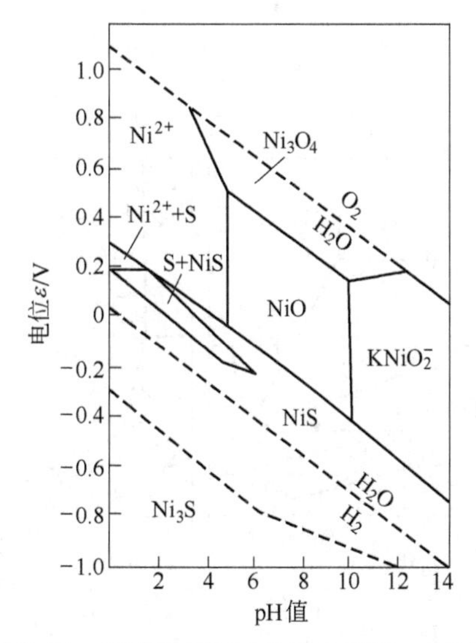

图 2.21　110℃时的 Ni-S-H-O 系的 ε-pH 图

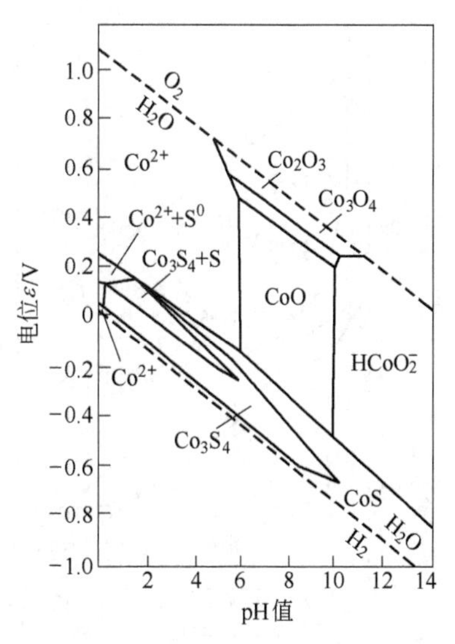

图 2.22　110℃时的 Co-S-H-O 系的 ε-pH 图

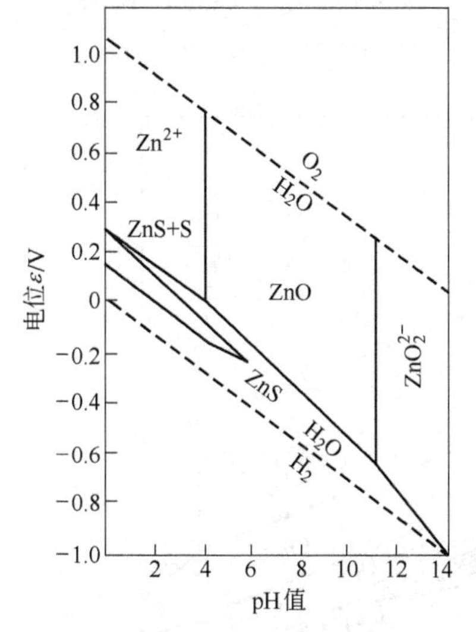

图 2.23　110℃时的 Zn-S-H-O 系的 ε-pH 图

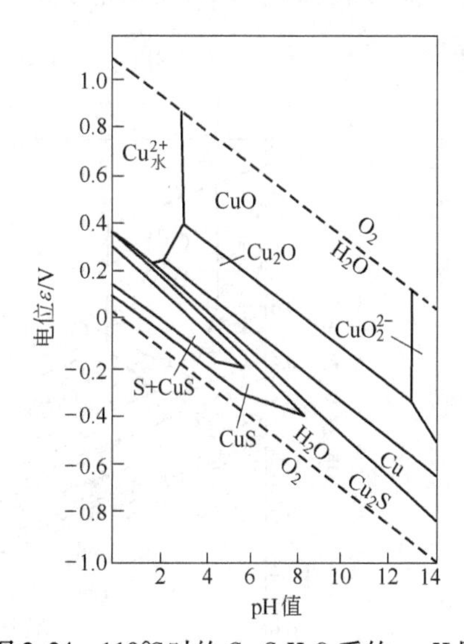

图 2.24　110℃时的 Cu-S-H-O 系的 ε-pH 图

（3）浸出温度低于 120℃时，$S+1\frac{1}{2}O_2+H_2O \rightarrow H_2SO_4$ 的反应速度慢。浸出温度高于 120℃时（120℃为硫的熔点），元素硫氧化为硫酸的反应加速。因此，在低温酸性介质中进行热压氧浸金属硫化矿物时，才能析出元素硫；高温条件下（大于 120℃）热压氧浸金属硫化矿物时，在任何 pH 值条件下，硫均呈硫酸根形态转入浸液中，无法析出元素硫；

（4）热压氧浸低价金属硫化矿物时，可观察到浸出的阶段性。如热压氧浸出 Cu_2S、Ni_3S_2 的反应为：

$$Cu_2S+\frac{1}{2}O_2+2H^+ \longrightarrow CuS+Cu^{2+}+H_2O$$

$$Ni_3S_2+\frac{1}{2}O_2+2H^+ \longrightarrow 2NiS+Ni^{2+}+H_2O$$

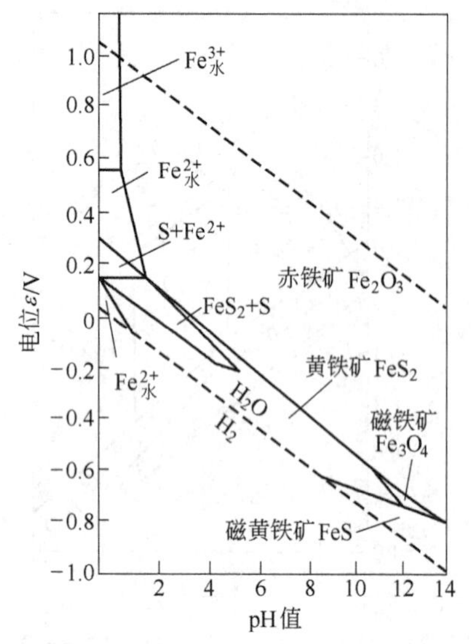

图 2.25 110℃时的 Fe-S-H-O 系的 ε-pH 图

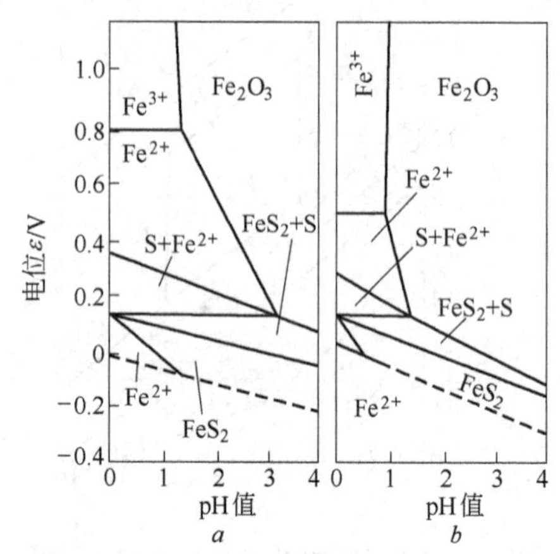

图 2.26 Fe-S-H-O 系酸性区的 ε-pH 图

a—25℃，p_{O_2} = 0.1MPa（1atm）；

b—150℃，p_{O_2} = 1MPa（10atm）

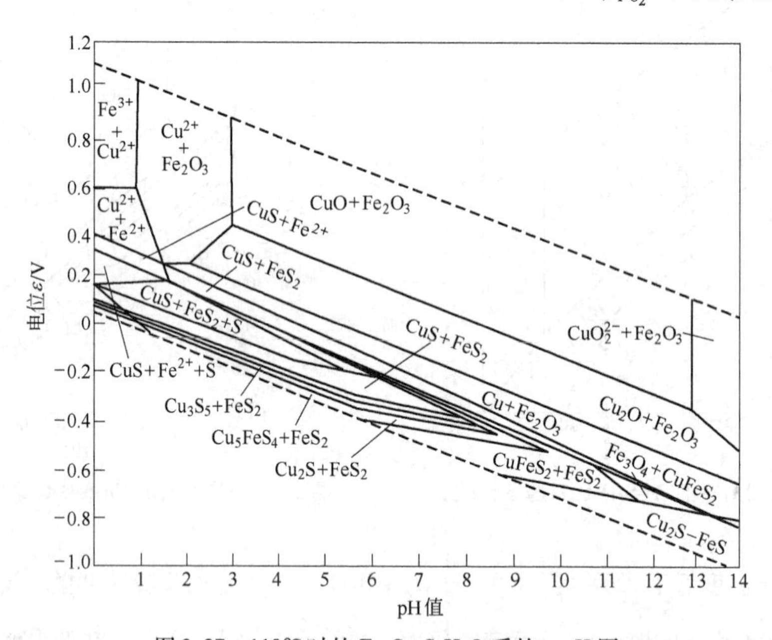

图 2.27 110℃时的 Fe-Cu-S-H-O 系的 ε-pH 图

当浸出温度高于 120℃时，CuS、NiS 可进一步氧化为硫酸盐：

$$CuS + 2O_2 \longrightarrow CuSO_4$$
$$NiS + 2O_2 \longrightarrow NiSO_4$$

（5）溶液中的某些金属离子对热压氧浸过程可起催化作用。如 Cu^{2+} 能催化 ZnS、CdS 的热压氧浸过程。其反应可表示为：

$$ZnS + Cu^{2+} \longrightarrow Zn^{2+} + CuS$$
$$CuS + 2O_2 \longrightarrow CuSO_4$$

反应生成的细散的 CuS 的氧化速度相当大。

热压氧浸 CuS 时，使用盐酸比使用相同浓度的硫酸或高氯酸的热压氧浸速度大：

$$2Cl^- + 2H^+ + \frac{1}{2}O_2 \longrightarrow Cl_2 + H_2O$$

$$CuS + Cl_2 \longrightarrow Cu^{2+} + 2Cl^- + S^0$$

此外，Fe^{2+}、Cu^{2+}、Zn^{2+}、Ni^{2+}等离子可催化元素硫的热压氧化反应，提高其氧化速度。

热压氧酸浸金属硫化矿物是在矿粒表面发生的多相化学反应过程，金属硫化矿物的分解率和分解速度取决于氧的分压、浸出温度、相界面积、扩散层厚度和催化作用等因素。

室温常压条件下，氧在水中的溶解度为 8.2mg/L，沸腾时接近于零。但在密闭容器中，氧在水中的溶解度则随温度和压力而变化（见图 2.2）。

图 2.2 的曲线表明，当温度一定时，氧在水中的溶解度则随压力的增大而增大；当压力不变时，氧在水中的溶解度在 90～100℃时最低，然后随温度的升高而增大，至 230～280℃时达最高值，而后随温度的升高而急剧地降为零。

热压氧酸浸的作业温度视工艺要求而异。提高浸出温度无疑可以提高浸出速度，但温度的选择常受工艺条件的限制。如热压氧酸浸金属硫化矿物，当浸出温度在略高于 120℃时，熔化的元素硫可包裹硫化矿粒，妨碍硫化矿粒的进一步分解，故此时浸出温度为 115～120℃是有害的。热压氧酸浸含包体金的浮选金属硫化矿物金精矿时，其作业温度常为 180～220℃，总压为 2～4MPa（氧压为 0.5～1MPa），此时金属硫化矿物可完全被分解，金属组分和硫均转入溶液中，包体金可单体解离或裸露；处理含硫低的物料（如多金属冰铜）时，应采用高的浸出温度（175～200℃）；热压氧酸浸出浮选有色金属硫化矿物精矿时，宜采用 110～115℃的浸出温度，此时要求金属组分转入浸液中，而大量的硫呈元素硫形态留在浸渣中，以便从浸渣中回收元素硫。

当浸出矿浆的酸度较低时，高价铁离子将发生水解，生成水合氧化铁；也可能发生成矾反应，生成碱式硫酸铁、水合氢黄钾铁矾（草铁矾）沉淀。其反应为：

$$2Fe^{3+} + (3+n)H_2O \longrightarrow Fe_2O_3 \cdot nH_2O \downarrow + 6H^+$$

$$Fe^{3+} + SO_4^{2-} + H_2O \longrightarrow Fe(OH)SO_4 \downarrow + H^+$$

$$3Fe^{3+} + 2SO_4^{2-} + 7H_2O \longrightarrow (H_3O)Fe_3(SO_4)_2(OH)_6 \downarrow + 5H^+$$

砷的硫化物氧化生成的砷酸根将生成砷酸铁或臭葱石沉淀析出。其化学反应可表示为：

$$Fe^{3+} + AsO_4^{3-} \longrightarrow FeAsO_4 \downarrow$$

$$Fe^{3+} + AsO_4^{3-} + H_2O \longrightarrow FeAsO_4 \cdot H_2O \downarrow$$

提高被浸物料的再磨细度可增大矿粒的比表面积和增加相界面积，可提高目的组分矿物的单体解离度。因此，提高磨矿细度可提高浸出速度和硫化矿物的分解率。一般被浸物料的细度为 80%～90% -200 目，有的须再磨至大于 90% -360 目。

热压氧酸浸可用于处理金属硫化矿物原料和含黄铁矿的有色金属氧化矿物原料。现略举数例如下：

（1）处理有色金属硫化矿浮选精矿。如硫化锌精矿，其热压氧浸反应可表示为：

$$ZnS + 2H_2SO_4 + \frac{1}{2}O_2 \xrightarrow{\text{热压}} ZnSO_4 + H_2O + S^0 \downarrow$$

浸出工艺参数为：温度为110℃，p_{O_2} = 0.14MPa（1.4atm），粒度为325目，浸出2～4h，锌的浸出率达99%。当原料中含铁高时，仍可获得高的锌浸出率。经固液分离，浸出液送电积可得电解锌，废电解液可返回浸出作业。

浸出黄铜矿精矿的反应为：

$$CuFeS_2 + H_2SO_4 + 1\frac{1}{4}O_2 + \frac{1}{2}H_2O \xrightarrow{热压} CuSO_4 + Fe(OH)_3\downarrow + 2S^0\downarrow$$

浸出工艺参数为：110～120℃，p_{O_2} = 1.4～3.4MPa（14～34atm），粒度小于325目，浸出2～4h，铜的浸出率大于99%。经固液分离，浸出液送电积可得电解铜，废电解液可返回浸出作业。

澳大利亚的Gordon铜厂建于1998年7月，是目前世界上唯一的硫化铜矿热压氧化酸浸提铜厂，年产电铜45kt。其原则工艺流程如图2.28所示。

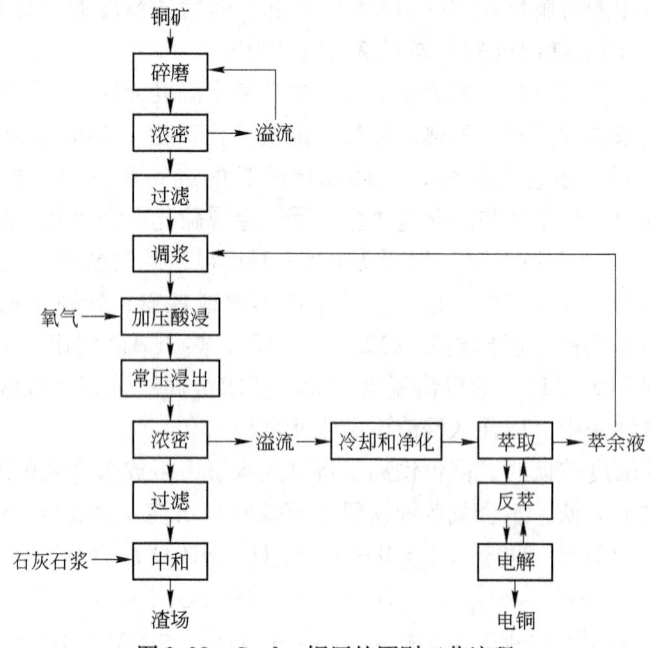

图2.28 Gordon铜厂的原则工艺流程

Gordon铜矿的主要铜矿物为辉铜矿，含少量的铜蓝、斑铜矿、黄铜矿和黝铜矿，其中黄铜矿与黄铁矿紧密共生，浮选法无法分离。热压氧浸的矿石为未经选矿的富矿，其组成（%）为：Cu 8.8、Fe 28、S 37、As 0.2。铜矿物中辉铜矿占90%以上。矿石破碎磨细至80% -0.1mm，分级溢流经浓密、过滤，滤饼含水14%～18%，溢流和滤液返磨矿作业。滤饼用预热至65℃的萃余液制浆，然后用高压泵泵入高压釜进行浸出。高压釜分5室，前3室通氧气，氧分压为0.42MPa（总压为0.77MPa），反应热使矿浆温度升至90℃，为了控制矿浆温度，第3室可喷入适量的冷萃余液。氧气纯度为93%，浸出时间为60min。热压浸出矿浆减压后进入常压浸出槽继续浸出，槽中通过蛇形管预热萃余液和冷却槽中矿浆。冷却矿浆经浓密、冷却和净化，使溶液中的固体含量降至10～30mg/L，溶液含铜25～30g/L，含铁35～40g/L。高压釜进料速度为76t/h，萃余液组成（g/L）为：Fe^{3+} 10、Fe^{2+} 35、H_2SO_4 70、$CuSO_4$ 10，流量为240m³/h。浸出液含铜35g/L，铜浸出率为91% ~93%。两个平行的高压釜，材质为不锈钢，每个总容积为180m³（有效容积120m³），分5室，每室有独立的双层搅拌桨，上层为轴向流桨叶，下层为涡轮式桨叶。

热压氧浸还可浸出硫化钴矿、镍锍、硫化铅矿、铜锌硫化矿、铅锌硫化矿等。如浸出硫化铅锌混合精矿时，生成可溶性的硫酸锌和不溶性的硫酸铅，锌转入浸液中，铅留在浸渣中。其反应为：

$$ZnS + 2O_2 \xrightarrow{热压} ZnSO_4$$

$$PbS + 2O_2 \xrightarrow{热压} PbSO_4 \downarrow$$

热压氧酸浸出镍锍时，可使铜、镍均转入浸液中。固液分离后，可采用高压氢还原的方法从浸出液中沉析铜和镍。贵金属留在浸渣中，可用相应的方法从浸出渣中进一步回收贵金属。

（2）难浸含金硫化矿物的热压氧化预处理。含金硫化矿物原料直接进行氰化浸出，金的氰化浸出率低于70%时，通常称其为难浸含金硫化矿物原料。难氰化浸出的主要原因在于金以细微粒状态呈包体金形态存在于黄铁矿、砷黄铁矿（毒砂）、硅酸盐脉石、碳酸盐矿物中，或与砷、锑、碲、铜、炭质物等紧密共生。

当金呈微细粒包体金形态存在于黄铁矿、砷黄铁矿、碳酸盐矿物中时，氰化浸出前须进行预处理，以使包体金能单体解离或裸露。热压氧浸技术是处理难浸含金硫化矿物原料的有效预处理方法，且有迅猛发展的趋势。过程反应可表示为：

$$FeS_2 + 3O_2 + 2H_2O \xrightarrow{热压} 2H_2SO_4 + Fe^{3+}$$

$$FeS_2 + 14Fe^{3+} + 8H_2O \xrightarrow{热压} 2SO_4^{2-} + 15Fe^{2+} + 16H^+$$

$$2Fe^{2+} + \frac{1}{2}O_2 + 2H^+ \xrightarrow{热压} 2Fe^{3+} + H_2O$$

$$FeAsS + 4O_2 + 5H^+ \xrightarrow{热压} H_3AsO_4 + H_2SO_4 + Fe^{3+}$$

工艺参数为：浸出温度180~220℃，总压为2~4MPa，浸出时间为数十分钟。在此条件下，硫化矿物中的硫氧化呈硫酸根进入浸液中，砷黄铁矿中的砷呈砷酸根形态进入浸液中。硫化矿物、碳酸盐矿物被分解，其中的包体金可单体解离或裸露，为后续的浸金作业准备了很好的条件。

热压氧浸过程中生成的高价铁离子是金属硫化矿物的氧化剂，亚铁离子氧化为高价铁离子成为氧的传递媒介，对金属硫化矿物的氧化分解可起促进作用。

（3）热压氧浸出含黄铁矿的有色金属氧化矿。黄铁矿的氧化反应为：

$$FeS_2 + 3\frac{1}{2}O_2 + H_2O \xrightarrow{热压} FeSO_4 + H_2SO_4$$

$$2FeSO_4 + \frac{1}{2}O_2 + H_2SO_4 \xrightarrow{热压} Fe_2(SO_4)_3 + H_2O$$

硫酸铁在高温条件下迅速水解为氧化铁，并析出硫酸：

$$Fe_2(SO_4)_3 + 3H_2O \xrightarrow{热压} Fe_2O_3 \downarrow + 3H_2SO_4$$

析出的硫酸可浸出其他有色金属氧化矿。

浸出软锰矿的反应可表示为：

$$2FeS_2 + 7O_2 + 2H_2O \xrightarrow{\text{热压}} 2FeSO_4 + 2H_2SO_4$$

$$MnO_2 + 2FeSO_4 + 2H_2SO_4 \xrightarrow{\text{热压}} MnSO_4 + Fe_2(SO_4)_3 + 2H_2O$$

浸出软锰矿时，黄铁矿的作用是析出硫酸和提供浸出所需的亚铁离子。

（4）从黄铁矿浮选精矿中回收元素硫。目前，黄铁矿浮选精矿主要用于生产硫酸。长期以来，人们期望能从黄铁矿精矿中回收元素硫，以降低运输费用。元素硫易储存和运输。在硫量相同的条件下，元素硫的重量仅为二氧化硫重量的二分之一，为硫酸重量的三分之一。需要时，元素硫可很方便地转变为二氧化硫或硫酸。

热压氧浸黄铁矿精矿的反应为：

$$FeS_2 \xrightarrow{\text{加热}} FeS + \frac{1}{2}S_2$$

$$2FeS + 1\frac{1}{2}O_2 \xrightarrow{\text{热压}} Fe_2O_3 + 2S^0$$

将黄铁矿精矿加热使其转变为硫化铁或磁黄铁矿，然后将其在 pH = 1.0 的稀酸液中制浆，用高压泵泵入高压釜中，在 110℃、p_{O_2} = 1MPa 的条件下浸出 4h 即可。分离元素硫后的氧化铁渣中含铁量高，可用作炼铁原料。

（5）从热压氧浸硫化矿物精矿的浸渣中回收元素硫。低温（110℃）热压氧酸浸金属硫化矿物精矿时，硫被氧化主要呈元素硫形态存在于浸渣中。从热压氧浸渣中回收元素硫可采用浮选法或筛选法两种方法。现简述如下：

1）浮选法。浸出终了时，浸出矿浆经减压阀进入闪蒸槽降温降压，经固液分离、洗涤得浸出液和浸出渣。浸出渣制浆，待矿浆温度小于 30℃时，可将其送入浮选槽中进行浮选。浮选元素硫仅需添加少量的起泡剂、柴油或黄药。将浮选所得的元素硫精矿重新熔化，趁热过滤，可获得相当纯净的元素硫。浸出液和浸出渣中的有用组分可用相应方法进行回收。

2）筛选法。浸出终了时，先打开高压釜的排气孔以尽量除去浸出矿浆中的溶解氧。然后关闭排气孔，将矿浆升温至 138 ~ 150℃，恒温 5min。在此无氧的温度条件下，浸出渣中的元素硫被熔化并生成 0.1 ~ 1.0cm 的圆形颗粒。然后，浸出矿浆经减压阀进入闪蒸槽降温降压，待矿浆温度降至小于 30℃时，送筛分。收集筛上的硫粒，重新熔化，趁热过滤，可获得相当纯净的元素硫。浸出矿浆经固液分离、洗涤后可得浸出液和浸出渣，浸出液和浸出渣中的有用组分可用相应方法进行回收。

热压氧浸金属硫化矿物时，必然会产生硫酸。热压氧酸浸设备的材质应采用能防腐蚀的材料。

2.6.3 热压氧碱浸

热压氧碱浸通常采用氨介质。热压氧氨浸时的反应为：

$$MeS + ZNH_3 + 2O_2 \xrightarrow{\text{热压}} [Me(NH_3)_Z]^{2+} + SO_4^{2-}$$

$$2FeS_2 + 7\frac{1}{2}O_2 + 8NH_3 + (4+m)H_2O \xrightarrow{\text{热压}} Fe_2O_3 \cdot mH_2O\downarrow + 4(NH_4)_2SO_4$$

热压氧氨浸金属硫化矿物时，氧在氨液中的溶解度随氨浓度的增大而增大（见图 2.3）。

热压氧氨浸出时，一部分氨用于中和酸而生成铵离子，一部分用于与金属离子生成金属氨配离子。

热压氧氨浸金属硫化矿物时，金属硫化矿物中的硫经 $S^{2-} \to S_2O_3^{2-} \to (S_2O_3^{2-})_n \to SO_3 \cdot NH_2^- \to SO_4^{2-}$ 等过程氧化为硫酸根。试验结果表明，在120℃，$p_{O_2} = 1MPa$（10atm），氨浓度为1mol/L，硫酸铵浓度为0.5mol/L的条件下，金属硫化矿物的氧化顺序为：$Cu_2S > CuS > Cu_3FeS_4 > CuFeS_2 > PbS > FeS > FeS_2 > ZnS$。

热压氧氨浸金属硫化矿物时，关键是控制游离氨的浓度，否则，易生成不溶性的高氨配合物，如 $Co(NH_3)_6^{2+}$。

热压氧氨浸金属硫化矿物的方法从1953年起已成功地用于处理Ni-Cu-Co硫化矿物原料。其浸出工艺参数为：温度为70~80℃，空气压力为0.45~0.65MPa（4.5~6.5atm），浸出20~24h。最终产出镍粉、钴粉、硫化铜（CuS）和硫酸铵等产品。由于钴的浸出率较低，铂族金属分散于浸出液和浸出渣中。

热压氧氨浸金属硫化矿物的方法适于处理钴含量小于3%和铂族金属含量较低的矿物原料。此外，还可处理黄铜矿、方铅矿和铜锌矿等矿物原料。

2.7 电化学浸出

2.7.1 电氯化浸金

采用电解碱金属氯化物酸性水溶液的方法产出的氯气浸出金。其电化学反应可表示为：

阴极：

$$2H_2O + 2e \xrightarrow{\text{电解}} H_2\uparrow + 2OH^-$$

阳极：

$$2Cl^- - 2e \xrightarrow{\text{电解}} Cl_2$$

$$2ClO^- - 2e \xrightarrow{\text{电解}} 2Cl^- + O_2$$

$$2ClO_3^- - 2e \xrightarrow{\text{电解}} 2Cl^- + 3O_2$$

溶液中的 Na^+ 离子与 OH^- 离子生成NaOH。若以石墨板为阳极，氧在石墨板上的超电位比氯在石墨板上的超电位高。因此，电解碱金属氯化物水溶液时，阳极反应主要为析出氯气。总的反应式可表示为：

$$2H_2O + 2Cl^- \xrightarrow{\text{电解}} Cl_2 + H_2 + 2OH^-$$

电氯化浸出通常采用隔膜电解法，电解时可将阳极产物和阴极产物（氢、碱）分开。进入阳极室的含金矿物原料与新生态氯生成三氯化金，进而生成金氯氢酸：

$$2Au + 3Cl_2 \xrightarrow{\text{电解}} 2AuCl_3$$

$$AuCl_3 + HCl \xrightarrow{\text{电解}} HAuCl_4$$

总反应式为：

$$2Au + 3Cl_2 + 2HCl \longrightarrow 2HAuCl_4 \qquad \varepsilon^{\ominus} = +1.002V$$

若采用无隔膜电解法，此时阳极产物和阴极产物（氢、碱）相互作用，在阳极上生成氯酸钠和气态氧，在阴极上生成气态氢。无隔膜电解碱金属氯化物水溶液的反应可表示为：

$$Cl^- + 9H_2O \xrightarrow{\text{无隔膜电解}} 2ClO_3^- + 9H_2\uparrow + 1\frac{1}{2}O_2\uparrow$$

若含金矿物原料加入其中，金与生成的氯酸根作用生成三氯化金，进而与 Cl^-离子配合生成金氯氢酸：

$$Au + 3ClO_3^- \longrightarrow AuCl_3 + 4\frac{1}{2}O_2$$

$$AuCl_3 + HCl \longrightarrow HAuCl_4$$

电解液常采用氯化钠和盐酸的混合溶液，添加盐酸既可提高电解液中的氯离子浓度，又可防止电解产生的新生态氯被碱或水所吸收。

电氯化浸出矿浆经固液分离、洗涤可得贵液和浸出渣。可用试剂还原法或金属置换法从贵液中沉析金。

2.7.2 电氯化-树脂矿浆法提取金

将氯化钠水溶液、盐酸和 717 型苯乙烯强碱性阴离子交换树脂一起加入电解槽中，再加入磨细的含金矿物原料，通直流电进行无隔膜电氯化浸出金和树脂吸附已溶金，最后产出载金树脂、浸出渣和尾液。

在电解槽中，无隔膜电氯化浸出金与阴离子交换树脂吸附金氯配阴离子同时进行，使矿浆液相中的金含量始终维持最低值，这有助于提高金的浸出速度和浸出率。

分离所得的载金树脂经洗涤脱泥后送解吸作业，解吸所得贵液可用电积、置换等方法回收金。

2.7.3 硫脲浸出-矿浆电积一步法提取金

此提金工艺为我们硫脲提金专题组于 1980 年研制成功，并于 1985 年完成了小型全流程试验。硫脲浸出-矿浆电积一步法提取金在自制的双向循环电积槽中进行，以 Pb-Ag 合金板为阳极，以不锈钢板（铜板或铅板）为阴极，用硅整流器供直流电进行矿浆电积。

硫脲浸出-矿浆电积一步法提取金的工艺参数为：含金物料含金 34g/t、含银 60g/t、含硫 35.81%、含碳 2.09%。再磨细度为95% −0.041mm，再磨矿浆经弱磁场磁选机除去金属铁粉，浓缩至液固比为2∶1 后送电积槽。硫酸用量为 15kg/t、硫脲用量为 3kg/t、阴极板面积与矿浆体积之比为 37.5m^2/m^3、槽压为 7V，阴极电流密度为 37.9A/m^2、每 30min 刷洗一次阴极板。刷洗阴极板时，电积仍照常进行。浸出-电积 4h，金的浸出率为 97.59%，金的电解沉积率为 99.72%，浸出-电积作业金的回收率为 97.31%。

浸出-电积过程的反应可表示为：

阳极：

$$Pb - 2e \longrightarrow Pb^{2+} \qquad \varepsilon^{\ominus} = -0.296V$$

$$SO_4^{2-} - 2e \longrightarrow SO_3 + \frac{1}{2}O_2 \qquad \varepsilon^{\ominus} = +2.42V$$

$$2OH^- - 2e \longrightarrow H_2O + \frac{1}{2}O_2 \qquad \varepsilon^{\ominus} = +0.401V$$

$$SCN_2H_4 - 2e \rightleftharpoons (SCN_2H_3)_2 + 2H^+ \qquad \varepsilon^{\ominus} = +0.42V$$

$$2Au + 2SCN_2H_4 + (SCN_2H_3)_2 + 2H^+ \longrightarrow 2Au(SCN_2H_4)_2^+ \qquad \varepsilon^{\ominus} = +0.38V$$

$$2Ag + 4SCN_2H_4 + (SCN_2H_3)_2 + 2H^+ \longrightarrow 2Ag(SCN_2H_4)_3^+ \qquad \varepsilon^{\ominus} = +0.12V$$

阴极：

$$Au(SCN_2H_4)_2^+ + e \longrightarrow Au + 2SCN_2H_4 \qquad \varepsilon^{\ominus} = +0.38V$$

$$Ag(SCN_2H_4)_3^+ + e \longrightarrow Ag + 3SCN_2H_4 \qquad \varepsilon^{\ominus} = +0.12V$$

$$Cu(SCN_2H_4)_3^+ + e \longrightarrow Cu + 3SCN_2H_4 \qquad \varepsilon^{\ominus} = +0.754V$$

从阳极电化方程和标准还原电位可知，最初为铅被氧化为 Pb^{2+}，进而氧化为 Pb^{4+}，Pb^{4+} 水解为 PbO_2，使 Pb-Ag 阳极变为不溶阳极；其次是 OH^- 离子被氧化而析出氧气；再次是硫脲部分氧化为二硫甲脒，以二硫甲脒为氧化剂和以硫脲为配合剂使金、银呈金硫脲配阳离子和银硫脲配阳离子形态转入浸出液中，并使二硫甲脒被还原为游离硫脲。

从阴极电化方程和标准还原电位可知，在阴极主要是铜、金、银的硫脲配阳离子被还原，析出铜、金、银而沉积于阴极板上；配阳离子被还原而再生为游离硫脲。因此，矿浆液相中可维持较高的游离硫脲浓度和最低的已溶金、银的浓度。既可降低硫脲用量，不用另外添加氧化剂，又能提高金银的浸出速度和浸出率。

沉积于阴极板上的金银可用其他方法进行回收和提纯，最终产出金锭和银锭（因试量少，此回收试验未进行）。

2.8 细菌浸出

2.8.1 概述

2.8.1.1 细菌分类

细菌（生物）以能源、碳源和氢的供体可分为：

（1）光能营养菌：利用光能（电磁辐射）作为生长能源（光合作用）的细菌；

（2）化能营养菌：利用物质氧化还原反应获得能源的细菌；

（3）有机营养菌：利用有机物作为氢供体的细菌；

（4）无机营养菌：利用氨、硫化氢等无机物作为氢供体的细菌；

（5）自养菌：细胞主体中的碳来自固定二氧化碳的称为自养菌；

（6）异养菌：细胞主体中的碳来自有机物同化而获得的称为异养菌。

2.8.1.2 浸矿细菌与培养基

细菌浸出起源于20世纪50年代初期，是近60年发展起来的一种化学选矿新技术。它是利用微生物及其代谢产物氧化、浸出矿物原料中的目的组分的浸出新技术。

目前，已知有多种浸矿细菌，其中主要的常温浸矿细菌列于表2.17中。

表2.17 主要的常温浸矿细菌种类及其主要生理特征

细 菌 名 称	主要生理特征	最佳pH值
氧化亚铁硫杆菌（T. f）	$Fe^{2+} \rightarrow Fe^{3+}$，$S_2O_3^{2-} \rightarrow SO_4^{2-}$	2.5～3.8
氧化亚铁杆菌（L. f）	$Fe^{2+} \rightarrow Fe^{3+}$	3.5
氧化硫铁杆菌（L. f）	$S^0 \rightarrow SO_4^{2-}$，$Fe^{2+} \rightarrow Fe^{3+}$	2.8

续表 2.17

细菌名称	主要生理特征	最佳 pH 值
氧化硫杆菌（T. t）	$S^0 \to SO_4^{2-}$，$S_2O_3^{2-} \to SO_4^{2-}$	2.0～3.5
聚生硫杆菌	$S^0 \to SO_4^{2-}$，$H_2S \to SO_4^{2-}$	2.0～4.0

这些浸矿细菌除能源有差异外，其他特性十分相似，均属化能自养菌。它们广泛分布于金属硫化矿、煤矿的酸性矿坑水中。它们嗜酸好气，习惯生活于酸性（pH = 1.6～3.0）及含多种重金属离子的溶液中。这些化能自养菌只能从无机物的氧化中取得能源，即它们不需外加有机物质作能源。它们以铁、硫氧化时释放出来的化学能作能源，以大气中的二氧化碳为唯一的碳源，并吸收氮、磷等无机物养分合成自身的细胞。这些细菌为了获得其生命活动所需的能源而起着生物催化剂的作用。在酸性条件下，它们能快速地将硫酸亚铁氧化为硫酸高铁（其氧化速度比自然氧化高 112～120 倍），将元素硫及低价硫化合物氧化为硫酸。

细菌浸出黄铜矿和辉铜矿的浸出速度曲线如图 2.29 所示。

此外，也发现有将硫酸盐还原为硫化物，将硫化氢还原为元素硫，将氮氧化为硝酸的细菌。因此，可以认为许多沉积矿床是经过微生物作用而形成的。

目前，工业生产中应用最广泛的三种常温浸矿细菌（最适宜生长温度小于 45℃）为：氧化亚铁硫杆菌（Tsidthiobucillus ferrooxidans，简写为 T. f. ）、氧化硫硫杆菌（Thiobacillus thiooxidans，简写为 T. t. ）和氧化亚铁钩端螺旋菌（Leptospirilum ferrooxidans，简写为 L. f. ）。这三种常用浸矿菌的特性列于表 2.18 中。

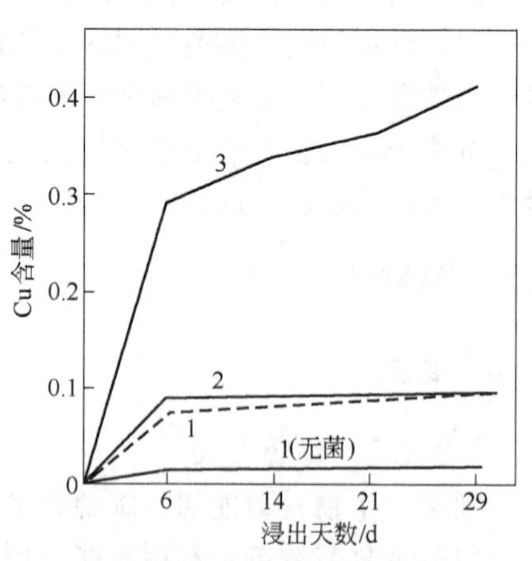

图 2.29 细菌浸出与无菌浸出的对比曲线
1，2—以黄铜矿为主；3—以辉铜矿为主

表 2.18 三种常用常温浸矿菌的特性

特征		T. f	T. t	L. f
细胞形态与大小/μm		杆状 (0.3～0.5)×(1.0～1.7)	杆状 0.5×(1.0～2.0)	螺旋状 (0.2～0.4)×(0.9～1.1)
细胞壁		革兰氏阴性	革兰氏阴性	革兰氏阴性
鞭毛		一个	一个	一个
纤毛		+	无资料	无资料
内聚物	硫粒	+	+	无资料
	磷酸聚合物	+	+	无资料
	羧化体	+	+	无资料
生长能源	$S_2O_3^{2-}$	+	+	−
	S^0	+	+	−

续表 2.18

特 征		T. f	T. t	L. f
生长能源	Fe^{2+}	+	+	+
	U^{4+}	+	-	-
	Cu^{+}	+	-	-
	Se^{2+}	+	-	-
	硫化矿物	+	+（限于某些硫化矿）	+
	氮源	NH_4^+	NH_4^+	NH_4^+
生长 pH 值（最佳）		1.2～6.0（2.5～2.8）	0.5～6.0（2.0～3.5）	1.5～4.0（1.8～2.5）
生长温度（最佳）/℃		5～40（28～36）	4～40（28～30）	5～40（28～32）

常温浸矿菌的培养基配方列于表 2.19 中。

表 2.19 常温浸矿菌的培养基配方

培养基名	培 养 基 组 成	适用菌
9K	水 700mL，$(NH_4)_2SO_4$ 3.0g，KH_2PO_4 0.5g，$MgSO_4 \cdot 7H_2O$ 0.5g，Ca $(NO_3)_2$ 0.01g，5mol H_2SO_4 1mL，$FeSO_4$（14.78%）300mL，KCl 0.1g	T. f
Leathen	水 1000mL，$(NH_4)_2SO_4$ 0.15g，KH_2PO_4 0.1g，$MgSO_4 \cdot 7H_2O$ 0.5g，Ca $(NO_3)_2$ 0.01g，$FeSO_4$（10%）10mL，KCl 0.05g，硫酸调 pH = 3.5	L. f
专用培养基	（1）水 950mL，$(NH_4)_2SO_4$ 132.0mg，$MgSO_4 \cdot 7H_2O$ 53.0mg，KH_2PO_4 27.0mg，$CaCl_2 \cdot 2H_2O$ 147.0mg，5mol 硫酸调 pH = 1.8 （2）$FeSO_4 \cdot 7H_2O$ 20.0g，0.125mol H_2SO_4 50mL（在 pH = 1.2 条件下保存） （3）水 1000mL，$MnCl_2 \cdot 2H_2O$ 62.0mg，$ZnCl_2$ 68mg，$CoCl_2 \cdot 6H_2O$ 64.0mg，H_3BO_3 31.0mg，Na_2MoO_4 10.0mg，$CuCl_2 \cdot 2H_2O$ 67.0mg，硫酸调 pH = 1.8（微量元素） 三种溶液分别在 112℃ 灭菌 30min，用时将①、②混合，再加 1mL（3）溶液，pH = 1.8	L. f
Waksman	水 1000mL，$(NH_4)_2SO_4$ 0.2g，KH_2PO_4 3.0g，$MgSO_4 \cdot 7H_2O$ 0.5g，$CaCl_2 \cdot 2H_2O$ 0.25g，$FeSO_4 \cdot 7H_2O$ 0.01g，硫黄粉 10g，硫酸调 pH = 4.0	T. t

20 世纪 80 年代开始发现和研究生长温度大于 45℃ 的浸矿细菌。目前，已从矿山废水、煤矿矿坑水、温泉、地热区、深海和堆浸场等处发现和分离出一批耐温菌，用于氧化浸出硫化矿物。其中报道较多的耐温菌为：

（1）硫杆菌属耐温菌（Sulfobacillus sp.）。该菌为较早报道的中等耐温菌之一，其中耐热氧化硫硫杆菌（S. thermosulfidooxidans）和嗜酸硫杆菌（S. acidophilus）已通过 16SrDNA 基因测序分析，确定了其分类学关系。这两类细菌可在含亚铁离子的溶液中自养生长，也可在酵母提取液中异养生长。但耐热氧化硫硫杆菌在亚铁离子培养液中自养生长速度明显高于无铁异养生长速度，且当二氧化碳供应不充分时，其氧化亚铁离子和黄铁矿的速度很慢。这两类细菌广泛分布于硫化矿的酸性矿坑水中，其工作温度可高达 62℃。

（2）耐温氧化亚铁钩端螺旋菌属（Thermofolerance of Leptospirillum sp.）。该菌为最近

报道的一种耐热菌。最佳生长温度为45~50℃，取名为耐温氧化亚铁钩端螺旋菌。

（3）氧化亚铁嗜酸菌（Acidimicrobium ferrooxidans）。该菌的特性与耐热硫杆菌极为相似，但在形貌上完全不同，氧化亚铁时不要求充分供应二氧化碳，且能适应高浓度的三价铁离子。其工作温度可高达50℃。

（4）高温硫杆菌（Thiobacillus caldus）。最初从温泉中发现高温硫杆菌时，其工作温度可高达55℃，不能氧化亚铁离子，可氧化低价硫。采用耐温氧化亚铁钩端螺旋菌与高温硫杆菌自然匹配的混合菌可用于氧化浸出铅、锌、铁硫化矿浮选精矿，浸出温度为35~40℃。耐热氧化硫硫杆菌与高温硫杆菌的混合菌可用于氧化浸出黄铜矿和黄铁矿，混合菌虽不影响其浸出速度，但可降低矿浆pH值、增加铁离子浓度，可提高浸出率。

（5）硫古菌（Sulfolobus-like archaea）。最初从硫含量高的温泉中发现和分离的浸矿菌，最佳生长温度为70~75℃，工作温度可高达80~85℃。可快速氧化浸出硫化矿物，可有效氧化浸出黄铜矿。

耐温菌（45~65℃的中温菌及温度高于65℃的高温菌）的培养基与常温菌略有不同，多数条件下须加入酵母提取物，加入量为0.01%~0.2%。几种耐温菌的培养基配方列于表2.20中。

表2.20 耐温菌的培养基配方

菌种	培养基组成
Sulfobacillus	（1）蒸馏水700mL，$(NH_4)_2SO_4$ 3.00g，KCl 0.01g，K_2HPO_4 0.50g，$MgSO_4\cdot 7H_2O$ 0.50g，$Ca(NO_3)_2$ 0.01g，H_2SO_4 调pH=2.0~2.2 （2）蒸馏水300mL，$FeSO_4\cdot 7H_2O$ 44.20g，5mol/L H_2SO_4 1.0mL （3）酵母提取物溶液（1%）化气20.0mL 三种溶液分别在高压釜中灭菌后混合，pH=1.9~2.4
Acidimicrobium（709培养基）	$MgSO_4\cdot 7H_2O$ 0.5g，$(NH_4)_2SO_4$ 0.4g，K_2HPO_4 0.2g，KCl 0.1g，蒸馏水1000mL，H_2SO_4 调pH=2.0，加10.0mg $FeSO_4\cdot 7H_2O$，高压灭菌处理后加酵母提取物25g，异养培养；加13.9g $FeSO_4\cdot 7H_2O$,H_2SO_4 调pH=1.7，高压灭菌处理后，自养培养
Acidianus brierleyi（150培养基）	$(NH_4)_2SO_4$ 3.0g，$K_2HPO_4\cdot 3H_2O$ 0.5g，$MgSO_4\cdot 7H_2O$ 0.5g，KCl 0.1g，Ca$(NO_3)_2$ 0.01g，蒸馏水1000mL，高压灭菌处理后加酵母提取物0.2g，硫粉10.0g，用3mol/L H_2SO_4 调pH=1.5~2.5，酵母提取物溶液（10%）另行高压灭菌
Thiobacillus caldus（150a培养基）	不加酵母提取物的150培养基，硫酸调pH=2.5，高压灭菌后加10mL/L微量元素溶液和5g/L硫黄粉。微量元素溶液配方：$FeCl_3\cdot 6H_2O$ 11.0mg，$CuSO_4\cdot 5H_2O$ 0.5mg，H_3BO_3 2.0mg，$MnSO_4\cdot H_2O$ 0.2mg，$Na_2MnO_4\cdot 2H_2O$ 0.8mg，$CoCl_2\cdot 6H_2O$ 0.6mg，$ZnSO_4\cdot 7H_2O$ 0.9mg，蒸馏水10mL
Sulfolobus（88培养基）	$(NH_4)_2SO_4$ 1.30g，KH_2PO_4 0.28g，$MgSO_4\cdot 7H_2O$ 0.25g，$CaCl_2\cdot 2H_2O$ 0.07g，$FeCl_3\cdot 6H_2O$ 0.02g，$MnCl_2\cdot 4H_2O$ 1.8mg，$Na_2B_4O_7\cdot 10H_2O$ 0.03mg，$ZnSO_4\cdot 7H_2O$ 0.22mg，$CuCl_2\cdot 2H_2O$ 0.05mg，$Na_2MoO_4\cdot 2H_2O$ 0.03mg，$VOSO_4\cdot 2H_2O$ 0.03mg，$CoSO_4$ 0.01mg，酵母提取物1.0g，蒸馏水1000mL，5mol/L H_2SO_4 调pH=2.0

目前，耐温菌广泛用于工业生产的最大障碍是其在浓度高的矿浆中生长很慢，当前工业生产中的矿浆浓度均小于20%，故浸出时间长和基建投资较大。因此，采用耐温菌快速氧化浸出金属硫化矿物这一最具工业应用前景的细菌浸出新工艺仍须进一步研究和开发。

2.8.2 细菌浸矿机理

目前，对细菌浸矿的机理大致有两种意见：

（1）细菌的直接作用。认为生活于硫化矿床酸性水中的氧化铁硫杆菌等细菌，可将矿石中的低价铁、低价硫氧化为高价铁和硫酸，以取得维持其生命所需的能源。在此氧化过程中，破坏了硫化矿物的晶格构造，使硫化矿物中的铜等金属组分呈硫酸盐的形态转入溶液中。如：

$$2CuFeS_2 + H_2SO_4 + 8\frac{1}{2}O_2 \xrightarrow{\text{细菌}} 2CuSO_4 + Fe_2(SO_4)_3 + H_2O$$

$$Cu_2S + H_2SO_4 + 2\frac{1}{2}O_2 \xrightarrow{\text{细菌}} 2CuSO_4 + H_2O$$

$$2FeAsS + H_2SO_4 + 8\frac{1}{2}O_2 \xrightarrow{\text{细菌}} 2H_3AsO_4 + Fe_2(SO_4)_3 + H_2O$$

（2）细菌的间接催化作用。金属硫化矿床中的黄铁矿在有氧和水存在的条件下，将缓慢地氧化为硫酸亚铁和硫酸。其反应式可表示为：

$$2FeS_2 + 7O_2 + 2H_2O \longrightarrow 2FeSO_4 + 2H_2SO_4$$

在有氧和硫酸存在的条件下，细菌可起催化作用，将硫酸亚铁氧化为硫酸铁。其反应式可表示为：

$$4FeSO_4 + 2H_2SO_4 + O_2 \xrightarrow{\text{细菌}} 2Fe_2(SO_4)_3 + 2H_2O$$

所生成的硫酸铁为氧化剂，可氧化浸出许多硫化矿物。硫化矿物被浸出时生成的硫酸亚铁和元素硫可在细菌的催化作用下，被氧化为硫酸铁和硫酸。其反应式可表示为：

$$FeS_2 + Fe_2(SO_4)_3 \longrightarrow 3FeSO_4 + 2S^0$$

$$CuFeS_2 + Fe_2(SO_4)_3 + 2O_2 \longrightarrow CuSO_4 + 3FeSO_4 + S^0$$

$$2S^0 + 3O_2 + 2H_2O \xrightarrow{\text{细菌}} 2H_2SO_4$$

$$4FeSO_4 + 2H_2SO_4 + O_2 \xrightarrow{\text{细菌}} 2Fe_2(SO_4)_3 + 2H_2O$$

所生成的硫酸铁和硫酸可浸出许多金属硫化矿物和金属氧化矿物，是这些矿物的良好浸出剂。

通常认为细菌的直接作用浸出速度缓慢，反应时间长。细菌浸出主要靠细菌的间接催化作用。

2.8.3 细菌的筛选、驯养及浸矿剂的制备与再生

2.8.3.1 细菌的筛选和驯养

细菌的筛选和驯养是获得优良浸矿细菌的唯一途径。原始浸矿细菌采自硫化矿矿坑水、煤矿水、温泉、地热水中或菌种保存中心库中引进前人发现的可用原菌，然后通过细

菌生存环境的逐渐变化，利用优胜劣汰的方法筛选出适合工艺要求的优良的浸矿细菌，此为基本的筛选和驯养方法。另外，也可进行遗传学方法的改良或运用基因改造的方法获得适合工艺要求的优良的浸矿细菌。

细菌的筛选和驯养一般在实验室采用摇瓶试验的方法进行。摇瓶试验的主要设备为锥瓶、摇瓶机和恒温箱，摇瓶机转速为0～300r/min，常用水浴恒温。锥瓶是细菌驯养和浸矿的反应器，试验分批进行，根据工艺要求，逐渐改变外部条件，使那些活力较强并逐渐变异的细菌保留下来，获得适应特定矿石类型和适应某些高浓度金属离子的浸矿细菌。

细菌的筛选和驯养是个定向育种过程，遗传学认为基因的自然突变的几率只有10^{-8}～10^{-7}，达到某一特定目标的浸矿细菌的筛选和驯养可能耗时数年。

2.8.3.2 细菌浸矿剂的制备和再生

工业上制备细菌浸出剂溶液一般包括下列步骤：

（1）准备一定数量的亚铁离子培养液。其主要成分为硫酸亚铁，可以利用含亚铁离子的酸性矿坑水、铁屑置换铜以后的母液或用稀硫酸溶解铁屑等方法制备亚铁离子培养液。再加入一定量的培养基，对氧化铁硫杆菌（T. f）而言，主要是加入一定量的硫酸铵和磷酸氢二钾，可少加或不添加硫酸镁。

（2）用10%的硫酸将培养液的pH值调整为1.5～3.0（一般为1.8～2.0）。

（3）接菌种。为保证一定的氧化速度，一般接种量应大于培养液量的10%。若采用连续培养法则不受此限制。

（4）在适宜的温度条件下（通常为20～35℃）不断鼓入空气，直至溶液中的高价铁离子含量达要求时为止。

细菌浸出剂溶液再生，可采用两种方法：

（1）将提取有用组分以后的尾液，用稀硫酸调整pH值后，直接返回渗滤浸出作业，让浸出剂在渗滤浸出过程中自行氧化再生；

（2）将提取有用组分以后的尾液，置于专用的菌液再生池中培养为浸出剂溶液，然后将其返回渗滤浸出作业使用。这一再生方式可以人为地调整浸出剂溶液中的高价铁离子浓度，使其保持最适宜值。这一再生方式可分为间断再生和连续再生两种方法。

1）间断再生法：将培养后的70%～80%浸出剂溶液用于浸出，20%～30%的浸出剂溶液留在再生池中（称为老液），重新加入提取有用组分以后的尾液进行再生。

2）连续再生法：将提取有用组分以后的尾液从再生池的一端不断地进入，再生后的浸出剂溶液则从再生池的另一端不断流出，再生过程是连续的。再生时，一般应维持pH=1.8～2.0，温度为30℃左右，不断地鼓入空气（供给二氧化碳和氧气），并加入适量的培养基。为了加速细菌的繁殖和增强氧化作用，可使细菌预先生长在垂直塑料板、塑料环或波纹蜂窝状塑料板上，然后将其置于菌液再生池中，让尾液淋洗或浸没塑料板（环），此方法可缩短菌液再生周期。

无论浸出剂溶液制备或再生，均应尽量避免日照。因紫外线的直接照射，对细菌的生长繁殖有抑制作用。因此，制备池和再生池应加盖或置于室内。通常可用化验分析高价铁离子浓度或观察菌液颜色的方法来控制浸出剂溶液制备或再生的程度。若溶液为浅绿色则为亚铁离子的颜色；若溶液为红棕色，则说明亚铁离子已被氧化为高价铁离子。

2.8.4 细菌浸矿应用实例

2.8.4.1 概述

20世纪50年代初期，细菌浸出主要用于处理贫矿、表外矿、废石、尾矿、采空区的矿柱（顶板或底板）及冶炼炉渣等，从中回收相应的有用组分。20世纪70年代开始，细菌浸出广泛用于难浸浮选含金硫化物精矿的预氧化酸浸，使含金硫化矿物分解，以使包体金单体解离或裸露，为后续提金作业创造条件。目前，细菌氧化酸浸已广泛用于铜矿、铜铀矿、铀矿和黄金矿山，回收铜、铀和使硫化矿物中的包体金单体解离或裸露，而直接采用细菌浸出金仍处于试验研究阶段。

从表外矿、采空区、贫矿和废矿堆中回收铜、铀等组分一般采用细菌渗滤浸出法（堆浸、槽浸或就地浸出），而难浸浮选含金硫化物精矿的预氧化酸浸及采用耐温菌浸出原生硫化铜矿（黄铜矿）时则采用搅拌浸出法。

细菌浸出的原则流程一般包括矿石准备、细菌浸出、浸出液的收集、回收有用组分及细菌浸矿剂的制备和再生等作业。

（1）矿石准备。根据矿石特性、后续作业的工艺要求和经济等因素进行矿石准备。若采用堆浸、槽浸法，须将被浸矿石碎至一定粒度，运至堆浸场构筑矿堆或运至渗滤浸出槽装槽。若采用就地浸出法浸出采空区、贫矿时，则须选择布洒浸出剂和回收浸出液的方法，如对被浸矿段或矿体进行必要的爆破，以使被浸矿体松散。在被浸矿体下方开挖收集浸出液的巷道和集液池；在被浸矿体上部或地表开挖布液沟槽或布液井，以使细菌浸出剂能较均衡地渗滤通过被浸矿体以浸出相关的有用组分。若采用搅拌浸出法则须将待浸矿石破碎、磨细以获得细度和浓度均合适的待浸矿浆。

（2）细菌浸出。堆浸时，浸出剂溶液由高位池通过矿堆表面铺设的管道和喷洒器均匀地喷洒于矿堆表面，渗滤通过矿堆浸出相应的有用组分，浸出液汇集于集液沟，再送至浸出液储槽。

就地渗滤浸出时，浸出剂溶液由高位池通过地表的布液沟、渗滤井或通过管道从矿体上部的巷道的顶板、侧壁、矿柱、底板等处进行喷洒，浸出剂溶液渗滤通过矿体、残矿等渗滤浸出相应的有用组分，浸出液汇集于下部的集液沟和集液池，再泵送至地面的浸出液储槽。

搅拌浸出时，一般再磨矿浆经浓密脱水、脱药后，浓密底流在搅拌槽中用浸矿剂或返回浸矿液进行调浆和浸出。

（3）回收有用组分。根据目的组分的化学性质和浸出液的化学组成，可选用不同的方法从浸出液中回收或分离富集有用组分。当浸出液中有用组分含量高时，可直接用金属置换法、电积法、化学沉淀法或生物化学沉淀法制取化学精矿；当浸出液中有用组分含量低时，可预先用离子交换吸附法、活性炭吸附法或有机溶剂萃取法等进行净化富集，然后从净化富集液中沉析有用组分。

（4）浸出剂溶液的制备与再生（前已叙述）。

2.8.4.2 细菌渗滤浸出回收铜、铀

A 低品位铜矿石的细菌堆浸

采用细菌堆浸-溶剂萃取-电积工艺处理次生硫化铜矿的工艺流程如图2.30所示。

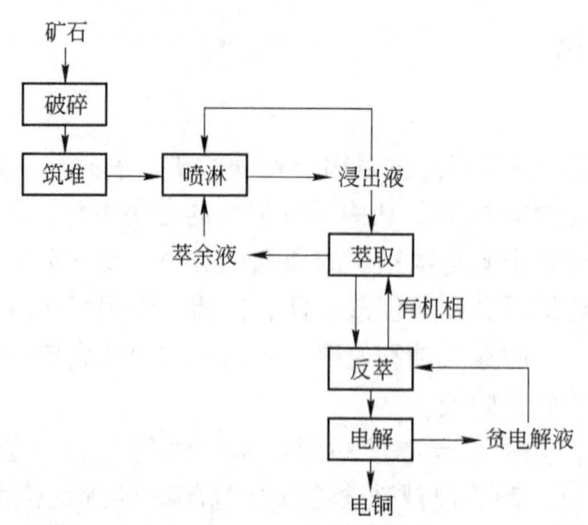

图 2.30 细菌堆浸-溶剂萃取-电积工艺处理次生硫化铜矿的工艺流程

某些细菌堆浸回收铜的生产厂列于表 2.21 中。

表 2.21 某些细菌堆浸回收铜的生产厂

矿 山	储量/kt	铜品位/%	处理量/kt · d^{-1}	铜产量/kt · a^{-1}
智利 Lo Aguire 1980 年～1996 年	12000	1.5	氧化矿和辉铜矿，16	14～15
智利 Cerro Colorado 1994 年～至今	80000	1.45	辉铜矿和铜蓝，16	100
智利 Ivan Zar 1994 年～至今	5000	2.5	氧化矿和辉铜矿，1.5	12
智利 Quebrada Blanca 1994 年～至今	矿石 85000 废矿 45000	1.4 0.5	辉铜矿，17.3	75
智利 Punta del Cobre 1994 年～至今	10000	1.7	氧化矿和硫化矿	70～80
智利 Andacollo 1996 年～至今	矿石与废矿 32000	0.58	辉铜矿，15	21
智利 Dos Amigon 1996 年～至今		2.5	辉铜矿，3	
智利 Zaldivar 1998 年～至今	矿石 120000 废石 115000	1.4 0.4	辉铜矿，20	150
智利 Lomas 1998 年～至今	废矿 41000	0.4	氧化矿和硫化矿，36	60
智利 Escodida	1500000	0.3～0.7	氧化矿和硫化矿	200
智利 Lince Ⅱ 1991 年～至今		1.8	氧化矿和硫化矿	27
秘鲁 Cerro Bayas 1977 年～至今		0.7	氧化矿和硫化矿，32	54.2

续表 2.21

矿 山	储量/kt	铜品位/%	处理量/kt·d^{-1}	铜产量/kt·a^{-1}
秘鲁 Toquepala			氧化矿和硫化矿	40
美国 Morenci 2001 年~至今	3450000	0.28	辉铜矿和黄铁矿，75	380
美国 Equatorial Tonopah 2000 年~至今		0.31	25	25
澳大利亚 Gunpowder Mammoth 1991 年~至今	1200	约 1.8	辉铜矿和斑铜矿	33
Ginlambone 1993 年~2003 年		2.4	辉铜矿和黄铜矿，2	14
澳大利亚 Nifty Copper 1998 年~至今		1.2	氧化矿和辉铜矿，5	16
澳大利亚 Whim Greek 2006 年~至今	900 废石 6000	1.1 0.8	氧化矿和硫化矿	17
澳大利亚 Mt Leyshon 1992 年~1997 年		0.15	辉铜矿，13	0.75
缅甸 S & K Copper 1999 年~至今	126000	0.5	辉铜矿，18	40
塞浦路斯 Phcenix Deposit 1996 年~至今	矿石 9100 废石 5900	0.78 0.31	氧化矿和硫化矿	8
中国紫金山铜矿 2006 年~至今	240000	0.63	辉铜矿、铜蓝、黝铜矿	10

我国紫金山铜矿的矿物组成和化学组成分别列于表 2.22 和表 2.23 中。

表 2.22 紫金山铜矿的矿物组成

矿 物	黄铁矿	辉铜矿	铜蓝	黝铜矿	石英	明矾	地开石
含量/%	5.80	0.65	0.40	0.16	65	12	15

表 2.23 紫金山铜矿的化学组成

元 素	Cu	S	Fe	As	SiO_2	Al_2O_3	CaO	MgO	K_2O	Na_2O
含量/%	0.65	2.00	2.43	0.038	59.99	10.84	0.46	0.065	0.067	0.039

从表中数据可知，该矿铜矿物为次生硫化铜矿物，呈辉铜矿、蓝铜矿和黝铜矿的形态存在，且含一定量的砷。脉石矿物主要为石英、地开石和绢云母，均为酸性脉石。因此，该矿不宜采用传统的硫化铜矿浮选-浮选精矿火法熔炼-粗铜电解提纯的工艺流程。经试验对比，认为采用细菌堆浸-溶剂萃取-铜电积的工艺流程较适宜。

经小试和工业试验，在试验厂基础上建成年产电铜 10kt 的生产厂，每日处理 10kt 含铜 0.45% 的原矿。原矿碎至 -15mm，采用永久堆的方式进行细菌浸出，采用经驯化后的常温混合菌，堆浸采用间歇作业，每周有3d不喷淋以使空气充满矿堆，堆浸周期为200d，铜浸出率约80%。浸出液采用LIX 984N为萃取剂进行二级萃铜，负铜有机相进行一级反萃铁、一级反萃铜。铜反萃液送电积车间，产出电解铜。萃余液周期性用石灰中和以控制其酸度和铁含量，然后将其返回堆浸作业。

B 铜矿废石（表外矿）的细菌堆浸

20世纪50年代初开始铜矿废石的细菌堆浸，常采用铁置换法或溶剂萃取-电积法回收浸液中的铜。美国某些铜矿废石细菌堆浸指标列于表2.24中。

表2.24 美国某些铜矿废石细菌堆浸指标

矿 山	处理量/$t \cdot d^{-1}$	铜品位/%	海绵铜/$t \cdot a^{-1}$	工人数/名
巴格达矿	36000	0.35~0.75	7800	18
卡纳里阿公司	49000	0.2~0.4	3300	7
契诺矿	52000	0~0.5	2700	23
皇后铜矿	60000	约0.3	5000	11
埃斯皮兰查矿	18000	0.05~0.14	2000	3
斯皮雷串矿	26000		3600	6
迈阿密铜公司	28000		1300	
雷依矿	1000	0.21	900	11
银铃矿	3000		2400	4
犹他矿			20000	31

我国德兴铜矿的铜表外矿堆浸厂于1997年投产，设计年产电铜2000t。其工艺流程如图2.31所示。

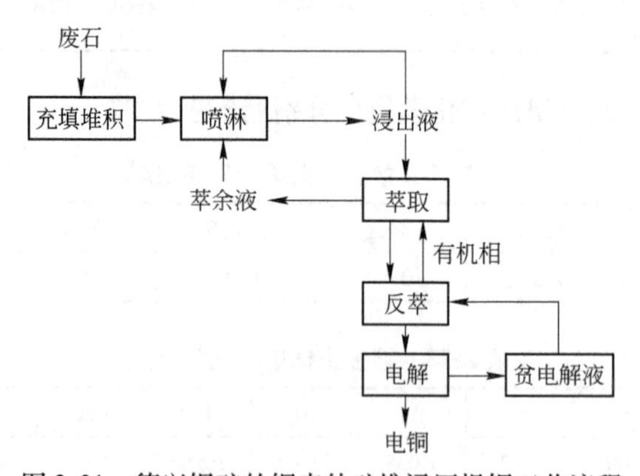

图2.31 德兴铜矿的铜表外矿堆浸厂提铜工艺流程

堆浸场建于两个相邻山谷（石乌和河山）中，先除去植被，谷底和山坡均用黏土层作防渗漏处理。山谷下游筑坝作为浸出液贮库，贮库也进行防渗处理以防漏液。露天采出的表外矿用自卸卡车运至堆场，不经破碎而直接筑堆。堆至一定面积和高度后即开始喷淋浸矿剂。喷淋作业间断进行，以利于空气充满矿堆间隙。浸出液自流进入贮液库，再泵至萃取作业处理。萃取作业采用二级逆流萃取和一级反萃的工艺流程，铜反萃液送电积作业生产电铜。萃余液返回堆浸高位槽进行堆浸。

其主要工艺参数为：

（1）堆浸：

处理量	8300kt 表外矿/a（90kt/d）
表外矿品位	0.12% ~0.14%
堆高	25~30m
贮液库有效库容	$55m^3$
浸出周期	6~10 个月
喷淋速度	10~12L/（h·m^2）
喷淋液 pH 值	1.8~1.9
浸出液 pH 值	2.0~2.1
浸堆各点菌浓度	10^4cells/mL
浸出液铜含量	约 0.4g/L
浸出率	10%

（2）萃取：

萃取原液	Cu 0.2~0.4g/L，Fe 0.5~1.0g/L，pH=2.0~2.6
流量	$300m^3/h$
萃取剂	1.2% LIX984N +98.8% 260 号煤油
相比	1∶1
混合室	2.5m×2.5m×3.2m
混合时间	1.5min
搅拌器转速	43r/min
澄清室	16.5m×12m×（有效深度）0.75m
澄清速率	$3.6m^3/(m^2 \cdot h)$
萃取率	90% ~94%

（3）反萃取：

反萃剂（废电解液）	Cu 35g/L，Fe 5g/L，H_2SO_4 175g/L
反萃液	Cu 45g/L，Fe <5g/L，H_2SO_4 160g/L
萃取剂耗量	2~3kg/t 铜

（4）电解：

电解槽	3.5m×1.2m×1.4m 30 个
阴极片	每槽 25 片，1m×0.9m×3mm，材质为 1Cr18Ni8Ti
阳极片	每槽 26 片，0.96m×0.9m×6mm，材质为 Pb-Ca-Sn 合金
阴极电流密度	170~200A/m^2
槽电压	1.8~2.1V
电流效率	85% ~95%
电铜产量	600~800t/a

由于石乌贮液库建成后渗漏严重，已停止使用。目前生产中只使用河山堆场，故原设计年产电铜 2000t 的目标无法实现。

C 铜采空区的细菌就地浸出

一些老矿山采空区留下许多残矿（矿柱、底板、侧壁等），经多年的风化和氧化，原生硫化铜矿物已逐渐被氧化为次生硫化铜矿物和氧化铜矿物，此时可用细菌就地浸出的方法回收残矿中的铜。可采用残矿地表浅塘布液、喷淋或在上部巷道中喷淋细菌浸矿剂的方法，使浸矿剂渗滤通过残矿或经爆破的疏松矿体以浸出其中的铜。然后在最下部巷道内设置集液沟和集液池以收集浸出液，将浸出液泵至地面回收厂采用铁置换法产出海绵铜或采用萃取-电积工艺产出电铜。

细菌就地浸出法目前广泛用于从铀矿山回收残矿中的铀。经大爆破后，采用细菌就地浸出法浸出矿体中的铀，在最下部巷道内设置集液沟和集液池以收集浸出液，将浸出液泵至地面回收厂采用离子交换法或溶剂萃取法进行浸出液的净化和富集，然后采用氨沉淀法产出重铀酸铵产品。此工艺可省去采矿、运输、物理选矿等作业，直接从地下矿体中提取有用组分和废弃尾矿，可获得较大的经济效益和环保效益。

2.8.4.3 细菌搅拌氧化酸浸含金硫化矿物

20 世纪 70 年代初开始采用细菌氧化酸浸难氰化的含金硫化矿物以使硫化矿物中的包体金单体解离或裸露，为氰化浸金准备良好的条件。细菌氧化酸浸难氰化的含金硫化矿物多数选厂采用常温混合菌（主要为 T.f、T.t 和 L.t 组成），采用搅拌浸出的方法氧化分解硫化矿物。

目前，生产中应用的细菌氧化酸浸搅拌槽为机械搅拌槽和气升式搅拌槽（巴槽）两种。设计和选择细菌搅拌氧化酸浸槽时，除应考虑矿浆停留时间、有效容积、反应槽数、空气中的氧气和二氧化碳的传递系数等共同特征参数外。机械搅拌槽应考虑槽体的大小及各部分比例，搅拌桨类型、数量和直径，保证矿粒悬浮和氧最低传递系数所需的最低转速和动力，挡板的数量和形状，空气分布器的形式和位置等；气升式搅拌槽（巴槽）应考虑槽体的高径比，上升段和下降段的体积比，空气分布器的形式和位置，矿浆循环时间和矿浆循环量等。

若含金硫化矿物精矿的直接氰化浸出率小于 70%，则金可能呈包体金形态存在于黄铁矿、毒砂或脉石中，也可能是含金硫化矿物精矿中含有锑、砷、碳等有害于氰化提金的组分。此时为了提高金的氰化浸出率，氰化前均应对此类含金矿物原料进行预处理，细菌氧化预处理是有效的预处理方法之一。

国外某些细菌氧化酸浸预处理厂的有关数据列于表 2.25 中。

表 2.25 国外某些细菌氧化酸浸预处理厂的有关数据

矿 山	矿石	硫含量/%	反应器	容积/m^3	处理量/$t \cdot d^{-1}$	矿浆浓度/%	浸出时间/h
Fairview（南非）	GAP	22.6	XJ	90	35	20	96
Salmta（南非）	GAP		XJ		100		
Harbour Lights（澳大利亚）	GAP	18	XJ	40	40		
Sao Bento（巴西）	GAP_YP	24.9	XJ	1×580	150	20	24
Wiluna（澳大利亚）	GAP	14～20	XJ	9×450	158	20	120
Youanmi（澳大利亚）	GAP	20～30	XJ	6×480	120	18	91.2
Sansu（加纳）	GAP_YP	11.4	XJ	6×900（×3）	720	20	96

注：GAP—砷黄铁矿/黄铁矿精矿；GAP_YP—砷黄铁矿/磁黄铁矿、黄铁矿精矿；XJ—机械搅拌槽。

我国利用细菌氧化法，对难氰化的含金硫化矿物进行预氧化酸浸的应用已相当普遍。其典型的工艺流程为：含金硫化矿原矿经破碎、磨矿、分级后，采用重选和浮选的联合流程或单一的浮选方法获得含金重砂和含金的浮选硫化矿物精矿。含金的浮选硫化矿物精矿的粒度一般为90% -0.074mm，经浓缩脱水后再磨至80% ~90% -0.036mm。再磨后的矿浆送入稀释槽，用细菌氧化后的酸液进行稀释至矿浆浓度为16%左右，加入所需的培养基，将矿浆加温至40℃。然后泵至并联的1~3号槽进行第一级细菌浸出，顺序经串联的4~6号进行第二级细菌浸出。从6号浸出槽出来的浸出矿浆送入浓密机脱水，底流经压滤，滤饼经制浆并将pH值调整至10后送后续的氰化提金作业。浸出矿浆的浓缩溢流水和底流压滤的滤液除部分返稀释槽稀释再磨矿浆外，其余全部送中和作业，用石灰中和至pH=6.6后，排至尾矿库堆存。细菌氧化浸出时，在线监测各浸出槽的温度、pH值、亚铁和高价铁离子含量和还原电位。

细菌氧化浸出时，金属硫化矿物的分解率与含金物料的矿物组成、还原组分含量、再磨细度、浸出温度、矿浆浓度、矿浆pH值、供气量（溶解氧含量）、矿浆还原电位、搅拌强度、培养基、细菌种类等因素密切相关。

我国曾对某浮选高砷金精矿进行细菌预氧化酸浸出试验。该金精矿主要金属矿物为含金的黄铁矿和砷黄铁矿。采用广东云浮茶洞毒砂矿酸性水中筛选的氧化铁硫杆菌，用改进的Leathen培养基培养。亚铁培养液含硫酸亚铁40g/L，pH=2.0，亚铁离子被氧化80%后用于浸出含砷金精矿。浸出矿浆液固比为9:1（矿浆浓度为10%），浸出6d，浸出矿浆pH值降至1.3~1.4。浸出渣率为60%，浸渣中砷含量为1%，细菌氧化酸浸的脱砷率达94%。浸渣氰化时，金的氰化浸出率可达95%。脱砷率与氰化时金浸出率的关系列于表2.26中。

表2.26 细菌氧化酸浸的脱砷率与金氰化浸出率的关系

脱砷率/%	0	33.1	75.2	81.2	94.9
金氰化浸出率/%	8.9	62.7	79.1	82.3	95.3

该浮选含砷金精矿的焙烧-氰化试验表明，当焙砂中砷含量降至0.19%~0.21%、硫含量小于0.7%时，金的氰化浸出率为91.5%。因此，细菌氧化酸浸的脱砷率虽比焙烧法低，但氰化时金的浸出率却比焙烧法高。

我国某金矿原矿含金4.5g/t、含硫3%，主要载金矿物为黄铁矿，还有少量毒砂。原矿经碎矿、磨砂和分级，磨矿细度为92% -0.074mm，在第二段球磨排矿处采用尼尔森回收一部分粗粒金。尼尔森尾矿经磨矿、分级溢流经浓密脱水后进入浮选作业。浮选矿浆浓度约26%，采用二粗二精二扫流程，采用丁基铵黑药、丁基钠黄药、硫酸铵、硫酸铜、特金1号、2号油等药剂进行浮选。获得含金60g/t、含硫30%左右的含金黄铁矿精矿，金的浮选回收率约83%。由于金精矿直接氰化的金浸出率低于70%，故氰化前采用细菌氧化酸浸工艺分解硫化矿物，使硫化矿物中的包体金单体解离或裸露。浮选金精矿再磨，经浓密脱水脱除大部分浮选药剂，浓密底流送稀释槽。采用细菌氧化矿浆浓密所得的酸性溢流水将浓密底流（浓度约50%）稀释至浓度为16%的矿浆，加入适量的培养基，将矿浆加热至40℃后送去进行第一级浸出。该矿细菌氧化酸浸采用6个双层桨叶的机械搅拌槽。1~3号并联，进行第一级浸出；4~6号槽串联，进行第二级浸出。总的浸出时间为

5～6d。浸出时，矿浆 pH＝1.0～1.3，矿浆温度为40～43℃，6号槽出来的矿浆液相中铁离子的转换率为 $Fe^{3+}:Fe^{2+}$ ＝99.5%。在线监测各浸出槽的 pH 值、温度、氧含量、矿浆还原电位等，各浸出槽均装有空气分配器和循环水冷却管，用以调整矿浆中的氧含量和矿浆温度。6号槽出来的矿浆经浓密机脱除大部分含高价铁离子的酸性水，底流送压滤，滤饼制浆，用石灰中和至 pH＝10.0 后送后续的氰化提金作业处理，氰化时金的浸出率可达97%，氰化浸渣含硫3%，含金3～8g/t。

2.8.4.4 细菌搅拌氧化酸浸金属硫化矿物

利用耐温菌浸出黄铜矿浮选精矿的铜厂已在智利投入生产，该厂年产20kt 电铜，采用 BHP Billiton 公司开发的 BioCOP™ 技术。该厂由磨矿、预浸、细菌浸出、浸出矿浆浓密与洗涤、过滤、溶剂萃取和电积等工序组成。细菌浸出采用6个 $1260m^3$ 的 Stebbins 型反应器，第一和第二个反应器的直径约5m，浸出温度为78℃，浸出过程通入纯氧气，氧的利用率为80%。

2.8.4.5 细菌浸金

伦格维茨于1900年第一次发现金与腐烂的植物相搅混时，金可被溶解。他认为金被溶解与植物氧化生成的硝酸和硫酸有关。后来有关国家对细菌浸金进行了大量的试验研究工作，取得了一定的成绩。现在认为细菌浸金的机理与氰化物等金的强配合剂浸金的机理相同，均由于溶液中存在与金离子成配能力大的配合剂或与微生物生成配合物的缘故。细菌浸金是利用细菌作用产生的氨基酸与金配合使金转入溶液中。如用氢氧化铵处理营养酵母的水解产物，酵母水解产生5g/L 氨基酸、0.5～0.8g/L 核酸、1～2g/L 类脂物和20～30g/L 氢氧化钠，对含金30g/t 的砷黄铁矿精矿强化磨矿后进行细菌浸出，吸附浸出50h，金的浸出率可达80%。

马尔琴考察象牙海岸的含金露天矿场时，发现脉金可被矿井水迁移和再沉淀，认为活的细菌在通常条件下可起这种作用。

从土壤和天然水样中分离的能溶解金的所有微生物均无毒。从金矿矿井水中分离的细菌，在自然条件下与含金矿物进行长期接触，其对金的溶解作用最强。采用专门的培养基对分离出来的细菌进行繁殖的试验表明，青胡桃汤、蛋白胨、干鱼粉和桉树叶汤为繁殖能力最强的培养基。使用这些培养基时，还常加入不同比例的各种盐类，使其具有不同的浓度。

对分离出来的微生物系的详细研究表明，微生物本身不是溶解金的物质，溶解金的物质为因微生物作用被分离并进入周围介质中的微生物有机活动（新陈代谢）的产物。刚从细菌分离时，这些产物的溶金作用最强。采用含有活细菌的培养基处理时，金的浸出率比只有新陈代谢产物时高些。

细菌浸金的主要影响因素之一是培养基的成分。对每种纯细菌而言，应选择好的新陈代谢条件，以促进溶解金的物质的生长繁殖。新细菌的新陈代谢作用比老细菌或放置几天的细菌强些。此外，积聚在培养基中的伤亡物也会影响细菌的新陈代谢作用。因此，可将微生物保存在温度为4℃的油中（可放置4年）。

介质的起始 pH 值为6.8或8.0时，金的浸出率最高。金浸出过程中，细菌可碱化介质，介质 pH 值将分别上升至7.7或8.6。当消毒（无菌）空气流通过微生物群落时，将像机械搅拌一样会降低金的浸出率。

工地试验表明，采用细菌从矿石中浸出金的过程，可分为下列四个阶段：

第一阶段为潜伏阶段：若使用最好的微生物群落，此阶段可长达三个星期。若培养基不太适于增强细菌的浸金能力，此阶段可长达五个星期；

第二阶段为浸出阶段：此阶段金的溶解非均匀地增长，有时还会反复析出金的沉淀物。在2.5~3个月期间，金的溶解量最大；

第三阶段为溶解度阶段：在此阶段金的溶解度实际上没有变化，但在0.5~1a期间，已溶金的浓度相当高（约10mg/L）；

第四阶段为最终阶段：在此阶段金的溶解度明显下降。因此，细菌浸出75~90d时，金的浸出率（溶解度）最高。

近十多年来，国外研制出一种称为生物-D的生物降解贵金属的浸出剂，对多数矿石的浸出时间为2.5h，金银的浸出率达90%。该试剂可用于酸、碱溶液中，无毒，自生能力达85%~90%。目前虽然成本较高，若将环保、排废的设备和经营费计算在内，其成本比氰化法低。

为了使细菌浸金工艺能用于工业生产，许多国家均在进行深入的试验研究。主要集中于两个研究方向：一是对细菌进行驯化筛选，强化浸出，提高金的浸出率；二是培育繁殖新的浸矿细菌，特别是嗜热细菌。寻找能使元素硫、硫砷铁矿、硫化铁矿、辉钼矿、黄铜矿等能在低pH值（pH=2~3）、温度为60~70℃条件下能氧化分解硫化矿物的菌种。

2.8.4.6 细菌沉金

可采用在固体酶解物上繁殖的微生物吸附金。酶解物从矿浆中脱出被吸附的金后，微生物可以烧掉。前苏联的研究表明，采用真菌米曲霉的菌丝体可从溶液中吸附金。但从氰化液中吸附金未得到应用，可通过物质培养的方法生成真菌生物体，然后再加至含金溶液中。溶液中的金会抑制米曲霉，配合剂（如硫脲）的使用或采用对金无抑制作用的特殊真菌，基本上能解决此问题。

2.9 浸出工艺

本节着重讨论浸出方法、浸出流程和浸出设备等问题。

2.9.1 浸出方法

如前所述，依浸出剂溶液与被浸物料的相对运动方式，可将物料的浸出分为渗滤浸出和搅拌浸出两种。渗滤浸出又可细分为槽（池）浸、堆浸和就地（地下）浸出三种。

槽浸是将破碎后的被浸矿石装入铺有假底的渗浸池或渗浸槽中，浸出剂溶液在重力或压力作用下，自上而下或自下而上地渗滤通过固定物料层而完成目的组分浸出过程的浸出方法。此法一般适于处理孔隙度较小的贫矿。

堆浸是将采出的贫矿、废石、表外矿矿石或经一定程度破碎后的上述矿石，运至预先经过防渗处理并设有集液沟的堆浸场上筑堆，采用流布或洒布的方法将浸出剂溶液均匀地分布于矿堆表面。浸出剂溶液在重力作用下渗滤通过矿堆固定物料层而完成目的组分浸出过程的浸出方法。此法适于处理孔隙度较大的矿物原料。

就地浸出是将浸出剂溶液渗滤，通过地下矿体而完成目的组分浸出过程的浸出方法。为了提高目的组分的浸出率，就地浸出前须预先对待浸矿体、矿段或残留矿等进行爆破，在待浸矿体上部开挖布液巷道或布液井，或在矿体地表设布液沟；在待浸矿体下部开挖集液巷道或集液井、集液池。在布液巷道、布液沟或布液井中喷洒或灌注浸出剂溶液，浸出剂溶液在重力作用下渗滤通过地下矿体，完成目的组分的浸出过程。浸出溶液通过集液沟集中于集液池，然后将其泵送至地面进行目的组分的回收。

渗滤浸出法只适用于某些特定的矿物原料和特定的条件，一般采用间断操作的作业制度。

搅拌浸出是浸出剂溶液与磨细的被浸物料在浸出搅拌槽中进行搅拌，并使矿粒悬浮于浸出剂溶液中的条件下，完成目的组分浸出过程的浸出方法。此浸出方法适用于各种矿物原料，可在常温常压的条件下浸出，也可在热压条件下浸出；可间断作业，也可连续作业。

目前，在化学选矿工艺中，连续作业的常温常压的搅拌浸出方法最常见，但连续作业的热压条件下的搅拌浸出方法可提高浸出速度和目的组分的浸出率，其应用将愈来愈普遍。在铝矿物原料的化学选矿工艺中，已普遍采用管道化热压无氧碱浸铝土矿以生产氧化铝。

2.9.2　浸出流程

依据被浸物料与浸出剂溶液运动方向的差异，可将浸出流程分为顺流浸出、错流浸出和逆流浸出三种浸出流程。现分述如下：

顺流浸出：顺流浸出时，被浸物料与浸出剂溶液的运动方向相同（见图2.32）。

顺流浸出流程的特点是可获得被浸组分含量较高的浸出液，浸出试剂的耗量较低。但浸出速度较低，浸出时间较长。

错流浸出：错流浸出时，被浸物料分别被几份新浸出剂溶液浸出，而每次浸出所得的浸出液均送后续作业处理以回收被浸组分（见图2.33）。

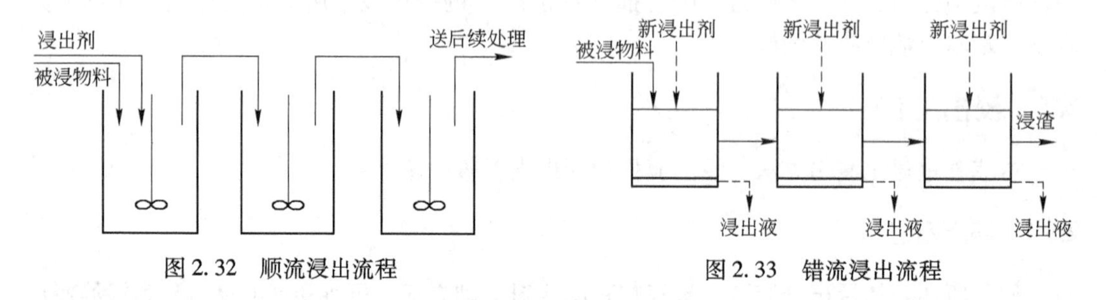

图2.32　顺流浸出流程　　　　图2.33　错流浸出流程

错流浸出流程的特点是浸出速度较高，浸出液体积较大，浸出液中被浸组分含量较低，浸出液中剩余浸出剂含量较高，故浸出剂耗量较高。

逆流浸出：逆流浸出时，被浸物料与浸出剂溶液的运动方向相反，即经几级浸出而贫化后的物料与新浸出剂溶液接触，而原始被浸物料则与经几级浸出后的浸出液接触（图2.34）。

逆流浸出流程的特点是可获得被浸组分含量较高的浸出液，可较充分地利用浸出液中的剩余浸出剂，浸出剂耗量较低。但其浸出速度比错流浸出时的浸出速度低，其浸出级数较多。

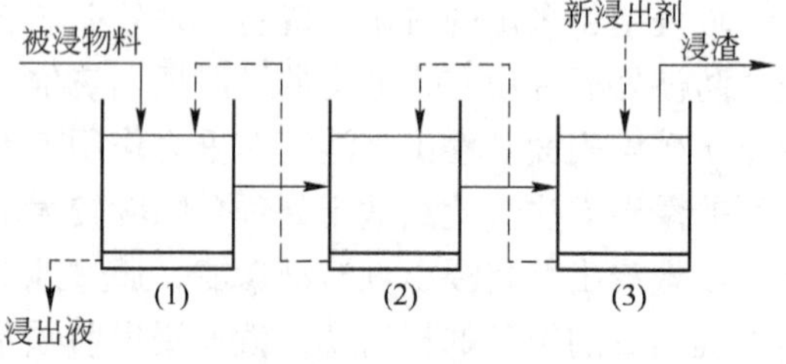

图2.34　逆流浸出流程

渗滤槽浸出时，可采用顺流浸出、错流浸出或逆流浸出的浸出流程。堆浸和就地浸出皆采用顺流循环浸出的流程。

搅拌浸出一般采用顺流浸出流程。若要采用错流浸出或逆流浸出流程，则各级之间均应增加固液分离作业。间断作业的搅拌浸出一般为顺流浸出，但也可采用错流浸出或逆流浸出，只是每次浸出后均须进行固液分离，操作相当复杂，生产中应用极少。

渗滤浸出时，一般可直接获得澄清的浸出液，而搅拌浸出后的矿浆须经固液分离作业，才能获得供后续作业处理的澄清的浸出液或含少量矿粒的稀矿浆。

为了提高难浸物料的浸出率，降低浸出剂消耗量及为后续作业准备更有利的条件，可采用两段或多段浸出流程。多段浸出流程大致有下列类型：

（1）难浸物料与易浸物料（或矿砂与矿泥）分开浸出：第一段浸出难浸物料，利用第一段浸出矿浆中的剩余浸出剂进行第二段易浸物料的浸出；

（2）低酸浸出和高酸浸出分开进行：第一段进行低酸浸出以浸出易浸物料，浸出矿浆经固液分离作业，浸出液送后续作业处理；第一段浸渣制浆后进行第二段高酸浸出，以浸出难浸物料，浸出矿浆经固液分离作业，浸出液返至第一段进行低酸浸出。这样可以充分利用第二段浸出液中的剩余浸出剂，既降低了浸出剂的消耗量又提高了难浸组分的浸出率；

（3）氧化浸出和还原浸出分开进行：第一段进行氧化（如氧化酸浸金属硫化矿物）浸出，浸出矿浆经固液分离作业，浸渣可送尾矿库堆存；第一段的浸出液送第二段进行还原浸出，加入被浸物料以还原第一段浸出液中的剩余氧化浸出剂。第二段浸出矿浆经固液分离作业，浸渣返回第一段进行氧化浸出以提高有用组分的浸出率，浸出液送后续的电积作业以回收相应的金属组分。这样既提高了有用组分的浸出率，又可降低浸出剂的消耗量和可降低电积作业的电耗。

为了提高有用组分的浸出速度和浸出率，有时可将有用组分的浸出和有用组分的回收合在一个作业中进行。我们常将有用组分浸出作业与有用组分的回收作业分开进行的工艺称为两步法工艺，将有用组分的浸出和有用组分的回收合在一个作业中进行的工艺称为一步法工艺。采用一步法工艺时，浸出矿浆液相中有用组分的含量始终维持在最低值，所以在相同的浸出条件下，一步法工艺的有用组分的浸出速度和浸出率均比二步法工艺高。在我国黄金矿山普遍采用一步法工艺实现就地产金。目前，黄金生产中应用的一步法工艺有：氰化炭浆工艺（CCIP）、氰化炭浸工艺（CCIL）、氰化树脂矿浆工艺（CRIP）。试验研究中的一步法工艺有：氰化磁炭浆工艺（CMagchal）、硫脲炭浆工艺（TCIP）、硫脲炭浸工艺（TCIL）、硫脲树脂矿浆工艺（TRIP）、硫脲矿浆电积工艺（TEIP）、硫脲铁浆工艺（TFeIP）等。

2.9.3 浸出设备与操作

2.9.3.1 渗滤浸出设备与操作

A 渗滤槽（池）

渗滤浸出槽（池）的结构如图 2.35 所示。

渗滤浸出槽（池）的外壳可用碳钢、木料制成，也可用砖、石砌成，内衬防腐蚀层（瓷砖、塑料、环氧树脂等）。渗滤浸出槽应能承压、不漏液、耐腐蚀，底部略向出液口倾斜，底部装有假底。当浸出槽的面积大时，底部可制成多坡倾斜式，以使槽内矿石物料层的厚度较均匀。装料前先铺假底，将浸出液出口管关闭。然后采用人工或机械的方法将破碎后的矿石（粒度一般小于10mm）均匀地装入槽内。矿料装至规定的高度后，加入预先配制好的浸出剂溶液至浸没物料层，浸泡数小时或几昼夜后再放出浸出液。放出浸出液的速度由试验决定。生产中一般采用多个渗滤浸出槽同时操作，以使浸出液中有用组分的含量比较稳定。有时为了加速被浸硫化矿物的氧化，浸出过程中可采用休闲或晒矿的方法，即物料渗滤浸出一定时间后，停止进浸出剂溶液，放出浸出液后休闲一定时间并翻晒表层物料，以加速被浸硫化矿物的氧化和破坏表层铁盐沉淀物。此方法对提高渗滤浸出速度和浸出率有一定的效果。

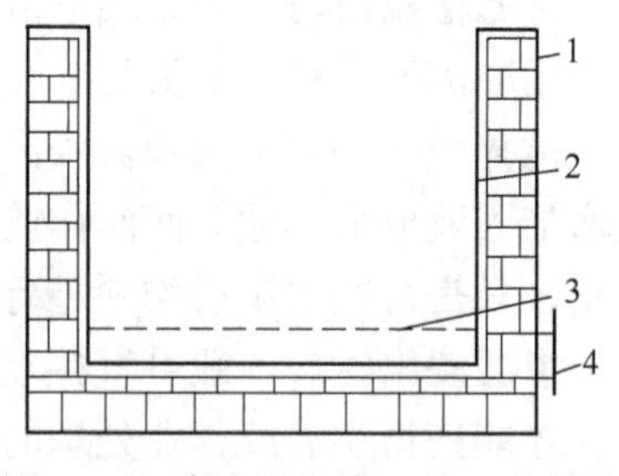

图 2.35　渗滤浸出槽（池）的结构
1—槽体；2—防腐蚀层；
3—假底；4—浸出液出口

渗滤槽（池）浸出的主要工艺参数为浸出剂的浓度、放出浸出液的速度、浸出液中浸出剂的剩余浓度等。当浸出液中浸出剂的剩余浓度高时，可将其返回进行循环浸出。当浸出液中目的组分的浓度降至某一值时，可认为浸出已达终点，可以排出浸出渣，重新装料进行渗滤浸出。

B　堆浸场

堆浸的堆浸场可位于山坡、山谷或平地上，去除地表草皮树根等杂物后，应平整和压实地面并进行防渗漏处理，如铺设防渗漏防腐蚀层（如油毛毡沥青胶结物、耐酸水泥、塑料膜，塑料板等）。铺层除具有防渗漏、防腐蚀性能外，还应能承受矿堆的压力。为保护铺层，常在其上铺以细粒废矿石和0.5～2.0m厚的粗粒废石，然后用汽车、矿车将待浸的贫矿石运至堆浸场，堆至一定高度后再用推土机平整矿堆表面及边坡，使矿堆呈截锥形。有时为了减小边坡面积，可用木桩、木板、铁丝网或油毛毡等将矿堆围住，使矿堆呈截柱形。根据当地气候条件、矿堆高度、矿堆表面积、操作周期、物料的矿物组成和粒度组成等因素决定布液方法。可用洒布、流布和垂直管法布液。

洒布法是浸出剂溶液从高位池经总管和支管及旋转喷头将浸出剂溶液均匀地喷洒于矿堆表面和边坡上，浸出剂溶液渗滤通过矿堆中的各层物料完成目的组分的浸出。此法适用于矿石粒度较大、矿堆孔隙度较大的矿堆的浸出。

流布法是采用推土机或前端装载机在矿堆表面挖掘沟渠或浅塘，然后采用灌溉法或浅塘法将浸出剂溶液布于矿堆表面。此法适用于矿石粒度较细、矿堆孔隙度较小的矿堆的浸出。

垂直管法是在矿堆表面沿一定距离的网格打孔，将多孔塑料管经套管插至钻孔底部，浸出剂溶液从高位池经总管和支管流入多孔塑料管内，然后均匀地分布于矿堆内。此法适用于矿石粒度细、矿堆孔隙度小的矿堆的浸出，可使浸出剂溶液与空气均匀地混合。

生产实践中常用联合布液法，以使浸出剂溶液在矿堆表面及矿堆内部均匀地分布。浸出液一般用泵循环，使其多次通过矿堆，以提高浸出液中有用组分的浓度和降低浸出剂耗量。浸出终了，可用电耙、推土机卸料，用矿车或汽车将其运至尾矿场。

C　就地浸出

就地浸出简称地浸，根据就地浸出对象的不同，有不同的布液和回收浸出液的方法。

其共同之处是省去了建井、采矿工序和物理选矿等作业，将浸出作业移至地下，直接将有用组分溶解于浸出剂溶液中，将浸出液泵至地面，可送去回收有用组分。

就地浸出对矿体的生成条件要求很严，要求待浸矿体具有良好的渗透性，矿体上下左右周边有相应的不透水层，基岩稳定，地下水位低。这些条件可使浸出作业顺利进行，可避免浸出液的流失和利于浸出液的回收。

目前，就地浸出广泛用于盐矿、离子型稀土矿、废弃的铜矿、废弃的铀矿、采矿条件差的贫矿的浸出。就地浸出原矿（如盐矿、离子型稀土矿、铀矿等）时，可在勘测好的矿体内分区钻孔（分注入孔、回收孔等），然后将浸出剂溶液由注入孔注入地下矿体中，浸出剂溶液经裂隙、毛孔渗滤通过矿体使有用组分溶于其中，再由回收孔将浸出液抽至地面送后续作业处理。当地下矿体的渗透性差时，可对待浸矿体进行必要的地下大爆破，也可在矿体下部设回收巷道以回收浸出液。就地浸出采空区的残矿（如顶板、底板、侧壁、矿柱等）可在矿体地表采用浅塘布液法或矿体上部巷道内喷洒法将浸出剂溶液注入残矿体内部，在残矿体下部巷道内设集液沟和集液池以回收浸出液。

就地浸出时，根据浸出对象的不同，可采用清水、稀酸液、含浸矿细菌的稀酸液、盐水等作浸出剂溶液。

由于就地浸出在地下进行，各项工艺参数的研究和控制均受限制。一般而言，就地浸出的浸出时间较长，浸出率较低，矿产资源利用率较低。其优点是省去了建井、采矿、运输、破碎、磨矿、物理选矿和固液分离等工序，将浸出作业移至地下，原地废弃尾矿，保护了地表植被和减少了环境污染，成本低，经济效益和环境效益高。该浸出方法目前仅用于某些特定的矿种和特定的条件。

2.9.3.2 搅拌浸出设备与操作

A 常压机械搅拌浸出槽

常压机械搅拌浸出槽的结构如图 2.36 所示。

常压机械搅拌浸出槽可分为单层搅拌桨浸出槽和多层搅拌桨浸出槽两种。机械搅拌器有桨叶式、旋桨式、锚式和涡轮式等多种，浸出矿物原料时常用桨叶式和旋桨式搅拌器。桨叶式搅拌器有平板式、框式和锚式三种，其搅拌强度较弱，主要利用其径向速度差使物料混合，其轴向的搅拌弱。旋桨式搅拌器高速旋转时可产生轴向液流，加装循环筒，可增强其轴向搅拌作用。锚式和涡轮式搅拌器主要用于矿浆浓度高、密度差大和矿浆黏度大的矿浆的搅拌，涡轮式搅拌器还有吸气作用。

常压机械搅拌浸出槽的材质依浸出剂溶液的性质而异。酸浸时，槽体可采用内衬橡胶、耐酸砖或塑料的碳钢槽、不锈钢槽或搪瓷槽。碱浸时，槽体可采用普通的碳钢槽。机械搅拌器一般为碳钢衬胶、衬环氧玻璃钢或用不锈钢制成。常压机械搅拌浸出槽的槽体常为圆柱体，槽底呈圆球形或平底，槽中装有矿浆循环筒。槽内矿浆可采用电加热、夹套加热或蒸气直接加热的方法控制浸出温度。机械搅拌浸出槽的容积依处理量而异，一般常用于处理量较小的厂矿。

B 常压压缩空气搅拌槽（巴秋克槽）

常压压缩空气搅拌槽（巴秋克槽）的结构如图 2.37 所示。

常压压缩空气搅拌槽（巴秋克槽）的上部为高大的圆柱体，下部为锥体，中间有一中心循环筒，压缩空气管直通中心循环筒的下部。调节压缩空气压力和流量即可控制矿浆

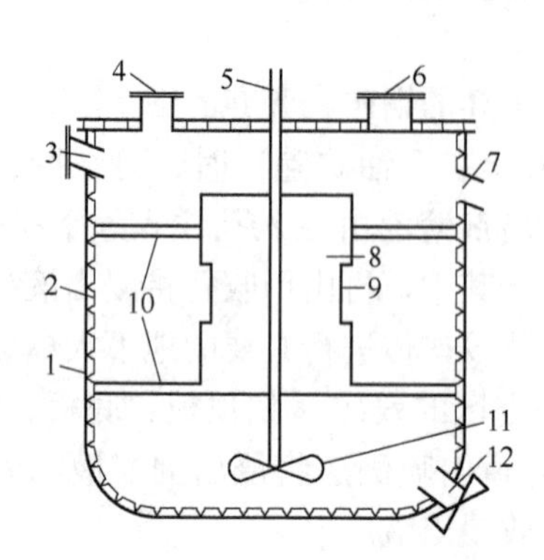

图 2.36 常压机械搅拌浸出槽

1—壳体；2—防酸层；3—进料口；4—排气孔；5—主轴；6—人孔；7—溢流口；8—循环筒；9—循环孔；10—支架；11—搅拌桨；12—排料口

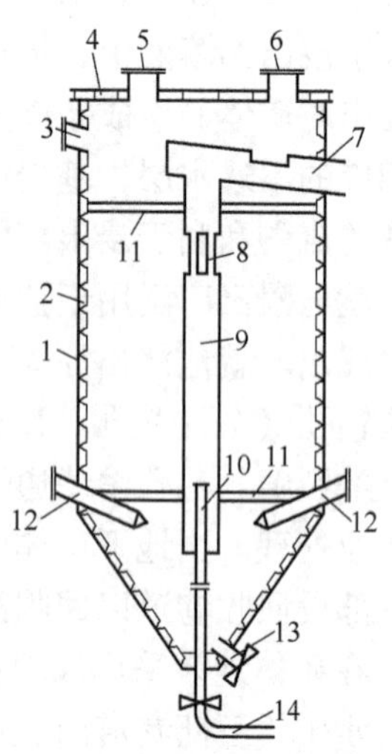

图 2.37 空气搅拌浸出槽

1—塔体；2—防酸层；3—进料口；4—塔盖；5—排气孔；6—人孔；7—溢流槽；8—循环孔；9—循环筒；10—压缩空气花管；11—支架；12—蒸汽管；13—事故排浆管；14—压缩空气管

的搅拌强度。操作时，中心循环筒内的部分矿浆被提升至溢流槽而流入下一浸出槽。常压压缩空气搅拌槽（巴秋克槽）常用于处理量较大的厂矿。

C 流态化逆流浸出塔

流态化逆流浸出塔的结构如图 2.38 所示。

流态化逆流浸出塔的上部为浓密扩大室，中部为圆柱体，下部为圆锥体。塔顶有排气孔和观察孔。矿浆用泵送入塔内，进料管上细下粗，出口处装有倒锥，以使矿浆稳定而均匀地沿着倒锥四周流向塔内。在塔的中部，分上下两部分加入浸出剂溶液以浸出目的组分；在塔的下部，分数段加入洗涤水以进行逆流洗涤。洗涤后的粗砂经粗砂排料口排出；浸出矿浆从上部溢流口排出。操作时，可采用 50 ~ 60℃ 的热水作洗涤水，以提高浸出矿浆的温度。

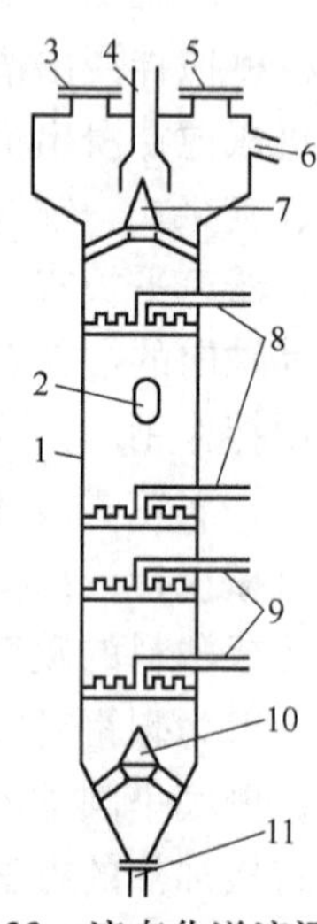

图 2.38 流态化逆流浸出塔

1—塔体；2—窥视镜；3—排气孔；4—进料管；5—观察孔；6—溢流口；7—进料倒锥；8—浸出剂分配管；9—洗涤水分配管；10—粗砂排料倒锥；11—粗砂排料口

浸出过程中应严格控制进料、排料、洗涤水和浸出剂溶液的流量以及界面位置。通常是采用调节排砂量的方法保持稳定的界面。界面位置偏高时，可增大排砂量；反之，界面位置偏低时，可适当减小排砂量。以保证浸出时间、分级效率和洗涤效率的稳定。流态化逆流浸出获得的是除去粗砂后的浸出稀矿浆，可降低后续固液分离作业的处理量。

D 热压浸出的立式高压釜

高压釜的搅拌方式有机械搅拌、气流（蒸气或空气）搅拌和气流机械混合搅拌三种。常用的哨式空气搅拌的立式高压釜的结构如图 2.39 所示。

操作时，被浸矿浆从釜的下端进入，与压缩空气混合后经旋涡哨从喷嘴进入釜内，呈紊流状态在釜内上升，然后经出料管排出。采用与矿浆呈逆流的蒸气夹套加热或水冷却的方法加热矿浆或冷却矿浆。釜内装有事故排料管，供发生事故时排空釜内矿浆。经高压釜浸出后的矿浆，必须将压力降至常压后，才能送后续作业处理。为了维持釜内的压力，高压釜浸出后的矿浆，常采用自蒸发器减压。自蒸发器的结构如图 2.40 所示。

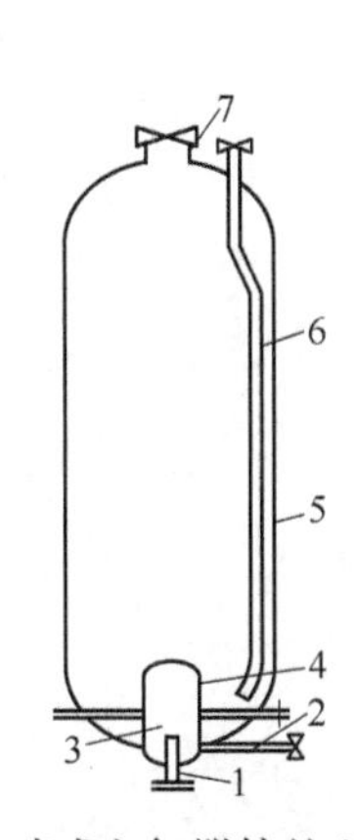

图 2.39 哨式空气搅拌的立式高压釜

1—进料管；2—压缩空气管；3—旋涡哨；4—喷嘴；5—釜筒体；6—事故排料管；7—出料管

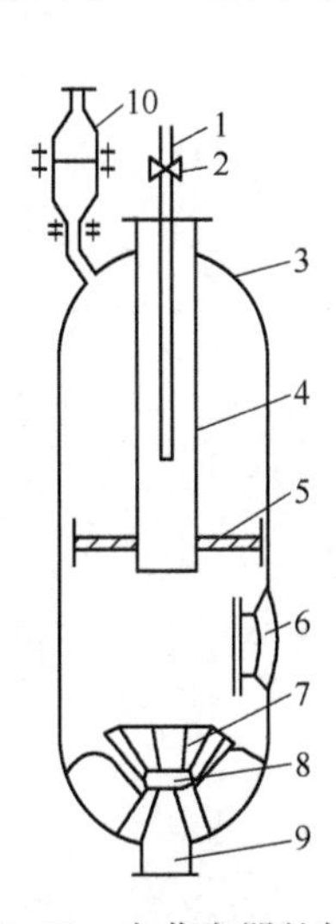

图 2.40 自蒸发器的结构

1—进料管；2—调节阀；3—筒体；4—套管；5—筛孔板；6—人孔；7—衬板；8—堵头；9—出料口；10—分离器

操作时，高压釜浸出后的矿浆和高压空气从进料口进入自蒸发器，在自蒸发器内高压喷出并膨胀，压力骤然降至常压，由此生成的大量蒸气吸收能量，降低了矿浆的温度。气体夹带的液体经筛板进行第一次分离，再经气水分离器进一步进行气液分离。减压后的浸出矿浆从底部排料口排出，与液体分离后的气体从排气管排出，排出的废气可用于预热待浸矿浆。

E 卧式机械搅拌高压釜

卧式机械搅拌高压釜的结构如图 2.41 所示。

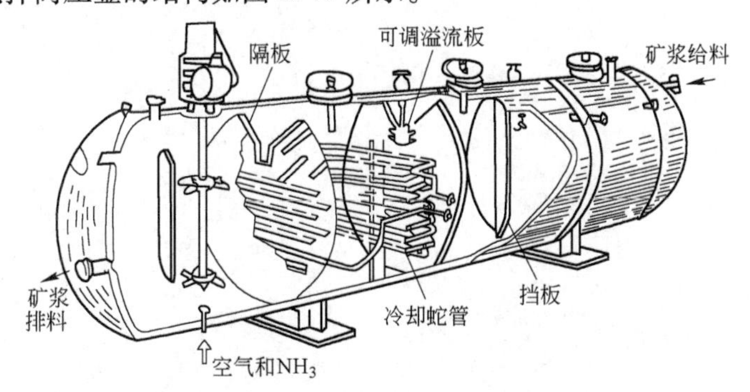

图 2.41 卧式机械搅拌高压釜的结构图

根据工艺要求，卧式机械搅拌高压釜的釜内可分成多室，图中釜内分为四室，室间有隔板，隔板上部中心有溢流堰，以保持各室液面有一定的位差。矿浆由高压泵泵入高压釜的第一室，依次通过其他三室，最后通过自动控制的气动薄膜调节阀减压排出釜外，也可通过自蒸发器减压后送后续处理。高压釜内各室均有机械搅拌器。若用于热压氧浸时，所需空气由位于机械搅拌器下面的压风分配支管送入各浸出室。

矿物原料浸出时，一般均由数个槽（塔）组成系列，无论采用哪种流程和设备，设计时均须考虑矿浆在槽（塔）内的停留时间和矿浆短路问题，计算槽（塔）的容积和数量时应有一定的保险系数，以达预期的浸出率。

3 固液分离

3.1 概述

化学选矿中，浸出前常有浓缩作业以保证浸出作业的矿浆浓度，浸出矿浆和化学沉淀悬浮液常需进行固液分离获得清液和固体产物以满足后续工艺的要求。我们统将这种固液两相分离的作业称为固液分离。

化学选矿中的悬浮液（矿浆）常具腐蚀性，固体颗粒一般较物理选矿中的矿粒细，且常含有某些胶体微粒。因此，化学选矿中的固液分离常较物理选矿产品的脱水困难。化学沉淀物常为晶体，有时为无定形产品，粒度更细，其固液分离就更困难些。化学选矿中的固液分离不仅要求将固体和液体较彻底地分离，而且由于分离后的固体部分（滤饼或底流）不可避免地会夹带相当数量的溶液，这部分溶液中的金属组分浓度与给料中的液相金属组分浓度相同，为了提高金属回收率或产品品位，还应对固体部分进行洗涤。

浸出前的脱水一般采用浓缩法。浸出矿浆的固液分离，依据后续作业的要求，可采用沉降－倾析或过滤与分级两种方法。沉降－倾析与过滤是除去固体颗粒而得到供后续处理的澄清溶液（清液）。分级是除去粗砂而得到粒度和浓度合格的稀矿浆。无论是得到清液或稀矿浆，均要求对粗砂或底流进行较彻底的洗涤，所得洗水可送后续处理或返回浸出作业和洗涤作业。化学沉淀作业后的固液分离一般采用沉降－倾析和过滤的方法，洗涤可在过滤前进行，也可用滤饼再制浆的方法进行洗涤。洗涤作业是回收固体废弃溶液时，一般采用错流洗涤流程，以提高洗涤效率，若是为了回收溶液而废弃固体时，则需采用逆流洗涤流程，以保证较高的洗涤效率和洗液中有较高的目的组分含量。

依据固液分离过程的推动力，可将固液分离方法大致分为三类：

（1）重力沉降法：常用的设备有沉淀池，各种浓缩机、流态化塔和分级机等。沉淀池为间歇作业，其他设备均为连续沉降设备。除流态化塔和分级机得到供后续处理的稀矿浆外，其他设备均可获得清液。它们既可用于固液分离，也可用于沉渣的洗涤。

（2）过滤法：它是利用过滤推动力借过滤介质实现固液分离的方法，是最常用的获得清液的方法。常用的设备为各种类型的过滤机。

（3）离心分离法：它是利用离心力使固体颗粒沉降和过滤的方法。常用设备有水力旋流器，离心沉降机和离心过滤机等。

化学选矿中常用固液分离设备的材质依介质性质而异，一般中性和碱性介质可用碳钢和混凝土制作，酸性介质则要求采用耐腐蚀材料或进行防腐蚀处理，通常可用不锈钢、衬橡胶、衬塑料、衬环氧玻璃钢、衬瓷片或辉绿岩等。

3.2 重力沉降分离法

当悬浮液中的固体颗粒直径大于0.1μm时，此悬浮液不稳定，固体颗粒会受重力作用而沉降，而且固相和液相的密度相差愈大，固体颗粒愈粗，悬浮液的黏度愈小，固体颗粒的沉降速度则愈大。悬浮液的沉降过程如图 3.1 所示。悬浮液在沉降过程中会出现分区现象，各区的高度随时间而变，A、D 区的高度不断增加，B、C 区的高度不断缩小，最后只有 A、D、K 区，几乎全部固体颗粒皆进入 D、K 区，而 A 区仅含极少量的微细颗粒，此时称为沉降的临界点。连续操作的浓缩机中的颗粒沉降也大致存在上述各区，但操作稳定后，各区高度保持不变。

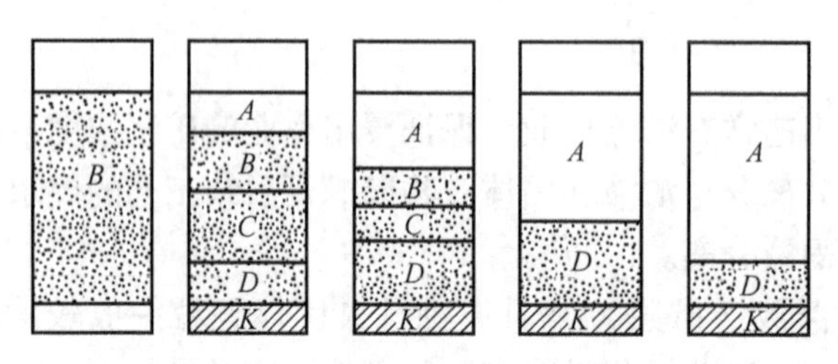

图 3.1　悬浮液沉降过程的分区现象

A—澄清区；B—沉降区；C—过渡区；D—压缩区；K—粗粒区

固体颗粒的沉降速度一般由沉降试验决定。若达到临界点时的澄清区高度为 H（m），相应的澄清时间为 t（h），则沉降速度 V 为：

$$V=\frac{24H}{t}$$

若无试验数据，可按下列公式计算：

（1）自由沉降

$$V_0=545\left(\frac{\delta_{\mathrm{T}}-\delta_{水}}{\delta_{水}}\right)d^2 \quad (\mathrm{mm/s})$$

式中　V_0——固体颗粒自由沉降速度，mm/s；

δ_{T}，$\delta_{水}$——固体和液体密度，g/cm^3；

d——溢流中允许的最大颗粒直径，mm。

（2）干涉沉降

$$V_{\mathrm{CT}}=V_0(1-\varphi^{2/3})(1-\varphi)(1-2.5\varphi)$$

式中　V_{CT}——固体颗粒干涉沉降速度，mm/s；

φ——在沉降区矿浆中固体所占体积分数，

$$\varphi=\frac{\delta_{水}}{R\delta_{\mathrm{T}}+\delta_{水}}$$

R——矿浆液固比。

工业上的重力沉降操作一般分浓缩澄清和分级两大类。浓缩澄清的目的是使悬浮液增稠或从比较稀的悬浮液中除去少量悬浮物。分级的目的是除去粗砂而得到含细颗粒的悬浮液。这两类操作所用设备分别称为浓缩澄清设备和沉降分级设备，现分述如下：

（1）浓缩澄清设备。

沉淀池：一般为方形或圆形（槽），其材质依介质而定，可用于悬浮液的澄清和沉渣的洗涤。沉淀所得沉渣或清液和第一次洗液常为沉淀池的产物，而其他各次洗液一般返至下次洗涤作业，以增加洗液中的金属浓度和减少洗水体积。生产中常将化学沉淀的搅拌槽用作沉淀－浓缩－洗涤之用，化学沉淀物洗净后再送去过滤。

浓缩机：它是一连续沉降设备，其结构如图 3.2 所示。其上部为一圆柱体，中部有一进料筒，进料筒的插入深度因槽体大小和高度而异，但需插至沉降区。清液从上部溢流堰排出。浓缩后的底流由耙子耙至底部中央的排泥口排出。耙机由电机带动作缓慢旋转，可促使底流压缩而不引起扰动。浓缩机的特点是能连续生产，操作简单，易自动化，电能消耗少，但占地面积大。为了提高浓缩机的有效沉降面积，可在浓缩机中安装单层或多层平面倾斜板，变为带倾斜板的单层浓缩机。

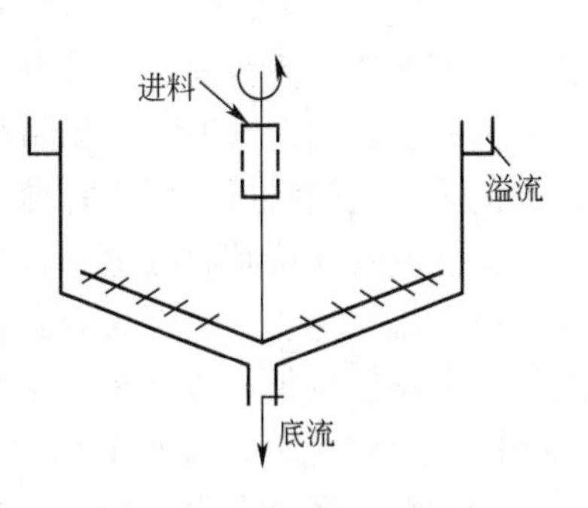

图 3.2 单层浓缩机

按传动方式，浓缩机可分为中心传动、周边齿条传动和周边辊轮传动三种。中心传动浓缩机的直径一般小于 15m（国内最大为 30m）。周边齿条传动浓缩机的直径一般大于 15m（国内最大为 53m）。直径大于 50m 的浓缩机一般用周边辊轮传动。国内试制了直径为 20m 和 30m 的中心传动自提耙加倾斜板的浓缩机。

浓缩机可用于浸出矿浆的浓缩而得到微粒含量小于 1g/L 的清液，也可用于沉渣逆流洗涤及化学沉淀产品和尾矿的浓缩。

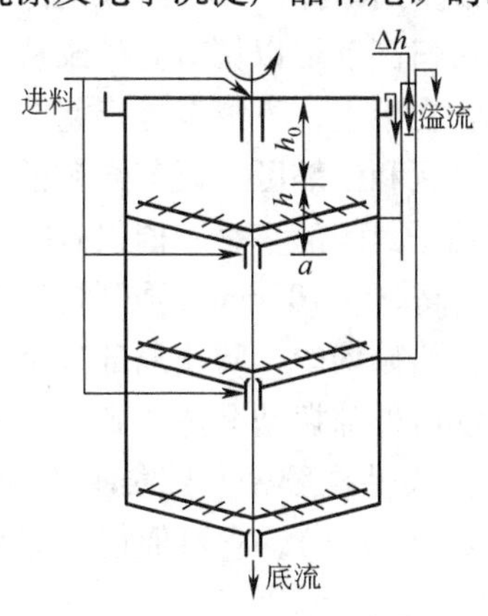

图 3.3 多层浓缩机

除单层浓缩机外，生产中还采用多层浓缩机。它相当于将几个单层浓缩机重叠起来放置，一般为 3～5 层。用于浓缩的多层浓缩机的进料和出料是平行的（见图 3.3），各层由进料口分别进料，清液则沿每层最上部的溢流口流出。各层排料口处均设有泥封装置，随耙机的缓慢旋转，上层底流可顺利排至下一层，但下层的清液则无法进入上一层。各层之间的悬浮液是相通的，可通过流体之间的静力学平衡来保持它们之间的相对稳定。如图 3.3 中第一层和第二层，在第二层 a 点之上只有密度为 ρ_0 的清液，而第一层下部为密度大得多的底流，若底流密度为 ρ，高度为 h，第一层清液高度为 h_0，欲使第一层与第二层保持平衡，必须使第二层的溢流口高于第一层的液面，设其高出的高度为 Δh，则其关系为：

$$h_0\rho_0 + h\rho = (h + h_0 + \Delta h)\rho_0$$

$$\Delta h = \frac{h(\rho - \rho_0)}{\rho_0}$$

多层浓缩机除用于浓缩外，也用于底流的逆流洗涤，此时欲洗底流由上部进料筒进入，洗水由最下层进料筒进入，各层的溢流依次返至上一层，溢流清液和底流相向流动（见图 3.4）。多层浓缩机占地面积小，基建费较低，但操作较单层浓缩机复杂。

倾斜板式浓缩箱：它是装有许多倾斜板的连续沉降设备，一般上部为平行六面体，内部装有一层或多层倾斜板，下部为一方形锥斗，以收集浓泥。倾斜板的作用是增大有效沉降面积，缩短沉降距离，加速固体颗粒沉降，并使沉渣沿板的斜坡下滑至下部，以提高设备的处理能力。浓缩箱结构简单，无传动部件，处理量大，效率高，易于制造，但其容量较小，对进料浓度的变化较敏感，底流易堵，倾斜板上易结疤，常需清洗。

按进料方式，倾斜浓缩箱可分为从倾斜板下部向上流入的上流式，从倾斜板横侧平行流入的平流式，从倾斜板正面流入的前流式和从倾斜板上部进料的下流式等几种。生产中应用以上流式为主。上流式倾斜浓缩箱箱内装有上下两排倾斜板，上排板较长为浓缩板，下排板较短为稳定板，矿浆从两板间的间隙给入，溢流沿倾斜板内面上升至溢流堰排出，沉渣沿倾斜板沉降下滑，经稳定板进入底部漏斗，从底部排泥管排出。矿浆应尽可能均匀地给至倾斜板的整个宽度上，以免产生旋涡。倾斜板应平整光滑，一般可用薄钢板、玻璃板、塑料板、环氧玻璃钢和木板等制作。用试验确定其适宜的倾角，以保证沉渣自动下滑，倾角一般为50°~60°，板间距为15~40mm，稳定板和浓缩板的长度之比相当于底流量与溢流量之比，上下两排板间的间隙高度约为板数乘以距离的八分之一。

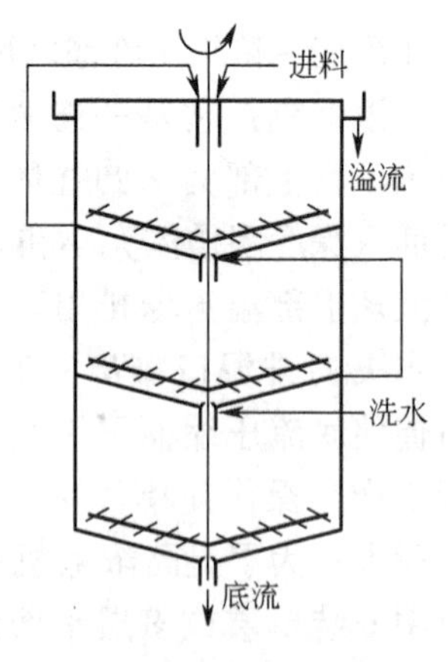

图3.4　逆流洗涤用多层浓缩机

倾斜板浓缩箱用于浸出前和浸出后矿浆的浓缩分级。

层状浓缩机：又称拉梅拉（Lamella）浓缩机，是一种改进的浓缩箱，其结构如图3.5所示，它有二组倾斜板，从中间给矿槽进浆，给矿槽的下部出口高度可以调节。矿浆从给矿槽下部开口进入后沿板上升，最后由溢流口流出，固体沉积在板上，下滑至锥形漏斗排出。因此，以给矿槽的下部开口为分界线在浓缩箱中分为澄清区和浓缩区，调节给矿槽出口高度即可调节这两个区的界面。第二个特点是倾斜板的上端是封闭的，每一槽仅有一个直径为13~25mm的节流孔，强制排出溢流，进水面较出水面高50~100mm。强制排溢流保证给矿水的均匀分布和使澄清水在倾斜板上部均匀汇集，使给矿均匀，防止局部过负荷而使溢流跑浑。第三个特点是在排矿漏斗处装有振动器，振动由外部振动马达传到漏斗钢板上的定位孔，马达与定位孔间用振轴相连，通过定位孔上的柔性橡胶密封圈传递振动，目的是振动矿浆而不是振动槽子。振动为低频低幅（60Hz、约0.2mm），它可促使矿泥浓

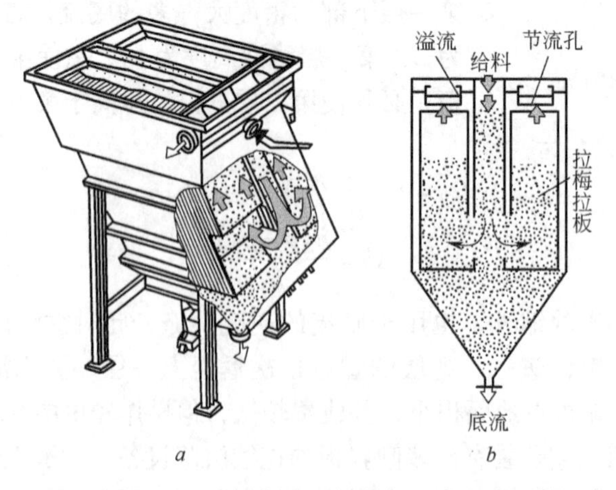

图3.5　瑞典SALA公司制造“拉梅拉”分离器及其结构

a—结构图；*b*—剖视图

缩，压缩和破坏矿泥的假塑性，使底流易于排出和获得较浓的产品。典型层状浓缩机的倾斜板宽0.6m，长3m，两板间距50mm，倾角45°~55°，成组配置，架在机壳上，可单独抽出或放入，通常一套组板有30~50块，可用聚氯乙烯硬塑料板、玻璃钢或衬胶低碳钢制作。

深锥浓缩机：其结构如图3.6所示，其特点是有很尖的锥角，有很高的静压力，可产出半固体的塑性浓缩产品，可直接用皮带运输。第二个特点是锥中装有缓慢旋转的搅拌器（2次/min），一般添加絮凝剂（200g/t）使产生过絮凝，缓慢搅拌既保证絮凝剂溶液的完全分散，又可避免絮团受到破坏。第三个特点是用风动阀门控制底流的排出，由装在锥尖壁上的压力传感器发出的信号打开阀门。深锥浓缩机为英国专利，国内选煤厂已应用，可用于尾矿和浸出矿浆的浓缩。

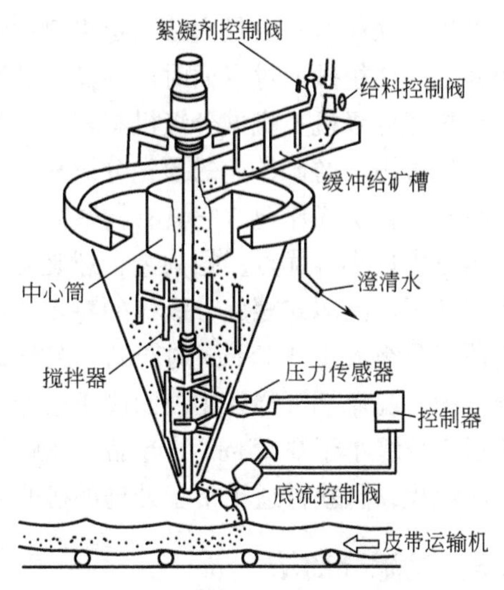

图3.6 标准4m深锥浓缩机

（2）浓缩分级设备。

流态化塔：生产中常用流态化塔进行逆流浸出和处理浸出矿浆，以除去粗砂和进行粗砂洗涤。它是利用固体颗粒和液体在垂直系统中逆流相对运动的广义流态化理论，以达到无级连续逆流洗涤和固液分离的目的。其结构如图3.7所示。一般由扩大室、塔身和锥底三部分组成。扩大室中央有一进料筒，使矿浆均匀平稳地进入扩大室。扩大室又称浓缩分级段，起布料和分级作用。在塔身的中下部分几处设布水喷头，用列管式多点布水法使洗涤水均匀地分布于塔截面上。在锥底的上部有一倒锥，以使粗砂均匀地向下移动，防止中间下料快四周下料慢的现象。扩大室顶部设有周边式溢流堰，以保证溢流均匀地排出。

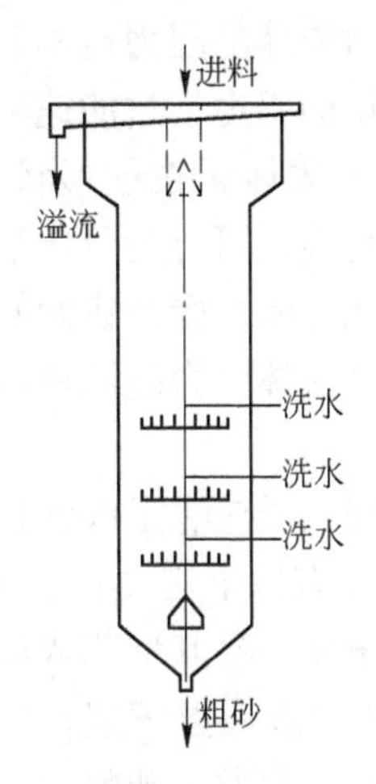

图3.7 流态化洗涤塔

矿浆均匀平稳地进入扩大室后，在上升洗水的作用下，矿浆中的大部分液体和细矿粒随同洗水从溢流堰排出，粗砂则经扩大室向下沉降，均匀地进入塔身。自上而下沉降的粗砂夹带部分细砂和原液与自下而上的洗水逆流接触，形成上稀下浓的流态床。稀流态床又称稀相段，浓流态床又称浓相段，在两流态床之间有一明显的界面。洗涤水一般由浓相段给入，给入的洗水一部分自下而上流动，与自上而下沉降的粗砂呈逆流接触，这部分洗水为有效洗水；另一部分洗水则随粗砂一起沉降进入压缩段，这部分洗水为无效洗水。进入压缩段的粗砂不处于流化状态，由于压缩作用使粗砂增浓，呈移动床状态下降，最后由塔底排出。

整个分级洗涤过程是连续的，扩大室主要起分级布料作用，稀相段主要起布料作用，浓相段有一定的洗涤作用。由于稀浓相的孔隙率不同，稀浓相间的界面有一定的逆止作用，它只允许固体向下沉降，液体向上流动，而不允许固体和液体在稀浓两相间返混。

流态化分级洗涤一般用于浸出矿浆的分级洗涤，以得到细粒矿砂浓度较小的矿浆和液相金属浓度小的粗砂。流态化塔也可用作浸出设备，此时中部洗水改为浸出试剂，下部仍加洗涤水，底部排出的仍是液相金属浓度可达废弃标准的粗砂，溢流即为含有用组分的稀矿浆。

流态化分级洗涤的主要影响因素有进料方式、溢流方式、洗水用量、布水方式和界面位置等，操作时一般是大致固定进料量和洗水流量，用调节控制排砂量的方法来保持界面的稳定，使粗砂通过界面时得到良好的洗涤。

机械分级机：机械分级机有耙式、浮槽式和螺旋式等类型，化学选矿中常用螺旋分级机，它可用于磨矿作业的预先分级和检查分级，也常用于洗矿中的脱水脱泥和浸出矿浆的分级及粗砂洗涤作业。它具有构造简单、操作方便可靠，停车时不需清砂，物料自流、返砂水分含量小等优点。据构造，螺旋分级机分为高堰式、低堰式和沉没式三种，低堰式现不生产了。高堰式螺旋分级机的特点是溢流堰高于螺旋下轴承但低于溢流端螺旋的上缘，它适于分级大于0.15mm的产品。沉没式螺旋分级机的特点是溢流端的整个螺旋沉没于沉降区中，溢流端沉降区的液面高于溢流端的螺旋上缘，沉降区的面积和深度较高堰式大，它适于分级小于0.15mm的产品。螺旋分级机用于浸出矿浆的分级和粗砂洗涤时，常采用逆流流程，只获得适于下步处理的矿浆和可以废弃的粗砂。

3.3 过滤分离法

过滤是一种在过滤推动力作用下，借一种多孔过滤介质将悬浮液中的固体颗粒截留而让液体通过的固液分离过程。与重力沉降法比较，过滤作业不仅固液分离速度快，而且分离较彻底，可得到液体含量较小的滤饼和清液。因此，过滤是普遍而有效的固液分离方法。通常将送去过滤的悬浮液称为滤浆，将截留固体颗粒的多孔介质称为过滤介质，将截留于过滤介质上的沉积物层称为滤饼或滤渣，将透过滤饼和过滤介质的澄清溶液称为滤液。依据滤浆性质和固体颗粒的大小，可采用不同的过滤介质。滤浆通过过滤介质时，固体颗粒被截留而形成沉积物层，过滤初期滤液常呈浑浊状，需将其返回过滤，形成沉积物层后，过滤即可有效地进行。过滤过程中，滤饼厚度不断增加，滤饼对流体的阻力也不断增加，过滤速率则不断减小。因此，过滤介质对流体的阻力常小于滤饼的阻力，过滤速率主要决定于滤饼厚度及其特性（主要是滤饼的孔隙率）。滤饼孔隙率与固体颗粒的形状、粒度分布、颗粒表面粗糙度和颗粒的充填方式等因素有关。根据滤饼特性，可分为可压缩滤饼和不可压缩滤饼。不可压缩滤饼主要由矿粒和晶形沉淀物构成，流体阻力受滤饼两侧压强差和颗粒沉积速率的影响小。可压缩滤饼由无定形沉淀物构成，其流体阻力随滤饼两侧压强差和物料沉积速率的增加而增加。

过滤介质常是滤饼的支承物，而滤饼层才起真正的过滤作用。过滤介质应有足够的机械强度，能耐腐蚀，化学稳定性好，对流体的阻力小。常用的过滤介质有以下三类：(1)粒状介质；包括砾石、沙、玻璃渣、木炭和硅藻土等，此类介质颗粒坚硬，将其堆积成层后可处理固体含量较小的悬浮液；(2)滤布介质：滤布可用金属丝和非金属丝织成，常用的金属材料有不锈钢、黄铜、蒙氏合金等，非金属材料有毛、棉、麻、尼龙、塑料、玻璃等。滤布材质的选择主要应考虑液体的腐蚀性、固体颗粒大小、工作温度及耐磨性等因素；(3)多孔固体介质：常用的有多孔陶瓷、多孔玻璃、多孔金属、多孔塑料等，常制成板状或管状。此类介质孔径小，机械强度高，耐热性好，能耐酸碱盐及有机溶剂的腐蚀，它适用于含细颗粒物料的过滤。其缺点是微孔易堵，需定期进行再生（反吹或化学清洗）以保持其过滤性能。

过滤含胶体物质的悬浮液时，滤孔易堵，甚至使过滤无法进行。此时用某些颗粒均匀、性质坚硬且在一定压强下不变形的粒状物质（如硅藻土、活性炭、石棉、锯屑、纤维、炉渣等）作助滤剂，直接加入悬浮液中或预先涂在过滤介质表面上。助滤剂表面有吸附胶体的能力，可增加滤饼的孔隙率，防止胶体微粒堵滤孔。但助滤剂用量应适当，一般只用于滤液价值高而滤渣可废弃的固液分离作业。有时可用物理或化学方法从废弃滤饼中回收助滤剂，以返回重新使用。

使液体通过过滤介质的推动力为过滤介质及滤饼两侧的压强差。常见的过滤推动力有：（1）滤浆液柱本身的压强差，一般不超过50kPa；（2）在滤浆上部加压，压力常达500kPa以上；（3）在过滤介质下部抽真空，两侧压强差常小于85kPa；（4）利用离心力。

用于过滤的设备称为过滤机，种类较多，依操作方法有连续式和间歇式，依推动力可分为重力过滤机、加压过滤机，真空过滤机和离心过滤机。此外还可依过滤介质进行分类。化学选矿工艺中常见的过滤机主要有以下几种：

砂滤池：为方形或圆形，底部有假底，假底上堆积一定厚度的砾石细砂作过滤介质，可为敞式或密封式。敞式是在常压下借液柱压差使液体渗滤，密封式是上部加盖密封，可在加压下过滤，成为加压砂滤池。它适于过滤固体含量极少的悬浮液，以得到澄清液，固体沉渣可废弃。操作一定时间后，滤孔为滤渣所堵，可从底部送入洗水进行清洗。过滤酸液及盐溶液时，可用石英砂作过滤介质。过滤碱液时，可用细大理石或纯石灰石作过滤介质。过滤胶质液体可用骨炭、活性炭、焦炭、木屑等作过滤介质，它们兼有吸附剂的作用。

吸滤器：为间歇操作的真空过滤设备，滤框可为方形或圆形槽，槽内有一假底，假底上再铺上滤布，将悬浮液加入后，溶液在真空抽吸下通过滤布，从而达到固液分离的目的。也可采用多孔陶瓷板作过滤介质。吸滤器结构简单，操作可靠，但间歇作业，需人工卸料，劳动强度较大，一般用于处理量小的过滤操作。

转筒真空过滤机：是一种连续生产和机械化程度高的真空过滤设备，其结构和操作简图如图3.8所示，主要由过滤转筒、滤浆槽、分配头等部件组成。过滤转筒由两端的轴承支撑横卧在料浆槽内，料浆槽为半圆形槽，槽内装有往复摆动机构，以搅拌滤浆防止固体颗粒沉降。滤筒两端均有空心轴，一端安装转动机构，另一端是通过滤液和洗水，其末端装有分配头，它与真空系统和压缩空气系统相连。

滤筒分为互不相通的过滤室。滤筒表面为多孔滤板，其上再覆以滤布。每个过滤室有一条与分配头相通的管道，以造成真空和通入压缩空气，随转筒旋转，过滤室则成为减压或加压状态。转筒可分为几个区域：（1）过滤区：转筒浸入滤浆槽中，过滤室处于减压态，滤液通过滤布进入过滤室，然后通过分配头的滤液排出管排出；（2）第一吸干区：此区过滤室仍为减压态，将滤饼吸干；（3）洗涤区：此区由喷液装置将洗水喷洒于滤饼上，过滤室为减压态，洗水吸入室内，通过分配头的洗液排出管排出；（4）第二吸干区：过滤室仍为减压态，将剩余洗液吸干；（5）卸渣区：此区过滤室为加压态，吹松滤饼并为刮刀剥落；（6）滤布再生区：清洗滤布以重新过滤。为防止滤饼产生裂纹而减小真空度，在洗涤区和第二吸干区装置无端胶带，由于滤饼的摩擦作用使无端胶带沿换向辊的方

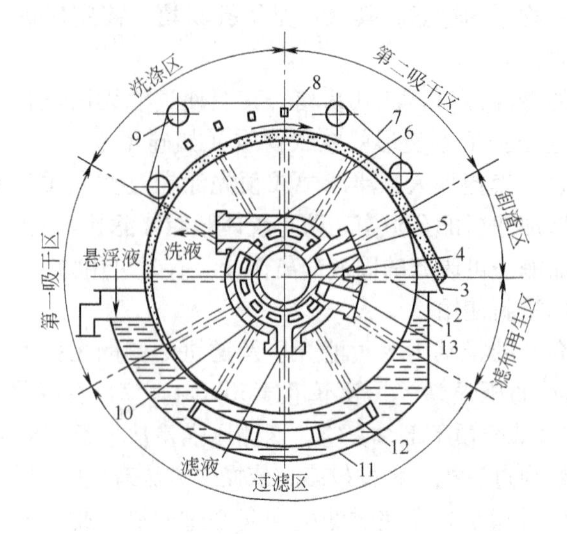

图 3.8 转筒真空过滤机操作简图

1—滤筒；2—吸管；3—刮刀；4—分配头；5，13—压缩空气管入口；6，10—减压管入口；7—无端带；8—喷液装置；9—换向辊；11—滤浆槽；12—搅拌机

向运动。

分配头的结构如图 3.9 所示，它由一个随转筒转动的转动圆盘和一个固定圆盘组成。转动盘上的孔与过滤室相通，固定盘上的孔隙与真空系统和压缩空气系统相连。当转动盘上的孔与减压管 3 相连时，过滤室成为减压态，滤液被吸走。当转盘上的孔与减压管 2 相连时，过滤室仍为减压态，吸走洗涤水。当转盘转至与压缩空气管 1、4 相连时，过滤室为加压态，吹松滤饼、再生滤布。如此循环完成连续过滤操作。

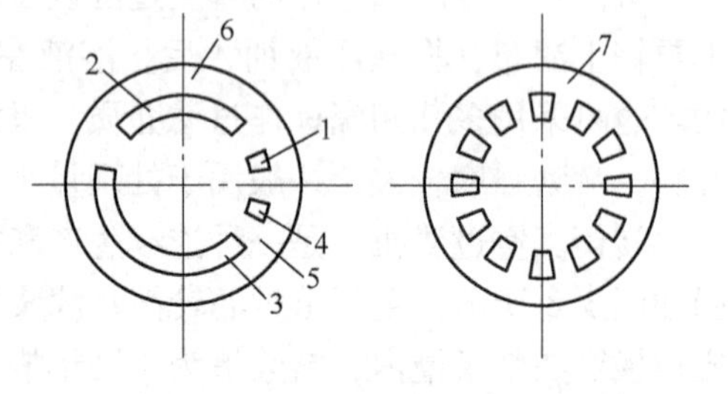

图 3.9 分配头的构造示意图

1，4—压缩空气管路入口；2，3—减压管路入口；5—不操作区；6—固定盘；7—转动盘

转筒真空过滤机适用于各种物料的过滤，但过滤温度应低于滤液沸点，否则真空将失去作用。滤饼厚度小于 40mm，胶质滤饼可小于 5 ~ 10mm。但滤饼厚度太小时，刮刀卸料易损坏滤布，此时可预先在转筒上缠绕绳索，变为绳索式真空过滤机，当绳索离开筒体向卸料辊运动时，滤饼随绳索离开滤布而脱落，此时不必用刮刀刮取滤饼，也可不用吹风。根据过滤物料的性质，滤饼含水量常为 10% ~30%。

转筒的转速一般为 1 ~ 3r/min，转筒的面积常为 5 ~ $50m^2$，浸入滤浆的面积一般为总面积的 30% ~40%。

当料浆中的固体颗粒较粗，且粗细不均时，可采用内滤式圆筒真空过滤机，此时粗粒先沉于滤布上形成滤饼，可防止滤孔堵塞现象。

转筒真空过滤机能连续操作，处理量大，调节转速可控制滤饼厚度，但其过滤面积较小，过滤推动力较小，滤饼水分含量较大，投资费用较大。

水平圆盘真空过滤机：其结构如图 3.10 所示，主要由水平过滤盘和分配盘等部件组成。水平过滤盘分为若干过滤室，每个过滤室有一管道与分配盘相通。过滤室上为平面过滤板，其上再覆以滤布。分配盘由一个随平面过滤盘旋转的转动盘和一个与减压和压缩空气系统相连的固定盘组成。过滤盘由电机通过伞齿轮带动盘下的齿条作水平旋转运动。随盘的转动，过滤室周期地成为减压和加压态，以完成连续过滤操作。此类型过滤机的真空度为3.375～4.5Pa（450～600mmHg），适用于粗颗粒的重的悬浮液的过滤，如某些密度较大的化学结晶沉淀物的过滤。

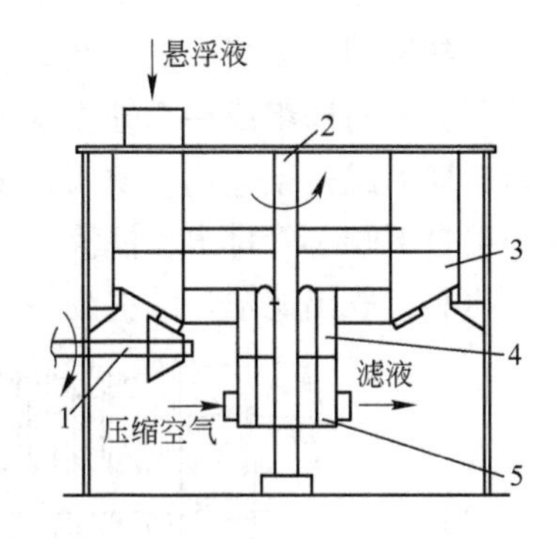

图3.10　水平圆盘真空过滤机
1—传动横轴；2—竖轴；3—转盘；
4—与过滤盘相连的转动盘；
5—与减压和压缩空气相连的固定盘

水平带式真空过滤机：其结构如图3.11、图3.12所示。该机有一条无端的橡胶带，带上有许多横向排液沟，沟底从两边向中间倾斜，带的中间有纵向通孔，每排液沟一孔，用以收集和排出滤液。由传动轮张紧和液压传动装置带动，并带动多孔输送胶带上的尼龙滤布一起运动。带的上部工作部分沿空气垫移动，仅在真空范围内紧贴不动的真空箱拖过。为避免磨损，在胶带下部垫一条窄的磨光的衬垫胶带。衬垫胶带与输送带一起运动，磨损后可很快更换。

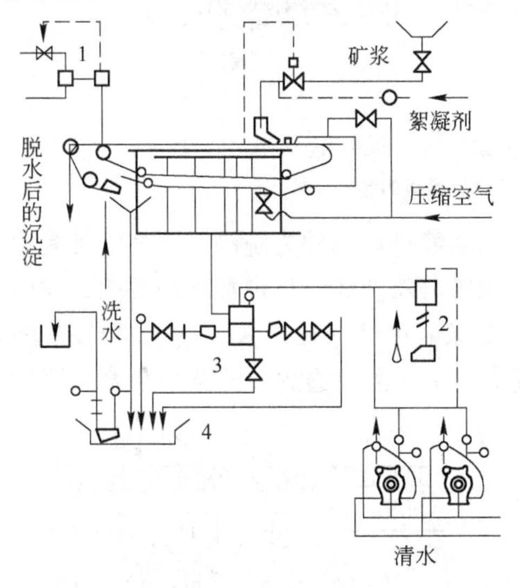

图3.11　带式真空过滤机脱水原则工艺流程
1，2—相应的水力传动装置及闸门；
3—真空箱；4—滤液筒

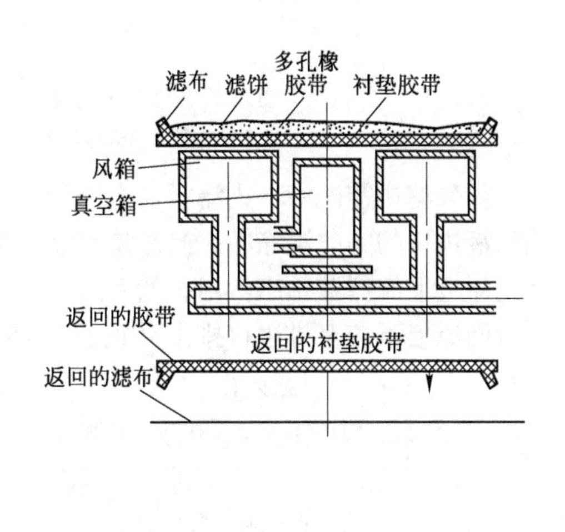

图3.12　水平带式过滤机横向剖面示意图

水平带式过滤机为上部给料，可均匀地沿带宽布料。空气垫的风压由低压风机供给。在带工作部分的下方沿纵向布置真空室，真空室几乎占据鼓轮轴线间的整个距离。真空系统用水力闸门密封，可拉出或推进，以便于操作和检修。此机可有效地洗涤滤饼和可采用压辊、蒸汽罩、预涂层的方法提高脱水能力。国外最大规格为宽4.3m，长33m，有效过滤面积为120m^2。

板框式压滤机：它是使用最广的间歇操作过滤机，其结构如图3.13所示，它由多个方形滤板和滤框交替排列组成。根据生产能力，框的数目可为10～60个，装合时，滤板滤框交替排列，滤板和滤框间夹着滤布，然后转动机头使板框紧密接触，每相邻两个滤板及其所夹的滤框组成一个独立的过滤室。所有的板框上部均有小孔，且位于同一轴线上，压紧后即形成一条通道，滤浆在压力作用下由此通道进入各滤框。滤液通过滤布沿滤板表面沟渠自下端小管排出，滤渣则留在框内形成滤饼（见图3.14）。当滤框被滤渣充满后，放松机头，取出滤框，除去滤饼，洗涤滤框滤布，重新装合准备再一次过滤。

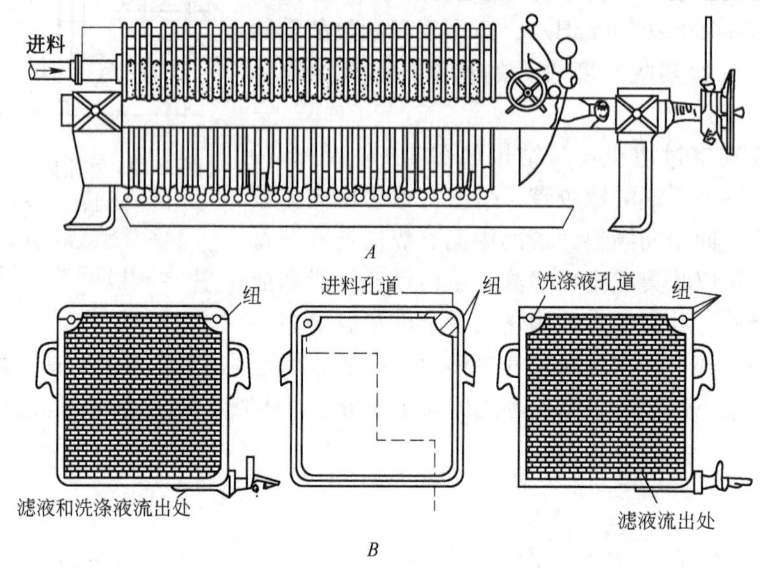

图3.13 板框式压滤机的装置及滤板与滤框的构造情况

A—板框压滤机的装置情况；*B*—板框压滤机的滤板与滤框

如果滤饼需洗涤，则滤板应有两种，一种有洗涤液进口的称为洗涤板，另一种是没有洗涤液进口的为非洗涤板，当滤渣充满滤框后，滤饼若需洗涤，将进料活门关闭，同时关闭洗涤板下的滤液排出活门，然后送入洗涤液，洗涤液由洗涤板进入，透过滤布和滤饼，沿对面滤板下流至排出口排出（见图3.15）。洗涤时洗水需穿透滤饼的整个厚度，而过滤

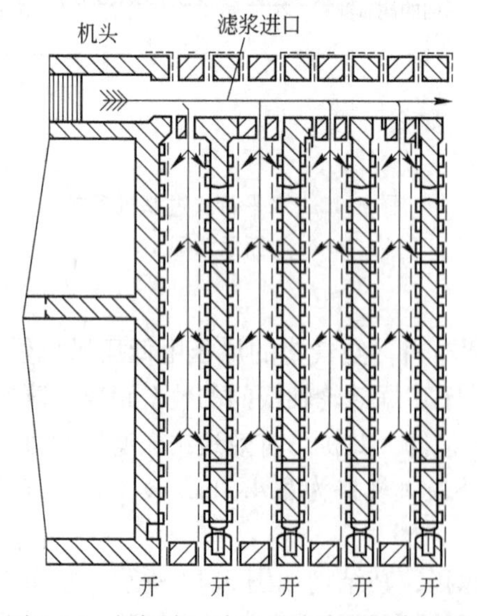

图3.14 板框式压滤机过滤阶段操作简图

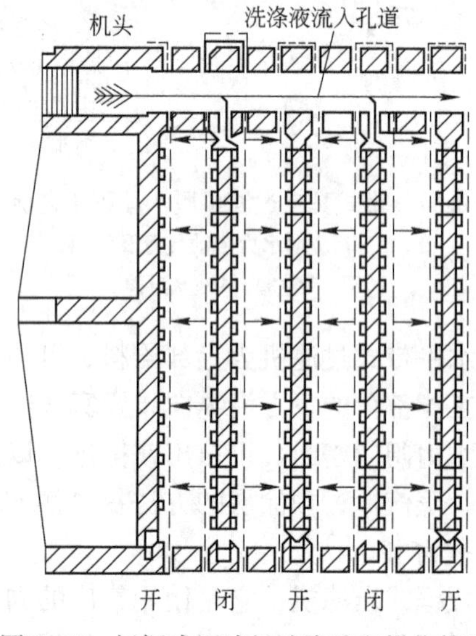

图3.15 板框式压滤机洗涤阶段操作简图

时滤液穿透的厚度大约只为其一半，且洗水需穿过两层滤布，而滤液只穿透一层滤布。因此，洗水所遇阻力约过滤终了时滤液所遇阻力的两倍。洗水所通过的过滤面积仅为滤液的一半。若洗涤时的压强与过滤终了时的过滤压强相同，则洗涤速率仅为最终过滤速率的四分之一。

板框可用各种材质制造（如铸铁、铸钢、铝、铜、木材等），也可用塑料涂层，根据悬浮液性质而定。滤框厚度常为20~75mm，滤板较薄，视所受压力而定。板框为正方形，边长为0.1~2.0m，操作压强为300~500kPa（表压）。该机占地面积小，过滤面积大（数十至1000m^2），过滤推动力大，设备构造简单，但笨重，间歇操作，大型机操作不便。

立式自动板框压滤机：其结构如图3.16所示。它有多层板框，由压紧机构带动，可互相压紧或一层一层拉开，环形滤布绕过各层板框。板框上装有卸料辊，在此处卸料并支持滤布。有一套驱动装置、张紧辊、调偏轮，清洗水管等带动滤布运动以及张紧滤布、调整跑偏和清洗滤布。有一套阀门系统控制给料、给高压水、吹压缩空气等。有一套控制系统控制板框的压紧、拉开、各阀门的开闭，滤布的运行和停止。过滤板框分上下两个腔，上面是滤液腔，铺有过滤板，上层板框滤饼排出的滤液透过滤布和滤板，从这个腔排出机外。下面是滤饼加压腔，内有隔膜，隔膜上面可充入高压水或压缩空气挤压滤饼，排出滤液。隔膜下面除给料口外，还有一个压缩空气入口，给入压缩空气吹干滤饼。压滤机周期性工作，每一工作周期约10min，包括压紧板框、充浆过滤（900kPa压力充浆）、隔膜加压（1100kPa）、吹气（500~700kPa）、拉开板框、卸出滤饼等阶段（见图3.17）。该机工作压力高，生产能力大，滤饼水分低，可过滤真空过滤机无法过滤的许多物料。

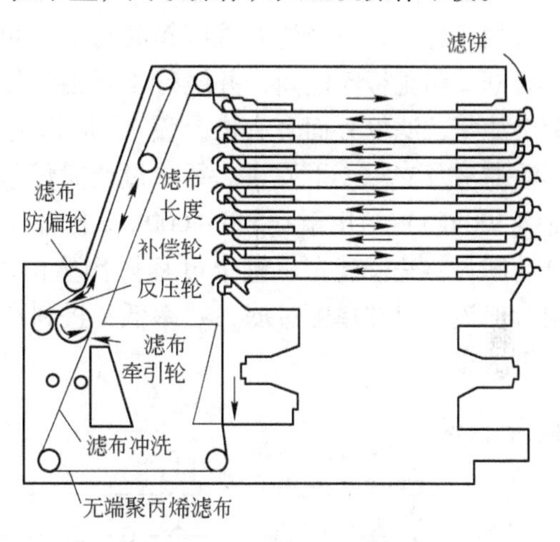

图3.16 滤饼卸出原理

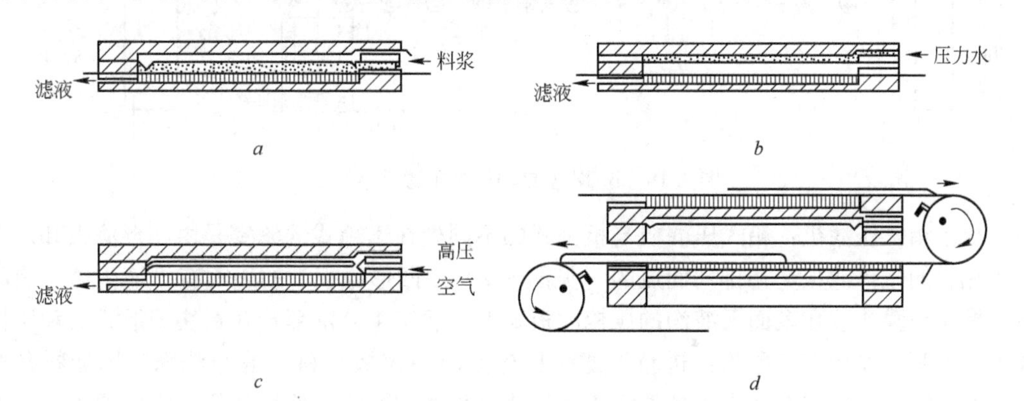

图3.17 Larox压滤机操作循环的四个阶段

a—过滤（充浆）；*b*—压缩；*c*—吹气；*d*—滤饼卸下（卸饼）

卧式自动板框压滤机：其结构如图3.18所示。是在普通板框压滤机的基础上，采用机械或液压传动、自动给料、压榨、吸干滤饼、自动卸料和重新压紧的一种全自动压滤机，该机在国内应用最广。主要由主梁1、固定压板2、滤板3、滤框4、滤布驱动机构5、活动压板6、压紧机构7、洗刷箱8组成，两根主梁将固定压板和压紧机构连在一起构成机架，靠近压紧机构端放置活动压板，在固定压板和活动压板之间依次交替排列滤板和滤框，全机共用一条环形滤布绕夹在板框之间，机下放置一固定滤布洗刷箱。随机附有单独的电气操纵柜，操作时压紧机构驱使活动压板带动滤板和滤框在主梁上行走（其间用链条板连接牵引），使板框压紧或拉开。在板框四角有耳孔，压紧后即形成暗通道，分别为给料进口、高压水进口、滤液出口和压缩空气通道，装于活动压板上的滤布驱动机构带动滤布循环运行，行经滤布洗刷箱时清洗和再生滤布。操作程序如图3.19所示，滤布1夹于滤框2和滤板5之间，并绕行于托辊7和板下的托辊8上，滤框内有腔隔板3将其分为两个滤室，滤框外面套有橡胶膜4，滤框上部有进料口10，滤板两侧镶有多孔网板6用于排泄滤液及支承压干滤饼。每一过滤循环包括压紧板框→进料（小于600kPa压力）→水洗（300kPa）→压干（500～600kPa压缩空气）→吹风（先正吹，后反吹）→拉开板框自动卸料→洗刷滤布。整个过程操作全由电气控制柜控制完成，实现了自动与远距离控制，但该机存在单侧过滤，效率低，进料口易堵，滤室压力不平衡，滤布拉力大需整条更换等缺点。

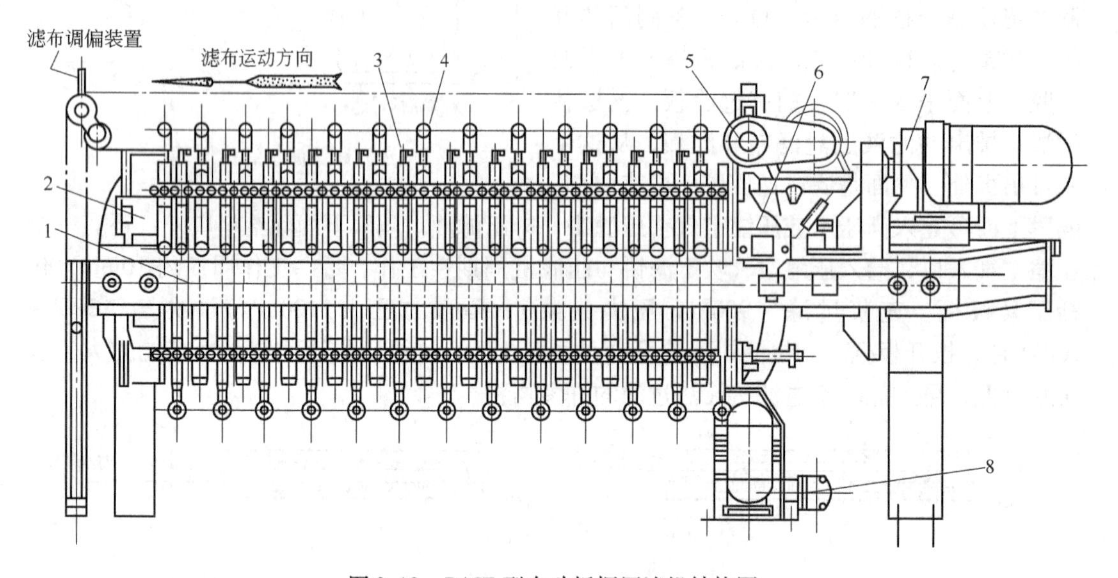

图3.18　BAJZ型自动板框压滤机结构图

自动箱式压滤机：箱式压滤机与板框式的不同处在于箱式的滤室是由凹形滤板和装有挤压隔膜的压榨滤板交替排列而成的（见图3.20）。凹形滤板1的表面有排液沟槽，橡胶质的挤压隔膜2装在表面无液沟的压榨滤板3上，滤布4分别套挂在每块凹形滤板和压榨滤板上。其主要操作工序为：进料过滤→压榨滤渣→拉板卸料→滤布洗涤。用加料泵进料，通过滤板上的进料孔进入各滤室直至滤渣充满滤室为止，然后将压缩空气通入压榨滤板，进入挤压隔膜内腔，隔膜膨胀挤压滤渣，挤出残留水分，接着滤板移动装置动作，先拉开活动压板，于是第一室开启，卸下里面的滤渣，接着将凹形滤板和压榨滤板依次拉开，使每室中的滤渣依次排出。卸料结束后，采用高压水自动冲洗滤布使滤布再生。当压紧机构将活动压板、凹形滤板及压榨滤板重新移在一起并压紧后，可重新进料，开始新的循环。该机具有双面过滤、效率高、中间加料性能好、滤布易更换等特点，克服了板框机的某些缺点。

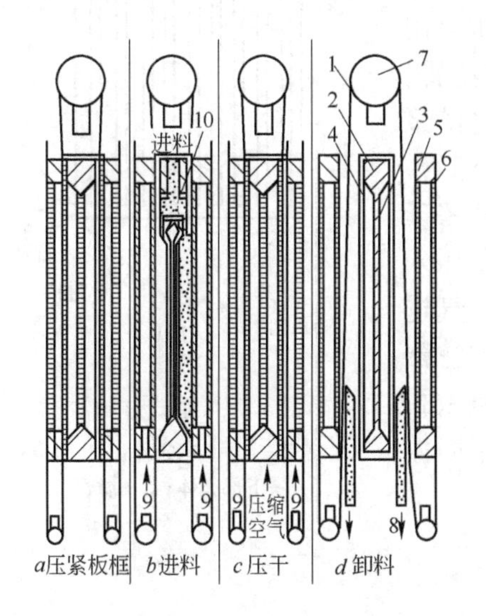

图 3.19 自动板框压滤机的工作过程示意图

1—滤布；2—滤框；3—腔隔板；4—橡胶膜；5—滤板；6—多孔网板；7—滤框滚筒；8—滤板滚筒；9—出液；10—进料口

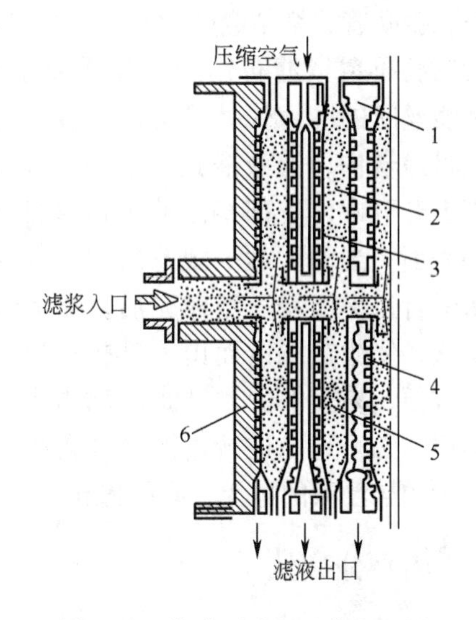

图 3.20 箱式压滤机工作原理图

1—凹形滤板；2—挤压隔膜；3—压榨滤板；4—滤布；5—滤室；6—固定压板

带式压滤机：其结构和工作原理如图 3.21 所示，经絮凝剂预先处理的矿浆经给矿管 1、溜槽 2 给至滤带 14 上，在带上方装有疏散分配装置 3，以帮助析出游离水和使滤饼厚度均匀。在水平段（重力区）产生先是矿浆后是沉淀的预先脱水，然后上滤带绕过张紧鼓轮 5，将部分滤饼甩至下滤带 15 上，两条滤带皆由张紧鼓轮和两副固定鼓轮支持。辊轮间的缝隙逐渐减小，形成楔形区 4（见图 3.22），沉淀在此处被强迫脱水（低压脱水）。从光面轮 6 开始，夹在两条滤带中的物料通过一系列辊轮系统造成的“S”形高压区（压缩区）7，在压力和剪切力以及交变应力作用下最终脱水。此区表面压力达 200kPa 带面（有的为 400 ~ 700kPa），线压力达 4000kPa 辊长。此种类型过滤机基建费用低，操作费用低，生产能力大，指标稳定，可遥控，但滤布磨损快（寿命小于 2000h），定量添加絮凝剂较复杂，滤布冲洗水量大。

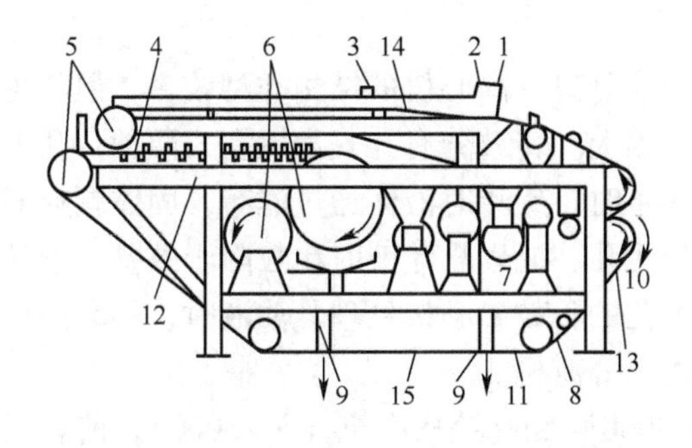

图 3.21 SEM3500S7 带式压滤机的原则流程

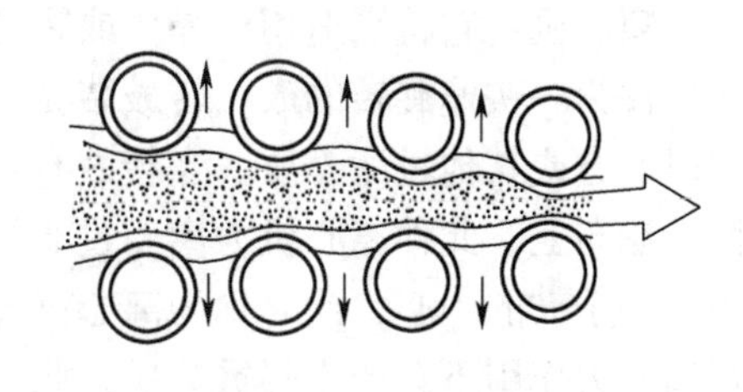

图 3.22 楔形区示意图

管式过滤器：其结构如图 3.23 所示，主要由罐体、花板、滤管等部件组成。在密闭筒体内有多根滤管固定在花板上，过滤管可用微孔管（如刚玉微孔管、聚氯乙烯烧结微孔管、烧结金属微孔管、陶瓷微孔管），也可用滤管钻孔再覆以滤布作过滤介质或采用弹簧式过滤管，用弹簧丝间的孔隙代替管上的钻孔。操作时用泵将滤浆压入过滤器内，滤液通过微孔（或滤布）进入过滤管，沿管上升至罐体上部经滤液出口管排出，滤渣则截留于管的表面。当滤饼达一定厚度时，停止进料，用泵压入洗水进行正向洗涤，洗涤完后，从上部通入压缩空气进行反吹，使滤饼脱落而由下部排料口排出。管式过滤器卸料方便、易损件少、过滤推动力大，速度快，但微孔管易堵，必须定期进行过滤介质再生。它一般用于固体含量少的悬浮液的过滤，间歇操作。

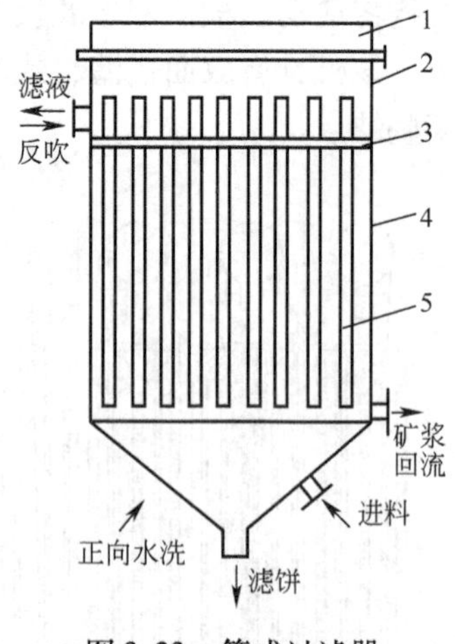

图 3.23　管式过滤器

1—顶盖；2—上部壳体；3—花板；4—下部壳体；5—滤管

3.4　离心分离法

由于固体颗粒的密度常较液体的密度大，旋转时将受到较大的离心力的作用。设质量为 m 的颗粒在半径为 r 圆周上以角速度 ω 旋转，则它所受的离心力（F_c）为：

$$F_c = \frac{m \cdot v^2}{r} = m \cdot r \cdot \omega^2$$

而其所受重力（F_g）为：

$$F_g = m \cdot g$$

所以

$$\alpha = \frac{F_c}{F_g} = \frac{m \cdot r \cdot \omega^2}{mg} = \frac{r \cdot \omega^2}{g}$$

式中，α 称为分离因素，是衡量离心力大小的标志。在离心机中，α 可达数千以上，旋流器中的 α 值不足数千，但所受离心力仍比重力大得多。

离心分离法所用设备有水力旋流器和离心机。离心机又分为离心沉降机、离心分离机和离心过滤机三种。

水力旋流器：它是一种连续的离心分级设备，用于固体含量较小的悬浮液的分级，常用于矿浆的检查分级。其处理量大，无传动部件，结构简单，分离效率高，但易磨损，动力消耗大，操作不易稳定。

离心机：它特别适用于晶体或颗粒物料的固液分离。离心机的结构类型较多，但其主要部件为一快速旋转的鼓，转鼓装在竖轴或水平轴上。转鼓分有孔式和无孔式两种，孔上覆以滤布或其他过滤介质。当转鼓有孔并覆以滤布时，旋转时液体通过滤布，固体颗粒截留于滤布上，此种离心机为离心过滤机。若转鼓无孔，处理悬浮液时粗粒附于鼓壁，细粒则集中于鼓的中心，此时称为离心沉降机。若无孔的转鼓离心机处理乳浊液时，则乳浊液在离心力作用下会产生轻重分层，此时则称为离心分离机。

据分离因素，离心机可分常速离心机（$\alpha < 3000$）和高速离心机（$\alpha > 3000$），前者用于悬浮液和物料的脱水，后者主要用于分离乳浊液和细粒悬浮液。根据操作方式可分为间歇式和连续式两种。

卧式刮刀离心过滤机：加料和卸料可自动进行。滤浆经加料管进入转鼓，滤液经滤布和转鼓上的小孔甩至鼓外，截留的滤渣经洗涤和甩干后，由刮刀卸下。一个操作循环通常包括加料→洗涤→甩干→刮料→洗滤布五个工序，每个工序的转换可自动控制或人工控制。它属间歇操作过滤机。

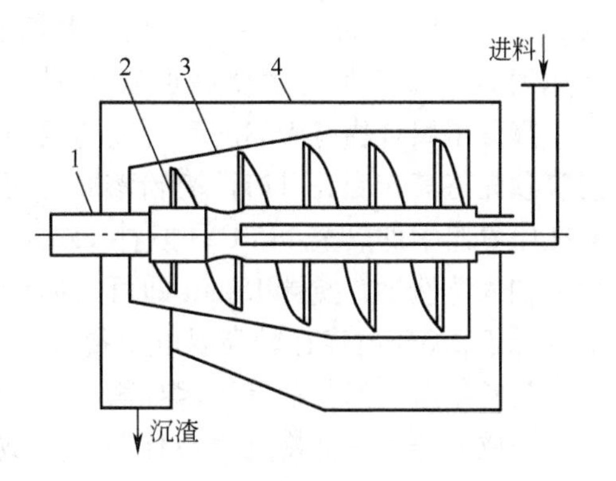

图 3.24　卧式螺旋卸料离心沉降机

1—中心轴；2—螺旋；3—转鼓；4—壳体

卧式螺旋卸料离心沉降机：它是一种连续操作的离心机（见图 3.24）。悬浮液沿给料管连续地进入螺旋输送器的空心轴再流入转鼓内，在离心力作用下固体颗粒被甩至鼓壁上，由输送螺旋推至转鼓小端的卸料孔（螺旋转速较转鼓慢1% ~2%），再经排渣孔排出。当滤液面超过转鼓大端溢流孔时即经此流至外壳的排液口排出。沉渣在干燥区可以洗涤。调节溢流挡板高度，进料速度、转速可以调节沉渣的含水量和溢流的澄清度。此类型离心机处理量大，对物料适应性强，脱水效率高，但动力消耗大，对沉渣的粉碎度大，溢流中含有相当量的固体颗粒。

3.5　固液分离工艺

3.5.1　凝聚与絮凝

凝聚和絮凝均可使微细粒子聚合成大的凝聚体以加速细粒沉降。凝聚是指胶体颗粒在电解质作用下失去稳定性而互相凝聚；絮凝是指固体颗粒在活性物质或高分子聚合物作用下，通过吸附、架桥等作用凝聚成大颗粒絮团的现象。当今许多浓缩新设备和新技术均是以采用絮凝技术使微细物料絮凝成大的近似球体的絮团以提高沉降速度以及采用浓缩倾斜板以提高浓缩面积和缩短颗粒沉降落底距离为基础的。

分散体系使固体颗粒分散的原因在于颗粒表面存在双电层和水化膜，颗粒带同号电荷时相斥，水化膜阻止粒间直接接触。加入电解质可以压缩双电层和除去水化膜，从而破坏分散体系的稳定性，凝聚作用的强弱与电解质的阳离子价数和其浓度有关。常用的凝聚剂有石灰、硫酸、明矾、氯化铝、氯化铁等，起作用的是 Ca^{2+}、Al^{3+}、Fe^{3+}、H^{+} 等阳离子，用量约 0.5 ~1kg/m^3 矿浆。混用比单用好。各种电解质皆对某些特定颗粒有效，如石灰是黏土质矿泥的良好凝聚剂，苛性钠和氧化钙对硅酸盐有效，硫酸可加速各种矿物颗粒的沉降。此外，高锰酸钾、氯化铵、硫酸亚铁、氧化镁等也可用作凝聚剂。

絮凝作用有表面活性物质的吸附絮凝作用和高分子聚合物的架桥絮凝作用两种。吸附絮凝作用是因表面活性分子在颗粒表面吸附后，非极性端向水形成疏水表面而使颗粒互相黏合成絮凝体。高分子聚合物有非离子型和离子型两类。非离子型聚合物（如淀粉）是因其分子为长线形并含大量的羟基官能团，依靠羟基官能团的氢，借助形成氢键而吸附在矿粒上，从而将矿粒联系在一起成为凝聚体。离子型聚合物（聚合电解质）在水中可电离，它通过表面电中和（或吸附）和架桥作用，使颗粒连在一起形成絮团。它的絮凝能力决定于其中的电荷密度和分子量，用量应适当，一般为 0.1～0.15mg/L，过量会出现胶溶作用，无法实现架桥作用。当絮凝剂与凝聚剂混用时，一般先加电解质后加絮凝剂。

高分子聚合物有天然的和合成的两类。天然高分子聚合物中使用最广的是淀粉，使用前应预先将其转变为可溶性淀粉溶胶。可用加热法和苛化法。加热法是将 50% 的淀粉浆液在压煮器中加热至 145℃，搅拌 15min，放出加清水稀释即可。苛化法是在 5% 淀粉浆液中加入苛性钠，搅拌 15min 即可，加热温度视苛性钠浓度而异，浓度高时可常温搅拌，浓度低于 2.5% 时需在较高温度下搅拌。淀粉用量为 100～250g/t 固体。此外，还可用油饼、马铃薯渣、海藻粉等作絮凝剂。

合成高分子聚合物是由单体基体合成的，可分为非离子型、阳离子型和阴离子型三种，目前应用最广的均是聚丙烯酰胺的衍生物，相对分子质量为 5×10^6～2×10^7，浓缩用较高分子量絮凝剂，过滤用较低分子量絮凝剂。一般矿浆用阴离子型絮凝剂，城市污水常用阳离子型絮凝剂。非离子型的聚丙烯酰胺（PAM）的溶解和絮凝效果均较差，用作矿浆絮凝剂前应预先使其部分水解或磺化，使其转变为阴离子型絮凝剂。常用的水解方法是加碱处理，使其变为带羧基的衍生物（HPAM）：

$$\left[(CH_2-\underset{CONH_2}{\underset{|}{CH}}) \right]_n + NaOH \longrightarrow$$

$$\left[(CH_2-\underset{CONH_2}{\underset{|}{CH}}) \right]_n \left[(CH_2-\underset{COONa}{\underset{|}{CH}}) \right]_n + NH_3$$

适宜的水解度由试验决定，一般以 20% 为宜，目前生产的多属此类产品。

常用的磺化方法是加甲醛和亚硫酸钠进行磺化，使其转变为带磺甲基的衍生物（PAMS）：

$$\left[(CH_2-\underset{CONH_2}{\underset{|}{CH}}) \right]_n + CH_2O + Na_2SO_3 \longrightarrow$$

$$\left[(CH_2-\underset{COONa}{\underset{|}{CH}}) \right]_x \left[(CH_2-\underset{CONH_2}{\underset{|}{CH}}) \right]_p$$

$$\left[(CH_2-\underset{CONHCHOH}{\underset{|}{CH}}) \right]_y \left[(CH_2-\underset{CONHCH_2SO_3Na}{\underset{|}{CH}}) \right]$$

适宜的磺化度由试验决定，一般以 40% ±2% 为宜。

使用时应选择正确的类型（由试验定），聚丙烯酰胺中的残留单体含量应小于 0.05%，配制时应有充分的搅拌时间以使聚丙烯酰胺粉末完全溶解和活化，分子量高的应搅拌 2～2.5h，最少不小于 1h，活化是指絮凝剂分子在稀溶液中充分伸展，以提高絮凝效果。配制时先配成 0.25%～1% 的浓度，然后再稀释成 0.02%～0.1% 的浓度。搅拌强度应适当，以避免过度的剪切作用而引起降解。使用时应多点添加（槽、管）或加入带挡板的管道中，最有效的方法是采用喷射器或加料筒添加，以使矿浆和絮凝剂稀溶液充分混合。

3.5.2　真空过滤系统

真空过滤机与真空泵、压风机、滤液泵、自动排液装置组成真空过滤系统。其配置有多种方式，但主要有三种（如图 3.25 所示）。图 3.25a 为传统配置法，气水混合物经气水分离器分离为空气和滤液，空气靠真空泵排出，滤液靠离心泵强制排出。图 3.25b 为一种较长期使用的配置法，过滤机和气水分离器放置在很高的位置，使气水分离器与滤液管下口之间有一定的高差，依靠管内液柱静压克服大气压力向外排放滤液，为此，高差应大于 9m，滤液管下口应浸在水封槽中或安装逆止阀，以防止空气进入管内。图 3.25c 为一种新式配置法，用自动排液装置排放滤液，不需将过滤机安装在很高的位置上和不需滤液泵。这种自动排液装置于 20 世纪 60 年代末出现于我国金属矿山，目前使用的有浮子式和阀控式两种自动排液装置。浮子式自动排液装置（见图 3.26）由气水分离器、左右两个排液罐、浮子、杠杆等组成，图中右边排液罐中浮子上升，胶阀关闭小喉管、空气阀开启，罐内为常压，浮子受到向上压力 p，大喉管下部的滤液阀由于气水分离器与排液罐内的压力差的作用而关闭，排液罐底部的放水阀打开，原来积存在罐内的滤液自动排出，左边排液罐内的浮子受杠杆作用下降，小喉管打开，空气阀关闭，罐内具有和杠杆箱、气水分离器内相同的负压，放水阀关闭，滤液阀打开，气水分离器中的滤液流入罐内，使浮子产生向上的浮力 R。当浮力 R 大于压力 p 时，左边浮子浮起，右边浮子下降，两个排液罐的状态对调。自动排液装置如此周而复始地工作。

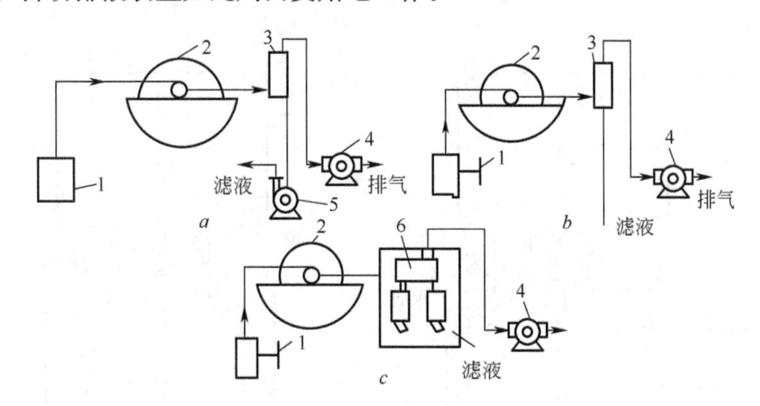

图 3.25 真空过滤系统配置图

1—压缩空气；2—过滤机；3—气水分离器；4—真空泵；5—离心泵；6—自动排液装置

阀控式自动排液装置（见图 3.27）由气水分离器、左右两个排液罐、滤液阀、排液阀、控制阀、阀的驱动机构等组成。控制阀为一个往复运动的五通阀，它的阀体上有五个管口（a、b、c、d、e）分别与气水分离器、左排液罐、右排液罐、大气相通，阀芯由驱动机构带动，间歇动作。图 3.27a 的阀芯分别使 a 与 b 和 c 与 e 连通，左排液罐内为负压，左放水阀在大气压力下关闭，左滤液阀打开，滤液从气水分离器流入左滤液罐内。右排液罐与大气相通，滤液阀关闭而放水阀打开，排出罐内积存的滤液。因此，左排液罐积存滤液而右排液罐排放

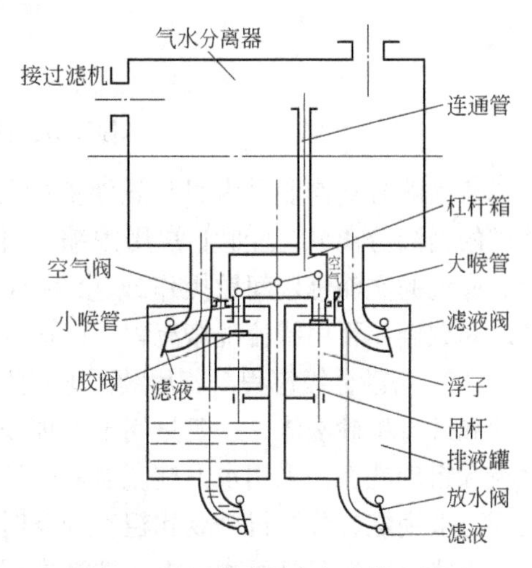

图 3.26 新式浮子式自动排液装置

滤液。当阀芯转到图 3.27*b* 位置时，*a* 与 *c* 连通，而 *b* 与 *d* 连通，左排液罐排放滤液，右排液罐积存滤液。

3.5.3　固液分离流程

固液分离的目的是为了得到澄清溶液（或滤渣）或含少量固体颗粒的悬浮液（矿浆），而且要求对滤饼或粗砂进行彻底洗涤，以提高金属回收率或产品品位。因此，固液分离的流程可大致分为制取清液流程和除去粗砂的分级流程两大类。粗砂洗涤一般采用逆流流程，化学精矿的洗涤一般采用错流洗涤流程。

（1）制取清液流程。当固液分离作业是为了回收含有用组分的溶液，固体产物可废弃或送往其他作业处理时（如浸出矿浆或沉淀法除杂后的悬浮液处理），工业上一般采用沉淀或浓缩的方法得到含少量微粒的溢流清液，底流进行洗涤。洗涤作业可在沉淀池中间断地进行，也可在浓缩机中连续地进行逆流洗涤。若后续作业要求完全澄清的溶液，可将溢流送去过滤以除去其中所含的极少量的固体微粒。

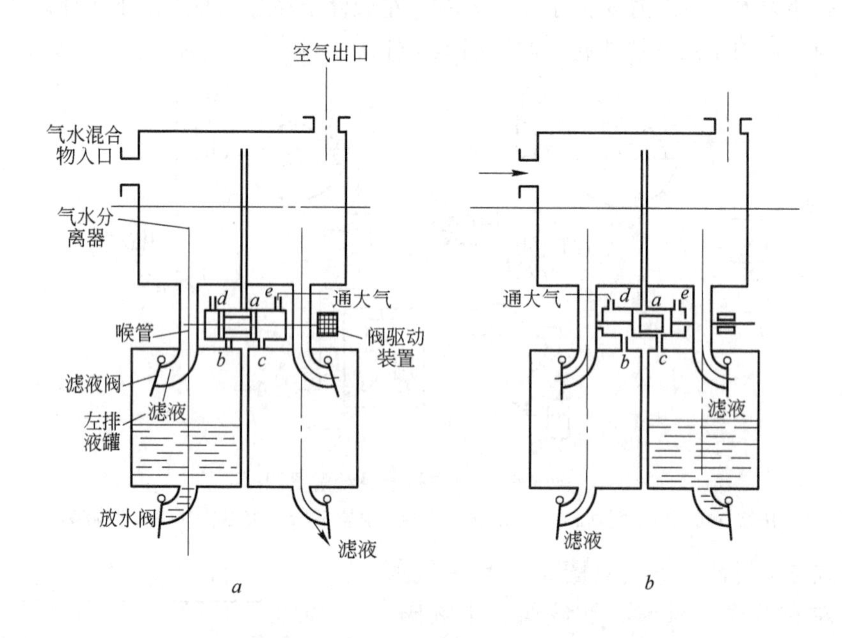

图 3.27　阀控式自动排液装置

若固液分离作业是为回收悬浮液中的固体颗粒，而溶液可废弃或返回（如制取化学精矿的固液分离），工业上常用浓缩—过滤法。浓缩可在搅拌槽、沉淀池或浓缩机中进行。底流的洗涤可用间歇操作或连续操作的方式，洗涤目的是除去所夹带的含杂质的溶液，间歇操作可用错流洗涤流程，以达到最大的洗涤效率，底流洗净后送去过滤。

（2）粗砂分级流程。若后续工艺能处理含细粒的稀矿浆，则只需采用分级方法除去粗砂和进行粗砂洗涤，一般只用于处理浸出矿浆。工业上常用流态化塔或螺旋分级机进行分级和粗砂洗涤，采用水力旋流器进行控制分级和进行细砂洗涤，水力旋流器溢流送后续处理。采用螺旋分级机分级和粗砂洗涤时，由于返砂中含液量较浓缩机底流少，其洗涤级数可少些，一般三级可达要求。洗涤常用逆流流程。

3.5.4 洗涤级数的计算

化选工艺中常用错流或逆流方法进行沉渣洗涤，在工程中可用不同方法计算洗涤级数，下面介绍一种较简便的计算方法。计算时假定：

(1) 洗涤过程无浸出作用，即洗涤作业的进料和出料液相中的金属总量不变；

(2) 固体无机械损失也不吸附有用组分，即洗涤时的固体量和固体中的金属含量不变；

(3) 各洗涤级的混合、溢流和底流的液固比恒定；

(4) 以单位干矿量计算，即产物中的液固比等于产物中的溶液量。

3.5.4.1 错流洗涤

图 3.28 为错流洗涤流程，设 0 为浸出矿浆或悬浮液的第一次固液分离；1、2、3、…、n 为洗涤级数；R 为浸出矿浆或悬浮液的液固比；L_0 为滤液或溢流的液量；D_0 为滤饼或底流中的液量；C_n 为各级产物液相中的金属含量。

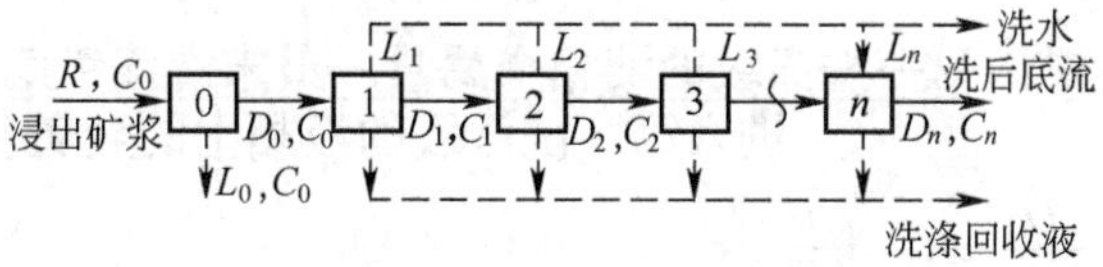

图 3.28 错流洗涤流程

因为假定是恒液固比洗涤，所以：

$$L_0 = L_1 = L_2 = L_3 = \cdots = L_n = L$$

$$D_0 = D_1 = D_2 = D_3 = \cdots = D_n = D$$

$$R = L + D$$

设洗水中的金属含量等于零，则：

第一级金属平衡：

$$D_0C_0 = D_1C_1 + L_1C_1 = C_1(L + D) = C_1R$$

$$C_1 = \frac{D}{R}C_0$$

第二级金属平衡：

$$D_1C_1 = D_2C_2 + L_2C_2 \approx C_2(L + D)$$

$$C_2 = \frac{D_1}{R}C_1 = \frac{D}{R} \cdot \frac{D}{R}C_0$$

$$= \left(\frac{D}{R}\right)^2 \cdot C_0$$

$$\vdots$$

第 n 级金属平衡：

$$C_n = \left(\frac{D}{R}\right)^n \cdot C_0$$

每一洗涤级回收的金属量：

$$S_i = LC_i = \left(\frac{D}{R}\right)^i \cdot LC_0$$

洗涤 n 次回收的金属总量为：

$$\begin{aligned} Q &= \sum_{i=n} S_i = \frac{D}{R}LC_0\left[1 + \frac{D}{R} + \left(\frac{D}{R}\right)^2 + \cdots + \left(\frac{D}{R}\right)^{n-1}\right] \\ &= \frac{D}{R}LC_0\left[\frac{1-\left(\frac{D}{R}\right)^n}{1-\frac{D}{R}}\right] \\ &= \left[1-\left(\frac{D}{R}\right)^n\right]\cdot D \cdot C_0 \end{aligned}$$

当 $i\to\infty$ 时：

$$\lim_{i\to\infty} Q = \frac{\frac{D}{R}LC_0}{1-\frac{D}{R}} = D \cdot C_0$$

$$\text{洗涤效率}\ \eta = \frac{\text{进入第一洗涤级的液相金属量}-\text{最末洗涤级底流液相金属量}}{\text{进入第一洗涤级的液相中的金属量}}$$

$$= \frac{Q}{DC_0} = 1-\left(\frac{D}{R}\right)^n$$

固液分离作业(0 ~ n 级)金属的总回收率(ε)为：

$$\varepsilon = \frac{LC_0 + Q}{RC_0} = 1-\left(\frac{D}{R}\right)^{n+1}$$

洗涤液中金属的平均浓度 $\overline{C}$ 为：

$$\overline{C} = \frac{Q}{nL} = \frac{\left[1-\left(\frac{D}{R}\right)^n\right]}{n(R-D)}DC_0$$

$\frac{D}{R}$为第一次固液分离后底流液相的金属量与给料液相的金属量之比，称为洗余分数 ϕ，$\phi = \frac{D}{R}$，将其代入上列各式可得：

$$Q = (1-\phi^n)DC_0$$

$$\eta = 1-\phi^n$$

$$\varepsilon = 1-\phi^{n+1}$$

$$\overline{C} = \frac{1-\phi^n}{nL}DC_0$$

$$C_n = \phi^n C_0$$

$$\begin{aligned} n &= \frac{\lg(1-\varepsilon)}{\lg\phi} - 1 \\ &= \frac{\lg C_n/C_0}{\lg\phi} \\ &= \frac{\lg(1-\eta)}{\lg\phi} \end{aligned}$$

用试验方法决定 ϕ 值后，由所定的洗涤效率(η)或废弃浓度(C_n)即可求得所需的洗涤级数。

3.5.4.2 逆流洗涤

图3.29为逆流洗涤流程，各符号意义同前，L、C 分别为溢流液量和液相金属浓度，D、C 分别为底流液固比和液相金属浓度，L_w、C_w 分别为洗水量及其中的金属浓度。

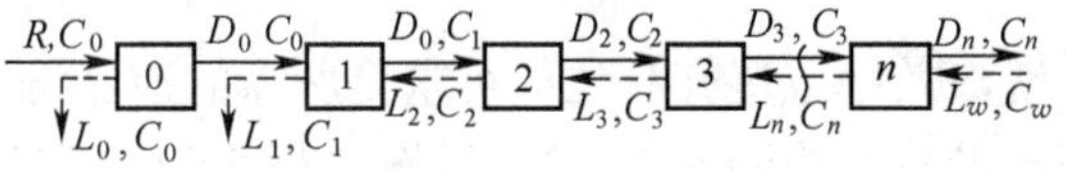

图3.29 逆流洗涤流程

设 $C_w=0$，令 $\frac{L}{D}=K$，K 为洗涤模数，其值为各洗涤级溢流液量与底流液量之比。

第 n 级金属平衡：

$$D_{n-1}\cdot C_{n-1}=L_nC_n+D_nC_n$$
$$C_{n-1}=(1+K)C_n$$

若第 n 级与（$n-1$）级一起平衡：

$$D_{n-2}\cdot C_{n-2}=L_{n-1}\cdot C_{n-1}+D_nC_n$$
$$C_{n-2}=KC_{n-1}+C_n$$
$$=(1+K+K^2)C_n$$

同理可得：

$$C_{n-i}=(1+K+K^2+\cdots+K^i)C_n$$
$$C_0=(1+K+K^2+\cdots+K^n)C_n$$

洗涤效率

$$\eta=\frac{D_0C_0-D_nC_n}{D_0C_0}\times100\%$$
$$=\frac{(1+K+K^2+\cdots+K^n)C_n-C_n}{(1+K+K^2+\cdots+K^n)C_n}\times100\%$$
$$=\frac{K+K^2+\cdots+K^n}{1+K+K^2+\cdots+K^n}\times100\%$$

分子分母同乘以（$K-1$），则得：

$$\eta=\frac{K^{n+1}-K}{K^{n+1}-1}\times100\%$$

过滤洗涤金属总回收率 ε 为：

$$\varepsilon=\frac{L_0C_0+D_0C_0-D_nC_n}{RC_0}\times100\%$$
$$=\left(1-\frac{DC_n}{RC_0}\right)\times100\%$$

洗渣中金属损失率 f 为：

$$f=\frac{D_nC_n}{D_0C_0}\times100\%$$
$$=\frac{K-1}{K^{n+1}-1}\times100\%$$

洗涤级数 n 为：

$$n=\frac{\lg\left(\frac{K-1}{f}+1\right)}{\lg K}-1$$

$$=\frac{\lg\frac{\eta-K}{\eta-1}}{\lg K}-1$$

因此，已知洗涤模数及洗涤效率或尾弃品位即可求得所需的逆流洗涤级数。

例：某氧化铜矿浸出矿浆的液固比 $R=2$，浸液含铜 5g/L，采用一次过滤三次洗涤流程进行固液分离，已知 $L=1.5$，$D=0.5$，$C_w=0$，试计算错流洗涤和逆流洗涤时洗涤液中的铜含量，洗渣液相中的铜含量，洗涤效率以及过滤洗涤铜的总回收率。

解：（1）逆流洗涤：

$$K=\frac{L}{D}=\frac{1.5}{0.5}=3.0$$

$$C_3=\frac{C_0}{1+K+K^2+K^3}=\frac{5}{1+3+3^2+3^3}=\frac{5}{40}=0.125\text{g/L}$$

$$C_1=(1+K+K^2)C_3=(1+3+3^2)\times0.125=1.625\text{g/L}$$

$$\eta=\frac{K^{n+1}-K}{K^{n+1}-1}=\frac{3^4-3}{3^4-1}=97.5\%$$

$$\varepsilon=\left(1-\frac{DC_n}{RC_0}\right)\times100\%=\left(1-\frac{0.5\times0.125}{2\times5}\right)=99.38\%$$

（2）错流洗涤：

$$\phi=\frac{D}{R}=\frac{0.5}{2}=0.25$$

$$\overline{C}=\frac{1-\phi^n}{nL}D_0C_0=\frac{1-0.25^3}{3\times1.5}\times0.5\times5=0.547\text{g/L}$$

$$C_3=\phi^n\cdot C_0=0.25^3\times5=0.078\text{g/L}$$

$$\eta=1-\phi^n=1-0.25^3=98.44\%$$

$$\varepsilon=1-\phi^{n+1}=1-0.25^4=99.61\%$$

从上例的计算可知，当滤饼或底流的液固比相同时，错流洗涤与逆流洗涤比较，错流洗涤时的金属总回收率和洗涤效率均有所提高，洗渣液相中的金属浓度较逆流洗涤时的低得多，但错流洗涤时洗涤回收液的体积大，其中所含金属浓度较逆流洗涤低得多。因此，生产中固液分离作业是回收固体尾弃溶液时通常采用错流洗涤流程，以提高洗涤效率和固体产物的品位；若固液分离作业是回收溶液而尾弃固体时，通常则采用逆流洗涤流程以减少洗液体积和保证洗液中有较高的金属浓度。

4 离子交换吸附净化法

4.1 概述

离子交换吸附净化法的实质是存在于溶液中的目的组分离子与固体离子交换剂之间进行的多相复分解反应，使溶液中的目的组分离子选择性地由液相转入固态离子交换剂中，然后采用适当的试剂淋洗被目的组分离子饱和的离子交换剂，使目的组分离子重新转入溶液中，从而达到净化和富集目的组分的目的。通常将目的组分离子由液相转入固相的过程称为“吸附”，而其由固相转入液相的过程称为“淋洗”（“解吸”、“洗提”）。在吸附和淋洗过程中，离子交换剂的形状和电荷保持不变。

吸附和淋洗是离子交换吸附净化法的两个最基本的作业。一般在吸附和淋洗作业后均有洗涤作业，吸附后的洗涤是为了洗去树脂床中的吸附原液和对交换剂亲和力较小的杂质组分，淋洗后的冲洗是为了除去树脂床中的淋洗剂。有的净化工艺在淋洗和冲洗之后还有交换剂转型或再生作业。其原则流程如图 4.1 所示。

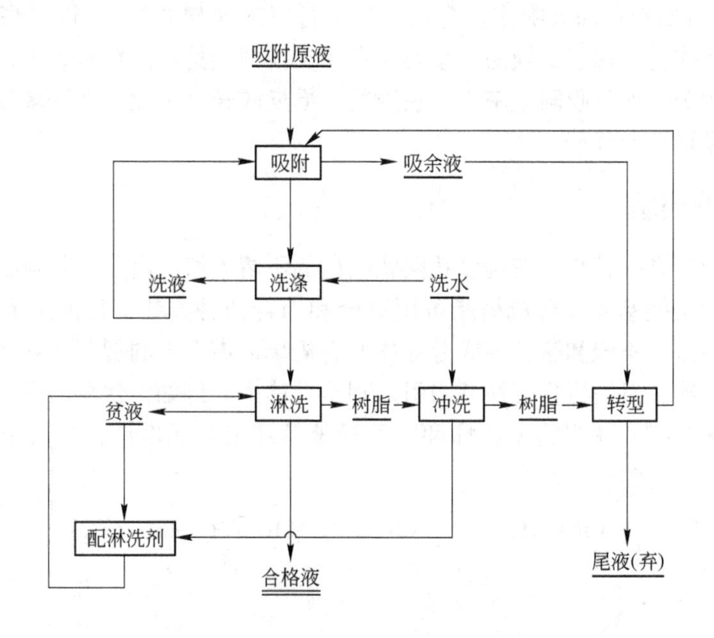

图 4.1 离子交换吸附净化法原则流程

人们发现离子交换现象已有一百多年的历史，但直至 20 世纪 20 年代离子交换技术才开始用于工业上，至 30 年代合成有机离子交换树脂后，离子交换技术才得到广泛的应用。目前，离子交换技术已广泛用于核燃料的前后处理工艺、稀土分离、化学分析、工业用水软化、废水净化、高纯离子交换水的制备和从稀溶液中提取和分离某些金属组分，如从浸出液中提取和分离金属组分，从铀矿坑道水、铀厂废水中回收铀，从金、银氰化废液和浮选厂尾矿水中除去氰根离子和浮选药剂等。

离子交换剂的种类较多，分类方法不一，一般是根据离子交换剂交换基团的特性进行分类（见表4.1）。目前应用最广的是各种型号的有机合成离子交换树脂。

表4.1 离子交换剂分类表

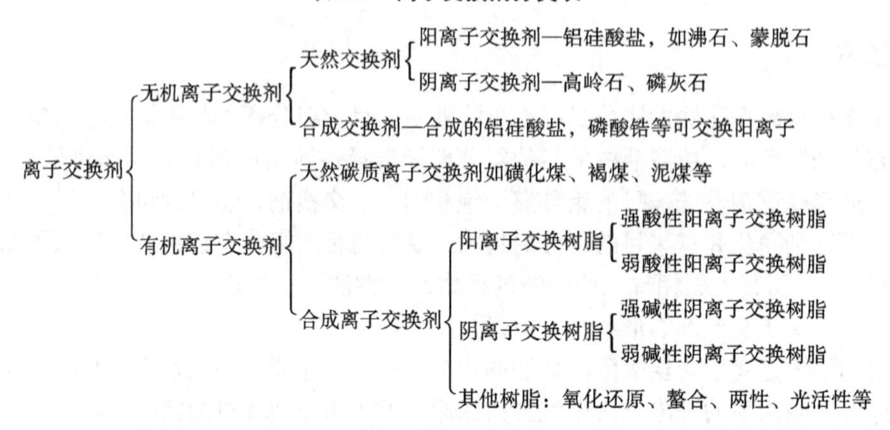

离子交换法用于净化和富集金属组分具有选择性高、作业回收率高、作业成本低、可获得较高质量的化学精矿等一系列优点，并可从浸出矿浆中直接提取目的组分（矿浆吸附法），也可将浸出作业和吸附作业合在一起进行（矿浆树脂法），以提高浸出率和简化或省去固液分离作业。离子交换法的主要缺点是交换树脂的吸附容量较小，只适于从稀溶液中提取目的组分，而且吸附速率小，吸附循环周期较长。因此，在许多领域离子交换法已被有机溶剂萃取法所代替。

4.2 离子交换树脂

离子交换树脂是一种具有三维多孔网状结构的不溶不熔的高分子化合物，其中含有能进行离子交换的交换基团。合成树脂可用聚合和缩合两种方法，目前主要采用聚合的方法。聚合法是由多个不饱和脂肪族或芳香族的有机单体借双键的裂开或环的断开将它们聚合为高分子化合物，然后再将交换基团引入到聚合体中。例如，常见的强酸性阳离子交换树脂732（即001×7）是先将苯乙烯和二乙烯苯悬浮聚合成珠体，然后用浓硫酸磺化而成。其反应式可简化为：

$$C_6H_5{-}CH{=}CH_2 + CH_2{=}CH{-}C_6H_4{-}CH{=}CH_2 \xrightarrow{\text{聚合}} \text{—CH—CH}_2\text{—CH—CH}_2\text{—CH—CH}_2\text{—} \cdots \xrightarrow{H_2SO_4}$$

（苯乙烯）　（二乙烯苯）　（聚苯乙烯珠体）

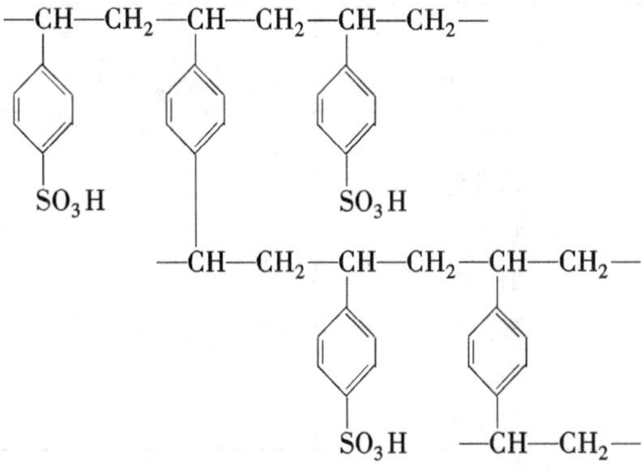

—CH—CH_2—CH—CH_2—CH—CH_2—

SO_3H　　SO_3H

—CH—CH_2—CH—CH_2—CH—CH_2—

SO_3H　　—CH—CH_2—

(732 树脂)

离子交换树脂的单元结构由两部分组成，一是不溶性的三维空间网状骨架部分，如由苯乙烯和二乙烯苯聚合而成的骨架，其中二乙烯苯称为交联剂，它的作用是使骨架部分具有三维结构，增加骨架强度。交联剂在骨架中的重量百分数称为交联度，一般为7% ~ 12%。另一部分是连接在骨架上的交换基团（如—SO_3H）。交换基团可分为两部分：一是固定在骨架上的荷电基团（如—SO_3^-），二是带相反电荷的可交换离子（如H^+）。可交换离子可与溶液中的同符号离子进行交换。目前工业上使用的离子交换树脂多数以苯乙烯为骨架。

树脂中网状结构的网眼可允许离子自由出入，交换基团则均匀地分布于网状结构中。根据交换基团的性质可将交换树脂分为阳离子树脂和阴离子树脂。阳离子交换树脂在水溶液中可不同程度地解离出H^+离子，能与溶液中的阳离子进行交换。据其交换基团酸性的强弱，又可分为强酸性阳离子交换树脂（如R—SO_3H型）和弱酸性阳离子交换树脂（如R—COOH型）。阴离子交换树脂的交换基团为碱性基团，通常为一些有机胺，可进行阴离子交换。据交换基团的碱性强弱又可分为强碱性阴离子交换树脂和弱碱性阴离子交换树脂。此外，还有一些特殊用途的交换树脂（如两性树脂、氧化还原树脂、螯合型树脂等）。凡具有物理孔结构的交换树脂称为大孔型树脂，否则为凝胶型树脂。除球形交换树脂外，还可制成其他形状的交换树脂（如膜、丝、棒、管、片、带、泡沫等形状），除固体交换剂外，还有液体离子交换剂。

国产树脂的名称代号已标准化，石油化学工业部于1977年7月1日制定了“离子交换树脂产品分类、命名及型号”的部颁标准，“标准”将离子交换树脂分为七类，其全名由分类名称、骨架（或基团）名称，基本名称排列组成。基本名称为离子交换树脂，型号由阿拉伯数字表示，从左至右第一位数字表示产品分类，第二位数表示骨架类型（见表4.2），第三位数为生产顺序号，第四位的“X”为联接号，第五位数为凝胶型离子交换树脂的交联度数值。若为大孔型树脂则另加“D”字头（如图4.2）。国产树脂旧型号用三位数表示，统以“7”开头，第二位为类型，如“0”为弱碱性，“1”为强碱性，“2”为弱酸性，“3”为强酸性，第三位数为顺序号。表4.3为国产交换树脂型号结构对照表，表4.4为国内外常见交换树脂型号对照表。

表 4.2　国产树脂型号第一位数和第二位数的意义

第一位数		第二位数	
产品分类号	分类名称	骨架代号	骨架名称
0	强酸性	0	苯乙烯系
1	弱酸性	1	丙烯酸系
2	强碱性	2	酚醛系
3	弱碱性	3	环氧系
4	螯合型	4	乙烯吡啶系
5	两　性	5	脲醛系
6	氧化还原	6	氯乙烯系

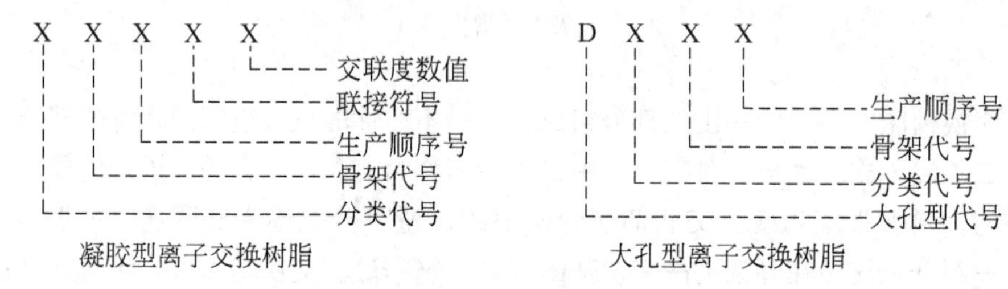

图 4.2　离子交换树脂型号图解

表 4.3　国产离子交换树脂型号分类、全名称、型号及结构对照表

形态	分类	全名称	型号	结构
凝胶型	强酸性	强酸性苯乙烯系阳离子交换树脂	001	$-[CH(C_6H_4SO_3H)-CH_2]_n-CHCH_2(C_6H_4)-CHCH_2-$
	弱酸性	弱酸性丙烯酸系阳离子交换树脂	111	$-[CH_2-CH(HOOC)]_n-CHCH_2(C_6H_4)-CHCH_2-$
			112	$-[CH_2C(H_3C)(HOOC)]_n-CHCH_2(C_6H_4)-CHCH_2-$
		弱酸性酚醛系阳离子交换树脂	122	$-[CH_2-C_6H_2(OH)(COOH)-CH_2-C_6H_2(OH)(CH_2)-CH_2]_n-$

续表 4.3

形态	分类	全名称	型号	结构
凝胶型	强碱性	强碱性季胺Ⅰ型阴离子交换树脂	201	$-[CHCH_2-]-CHCH_2-$ $CH_2N^+(CH_3)_3$ Cl^- $]_n-CHCH_2-$
	弱碱性	弱碱性苯乙烯系阴离子交换树脂	301	$-[CHCH_2-]-CHCH_2-$ $CH_2N(CH_3)_3$ $]_n-CHCH_2-$
		弱碱性苯乙烯系阴离子交换树脂	303	$-[CHCH_2-]\ CHCH_2-$ $CH_2NCH_3CH_2NH_2$ $]_n-CHCH_2-$
		弱碱性环氧系阴离子交换树脂	331	$-[HNC_2H_4NC_2H_4NHC_2H_4]-$ CH_2 $CHOH$ CH_2 $-C_2H_4NC_2H_4-$ CH_2 $]_n$
	螯合型	螯合型胺羧基离子交换树脂	401	$-[CHCH_2-]-CHCH_2-$ $CH_2N(CH_2COOH)_2$ $]_n-CHCH_2-$
大孔型	强酸性	大孔强酸性苯乙烯系阳离子交换树脂	D001	$-[CHCH_2]-CHCH_2$ SO_3H $]_n-CHCH_2-$
	弱酸性	大孔弱酸性丙烯酸系阳离子交换树脂	D111	$-[CH_2CH-]-CHCH_2-$ $COOH]_n$ $-CHCH_2-$

续表4.3

形态	分类	全名称	型号	结构
大孔型	强碱性	大孔强碱性季胺Ⅰ型阴离子交换树脂	D201	$[-CHCH_2-$ (苯环) $CH_2N^+(CH_3)_3$ Cl $]_n$ $-CHCH_2-$ (苯环) $-CHCH_2-$
		大孔强碱性季胺Ⅱ型阴离子交换树脂	D202	$[-CHCH_2-$ (苯环) Cl $CH_2N^+(CH_3)_2$ C_2H_4OH $]_n$ $-CHCH_2-$ (苯环) $-CHCH_2-$
	弱碱性	大孔弱碱性苯乙烯系阴离子交换树脂	D301	$[-CHCH_2-$ (苯环) $CH_2N(CH_2)_2$ $]_n$ $-CHCH_2-$ (苯环) $-CHCH_2-$
		大孔弱碱性苯乙烯系阴离子交换树脂	D302	$[-CHCH_2-$ (苯环) CH_2NH_2 $]_n$ $-CHCH_2-$ (苯环) $-CHCH_2-$
		大孔弱碱性丙烯酸系阴离子交换树脂	D311	$[-CH_2CH-$ $C{=}O$ $NH(C_2H_4NCH_3)_{3-4}$ CH_2NHCH_3 $]_n$ $-CHCH_2-$ (苯环) $-CHCH_2-$

表4.4 国内外常见离子交换树脂型号对照表

国产型号	交换基团	日本	美国	英国	法国	前苏联
强酸001	磺酸基	DiaionK DiaionBK DiaionSK DiaionSK-1B	AmberliteIR-120 Dowex50 NalciteHCR Nalcitel-16 PermutitQ Lonacz40	Zeokarb 225 Zerolite 215 Zerolite 225 Zerolite 325 Zerolite 425 Zerolite SRC	Allassion CS Duolite C-20 Duolite C-21 Duolite C-25 Duolite C-27 Duolite C-202	KY-2 SDB-3 SDV-3
大孔强酸D001	磺酸基	Diaion PK Diaion HPK	Amberlite 200 Amberlite 252 Amberlyst 15 AmberlystXN1004 AmberlystXN1005 PermutitQX Dowex 50W	Zerolite S-1104 Zerolite S-625 Zerolite S-925	Allassion AS Duolitec-20HL DuoliteC-26 Duolite C-261 DuoliteES-26	KY-2-12p KY-23

续表 4.4

国产型号	交换基团	日 本	美 国	英 国	法 国	前苏联
弱酸 110	羧酸基	DieionWK20	AmberliteIRC－50 Bio－Rad 70	Zeokarb 226 Zeokabb 236 Zerolit 236	Allassion CC Duolite CC	KB－114 KM KP
大孔弱酸 D151、 D152 720、725	羧酸基	DiaionWK10 DiaionWK11	AmberliteIRC－84 Permutit216 Dowex CCR－2 lonac270 lonac CC		DuoliteC－433	KB－3
强碱 201×4 201×7	季胺基	Diaion SA－10A DiaionSA－10B Diaion SA－11A DiaionSA－11B Diaion SA－100 DiaionSA－101 神胶 800 神胶 801	Amberlite IRA－400 Amberlite CG－400 Amberlite IRA－401 Dowex 1 Permutit S Nalcite SBR Lonac A－540 Bio－Rad AG－1	DeAcidite FF DeAcidite IP DeAcidite SRA DeAcidite61－64 Zerolit FF Zerolit FX Zerolitp（IP） Zerolit FF（IP）	Allassion AG217 AllassionAR－12 Allassion AS Duolite A101 Duolite A104 Duolite A109 Duolite A121 Duolite A143	AB－17 AB－19
大孔强碱 D290 D296 D261	Ⅰ型 季胺基	DiaionPA	Amberlite IRA－900 IRA－904、IRA－938 Ambersorb XE－352 Amberlyst A－26 A－27、XN－1001 XN－1006	DeAciditeK－MP ZerolitS－1095 S－1102 ZerolitK（MP） Zerolit MPF	Allassion AR－10 DuoliteA－140 A－161 DuoliteES－143 DuoliteES－161	AB－17П
大孔强碱 Ⅱ型 D206 D252	季胺基	DiaionPA404 DiaionPA406 DiaionPA408 DiaionPA410 DiaionPA420	AmberliteIRA－910 AmberliteIRA－911 AmberliteXE－224 AmberlystA－29 AmberlystNA－1002 Nalcite A651	ZerolitS－1106 ZerolitMPN	AllassionAR－20 AllassionDC－22 DuoliteA402c DuoliteA－160	AB－27П AB－29П
弱碱 311 704	伯、仲、 叔胺基		AmberliteIRA－45 Nalcite WBR	ZerolitH（IP） ZerolitM（IP） ZerolitM DeAciditeGHJ	DuoliteES106 Duolite A114 DuoliteA303	AH－17 AH－18 AH－19 AH－20
大孔弱碱 D301 D390 D396 D351 709、 710A、B		DiaionWA－20 DiaionWA－21	AmberliteIRA－93 AmberliteIRA－94 AmberliteIRA－945 AmberlystA－21 AmberliystXE－1003 IonacA－320 DowexMWA－1 PermutitS－440	ZerolitMPH ZerolitS－1101	DuoliteA305 DuoliteES－308 DuoliteES－368	AH－80×77П
EDTA 型 螯合树脂 D401	EDTA	Diaion CR－10	AmberliteIRC－718 Dowex A－1 Bio－Bhalex 100	ZerolitS－1006	DuoliteES－466	KT－1 KT－2 KT－3 KT－4 XKA－1

化学选矿中采用离子交换法净化和分离目的组分时，常要求离子交换树脂具有较大的机械强度、较高的选择性、较大的交换容量、较高的化学稳定性和热稳定性，以降低作业成本。下面讨论树脂的主要性能。

4.2.1 物理性能

（1）外形与粒度：常用树脂多数为球形，颜色有白、黄、黑、赤褐等，透明或半透明。树脂粒度直接影响离子交换速度、液体流动压降、树脂膨胀及磨损等。树脂粒度愈小，上述各值愈大，树脂常用其在水中充分膨胀后通过筛孔的网目数表示，国产树脂的粒度一般为15 ~50目。用于清液吸附的树脂粒度为16~48目，用于矿浆吸附的树脂粒度为10~20目。

（2）密度：树脂密度影响交换作业的操作条件和生产率，可用湿视密度、湿真密度和干树脂的真密度表示，常用的为湿视密度和湿真密度。湿视密度是树脂在水中充分吸水膨胀后的表观密度，等于湿树脂重量与其堆积体积之比，一般为0.6 ~0.9。凝胶树脂的湿真密度是树脂在水中充分膨胀后树脂本身的真密度，等于湿树脂重量与树脂本身的体积（包括颗粒内部结构孔隙）之比，一般为1.03 ~1.4g/cm^3。通常阳离子树脂的密度较阴离子树脂大些。大孔型树脂的真密度为大孔树脂骨架本身的密度，不包括颗粒内部的结构孔隙。

已知树脂的湿视密度和湿真密度即可计算树脂颗粒间的孔隙率或空隙容积：

$$\text{孔隙率}\% = \left(1 - \frac{D_a}{D_W}\right) \times 100\%$$

式中 D_a——树脂的湿视密度；

D_W——树脂的湿真密度。

离子交换树脂的内部孔的容积一般为百分之几十（单位为mL/mL或mL/g），凝胶型树脂的比表面小于1m^2/g，大孔型树脂的比表面则为几至几十平方米每克。

有时也可用树脂在某一密度溶液中的漂浮率表示其密度，如在10%食盐溶液（ρ = 1.1）中的漂浮率小于0.5%等。

（3）水分：树脂应保持一定的水分（约40% ~50%）以防龟裂。出厂树脂常用塑料袋密封包装，暂不使用的树脂应浸泡于水中保存。测树脂水分时，一般在（105 ±1)℃条件下烘干至恒重。

（4）膨胀性：树脂在水中的膨胀程度与交换基团类型及数量、相反离子类型、交联度及温度等因素有关。树脂的交联度愈小，孔容度愈大，吸水愈多，膨胀性则愈大；树脂的交换基团愈多，亲水性愈大，膨胀性也愈大；相反离子价数愈高，膨胀性愈小；同价离子的水化能力愈小，膨胀性愈小。因此，磺酸型树脂比羧酸型树脂的膨胀性要大得多，树脂从水溶液中所吸附离子的水合能力愈大或水化离子半径愈大，膨胀性也愈大。

对强酸性阳离子树脂而言，氢型的膨胀率较盐型大，其顺序为：$H^+ > Li^+ > Na^+ > NH_4^+ > K^+ > Ag^+$。对强碱性阴离子树脂而言，可交换离子对膨胀率的影响顺序为：$F^- > CH_3COO^- > OH^- > HCO_3^- > Cl^- > NO_3^- > Br^- > I^-$，$OH^- > HCO_3^- > SO_4^{2-} > Cr_2O_7^{2-}$。氢型弱酸性树脂和$OH^-$型弱碱性树脂在水中的离解度小，其膨胀性极微。但当转为盐型时，体积变化较大。因此，当树脂吸附不同离子会引起树脂体积的变化（见表4.5）。从表列数据可知，强酸性和强碱性树脂转型时的体积变化较小，而弱酸性和弱碱性树脂转型时的体积变化相当大。因此，设计和操作中应考虑树脂体积的变化，使用强酸性树脂和强碱性树脂较稳定。

表 4.5 离子交换树脂转型时的体积变化

类 型	型 号	相反离子	体积变化/%
强酸性	Amberlite IR－120 Amberlite IR－112 Dowex 50	Na→H Ca→Na、Na→H Na→H	+5 以下 +15、+5 +5
弱酸性	Amberlite IRC－50	H→Na	+50 （+100，pH=10）
强碱性	Amberlite IRA－400 Amberlite IRA－410 DoweX－2	Cl→OH Cl→OH Cl→OH、Cl→SO_4^{2-}	+5 以下 +5 以下 +8、+3
弱碱性	AmberliteIR－45	OH→Cl，SO_4^{2-}	+25

（5）寿命：使用过程中树脂因反复经受膨胀收缩、磨损、溶解等而造成损耗。影响树脂寿命的主要因素为机械强度及稳定性。交联度、膨胀性和形状等因素对机械强度的影响最大。就热稳定性而言，阳离子树脂比阴离子树脂好，聚合树脂较缩合树脂好，盐型树脂较酸型或碱型树脂好。树脂在低温时会崩解，高温时会软化，此时皆失去交换能力。树脂是典型的不溶物质，但因含有低聚物和分解产物，仍有少量溶解，其溶解倾向见表4.6。因此，对强酸性和强碱性树脂而言，盐型树脂的溶解度极小，酸型或碱型树脂的溶解度较盐型大些；对弱酸性和弱碱性树脂而言，盐型树脂的溶解度较大，酸型或碱型树脂的溶解度较小。缩合树脂，交联度小的树脂，苯酚型树脂的溶解度较大。实践中较常使用苯乙烯系的强酸性或强碱性聚合树脂。

表 4.6 离子交换树脂的溶解倾向

树 脂 类 型	相反离子	溶解倾向
强酸性阳离子树脂	Na H	不溶 小
弱酸性阳离子树脂	Na H	大 小
强碱性阴离子树脂	Cl OH	不溶 小
弱碱性阴离子树脂	Cl OH	大 小

4.2.2 化学性能

（1）酸碱性：一般用测定 pH 值滴定曲线的方法决定树脂的酸碱性，即在不同条件（水或中性盐溶液）下使树脂与溶液搅拌接触，用已知浓度的盐酸液滴定羟型阴树脂和用已知浓度的苛性钠溶液滴定氢型阳树脂，观察并记录 pH 值的变化，作 pH 值与所用酸、碱量的关系曲线（见图 4.3），由曲线的形状即可判断树脂酸碱性的强弱。由实验可知，阳离子树脂交换基团酸性递降的顺序为：

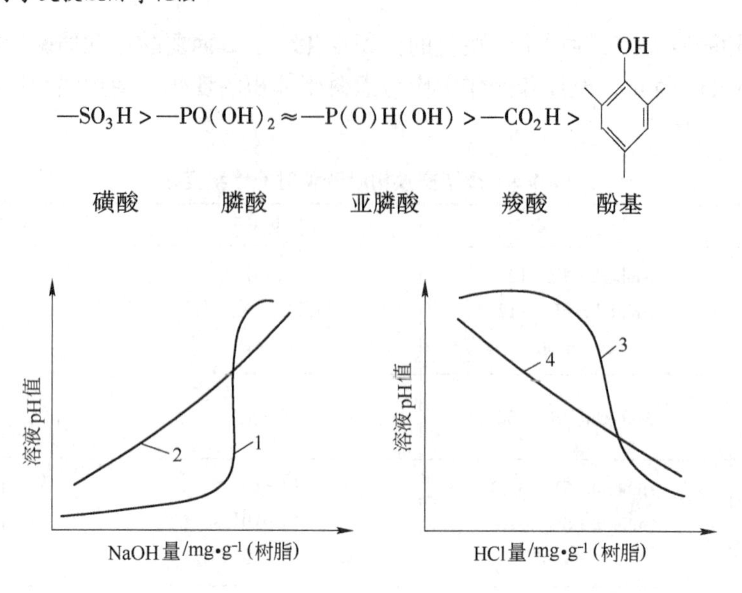

图 4.3　树脂的滴定曲线

1—强酸性树脂；2—弱酸性树脂；3—强碱性树脂；4—弱碱性树脂

含磺酸基的强酸阳离子树脂类似于强酸，在 pH 值为 2 ~ 14 的条件下几乎完全电离，盐型稳定，洗涤时不水解，转型时体积变化小，宜用于 pH 值变化大的阳离子交换过程。含季胺基团的强碱性阴离子树脂类似于强碱，在 pH 值为 0 ~ 12 的条件下可完全电离，盐型稳定，转型时体积变化小，宜用于 pH 值变化大的阴离子交换过程。弱酸性树脂和弱碱性树脂则分别类似于弱酸和弱碱，溶液 pH 值对其电离有很大影响，盐型不稳定，易水解，转成盐型时体积变化大，只能用于 pH 值较窄的交换过程。因此，树脂的酸碱性愈强，其操作容量受 pH 值的影响愈小，树脂操作的 pH 值范围愈宽。

（2）交换容量：树脂的交换容量分全容量和操作容量，用每克干树脂或每毫升湿树脂所交换的离子的毫克当量数表示。树脂的全容量是指单位体积（或质量）树脂所具有的交换基团的总数目（或可交换离子的总数），而与交换离子的类型、操作条件等因素无关。树脂的操作容量是指在某一操作条件下，单位体积（或质量）树脂中实际所交换的某种离子的总量，其数值与树脂中交换基团的数目、被吸附离子的特性和操作条件等因素密切相关。

操作容量分静力学容量和动力学容量。静力学容量是指静态吸附（如槽作业）时的树脂的操作容量。动力学容量是指动态吸附（如柱作业）时的树脂的操作容量。当交换基未完全解离或孔径太小，交换容量未完全利用时，操作容量小于全容量，但当树脂粒度细，吸附现象显著时，操作容量可能高于全容量。

生产中常用动力学（即动态）吸附法，因此，动力学容量具有较大的实践意义。动力学操作容量分漏穿容量和饱和容量。测定动力学容量时，用浓度一定的吸附原液以给定的流速通过交换柱树脂床，以流出液中被吸附离子浓度对流出液体积作图得“S”曲线（见图 4.4），此曲线称为流出曲线（或吸附曲线）。图中 V_0 点对应的流出液体积为树脂床中残存的清水体积，V_B 为流出液中刚出现被吸附离子（或达某一规定值）时的流出液体积，此点称漏穿点。当树脂床中的树脂为被吸附离子饱和时，流出液中被吸附离子浓度等于原液中的被吸附离子浓度（相当于图中点 V_S）。因此，图中 $V_OV_BBOV_O$ 对应的面积除以树脂床中树脂的质量或体积即为该操作条件下的漏穿容量，$V_OV_BSBOV_O$ 对应的面积除以树脂床中树脂的质量或体积即为该操作条件下树脂的操作（饱和）容量。

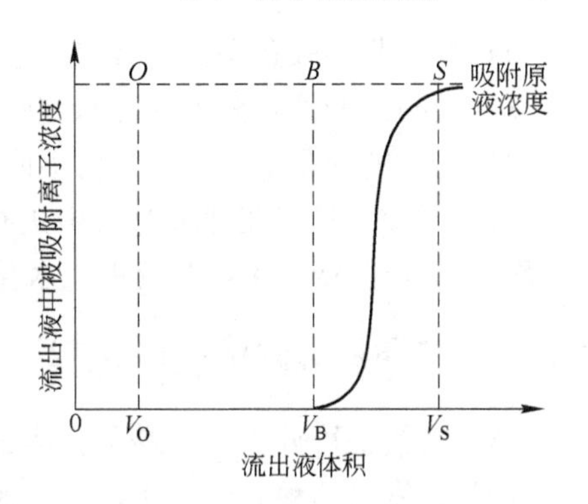

图 4.4 流出（吸附）曲线

动力学吸附的漏穿点与饱和点皆与操作条件有关。“S”曲线的斜率表示离子交换速率，交换速率愈大，饱和体积与漏穿体积的差值愈小，吸附周期愈短。

严格地说，交换容量的意义仅限于典型的离子交换过程，而且随树脂的离子形式而异，计算结果须注明原来的树脂形式，尤其是体积交换容量，交换前后的体积有时变化较大。交换树脂进行离子交换时常伴随有吸附现象，它是靠范德华引力吸引其他分子，且交换和吸附的界线有时难以区分，故有时将交换量和吸附量统称为全容量，将离子交换过程统称为离子交换吸附过程。

（3）选择性：离子交换吸附的选择性表征被吸附离子与树脂间的亲和力的差异，常用选择性系数（分配系数或交换势）表示。一般认为它们之间亲和力的大小取决于该离子与树脂间的静电引力的强弱。因此，离子交换吸附的选择性与被吸附离子的类型、电荷数、浓度、水合离子半径，溶液 pH 值及树脂性能等因素有关。一般规律为：

1）常温稀水溶液（浓度小于 0.1mol）中，当离子浓度相同时，吸附能力随被吸附离子价数的增大而增大，如 $Th^{4+} > Re^{3+} > Cu^{2+} > H^+$。吸附无机酸时，吸附强度随酸根价数增大而增加；

2）常温稀水溶液中，当离子价数相同时，吸附亲和力随水合离子半径的减小而增大，如：

$Tl^+ > Ag^+ > Cs^+ > Rb^+ > K^+ > NH_4^+ > Na^+ > H^+ > Li^+$

$Ba^{2+} > Pb^{2+} > Sr^{2+} > Ca^{2+} > Ni^{2+} > Cd^{2+} > Cu^{2+} > Co^{2+} > Zn^{2+} > Mg^{2+} > UO_2^{2+}$

$La^{3+} > Ce^{3+} > Pr^{3+} > Nd^{3+} > Sm^{3+} > Eu^{3+} > Gd^{3+} > Tb^{3+} > Dy^{3+} > Ho^{3+} > \cdots > Lu^{3+}$

$Fe^{3+} > Al^{3+} > Ca^{2+}$

3）被吸附离子与溶液中电荷相反的离子或配合剂的配合能力愈大，其对树脂的亲和力愈小；

4）强碱性阴离子树脂的吸附顺序为：

$SO_4^{2-} > C_2O_4^{2-} > I^- > NO_3^- > CrO_4^{2-} > Br^- > SCN^- > Cl^- > HCO_3^- > CH_3COO^- > F^-$

用三甲胺胺化的Ⅰ型和二甲基乙醇胺胺化的Ⅱ型树脂对 OH^- 的吸附差别较大，前者吸附顺序为：$Cl^- > HCO_3^- > CH_3COO^- > F^- \approx OH^-$，后者为 $Cl^- > OH^- > CH_3COO^- > F^-$；

5）H^+，OH^- 离子对树脂的亲和力与树脂性能有关。对强酸性树脂而言，H^+ 的亲和力介于 Na^+ 与 Li^+ 之间。对弱酸性树脂而言，H^+ 的亲和力甚至大于 Tl^+。对强碱性树脂而言，OH^- 的亲和力介于 Cl^- 与 F^- 之间，而 OH^- 对弱碱性树脂的亲和力则远较上述阴离子大，且树脂的碱性愈弱，其间的亲和力愈大；

6）使树脂膨胀愈小的被吸附离子，其对树脂的亲和力愈大；

7）吸附选择性随离子浓度和温度的上升而下降，有时甚至出现相反的顺序；

8）树脂的交联度愈大，其对不同离子的选择系数愈大。

从上可知，只有在稀水溶液中进行离子交换吸附才能获得较高的选择性，在高浓度（一般认为大于 3mol/L）溶液中，水化不充分，可出现相反吸附顺序。

4.3 离子交换吸附的化学过程

离子交换法可分为简单离子交换分离法和离子交换色层分离法。前者可采用选择性吸附或选择性淋洗两种方法来实现，一般是将这两种方法结合起来而以选择性吸附为主，它主要用于从稀溶液中提取有用组分，进行有用组分分离、水的净化和废水处理。离子交换色层分离法主要用于性质十分相近，仅靠简单离子交换无法分离的元素的分离（如稀土元素的分离）。

淋洗是吸附的逆过程，用于解吸树脂上被吸附组分的溶液称为淋洗剂，淋洗所得的含目的组分的溶液称为淋洗液。淋洗时可采用无机淋洗剂或有机淋洗剂，前者是无机酸、碱、盐的水溶液，用于简单离子交换法，后者是有机配合剂，常用于稀土元素分离过程。

离子交换树脂是一种聚合电解质，当其与水溶液接触时，树脂交换基团上的可交换离子即电离并与溶液中电荷符号相同的离子进行交换。交换反应为可逆反应，服从质量作用定律。如氢型的阳离子树脂的交换反应为：

$$\overline{R-H}+Me^{+}\rightleftharpoons\overline{R-Me}+H^{+}$$

式中，化学式上方有横线者为树脂相，无横线者为液相，以后均同。R 为树脂相的固定离子。为简便起见，略去 R 及电荷符号，则交换反应为：

$$\overline{H}+Me\rightleftharpoons\overline{Me}+H$$

若 Me 为 $+n$ 价，则平衡式为：

$$\overline{H}+\frac{1}{n}Me\rightleftharpoons\frac{1}{n}\overline{Me}+H$$

以两相中的离子浓度表示的离子交换平衡常数为：

$$K_{\frac{Me}{n}-H}=\frac{[\overline{Me}]^{\frac{1}{n}}\cdot[H]}{[Me]^{\frac{1}{n}}\cdot[\overline{H}]}$$

$K_{\frac{M}{n}-H}$表征 Me 离子对树脂的亲和力。因此，又可称为离子交换反应的选择系数。表 4.7 和表 4.8 分别列举了某些阳离子和阴离子的选择系数。

当树脂和溶液中的离子达到交换平衡时，可用分配系数 D 表示目的组分在两相中的分配情况：

$$D=\frac{[\overline{Me}]}{[Me]}\left(\frac{mmol/g(干树脂)}{mmol/mL(溶液)}\right)=\left(K_{\frac{Me}{n}-H}\cdot\frac{[\overline{H}]}{[H]}\right)^{n}$$

某一操作条件下两组分的分离情况可用分离因数 β 表示，它是某一操作条件下被吸附离子的分配系数之比：

$$\beta_{1/2}=\frac{D_1}{D_2}=\frac{[\overline{Me_1}]\cdot[Me_2]}{[Me_1]\cdot[\overline{Me_2}]}$$

表 4.7 阳离子交换的选择系数 *Dowex*50 (%)

金属离子	选择系数			金属离子	选择系数		
	$x=4$	$x=8$	$x=16$		$x=4$	$x=8$	$x=16$
Li^+	1.00	1.00	1.00	Cu^{2+}	3.29	3.85	4.46
H^+	1.32	1.27	1.47	Cd^{2+}	3.37	3.88	4.95
Na^+	1.58	1.98	2.37	Ni^{2+}	3.45	3.93	4.06
NH_4^+	1.90	2.55	3.34	Be^{2+}	3.43	3.99	6.23
K^+	2.27	2.90	4.50	Mn^{2+}	3.42	4.09	4.91
Rb^+	2.46	3.16	4.62	Ca^{2+}	4.15	5.16	7.27
Cs^+	2.67	3.25	4.66	Sr^{2+}	4.70	6.51	10.10
Ag^+	4.73	8.51	22.99	Ba^{2+}	7.47	11.50	20.80
Tl^+	6.71	12.40	28.50	Pb^{2+}	6.56	9.91	18.0
UO_2^{2+}	2.36	2.45	3.34	Cr^{3+}	6.6	7.60	10.5
Mg^{2+}	2.95	3.29	3.51	La^{3+}	7.6	10.70	17.0
Zn^{2+}	3.13	3.47	3.78	Ce^{3+}	7.5	10.60	17.0
Co^{2+}	3.23	3.74	3.81				

表 4.8 阴离子交换的选择系数

阴离子	选择系数		阴离子	选择系数	
	Dowex-1	*Dowex*-2		*Dowex*-1	*Dowex*-2
Cl^-	1.00	1.00	HSO_3^-	1.3	1.3
OH^-	0.09	0.65	NO_3^-	3.8	3.3
F^-	0.09	0.13	NO_2^-	1.2	1.3
Br^-	2.8	2.3	$H_2PO_4^-$	0.25	0.34
I^-	8.7	7.3	CNS^-		18.5
ClO_4^-		3.2	CN^-	1.6	1.3
BrO_3^-		1.01	HCO_3^-	0.32	0.53
IO_3^{2-}		0.21	$HCOO^-$	0.22	0.22
HSO_4^-		6.1	CH_3COO^-	0.17	0.18

β 值越大于或越小于 1 时，Me_1 与 Me_2 越易分离；$\beta=1$ 时，则无法用离子交换法将其分离。

离子交换吸附过程包括吸附、洗涤、淋洗、冲洗和转型等作业，各作业的有关因素均影响交换吸附过程的技术经济指标，除离子交换树脂的质量和交换设备等影响因素外，影响过程的主要因素为吸附原液的性质、吸附作业条件和淋洗作业条件。

（1）吸附原液的性质。

1）悬浮物及胶体物质的含量：清液吸附的原液应预先用澄清过滤等方法除去固体悬浮物和某些胶体物质，否则会堵塞树脂孔隙，增加压头损失，胶体物质会堵塞和覆盖树脂，由于条件变化，还可能沉积于树脂微孔中，降低交换速率，使树脂中毒。矿浆吸附时也须预先用分级的方法除去粗砂，使稀矿浆的浓度和密度适于矿浆吸附的要求。

2）被吸组分的浓度：离子交换吸附法一般适于处理稀溶液，被吸组分含量低时比较有利。若原液中被吸组分浓度高于0.1～0.5mol/L时，常用树脂的交换容量很难满足要求，此时一次投入的树脂量大，使用周期短，操作费用高。

3）干扰离子浓度：原液中与被吸组分同类型离子的种类太多和浓度高时会降低树脂的操作容量，其中高价金属离子（如Fe^{3+}、Al^{3+}、Cr^{3+}等）及各种配离子的不良影响更大。氧化剂（Cl_2、H_2O_2、O_2、H_2CrO_4等）和还原剂（$Na_2S_2O_3$、Na_2SO_3等）也会干扰树脂的使用。

4）pH值：原液的pH值不仅影响树脂的交换能力，而且影响被吸组分的存在形态，如Cr^{6+}在碱性介质中主要呈CrO_4^{2-}形态存在，在微酸性介质中则以$Cr_2O_7^{2-}$形态存在。因此，原液pH值对树脂的选用和交换容量的影响较大。

（2）吸附作业条件。

1）交换柱：被吸组分在柱中交换重复的次数与柱的高度有关，树脂的利用率一般随柱高的增大而上升，开始上升快，后来上升慢。在高柱、低流速条件下的交换量较大。因此，小型实验用交换柱的柱高与柱径之比一般为（20～30）∶1，大型柱的高径比以4∶1为宜，因柱太高既影响树脂利用率又增加压头损失。

2）流速：吸附流速可以线速度和空间流速表示。吸附线速度为吸附原液在整个柱截面上的流速：

$$U=\frac{Q}{S}$$

式中　U——线速度，m/h；

Q——通过交换柱的原液体积，m^3/h；

S——交换柱的内截面积，m^2。

空间流速是单位时间内流经单位树脂的原液平均体积，有时称为比体积（SV）或层体积（BV）：

$$U_S=\frac{Q}{V}$$

式中　U_S——空间流速，（每立方米树脂）m^3/h；

Q——通过交换柱的原液体积，m^3；

V——交换柱内的树脂体积，m^3。

U与U_S的关系为：

$$U_S=\frac{U}{h_1}$$

式中　h_1——交换柱内树脂床的高度，m。

离子交换速度取决于离子扩散速度，而膜扩散速度与流速有关。适当提高流速，有利于膜扩散，可提高产能，但随着流速增大，树脂床的压头损失也增大。通常强酸、强碱树脂的交换速度较大，可用较高的流速，但弱酸、弱碱树脂的交换速度较慢，一般需用较低的流速。流速应与原液浓度、柱高相适应。通常空间流速为每立方米树脂5～40m^3/h，浓度低用高流速，浓度高用低流速。在整个吸附过程中要保持流速稳定。

3）温度：吸附温度影响原液的黏度、交换速度。温度高，交换速度快，效率高，但在室温下影响不明显。在不引起树脂氧化、热破坏的条件下，提高吸附温度对交换有利。苯乙烯强酸树脂的耐氧化性能较好，使用温度可以高些。酚醛树脂的耐温性能稍差。而阴离子树脂上的氮原子易氧化，耐氧化性能很差，使用温度一般不超过60℃。

（3）淋洗作业条件。

1）淋洗剂的选择：淋洗剂的选择不仅关系到树脂的再生效果、淋洗结果，而且关系到淋洗液的处理和利用。为了使被吸组分较完全地淋洗下来，通常要求淋洗剂对被淋洗的饱和树脂应有较大的亲和力，能破坏被吸组分所生成的配合物，对被吸组分有更强的配合能力或使被吸组分转变为不被树脂吸附的离子形态，从而使被吸组分从饱和树脂上淋洗下来。淋洗剂对被吸组分的淋洗过程实质上是淋洗剂中有关离子从饱和树脂上将被吸组分“挤”和“拉”下来的过程。

通常强酸树脂采用盐酸或硫酸液淋洗，而盐酸的淋洗效果较硫酸好。强碱树脂可用氯化钠与氢氧化钠混合液，硝酸铵与硝酸混合液、碳酸氢钠、硫氰化钠、硫化钠等溶液淋洗。弱酸树脂可用盐酸或硫酸淋洗，也可用铵盐淋洗。弱碱树脂可用碱（苛性钠、碳酸钠、碳酸氢钠、氨水）淋洗。

2）淋洗剂浓度：在一定范围内，淋洗效率随淋洗剂浓度的增大而提高，常用的淋洗剂浓度约1%～10%。随淋洗剂浓度的增大，树脂体积会收缩脱水，使树脂层紧缩，而在冲洗阶段树脂又重新溶胀，易引起树脂破裂。因此，应根据具体条件选定淋洗剂浓度，不可太高，一般不大于10%。

为节省试剂，淋洗过程中可根据情况改变淋洗剂浓度，即初期和后期可以稍稀、中期稍浓，也可采用变浓梯度淋洗，即采用逐级增浓返回的淋洗方法，可以提高淋洗效率和提高合格液中目的组分的浓度。

3）淋洗流速：为了使淋洗剂与树脂充分接触，提高淋洗效率，一般淋洗流速比吸附流速低，淋洗空间流速约为每立方米树脂3～6m^3/h，淋洗剂用量常为4～8倍于饱和树脂体积。

4）淋洗方式：淋洗可采用柱外淋洗和柱内淋洗两种方式，柱内淋洗又可分为同流淋洗和逆流淋洗两种。一般柱内淋洗效率高于柱外淋洗，柱内逆流淋洗效率高于柱内同流淋洗效率。

5）淋洗温度：提高淋洗温度可以强化淋洗过程，提高淋洗效率，但受树脂热稳定性的影响，淋洗温度应控制在一定范围内。树脂的热稳定性与型式有关，一般盐型较酸型或碱型稳定，钠型磺化聚苯乙烯阳树脂可在150℃下使用，其氢型只能在100～120℃下使用，酚醛阳树脂只能在温水中使用，阴树脂的热稳定性较差。羟基缩聚树脂的使用温度不应超过30℃，聚苯乙烯类不应超过50～60℃，氯型可在80～100℃下使用。

现以离子交换法提取铀、钨、净化钼和制备高纯水为例，说明离子交换的化学过程。

（1）强碱性阴离子树脂吸附铀。铀在硫酸浸出液中呈多种离子形态存在，浸出液中的大部分杂质呈阳离子形态存在，加之铀的浓度常为0.5～1.0g/L，故常用强碱性阴离子交换树脂从硫酸浸出液中吸附铀，其反应为：

$$2\,\overline{R-Cl} + SO_4^{2-} \rightleftharpoons \overline{R_2SO_4} + 2Cl^-$$

$$2\,\overline{R_2SO_4} + UO_2(SO_4)_2^{2-} \rightleftharpoons \overline{R_4UO_2(SO_4)_3} + SO_4^{2-}$$

$$2\,\overline{R_2SO_4} + UO_2(SO_4)_3^{4-} \rightleftharpoons \overline{R_4UO_2(SO_4)_3} + 2SO_4^{2-}$$

$$\overline{R_2SO_4} + 2HSO_4^- \rightleftharpoons 2\,\overline{RHSO_4} + SO_4^{2-}$$

多数杂质在浸出液中呈阳离子存在，不被吸附，但铁、磷、砷和钒例外，三价铁可形成配阴离子：

$$Fe^{3+} + nSO_4^{2-} \longrightarrow Fe(SO_4)_n^{(2n-3)-} \qquad (n=1,2,3)$$

磷、砷、钒呈 $H_2PO_4^-$、$H_2AsO_4^-$、VO_3^- 形态存在，可被吸附，但因其含量小，一般影响不大，故采用强碱性阴离子树脂吸附铀的选择性高。

常用氯化物或硝酸盐的中性液或酸性液作淋洗剂，较常用的是硝酸盐的酸性液，淋洗反应为：

$$\overline{R_4UO_2(SO_4)_3} + 4NO_3^- \rightleftharpoons \overline{4R-NO_3} + UO_2^{2+} + 3SO_4^{2-}$$

柱内同流淋洗时所得淋洗液常分成几部分，合格液送后续处理，贫液返回淋洗。采用柱内逆流淋洗只得到合格液，可减少淋洗液体积和提高淋洗效率。

（2）强碱性阴离子树脂吸附钨。苛性钠溶液浸出含钨原料时，钨呈钨酸钠形态转入浸出液中，磷、砷、硅分别呈 PO_4^{3-}、AsO_4^{3-}、SiO_3^{2-} 形态存在于浸液中。由于钨酸根对强碱性阴离子树脂的亲和力大于磷、砷、硅离子对树脂的亲和力，故吸附时有较高的选择性。树脂饱和后，可用氯化铵与氢氧化铵的混合液进行淋洗。过程反应为：

$$\overline{2R-Cl} + Na_2WO_4 \rightleftharpoons \overline{R_2WO_4} + 2NaCl$$

$$\overline{R_2WO_4} + 2NH_4Cl \rightleftharpoons 2\,\overline{R-Cl} + (NH_4)_2WO_4$$

此法除磷、砷、硅的效率可达95%以上，三氧化钨的回收率可达97%以上。

此法无法分离钨和钼，因其亲和力相近。

（3）弱酸性阳离子树脂净化钼。氨浸辉钼矿焙砂或氧化钼可得钼酸铵浸出液，而铜、铁、锰、镁、镍、钴等杂质呈阳离子形态存在，如 $Fe(NH_3)_6^{2+}$、$Cu(NH_3)_4^{2+}$、$Zn(NH_3)_4^{2+}$ 等，由于杂质含量少，钼含量高，可采用弱酸性阳离子树脂吸附浸液中的阳离子杂质，使钼留在流出液中，从而使钼与杂质组分分离。吸附于树脂上的阳离子杂质可用适当浓度的盐酸或硫酸淋洗，然后用氢氧化铵将树脂转为铵型而重新用于吸附。

（4）制备高纯水。离子交换技术的一个重要用途是制备高纯水、净化饮用水。制备高纯水的典型流程如图4.5所示。未处理的原水除含 H^+、OH^- 离子外，还可能含有 Na^+、NH_4^+、K^+、Ca^{2+}、Mg^{2+}、Fe^{3+}、Fe^{2+}、Cu^{2+}、Mn^{2+}、Al^{3+} 及痕量的 Zn^{2+} 等阳离子及 Cl^-、SO_4^{2-}、HPO_4^{2-}、HCO_3^-、NO_3^-、NO_2^-、HS^-、F^-、PO_4^{3-}、$HSiO_3^-$ 等阴离子。在自来水中则以 Ca^{2+}、Cl^- 为主。当原水通过阳柱时，交换反应为：

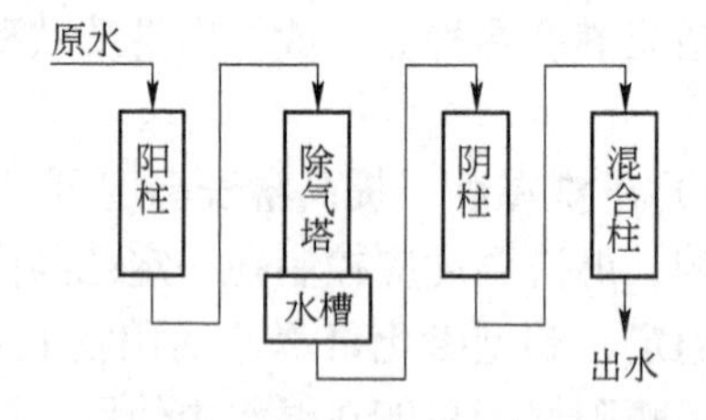

图4.5　制备离子交换水典型流程图

阳柱—内装强酸性阳离子树脂（H型）；阴柱—内装强碱性阴离子树脂（OH型）；混合柱—内装充分混匀的阳离子树脂和阴离子树脂；除气塔—空气吹入式填料塔或筛板塔

$$\overline{H} + Na^+ \rightleftharpoons \overline{Na} + H^+$$

$$2\overline{H} + Ca^{2+} \rightleftharpoons \overline{Ca} + 2H^+$$

$$\vdots$$

因此，阳柱出水一般呈酸性或弱酸性。交换下来的 H^+ 还与水中的 HCO_3^-、CO_3^{2-} 作用：

$$H^+ + HCO_3^- \longrightarrow H_2CO_3 \longrightarrow H_2O + CO_2 \uparrow$$

$$2H^+ + CO_3^{2-} \longrightarrow H_2CO_3 \longrightarrow H_2O + CO_2 \uparrow$$

反应生成的 CO_2 经除气塔除去。除去 CO_2 后的原水进入阴柱。在阴柱中的交换反应为：

$$\overline{OH} + Cl^- \rightleftharpoons \overline{Cl} + OH^-$$

$$2\,\overline{OH} + SO_4^{2-} \rightleftharpoons \overline{SO_4} + 2OH^-$$

$$\vdots$$

交换下来的 OH^- 与 H^+ 结合成水。因此，阴柱出水接近中性或呈弱碱性。原水经阳柱和阴柱后，大部分杂质离子已被树脂吸附，残存的少量杂质离子再经混合柱进一步净化和中和酸度。从混合柱出来的水的电导率一般为 $5 \times 10^{-7} \sim 5 \times 10^{-8}$S/m，pH 值为 7 左右，一般蒸馏水的电导率为 10^{-5}S/m 左右，故离子交换水较蒸馏水纯得多。

经一定时间后，交换柱的净化能力下降，此时应及时进行再生处理。再生时先用清水逆洗以除去污泥和悬浮物等杂质，然后用 2mol/L 盐酸再生阳树脂，用 2mol/L 苛性钠再生阴树脂。混合柱中的阳树脂和阴树脂可利用其密度差先用漂洗法将其分开，当密度差小时可用盐水使其分开，然后用酸和碱分别将其再生为 H 型和 OH 型。

制备高纯水应按阳柱→阴柱→混合柱的顺序进行。若原水先进阴柱，交换下来的 OH^- 离子可能与 Ca^{2+}、Mg^{2+} 离子生成沉淀，同时强碱阴树脂对水中悬浮物、有机物比较敏感，价格也较高，故一般采用先阳后阴的顺序。在实验室可将蒸馏水直接通过混合柱而制得高纯水。

4.4 活性炭及其吸附机理

4.4.1 吸附净化法

吸附净化法是从稀溶液中提取、分离和富集有用组分或有害组分的常用方法之一，工业上常用的吸附剂有活性炭、磺化煤及某些天然吸附剂（如软锰矿、磷灰石、高岭土、沸石等）。活性炭目前主要用于提取金银，天然吸附剂主要用于水的净化、废水处理。

吸附净化法的原则流程与离子交换法相似，主要包括吸附和解吸两个基本作业。

1847 年就发现活性炭可从溶液中吸附贵金属，1880 年开始用活性炭从含金溶液中回收金，但当时只能从澄清液中吸附金，而且活性炭不返回使用，故无法代替广泛使用的锌置换工艺。1934 年人们用活性炭直接从矿浆中吸附金银，直至 1952 年，J. B. 扎德拉（Zadra）等用热的氰化钠和氢氧化钠的混合液成功地从载金炭上解吸金银，才使炭浆法提金工艺趋于完善。1961 年开始小规模用于美国科罗拉多州的卡尔顿选厂，完善的炭浆提金流程于 1973 年首先用于美国南达科他州的处理量为 2250t/d 的霍姆斯特克选厂。从此以后，国外相继建立了多座炭浆提金厂。1985 年我国自行设计的灵湖金矿、赤卫沟金矿两个炭浆厂相继投产，至今已建成了几十座炭浆提金厂。

活性炭除用于吸附金银外，还可从稀的氯化物溶液中吸附铂、钯、锇，也能吸附铷、钐、钇等元素，甚至可从酸性液中选择性地分离铼和钼。此外，活性炭广泛地用于废水净化，化学分析等领域。

4.4.2　活性炭及其性能

活性炭是将固态碳质物质（如煤、木料、硬果壳、果核、糖、树脂等）于隔绝空气的条件下经受高温（约600～900℃）炭化，然后在400～900℃条件下用空气、二氧化碳、水蒸气或其混合气体氧化活化后的多孔物质。因此，活性炭的制备可分为炭化和活化两个阶段。炭化阶段可使炭以外的物质挥发，氧化活化阶段可烧去残留的挥发物质以产生新的孔隙和扩充原有的孔隙，改善微孔结构，增加其吸附活性。低温（400℃）活化的炭为L—炭，高温（800℃）活化的炭为H—炭。H—炭须在惰性气氛中冷却，否则会转变为L—炭。

活性炭的吸附性能取决于氧化活化时气体的化学性质及其浓度，活化温度，活化程度和炭中无机物组成及其含量等因素，而主要是由活化气体的性质和活化温度决定。活化温度对用氧活化的糖炭性质的影响如表4.9所示。活性炭的表面积是衡量其吸附活性的主要技术指标之一。从表4.9可知，糖炭的表面积随活化温度的提高而显著增大。活化温度愈高，残留的挥发物质挥发愈完全，微孔结构愈发达，表面积和吸附活性愈大。活性炭中含有相当数量的氢和氧，可以认为它们是呈表面配合物形态与炭化学键合的，糖炭中氢和氧的含量随活化温度的提高而下降。由于随着活化温度的提高，更多的挥发物质被除去，故炭中的灰分随活化温度的提高而增大。活性炭中的灰分主要由K_2O、Na_2O、CaO、MgO、Fe_2O_3、Al_2O_3、P_2O_5、SO_3、Cl^-等组成。灰分含量对活性炭性能有很大影响，即使灰分含量变化几个单位，也将显著改变活性炭的吸附活性。灰分含量愈高，活性吸附表面积愈小，吸附活性愈低。一般可用盐酸或氢氟酸（如1%～2% HCl或HF）浸泡，然后水洗的方法除去或降低活性炭的灰分。活性炭的灰分与其原料来源有关。一般认为用蔗糖制得的活性炭的灰分含量最低。

表4.9　活化温度对用氧活化的糖炭性质的影响

项　目		活化温度			
		400℃	550℃	650℃	800℃
组成/%		L—炭			H—炭
碳		75.7	85.2	87.3	94.3
氧		19.0	10.4	7.4	3.2
氢		3.2	2.7	2.1	1.5
灰分		0.7	1.3	1.4	(1.2)
表面积/$m^2 \cdot g^{-1}$（Bet法测定）		40	400	390	480
水悬浮液的pH值		4.5	6.8	6.7	9.0
吸附量/$\mu g \cdot g^{-1}$	NaOH	340	159	158	23
	HCl	39	155	169	265

试验表明，在有氧存在的条件下，活性炭与水溶液接触时会产生水解吸附，使水溶液的pH值升高或降低（见表4.9），活性炭水悬浮液的pH值随其活化温度的提高而增大。活性炭对酸或碱的吸附与其水悬浮液的pH值有关，使蒸馏水的pH值降低的活性炭对碱的吸附能力较强，使蒸馏水的pH值升高的活性炭对酸有较强的吸附能力。试验还表明，

氧分压对活性炭的吸附特性有很大的影响（见图 4.6）。因此，活性炭的吸附特性可能是氧压的函数。此外，某些活性炭具有还原性能或氧化性能，可使溶液中的某些离子还原为金属并析出酸或使某些离子氧化。

活性炭的机械强度与其原料来源及炭化温度有关，当炭化温度超过 700℃时，其机械强度将显著增大。

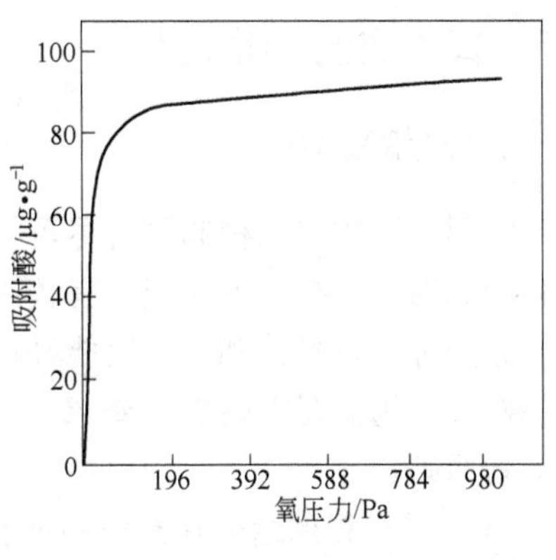

图 4.6 氧分压对 H－炭吸附盐酸的影响

4.4.3 活性炭的吸附机理

活性炭从清液或矿浆中吸附物质组分的机理目前尚不统一，为了解释这一现象，曾提出过各种吸附模式，综合起来可将其分为三类：

（1）物理吸附说

认为活性炭从溶液中吸附物质组分完全是由范德华力引起的，因为活性炭晶体是由一些平面组成的，在每一平面上碳原子呈六方形格子排列，每个碳原子以共价键与相邻的三个碳原子结合在一起，微晶由多个这样的平面构成，这些平面的直径和堆积高度一般小于 1×10^{-8}m。炭化后通入氧化性气体活化时，气体将同晶格中不同部位的碳原子发生反应，生成的一氧化碳或二氧化碳气体将逸出，晶格中因缺少碳原子而形成空隙或空穴，故在微晶的边缘、空隙或空穴处具有不饱和键，具有很大的吸附活性。活性炭的空隙度愈高，表面积愈大，晶格中的活性吸附点就愈多，吸附活性则愈大。其反应可表示为：

$$H_2O + C_x \longrightarrow H_2 + CO + C_{x-1}$$
$$CO_2 + C_x \longrightarrow 2CO + C_{x-1}$$
$$O_2 + C_x \longrightarrow 2CO + C_{x-2}$$
$$2O_2 + C_x \longrightarrow 2CO_2 + C_{x-2}$$

（2）电化学吸附说

认为氧与活性炭悬浮液接触时被还原为羟基并析出过氧化氢，而炭为电子给予体，使其带正电，故可吸附阴离子。其反应为：

$$O_2 + 2H_2O + 2e \longrightarrow H_2O_2 + 2OH^-$$
$$C - 2e \longrightarrow C^{2+}$$

也有人认为 H－炭表面具有明显的醌型结构，L－炭则具有氢醌结构，在 500～700℃区间活化的炭则兼有这两种结构。它们像可逆氢电极一样，在氧化介质中，氢醌结构转变为醌结构，使活性炭带正电，可吸附阴离子。反之，则醌结构转变为氢醌结构，活性炭带负电，可吸附阳离子。

（3）双电层吸附说

用活性炭从氰化液中吸附金银时发现，活性炭吸附氰化金、银的吸附曲线与炭表面的 ζ 电位曲线相似。炭的 ζ 电位为负值，而且发现只有吸附氰化银后才能吸附 Na^+、Ca^{2+} 离子，而 Na^+、Ca^{2+} 离子的吸附又可增加氰化银离子的吸附。因此，认为是氰化银先吸附于活性炭的晶格活化点上，Na^+、Ca^{2+} 离子作为配衡离子吸附于紧密扩散层，而 Na^+、Ca^{2+} 离子的吸附又可使其余的氰化银离子吸附，从而增加氰化银的吸附量。

上述有关活性炭吸附机理的假说皆基于某些实验提出来的，均可说明某些实验结果，但实际上并非那样单一，吸附现象是复杂的，很可能是几种机理同时起作用。活性炭本身也不是单一元素碳的无定形体，而是一种复杂的有机聚合体。

4.5　离子交换吸附工艺

4.5.1　树脂的选用

实际应用中要求树脂具有尽可能高的交换容量、高的机械强度，能耐干湿冷热变化，耐酸碱胀缩，能抗流速磨损；有较高的化学稳定性，能耐有机溶剂、稀酸、稀碱、氧化剂和还原剂等；选择性和再生性能好；结构性能好，孔径、孔度合适，比表面积大，抗污染性能好等。为满足上述基本要求，选用树脂（种类、交换基团和离子型式）时一般应遵循下列原则：

（1）根据目的组分在原液中的存在形态选择树脂的种类，如目的组分呈阳离子形态则选用阳离子交换树脂，反之则须选用阴离子交换树脂；

（2）交换能力强、交换势高的离子，因淋洗再生较困难，应选用弱酸性或弱碱性树脂。在中性或碱性体系中，多价金属阳离子对弱酸性阳离子树脂的交换能力较强酸性树脂强，用酸很易淋洗；

（3）对树脂交换基团作用较弱的无机酸离子，如离解常数较小（p*K* 值大于 5）的酸与弱碱树脂成盐后水解度很大，同时还应考虑价数，离子大小及结构因素，此时应选用强碱性树脂；同理，对交换基作用较弱的阳离子应选用强酸性树脂（见表 4.10）；

表 4.10　阴离子树脂对某些无机酸的作用

酸	p*K*（25℃）	作用难易	
		弱　碱	强　碱
HCl	−6.1	易	易
HNO_3	−1.34	易	易
H_2SO_4	pK_1 −3，pK_2 1.9	易	易
H_3PO_4	pK_1 2.2，pK_2 7.2，pK_3 12.36	易	易
H_3BO_3	pK_1 9.24，pK_2 12.74，pK_3 13.80	不	能
H_2SiO_3	pK_1 9.77，pK_2 11.80	不	能
H_2CO_3	pK_1 6.38，pK_2 10.25	不	能
H_2S	pK_1 6.88，pK_2 14.15	不	能
HCN	9.21	不	能

（4）中性盐体系中选用强酸或强碱树脂；

（5）彻底除去微量离子时应采用强型树脂，含量较高或要求选择性高时可选用弱型树脂；

（6）中性盐体系使用盐型树脂，体系 pH 值不变，有利于平衡。酸性或碱性体系中应选用羟型或氢型树脂，反应后生成水有利于交换平衡。有盐存在需单独除去酸或碱时，可使用弱碱或弱酸树脂，否则交换后系统中的盐会继续交换生成酸或碱，对平衡不利。使用混合柱时，生成的酸、碱可逐步中和除去；

（7）聚苯乙烯型树脂的化学稳定性比缩聚树脂高，阳离子树脂的化学稳定性较阴离子树脂高，阴离子树脂中，以伯、仲、叔胺型弱碱性阴树脂的化学稳定性最差。最稳定的是磺化聚苯乙烯树脂；

（8）树脂的孔度包括孔容和孔径两部分内容。凝胶型树脂的孔度与交联度有密切的关系，溶胀状态下的孔径约为数十埃。大孔型树脂内部含有真孔和微孔两部分，真孔为数万至数十万埃，它不随外界条件而变，而微孔较小，随外界条件而变，一般为数十埃。一般所用树脂的孔径应比被交换离子横截面积大数倍（3~6倍）。

4.5.2 树脂的预处理

出厂树脂皆含有合成过程中生成的低聚合物、反应试剂等有机物和无机物杂质。因此，使用前必须对树脂进行预处理。先将树脂放入水中浸泡24h让其充分膨胀，再用水反复漂洗以除去色素、水溶性杂质和灰尘等，将水排净后再用95%乙醇浸泡24h以除去醇溶性杂质，将乙醇排净后用水将乙醇洗净。经充分溶胀并除去水溶性和醇溶性杂质后的树脂，用湿筛或沉降分级法得到所需粒级的树脂。出厂树脂一般为盐型（Na型或Cl型），使用前还需除去酸溶性和碱溶性杂质。若为阳离子树脂可先用2mol/L HCl浸泡2~3h，将盐酸液排净后用水洗至pH值为3~4，再用2mol/L NaOH溶液浸泡，然后水洗至pH值为9~10即可贮存使用。若为阴离子树脂，则按2mol/L NaOH→水→2mol/L HCl→水的顺序处理，以除去碱溶性和酸溶性杂质，最后水洗至pH值为3~4。处理后的树脂用水浸泡贮存，使用时根据分离对象和要求转成所需要的离子类型，如吸附铀时转变为—SO_4^{2-}型。为使转型完全，所用酸、碱体积常为树脂体积的5~10倍。

4.5.3 吸附方法

离子交换吸附操作分柱作业（动态法）和槽作业（静态法）两种形式。柱作业时采用固定床或移动床，此时被吸附离子浓度差不仅存在于树脂和溶液的接触表面，而且存在树脂相和液相内部。槽作业时可用搅拌槽或流化床，此时树脂和溶液不断进行混合，被吸附离子浓度差仅存在于树脂和溶液的接触表面，而在树脂相或液相内部，被吸附离子的浓度相同。根据吸附原液中矿粒含量的多少又可将吸附作业分为清液吸附和矿浆吸附。固定床仅用于清液吸附。

4.5.3.1 清液吸附

固定树脂床吸附：固定树脂床吸附塔的结构如图4.7所示，其主体是一个高大的圆柱体，底部装有冲洗水布液系统，上部装有吸附原液和淋洗剂的布液系统。塔的大小取决于生产能力，塔的外壳一般由碳钢制成，内衬防腐蚀层。每一吸附循环所需塔数决定于塔中固定树脂床的高度及一系列操作因素。每塔的树脂床高度约为塔高的三分之二，它决定于一定操作条件下被吸附组分的交换吸附带高度，一般由试验决定。影响交换吸附带高度的主要因素为树脂性能、被吸组分性质、浓度及吸附流速等。对一定的树脂和吸附原液而言，交换吸附带高度主要决定于吸附流速。求吸附带高度的方法是将吸附原液以某一流速通过吸

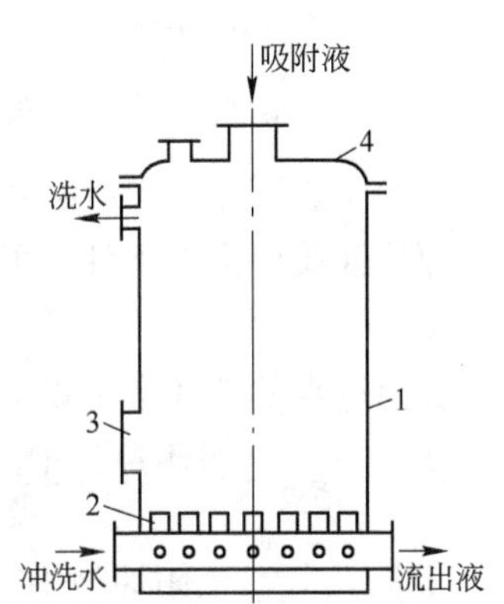

图4.7 固定床吸附塔
1—壳体；2—过滤帽；
3—人孔；4—圆形盖

附塔，以树脂饱和度为纵坐标，以从上往下计的树脂床高度为横坐标作吸附曲线（见图4.8）。树脂刚饱和的那层树脂至刚漏穿的那层树脂间的树脂床高度称为该组分在该操作条件下的交换吸附带高度，以 L_0 表示。若吸附塔中的树脂床高度为 L_0，则首塔饱和时，2号塔刚漏穿，3号已淋洗完毕准备投入吸附，因此，整个吸附循环最少需3个塔（备用塔除外）。若吸附塔中树脂床高度为$\frac{1}{2}L_0$，则吸附作业需3个塔，整个循环最少需4个塔。由此可知，若塔中的树脂床高度为 $1/nL_0$，则整个循环需（$n+2$）个塔。n 值愈大，树脂的周转率愈大，整个循环的树脂量可少些，但吸附塔数多，操作管理较复杂。n 值愈小，树脂的周转率小，投入的树脂量多，投资较高。因此，应通过对比方法决定适宜的 n 值，以决定塔中适宜的树脂床高度和吸附塔数目。

若塔中的树脂床高度为 L_0，各塔的吸附情况如图4.9所示，图中 a、b、c 分别为1、2、3塔的漏穿点。若各塔的树脂床高度和操作条件相同，各塔吸附的金属量也应相同，以2号塔为例，若吸附的金属量为 Q，则 Q 值相当于图中画斜线的那部分面积，并近似地等于长方形 $bcde$ 的面积：

$$Q = q \cdot B = V \cdot C$$

式中　Q——吸附塔中树脂所吸附的金属量，kg；

q——树脂的操作容量，kg/m^3；

B——吸附塔中的树脂量，m^3；

V——以2号塔漏穿至3号塔漏穿时的流出液体积，m^3；

C——吸附原液的金属浓度，kg/m^3。

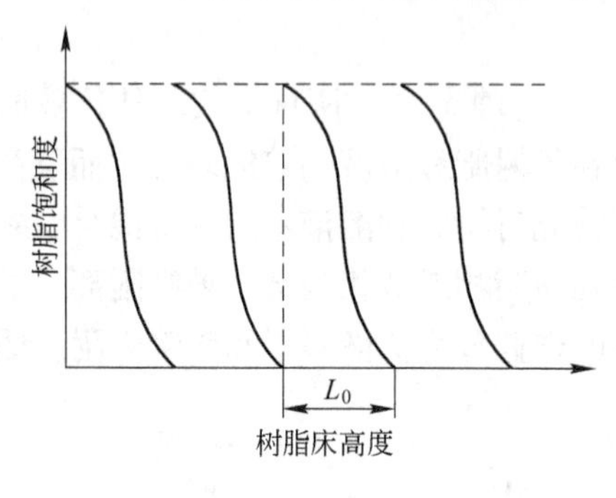

图4.8　吸附曲线

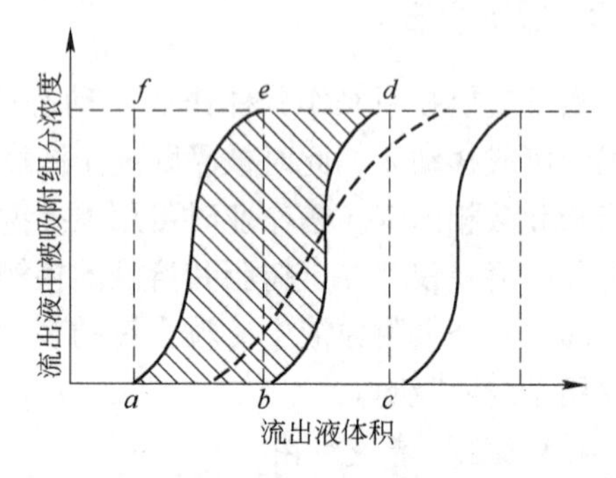

图4.9　各吸附塔的吸附曲线

从图4.8可知，各塔必须密切配合，漏穿后应及时接塔才能保证高的金属回收率。若改变原液性质或操作条件，可使漏穿点提前或推后，改变吸附速率，将破坏吸附循环的正常操作。

吸附过程的效率常用吸附率 $\varepsilon_{吸}$ 表示：

$$\varepsilon_{吸} = \frac{吸附原液中的金属量 - 流出液中的金属量}{吸附原液中的金属量}$$

$$= \frac{吸附原液中被吸组分浓度 - 流出液（吸余液）中被吸附组分浓度}{吸附原液中被吸附组分浓度}$$

生产中 $\varepsilon_{吸}$ 一般可达98%左右。

操作时用水将预处理过的树脂洗入装有水的吸附塔中，让树脂在水中沉降达到预定的高度（如为 L_0），树脂床应均匀和无气泡，浸泡在水中。从上部引入吸附原液，以与树脂床高度对应的流速流经固定树脂床，吸余液从下部排出，漏穿后的吸余液接入下一吸附塔。当塔内树脂被目的组分饱和后（达动态平衡），切除原液，该塔转入淋洗。原液直接进入2号塔，2号塔漏穿，流出液进入3号塔。淋洗前，冲洗水由塔底进入使树脂床膨胀松散，除去固体杂物，然后从上部引入淋洗剂，淋洗液从下部排出，根据其中目的组分浓度分为若干部分。淋洗完后，从上部引入洗水洗去树脂床中的淋洗剂，然后引入转型液使树脂转型，转型后的树脂重新用于吸附。由此周而复始地进行吸附和淋洗作业。

吸附多个循环后，若树脂有中毒现象，转入吸附前需用适宜的解毒试剂使树脂解毒，以使树脂恢复原有的吸附性能。

连续逆流吸附：连续逆流吸附塔的结构如图4.10所示，塔身为一高大圆柱体，上部有树脂进料装置和吸余液溢流堰。整个塔身分上下两部分。上部为吸附段，下部为洗涤段，其间用缩径分开，在各段的下部设有布液和布水装置，使溶液均匀地分布于塔的横截面上。在吸附段装有若干筛板，以减少树脂的纵向窜动和使液流均匀稳定地上升。连续逆流清液吸附作业和淋洗作业均在单塔中完成。淋洗塔的结构和吸附塔基本相同。吸附循环的设备联系图如图4.11所示。操作时吸附原液被泵入吸附塔内，淋洗后的树脂从塔上部加入，树脂自上向下沉降并与自下向上流动的吸附液逆流接触。树脂饱和或接近饱和时，经缩径进入洗涤段。饱和树脂经过缩径时受到很好的洗涤作用。缩径可减少吸附液向下穿窜，起良好的逆止作用，它只允许树脂和洗水逆流通过。饱和树脂在洗涤段洗涤后经塔底排出，用水力提升器送往脱水筛脱水。脱水后的饱和树脂从塔顶进入淋洗塔，在淋洗段与淋洗剂逆流接触，合格液由塔顶排出，淋后树脂经洗涤、提升、脱水后重返吸附塔循环使用。树脂在吸附段呈流化床，在洗涤段呈移动床。而在淋洗塔的淋洗段和洗涤段均呈移动床。为了达到预定的吸附淋洗效率，吸附塔应控制好吸附原液的流量和树脂的排出量（即

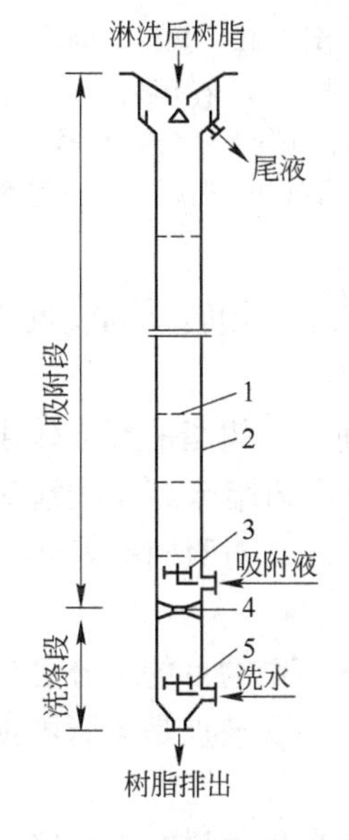

图4.10 连续逆流吸附塔

1—筛板；2—塔体；3—布液装置；4—缩径；5—布水装置

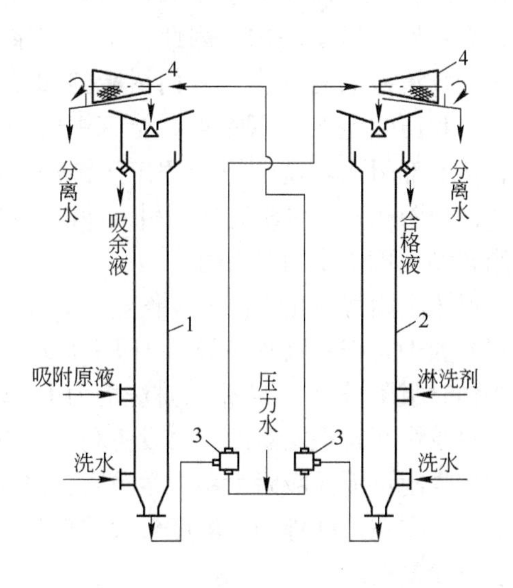

图4.11 连续逆流吸附—淋洗流程

1—吸附塔；2—淋洗塔；3—水力提升器；4—脱水筛

吸附液与树脂的流比），洗水用量、吸附树脂的动态高度等因素，淋洗塔主要应控制好淋洗剂用量、洗水用量、树脂层高度和树脂排放量（即树脂在淋洗段的停留时间、淋洗剂与树脂流比）等因素。

与固定床吸附比较，连续逆流吸附系统的流程较简单，只得到合格液，淋洗剂用量少，合格液浓度高，所用树脂量少，树脂利用率高，设备有效容积系数可达90%，且吸附液中的含固量可允许达1%～2%，但操作控制较严，不易掌握，不如固定床稳定。连续逆流吸附已用于水的处理，投资可节省25%～30%，树脂再生费和树脂用量低25%～40%，在金属提取领域已完成半工业试验。

4.5.3.2　*矿浆吸附*

矿浆吸附是在除去粗砂后的浸出矿浆中直接进行吸附，可省去或简化固液分离作业，适用于难以制取清液的矿浆。

悬浮树脂床吸附：矿浆悬浮吸附塔的结构如图4.12所示，主体为碳钢圆柱壳体，内衬不锈钢等耐腐蚀材料，底部为混凝土及耐酸砖内衬，并装有矿浆及压缩空气分配管及铺有石英砂层。石英砂层的作用是使矿浆和洗水能均匀地分布于塔的截面，并可防止树脂从下部排液管小孔流走。石英砂层按粒度大小分层铺成。塔的上部装有带网状分离装置的排泄管，由不锈钢槽和不锈钢筛网组成。操作时将预处理好的树脂装入塔内，达到规定高度后，将除去粗砂的矿浆经下部分配管以一定流速泵入塔内，塔内树脂床处于稳定的悬浮状态。矿浆流经树脂床经上部排泄管排出或流入下一吸附塔。网状分离器的筛孔比树脂粒度小而比矿浆中的最大矿粒大，它只让矿浆通过而将树脂留于塔内。因此，用于矿浆吸附的树脂粒度一般较清液吸附的大。塔内树脂饱和后，从下部引入逆洗水和压缩空气，以除去树脂床中的细泥。冲洗干净后，从上部引入淋洗剂进行固定床淋洗。淋洗液的处理与清液吸附相同。淋洗完后，引入冲洗水洗去树脂床中的淋洗剂，用转型液或吸余矿浆使树脂转型后可重新用于吸附。

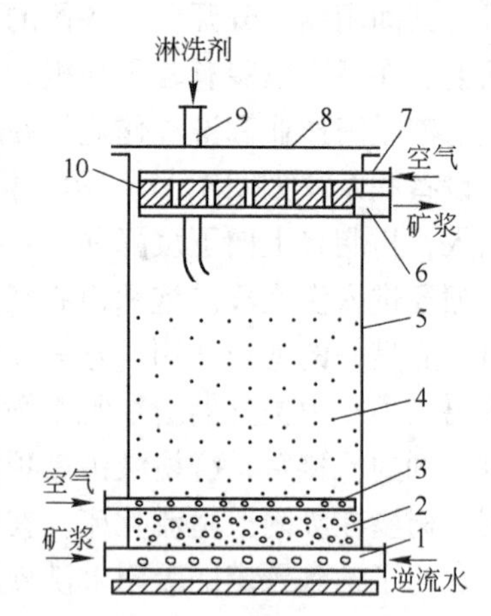

图4.12　悬浮吸附塔

1—下部排管；2—石英层；3，7—空气管；4—树脂床；5—塔体；6—排出管；8—盖；9—淋洗管；10—筛网

悬浮床吸附可简化固液分离作业，处理量大，吸附塔结构简单，树脂的磨损较小，但此法仅能处理含细粒（如－325目即－0.043mm）的稀矿浆，所需树脂床高度较清液吸附大。操作时吸附塔为3～4个，淋洗塔为1～2个，故作业周期较长，对吸附矿浆而言是连续的，对单塔而言是间断的，故设备利用率较低。

搅拌吸附：搅拌吸附为静力学吸附，需经多段吸附才能使液相中的目的组分含量达废弃值。其优点是可处理固体浓度较大的矿浆，操作条件易控制，主要缺点是树脂磨损较严重和设备较复杂。

搅拌吸附可在带网筐的搅拌槽或空气搅拌吸附塔中进行。采用搅拌槽时将树脂装入带筛网的网筐中，筛孔尺寸比树脂粒度小而比矿粒大。每槽有多个网筐，它由传动装置带动在槽内作上下往复运动，使筐中树脂与矿浆充分接触。吸附系统由多个搅拌槽串联组成，矿浆从一端给入而从另一端排出。树脂饱和后，由吸附系统转入淋洗系统进行淋洗。

常见的空气搅拌吸附塔结构如图4.13所示，与浸出用泊秋克槽的区别在于上部装有带网状分离装置的矿浆排出管，下部有淋洗液排出管及压缩空气管。操作时根据处理量及料液中的目的组分浓度决定树脂量，将其装入塔内。吸附矿浆从塔顶进入，用压缩空气搅拌使树脂与矿浆充分接触，矿浆经筛网从溢流口排出，树脂留于塔内。树脂饱和后，从下部引入逆洗水和压缩空气洗去树脂床中的细泥，然后从上部引入淋洗剂进行固定床淋洗，得到合格液和贫液。由于吸附、逆洗、淋洗和脱淋洗剂等作业均在同一塔中进行，故对单塔而言，操作是间断的，周期长，无法实现连续逆流操作。

连续半逆流吸附：连续半逆流吸附塔的结构如图4.14所示，主体仍为空气搅拌吸附塔，只在塔的下部加装一个树脂浓集戽，用于连续地在塔间提升树脂。操作时，由上塔来的矿浆和由下塔来的树脂均由进料管进入塔内，经空气搅拌接触后，矿浆经筛网排至下塔，在混合过程中部分树脂落入浓集戽中，由空气提升器送至上塔。流经一个塔的矿浆和树脂则称为一个吸附段。在塔间矿浆与树脂呈逆流流动，实现了树脂和矿浆的连续排放和流动。但在每一塔内，树脂与矿浆均处于扰动状态，属静力学吸附，故将这种吸附方法称为连续半逆流吸附。在吸附系统，矿浆由首塔进入，流经各塔后由尾塔排出，树脂则由尾塔进入，依次流经各吸附塔，饱和树脂由首塔排出。吸附首塔出来的饱和树脂经圆筒筛脱泥脱水，再经脱泥塔脱泥后进入淋洗塔进行淋洗。采用移动床逆流淋洗法，只得到合格液并可保证较高的合格液浓度。淋洗后的树脂送入脱淋洗剂塔脱除淋洗剂，然后返至吸附系统的尾塔。

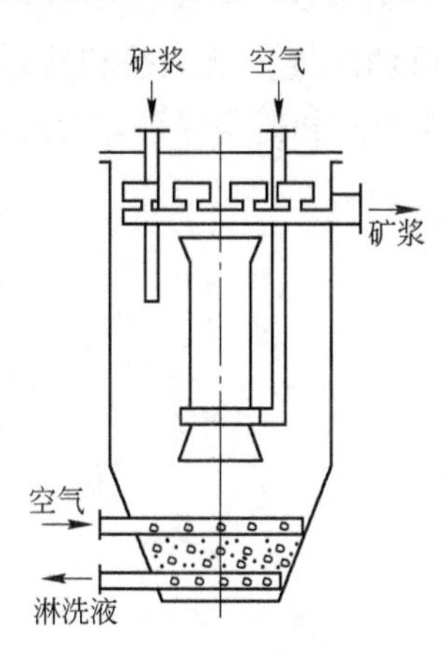

图4.13 空气搅拌吸附塔

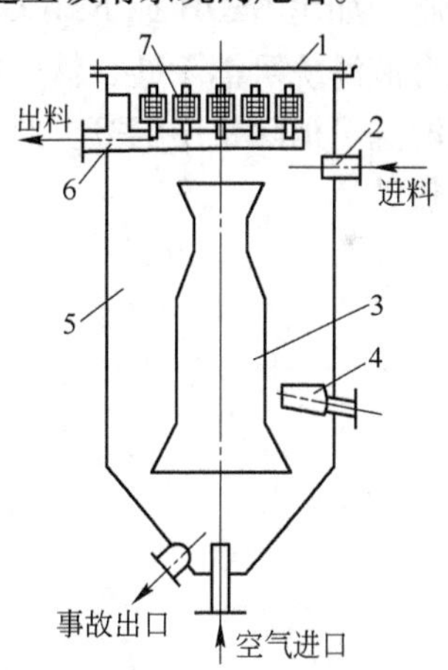

图4.14 半逆流吸附塔

表4.11列举了三种矿浆吸附法的优缺点，从投资、处理能力和吸附效率等方面综合考虑，连续半逆流吸附较先进，悬浮吸附较差，空气搅拌吸附居中。

表4.11 三种矿浆吸附法比较

项　目	悬浮吸附	空气搅拌吸附	连续半逆流吸附
树脂投入量	多	中等	少
每吨树脂年处理能力	小	中等	大
树脂损耗	较小	较大	大
矿浆液固比	大	小	较大
动力消耗	小	较大	大

4.5.4　树脂中毒及其处理方法

离子交换树脂在长期循环使用过程中其交换容量不断下降的现象称为树脂中毒。使树脂中毒的主要因素为：原液中含有对树脂亲和力极大的杂质离子，它们不被正常淋洗剂所淋洗；其次是某些固体杂质或有机物质沉积于树脂网眼中降低了交换速率，从而降低了树脂的操作容量；再次是外界条件的影响使树脂变质。因此，树脂中毒可分为物理中毒（沉积）和化学中毒（吸附和变质）两种。根据中毒树脂处理的难易又可分为暂时中毒和永久中毒两种。暂时中毒是指用淋洗方法可以恢复树脂性能的中毒现象，而永久中毒则是目前用淋洗方法不能恢复其吸附性能的中毒现象。由于中毒现象使吸附容量不断降低，甚至完全失去交换能力，故树脂中毒将严重影响吸附作业的正常进行和降低其技术经济指标。

实践中发现树脂中毒现象时，首先必须详细查明树脂中毒的原因，然后采取相应措施进行“防毒”和“解毒”。如采用强碱性阴离子树脂从硫酸浸出液中提取铀时，常见的中毒现象有硅、钼、钛、钒和连多硫酸盐等中毒。“防毒”措施如预先将原液中的五价钒还原为四价，预先将原料中的硫化物浮出和预先用硫化钠沉钼等措施可有效地防止钒、连多硫酸盐和钼中毒。有时虽然采取了某些预防措施，但仍难免树脂中毒，或有时采取某些预防措施在经济上不合算或会给工艺造成很大困难时，最有效的方法是采用某些解毒试剂处理中毒树脂，如用 NaOH 或 Na_2CO_3 溶液淋洗可消除硅、钼、钒、元素硫中毒；用 HF - H_2SO_4 混合液淋洗可消除硅、钛、锆中毒；用硝酸淋洗可消除连多硫酸盐和硫氰根中毒；用还原剂淋洗可消除钒中毒等。此外，还应严格注意操作条件和树脂保存，防止树脂的酸碱破坏和热破坏。

5 有机溶剂萃取净化法

5.1 概述

近年来，溶剂萃取法日益为人们所重视。有机溶剂萃取是用一种或多种与水不相混溶的有机试剂从水溶液中选择性地提取某目的组分的工艺过程。可用此法进行分离提纯、富集有用组分或显色法分析等。溶剂萃取的原则流程如图5.1所示。一般包括萃取、洗涤、反萃取和有机相再生四个作业。在萃取中，含目的组分的水相与含有机溶剂的有机相在萃取设备中混合，此时目的组分从水相选择性地转入有机相，然后静止分层得到荷载目的组分和共萃杂质的负载有机相和萃余液。洗涤的目的是用适当的试剂（洗涤剂）洗去负载有机相中的少量共萃杂质、洗后液一般返回萃取以回收其中的目的组分。反萃的目的是用适当的反萃剂使负载有机相中的目的组分转入水相，得到目的组分含量高的反萃液，对其进一步处理可得化学精矿。反萃后的有机相经再生后返回或直接返回萃取使用。有时可用还原反萃或沉淀反萃法使被萃组分转变为难以萃取的低价形态或以沉淀形态析出。在萃取工艺中，萃取和反萃是不可少的作业，而洗涤和再生作业有时可省去。在萃取、洗涤、反萃和再生时，有机相和水相均呈逆流相向流动。

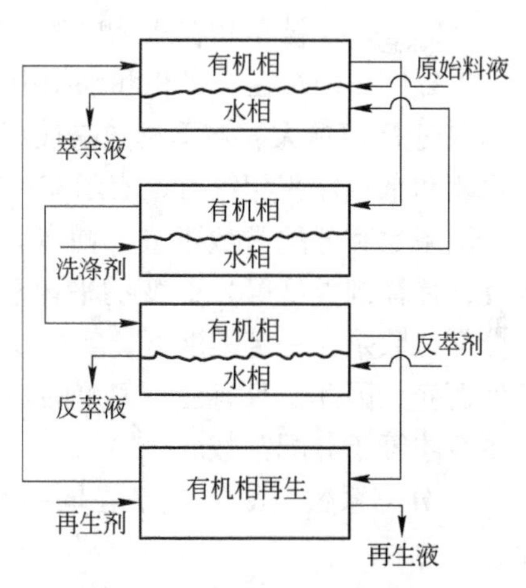

图5.1 溶剂萃取原则流程图

从原则流程可知，萃取工艺为全液过程，两个液相分别为有机相和水相。通常有机相的密度小于水相的密度，故静止分层后，有机相总在水相之上。但在两相内部，其物理和化学性质是均匀的。参加萃取过程的水相一般为无机化合物的水溶液，如原始料液、洗涤剂和反萃剂等，原始料液中含有被萃组分、杂质、盐析剂和络合剂等。洗涤剂和反萃剂则视情况而定，一般为适当浓度的无机酸、碱、盐溶液，有时可用水作洗涤剂和反萃剂。有机相一般由萃取剂、稀释剂和添加剂等有机溶剂组成。萃取剂一般是与被萃物质能形成化学结合的萃合物的有机试剂，形成的萃合物和萃取剂本身皆能溶于稀释剂中。稀释剂是一种一般不与被萃物发生化学作用，不溶于水而能溶解萃取剂和萃合物的有机溶剂。添加剂是为改善萃取过程和提高萃取效率而添加的有机溶剂。

溶剂萃取时常使用下列术语：

（1）分配常数（λ）。当溶质以相同形态在互不相溶的两相中分配时，其在两相中的平衡浓度之比为常数，称为能斯特分配定律，此常数为能斯特分配平衡常数：

$$\lambda = \frac{[\mathrm{A}]_2}{[\mathrm{A}]_1}$$

式中　　λ——能斯特分配平衡常数，简称分配常数；

$[\mathrm{A}]_2$，$[\mathrm{A}]_1$——达到平衡后溶质在两相中的浓度。

（2）分配系数（D）。萃取平衡时被萃物在不相混溶的两相中的总浓度之比称为分配系数或分配比。即：

$$D = \frac{C_{有总}}{C_{水总}} = \frac{[\mathrm{A}_1]_0 + [\mathrm{A}_2]_0 + \cdots + [\mathrm{A}_i]_0}{[\mathrm{A}_1]_\mathrm{A} + [\mathrm{A}_2]_\mathrm{A} + \cdots + [\mathrm{A}_i]_\mathrm{A}}$$

式中　$C_{有总}$——被萃物在有机相中的平衡总浓度；

$C_{水总}$——被萃物在水相中的平衡总浓度；

$[\mathrm{A}_i]_0$，$[\mathrm{A}_i]_\mathrm{A}$——A 在有机相和水相中不同分子状态时的浓度。

萃取时 D 值愈大，被萃物愈易被萃取。当 $D=0$ 时表示被萃物完全不被萃取；$D=1$，且有机相和水相体积相等时，表示有一半被萃取；$D=+\infty$ 时表示可完全被萃取。

分配系数和分配常数不同，前者是随萃取条件（如酸度、温度、被萃物浓度、萃取剂浓度，稀释剂类型等）而变的平衡总浓度的比值，只当条件相同时对比其数值才有意义。分配常数是在一定温度下，溶质以相同分子形态在两相中的平衡浓度比，其值不随萃取条件而变。因此，只有在最简单的物理萃取体系中，被萃物与萃取剂不起化学作用时，分配系数才等于分配常数。

（3）分离系数（α）：它是在同一萃取体系和萃取条件下的两种被萃物的分配系数之比：

$$\alpha = \frac{D_2}{D_1} = \frac{C_{20}/C_{2\mathrm{A}}}{C_{10}/C_{1\mathrm{A}}} = \frac{C_{20} \cdot C_{1\mathrm{A}}}{C_{10} \cdot C_{2\mathrm{A}}}$$

式中　　D_2，D_1——两种组分的分配系数；

C_{20}，C_{10}，$C_{2\mathrm{A}}$，$C_{1\mathrm{A}}$——两种组分在有机相和水相中的平衡总浓度。

分离系数表征两种被萃物从水相转入有机相的难易程度的差异。α 愈大于或愈小于 1，两者愈易分离，分离愈完全；$\alpha \to 1$ 时愈难分离；$\alpha=1$ 时表示萃取法无法将此两组分分离。

（4）萃取率（ε）：它是萃取平衡时被萃物从水相转入有机相的重量百分数：

$$\varepsilon = \frac{m_\mathrm{O}}{m_\mathrm{O} + m_\mathrm{A}} \times 100\%$$

式中　m_O，m_A——萃取平衡时被萃物在水相和有机相的质量。

设有机相和水相的体积分别为 V_O 和 V_A，则：

$$\begin{aligned}\varepsilon &= \frac{m_\mathrm{O}}{m_\mathrm{O} + m_\mathrm{A}} \times 100\% \\ &= \frac{V_\mathrm{O} C_\mathrm{O}}{V_\mathrm{O} C_\mathrm{O} + V_\mathrm{A} C_\mathrm{A}} \times 100\% \\ &= \frac{RD}{1 + RD} \times 100\%\end{aligned}$$

式中　$R = \dfrac{V_\mathrm{O}}{V_\mathrm{A}}$，称为相比。

设 $RD=\mu$，μ 为提取系数，即萃取平衡时，被萃物在有机相中的质量与其在水相中的质量之比，将其代入得：

$$\varepsilon=\frac{\mu}{1+\mu}\times 100\%$$

萃余液中被萃物的剩余质量分数称为萃余率（φ）：

$$\varphi=1-\varepsilon=\frac{1}{1+\mu}\times 100\%$$

从上可知，提高相比和分配系数皆可提高萃取率。

有机溶剂萃取法最初用于化学工业和分析化学领域，20 世纪 40 年代才开始大规模地用于冶金工业部门。由于它具有速率高、效率高、容量大、选择性高、过程为全液过程、易分离、易自动化，试剂易再生回收，操作安全方便等特点，有时还可直接从矿浆中提取有用组分，可省去固液分离作业，故 70 年来发展相当迅速。其主要缺点是试剂较昂贵，易乳化夹带，成本较高等。目前，此法主要用于核燃料、稀土、钽铌、钴镍、锆铪等的分离提纯工艺。但由于萃取工艺的不断完善，试剂价格的降低，目前也已逐渐大规模地用于铜等重有色金属和黑色金属的提取工艺中。

萃取时可按萃取机理将萃取过程分为：

（1）中性萃取：中性萃取剂与中性金属化合物形成配合物而被萃入有机相，如用 TBP 从硝酸溶液中萃取硝酸铀酰。

（2）离子缔合萃取：有机萃取剂离子与带相反电荷的金属离子或金属配离子形成离子缔合体而被萃入有机相，据金属离子电荷符号可分为阳离子萃取和阴离子萃取，目前常见的为阴离子萃取，金属离子呈配阴离子与萃取剂形成离子缔合物而转入有机相。根据萃取剂的活性原子为氧、氮、磷、砷、锑、硫可相应地分为锌盐、铵盐、磷盐、砷盐、锑盐、硫盐萃取体系。常见的是锌盐和铵盐萃取体系，有时将此类萃取称为阴离子萃取。如用有机胺从酸液中萃取金属离子。

（3）酸性配合萃取：萃取剂本身为弱酸，可电离出氢离子。金属阳离子可与萃取剂阴离子结合成中性萃合物而转入有机相，故有时将其称为阳离子萃取，如酸性磷酸酯和肟类萃取剂属此类。

（4）协同萃取：采用两种或两种以上的萃取剂同时进行萃取，被萃组分的分配系数显著大于在相同条件下单独使用时的分配系数之和的萃取过程。

5.2 萃取剂及萃取机理

5.2.1 酸性配合萃取

酸性配合萃取的萃取剂为有机弱酸，被萃物为金属阳离子，萃取过程属阳离子交换过程。属于此类的有螯合物萃取、酸性磷类萃取剂萃取和有机羧酸和磺酸的萃取。

5.2.1.1 螯合物萃取

螯合萃取体系中，螯合剂常为有机酸，它有两种官能团（酸性官能团及配位官能团），溶于惰性溶剂。其酸性官能团能与金属阳离子形成离子键，配位官能团可与金属阳离子形成一个配位键。因此，螯合萃取剂可与金属阳离子形成疏水螯合物而萃入有机相。

常用的螯合剂为 8-羟基喹啉类，Kelex 类，羟肟类如 Lix64，N-510 等。N-510 萃铜的反应为：

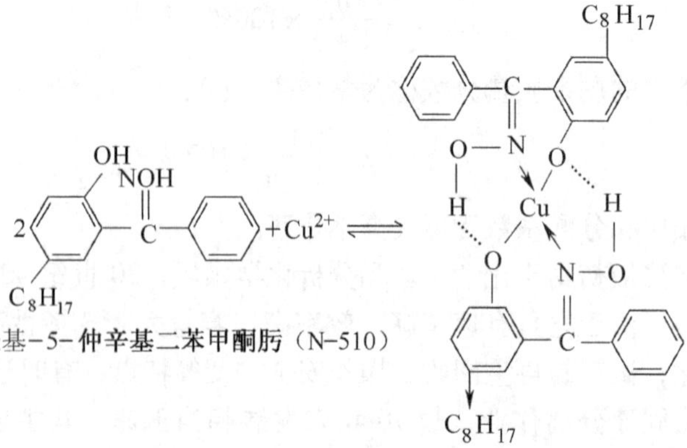

2-羟基-5-仲辛基二苯甲酮肟（N-510）

可见 N-510 萃取二价铜离子时形成两种螯环，即不含氢键的六原子环和含氢键的五原子环。

螯合剂自身缔合趋势小，萃合物一般不含多余的萃取剂分子。螯合萃取的通式为：

$$Me^{n+} + n\,\overline{HA} \rightleftharpoons \overline{MeA_n} + nH^+$$

5.2.1.2　酸性萃取剂萃取

有机磷酸、羧酸和磺酸萃取金属阳离子时，有机相性质对萃取的影响较螯合萃取大，有机磷酸或羧酸在非极性溶剂的有机相中常因氢键形成二聚体或多聚体（自我缔合），在萃取剂和稀释剂间也可能有氢键存在。如 D_2EHPA 在多数非极性溶剂（如煤油、烷烃、环烷烃和芳烃）中形成二聚体：

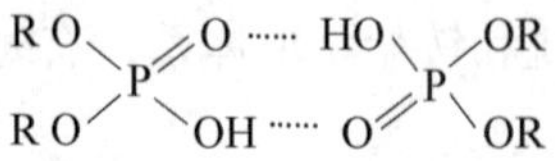

其二聚常数随溶剂而异，如在苯中为 4000，在氯仿中为 500，这是由于 D_2EHPA 与 $CHCl_3$ 间有缔合作用：

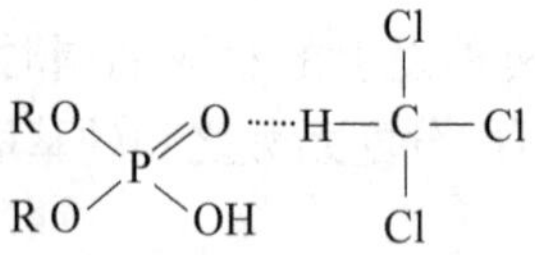

极性溶剂（如羧酸、醇、酮等）能与有机磷酸形成氢键，从而减弱酸性磷酸萃取剂萃取金属阳离子的能力。

羧酸在非极性溶剂中照例因氢键而形成二聚体：

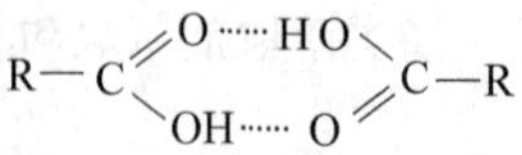

在萃取剂和稀释剂间也可能有氢键存在，如丙酸与氯仿间就有氢键存在。在极性溶剂中，羧酸与醇缔合，其本身的二聚体减小。

当萃取剂形成二聚体或多聚体时，萃取平衡可表示为：

$$Me^{n+} + n\,\overline{(H_2A_2)} \rightleftharpoons \overline{MeA_n \cdot nHA} + nH^+$$

有机磷酸、羧酸和磺酸萃取剂自身缔合趋势大，萃合物中一般含有多余的萃取剂分子。

酸性磷酸类萃取剂主要有三类：

一元酸：

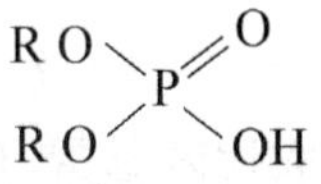

$(RO)(RO)P(=O)OH$ 二烷基磷酸　　$(RO)(R)P(=O)OH$ 烷基膦酸单烷基酯　　$(R)(R)P(=O)OH$ 二烷基膦酸

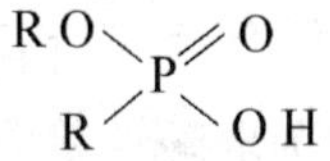

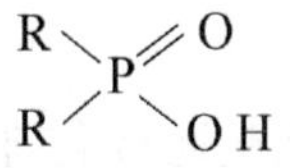

二元酸：

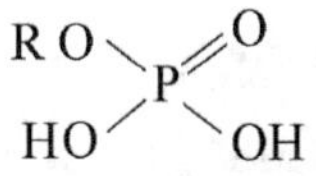

$(RO)(HO)P(=O)OH$ 单烷基磷酸　　$(R)(HO)P(=O)OH$ 单烷基膦酸

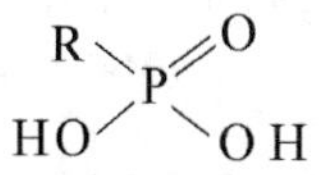

双磷酰化合物：

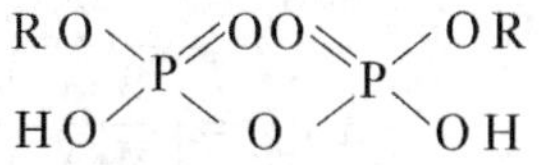

$(RO)(HO)P(=O)-O-P(=O)(OR)(OH)$

二烷基焦磷酸

$(RO)(HO)P(=O)-[CH_2]_n-P(=O)(OR)(OH)$

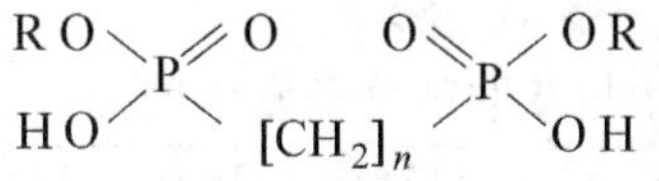

烷基双磷酸

其中最重要的为一元酸。二元酸比一元酸多一个羟基，其水溶性增加，同样条件下其碳链应长一些。二元酸的萃取机理与一元酸类似，但聚合能力更大，更易形成多聚体，其萃取反应可表示为：

$$Me^{n+} + \overline{(H_2A)_m} \rightleftharpoons \overline{MeA_n(H_{2m-n}A_{m-n})} + nH^+$$

二元酸的萃取能力较一元酸大，反萃较困难，需用浓酸作反萃剂。

羧酸中最重要的为环烷酸，为石油副产品，其萃取机理与螯合萃取相似，只是其与金属阳离子形成的配合物中有空的配位位置让水分子占领。水溶性较大，有溶剂配合能力的溶剂可以取代水分子而进入配合物中，故在此类溶剂中的分配系数较在惰性溶剂中大。为了减少萃取剂损失，工业上常加入硫酸铵一类盐析剂。

酸性配合萃取时，若金属离子不发生水解，不形成离子缔合及外配合、而且萃合物不与稀释剂、添加剂等生成加成物，其萃取反应可认为由下列过程组成：

（1）酸性萃取剂在两相间分配

$$\overline{HA} \rightleftharpoons HA$$

$$\frac{1}{\lambda_{HA}} = \frac{[HA]}{[\overline{HA}]}$$

式中　λ_{HA}——酸性萃取剂的分配常数；

$[HA]$，$[\overline{HA}]$——分别为酸性萃取剂在水相和有机相中的平衡浓度。

萃取剂分子的碳链愈长，其油溶性愈大，水溶性愈小。若引进亲水基团如—OH、

—NH、—SO_3H、—COOH 等可增加其水溶性，降低其 λ 值，通常要求 $\lambda_{HA}>100$，以降低萃取剂的水溶损耗。

（2）酸性萃取剂在水相电离

$$HA \rightleftharpoons H^{+}+A^{-}$$

$$\text{电离常数 } K_a=\frac{[H^{+}][A^{-}]}{[HA]}$$

K_a 大的为强酸性萃取剂，K_a 小的为弱酸性萃取剂。如取代苯磺酸（$K_a>1$）为强酸性萃取剂，P_{204}（$K_a=4\times10^{-2}$ 正辛烷/0.1mol/L $NaClO_4$）为中等酸性萃取剂，羧酸（$K_a=10^{-4}$）为弱酸性萃取剂。

（3）萃取剂阴离子与金属阳离子配合

$$Me^{n+}+nA^{-} \rightleftharpoons MeA_n$$

$$\text{配合常数 } K_{配}=\frac{[MeA_n]}{[Me^{n+}][A^{-}]^{n}}$$

（4）配合物在两相间分配

$$MeA_n \rightleftharpoons \overline{MeA_n}$$

$$\lambda_{MeA_n}=\frac{[\overline{MeA_n}]}{[MeA_n]}$$

一般 λ_{MeA_n} 远大于 λ_{HA}，即 $\lambda_{MeA_n}>>\lambda_{HA}>>1$。

（5）在有机相中一级萃合物与萃取剂分子发生聚合

$$\overline{MeA_n}+i\,\overline{HA} \rightleftharpoons \overline{MeA_n\cdot iHA}$$

$$K_{聚}=\frac{[\overline{MeA_n\cdot iHA}]}{[\overline{MeA_n}][\overline{HA}]^{i}}$$

总的萃取反应为：

$$Me^{n+}+(n+i)\,\overline{HA} \rightleftharpoons \overline{MeA_n\cdot iHA}+nH^{+}$$

$$K=\frac{[\overline{MeA_n\cdot iHA}][H^{+}]^{n}}{[Me^{n-1}][\overline{HA}]^{n+i}}$$

$$=\frac{K_a^{n}K_{配}\cdot K_{聚}\cdot\lambda_{MeA_n}}{\lambda_{HA}^{n}}$$

$$=D\cdot\frac{[H^{+}]^{n}}{[\overline{HA}]^{n+i}}$$

$$D=K\cdot\frac{[\overline{HA}]^{n+i}}{[H^{+}]^{n}}$$

$$=\frac{K_a^{n}\cdot K_{配}\cdot K_{聚}\cdot\lambda_{MeA_n}}{\lambda_{HA}^{n}}\cdot\frac{[\overline{HA}]^{n+i}}{[H^{+}]^{n}}$$

两边取对数：

$$\lg D=\lg K+(n+i)\lg[\overline{HA}]+n\text{pH}$$

由于 $\lambda_{MeA_n}>>\lambda_{HA}>>1$，而且 $K_{配}>>1$，所以水相中的［HA］、［A^{-}］、［MeA_n］可以忽略不计。

若一级萃合物不与萃取剂分子聚合，则：

$$[\overline{HA}] = C_{HA} - \frac{1}{n}[\overline{MeA_n}]$$

式中 C_{HA}——萃取剂的起始浓度。

此时，$\lg D = \lg K + n\lg[\overline{HA}] + n\text{pH}$

若聚合为二聚分子，则：

$$[\overline{H_2A_2}] = C_{HA} - n[\overline{MeA_n \cdot nHA}]$$

此时，$\lg D = \lg K + n\lg[\overline{H_2A_2}] + n\text{pH}$

从上可知，酸性萃取剂萃取金属阳离子的平衡常数（简称萃合常数）除与萃取剂浓度和水相 pH 值有关外，还与萃取剂的酸性、萃合物的稳定性、萃合物与萃取剂配合的稳定性等因素有关。若其他条件相同时，则 K_a 愈大，K 也愈大，此时可在较低的 pH 值条件下进行萃取。

以上讨论的是最简单和最典型的反应，而实际反应要复杂得多，如金属阳离子除与萃取剂阴离子配合外，还可与其他配合剂配合，当 pH 值高时还将部分水解，这些因素对萃合常数均有影响。

酸性萃取剂萃取时实际上也形成螯环，但螯合萃取时的螯环全由共价键和配位键组成，而酸性萃取剂萃取金属时的螯环中含有氢键。因此，从广义而言，酸性萃取剂也可称为螯合萃取剂。

5.2.2 离子缔合萃取

离子缔合萃取的萃取剂主要为含氮和含氧的有机化合物，被萃物常为金属配阴离子，两者形成离子缔合物而萃入有机相。

常用的含氮萃取剂为胺类萃取剂，它是氨的有机衍生物，有四种类型：

$R—NH_2$（伯胺）　　$R_1R_2N—H$（伯胺）

$R_1R_2N—R_3$（叔胺）　　$[R_1R_2NR_3R_4]^+ \cdot X^-$（季铵盐）

R_1、R_2、R_3、R_4 分别为相同或不同的烃基，X^- 为无机阴离子。常用的胺类萃取剂为脂肪族胺。低相对分子质量的胺易溶于水，用作萃取剂的为高相对分子质量胺，其相对分子质量约为 250～600 左右，它们难溶于水、易溶于有机溶剂。但相对分子质量过大也将降低其在有机溶剂中的溶解度。国内生产的 N-235 为多种叔胺混合物，其中含 $(C_7H_{15})_3N$（三庚胺）、$(C_8H_{17})_2NC_7H_{15}$（N-庚基二辛胺）、$(C_8H_{17})_3N$（三辛胺），$(C_8H_{17})_2NC_{10}H_{21}$（N-癸基二辛胺），其物理化学常数与三辛胺相似（见表 5.1）。

胺呈碱性，可与无机酸作用生成盐、酸以铵盐形态被萃入有机相：

$$\overline{R_3N} + HX \rightleftharpoons \overline{R_3NH^+ \cdot X^-}$$

胺萃取硫酸分两步进行：

$$2\,\overline{R_3N} \xrightleftharpoons{H_2SO_4} \overline{(R_3NH)_2SO_4} \xrightleftharpoons{H_2SO_4} 2\,\overline{(R_3NH)HSO_4}$$

表 5.1 N-235 与三辛胺的物理化学常数

项　目	N-235	三辛胺
沸点/℃	180 ~ 230	180 ~ 202
密度（25℃）/g·cm^{-3}	0.8153	0.8121
折光率（20℃）	1.4523	1.4499
黏度（25℃）/cP	10.4	8.41
介电常数（20℃）	2.44	2.25
溶解度（25℃）/g·L^{-1}水	<0.01	<0.01
凝固点/℃	-64	-46
闪点/℃	189	188
燃点/℃	226	226
叔胺含量/%	>98	99.85

由于胺为弱碱，用较强的碱液处理铵盐时可使其再生为游离胺：

$$\overline{R_3NHX} + OH^- \rightleftharpoons \overline{R_3N} + X^- + H_2O$$

$$2\,\overline{R_3NHX} + Na_2CO_3 \rightleftharpoons 2\,\overline{R_3N} + 2NaX + CO_2 + H_2O$$

用纯水也可将酸从有机相中反萃出来。叔胺对酸有较大的萃取能力，但易被水反萃，此时铵盐发生水解：

$$\overline{R_3NHCl} + H_2O \rightleftharpoons \overline{R_3NHOH} + HCl$$

铵盐能与水相中的阴离子进行离子交换：

$$\overline{R_3NH^+X^-} + A^- \rightleftharpoons \overline{R_3NH^+A^-} + X^-$$

一价阴离子的交换顺序为：$ClO_4^- > NO_3^- > Cl^- > HSO_4^- > F^-$。存在于水相中的金属配阴离子也可与铵盐进行阴离子交换，可认为是金属配阴离子与 R_3NH^+ 形成离子缔合物而萃入有机相，它由下列平衡式组成：

（1）金属配阴离子的生成：

$$Me^{n+} + mX^- \longrightarrow MeX_m^{(m-n)-} \qquad (m>n)$$

$$K_{配} = \frac{[MeX_m^{(m-n)-}]}{[Me^{n+}]\,[X^-]^m}$$

（2）生成铵盐：

$$\overline{R_3N} + H^+ + X^- = \overline{R_3NHX}$$

$$K_{胺} = \frac{[\overline{R_3NHX}]}{[\overline{R_3N}][H^+][X^-]}$$

（3）阴离子交换反应：

$$(m-n)\overline{R_3NHX} + MeX_m^{(m-n)-} \longrightarrow \overline{(R_3NH^+)_{m-n}\cdot MeX_m^{m-n}} + (m-n)X^-$$

$$K_{交} = \frac{[\overline{(R_3NH^+)_{m-n}\cdot MeX_m^{(m-n)-}}][X^-]^{m-n}}{[\overline{R_3NHX}]^{m-n}[MeX_m^{(m-n)-}]}$$

萃取总反应为：

$$Me^{n+} + (m-n)\overline{R_3N} + (m-n)H^+ + mX^- \longrightarrow \overline{(R_3NH)_{m-n}^+\cdot MeX_m^{(m-n)-}}$$

$$K_{萃}=\frac{[\overline{(R_3NH)^+_{m-n}\cdot MeX_m^{(m-n)-}}]}{[Me^{n+}][H^+]^{m-n}\cdot[\overline{R_3N}]^{m-n}\cdot[X^-]^m}$$

$$=K_{配}\cdot K_{交}\cdot K_{胺}^{m-n}$$

考虑到Me^{n+}的逐级成配，平衡水相中金属离子总浓度$C_{Me}=[Me^{n+}]\cdot y$，y为配合度。

因为 $$D=\frac{[\overline{(R_3NH^+)_{m-n}\cdot MeX_m^{(m-n)-}}]}{C_{Me}}$$

所以 $$D=\frac{K_{配}\cdot K_{胺}^{m-n}\cdot K_{交}}{y}\cdot[\overline{R_3N}]^{m-n}\cdot[H^+]^{m-n}\cdot[X^-]^m$$

以氧为活性原子的中性磷氧和碳氧萃取剂在强酸介质中可与氢离子或水合氢离子生成鎓阳离子，鎓阳离子可与金属配阴离子生成鎓盐而将金属离子萃入有机相。可作为鎓盐萃取剂的为中性碳氧化合物（醇、醚、醛、酮、酯等）和中性磷氧化合物（三烷基磷酸等）。

鎓盐萃取总反应为：

$$Me^{n+}+mX^-+(m-n)H^++(m-n)\overline{ROH}\longrightarrow\overline{(ROH_2^+)_{m-n}\cdot MeX_m^{(m-n)-}}$$

$$K_{萃}=\frac{[\overline{(ROH^+)_{m-n}\cdot MeX_m^{(m-n)-}}]}{[Me^{n+}][X^-]^m\cdot[H^+]^{m-n}\cdot[\overline{ROH}]^{m-n}}$$

$$=K_{缔}\cdot K_{鎓}^{m-n}\cdot K_{配}$$

同理可得：

$$D=\frac{K_{缔}\cdot K_{鎓}^{m-n}\cdot K_{配}}{y}\cdot[\overline{ROH}]^{m-n}\cdot[H^+]^{m-n}\cdot[X^-]^m$$

从上可知，鎓盐或铵盐萃取的前提是萃取剂分子须先与H^+离子配位，鎓盐只能在高酸（一般为5～15mol/L）下进行。因此，萃取剂中活性原子碱性的大小对萃合常数有明显的影响，配位活性原子的碱性愈强、则$K_{鎓}$或$K_{胺}$愈大，分配系数愈大。一般胺中氮原子的碱性较中性磷氧和中性碳氧化合物中的氧原子强，更易与H^+配位，故可在较低的酸度下进行萃取。季胺本身已形成阳离子，不需与H^+配位，故可在中性或弱碱性溶液中进行萃取。

胺类萃取剂依其碱性的强弱，其萃取能力的变化顺序为：伯胺<仲胺<叔胺<季胺。

中性磷氧萃取剂的碱性和萃取能力顺序为：磷酸盐<膦酸盐<膦氧化物。

中性碳氧萃取剂的碱性和生成鎓离子的能力顺序为：

R_2O < ROH < RCOOH < RCOOR
醚　醇　酸　酯
< RCOR < RCOR
酮　醛

生成鎓盐和铵盐的能力与其活性原子的碱性有关，其碱性与萃取剂中的推电子基 R 有关。与活性原子结合的推电子基 R 的数目愈多，其碱性愈强，萃取能力愈大；反之，拉电子基 RO 基数目愈多，其碱性愈小，萃取能力愈小。但空腔效应有时会使此顺序发生变化，一般随支链的增加，萃取能力下降，但可增加萃取选择性。

离子缔合萃取剂的萃取能力与相应的鎓盐或铵盐分子的极性有关。其极性愈小，它与水偶极分子的作用愈弱，亲水性愈小，其萃取能力愈大。

萃合常数 $K_{萃}$ 与金属配阴离子的稳定性和亲水性有密切关系。在相同条件下，配阴离子的稳定性愈大，亲水性愈小，愈易被萃取。离子的亲水性一般用离子势或离子电荷相对密度来衡量，离子势（Z^2/r）或离子电荷相对密度（电荷数与表面积或半径之比）愈大，其亲水性愈大，愈难被萃取。但配阴离子的半径为未知数，故常用离子比电荷（电荷数与组成离子的原子个数之比）来衡量其亲水性。比电荷愈大，亲水性愈强。从亲水性考虑，一价配阴离子较易萃取，二价配阴离子较难萃取；大离子易萃取，小离子较难萃取。当配阴离子的电荷数较大时，则要求萃取剂阳离子的亲水性较小才能生成疏水性较大的萃合物，一般若阴离子的电荷为1，且其比电荷小于0.2，则要求与其缔合的萃取剂阳离子的碳原子数不小于5～10；若阴离子的电荷为2，且其比电荷小于0.4，则要求与其缔合的萃取剂的碳原子数不小于20～25。

金属配阴离子的亲水性除与其电荷数有关外，还与其配位体的亲水性有关：因此，离子缔合萃取时，一般采用非含氧酸根（如 F^-、Cl^-、Br^-、I^-、CNS^- 等）作配位体，不采用含氧酸根（如 NO_3^-、SO_4^{2-} 等）作配位体，以降低金属配阴离子亲水性。

5.2.3　中性配合萃取

中性配合萃取剂为中性有机化合物，被萃物为中性无机盐，两者生成中性配合物被萃入有机相。中性配合萃取剂中最重要的为中性磷氧萃取剂，其官能团为 $-\overset{|}{\underset{|}{P}}=O$ ，其次为中性碳氧萃取剂，其官能团为 $-\overset{|}{C}=O$ ， $-\overset{|}{\underset{|}{C}}-O-$ 。此外还有中性磷硫 $-\overset{|}{\underset{|}{P}}=S$ 和中性含氮萃取剂等。目前使用较多的为中性磷氧和中性碳氧萃取剂。中性磷氧的萃取反应为：

$$m\left[\overline{-\overset{|}{\underset{|}{P}}=O}\right]+MeX_n \longrightarrow \left[\overline{-\overset{|}{\underset{|}{P}}=O}\right]_m MeX_n$$

萃取是通过萃取剂氧原子上的孤电子对生成配价键 O→Me 来实现的。配价键愈强，其萃取能力愈大。中性磷氧萃取剂的疏水基团可为烷基（R）或烷氧基（RO）。烷氧基中含有负电性大的氧原子，吸电子能力强，故烷氧基为拉电子基， $-\overset{|}{\underset{|}{P}}=\ddot{O}$ ：基中氧原子上的孤电子对有被烷氧基拉过去的倾向（使电子云密度降低），减弱了其与 MeX_n 生成配价键的能力。因此，中性磷氧萃取剂的萃取能力的顺序为：

$$\underset{\text{三烷基磷酸酯}}{(RO)_3P=O} < \underset{\text{烷基膦酸二烷基酯}}{(RO)_2\overset{\overset{R}{|}}{P}=O} < \underset{\text{二烷基膦酸烷基酯}}{R_2\overset{\overset{RO}{|}}{P}=O} < \underset{\text{三烷基氧化膦}}{R_3P=O}$$

从这一顺序可知，中性磷氧萃取剂中的C—P键愈多，其萃取能力愈大，反之，萃取能力则愈小，中性磷氧萃取剂的水溶性与此顺序相反。较常用的中性磷氧萃取剂为TBP和 P_{350}，TBP属（$(RO)_3P=O$）类，P_{350}属（$(RO)_2RP=O$）类，故 P_{350}的萃取能力较TBP大。

同理，借助 P═O 键上氧原子的配位能力，中性磷氧萃取剂可萃取无机酸，通常生成1∶1 的萃合物。TBP 对酸的萃取顺序为：$H_2C_2O_4 \approx HAC > HClO_4 > HNO_3 > H_3PO_4 > HCl > H_2SO_4$，此顺序大致与酸根水合能的顺序相反，即无机酸根的水合能愈大则愈难被萃取。不同中性磷氧萃取剂的萃酸顺序不尽相同，它与酸根的水合能、酸的电离常数、酸的浓度、 P═O 键的碱性及分子大小等因素有关。

TBP 萃取中性盐时，其萃合物大致有三种类型：$Me(NO_3)_3 \cdot 3TBP$（Me 为三价稀土及锕系元素），$Me(NO_3)_4 \cdot 2TBP$（Me 为四价锕系元素及锆、铪），$MeO_2(NO_3)_2 \cdot 2TBP$（Me 为六价锕系元素）。如 TBP 萃取 $UO_2(NO_3)_2$ 时生成 $UO_2(NO_3)_2 \cdot 2TBP$，其结构式：

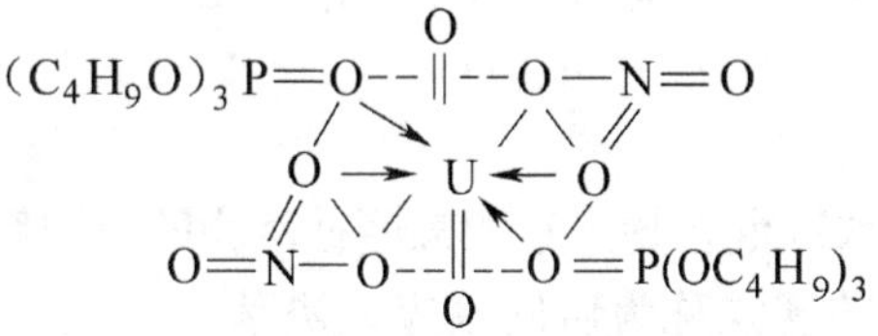

```
                      O
(C4H9O)3 P═O--‖--O—N═O
             ↘    ↙ \ //
        O → U ← O
       // \ /  ‖ ↖  /
O═N—O--‖--O═P(OC4H9)3
                  O
```

即铀酰离子的六个配位原子位于平面六角形的顶点，铀酰离子中的两个氧原子位于与此平面六角形相垂直的直线上，可见 TBP 中的 P═O 键中的氧原子直接与金属离子配合。常将这种直接与金属离子配合的称为一次溶剂化。若萃取剂分子不与金属离子直接结合，而是通过氢键与第一配位层的分子相结合的称为二次溶剂化。因此，常将中性配合萃取称为溶剂化萃取。

中性碳氧萃取剂萃取金属时，金属离子常以水合物形式被萃取，如甲异丁酮及二异戊醚萃取 $UO_2(NO_3)_2$ 的溶剂化物结构为：

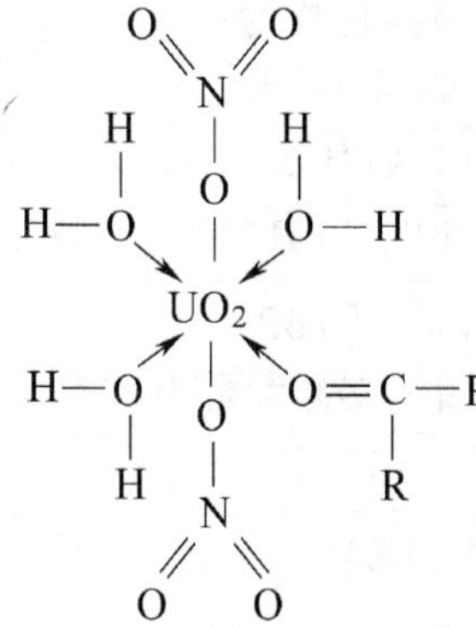

```
        O   O
         \\ //
          N
    H     |     H
    |     O     |
  H—O     |     O—H
      ↘   |   ↙
        UO2
      ↗   |   ↖
  H—O     O     O═C—R
    |     |       |
    H     N       R
         // \\
        O    O
```

$UO_2(NO_3)_2 \cdot 3H_2O \cdot R_2CO$

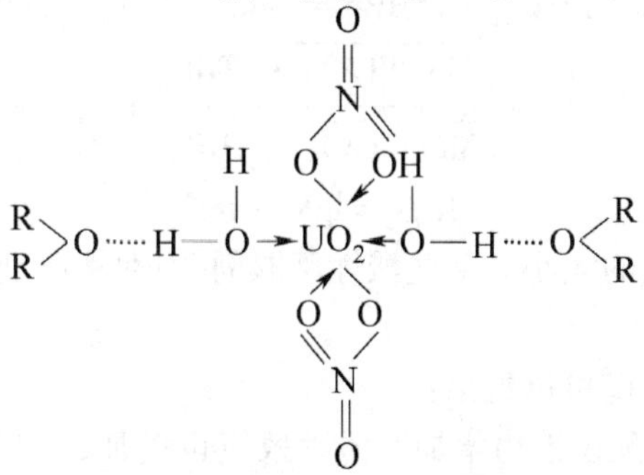

```
              O
              ‖
              N
             / \\
       H    O   OH
       |     ↘ ↙ |
R>O····H—O → UO2 ← O—H····O<R
R                         R
            ↗   ↖
           O     O
            \\  /
              N
              ‖
              O
```

$UO_2(NO_3)_2 \cdot 2H_2O \cdot 2R_2O$

前者有三个水分子参加配位，后者的 R_2O 不是直接与 UO_2^{2+} 配位，而是通过氢键与第一配位层的水分子相结合，故其萃取能力皆比 TBP 差得多。由于中性碳氧萃取剂的萃取能力较小，为了提高其萃取能力常使用盐析剂。虽然硝酸盐的盐析作用较强，但也常用硝酸作盐析剂。酸度对萃取的影响与 TBP 相似，但当酸度高时，被萃物将转变为 $[R_2O\cdots H]^+[UO_2(NO_3)_3]^-$ 锌盐形式。而且在盐酸体系中更易形成这种锌盐，但只在高酸条件下才出现。因此，酸度不同时有着不同的萃取机理，萃取机理不仅与萃取剂和被萃物有关，而且与萃取条件有关。

其他的中性萃取剂中，还有中性硫萃取剂，如石油亚砜 R_2SO、石油硫醚 R_2S、它们通过氧原子配位，同时硫也有配位能力，可萃取铂族元素。

5.2.4　协同萃取

两种或两种以上的萃取剂混合物，萃取某些被萃物的分配系数大于其在相同条件下单独使用时的分配系数之和的现象称为协同效应或协萃作用。此萃取体系称为协萃体系，若混合使用时的分配系数小于其单独使用时的分配系数之和，则称为反协同效应或反协萃作用。若两者相等，则无协萃作用。实践表明，协同效应是较普遍的。图 5.2 所示的体系皆有协同效应，其他如酸性磷类萃取剂、β-双酮、羧酸和醚、酮、醇、胺、酚等加在一起，也常产生协萃效应。

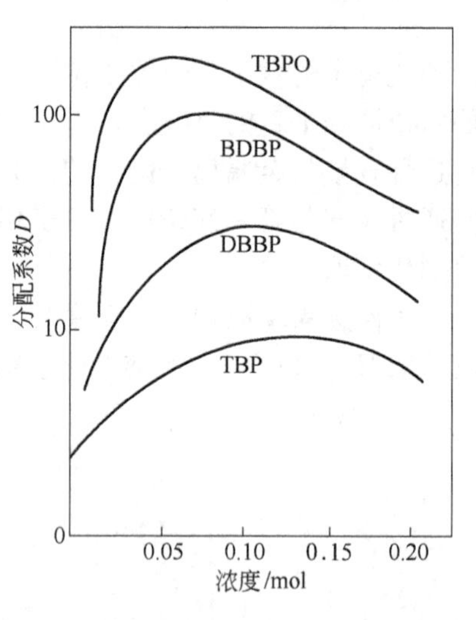

图 5.2　具有协萃效应的某些协萃体系

水相：$0.004M UO_2^{2+} + 1.5M H_2SO_4$；

有机相：$0.1M P_{204}$ 煤油

以 HTTA-TBP 协萃为例，其定量式为：

$$Me^{n+} + n\overline{HTTA} + x\overline{TBP} \rightleftharpoons \overline{Me(TTA)_n \cdot xTBP} + nH^+$$

$$K_s = \frac{[\overline{Me(TTA)_n \cdot xTBP}] \cdot [H^+]^n}{[Me^{n+}][\overline{HTTA}]^n \cdot [\overline{TBP}]^x}$$

单独采用 HTTA 作萃取剂时的平衡常数为：

$$K = \frac{[\overline{Me(TTA)_n}] \cdot [H^+]^n}{[Me^{n+}][\overline{HTTA}]^n}$$

协萃反应为：

$$\overline{Me(TTA)_n} + x\overline{TBP} \rightleftharpoons \overline{Me(TTA)_n \cdot xTBP}$$

$$\beta_s = \frac{[\overline{Me(TTA)_n \cdot xTBP}]}{[\overline{Me(TTA)_n}][\overline{TBP}]^x} = \frac{K_s}{K}$$

$$\lg \beta_s = \lg K_s - \lg K$$

从 β_s 值可以判断协萃效应的大小。某些酸性萃取剂-中性萃取剂协萃体系的 β_s 值如表 5.2 所示。

比较各协萃体系的 β_s 值可以看出：

（1）中性磷氧化合物配位能力增加，协萃效应也增加，如在 P_{204} 中加入中性萃取剂，其协萃效应增加顺序为：$(RO)_3P{=}O < (RO)_2RP{=}O < (RO)R_2P{=}O < R_3P{=}O$，当 R

为苯基时，协萃效应下降；

（2）对同一酸性萃取剂而言，β_s 均随 K_s 的增加而增加，与单独酸性萃取剂的顺序相同；

（3）稀释剂对协萃效应的影响很大，不同稀释剂中的 β_s 值顺序为：煤油 > 已烷 > CCl_4 > 苯 > $CHCl_3$，极性较高 $CHCl_3$ 中的 β_s 值较小，可能与 $CHCl_3$ 和 TBP 的相互作用有关；

（4）金属离子对 β_s 值的影响较复杂，金属离子半径减小可增大金属离子与配位体的引力，但也可增加空间位阻，这两个因素的影响是相反的。如稀土元素与 HTTA-TBP 能形成 $R_E(TTA)_3 \cdot 2TBP$ 配合物，β_s 随离子半径增大而增大（轻稀土）、但对碱土金属而言，β_s 则随离子半径增大而减小。

表 5.2 酸性萃取剂—中性萃取剂协萃体系

协萃配合物	酸性萃取剂	中性萃取剂	稀释剂	$\lg K_s$	$\lg K$	$\lg \beta_s$
$UO_2(HA_2)_2S$	P_{204}	TBPO	煤 油	8.81	4.53	4.28
		BDBP	煤 油	8.31	4.53	3.78
		DBBP	煤 油	7.31	4.53	2.78
		TBP	煤 油	6.45	4.53	2.18
		TBP	己 烷	6.45	4.60	1.85
		TBP	CCl_4			1.60
		TBP	苯			1.20
		TOPO	煤 油	8.38	4.53	3.85
UO_2A_2S	HDBP	TBP	苯	9.64	4.69	4.95
	HTTA	TBP	环己烷	3.70	-2.82	6.52
			苯	2.48	-2.80	5.28
ThA_4S	HAA	TBP	苯	-2.25	-5.85	3.60
	HTTA	TBP	环己烷	7.95	1.67	6.28
			CCl_4			5.18
			苯			4.70
			$CHCl_3$			3.30
$CeA_3 \cdot 2S$	HTTA	DBBP	煤 油	2.93	-9.49	12.36
$EuA_3 \cdot 2S$	HTTA	DBBP	煤 油	3.96	-7.66	11.62
$TbA_3 \cdot 2S$	HTTA	DBBP	煤 油	4.04	-7.51	11.55
$LuA_3 \cdot 2S$	HTTA	DBBP	煤 油	3.43	-6.77	10.20
$CaA_2 \cdot S$	HTTA	TBP	CCl_4	-8.29	-13.40	4.11
$CaA_2 \cdot 2S$				-5.18		8.22
$SrA_2 \cdot S$	HTTA	TBP	CCl_4	-11.54	-15.30	3.76
$SrA_2 \cdot 2S$				-7.78		7.52

因为
$$K_s = \frac{[\overline{Me(TTA)_n \cdot xTBP}] \cdot [H^+]^n}{[Me^{n+}] \cdot [\overline{HTTA}]^n \cdot [\overline{TBP}]^x}$$

所以
$$D = K_S \cdot \frac{[\overline{HTTA}]^n \cdot [\overline{TBP}]^x}{[H^+]^n}$$

$$\lg D = \lg K_s + n\lg[\overline{HTTA}] + x\lg[\overline{TBP}] + n\text{pH}$$

因此，体系确定之后，介质 pH 值是控制金属离子能否被萃取的主要因素。pH 值愈高愈有利于金属离子的萃取，但不宜超过其水解的 pH 值。增加酸性萃取剂和中性萃取剂浓度有利于金属离子的萃取。但中性萃取剂浓度太高时也将产生不利的影响，此时协萃效应遭到破坏。

常见协萃体系如表 5.3 所示。

表 5.3 常见的协萃体系

大 类	协萃类型	代表性例子
二元协萃体系	酸性萃取剂 + 中性萃取剂 酸性萃取剂 + 胺类萃取剂 中性萃取剂 + 胺类萃取剂	$UO_2^{2+}/H_2O—HNO_3/P_{204}$—TOPO—煤油 $UO_2^{2+}/H_2O—H_2SO_4/P_{204}—R_3N$—煤油 $PuO_2^{2+}/H_2O—HNO_3$/TBP—TBAN—煤油
二元同类协萃体系	酸性萃取剂 + 酸性萃取剂 中性萃取剂 + 中性萃取剂 鎓盐萃取剂 + 鎓盐萃取剂	$Cu^{2+}/H_2O—H_2SO_4$/Lix63—环烷酸—煤油 $UO_2^{2+}/H_2O—HNO_3$/二丁醚—二氯乙醚 Pa^{5+}/H_2O—HCl/RCOR—ROH—煤油
三元协萃体系	酸性萃取剂 + 中性萃取剂 + 胺类萃取剂	$UO_2^{2+}/H_2O—H_2SO_4/P_{204}—TBP—R_3N$—煤油
稀释剂协同	离子缔合萃取剂 + 稀释剂	Fe^{3+}/H_2O—HCl/丁醚—1，2 二氯乙烷—硝基甲烷

一般认为协萃反应机理较复杂，通常认为协萃作用是由于两种或两种以上的萃取剂与被萃物生成一种更加稳定和更疏水（水溶性更小）的含有两种以上配位体的萃合物的缘故。因此，这种萃合物更易溶于有机相。协萃作用是由于：

（1）溶剂化作用：协萃剂分子取代了萃合物中的水分子使萃合物更疏水。

（2）取代作用：中性萃取剂分子取代了萃合物中的酸性萃取剂分子：

$$\overline{MeA_n \cdot iHA} + i\overline{B} = \overline{MeA_n \cdot iB} + i\overline{HA}$$

（3）加成作用：当萃合物配位饱和时，协萃剂强行打开螯环而配位，从而生成更稳定更疏水的萃合物。

协萃作用不仅表现为混合使用时大大增加其分配系数，而且还表现为大大缩短萃取的平衡时间，增加萃取速度。目前将这类加快萃取速度的协萃效应称为动力协萃作用。如用 N_{510} 从硫酸铜溶液中萃铜的试验表明，当有机相中加入 0.1% P_{204} 时，则萃取时间可缩短 5/6 ~ 7/8。动力协萃作用不仅可以提高生产率，而且可使组分分离得更完全。

除协萃作用外，有的体系会出现反协萃作用，如用 P_{204}-TBP 萃 UO_2^{2+} 为协萃，但萃 Th^{4+} 则为反协萃。

工业上常用的萃取剂列于表 5.4。常用稀释剂列于表 5.5，常用添加剂列于表 5.6。

表 5.4 国内外常用萃取剂及惰性溶剂

分类	类 型		名 称	商品名或简称	结 构 式	分子量	应 用
中性萃取剂	中性磷型	磷酸酯	磷酸三丁酯	TBP	$(C_4H_9O)_3P=O$	266	从 HNO_3 中萃 UO_2^{2+}，Th^{4+}，从 HCl 中分离 Cd 与 Zn、Ni 与 Co、稀土分离萃 Fe、Ta 与 Nb、Zr 与 Hf

续表 5.4

分类	类型		名称	商品名或简称	结构式	分子量	应用
中性萃取剂	中性磷型	膦酸酯	甲基膦酸二甲庚酯	P_{350} DMHMP	$[CH_3(CH_2)_5\underset{}{\overset{CH_3}{CH}}O]_2(CH_3)P{=}O$	320	从混合稀土中分离镧
			甲基膦酸二(2-乙基己基)酯	P_{307} DEHMP	$[CH_3(CH_2)_3\overset{CH_3}{CH}CH_2O]_2(CH_3)P{=}O$	319.4	
			丁基膦酸二丁酯	$HostarexP_{0212}$	$(C_4H_9O)_2(C_4H_9)P{=}O$	250	
			辛基膦酸二辛酯	$HostarexP_{0224}$	$(C_8H_{17}O)_2(C_8H_{17})P{=}O$	418	
		氧化膦	三正辛基氧化膦	TOPO	$(C_8H_{17})_3P{=}O$	386	稀土及其他金属分离，作协萃剂
	醚		乙醚		$C_2H_5OC_2H_5$		从 HCl 液萃 Au
			二异丙醚		$(CH_3)_2CHOCH(CH_3)_2$	102	萃取磷酸
	醇		正丁醇		C_4H_9OH	74	从盐酸中萃磷酸
			正异戊醇		$C_5H_{11}OH$	88	萃取磷酸
			仲辛醇		$CH_3(CH_2)_5\underset{OH}{CH}CH_3$	130.2	萃取 Ta、Nb、Fe
	酮		甲基异丁基酮	MIBK	$CH_3COCH_2CH(CH_3)_2$	100	Zr、Hf 分离、Ta、Nb 分离、稀土分离
	硫醚		二正己基硫醚		$C_6H_{13}SC_6H_{13}$	202	萃取钯
			二辛基硫醚		$C_8H_{17}SC_8H_{17}$	268	萃取金银、铂钯汞
	取代酰胺		N，N 二正混合基乙酰胺	A_{101}	$CH_3\underset{O}{\overset{}{C}}{-}N(C_{7\sim9}H_{15\sim19})_2$	156~184	钽铌分离、萃取镓、锗、稀土、铊
			N，N 二（甲庚基）乙酰胺	N_{503}	$CH_3\underset{O}{C}{-}N{=}(CH_3(CH_2)_5CHCH_3)_2$	283.5	钽铌分离、萃取铊、锂、铁
			N 苯基—N 辛基乙酰胺	A_{404}	$CH_3\overset{O}{C}{-}N(C_6H_6)(C_8H_{17})$	247	
			N，N，N′，N′四丁基代尿素	N_{505}	$(C_4H_9)_2NCON(C_4H_9)_2$	280	萃取铜、钴、镍

续表 5.4

分类	类型	名称	商品名或简称	结构式	分子量	应用
酸性配合萃取剂	羧酸	混合脂肪酸		$C_nH_{2n+1}COOH$ ($n=7\sim9$)	144.1	分离 Co、Ni、Cu、分离 Cu、Zn、稀土分离钇
		叔碳羧酸	Versatic 10	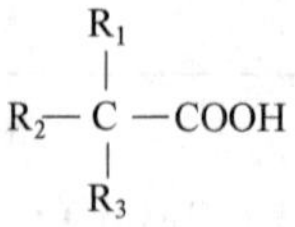 $R_2-C(R_1)(R_3)-COOH$ $R_1+R_2+R_3=C_8H_{17}$	175	分离 Cu、Ni、Co 回收钇
		新烷基羧酸	Versatic 911 C547	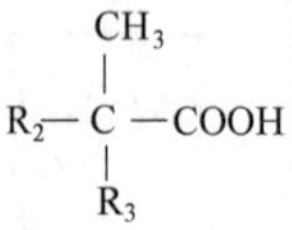 $R_2-C(CH_3)(R_3)-COOH$ $R_2,R_3=C_{3\sim4}H_{7\sim9}$		分离轻稀土
		环烷酸		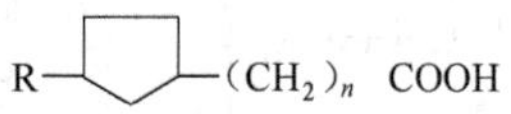 R—(环戊基)—$(CH_2)_n$ COOH	170 ~ 330	分离 Cu、Co、Ni 分离轻稀土回收钇
	烷基磷酸	二（2-乙基己基）磷酸	D_2EHPA HDEHP P_{204}	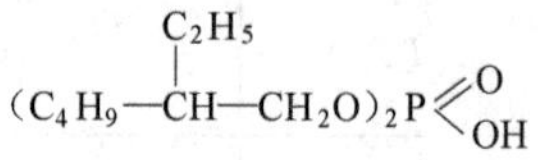 $(C_4H_9-CH(C_2H_5)-CH_2O)_2P(=O)OH$	322	萃取铀、分离镍、钴、稀土分组萃取铟、铊、萃取铍、锗、钇
		十二烷基磷酸	DDPA	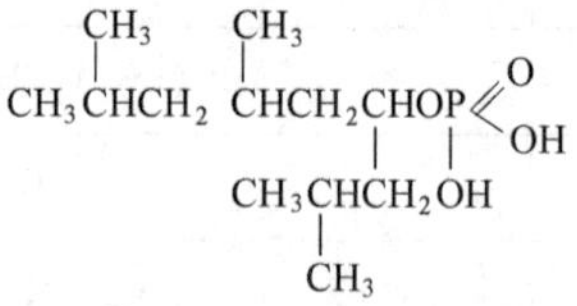 $CH_3CH(CH_3)CH_2CH(CH_3)CH_2CHOP(=O)(OH)$；$CH_3CH(CH_3)CH_2OH$	266	
		辛基苯基磷酸	OPnPA	$(RO)_3P=O+ROP(HO)_2O$ 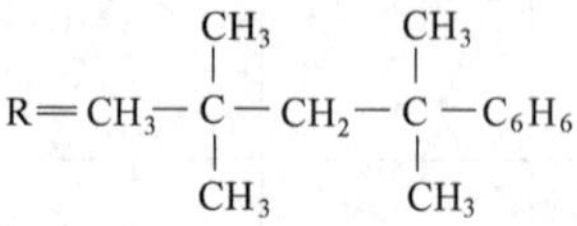 $R=CH_3-C(CH_3)_2-CH_2-C(CH_3)_2-C_6H_6$	287 ~ 476	从湿法磷酸中回收铀
	烷基膦酸酯	2-乙基己基膦酸-2-乙基己基酯	M_2EHPA P_{507} SME-418 PC-88A	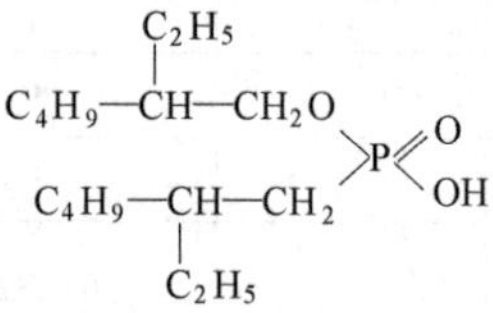 $C_4H_9-CH(C_2H_5)-CH_2O$, $C_4H_9-CH(C_2H_5)-CH_2$ >P(=O)OH	306	分离镍钴、稀土分组、分离铥、镱、镥
	脂肪α-羟肟	5.8-二乙基-7羟基-6-十二烷酮肟	Lix63 N_{509}	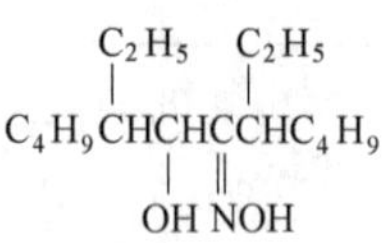 $C_4H_9CH(C_2H_5)CH(OH)C(=NOH)CH(C_2H_5)C_4H_9$	257	萃取铜、钴、镍、镓
	芳香β-羟肟	2-羟基-5-十二烷基二苯甲酮肟	Lix64 03045	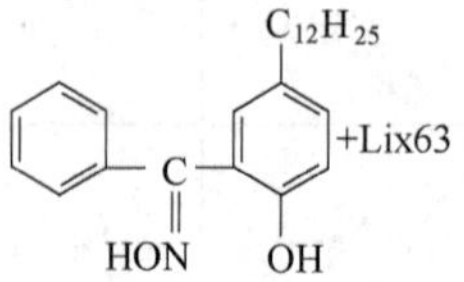 $C_6H_5-C(=NOH)-C_6H_3(OH)(C_{12}H_{25})$ +Lix63	381	从酸液中萃铜、钯

续表5.4

分类	类型	名称	商品名或简称	结构式	分子量	应用
酸性配合萃取剂	芳基β-羟肟	2-羟基-5-仲辛基二苯甲酮肟	N_{510}	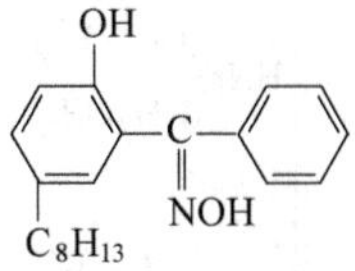 OH; C; NOH; C_8H_{13}	325	从硫酸液中萃铜
		2-羟基-4-仲辛氧基二苯甲酮肟	АБФ-1 N_{530}	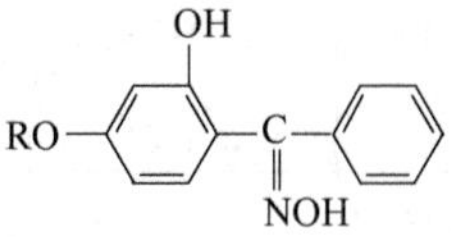 OH; RO; C; NOH; $R=C_8H_{13}$	341	从氯盐及硫酸液中萃铜
		2-羟基-4-异辛基二苯甲酮肟	АБФ-2 N_{531}	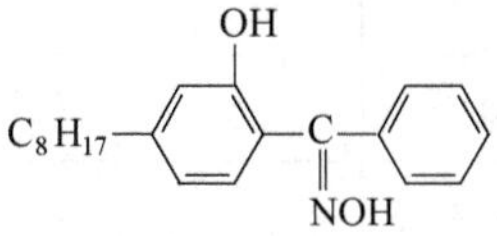 OH; C_8H_{17}; C; NOH	325	
		2-羟基-5-壬基二苯甲酮肟	Lix65N	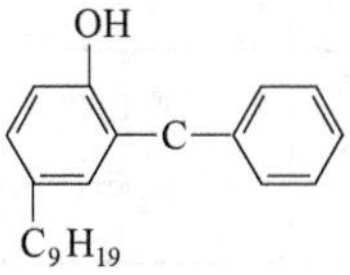 OH; C; C_9H_{19}	339	
		2-羟基-5-壬基-3氯二苯甲酮肟	Lix70 (Lix79+Lix63)	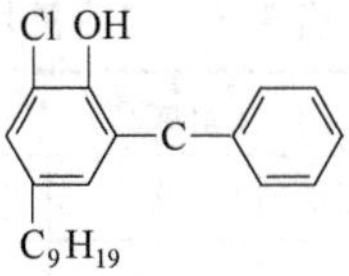 Cl OH; C; C_9H_{19}	375	从强酸高浓度液中萃铜萃取钯
	羟基喹啉衍生物	7-烷基-8羟基喹啉	Kelex100	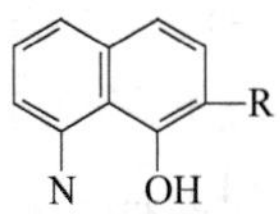 R; N; OH		从硫酸液中萃铜（高含量）
胺类萃取剂	伯胺	烷基甲胺	PrimeneJMJ	$CH_3-C(CH_3)_2-(CH_2-C(CH_3)_2)_n-NH_2$ $n=3、4、5$	269~325	萃取钍、锆
			N_{1923}	R_2CH-NH_2 $R=C_{9\sim11}H_{19\sim23}$		萃取钍、稀土
			N_{179}	RNN_2 $R=C_8H_{17}-CH(C_8H_{17})-$		

续表 5.4

分类	类型	名　称	商品名或简称	结　构　式	分子量	应　用
胺类离子缔合萃取剂	仲胺	N-十二烯（三烷基甲基）胺	Amberlite LA-1	$HN<\begin{matrix}C(R)(R')(R'')\\CH_2CH{=}CH(CH_2{-}C(CH_3)_2{-})_2{-}CH_3\end{matrix}$ $R+R'+R''{=}C_{11\sim14}H_{23\sim29}$		萃取铀
		N-月桂（三烷基甲基）胺	Amberlite LA-2	$HN<\begin{matrix}C(R)(R')(R'')\\CH_2(CH_2)_{10}CH_3\end{matrix}$ $R+R'+R''{=}C_{12\sim13}H_{25\sim27}$	353～395	萃取铀、锌、钼
		二十三胺	Adogen283	$(C_{13}H_{27})_2NH$	385	萃取锌、钨、钼、钒
	叔胺	三辛胺	TOA	$[CH_3(CH_2)_6CH_2]_3N$		盐酸液中分离钴、镍、萃铀
		三异辛胺	T10A	$i{-}(C_8H_{17})_3N$		盐酸液中分离钴、镍
		三烷基胺	Amberlite336 N_{235}	R_3N　$R{=}C_{8\sim10}H_{17\sim21}$	～392	盐酸中分离钴、镍、萃取铀、钨、钼、钒、铂
	季铵盐	三烷基甲基氯化胺	Aliquat336 Adogen464 N-263	$R_3N^+(CH_3)Cl^-$　$R{=}C_{7\sim9}H_{15\sim19}$	～442 ～431	稀土分离、萃取铬、钒

表 5.5　工业常用的稀释剂

名　称	组成/%			相对密度	闪点/℃	黏度/cP	沸点/℃
	石蜡烃	萘	芳香烃				
Amsco 无臭矿物油	85	15	0	0.76	53	—	—
Escaid 100	80		20	0.80	78	1.52	191
Escaid 110	99.7		0.3	0.79	74	1.52	193
Kermac 470B（原 Napolcum470）	48.6	39.7	11.7	0.81	79	2.1	210
Shell 140	45	49	6.0	0.79	61	—	174
Cyclosol	1.5		98.5	0.89	66	—	—
Escaid 350（原 Solvesso 150）	3.0	0	97	0.89	66	1.2	188
磺化煤油	100	0	0	0.78～0.82	62～65	0.3～0.5	170～240

表 5.6　工业常用添加剂

名　称	相对密度	闪点/℃
2-乙基己基醇	0.834	85
异癸醇	0.841	104
壬基酚	0.95	140
磷酸三丁酯	0.973	193

5.3 影响萃取过程的主要因素

萃取过程是使亲水的金属离子由水相转入有机相的过程。金属离子在水溶液中被极性水分子包围，呈水化离子的形态存在。要使金属离子由水相转入有机相，萃取剂分子须先取代水分子而与金属离子结合或通过氢键与水合离子配位后才能生成疏水的萃合物。故萃取过程实质上是萃取剂分子与极性水分子争夺金属离子、使金属离子由亲水变为疏水的过程。因此，萃取过程的效率与有机相和水相的组成、性质以及操作和设备等因素有关，下面着重讨论几个主要影响因素。

5.3.1 萃取剂

萃取原液的组成及经济等因素是选择萃取体系的主要依据，更确切地说是根据被萃组分的存在形态选择萃取体系。如从铜矿原料的硫酸浸出液中萃铜，铜主要呈阳离子形态存在，可选用螯合萃取剂；氢氟酸分解钽铌矿物原料时，钽铌均呈氟配阴离子形态存在，且料液酸度相当高，故可考虑采用锌盐萃取体系；碱液分解钨原料时，钨呈钨酸根阴离子形态存在，且料液碱度相当高，故只能采用胺类萃取剂；硫酸浸出铀矿时，铀呈阳离子和配阴离子形态存在于浸出液中，故可采用 P_{204}、也可采用胺类萃取剂萃取铀。

萃取体系基本确定后，需具体选择萃取剂。选择萃取剂的一般原则为：

（1）有良好的萃取性能：具有较高的选择性，较高的萃取容量和较大的萃取速度；

（2）有好的分相性能：具有较小的密度和黏度，有较大的表面张力；

（3）易反萃，不易乳化和生成第三相；

（4）贮存使用方便：无毒、不易燃、不挥发、不易水解、腐蚀性小、化学稳定性好等；

（5）价廉易得，水溶性小。

在工业上要完全满足上述要求是相当困难的，一般基本上能满足一些主要要求即可使用。

有机相中萃取剂的浓度对萃取效率有较大的影响。当其他条件相同时，有机相中萃取剂的游离浓度随其原始浓度的增大而增大。增加有机相中萃取剂的游离浓度可以提高被萃组分的分配系数和萃取率，但会降低有机相中萃取剂的饱和度，导致增大共萃的杂质量，降低萃取选择性。当萃取剂原始浓度过大时，黏度增大，分层慢，不利于操作，易出现乳化和三相现象。选择有机相中萃取剂浓度时，需综合考虑上述影响。原则上是尽量使用纯萃取剂或浓度高的有机相，以提高萃取能力和产量，也可避免有机相组成复杂化。但应考虑某些操作因素。一般需针对具体的萃取原液，通过一些基本萃取性能试验来确定。

5.3.2 稀释剂

多数萃取体系中，稀释剂是有机相中含量最多的组分。稀释剂的作用主要是降低有机相的密度和黏度，以改善分相性能、减少萃取剂损耗，同时可调节有机相中萃取剂的浓度，以达到较理想的萃取效率和选择性。

稀释剂除应具有较好的分相性能、价廉易得，水溶性小以及无毒、不易燃、不挥发、腐蚀性小，化学性质稳定等特性外，还应满足极性小和介电常数小的要求。稀释剂极性大时，常借氢键与萃取剂缔合，降低有机相中游离萃取剂的浓度，从而降低萃取率。稀释剂的极性可以偶极矩或介电常数来衡量。介电常数是衡量物质绝缘性的参数，其数值与物质的极性有关，真空中 $\varepsilon=1$，导体的介电常数（ε）趋于无穷大。常见的几种溶剂的介电常数列于表 5.7。

通常采用煤油作稀释剂，其介电常数为 2 ~ 3。一般宜选用介电常数低的有机溶剂作稀释剂，以得到较高的萃取率。

表 5.7　某些有机溶剂的介电常数

有机溶剂	煤油	苯	石油	CS_2	甲苯	CCl_4	氯仿	乙醚
介电常数 ε	2.1	2.29	2 ~ 2.2	2.62	2.4	2.25	4.81	4.34

5.3.3　添加剂

加入添加剂是为了改善有机相的物理化学性质，增加萃取剂和萃合物在稀释剂中的溶解度，抑制稳定乳浊液的形成，防止形成三相和起协萃作用。一般采用长链醇（如正癸醇等）和 TBP 作添加剂，其具体用量用试验确定，一般为 3% ~ 5%。加入添加剂常可改善分相性能，减少溶剂夹带，提高分配系数和缩短平衡时间，从而可以提高萃取作业的技术经济指标。

5.3.4　水相的离子组成

被萃组分在水相中的存在形态是选择萃取剂的主要依据，而且从经济方面考虑，一般是萃取低浓度组分，将高浓度组分留在萃余液中，以减少传质量，较为经济。在浸出液中，有用组分常比杂质含量低，故常萃取有用组分。但在某些除杂作业中，有用组分含量高于杂质含量，此时可萃取杂质而将有用组分留在萃余液中。

中性配合萃取只萃取中性金属化合物。溶剂配合物的稳定性与金属离子的电荷大小成正比，而与其离子半径大小成反比。同时离子势（z^2/r）愈大，其水化作用愈强愈亲水。这两种作用竞争结果决定了金属组分的分配系数。如 P_{350} 从硝酸盐溶液中萃取三价稀土离子的分配系数与原子序数的关系如图 5.3 所示。金属离子浓度对分配系数的影响如图 5.4 所示。中性配合萃取时的盐析作用特别明显，随金属离子浓度的增加，自盐析作用使分配系数增加，但当金属离子浓度过大时，有机相中游离萃取剂浓度下降而使分配系数下降，故图 5.4 的曲线出现峰值。金属离子生成不被萃取的金属阴离子或离子缔合物主要取决于阴离子类型和浓度，如用 TBP 从硝酸介质中萃铀时，阴离子的不良影响按下列顺序递增：$Cl^- < C_2O_4^{2-} < F^- < SO_4^{2-} < PO_4^{3-}$。

酸性配合萃取只萃取金属阳离子。酸性配合萃取剂对金属阳离子的萃取能力首先决定于其萃合物的稳定常数 $K_{配}$。$K_{配}$ 愈大则其萃合常数 K 也愈大。$K_{配}$ 与金属离子的价数和离子半径有关。对以氧原子为配位原子的酸性萃取剂而言，其与惰性气体型结构（外层电子为 s^2p^6）的离子配位形成配合物时，$K_{配}$ 随离子价数的增大而增大，对同价离子而言，

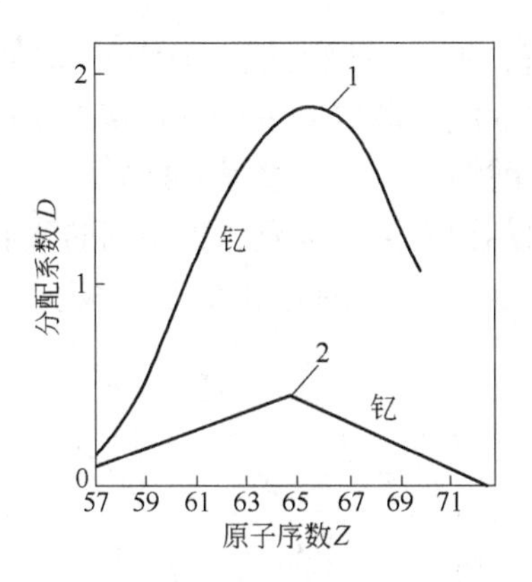

图 5.3 P_{350}萃取 $R_E(NO_3)_3$ 时 D 与 R_E 的原子序数的关系

1—有 $6MNH_4NO_3$；2—无盐析剂

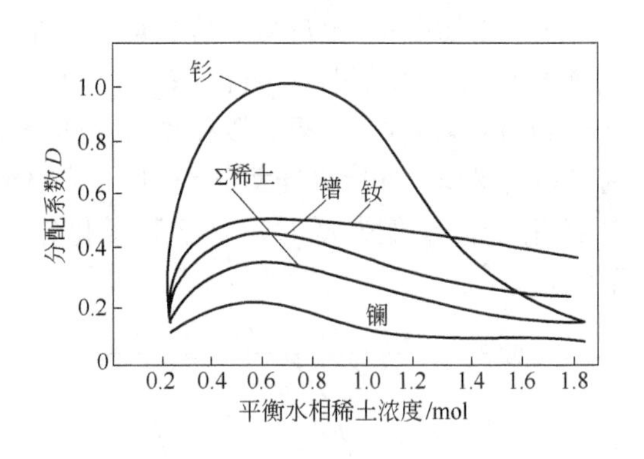

图 5.4 50% P_{350}萃取 $R_E(NO_3)_3$ 时 D 与平衡水相稀土浓度的关系

$K_{配}$ 随离子半径的减小而增大（此规律对非惰性气体型离子不太适用）。水相中若有其他配合剂而使金属离子呈配阴离子存在，则将显著降低酸性萃取剂萃取金属离子的能力。形成的配合物愈稳定，其分配系数下降愈大。P_{204}从无机酸中萃 UO_2^{2+} 的能力按下列顺序下降：$ClO_4^- > NO_3^- > Cl^- > SO_4^{2-} > PO_4^{3-}$。

离子缔合萃取只萃取金属配阴离子。金属配阴离子的亲水性愈小愈有利于萃取；铧盐或铵盐分子的极性愈小，萃合物的亲水性愈小。理想条件下，$K_{配}$ 愈大，萃合常数也愈大（但实际情况要复杂得多，有时甚至出现相反情况）。增加配位体（X）的浓度可提高分配系数，但非配位体的其他阴离子浓度的增加会降低被萃组分的分配系数。如叔胺从硫酸盐溶液中萃铀时，铀的分配系数与其他阴离子浓度的关系如图 5.5 所示，其影响顺序为 $SO_4^{2-} < PO_4^{3-} < Cl^- < F^- < NO_3^-$。

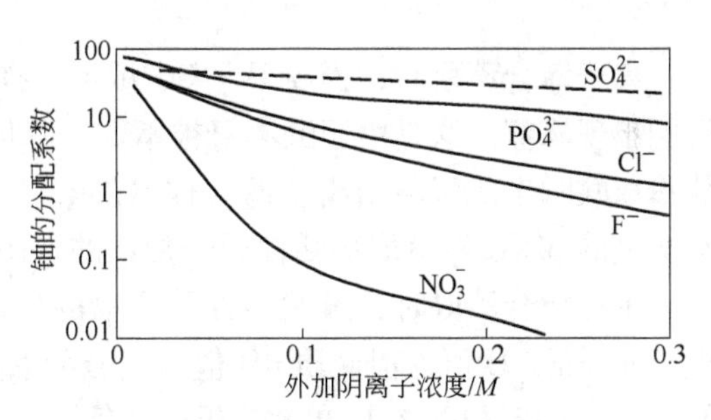

图 5.5 阴离子对胺类萃取剂萃铀的影响

水相：$\Sigma[SO_4^{2-}]=1M$，pH = 1.0；

有机相：0.1M 三辛胺

其他条件相同时，水相中被萃金属离子浓度的增加，有可能降低其分配系数。这是由于有机相中萃取剂的游离浓度随被萃组分浓度的提高而下降，或是被萃组分在水相聚合以及被萃化合物在萃取剂中离解的缘故。若被萃组分在有机相中有聚合作用，且聚合体在有机相中仍有较大的溶解度，则分配系数将随金属离子浓度的增大而增大。一般而言，分配系数随金属离子浓度的增大而下降，欲达到同样的萃取率则要求更多的萃取级数。当金属离子浓度增至一定值时，则要求增加萃取剂浓度和相比，否则，易出现第三相。

5.3.5 水相 pH 值

酸性配合萃取时，在游离萃取剂浓度一定的条件下，pH 值每增加一个单位，分配系数则增加 10^n。萃取剂浓度恒定时的萃取率- pH 值关系曲线如图 5.6、图 5.7 所示。从图中“S”曲线可知，金属离子价数愈大，曲线愈陡直，但有一最大值。当水相 pH 值超过金属离子水解 pH 值时，分配系数将下降。因此，酸性配合萃取时一般宜在接近金属离子水解 pH 值的条件下进行，以得到较高的分配系数。酸性配合萃取过程不断析出 H^+ 离子，为了稳定操作，保持最佳萃取 pH 值，常将酸性萃取剂预先进行皂化，如将脂肪酸制成钠皂使用。当 pH 值太低时，由于质子化作用和影响金属离子的存在形态而使分配系数下降。

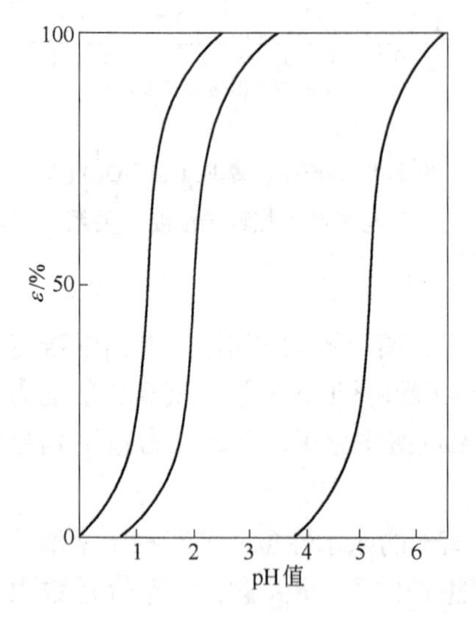

图 5.6　二价金属理论萃取曲线

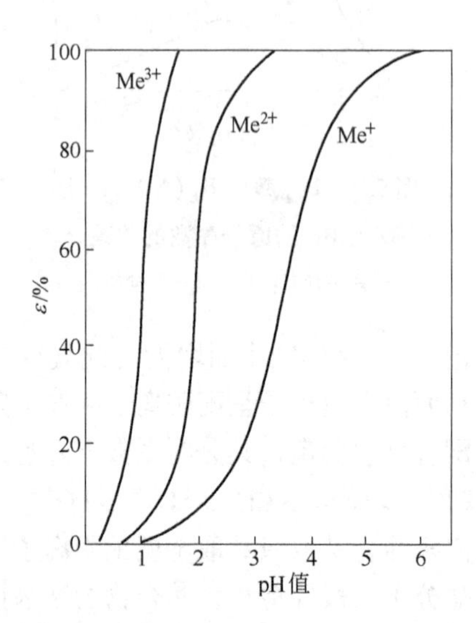

图 5.7　各种价态金属的理论萃取曲线

离子缔合萃取时，提高 H^+ 离子浓度可提高分配系数，但随酸浓度的提高，分配系数可能出现峰值。这是由于酸本身被萃取，降低了有机相中游离萃取剂浓度，如铵盐或季铵盐萃取酸时生成所谓四离子缔合体 $R_3Cl_3N^+ \cdot NO_3^- \cdot H_3O^+ \cdot NO_3^-$。因此，酸度应适当，其适宜的 pH 值随萃取剂活性原子碱性的强弱而异。

中性配合萃取时，虽然中性萃合物的生成不直接取决于介质的 pH 值，但介质 pH 值对其分配系数仍有较大的影响。TBP（100%）在无盐析剂条件下萃取稀土时的分配系数与硝酸浓度的关系如图 5.8 所示，由于 $D = K[NO_3^-]^3 \cdot [TBP]^3$ 加上盐析作用，使分配系数与硝酸浓度的关系曲线呈“S”形。

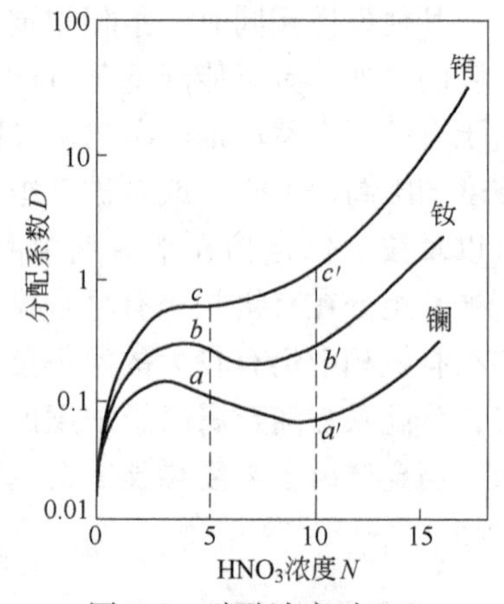

图 5.8　硝酸浓度对 TBP 萃取稀土的影响

5.3.6　盐析剂

在中性配合萃取和离子缔合萃取体系中，常使用盐析剂以提高被萃组分的分配系数。盐析剂是一种不被萃取、不与被萃物结合，但与被萃物有相同的阴离子而可使分配系数显著提高的无机化合物。

盐析剂的作用是多方面的：同离子效应；盐析剂离子的水化减小了自由水分子浓度，抑制了被萃组分的水化或亲水性；盐析剂还可降低水相的介电常数，增加了带电质点间的作用力；可以抑制被萃组分在水相中的聚合等。这些作用皆有利于萃取过程，使被萃组分更易转入有机相中。

当盐析剂的克分子浓度相同时，阳离子的价数愈高，其盐析效应愈大。对同价阳离子而言，离子半径愈小，其盐析效益愈大。常见金属阳离子的盐析效应顺序为：Al^{3+} > Fe^{3+} > Mg^{2+} > Ca^{2+} > Li^{+} > Na^{+} > NH_4^{+} > K^{+}。

选用盐析剂时应考虑不污染产品、价廉易得、溶解度大等因素。中性配合萃取时，常用硝酸铵作盐析剂，也可采用提高料液浓度的方法代替外加盐析剂。因被萃的硝酸盐本身也有盐析作用，常称为“自盐析”作用。离子缔合萃取时，盐析剂的作用主要是降低离子亲水性。当盐析剂与配阴离子有相同配位体时，也有同离子效应。

5.3.7 配合剂

萃取时加入配合剂是为了提高分离系数。使分配系数下降的配合剂称为抑萃配合剂，又称为掩蔽剂。使分配系数增加的配合剂称为助萃配合剂。采用中性萃取剂进行稀土分离时，常用氨羧配合剂（如 EDTA 等）作抑萃配合剂，它使分配系数减小，但却能增大相邻稀土元素的分离系数。

5.3.8 操作与设备

萃取相比是主要操作因素之一。连续操作时，相比即为有机相和水相的流量比。当其他条件相同时，增大相比，可提高萃取率，有助于防止出现三相和乳化现象。但提高相比，会降低有机相中萃取剂的饱和度，以致降低萃取的选择性。同时，增大相比要求增大设备容积和生产周期，有时还会降低分配系数和增加生产成本。因此，应通过试验确定其适宜值。

此外，应适当控制搅拌混匀程度，设法提高级效率。同时，适当提高萃取温度也有利于提高萃取效率。

无疑，萃取率与萃取设备的类型、结构等因素密切相关。

5.4 萃取工艺

5.4.1 萃取流程

萃取可采用一级或多级（串级）的形式进行。多级萃取时又可根据有机相和水相的流动接触方式分为错流萃取、逆流萃取、分馏萃取和回流萃取等形式。

5.4.1.1 一级萃取

将料液与新有机相混合至萃取平衡，然后静止分层而得到萃余液和负载有机相，此为一级萃取。一级萃取的物料平衡为：

$$V_A \cdot X_H = V_O Y_K + V_A \cdot X_K$$

式中 V_O，V_A——有机相和水相体积；

X_H，X_K——水相中被萃物的原始浓度和最终浓度；

Y_K——负载有机相中被萃物的浓度。

因为
$$D = \frac{Y_K}{X_K}, \qquad R = \frac{V_O}{V_A}$$

所以
$$DR = \frac{X_H}{X_K} - 1$$

虽然一级萃取流程简单，但萃取分离不完全，在生产中应用较少。但实验室中常用一级萃取的方法优选最佳萃取操作条件和进行萃取剂的基本性能测定，如测定萃取剂的饱和容量，对酸的萃取能力、萃取平衡时间，考查萃取剂浓度、料液 pH 值、金属离子浓度、相比、洗液 pH 值、温度等因素对分配系数、分离系数和萃取率的影响。

5.4.1.2　错流萃取

错流萃取是一份原始料液多次分别与新有机相混合接触，直至萃余液中的被萃组分含量降至要求值时为止的萃取流程。每接触一次（包括混合、分层、相分离）称为一个萃取级。图 5.9 为三级错流萃取简图。由于每次皆与新有机相接触，故萃取较完全。但错流萃取的萃取剂用量大，负载有机相中被萃物的浓度低，最后几级的分离系数低。

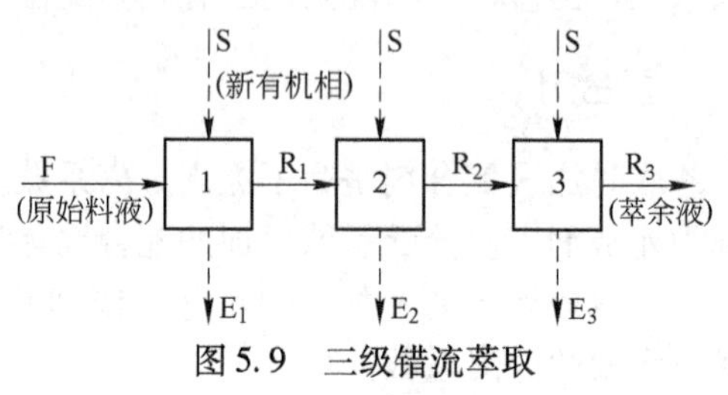

图 5.9　三级错流萃取

设 m_0 为被萃物原始总量，m_1 为一次萃取后残留在水相中的被萃物总量，$m_0 - m_1$ 为一次萃取后进入有相相中的被萃物总量，可得：

$$D = \frac{(m_0 - m_1)/V_0}{m_1/V_A} = \frac{(m_0 - m_1)V_A}{m_1 V_0}$$

整理后得：

$$\frac{m_1}{m_0} = \frac{1}{DR + 1}$$

$\frac{m_1}{m_0}$为经一次萃取后留在水相中的被萃物的质量分数，称为萃余率（φ）。若一次萃取后的萃余液进行第二次萃取，第二次萃取后留在水相中的被萃物总量为 m_2，则：

$$D = \frac{(m_1 - m_2)/V_0}{m_2/V_A} = \frac{(m_1 - m_2)V_A}{m_2 V_0}$$

整理后得：

$$\frac{m_2}{m_0} = \left(\frac{1}{DR + 1}\right)^2$$

同理可得：
$$\frac{m_n}{m_0} = \left(\frac{1}{DR + 1}\right)^n$$

若已知单级萃取的分配系数 D，相比 R 和萃取级数 n 即可计算出经 n 级错流萃取后留在水相中的被萃物的质量分数。反之，若已知原始料液和萃余液中被萃物的质量、分配系数和相比，即可求得所需的萃取级数：

$$n = \frac{\lg m_0 - \lg m_n}{\lg(DR + 1)}$$

5.4.1.3　逆流萃取

逆流萃取为水相（料液 F）和有机相（S）分别从萃取设备的两端给入，以相向流动的方式经多次接触分层而完成萃取过程的萃取流程。图 5.10 为五级逆流萃取简图。逆流萃取可使萃取剂得到充分利用，适于分配系数和分离系数较小的物质的分离，只要适当增加级数即可达到较理想的分离效果和较高的金属回收率。但级数太多，进入有机相的杂质量也将增加，产品纯度下降。

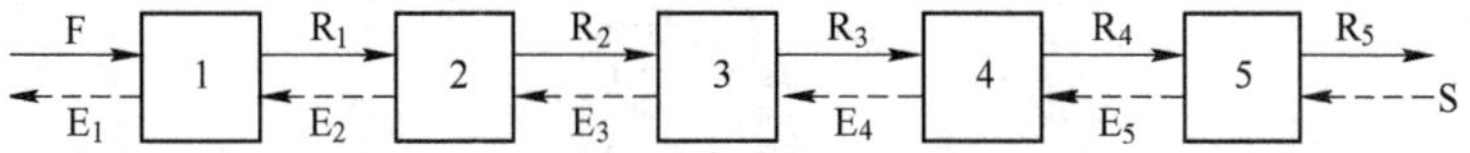

图 5.10 五级逆流萃取

逆流萃取理论级数可用计算法，图解法或模拟试验法求得。

(1) 计算法：

若有机相和水相互不相溶，且各级分配系数不变，则：

$$D = \frac{y_1}{x_1} = \frac{y_2}{x_2} = \frac{y_3}{x_3} = \cdots = \frac{y_n}{x_n}$$

第一级被萃物质量平衡为：

$$V_A \cdot x_H + V_0 y_2 = V_A x_1 + V_0 y_1$$

$$V_A x_H + V_0 D x_2 = V_A x_1 + V_0 D x_1$$

$$x_1 = \frac{V_A x_H + V_0 D x_2}{V_A + V_0 D} = \frac{x_H + RDx_2}{1 + RD} = \frac{x_H + \mu x_2}{1 + \mu}$$

$$= \frac{\mu(\mu - 1) x_2 + (\mu - 1) x_H}{\mu^2 - 1}$$

第二级被萃物质量平衡为：

$$V_A x_1 + V_0 y_3 = V_A x_2 + V_0 y_2$$

$$V_A x_1 + V_0 D x_3 = V_A x_2 + V_0 D x_2$$

$$(1 + \mu) x_2 = \mu x_3 + x_1 = \mu x_3 + \frac{\mu x_2 + x_H}{1 + \mu}$$

$$= \frac{\mu(\mu + 1) x_3 + \mu x_2 + x_H}{\mu + 1}$$

$$x_2 = \frac{\mu(\mu + 1) x_3 + x_H}{\mu^2 + \mu + 1}$$

$$= \frac{\mu(\mu^2 - 1) x_3 + (\mu - 1) x_H}{\mu^3 - 1}$$

同理，对 n 级可得：

$$x_n = \frac{\mu(\mu^n - 1) x_{n+1} + (\mu - 1) x_H}{\mu^{n+1} - 1}$$

若有机相不含被萃物，即 $y_{n+1} = 0$，$x_{n+1} = \frac{y_{n+1}}{D} = 0$

所以
$$x_n = \frac{(\mu - 1)x_H}{\mu^{n+1} - 1}$$

由于水相和有机相互不相溶，原始料液与萃余液体积相等，即$\frac{m_n}{m_0} = \frac{x_n}{x_H} = \varphi$。

所以
$$\varphi = \frac{\mu - 1}{\mu^{n+1} - 1}$$

$$n = \frac{\lg\left(\frac{\mu - 1}{\varphi} + 1\right)}{\lg\mu} - 1$$

当$\mu = 1$时，上式不适用，此时可利用：

$$\lim_{\mu \to 1} \frac{\mu - 1}{\mu^{n+1} - 1} = \frac{1}{(n+1)\ \mu^n} = \frac{1}{n+1}$$

即
$$\varphi = \frac{1}{n+1}$$

对于难萃物质，$\mu < 1$，而$\mu^{n+1} \ll 1$，可得：

$$\varphi \doteq 1 - \mu$$

若μ恒定，n是φ的函数。为简化计算，可预先固定μ绘制对φ的关系曲线（见图5.11）采用查曲线法求得n值。但多级萃取时，各级分配系数不同，故计算值偏差较大，只当被萃物浓度较低时，才可大致适用。

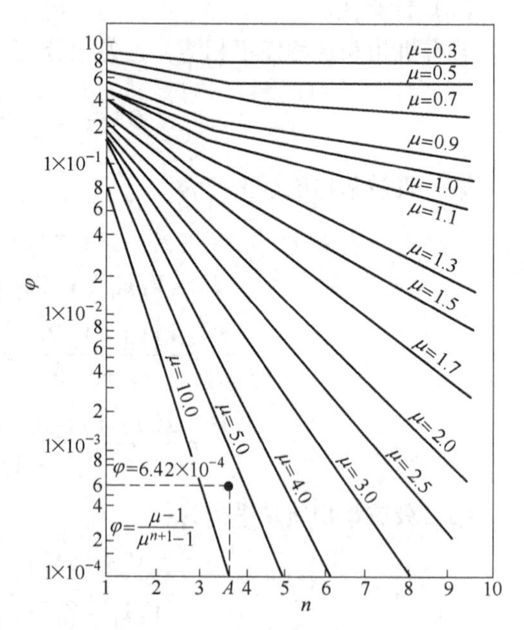

图5.11　逆流萃取级数计算图

例：用5% TBP煤油溶液从组成为$U_3O_8$10g/L，$ThO_2$170g/L的料液中逆流萃铀，$R = 2$，$D_U = 3$，要求萃余液中U_3O_8含量为6.42mg/L，问需几级才能达要求。

解：$\mu = D_U R = 2 \times 3 = 6$

$$\varphi = \frac{0.00642}{10} = \frac{6 - 1}{6^{n+1} - 1}$$

$$n = 4$$

已知$\varphi = 6.42 \times 10^{-4}$，$\mu = 6$，从图5.11中也易找到$A$点即可查到$n = 4$。

（2）图解法：

当分配系数不是定值且变化较大时，不能使用计算法，一般是用图解法求得理论级数。多级逆流萃取时，各级出口浓度x_1，y_1；x_2，y_2；…；x_n，y_n之间是两相平衡浓度的关系，某组分在两相间的分配除与其浓度有关外，还与其他组分、酸度等因素有关。实际萃取过程中，各级中的这些因素均为变数。为了反映实际情况，需采用多级平衡数据，可将料液稀释成不同浓度按规定相比或不稀释而改变相比进行试验可得到n组互成平衡的浓度数据。若有分液漏斗模拟试验提供的平衡数据则更接近实际。根据这些平衡浓度数据可绘制平衡曲线（萃取等温线）（见图5.12）。

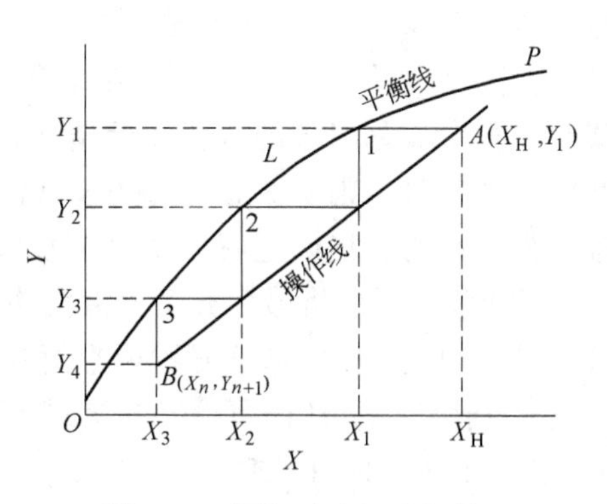

图5.12 图解法求理论级数

相邻两级的两相浓度之间的关系可用物料衡算法求得，对 1 ~ m 级作金属平衡：

$$V_A X_H + V_0 Y_{m+1} = V_A X_m + V_0 Y_1$$

$$Y_{m+1} = \frac{V_A}{V_0} X_m + Y_1 - \frac{V_A}{V_0} X_H$$

$$= \frac{1}{R}(X_m - X_H) + Y_1$$

此方程为直线方程，它在 X-Y 图上作的直线称为操作线。其斜率为相比的倒数，它通过点 $A(X_H, Y_1)$ 和点 $B(X_n, Y_{n+1})$。通常进口料液浓度 X_H，进口有机相浓度 Y_{n+1}，萃余液浓度 X_n，出口负载有机相浓度 Y_1 及相比 R 均是工艺上规定的已知条件，故可用连接 $A(X_H, Y_1)$，$B(X_n, Y_{n+1})$ 两点或通过 A 点（或 B 点）作斜率为 $\frac{1}{R}$ 的直线的方法作操作线。

有了平衡线和操作线，可用梯级法求得理论级数，通过点 A 作横坐标平行线交于平衡线得到与 Y_1 平衡的水相浓度 X_1，作纵坐标的平行线可在操作线上得到和 X_1 对应的 Y_2，依次作阶梯，直至 B 点达到所要求的萃余液中的浓度 X_n 为止，所得的阶梯数即为理论萃取级数（图中为三级）。

图解法的前提是萃取体系的 pH 值恒定，当 pH 值变化时应用空间坐标系，此时平衡曲线为平衡曲面，操作线为操作面，上面讨论的平面坐标图仅是 pH 值为某值时的一个截面。

上述求得的是每级均达平衡时的理论级数。实际操作是接近平衡而未达平衡，故平衡线和操作线均与实际有偏差，实际萃取级数应略高于理论级数。

（3）模拟试验法：

模拟法是经常采用的一种试验方法，是在分液漏斗中用间歇操作模拟连续逆流多级萃取过程的试验。其目的是检验所定工艺条件是否合理、产品能否达要求，发现过程中可能出现的各种现象（如乳化、三相等）以及最终确定所需的理论级数。

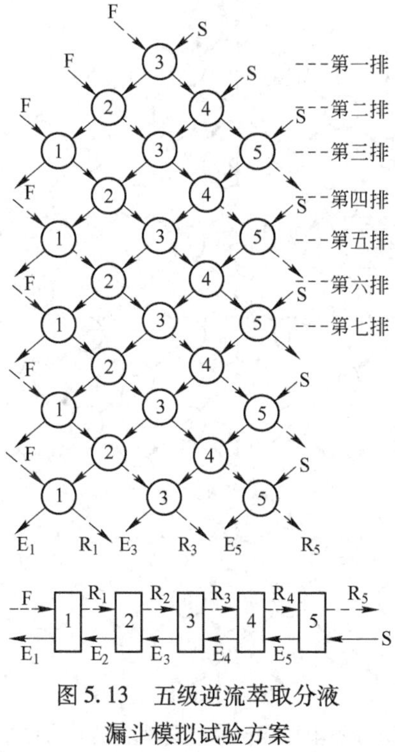

五级逆流萃取分液漏斗模拟试验方案图如图5.13所示，图中符号同前，取5个分液漏斗分别编成1、2、3、4、5五个标号，先将料液和有机相加入3号，摇动混匀（摇动时间等于其平衡时间）静止分层，水相转入4号，有机相转入2号，将新有机相加入4号，料液加入2

图5.13 五级逆流萃取分液漏斗模拟试验方案

号，摇动2号，4号，静止分层，依次按方案图所示负载有机相向左移动，萃余液向右移动。随排数的增加，所得萃余液被萃组分的浓度逐渐降低直至等于R_5的浓度，而负载有机相中被萃组分的浓度逐渐增加直至等于E_1的浓度。通常当4~5组分萃余液的浓度保持恒定时，则认为模拟系统达到了稳定，试验即可停止。实际试验时，一般出液排数为级数的二倍以上就可认为该萃取体系已达平衡。

试验稳定后，将最后五个分液漏斗中的两相进行分析，将X_1，Y_1；X_2，Y_2；…各点绘于X-Y图上可得一条实际萃取平衡线，将X_H，Y_1；X_1，Y_2；…各点绘于X-Y图上可得一条实际操作线，从而可绘出系统的实际萃取平衡图。

5.4.1.4 分馏萃取

分馏萃取是加上逆流洗涤的逆流萃取（见图5.14），又称为双溶剂萃取。此时有机相和洗涤剂分别由系统的两端给入，而料液由系统的某级给入。分馏萃取将逆流洗涤和逆流萃取结合在一起，通过逆流萃取保证较高的回收率，而通过逆流洗涤保证较高的产品的品位，使回收率和品位可以同时兼顾，使分离系数小的组分得到较好的分离。此流程在实践中应用最广。

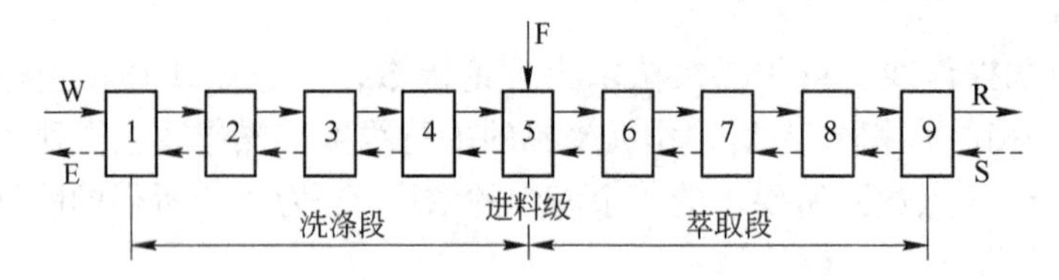

图5.14 五级萃取四级洗涤的分馏萃取流程

分馏萃取的计算方法与精馏有相似之处，但算法复杂而不统一，一般是用模拟试验法较符合实际。图5.15为图5.14流程的分液漏斗模拟试验方案，图中W代表洗涤剂，其他符号同前。取9个分液漏斗，分别编成1号、2号、3号、4号、5号、6号、7号、8号、9号，在5号加入料液、有机相和洗涤剂，摇动混匀，静止分层后，有机相转入4号，水相转入6号，在4号加入洗涤剂，6号加入新有机相，摇动4号、6号，静止分层，按图中所示顺序，水相向右移动，负载有机相向左移动，直至负载有机相E和萃余液R中的组分含量达恒定时为止，此时萃取体系达平衡。

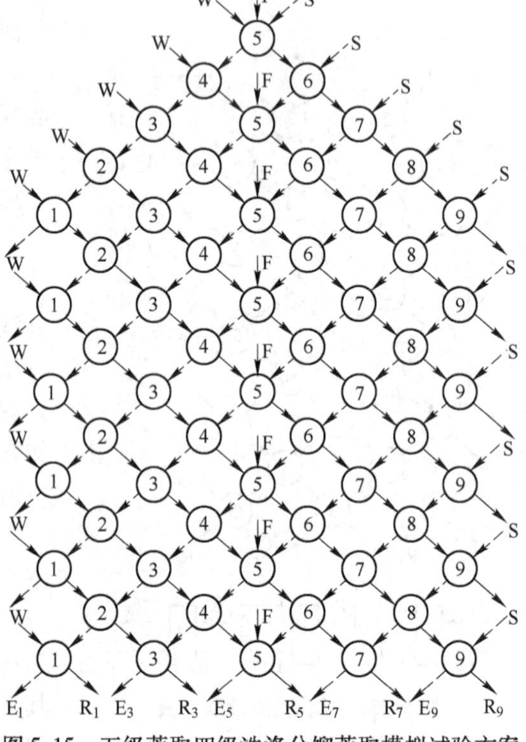

图5.15 五级萃取四级洗涤分馏萃取模拟试验方案

模拟试验时分液漏斗的摇动混匀时间要足够长（一般为3~5min），相分离应完全。过程开始后，不应以任何形式改变条件，否则应重新开始。试验所用料液、有机相组成和相比应与生产条件相同。当体系平衡后仍达不到预期的分离效果，则应调整级数，重新试验，直至获得满意结果为止。有关分馏萃取工艺参数的设计和计算，请参阅《稀土提取技术》一书中的有关内容。

5.4.1.5 回流萃取

回流萃取是改进的分馏萃取，其流动方式相同，只是使组分回流（见图5.16）。设A、B两组分分离，A为易萃组分，B为难萃组分，若萃取剂中含有一定量的B组分或洗涤剂中含有一定量的A组分、或者同时使有机相中含B组分和洗涤剂中含A组分，则分馏萃取即变为回流萃取。组分回流可以提高产品品位，提高分离效果，但产量低些。操作时萃取段水相中残留的少量A组分与有机相中的B组分“交换”，从而提高了水相中B组分的含量。在洗涤段，有机相中的少量杂质B可与洗涤剂中的A“交换”，从而提高了有机相中A的含量。图中转相段的作用是使循环有机相与萃余水相接触，使其含有一定量的B组分，以使组分回流。

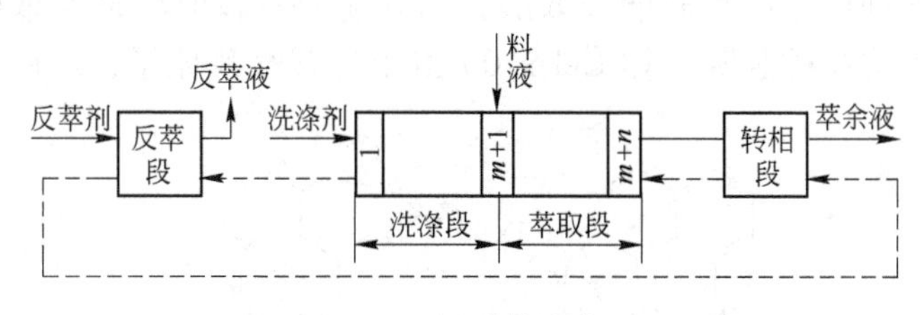

图5.16 回流萃取流程

5.4.2 溶剂处理

市售萃取剂常含有某些杂质，尤其是使用一定时间后，由于降解、聚合变质，“中毒”乳化等原因常出现相分离性质变差，萃取率下降等现象。为了使萃取过程能高效稳定地进行，常要求对溶剂进行预处理或再生，目的是除去溶剂中的某些杂质以及预先准备一种能与被萃组分相交换的离子。常用的处理方法为水洗、酸洗、碱洗、配合洗涤及蒸馏等。

如TBP为无色透明液体，含少量杂质时颜色变黄，其主要杂质为磷酸一丁酯（MBP）、磷酸二丁酯（DBP）、正丁醇、正丁醛和焦磷酸四丁酯及少量无机物等。使用过程中，辐射和水解作用可使TBP产生降解反应，产生MBP和DBP等杂质。MBP和DBP对某些杂质的萃取能力强，会污染产品，反萃也较困难，而且MBP和DBP有亲水基（—OH），可与金属离子配合而不进入有机相，与三价和四价金属离子配合时易生成难溶化合物，易出现三相。P_{350}比TBP稳定，但循环时间长时也产生一些降解杂质。故使用前或使用一定时间后的TBP和P_{350}均需进行处理。通常采用酸碱洗涤法处理，即以R=1用水洗，搅拌0.5~1min后，用5% Na_2CO_3溶液以R=2~1搅拌1~2min，碱洗三次，然后用无离子水洗至中性即可使用。有时可用$KMnO_4$溶液洗以除去易氧化杂质（如醇等）。为了保持萃取过程的酸度，可将已除去杂质后的萃取剂与空白酸液混合萃取，使萃取剂预先为酸饱和。要求高时可用蒸馏法处理。此时将TBP与0.4% NaOH溶液以R=0.2放入蒸馏器中，通入水蒸气进行常压蒸馏，挥发性杂质（如丁醇等）随水蒸气逸出，MBP和DBP则生成水溶性钠盐，焦磷酸酯水解溶于水中，蒸馏至馏出液体积为原始混合液体积的1/3时为止。提纯后的 TBP 用无离子水洗数次即可使用。如需干燥，可用真空温热的方法进行。

多数萃取剂在进入萃取段前需进行预处理，有的萃取剂的预处理与反萃同时进行，反萃后的有机相可直接返回萃取段。如酸性萃取剂或螯合萃取剂萃取金属要求用酸的形式时，Lix 系萃取剂反萃后可直接返回萃取段使用。用有机胺（如叔胺）萃铀时，用碳酸钠液或氯盐反萃后可直接返回使用。

有时为了保证萃取过程的 pH 值恒定，要求采用盐的形式而不用酸的形式，反萃后的有机相则需附加处理，如用 P_{204} 的钠皂萃钴：

$$\overline{2(RO)_2PO(ONa)} + CoSO_4 \xrightleftharpoons{\text{萃取}} \overline{[(RO)_2POO]_2Co} + Na_2SO_4$$

$$\overline{[(RO)_2POO]_2Co} + H_2SO_4 \xrightleftharpoons{\text{反萃}} \overline{2(RO)_2PO(OH)} + CoSO_4$$

$$\overline{2(RO)_2PO(OH)} + 2NaOH \xrightleftharpoons{\text{预处理}} \overline{2(RO)_2PO(ONa)} + 2H_2O$$

将 P_{204} 转变为钠皂可使萃取时水相的 pH 值不发生变化，以利于稳定萃取操作。

能萃酸的萃取剂用酸反萃时能萃取酸，当其返回萃取时将使萃取时的酸度发生变化。因此，返回前应将酸脱除，如 Kelex100 由于有碱性氮原子，与脂肪胺一样能形成酸式盐：

$$+HX \xrightleftharpoons{\text{反萃}}$$

$$+CuSO_4 \xrightleftharpoons{\text{萃取}}$$

$$+H_2SO_4+2HX$$

从上可知，与有机相中没有酸分子 HX 时比较，此时酸度增加了一倍，同时萃铜前需预先将酸置换出来，这将降低萃取速度。因此，反萃后应用水将有机相中的酸脱除。

有机胺萃取用硝酸盐反萃时，所得的有机胺盐也需用碱液处理，以脱除亲和力大的硝酸根。

当某些杂质在有机相产生积累不为正常反萃剂反萃时，循环一定时间后，有机相的容量下降，严重时将出现乳化现象，此时应采取相应的试剂进行处理。如用 P_{204} 进行稀土分组时，一部分重稀土会在有机相积累，严重时会在槽内产生蜡状物，此时可用 5% NaOH 和 5% ~ 10% Na_2CO_3 溶液按 R = 1∶1.5，在 60 ~ 80℃ 条件下反萃，使其呈 $R_E(OH)_3$、$R_{E2}(CO_3)_3$ 沉淀，反萃有机相水洗至中性再用 0.5mol/L 盐酸酸化，调配后即可再用。也可用草酸配合法，使稀土沉淀析出，铁草酸盐进入水相，有机相水洗酸化，调配后即可再用。

5.4.3 萃取过程的乳化和三相

乳化和三相是萃取过程中常见的现象，它不仅影响萃取过程的正常进行，而且降低萃取分离效率，增加试剂消耗及生产成本。液-液萃取的混合过程使一相分散在互不相溶的另一相内，形成不稳定的乳浊液，当外力消除后，乳浊液即聚集分相。当有机相（O）分散在水相（A）中时则形成油-水（水包油）O/A 乳浊液，此时有机相为分散相，水相为连续相。混合时那一相为分散相或连续相，与有机相和水相的性质及相比有关。通常比例大的一相为连续相，比例小的一相为分散相。由于澄清分层时间大致与连续相的黏度成正比，而水相的黏度比有机相小得多，故通常选用水相为连续相，有机相为分散相，以加速分层过程。

乳化是指两相混合后长期不分层或分层时间很长，形成稳定乳浊液的现象。乳化严重时，在两相界面常产生乳酪状的乳状物，非常稳定，且愈积愈多，严重影响分离效率和萃取操作。

混合时，若气体分散在液体中则会形成泡沫，可形成油包气型或水包气型泡沫。有的泡沫不稳定，澄清时即消失。但有的相当稳定，长期不消失。萃取过程中的泡沫现象系指这种稳定泡沫而言，大量的泡沫对萃取过程不利。

萃取过程正常时只存在两个液相，若在两相之间或水相底部出现第二个有机相，则认为萃取过程出现了三相。三相的形成对萃取不利。

乳浊液和泡沫在本质上皆为胶体溶液，只是分散质不同，它们的形成与物质的表面特性有关。三相的形成常与萃合物的溶解度有关。若溶液中含有亲连续相而疏分散相的表面活性物质（可为无机物或有机物），且有一定的浓度，可在界面形成具有一定强度和密度的界面膜，则此表面活性物质可使混合时形成的不稳定乳浊液转变为稳定的乳浊液，此表面活性物质即成了乳化剂。某些有机表面活性物质（如醇、醚、酯、有机酸、无机酸酯、有机酸盐、铵盐等）和无机表面活性物质（如 Si、Ti、Zr、Fe 等的水解产物，带入的灰尘、矿粒、炭粒等），当其亲水时，则可能形成水包油型乳浊液；当它们亲油时，则可能形成油包水型乳浊液（见图 5.17）。

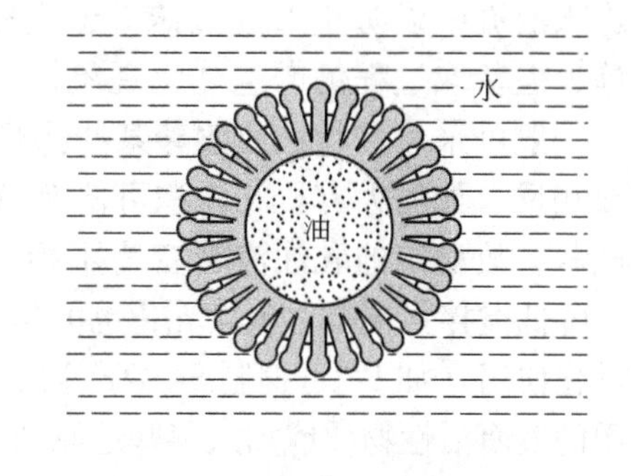

a

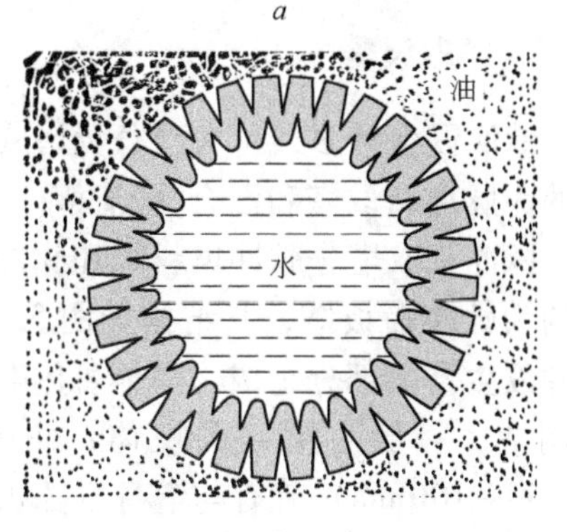

b

图 5.17 脂肪酸盐引起乳化示意图
a—O/A 型（K，Na 等一价金属脂肪酸盐）；
b—A/O 型（Ca^{2+}，Mg^{2+}，Al^{3+} 等脂肪酸盐）

除表面活性物质外，带电微粒有时也可能形成稳定的乳浊液。

某些萃取剂本身就是一种较强的乳化剂，如环烷酸、脂肪酸钠皂或铵皂为亲水表面活性物质，能形成 O/A 型乳浊液。试验表明，环烷酸用氨水皂化即成乳浊液，放置数天不分层，甚至呈胶冻。酸性磷酸酯如 P_{204} 在强碱性溶液中也是一种较强的亲水乳化剂。中性磷型萃取剂因呈电中性，一般没有乳化能力，P_{204} 萃取时加入 TBP 可减轻乳化现象。

形成三相可能是由于生成了不同的萃合物或是萃合物的聚合作用使其在有机相中的溶解度下降或是由于萃取剂的容量小，萃合物在有机相中的溶解度有限。水相中被萃物浓度过高时也可能产生三相。

发现乳化和三相现象时，首先应查清乳浊液类型，分析产生乳化和三相的原因，然后才能采取相应措施防止和消除乳化和三相现象。实践中可采用稀释法、染色法、电导法或滤纸润湿法鉴别乳浊液类型。前两种方法均利用乳浊液连续相可与某液滴（水或有机溶剂）混匀的原理进行鉴别。电导法是利用连续相的电导与某相电导相近的原理鉴别。滤纸润湿法是利用水能润湿滤纸而一般有机相不润湿滤纸的原理进行鉴别，能润湿的为 O/A 型，否则为 A/O 型。

防止乳化的关键是防止表面活性物质被带入萃取体系。因此，料液须严格过滤，以除去固体微粒或“可溶性”硅酸等有害杂质，有时可加入适当的凝聚剂；可预先用酸碱洗涤法处理有机相，以除去某些溶于酸碱的表面活性物质；可加入某些助溶剂或极性改善剂以改善有机相的物化性质。此外，还应严格控制过程的操作条件，如控制酸度以防止硅、钛、锆、铁的水解，控制搅拌强度以防止分散相的液滴过细，应避免空气进入液流中以防止形成泡沫，还应控制相比，密度差等。有时虽然采取了某些预防措施，但萃取过程仍产生乳化现象，此时须采取破乳措施才能保证萃取操作的正常进行。一般可采用转相法或改善某些操作条件的方法破乳。转相法是使 O/A 型转为 A/O 型或相反，如增大有机相体积可使 O/A 型转为 A/O 型，此时亲连续相的乳化剂变为亲分散相，故稳定的乳浊液转变为不稳定的乳浊液。有时提高酸度、增大相比、提高温度、降低搅拌强度等对消除乳化也可起一定的作用。有时加入某些配合剂可抑制某些杂质的乳化作用（如 F^- 可抑制 Si、Zr 等），有时加入某些表面活性物质可以顶替界面起乳化作用的表面活性物质或加入某些还原剂均可起破乳作用。

5.4.4　萃取设备

萃取设备繁多，可大致分为塔式和槽式两大类，常用的为脉冲萃取塔和混合-澄清槽。

脉冲萃取塔分脉冲填料塔和脉冲筛板塔，冶金工业用的为脉冲筛板塔，其结构如图 5.18 所示，由塔体和脉冲发生器两部分组成，塔体可用金属材料或有机玻璃等制成，一般为空心圆柱体，柱内每间隔一定高度（约 50 ~ 100mm）装有与塔身空隙极小的筛孔塔板，板上按一定方式钻有小孔，孔径为 3 ~ 4mm，孔洞自由截面占 23% ~ 26%，其作用是使两相混合，增加接触面积，阻止纵向混合。脉冲发生器（如脉冲泵等）用管道与塔体连接，产生的脉冲频率为 60 ~ 120 次/min，振

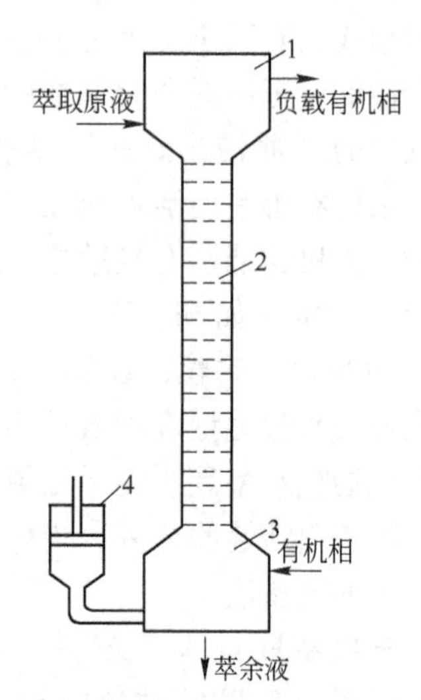

图 5.18　脉冲筛板塔
1—上澄清室；2—筛板；
3—下澄清室；4—脉冲发生器

幅10~30mm，脉冲使塔体内液体产生往复运动，强化两相的搅拌接触，增大分散程度和湍动作用，以提高萃取效率。操作时料液由上部给入，有机相由下部给入，两相利用密度差相向流经塔体，筛板和送入的脉冲强化了两相的接触，有利于加速化学反应和提高扩散速度。脉冲筛板塔较其他塔式设备（如填料塔、转子塔、空气搅拌塔等）的效率高，除用于清液萃取外，还可用于固体含量小于20%~30%的矿浆萃取。

混合澄清槽有各种不同结构，液体的混合可采用机械搅拌和脉冲搅拌两种方法。目前冶金工业广泛使用的是机械搅拌的卧式混合澄清槽，其单级结构如图5.19所示，主要由混合室、澄清室和搅拌器组成。级间通过相口紧密相连，操作时两相的流动呈逆流（见图5.20）。混合室中装有搅拌器，搅拌器的作用是使两相充分接触，保证级间水相和混合相的顺利输送。混合室分上下两部分，下部为前室，它使水相连续稳定地进入混合区，前室和混合区通过圆孔相连，前室的一侧有水相进口与邻室的澄清室相通，借搅拌器的搅拌将邻室的水相从相口抽吸过来。混合室的另一侧有有机相进口，它与下一邻室的澄清室的溢流口相通，有机相靠搅拌器搅拌造成的液位差从下一室流入混合室。本级混合室与澄清室间有混合相口，混合后的混合相由此相口进入澄清室分层。澄清室的作用是使混合相澄清分层，其一侧上部有溢流口，另一侧下部有水相出口，分别与上一级和下一级的混合室相通。因此，两相液流在同级作顺流流动，在各级间呈逆流流动。卧式混合澄清槽结构简单、紧凑，操作稳定，易维修制造，但占地面积大，动力消耗大。

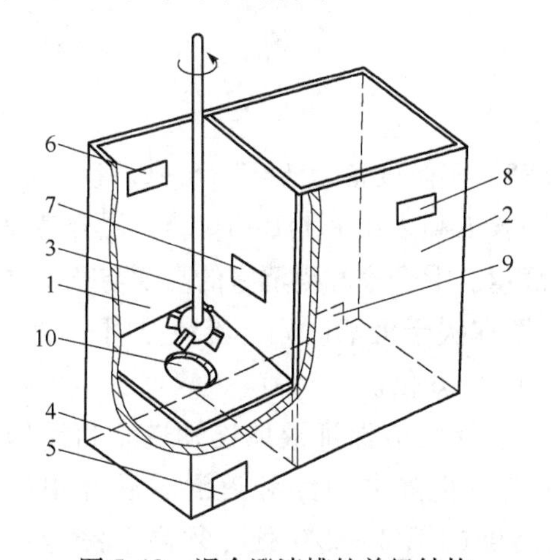

图5.19 混合澄清槽的单级结构

1—混合室；2—澄清室；3—搅拌器；
4—前室；5—水相入口；6—有机相入口；
7—混合相入口；8—有机相出口；
9—水相出口；10—前室圆孔

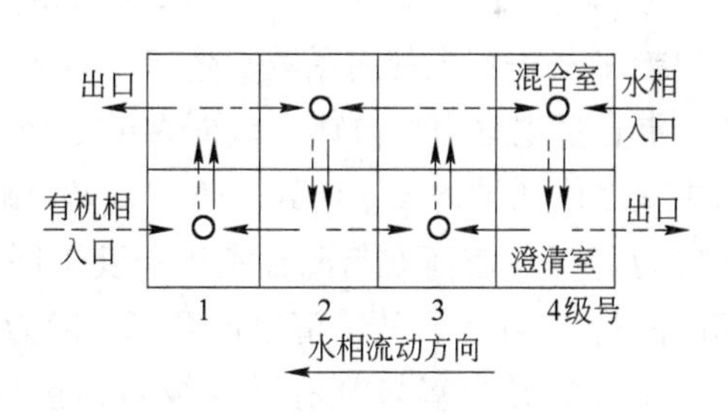

图5.20 混合澄清槽两相流向

图5.21为矿浆萃取用的双孔斜底箱式混合澄清槽，与清液萃取用的混合澄清槽的区别在于澄清室内有斜底，以利于矿浆下滑进入混合室。混合室内没有假底，混合室的进料和出料依靠两个相口，在本级混合室和澄清室间隔板下有一矩形孔（称下相口），其作用是进矿浆和出有机相，用插板调节大小以控制澄清室内矿浆液面高度。在级间隔板上部有

一矩形孔（称上相口），其作用是进有机相，出混合矿浆和有机相回流。萃取以强制逆流方式进行，矿浆给入第一级澄清室，沿斜底下滑至下相口，借搅拌作用进入混合室与有机相混合，混合相由上相口甩出进入第二级澄清室进行分层，以此方式完成各级萃取。萃余矿浆由末级底部排出。贫有机相从最末级加入后经过各级混合室与矿浆逆流接触，负载有机相从第一级澄清室溢流出去。该类型设备宜用于处理固体含量为20%～30%的经稀释或分级稀释后的浸出矿浆。目前矿浆萃取的主要问题是萃取剂的损失太大，几乎为清液萃取的3～4倍，改进设备结构，采用适当的乳化抑制剂，减少萃取剂在矿浆固体上的吸附损失等是矿浆萃取尚待解决的问题。

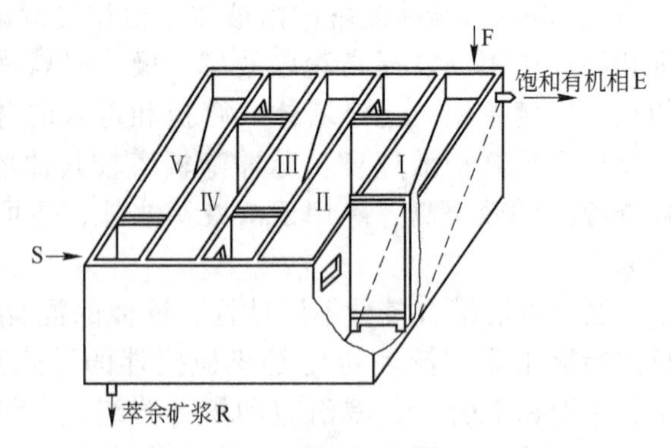

图5.21　双孔斜底箱式混合澄清槽

由于生产中常用的是箱式混合澄清槽，现讨论其计算方法。预先通过试验确定料液量（A）、相比（R）、平衡时间（t）和澄清时间等条件。混合室主室的有效容积 V_m 计算式为：

$$V_m = (A + RA)t/\phi$$

式中　V_m——混合室主室的有效容积，L；

A——水相（料液）流量，L/min；

t——平衡时间，一般为1～3min；

ϕ——容积利用系数，生产中 $\phi = 0.7 \sim 0.85$，实验设备为 $\phi = 0.65 \sim 0.7$。

混合室主室为长方体，截面为正方形，截面边长与高之比为1:1～1:1.5，混合室前室与主室之比视设备大小而异，不宜太高以减少贮液量。混合室和澄清室的高度与宽度之比一般为2～3。澄清室与混合室仅长度不同，其长度取决于澄清时间。澄清时间一般为平衡时间的2～6倍，故澄清室的容积一般为混合室的2～6倍。

相口是混合室与澄清室及级间连接的通道，设计时应保证液体连续逆流和操作稳定正常，流体阻力小，结构简单易于制造，并应防止液体短路和返混。混合相口有孔洞式、罩式和百叶窗式三种，位于槽体有效高度的1/2～2/3处，须高于澄清室两相界面。

确定混合澄清槽单级尺寸后，根据求得的萃取级数即可算出混合澄清槽的尺寸。

例：某萃取工段处理料液量6m³/h，试验确定 $R = 1:3$，$t = 5$min，澄清时间为20min，试确定混合室和澄清室的尺寸。

解：
$$A = \frac{6 \times 1000}{60} = 100\text{L/min}，取\ \phi = 0.8$$

则
$$V_m = \frac{\left(100 + \frac{1}{3} \times 100\right) \times 5}{0.8} = 833.1\text{L}$$

若混合室主室边长与高之比为1∶1.3，设边长为X，则：

$$X^2 \times 1.3X = 833,\ X^3 = 0.641\text{m}^3,\ X = 0.862\text{m}$$

$$h = 1.3X \doteq 1.1\text{m}$$

若前室高度为0.5m，则总高度为1.6m。

由于澄清时间为平衡时间的4倍，故澄清室长度为混合室长度的4倍。因此，单级尺寸为：$L \times B \times H = 4.3\text{m} \times 0.86\text{m} \times 1.6\text{m}$。

若为5级，则混合澄清槽尺寸为4.3m×4.3m×1.6m。这一尺寸为至混合相口处的容积，其外形尺寸应包括各隔板厚度以及相口上方的高度。

5.4.5 萃取过程的控制与操作

由于生产中常用混合澄清槽，现仅讨论其控制和操作：

（1）溶液配制：必须按要求准确地配制各种溶液，以稳定正常操作；

（2）开槽：先在萃取段的各槽加入一定量的有机相，在搅拌下让料液进入进料级的混合室，至水相开始从末级流出时再按流量要求将有机相加入末级的混合室。在洗涤段的各槽先加入部分洗涤液，在搅拌下使负载有机相进入洗涤段末级的混合室，至有机相从首级流出时再按流量要求将洗涤剂加入首级的混合室。有时为加速槽体平衡，可采用负载有机相充槽的启动方式。无论采用何种充槽方式，充槽溶液量均按接近工艺要求的相比考虑。当各种溶液正常进料、相界面调整符合要求后，槽子可进入正常运转；

（3）运转：调节各级搅拌器桨叶大小和位置，使各级溶液由前室进入混合室的抽力基本平衡，以保持液面稳定和相界面稳定。若抽力不平衡将会出现冒槽和流空现象。此外，可调节混合室与澄清室间的隔板位置以调节相界面的高低。可调节出口三通管位置调节水相出口级的相界面。一般有机相出口稍高于水相出口，各级相界面位置由水相出口向有机相出口呈阶梯形降低。混合室液面稍低于澄清室液面，利于液面稳定。

运转中应据物料平衡控制两相出口浓度，应据出口浓度调整洗涤剂或萃取剂流量，以增加洗涤能力或萃取能力。当溶液总流量超过设备允许总流量时，溶液的进口量与出口量不平衡，会出现溶液“泛滥”现象（称为液泛）。此时水相和有机相液面高于出口管道液面，有时还有夹带现象。因此，运转中应适当控制流量，保持管道畅通，防止乳化现象。

（4）取样：须按时取样化验，分析结果是判断分离效果、级数分配及相比等工艺参数是否合理、操作是否正常的主要依据。

（5）停槽：正常停槽顺序为：料液→其他溶液→搅拌器。停槽检修时可在停进料液后继续进空白料液运转，将槽内料液顶替出来或将各槽溶液虹吸出来供下次充槽用。非正常停槽时应先切断料液，再按正常停槽顺序操作，但动作宜快以缩短停槽时间，防止溶液倒流而破坏槽体平衡。

6　难溶盐沉淀法净化和生产化学精矿

6.1　概述

20 世纪 50 年代初期，化学选矿工艺中主要采用难溶盐沉淀法净化和生产化学精矿。如铀矿化学选矿工艺中，几乎全采用难溶盐沉淀法净化和生产化学精矿。后来，随着离子交换吸附技术和有机溶剂萃取技术的发展，浸出溶液的净化阶段所用的难溶盐沉淀法，逐渐被离子交换吸附法和有机溶剂萃取法所取代。目前，难溶盐沉淀法主要用于从净化溶液中析出化学精矿。但在某些矿物原料的化学选矿工艺中，难溶盐沉淀法至今仍是主要的净化方法。难溶盐沉淀净化法虽简单可靠，但作业次数多，试剂消耗量大，有用组分的回收率较低。

难溶盐沉淀时，要求沉淀剂应具有沉淀选择性高，沉淀物应具有良好的过滤性能，试剂应价廉易得。难溶盐沉淀时，除添加沉淀剂外，还可采用分步水解、氧化水解、配合水解、载体共沉淀与后沉淀、蒸馏结晶、盐析等方法沉淀析出目的组分的相关难溶化合物。

6.2　分步水解法

分步水解法是分离浸出液中各种金属离子的常用方法之一。当用碱中和或用水稀释酸性浸出液时，其中的金属阳离子将呈氢氧化物的形态沉淀析出。其反应可表示为：

$$Me^{n+} + nOH^- \longrightarrow Me(OH)_n \downarrow$$

其标准自由能变化为：

$$\begin{aligned}\Delta G^{\ominus} &= \Delta G^{\ominus}_{Me(OH)_n} - \Delta G^{\ominus}_{Me^{n+}} - n\Delta G^{\ominus}_{OH^-}\\ &= -RT\ln K\\ &= RT\ln K_s\end{aligned}$$

$$\lg K_s = \frac{\Delta G^{\ominus}}{2.303RT}$$

式中　K_s——$Me(OH)_n$ 的溶度积；

K——反应平衡常数。

$$\begin{aligned}\lg K_s &= \lg(a_{Me^{n+}} \times a^n_{OH^-})\\ &= \lg a_{Me^{n+}} + n\lg a_{OH^-}\\ &= \lg a_{Me^{n+}} + n(\lg K_w - \lg a_{H^+})\\ &= \lg a_{Me^{n+}} + n\lg K_w + n\mathrm{pH}\end{aligned}$$

$$\mathrm{pH} = \frac{1}{n}\lg K_s - \lg K_w - \frac{1}{n}\lg \alpha_{Me^{n+}} \tag{6.1}$$

式中　K_w——水的溶度积，$K_w = 10^{-14}$。

从式（6.1）可知，溶液中金属离子呈氢氧化物沉淀的 pH 值，与其氢氧化物的溶度积和溶液中金属离子的活度和价数有关。利用式（6.1）可在给定金属离子的活度和价数的条件下，计算其水解的起始 pH 值和终了的 pH 值，也可计算不同 pH 值条件下，沉淀析出氢氧化物后留在溶液中的金属离子的浓度。

某些金属氢氧化物的溶度积常数（pK_s）列于表 6.1 中。

表 6.1 某些金属氢氧化物的溶度积常数（pK_s）

Me^{n+}	Tl^+	Li^+	Ba^{2+}	Sr^{2+}	Ca^{2+}	Ag^+	Mg^{2+}	Mn^{2+}	Cu^+	Cd^{2+}	Co^{2+}	Ni^{2+}	Cr^{2+}	Zn^{2+}	Fe^{2+}	La^{3+}
pK_s	0.2	0.3	2.3	3.5	5.3	7.9	11.3	12.7	14	14.3	14.5	15.3	15.7	16.1	16.3	19
Me^{n+}	Cu^{2+}	Pb^{2+}	UO_2^{2+}	Pm^{3+}	Pr^{3+}	Be^{2+}	Nb^{2+}	Tb^{3+}	Dy^{3+}	VO_2^{2+}	Y^{3+}	Sm^{3+}	Ce^{3+}	Ho^{3+}	Gd^{3+}	Er^{3+}
pK_s	19.8	19.9	20	21	21.2	21.3	21.5	21.7	22	22	22	22	22	22.3	22.7	23
Me^{n+}	Eu^{3+}	Rn^{3+}	Yb^{3+}	Lu^{3+}	Hg^+	Hg^{2+}	Sn^{2+}	Cr^{3+}	Se^{3+}	Pd^{2+}	Bi^{3+}	Al^{3+}	Ga^{3+}	Pt^{2+}	Ru^{3+}	Fe^{3+}
pK_s	23	23	23.6	23.7	23.7	25.2	26.3	30	30	31	31	32	35	35	36	38.6
Me^{n+}	Sb^{3+}	Tl^{3+}	Co^{3+}	Th^{4+}	Au^{3+}	U^{4+}	Zr^{4+}	Ti^{4+}	Ce^{4+}	Mn^{4+}	Sn^{4+}	Pb^{4+}	Pd^{4+}			
pK_s	41.4	43	43.8	44	45	50	52	53	54.8	56	56	65.5	70.2			

25℃时某些金属离子呈氢氧化物沉淀的平衡 pH 值列于表 6.2 中。

表 6.2 25℃时某些金属离子呈氢氧化物沉淀的平衡 pH 值

$Me(OH)_n$	K_s	lgK_s	不同浓度（mol/L）时沉淀的 pH 值		
			1	10^{-4}	10^{-6}
$Tl(OH)_3$	1.5×10^{-44}	−43.82	−0.5	0.5	1.5
$Sn(OH)_4$	1.0×10^{-56}	−56.0	0.1	0.85	1.6
$Ti(OH)_4$			0.5	1.25	2.0
$Co(OH)_3$	3.0×10^{-41}	−40.52	1.0	2.0	3.0
$Sb(OH)_3$	4.0×10^{-42}	−41.40	1.2	2.2	3.2
$Sn(OH)_2$	5.0×10^{-26}	−25.30	1.4	2.9	4.4
$Fe(OH)_3$	4.0×10^{-38}	−37.40	1.6	2.6	3.6
$Al(OH)_3$	1.9×10^{-33}	−32.72	3.1	4.1	5.1
$Bi(OH)_3$	4.3×10^{-33}	−32.37	3.9	4.9	5.9
$Cr(OH)_3$	5.4×10^{-31}	−30.27	3.9	4.9	5.9
$Cu(OH)_2$	5.6×10^{-20}	−19.25	4.5	6.0	7.5
$Zn(OH)_2$	4.5×10^{-17}	−16.35	5.9	7.4	7.9
$Co(OH)_2$	2.0×10^{-16}	−15.70	6.4	7.9	8.4
$Fe(OH)_2$	1.6×10^{-15}	−14.80	6.7	8.2	8.7
$Cd(OH)_2$	1.2×10^{-14}	−13.92	7.0	8.5	9.0
$Re(OH)_3$			6.8/8.5	7.8/9.5	8.8/10.5
$Ni(OH)_2$	1.0×10^{-15}	−15.00	7.1	8.6	10.1
$Mg(OH)_2$	5.5×10^{-12}	−11.26	8.4	9.9	11.4
$TlOH$	7.2×10^{-1}	−0.14	13.8		

从表 6.2 中数据可知，金属氢氧化物的溶度积愈小，该金属离子呈氢氧化物沉淀析出的起始 pH 值和沉淀终了的 pH 值愈小，愈易从溶液中沉淀析出；反之，金属氢氧化物的溶度积愈大，该金属离子呈氢氧化物沉淀析出的起始 pH 值和沉淀终了的 pH 值愈高，愈难从溶液中呈氢氧化物沉淀析出。因此，控制溶液的 pH 值即可对溶液中的某些金属离子进行选择性分离。

对溶液中一定浓度的金属阳离子而言，其呈氢氧化物沉淀析出的起始 pH 值和终了 pH 值的差值取决于该金属阳离子的价数。设起始浓度为 1mol/L，沉淀终了时的浓度为 10^{-m}mol/L，则沉淀终了的 pH′与沉淀起始的 pH^0 的关系为：

$$pH' - pH^0 = \frac{-\lg 10^{-m} - (-\lg 1)}{n} = \frac{m}{n}$$

$$pH' = \frac{m}{n} + pH^0 \tag{6.2}$$

纯净的金属氢氧化物只能从稀溶液中水解沉淀析出。浸出液或净化液中均含有大量酸根，金属离子也具有一定的浓度。因此，从浸出液或净化液中水解沉淀析出的常为金属的碱式盐，不是纯净的金属氢氧化物。生成金属碱式盐的反应为：

$$(x+y)Me^{n+} + \frac{nx}{m}R^{m-} + nyOH^- \longrightarrow xMeR_{\frac{n}{m}} \cdot yMe(OH)_n$$

式中 R——相应的酸根；

x，y——系数；

n，m——金属阳离子和酸根的价数。

同理，可由其标准自由能变化求得其水解沉淀的 pH 值为：

$$pH = \frac{\Delta G^{\ominus}}{2.303nyRT} - \lg K_w - \frac{x+y}{nx}\lg a_{Me^{n+}} - \frac{x}{my}\lg a_{R^{m-}} \tag{6.3}$$

从式（6.3）可知，生成金属碱式盐沉淀的 pH 值与金属阳离子的浓度、价数、碱式盐组成（x 和 y）、相应酸根的浓度和价数有关。

25℃、$a_{Me^{n+}} = a_{R^{m-}} = 1$ 时的平衡 pH 值列于表 6.3 中。

表 6.3 25℃，$a_{Me^{n+}} = a_{R^{m-}} = 1$ 时生成金属碱式盐的平衡 pH 值

碱 式 盐	生成金属碱式盐的 $\Delta G^{\ominus}$/kJ · mol^{-1}	平衡 pH 值
$2Fe_2(SO_4)_3 \cdot 2Fe(OH)_3$	-819.28	<0
$Fe_2(SO_4)_3 \cdot Fe(OH)_3$	-305.14	<0
$CuSO_4 \cdot 2Cu(OH)_2$	-252.89	3.1
$2CdSO_4 \cdot Cd(OH)_2$	-123.31	3.9
$ZnSO_4 \cdot Zn(OH)_2$	-114.95	3.8
$ZnCl_2 \cdot 2Zn(OH)_2$	-206.074	5.1
$3NiSO_4 \cdot 4Ni(OH)_2$	-401.28	5.2
$FeSO_4 \cdot 2Fe(OH)_2$	-197.296	5.3
$CdSO_4 \cdot 2Cd(OH)_2$	-190.608	5.8

从表 6.3 中数据可知，生成金属碱式盐沉淀的标准自由能变化愈负，则生成金属碱式

盐沉淀的起始 pH 值愈低，即金属阳离子愈易呈金属碱式盐从溶液中沉淀析出。

6.3 氧化水解法

由于浸出液中某些金属阳离子常呈低价形态存在，单纯采用水解的方法常不能使其与主体金属阳离子相分离。如从铜矿物原料的一般酸浸出液中除铁，须将亚铁离子氧化为三价铁离子后，才能采用水解的方法将铁除去。因此，生产实践中常用的为氧化水解净化法。如镍酸浸液中含有 Fe^{2+}、Co^{2+}、Mn^{2+} 等杂质离子，采用简单的分步水解法无法使它们与主体金属分离，只有先将低价的杂质离子氧化为高价形态，再加中和剂中和才能将其分离。

Fe^{2+}、Co^{2+}、Ni^{2+} 的氧化反应为：

$$Fe^{3+} + e \longrightarrow Fe^{2+}$$

$$\varepsilon = 0.77 + 0.591 \lg a_{Fe^{3+}} - 0.591 \lg a_{Fe^{2+}} \tag{6.4}$$

$$Co^{3+} + e \longrightarrow Co^{2+}$$

$$\varepsilon = 1.76 + 0.0591 \lg a_{Co^{3+}} - 0.0591 \lg a_{Co^{2+}} \tag{6.5}$$

$$Ni^{3+} + e \longrightarrow Ni^{2+}$$

$$\varepsilon = 1.80 + 0.0591 \lg a_{Ni^{3+}} - 0.0591 \lg a_{Ni^{2+}} \tag{6.6}$$

三价金属离子水解呈氢氧化物沉淀析出的反应方程和 pH 值为：

$$Fe^{3+} + 3H_2O \longrightarrow Fe(OH)_3 + 3H^+$$

$$pH = 1.617 - \frac{1}{3} \lg a_{Fe^{3+}} \tag{6.7}$$

$$Co^{3+} + 3H_2O \longrightarrow Co(OH)_3 + 3H^+$$

$$pH = -0.2 - \frac{1}{3} \lg a_{Co^{3+}} \tag{6.8}$$

$$Ni^{3+} + 3H_2O \longrightarrow Ni(OH)_3 + 3H^+$$

$$pH = 6.1 - \frac{1}{3} \lg a_{Ni^{3+}} \tag{6.9}$$

将式（6.7）、式（6.8）、式（6.9）分别代入式（6.4）、式（6.5）、式（6.6）中可得：

$$Fe(OH)_3 + 3H^+ + e \longrightarrow Fe^{2+} + 3H_2O$$

$$\varepsilon = 1.057 - 0.1773pH - 0.0591 \lg a_{Fe^{2+}} \tag{6.10}$$

$$Co(OH)_3 + 3H^+ + e \longrightarrow Co^{2+} + 3H_2O$$

$$\varepsilon = 1.634 - 0.1773pH - 0.0591 \lg a_{Co^{2+}} \tag{6.11}$$

$$Ni(OH)_3 + 3H^+ + e \longrightarrow Ni^{2+} + 3H_2O$$

$$\varepsilon = 2.88 - 0.1773pH - 0.0591 \lg a_{Ni^{2+}} \tag{6.12}$$

Mn^{2+} 的氧化水解电位为：

$$MnO_2 + 4H^+ + 2e \longrightarrow Mn^{2+} + 2H_2O$$

$$\varepsilon = 1.23 - 0.1182pH - 0.0295 \lg a_{Mn^{2+}} \tag{6.13}$$

加入某种氧化剂使溶液的还原电位为 1.2V，由式（6.10）可计算出 Fe^{2+} 呈 $Fe(OH)_3$ 完全水解沉淀（$a_{Fe^{2+}} = 10^{-4}$mol）的 pH 值为：

$$pH = \frac{1.057 - 1.2 - 0.0591 \times 4}{0.1773} = 0.79$$

同理，可算出 Mn^{2+}、Co^{2+}、Ni^{2+} 的氧化水解的 pH 值分别为 2.25、5.73 和 14。因此，其氧化水解的顺序为：$Fe^{2+} \to Mn^{2+} \to Co^{2+} \to Ni^{2+}$。若 $a_{Me^{2+}} = 1mol$，pH = 4，则可得：

$$\varepsilon_{Fe(OH)_3/Fe^{2+}} = 0.348V$$

$$\varepsilon_{MnO_2/Mn^{2+}} = 0.521V$$

$$\varepsilon_{Co(OH)_3/Co^{2+}} = 0.925V$$

$$\varepsilon_{Ni(OH)_3/Ni^{2+}} = 2.171V$$

因此，控制溶液的还原电位就可使溶液中的金属阳离子进行选择性的氧化水解，使铁、锰、钴、镍相分离。

常用的氧化剂为二氧化锰、高锰酸钾、过氧化氢、氯气、氯酸钠、空气氧等。其还原反应为：

$$MnO_2 + 4H^+ + 2e \longrightarrow Mn^{2+} + 2H_2O$$

$$\varepsilon = 1.23 - 0.118pH - 0.0295\lg a_{Mn^{2+}} \tag{6.14}$$

$$MnO_4^- + 8H^+ + 5e \longrightarrow Mn^{2+} + 4H_2O$$

$$\varepsilon = 1.52 - 0.096pH - 0.118(\lg a_{MnO_4^-} - \lg a_{Mn^{2+}}) \tag{6.15}$$

$$H_2O_2 + 2H^+ + 2e \longrightarrow 2H_2O$$

$$\varepsilon = 1.77 - 0.0591pH + 0.0295\lg a_{H_2O_2} \tag{6.16}$$

$$Cl_2 + 2e \longrightarrow 2Cl^-$$

$$\varepsilon = 1.36 + 0.0295(\lg p_{Cl_2} - \lg a_{Cl^-}) \tag{6.17}$$

$$ClO_3^- + 6H^+ + 6e \longrightarrow Cl^- + 3H_2O$$

$$\varepsilon = 1.51 - 0.0591pH + 0.00985(\lg a_{ClO_3^-} - \lg a_{Cl^-}) \tag{6.18}$$

$$O_2 + 4H^+ + 4e \longrightarrow 2H_2O$$

$$\varepsilon = 1.23 - 0.0591pH + 0.0148\lg p_{O_2} \tag{6.19}$$

因此，上述氧化剂的标准还原电位的顺序为：过氧化氢 > 高锰酸钾 > 氯酸钠 > 氯气 > 二氧化锰 > 氧气。除氯气外，它们的平衡还原电位皆与溶液的 pH 值有关。生产实践中，常用的氧化剂为过氧化氢、液氯、二氧化锰和空气中的氧气。

除在常压条件下进行氧化水解外，还可在热压条件下进行氧化水解，此时可用空气或氧气作氧化剂。试验研究表明，热压条件下（温度大于 100℃），金属阳离子的氧化水解顺序与常压常温条件下的相同，但水解的起始 pH 值较低，可在更低的 pH 值介质甚至在弱酸液中水解析出铁、铝等杂质。

我国某铀矿原用的分步水解净化流程如图 6.1 所示。

该矿铀矿浸出时，采用二氧化锰粉作氧化剂，浸出液先用石灰乳中和至 pH 值为 3 ~ 3.5，以除去大量的三价铁离子、硫酸根离子和部分剩余酸。过滤后，滤液用氨水中和至 pH 值为 4 ~ 4.5，以除去三价铝等杂质。过滤后，滤液再用氨水中和至 pH 值为 6.5 ~ 7.0，铀呈重铀酸铵的形态沉淀析出。若滤液中没有其他配合离子（如碳酸根）存在，用氨水中和至 pH 值为 6.5 ~ 7.0 时，铀可定量地沉淀析出。

溶液中的金属阳离子水解沉淀析出时，溶液中的其他阴离子将影响其呈氢氧化物或碱

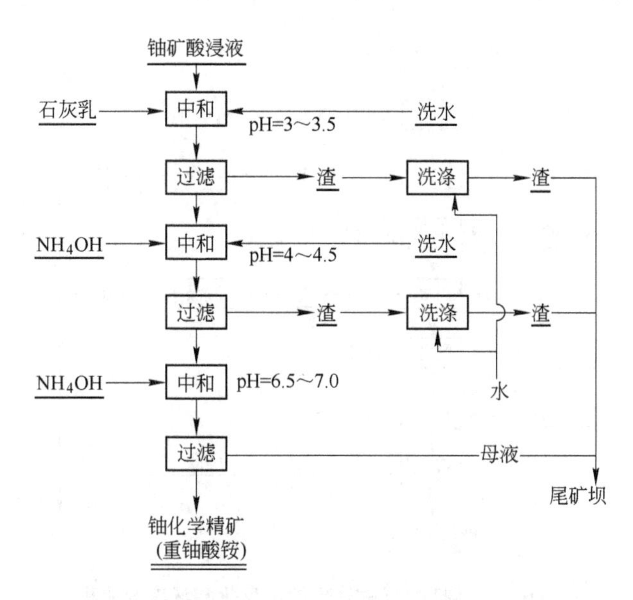

图6.1 我国某铀矿原用的分步水解净化流程

式盐沉淀的 pH 值。尤其当溶液中含有其他配合离子时，甚至可使某些金属阳离子呈可溶性配合物的形态留在溶液中，将降低净化效果和降低有用组分的回收率。

6.4 配合水解法

配合水解法是采用碱性配合剂使某些金属阳离子组分呈可溶性配合物的形态留在溶液中，而溶液中的其他金属阳离子则水解沉淀析出，从而达到净化和分离的目的。

铜、镍矿物原料的酸浸液中，除含铜、镍阳离子外，还含有其他杂质离子，若加氢氧化铵和碳酸铵，则铜、镍阳离子将与氨分别生成水溶性的铜氨配离子和镍氨配离子，许多其他的金属阳离子则水解沉淀析出。过滤后，将滤液加热，以使铜氨配离子和镍氨配离子热分解，可获得铜、镍的化学精矿。为了节省试剂，工业生产中已采用氨液（氢氧化铵和碳酸铵的混合液）直接处理低品位的氧化铜矿物原料和氧化镍矿的还原焙砂，以获得较纯净的铜、镍浸出液。

处理铀矿氧化酸浸液时，可采用苏打配合法。此时，浸出液中的铀酰阳离子与碳酸根离子生成可溶性的三碳酸铀酰配阴离子留在溶液中，而浸出液中的大部分杂质阳离子（如钡、钙、镁、铁、锰、铝等）则呈碳酸盐、碱式碳酸盐或氢氧化物的形态沉淀析出。

采用苏打配合法处理铀矿氧化酸浸液的流程如图 6.2 所示。

先用石灰乳液将铀矿氧化酸浸液中和至 pH 值为 3～3.5，以除去大量的三价铁离子、硫酸根离子和部分剩余酸。过滤后，滤液用苏打中和至 pH 值为 9～10，此时，大部分杂质阳离子沉淀析出，而铀呈可溶性的三碳酸铀酰配阴离子留在溶液中。过滤后，可获得较纯净的含铀溶液。可采用酸分解法、热分解法、碱分解法从净化液中沉淀析出铀化学精矿。此外，还可采用还原剂（如钠汞剂、金属锌等）将净化液中的六价铀还原为四价铀，然后在一定的 pH 值条件下沉淀析出 $U(OH)_4 \cdot nH_2O$。但还原剂价格较高，此法未获得工业应用。

为了节省试剂，可用石灰乳一次中和至 pH 值为 5～6.0，使铀与杂质组分一起沉淀析

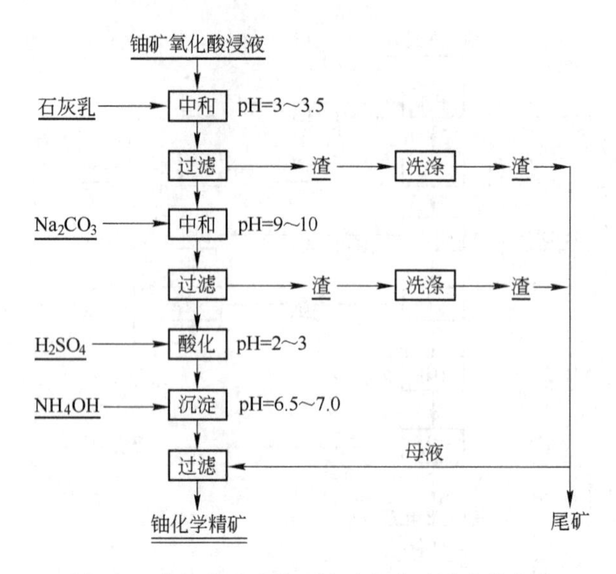

图 6.2 苏打配合法处理铀矿氧化酸浸液的流程

出。然后用苏打溶液浸出过滤渣，可获得较纯净的含铀溶液，再从中析出铀化学精矿。同时，可采用苏打溶液直接浸出碳酸盐含量高的铀矿物原料，可获得较纯净的含铀溶液，再从中析出铀化学精矿。

6.5 难溶盐沉淀法

矿物原料的化学选矿过程中，经常采用各种沉淀剂与溶液中的某些金属阳离子生成某些难溶盐的方法，以分离杂质和提取有用组分。常用的沉淀剂为：硫化物、氯化物、碳酸盐、磷酸盐、黄原酸盐、草酸盐等。下面以硫化物沉淀法为例，说明难溶盐沉淀法分离金属阳离子的基本原理。

硫化物沉淀法常用的沉淀剂为硫化钠或硫化氢。硫化物的难溶性常以其溶度积表示：

$$Me_2S_n \longrightarrow 2Me^{n+} + nS^{2-}$$

$$K_{s(Me_2S_n)} = [Me^{n+}]^2 \cdot [S^{2-}]^n$$

若以 H_2S 作沉淀剂，则溶液中的 $[S^{2-}]$ 取决于 H_2S 的解离程度。25℃时，H_2S 的解离常数为：

$$H_2S \longrightarrow H^+ + HS^- \qquad K_1 = 10^{-7.6}$$

$$HS^- \longrightarrow H^+ + S^{2-} \qquad K_2 = 10^{-14.4}$$

$$H_2S \longrightarrow 2H^+ + S^{2-} \qquad K = K_1 \cdot K_2 = 10^{-22} = \frac{K_s}{[H_2S]}$$

因此，在室温（25℃）条件下，0.1mol 的 H_2S 溶液中：

$$[H^+]^2 \cdot [S^{2-}] = K \cdot [H_2S] = 10^{-23}$$

$$\lg K_s = 2\lg[Me^{n+}] + n\lg[S^{2-}]$$

$$= 2\lg[Me^{n+}] - n\lg\frac{10^{-23}}{[H^+]^2}$$

$$=2\lg[Me^{n+}]-23n+2n\text{pH}$$

所以

$$\text{pH}=11.5+\frac{1}{2n}\lg K_s-\frac{1}{n}\lg[Me^{n+}] \tag{6.20}$$

从式（6.20）可知，硫化物沉淀的 pH 值不仅与其溶度积有关，而且与金属离子的价数和浓度有关。若将各金属硫化物的溶度积和金属离子的价数和浓度分别代入式（6.20），即可计算出各金属硫化物沉淀的平衡 pH 值。某些金属硫化物沉淀的平衡 pH 值（25℃）列于表 6.4 中。

表 6.4 某些金属硫化物沉淀的平衡 pH 值（25℃）

Me_2S_n	K_s	pK_s	不同浓度时沉淀的 pH 值		
			1mol	10^{-3}mol	10^{-6}mol
MnS	2.8×10^{-13}	12.55	8.36	9.86	11.36
SnS	1.0×10^{-15}	15.0	7.75	9.25	10.75
FeS	4.9×10^{-18}	17.31	7.17	8.67	10.17
NiS	2.8×10^{-21}	20.55	6.36	7.86	9.36
CoS	1.8×10^{-22}	21.75	6.09	7.59	9.09
ZnS	8.9×10^{-25}	24.05	5.49	6.99	8.49
CdS	7.1×10^{-27}	26.15	4.96	6.46	7.96
PbS	9.3×10^{-28}	27.03	4.74	6.24	7.74
CuS	8.9×10^{-36}	35.05	2.74	4.24	5.74
Cu_2S	2.0×10^{-47}	46.7	−11.85	−8.85	−5.85
Ag_2S	5.7×10^{-51}	50.24	−13.62	−10.62	−7.62
HgS	4.0×10^{-53}	52.4	−1.6	−0.1	1.4
Bi_2S_3	1.6×10^{-72}	71.8	−0.47	0.53	1.53

如果溶液的 pH 值大于某金属硫化物沉淀的平衡 pH 值，则将沉淀析出该金属硫化物，并伴随生成比硫化氢更强的酸，使溶液的 pH 值下降。金属硫化物沉淀时，随着反应的进行应添加中和试剂，以稳定溶液的 pH 值。因此，酸浸液中添加硫化氢或硫化钠，控制溶液的 pH 值即可选择性沉淀析出溶度积较小的金属硫化物，使溶度积较大的金属硫化物仍留在溶液中。

除在常温常压下进行金属硫化物沉淀外，还可在热压条件下进行金属硫化物沉淀。试验研究表明，金属硫化物的溶度积随溶液温度的升高而增大（见图 6.3）。

硫化氢离解反应的平衡常数 K_i 也随溶液温度的升高而增大（见图 6.4），但硫化氢在溶液中的溶解度却随溶液温度的升高而降低。为了提高硫化氢在溶液中的溶解度，则必须增大气相中硫化氢的分压。

硫化氢离解反应的平衡常数 K_i 为：

$$K_i=\frac{a_{H_2S(液)}}{a_{H_2S(气)}}=\frac{m_{H_2S(液)}\cdot\gamma_{H_2S}}{y\pi\gamma_{\pi}}$$

式中 K_i——硫化氢离解反应的平衡常数；

$m_{H_2S(液)}$——硫化氢在溶液中的浓度，mol；

γ_{H_2S}——硫化氢的活度系数；

y——硫化氢在气相中的浓度；

π——总压力；

γ_π——硫化氢在气相中的活度系数。

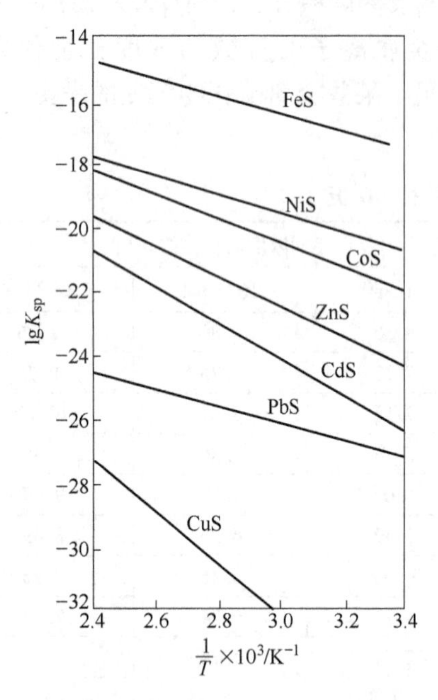

图 6.3　金属硫化物的溶度积与温度的关系

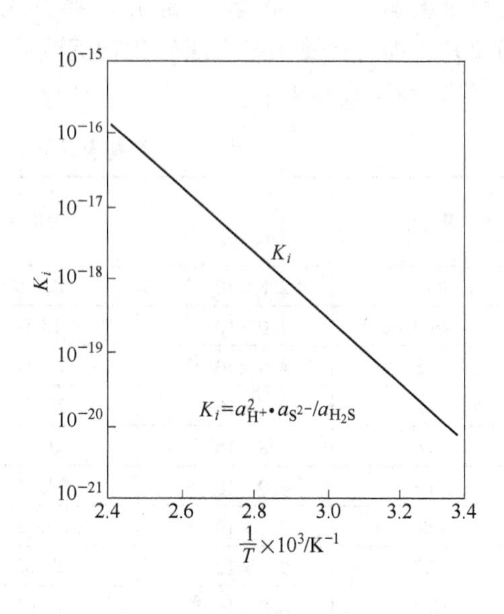

图 6.4　硫化氢离解反应的平衡常数 K_i 与温度的关系

硫化氢在溶液中的溶解度与温度和压力的关系如图 6.5 所示。

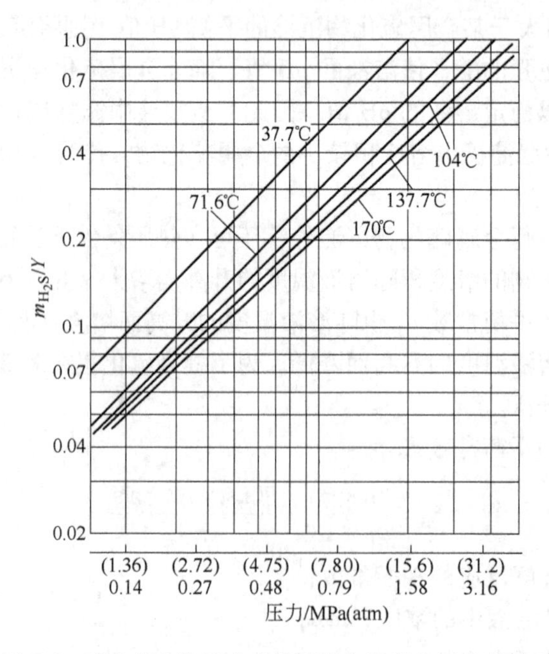

图 6.5　硫化氢在溶液中的溶解度与温度和压力的关系

溶液中含有其他溶质时，硫化氢的活度系数会发生变化，故溶液中的其他溶质的浓度对硫化氢在溶液中的溶解度有影响（图6.6）。

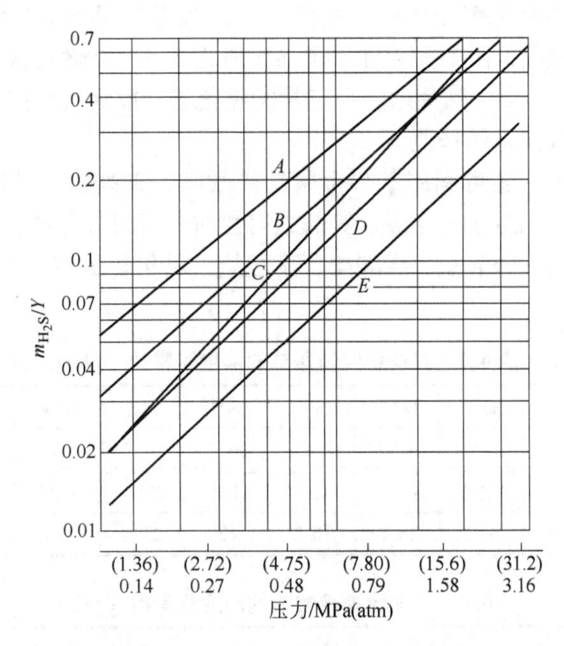

图6.6 H_2S在水溶液中的溶解度

（酸液含0.35mol硫酸盐和10～15g/L硫酸）

A—酸液，65.5℃；*B*—酸液，104℃；*C*—酸液，121℃；

D—34%硫酸铵，43.3℃；*E*—34%硫酸铵，104℃

若已知反应体系的总压力、温度和气相中硫化氢的摩尔数，可从图6.5中查得硫化氢在溶液中的溶解度$m_{H_2S(液)}$，从图6.4中查得该温度下的K_i值，由此可求得$[H^+]^2 \cdot [S^{2-}]$的乘积，则：

$$K_i = \frac{[H^+]^2 \cdot [S^{2-}]}{[H_2S]}$$

$$[H^+]^2 \cdot [S^{2-}] = K_i \cdot [H_2S] = K_i \cdot m_{H_2S} = A$$

依常温常压时的相同方法，可求得热压条件下金属硫化物沉淀的pH值：

$$pH = \frac{1}{2n}\lg K_s - \frac{1}{2}\lg A - \frac{1}{n}\lg[Me^{n+}]$$

因此，在热压条件下，控制溶液的pH值即可选择性地沉淀析出金属硫化物。

必须指出，有些金属离子（如钼、锑、砷离子）除生成稳定的硫化物外，还呈相应的酸根形态存在于溶液中，故没有一个确定的溶度积。而另一些金属硫化物（如PbS、Ag_2S、HgS等）可与硫化氢生成$MeS \cdot 2H_2S$型配合物，故溶液中的平衡金属离子浓度比计算值高些。

硫化物沉淀法可用于从溶液中沉淀析出有用组分，也可用于从溶液中除杂。如古巴茅湾高压酸浸红土矿获得的浸出液中含剩余酸25g/L，用石灰中和至pH值为2.5～2.8，并用蒸汽将溶液预热至120～175℃，泵入高压釜，通入1MPa（10atm）的硫化氢，在118℃

的热压条件下处理17min，镍、钴的沉淀率分别为99%和98%。在此热压条件下，铜、锌完全沉淀析出，而铝、锰、镁完全不沉淀。

古巴茅湾的镍、钴硫化矿经热压氧酸浸出后，获得含镍50g/L的浸出液，在常压和82.4℃条件下经空气氧化，随后用氨中和至pH值为3.8，以除去铁、铬、铝等杂质，然后酸化至pH值为1.0~1.5，随后通入一定量的硫化氢，以除去全部铜铅和50%的锌。真空过滤后，滤液送提取镍、钴作业。

除硫化物沉淀法外，还可利用某些金属的磷酸盐、砷酸盐、碳酸盐、草酸盐、氟化物、氯化物、铀酸盐、钨酸盐、钼酸盐等的难溶性质进行组分分离。

某些金属的磷酸盐、砷酸盐、碳酸盐、草酸盐、氟化物的溶度积常数（pK_s）列于表6.5~表6.9中。

表6.5　某些金属磷酸盐的溶度积常数（pK_s）

Me^{n+}	Ag^+	Al^{3+}	Ba^{2+}	Be^{2+}	Bi^{3+}	Ca^{2+}	Cd^{2+}	Ce^{3+}	Co^{2+}	Cu^{2+}	Fe^{3+}
pK_s	16.0	17.0	22.5	37.7	23	36.9	32.6	22	34.7	36.9	28
Me^{n+}	Li^+	La^{3+}	Mg^{2+}	Mn^{2+}	Ni^{2+}	Pb^{2+}	Sr^{2+}	Th^{4+}	UO_2^{2+}	Zn^{2+}	Zr^{4+}
pK_s	8.5	22.4	24.0	28.7	31.3	42	23.4	78.6	48.0	32.0	13.2

表6.6　某些金属砷酸盐的溶度积常数（pK_s）

Me^{n+}	Ag^+	Al^{3+}	Ba^{2+}	Bi^{3+}	Ca^{2+}	Cd^{2+}	Co^{2+}	Cr^{3+}	Cu^{2+}
pK_s	22.0	15.8	50.1	9.4	18.5	32.7	28.2	20.1	35.1
Me^{n+}	Fe^{3+}	Hg^{2+}	Mn^{2+}	Ni^{2+}	Pb^{2+}	Sr^{2+}	Zn^{2+}	UO_2^{2+}	
pK_s	20.2	19.7	28.7	25.5	35.4	18.4	27.6	10.5	

表6.7　某些金属碳酸盐的溶度积常数（pK_s）

Me^{n+}	Ba^{2+}	Ca^{2+}	Cd^{2+}	Co^{2+}	Cu^{2+}	Fe^{3+}	Hg^{2+}	Mg^{2+}	Mn^{2+}
pK_s	8.29	8.54	11.28	12.84	9.86	10.5	16.0	7.46	10.7
Me^{n+}	Ni^{2+}	Pb^{2+}	Sr^{2+}	UO_2^{2+}	Zn^{2+}	Li^+			
pK_s	8.2	13.1	10.0	11.7	10.8	1.31g/100g溶液（25℃）			

表6.8　某些金属草酸盐的溶度积常数（pK_s）

Me^{n+}	Au^{3+}	Ba^{2+}	Ca^{2+}	Ce^{3+}	Fe^{3+}	Hg^{2+}	La^{3+}	Mn^{2+}
pK_s	10.0	6.79	8.0	25.5	6.5	12.7	26.0	15.0
Me^{n+}	Ni^{2+}	Pb^{2+}	Sr^{2+}	Th^{4+}	Tl^+	UO_2^{2+}	Y^{3+}	Zn^{2+}
pK_s	9.4	9.32	4.65	22.0	12.0	3.7	28.3	7.6

表6.9　某些金属氟化物的溶度积常数（pK_s）

Me^{n+}	Ba^{2+}	Ca^{2+}	Ce^{3+}	Mg^{2+}	Pb^{2+}	Sc^{2+}	U^{4+}	Y^{3+}
pK_s	6.0	10.6	15.1	8.2	7.6	17.4	21.2	12.1

草酸盐沉淀法常用于稀土提取工艺中，如采用浓硫酸在200℃条件下分解独居石或磷铈镧矿时，冷水浸出硫酸盐，稀土和钍进入溶液中，用草酸沉淀，可获得钍和稀土的混合沉淀物，送后续工序进一步分离钍和稀土。

从离子吸附型稀土矿中提取稀土时，常用5%～7%的食盐水或1.5%～3.5%的硫酸铵溶液作浸出剂，以使稀土呈离子形态转入浸出液中。20世纪80年代后期之前，普遍采用在pH=1～2.0条件下用草酸沉淀稀土，获得混合稀土草酸盐沉淀物，经过滤、灼烧产出混合稀土氧化物，混合稀土氧化物总量大于92%。1988年黄礼煌教授等采用碳酸氢铵代替草酸沉淀稀土获得成功，并获得专利。此后，离子吸附型稀土矿山普遍采用碳酸氢铵代替草酸沉淀稀土。获得的混合稀土碳酸盐沉淀物，经过滤、灼烧产出混合稀土氧化物。后来进一步发展，采用碳酸氢铵代替草酸沉淀稀土后获得的混合稀土碳酸盐沉淀物不经灼烧，而是将过滤后的混合稀土碳酸盐沉淀物直接送稀土冶炼厂直接进入酸分解作业处理。

从表6.7可知，碳酸锂最难溶，而且其溶解度随溶液温度的升高而下降，25℃时的溶解度为1.31g/100g溶液，100℃时的溶解度则降为0.72g/100g溶液。因此，可采用碳酸锂的形态沉淀提取锂。

除加入沉淀剂使某些金属组分呈难溶化合物沉淀析出外，还可采用浓缩结晶法或盐析结晶法使某些金属组分呈难溶化合物形态沉淀析出。如从钨矿物原料碱浸出液中蒸馏浓缩结晶沉淀析出钨酸钠结晶，结晶后液返回蒸馏浓缩作业。氧化铝生产过程中常用晶种分法从铝土矿的苛性钠浸出液中析出氢氧化铝沉淀；采用碳酸化分解法从铝土矿碱石灰烧结熟料的浸出液中析出氢氧化铝沉淀等。

6.6 载体共沉淀与后沉淀

载体共沉淀现象大致有三类，即表面吸附共沉淀、生成混晶或固溶体的共沉淀和吸留及包裹共沉淀。后沉淀是指某些目的组分沉淀完全后，放置一定时间，另一种本来难于沉淀的物质呈沉淀物析出的现象。

6.6.1 表面吸附共沉淀

若沉淀物表面电荷不饱和，其表面可吸附构晶离子或与构晶离子半径相似和电荷相同的离子形成表面定位离子，定位离子又可吸附溶液中的相反电荷离子，形成表面双电层。双电层中的抗衡离子，一部分属扩散层，一部分仍属吸附层。由于沉淀物颗粒细，尤其当沉淀物为无定形沉淀时，沉淀物的比表面积大，表面吸附的杂质离子数量相当大。一般无定形沉淀物的表面吸附比晶形沉淀物的表面吸附严重得多，但吸附不牢固，表面吸附量随温度升高而降低。一般用洗涤的方法可除去部分表面吸附的杂质。若沉淀的目的是为了除去杂质，则表面吸附共沉淀可以提高除杂效果，从而可提高有用组分产品的纯度；若沉淀的目的是为了沉淀有用组分，则表面吸附共沉淀可以降低除杂效果，从而可降低有用组分产品的纯度。

6.6.2 生成混晶或固溶体的共沉淀

当杂质离子半径与构晶离子半径相似，且生成的晶体相同时，杂质离子与构晶离子极易形成混晶。形成混晶的选择性高，一般不易形成，但当具备形成混晶条件时，要防止生成混晶也很困难。若沉淀的目的是为了除去杂质，则生成混晶可以提高除杂效果，从而可提高有用组分产品的纯度；若沉淀的目的是为了沉淀有用组分，则生成混晶可以降低除杂效果，从而可降低有用组分产品的纯度。

6.6.3 吸留及包裹共沉淀

若沉淀工艺条件控制不当，沉淀物生成速度太快，杂质离子可被机械夹带于沉淀物中，此现象称为吸留或包裹，遵循吸附规律。生产实践中，可用洗涤或多次沉淀的方法除去大部分吸留及包裹共沉淀的杂质。

6.6.4 后沉淀现象

后沉淀现象是指某些组分沉淀完全后，放置一定时间，另一本来难于沉淀的组分呈沉淀物析出的现象。如用草酸分离钙、镁时，草酸钙表面常有草酸镁沉淀析出。用碳酸氢铵沉淀稀土时，碳酸稀土沉淀物表面常有水合氧化铁沉淀物析出。通常某些组分沉淀完全后，经加热放置时间愈长，后沉淀现象愈严重。

为了使目的组分沉淀完全，获得易沉降、易过滤、易洗涤的较纯净的沉淀物，晶形沉淀时应在适当的稀溶液中进行。此时均相成核作用小，共沉淀少。可在不断搅拌的条件下，缓慢均匀地加入沉淀剂，应避免局部过浓现象，有条件时可在加热条件下进行晶形沉淀。对在热溶液中溶解度较大的沉淀物可在加热条件下沉淀，冷却后再过滤、洗涤，这可提高目的组分的回收率。沉淀完全后，可陈化一定时间，以使晶体长大和提高纯度。

无定形沉淀应在较浓的溶液中进行。此时，离子的水化程度小，可获得体积较小，结构较紧密的沉淀物。沉淀反应宜在热溶液中进行，这可促进沉淀微粒的凝聚，防止形成胶体溶液。沉淀时可加入大量电解质或某些能使沉淀微粒凝聚的胶体。沉淀完全后，不必陈化，应趁热过滤，用热水洗涤，以减少沉淀物的表面吸附现象。

沉淀条件对沉淀物纯度的影响列于表 6.10 中。

表 6.10 沉淀条件对沉淀物纯度的影响

沉淀条件	混　晶	表面吸附	吸留或包裹	后沉淀
稀释溶液	○	+	+	○
慢沉淀	不定	+	+	-
搅　拌	○	+	+	○
陈　化	不定	+	+	-
加　热	不定	+	+	○
洗涤沉淀	○	+	○	○
再沉淀	+	+	+	+

注：提高纯度为“+”，降低纯度为“-”，影响不大为“○”。

7　化学还原沉淀法净化和生产化学精矿

7.1　概述

矿物原料经破碎、磨矿、分级、焙烧、浸出、固液分离和浸液净化等作业后，可获得较纯净的含目的组分的溶液。生产实践中除采用难溶盐沉淀法和物理选矿法生产化学精矿外，还可采用化学还原沉淀法净化和生产化学精矿。难溶盐沉淀法得到的化学精矿呈难溶化合物形态，而化学还原沉淀法得到的化学精矿呈金属形态。难溶盐沉淀法生产化学精矿时，组分间不产生氧化还原反应，无电子转移现象；而化学还原沉淀法生产化学精矿时，溶液中的目的组分被还原剂还原，有电子转移现象。

为了从溶液中析出金属形态的化学精矿，目前工业上较常采用金属置换还原沉淀法、气体还原沉淀法、无机物还原沉淀法、有机物还原沉淀法等，上述方法可从浸出液中析出海绵状的粗金属。析出的海绵状粗金属须经冶炼加工后，才能获得供用户使用的纯金属。

7.2　金属置换还原沉淀法

7.2.1　金属置换还原沉淀原理

在化学选矿工艺中，广泛采用金属置换还原沉淀法从浸出液中回收有用组分、进行有用组分分离或除去某些杂质以进行浸出溶液净化和回收有用组分。

金属置换还原沉淀法是采用一种较负电性的金属作还原剂，从溶液中将另一种较正电性的金属离子置换沉析的氧化还原过程。此时作为置换剂的金属被氧化而呈金属离子形态转入溶液中，溶液中被置换的金属离子被还原而呈金属态析出。其反应可表示为：

$$Me_1^{n+} + Me_2 \longrightarrow Me_1 + Me_2^{n+} \tag{7.1}$$

式中　Me_2——金属还原剂；

Me_1^{n+}——被置换还原的金属离子。

金属置换还原过程属电化学腐蚀过程，是由于形成微电池产生腐蚀电流的缘故。式（7.1）可分解为两个电化方程：

$$Me_1^{n+} + ne \longrightarrow Me_1 \qquad \varepsilon_1 = \varepsilon_{Me_1}^{\ominus} + \frac{0.0591}{n}\lg a_{Me_1^{n+}}$$

$$-)\ Me_2^{n+} + ne \longrightarrow Me_2 \qquad \varepsilon_2 = \varepsilon_{Me_2}^{\ominus} + \frac{0.0591}{n}\lg a_{Me_2^{n+}}$$

$$Me_1^{n+} + Me_2 \longrightarrow Me_1 + Me_2^{n+} \qquad \Delta\varepsilon = \varepsilon_1 - \varepsilon_2 = \varepsilon_{Me_1}^{\ominus} - \varepsilon_{Me_2}^{\ominus} + \frac{0.0591}{n}\lg\frac{a_{Me_1^{n+}}}{a_{Me_2^{n+}}} \tag{7.2}$$

金属置换的推动力决定于微电池的电动势（$\Delta\varepsilon$），可见反应式（7.1）进行的必要条件为 $\varepsilon_1 > \varepsilon_2$。因此，在热力学上，采用较负电性的金属作置换还原剂可从溶液中将较正电性的金属离子还原置换出来。溶液中金属离子的置换顺序，取决于水溶液中金属的电位顺序。25℃时，酸性液中金属离子浓度为1mol/L条件下，金属的电位顺序列于表7.1中。25℃时，金属在碱性液中的电位顺序列于表7.2中。

表7.1 25℃时酸性液中离子浓度为1mol/L时的金属电位顺序

电 极	$\varepsilon^{\ominus}$/V	电 极	$\varepsilon^{\ominus}$/V	电 极	$\varepsilon^{\ominus}$/V
Li^+/Li	-3.045	U^{4+}/U	-1.40	Sb^{3+}/Sb	+0.1
Cs^+/Cs	-2.923	Mn^{2+}/Mn	-1.19	Bi^{3+}/Bi	+0.2
K^+/K	-2.925	V^{2+}/V	-1.18	As^{3+}/As	+0.3
Rb^+/Rb	-2.925	Nd^{3+}/Nd	-1.10	Cu^{2+}/Cu	+0.337
Ra^{2+}/Ra	-2.92	Cr^{2+}/Cr	-0.86	Co^{3+}/Co	+0.4
Ba^{2+}/Ba	-2.90	Zn^{2+}/Zn	-0.763	Ru^{2+}/Ru	+0.45
Sr^{2+}/Sr	-2.89	Cr^{3+}/Cr	-0.74	Cu^+/Cu	+0.52
Ca^{2+}/Ca	-2.87	Gd^{3+}/Gd	-0.53	Te^{4+}/Te	+0.56
Na^+/Na	-2.713	Ga^{2+}/Ga	-0.45	Te^{3+}/Te	+0.71
La^{3+}/La	-2.52	Fe^{2+}/Fe	-0.44	$Hg_2^{2+}/2Hg$	+0.791
Ce^{3+}/Ce	-2.48	Cd^{2+}/Cd	-0.402	Ag^+/Ag	+0.8
Mg^{2+}/Mg	-2.37	In^{3+}/In	-0.335	Rb^{3+}/Rb	+0.8
Y^{3+}/Y	-2.37	Tl^+/Tl	-0.335	Pb^{4+}/Pb	+0.8
Sc^{3+}/Sc	-2.08	Co^{2+}/Co	-0.267	Os^{2+}/Os	+0.85
Tb^{4+}/Tb	-1.90	Ni^{2+}/Ni	-0.241	Hg^{2+}/Hg	+0.854
Be^{2+}/Be	-1.85	Mo^{3+}/Mo	-0.2	Pd^{2+}/Pd	+0.987
U^{3+}/U	-1.80	In^+/In	-0.14	Ir^{2+}/Ir	+1.15
Hf^{4+}/Hf	-1.70	Sn^{2+}/Sn	-0.14	Pt^{3+}/Pt	+1.2
Al^{3+}/Al	-1.66	Pb^{2+}/Pb	-0.126	Ag^{2+}/Ag	+1.369
Ti^{4+}/Ti	-1.63	Fe^{3+}/Fe	-0.036	Au^{3+}/Au	+1.5
Zr^{4+}/Zr	-1.53	$2H^+/H_2$	0.00	Au^+/Au	+1.68

表7.2 25℃时金属在碱性液中的电位顺序

体 系	$\varepsilon^{\ominus}$/V	体 系	$\varepsilon^{\ominus}$/V
ZnO_2^{2-}/Zn	-1.216	$Cu(NH_3)_2^+/Cu$	-0.11
WO_4^{2-}/W	-1.1	$Cu(NH_3)_4^{2+}/Cu$	-0.05
$HSnO_2^{2-}/Sn$	-0.79	$Ag(NH_3)_2^+/Ag$	+0.373
AsO_2^-/As	-0.68	$Zn(CN)_4^{2-}/Zn$	-1.26
SbO_2^-/Sb	-0.67	$Cu(CN)_4^{3-}/Cu$	-0.99
$HPbO_2^-/Pb$	-0.54	$Cu(CN)_3^{2-}/Cu$	-0.98
$HBiO_2^-/Bi$	-0.46	$Cu(CN)_2^-/Cu$	-0.88
TeO_2^{2-}/Te	-0.02	$Ni(CN)_4^{2-}/Ni$	-0.82
$Zn(NH_3)_4^{2+}/Zn$	-1.03	$Au(CN)_2^-/Au$	-0.60
$Ni(NH_3)_6^{2+}/Ni$	-0.48	$Hg(CN)_4^{2-}/Hg$	-0.37
$Co(NH_3)_6^{2+}/Co$	-0.422	$Ag(CN)_2^-/Ag$	-0.29

如铁置换铜的反应为：

$$Cu^{2+} + Fe \longrightarrow Cu\downarrow + Fe^{2+}$$

置换过程的电动势为：

$$\Delta\varepsilon = \varepsilon^{\ominus}_{Cu^{2+}/Cu} - \varepsilon^{\ominus}_{Fe^{2+}/Fe} + \frac{0.0591}{2}\lg\frac{a_{Cu^{2+}}}{a_{Fe^{2+}}}$$

反应达平衡时，$\Delta\varepsilon = 0$，代入可得：

$$\varepsilon^{\ominus}_{Cu^{2+}/Cu} - \varepsilon^{\ominus}_{Fe^{2+}/Fe} = 0.0295\lg\frac{a_{Fe^{2+}}}{a_{Cu^{2+}}}$$

$$\lg\frac{a_{Fe^{2+}}}{a_{Cu^{2+}}} = \frac{0.337-(-0.44)}{0.0295} = \frac{0.777}{0.0295} = 26.4$$

$$a_{Cu^{2+}} = 10^{-26.4} \times a_{Fe^{2+}}$$

同理，可计算出金属锌置换铜、钴时所能达到的限度：

$$a_{Cu^{2+}} = 10^{-38} \times a_{Zn^{2+}}$$

$$a_{Co^{2+}} = 3.7 \times 10^{-18} \times a_{Zn^{2+}}$$

从以上可知，金属置换剂与被置换金属的电位相差愈大，愈易被置换，被置换金属离子的剩余浓度愈低；反之，金属置换剂与被置换金属的电位相差愈小，愈难被置换，被置换金属离子的剩余浓度愈大。

根据电极反应动力学理论，与电解质溶液接触的任何金属表面上进行着共轭的阴极和阳极的电化学反应。这些反应系在完全相同的等电位的金属表面上进行，当金属与更正电性金属离子溶液接触时，在金属与溶液之间将立即产生离子交换，在置换金属上形成被置换金属覆盖表面，电子将从置换金属流向被置换金属的阴极区，在阳极区是置换金属的离子化。

置换过程的速度可为阴极控制或阳极控制，或决定于电解质中的欧姆电压降。过程为阳极控制时，随反应的进行，被置换金属表面上的电位向更正值的方向移动。反之，过程为阴极控制时，被置换金属表面上的电位向更负值的方向移动，并趋近于负电性金属的电位。如铜-锌微电池模型中，锌阳极电位实际上保持不变，而阴极电位向更负值的方向移动。

在多数条件下，置换过程的速度服从一级反应速度方程：

$$-\frac{d[Me_1^{n+}]}{dt} = k[Me_1^{n+}]$$

在某些条件下，置换过程的速度服从二级反应速度方程。

7.2.2 影响金属置换的主要因素

影响金属置换过程的主要因素有：溶液中的氧浓度、溶液的 pH 值、被置换金属离子浓度、温度、置换剂与被置换金属的电位差、置换剂的粒度、溶液流速、搅拌强度和设备类型等。

7.2.2.1 溶液中的氧浓度

氧为强氧化剂之一，其标准还原电位为 +1.229V，可将许多金属氧化而呈金属阳离子形态转入溶液中。如金属锌被氧氧化的反应可表示为：

$$Zn + \frac{1}{2}O_2 + 2H^+ \longrightarrow Zn^{2+} + H_2O$$

因此，溶液中的溶解氧浓度愈高，金属锌的消耗量愈大。因此，采用金属锌作置换剂时，锌置换前溶液应脱氧。

7.2.2.2 溶液的 pH 值

金属置换的原理图如图 7.1 所示。

从图 7.1 可知，若以氢线为标准，可将金属分为三类：

（1）正电性金属：此类金属在任何 pH 值的溶液中，$\varepsilon_{Me^{n+}/Me} > \varepsilon_{H_2O/H_2}$，此类金属离子被置换剂还原置换时，不会析出氢气。如铜、银、铋、汞、金等；

（2）与氢线相交的金属：此类金属离子被置换剂还原置换与溶液的 pH 值有关。若溶液的 pH 值小于与氢线交点所对应的 pH 值，置换时将优先析出氢气（如镍、钴、镉、铁等）。若溶液的 pH 值大于与氢线交点所对应的 pH 值，置换时将不会析出氢气。

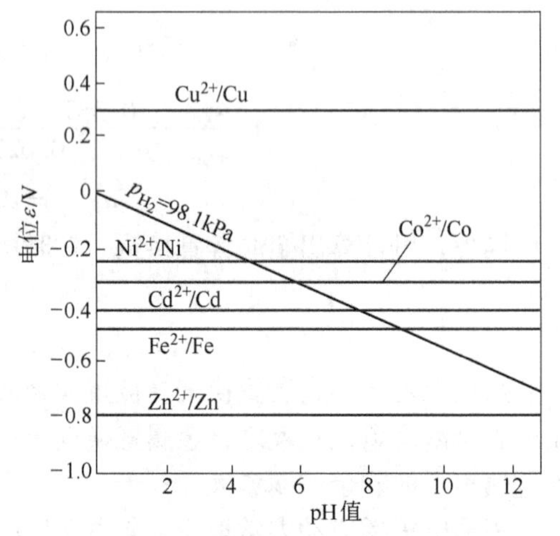

图 7.1 金属置换的原理图
（$a_{Me^{n+}}=1$mol/L，25℃）

（3）负电性大的金属：此类金属在任何 pH 值的溶液中，$\varepsilon_{H_2O/H_2} > \varepsilon_{Me^{n+}/Me}$，此类金属离子被置换剂还原置换时，将优先析出氢气，此类金属不宜采用金属置换法析出，如锌、锰、铬、钛等。

如采用铁屑置换铜时，宜在 pH 值为 1.5 ~ 2.0 的溶液中进行。溶液的酸度太高，会增加铁屑的消耗量；溶液的酸度太低，会引起铁盐水解，甚至降低所得铜泥的品位。置换终了，溶液的 pH 值应小于 4.5。铁屑置换铜的置换速度随溶液酸度的增大而增大。当溶液 pH < 1.5 时，生成多孔性沉淀物，黏附力弱；当溶液 pH > 1.5 时，溶液的 pH 值对置换速度的影响较小。

7.2.2.3 被置换金属离子浓度

溶液中的被置换金属离子浓度对置换沉淀物的物理性能和置换速度有较大的影响。溶液中的被置换金属离子浓度高时，会在置换剂表面生成致密的黏附沉淀物，不易剥落；溶液中的被置换金属离子浓度低时，易生成多孔性沉淀物，较易剥落。

7.2.2.4 溶液温度

提高溶液温度可提高置换速度，生产中一般在常温条件下进行金属置换作业。

7.2.2.5 置换剂与被置换金属的电位差

置换剂与被置换金属的电位相差愈大，置换愈完全。

7.2.2.6 溶液中的其他离子

溶液中其他离子的影响各异。如采用金属锌置换银时，溶液中的钠、钾、锂离子可使析出的银表面粗糙，可提高其置换速度。而溶液中的氧使银氧化，在银表面形成致密的氧化膜，则会降低其置换速度。又如采用金属锌置换铜、镍、钴时，溶液中的铜离子可促进镍、钴的快速置换；采用镍、钴含量分别为 $10\times10^{-4}\%$ 和 $40\times10^{-4}\%$ 的混合溶液时，其中钴的置换速度常数比纯钴溶液大 4 倍左右。如铁屑置换铜时，溶液中的高价铁离子含量高将增大铁屑的消耗量，此时可将其返回进行还原浸出或采用二氧化硫还原高价铁离子；溶液中含砷时，会生成铜砷合金和剧毒的氢化砷气体。其反应可表示为：

$$2As^{3+} + 3Fe \longrightarrow 2As + 3Fe^{2+}$$

$$H_3AsO_3 + 2H_2SO_4 + 3Fe \longrightarrow AsH_3\uparrow + 3FeSO_4 + 3H_2O$$

$$\Delta G^{\ominus} = -153.55\text{kJ/mol}$$

$$3H_2SO_4 + Fe(As)_2 + 2Fe \longrightarrow 2AsH_3\uparrow + 3FeSO_4$$

$$\Delta G^{\ominus} = -41.84\text{kJ/mol}$$

$$3H_2SO_4 + H_3AsO_3 + 2Al \longrightarrow AsH_3\uparrow + Al_2(SO_4)_3 + 3H_2O$$

$$\Delta G^{\ominus} = -866.1\text{kJ/mol}$$

从上述各反应式和标准自由能变化可知，铁屑置换铜时，铁屑中切忌混入砷铁合金 $Fe(As)_2$ 和铝屑。

7.2.2.7 溶液流速或搅拌强度

金属置换时，提高溶液流速或搅拌强度可降低扩散层的厚度和利于置换剂表面的更新，可提高置换速度。

金属置换时的置换速度还与置换设备和置换工艺有关。

7.2.3 金属置换工艺

7.2.3.1 金属置换分类

根据原液性质，金属置换可分为清液置换和矿浆置换两大类。根据金属置换的目的，金属置换可分为置换回收、置换分离和置换净化三小类。

置换回收是采用金属置换方法直接回收有用组分，如用铁屑从铜矿物原料酸浸液中置换铜，可获得海绵铜。

置换分离是采用金属置换方法从溶液中分离有用组分，如高温氯化焙烧含金矿物原料可得干尘、湿尘和除尘液三种产品，湿尘酸浸可得铜浸液，铜浸液与除尘液合并送去回收铜。浸铜渣采用酸性食盐水浸出银、铅，固液分离后可采用铅置换法和碳酸钠沉淀法从浸液中分别回收银和铅。

置换净化是采用金属置换方法从溶液中分离某些杂质，以获得较纯净的含有用组分的溶液。如硫酸浸出锌精矿氧化焙砂所得的酸浸液，先用中和水解法除铁。固液分离后，所得的中性滤液可采用锌置换法除去溶液中的铜、镉和钴等杂质。固液分离后可获得较纯净的锌溶液，送电积得电锌产品。

7.2.3.2 金属置换设备

金属置换设备通常有下列几种类型。

A 溜槽

单级溜槽长为 5 ~ 30m，宽为 0.5 ~ 3.0m，坡度约 2%。有直流式和折流式两种，底部有假底，以利于回收置换沉淀物。

B　转鼓置换器

转鼓置换器直径为 1 ~3m，长为 5 ~9m，其结构如图 7.2 所示。

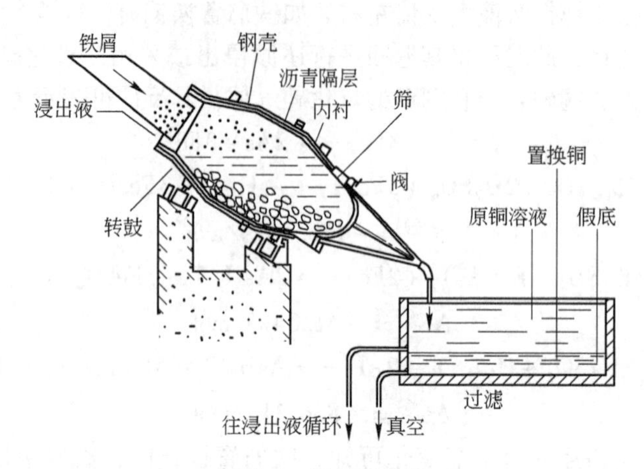

图 7.2　转鼓置换器

操作时，将铁屑或其他置换剂分批加入转鼓内，溶液连续通过转鼓，随转鼓转动，置换沉淀物不断被剥离并随溶液排出转鼓外，澄清过滤以回收有用金属。此类金属置换设备由于置换剂表面不断更新，置换速度较快，劳动强度比溜槽小。

C　锥形置换器

锥形置换器的结构如图 7.3 所示。

锥形置换器的倒锥内装满铁屑等置换剂，溶液由锥体下部泵入，沿倒锥斜向喷流并回旋上升通过金属置换剂层。由于溶液的冲刷，金属置换剂表面的置换沉淀物不断被剥离并随溶液带至锥体中部，当溶液流过时，置换沉淀物被浓集并通过锥体内的筛网进入锥体外的木制圆桶内予以收集，贫液从锥体上部排出。此类金属置换设备的处理能力大，置换剂耗量低，可数个锥形置换器串联使用以提高置换金属回收率。

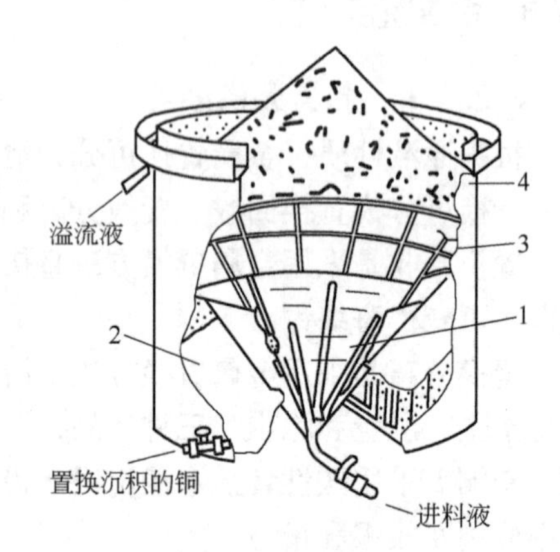

图 7.3　锥形置换器

1—锥体；2—假底；3—不锈钢网；4—废铁屑

D　脉动置换塔

脉动置换塔的结构如图 7.4 所示。塔内装满置换剂，料液从塔底进入，在塔内呈脉动状流动完成置换过程。

E　流化床置换塔

流化床置换塔为塔式设备，其结构如图 7.5 所示。

置换剂（粉状或碎屑状）间断加入塔内，料液以一定流速从塔的下部进入。置换剂在料液流速作用下，在塔内呈悬浮状态。剥离的置换沉淀物则因其密度较大而沉积于塔底，可定期从塔底排出。此设备已用于从镍液中除铜，镍粉流化床高达 5m，镍液流速为 0.08 ~0.1m/s。此设备也已用于从铜浸出液或含铜矿坑水中用铁粉置换回收铜。

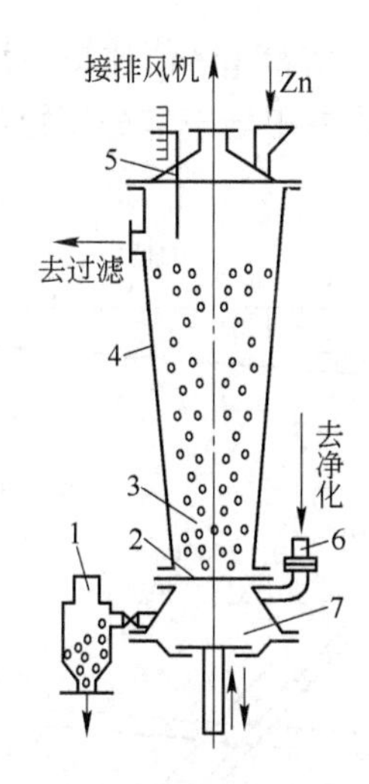

图 7.4 脉动置换塔
1—细粒物料收集器；2—栅格板；
3—床层；4—塔壁；
5—颗粒料位指示器；
6—阀；7—隔膜

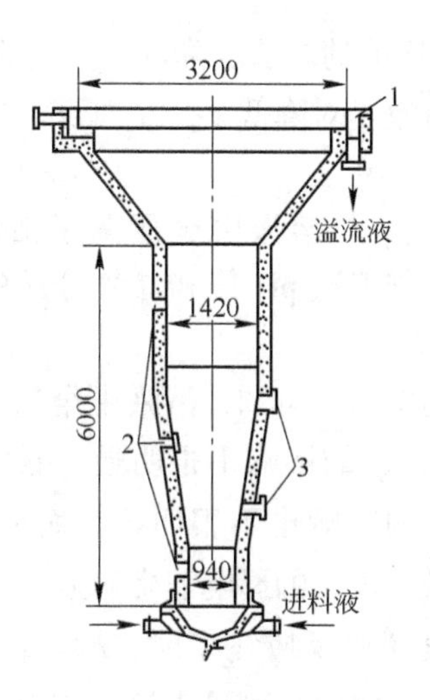

图 7.5 流化床置换塔
1—溢流管；2—排料支管；
3—观察孔

7.3 气体还原沉淀法

目前，工业上采用的气体还原剂主要是氢气和二氧化硫。

7.3.1 高压氢还原沉淀法

7.3.1.1 高压氢还原沉淀法的原理

通常氢从溶液中还原沉淀金属的反应可表示为：

$$Me^{n+} + \frac{n}{2}H_2 \longrightarrow Me + nH^+$$

$$\varepsilon_{Me^{n+}/Me} = \varepsilon^{\ominus}_{Me^{n+}/Me} + \frac{2.303RT}{nF}\lg a_{Me^{n+}}$$

$$H^+ + e \longrightarrow \frac{1}{2}H_2$$

$$\varepsilon_{H^+/H_2} = 0 - \frac{2.303RT}{F}pH - \frac{2.303RT}{2F}\lg p_{H_2}$$

氢气从溶液中还原沉淀金属的必要热力学条件为：

$$\varepsilon_{H^+/H_2} < \varepsilon_{Me^{n+}/Me}$$

即

$$-0.0591pH - 0.0295\lg p_{H_2} < \varepsilon^{\ominus}_{Me^{n+}/Me} + \frac{0.0591}{n}\lg a_{Me^{n+}}$$

从上式可知，欲满足上述热力学条件，可采用提高溶液中金属离子活度（浓度）以提高 $\varepsilon_{Me^{n+}/Me}$或采用提高溶液中的氢分压及提高溶液 pH 值的方法以降低 ε_{H^+/H_2}。但提高溶液中金属离子活度（浓度）以提高 $\varepsilon_{Me^{n+}/Me}$的作用很有限，而提高溶液中的氢分压及提高溶液 pH 值的方法以降低 ε_{H^+/H_2}的作用很有效，其中提高溶液 pH 值比提高溶液中的氢分压更有效。对降低 ε_{H^+/H_2}而言，溶液 pH 值提高 1.0 的效果相当于氢分压提高 100 倍的效果。

$\varepsilon_{Me^{n+}/Me}$与溶液中金属离子活度（浓度）及 ε_{H^+/H_2}与溶液 pH 值和氢气分压的关系如图 7.6 所示。

从图中曲线可知，溶液中金属离子浓度对提高 $\varepsilon_{Me^{n+}/Me}$的影响不很明显，氢气分压对降低 ε_{H^+/H_2}的影响也不很明显，而提高溶液 pH 值对降低 ε_{H^+/H_2}的影响非常明显。

氢气还原反应终了时，$\varepsilon_{H^+/H_2} = \varepsilon_{Me^{n+}/Me}$，由其平衡电极电位可导出溶液中金属离子被还原的完全程度与此时溶液 pH 值之间的关系，即

$$\lg a_{Me^{n+}} = -n\text{pH} - 0.0295\lg p_{H_2} - \frac{n}{0.0591}\varepsilon^{\ominus}_{Me^{n+}/Me}$$

上式中，对某一金属而言，$\varepsilon^{\ominus}_{Me^{n+}/Me}$为定值，在给定的氢气分压条件下，氢还原终了时，溶液中该金属离子活度的对数与溶液的 pH 值呈直线关系，直线的斜率决定于金属离子的价数，如图 7.7 所示。

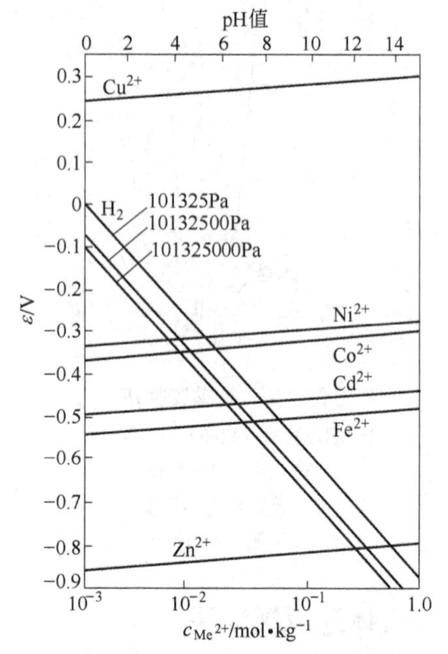

图 7.6 $\varepsilon_{Me^{n+}/Me}$与溶液中金属离子活度（浓度）及 ε_{H^+/H_2}与溶液 pH 值和氢气分压的关系

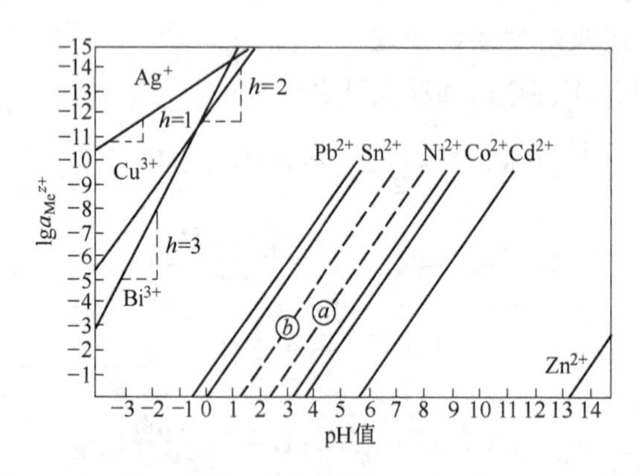

图 7.7 氢还原金属的可能完全程度（25℃，p_{H_2} = 0.1MPa）

（图中ⓐ、ⓑ分别为镍的 p_{H_2} = 1.0MPa 和 10MPa 的数据）

从图 7.7 中的直线可知，可将金属分为三组：

（1）正电性金属：溶液在任何 pH 值条件下，此类金属被氢还原的程度均很高，$a_{Me^{n+}}$值均很低，如银、铜、铋等；

（2）与氢电位相近的负电性金属：此类金属被氢气还原的程度与溶液 pH 值密切相

关，当溶液 pH 值较高时，此类金属离子被氢气还原的程度可达很高，如铅、锡、镍、钴、镉等；

（3）负电性大的金属：此类金属离子被氢气还原要求溶液 pH 值很高，此条件下该类金属离子已开始发生水解沉淀。因此，此类金属离子被氢气还原较困难，甚至无法实现氢气还原，如锌、铬、锰、钛等。

与氢电位相近的负电性金属被氢气还原时，常采用氨作为溶液 pH 值的调整剂。加入氨调整溶液的 pH 值是由于氨可中和金属离子被氢还原过程产生的酸，使溶液呈弱碱性，有利于还原反应的顺利进行。但此时镍、钴等金属离子可与氨生成一系列配位数不同的配阳离子，降低了游离金属离子的浓度，从而降低了该金属的平衡电位，不利于还原反应的顺利进行。

根据有关金属-配位体-水系平衡计算方法，计算氨与有关金属不同摩尔比的值对氢、镍、钴电位的影响如图 7.8 所示。

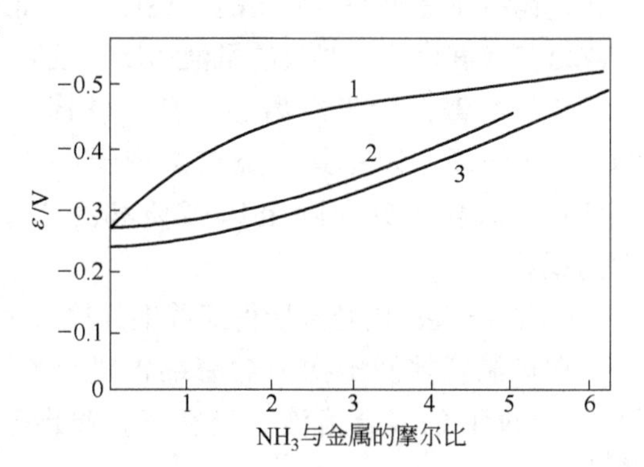

图 7.8 氨与金属摩尔比的值对氢、镍、钴电位的影响

1—氢电位；2—钴电位；3—镍电位

从图 7.8 中的曲线可知，当 $[NH_3]:[Me^{n+}]=(2.0\sim2.5):1$ 时，氢还原反应的电位差最大，生产实践中的氨与金属的摩尔比控制在此范围内。

7.3.1.2 氢还原反应的主要影响因素

高压氢还原反应的反应速度和还原程度主要与氢分压、溶液组成、反应温度、晶种、催化剂等因素有关。

对任何金属离子的高压氢还原反应而言，提高氢气分压均可提高其反应速度和还原程度。

高压氢还原反应属气-液多相反应，反应产物为固体金属相。反应开始时的新相生成需要较大的能量。为此，高压氢还原工艺开始时，常需加入产品金属的粉末作为晶种。

高压氢还原的还原剂为氢气，氢气具有很大的惰性，计算表明，每摩尔氢分子解离为氢原子所需的能量高达 430kJ。提高反应温度是提高反应活性的有效措施。随着反应温度的升高，可大幅度提高氢还原反应的反应速度。

提高高压氢还原反应速度的另一有效方法是添加催化剂。常用的催化剂为镍、钴、铁、铂、钯等金属，铁、铜、锌、铬的氢化物、盐类以及某些有机试剂。用高压氢还原法制取镍、钴金属时，反应生成的金属镍或金属钴也起催化作用，故可将高压氢还原制取镍、钴、铁等的反应当作是自身催化反应。

有人认为高压氢还原过程可分为多相还原沉淀过程和均相还原沉淀过程两种。多相还原沉淀过程与晶种、催化剂有关，这些添加剂的比表面积大，对提高反应速度起了很大作用。而均相还原沉淀过程主要与溶液中的金属离子的起始浓度有关，而外来添加剂的影响不大。

高压氢还原具有自身催化的特点，而反应器器壁的催化作用也不容忽视。可以认为高压氢还原过程是多相还原沉淀过程，添加剂的比表面积对反应速度的影响仅是程度有所差异而已。

7.3.1.3　生产应用

高压氢还原沉淀法目前主要用于生产铜粉、镍粉和钴粉。

A　生产铜粉

a　以废杂铜为原料生产铜粉

采用常压氧化氨浸法浸出废杂铜原料，铜呈铜氨配离子形态转入浸出液中。浸出工艺参数为：以氨和碳酸铵混合溶液作浸出剂，在49～64℃，常压条件下充氧浸出。浸出液中铜含量约50g/L。

浸出液经净化后送入高压釜，通入氢气，在202℃和6.3MPa压力下进行氢还原。为了防止铜粉在高压釜内壁结疤，还原时需加入晶种和少量的聚丙烯酸。还原后液经煮沸以回收氨和二氧化碳，回收的氨液返回铜废杂料的浸出作业，循环使用。

还原所得铜粉浆经离心分离、洗涤、干燥后，得铜粉。铜粉中约含0.07%的碳和2.5%的氧，须将其在烧结炉中于590～610℃的氢气保护下进行烧结，使铜粉中碳含量和氧含量分别降至0.02%和小于1%。铜粉烧结块经磨细、筛分可得不同级别的铜粉。

b　以露天铜矿堆浸所得海绵铜为原料生产铜粉

在机械搅拌浸出槽中对海绵铜进行常压氧化酸浸。浸出剂为含硫酸108g/L和硫酸铵200g/L的混合溶液，充空气，浸出温度为80℃。铜呈铜氨配离子形态转入浸出液中。

浸出液中约含铜65g/L、游离硫酸1.24g/L、硫酸铵100g/L。将其送入高压釜内，在150℃和氢分压为2.45MPa的条件下进行氢还原。为防止釜内壁铜粉结疤和控制铜粉粒度，还原时需加入少量的聚丙烯酸（其量为每千克铜0.01～0.02kg）。还原料浆的处理及铜粉的烧结除杂与废杂铜生产铜粉相类似。

c　以铜锌硫化矿浮选精矿为原料生产铜粉

在温度为90℃、压力为0.68MPa的条件下，对铜锌硫化矿浮选精矿进行氧化氨浸（充氧），铜、锌呈离子形态转入浸液中，铁呈氢氧化铁留在浸渣中。过滤后，将浸出液送入高压釜内进行热压氧化，参数为230℃、3.5MPa条件下通空气。随后加入硫酸将氨铜比降至3:1，加入少量聚丙烯酸，通氢气进行高压氢还原生产铜粉。

还原后液在37℃和0.68MPa条件下，通入二氧化碳将其中的锌转化为碱式碳酸锌。其反应可表示为：

$$2Zn(NH_3)_2SO_4 + CO_2 + 3H_2O \longrightarrow Zn(OH)_2 \cdot ZnCO_3 \downarrow + (NH_4)_2SO_4$$

固液分离后，用硫酸（或锌电积废液）溶解碱式碳酸锌，所得硫酸锌溶液送锌电积作业，产出电锌。

B　生产镍粉

氢还原生产镍粉和钴粉的溶液主要为镍氨配盐 $Ni(NH_3)_nSO_4$、钴氨配盐 $Co(NH_3)_nSO_4$。

以镍、钴硫化矿氨浸液为原料进行高压氢还原制取镍、钴粉的原则流程如图7.9所示。

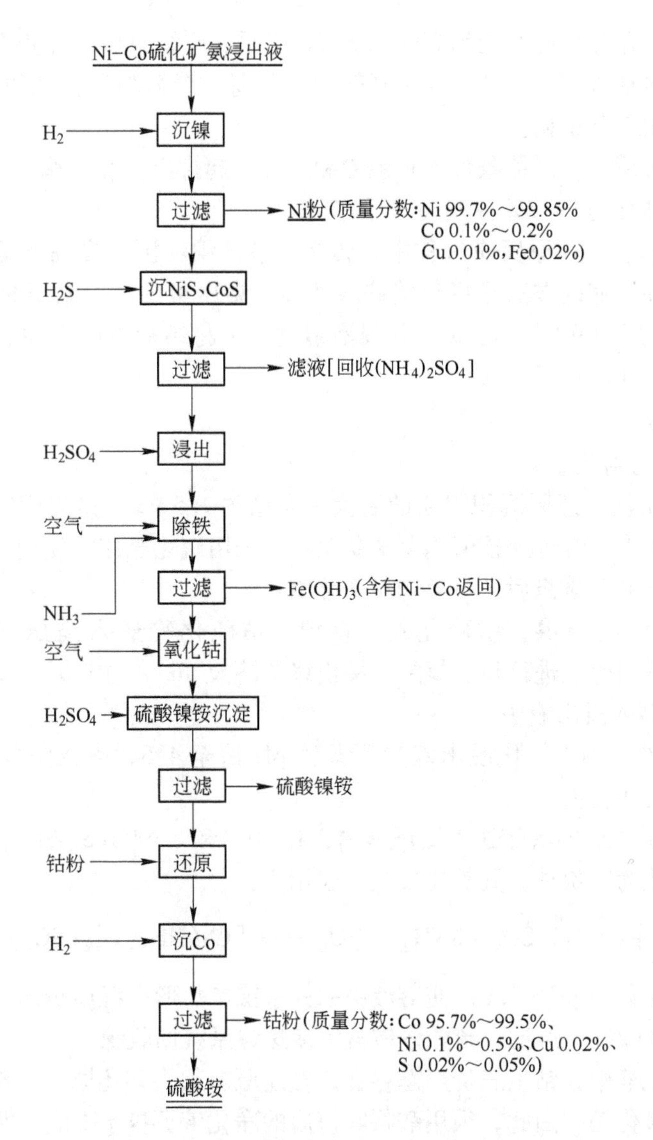

图 7.9 高压氢还原制取镍、钴粉的原则流程

镍、钴硫化矿氨浸液经净化和调整组分含量后的组成为：Ni 45g/L、Co 1g/L、硫酸铵 350g/L、游离氨与镍钴的比值为 2∶1。净化液送高压釜，在 200℃和 2.5～3.2MPa 的条件下，通入氢气进行高压氢还原。

还原作业为间断操作，包括制备晶种、镍粉晶粒长大和结疤处理三个步骤：

(1) 制备晶种。将首批净化液送入高压釜内，首先用氨气调整釜内气氛，直至釜内气相中氧含量降至小于 2% 时，再换用氢气。换为氢气后，加入硫酸亚铁溶液作催化剂。当釜内氢气压力达 2MPa，溶液温度达 120℃左右时，开始产出大量微细粒的还原镍粉。还原终了，首先停止搅拌，以使作为晶种的镍粉沉淀析出，然后将上清还原尾液经排料闸排出。

(2) 镍粉晶粒长大。将净化液送入高压釜内，加入晶种，边搅拌边通入氢气，当溶液温度升至 200℃，压力升至 2.5～3.2MPa 时，被氢还原产出的镍粉沉积在晶种上，镍粉晶粒逐渐长大。氢还原反应时间约30～45min。还原反应结束后，停止搅拌，澄清后排出上清尾液。然后再加入新的料液。为了减轻搅拌负荷，镍粉晶粒长大约20～25次后，可每隔几次即可排出部分镍粉。

镍粉晶粒长大后，在搅拌条件下将镍粉和尾液一起排出。经过滤、分离、洗涤和干燥等作业，可获得纯度为99.7%～99.85%的镍粉。

(3) 结疤处理。氢还原反应过程中，会有少量的镍粉沉积在高压釜的内壁上，并形成结疤。通常清除结疤的方法是将硫酸铵溶液加入高压釜内，升温至90℃以上，再鼓入压缩空气（压力约1.4MPa），经6～7h浸泡清洗，可将结疤清除干净。清除结疤作业一般在经两次还原作业后进行一次。

C 生产钴粉

a 钴液净化与富集

(1) 硫化物沉淀。还原沉积镍粉的后液中含钴约1.5g/L，是生产钴粉的原料。在常压80℃条件下，加氨使溶液pH值调至9.0左右，采用硫化氢作沉淀剂使镍、钴呈硫化物沉淀析出。固液分离和洗涤后，可得镍钴硫化物。

(2) 热压氧化浸出镍、钴硫化物。将镍、钴硫化物送入高压釜内，在120℃和0.68MPa条件下，用硫酸进行热压氧浸。浸出终了溶液pH值约1.5～2.5，镍、钴呈硫酸盐（二价）形态转入浸出液中。

(3) 氧化除铁。热压氧化浸出液加氨调整pH值至4.5，喷入空气使铁杂质沉淀析出，过滤可得钴的净化液。

(4) 除镍。除铁后的溶液送入高压釜内，在70℃和0.68MPa条件下，通入空气将溶液中的二价钴氧化为三价钴。其氧化反应可表示为：

$$2CoSO_4 + (NH_4)_2SO_4 + 8NH_3 + \frac{1}{2}O_2 \longrightarrow [Co(NH_3)_5]_2(SO_4)_3 + H_2O$$

然后将溶液酸化至pH=2.6，使溶液中的镍呈镍铵盐形态沉淀析出。镍铵盐沉淀物含镍14.5%、含钴约2%，过滤，硫酸镍铵盐沉淀送镍系统回收镍。

除镍后的净化液中，钴呈三价形态存在，氢还原前须将其还原为二价钴。否则，加热时会沉淀析出氢氧化钴。因此，须用酸将除镍后的净化液调整pH值，保持溶液中游离氨与钴的摩尔比为2.6∶1，采用金属钴粉作还原剂，在65℃条件下，将三价钴还原为二价钴。其还原反应可表示为：

$$[Co(NH_3)_5]_2(SO_4)_3 + Co \longrightarrow 3Co(NH_3)_2SO_4 + 4NH_3$$

b 氢还原沉淀钴粉

将含二价钴的净化液送入高压釜内，在175℃和氢分压为2MPa的条件下还原沉淀钴粉。其还原反应可表示为：

$$3Co(NH_3)_2SO_4 + H_2 \xrightarrow{\text{热压}} 3Co\downarrow + (NH_4)_2SO_4$$

钴粉生产过程与镍粉生产过程相似，所得钴粉含钴95.7%～99.6%。

c 生产硫酸铵

还原钴粉浆液经过滤可得钴粉和废液。废液加热蒸发浓缩，可结晶析出硫酸铵。

d 高压釜

工业生产中，高压氢还原作业主要采用不锈钢卧式高压釜。釜内装有搅拌桨、加热管、冷却管、加料管、排料管、进气管和排气管等。高压氢还原过程一般采用间断作业方式。

7.3.2 二氧化硫还原沉淀法

请参阅无机物还原沉淀法的相关内容。

7.4 无机物还原沉淀法

工业生产中，采用的无机物还原剂主要为二氧化硫、硫酸亚铁、亚硫酸盐等。

7.4.1 无机物还原沉淀原理

以二氧化硫为例阐述无机物还原沉淀原理。二氧化硫因条件不同，可表现为氧化性或还原性。它易溶于水，其水溶液呈酸性。在水溶液中，二氧化硫具还原性。其还原反应可表示为：

$$H_2SO_4 + 2H^+ + 2e \longrightarrow SO_2 + 2H_2O$$

25℃时，其平衡还原电位为：

$$\varepsilon_{SO_4^{2-}/SO_2(aq)} = 0.17 - 0.1182pH + 0.0295\lg \frac{a_{SO_4^{2-}}}{a_{SO_{2(aq)}}}$$

二氧化硫溶于水转变为亚硫酸，其分级电离的电离常数为：

$$SO_2 + H_2O \longrightarrow H^+ + HSO_3^-$$

$$K_1 = \frac{[H^+] \cdot [HSO_3^-]}{[SO_2]} = 1.26 \times 10^2$$

$$HSO_3^- \longrightarrow H^+ + SO_3^{2-}$$

$$K_2 = \frac{[H^+] \cdot [SO_3^{2-}]}{[HSO_3^-]}$$

解离生成的亚硫酸根同样具有还原性，其还原反应可表示为：

$$SO_4^{2-} + 2H^+ + 2e \longrightarrow SO_3^{2-} + H_2O$$

25℃时，其平衡还原电位为：

$$\varepsilon_{SO_4^{2-}/SO_3^{2-}} = -0.040 - 0.0591pH + 0.0295\lg \frac{a_{SO_4^{2-}}}{a_{SO_3^{2-}}}$$

从上可知，$\varepsilon_{SO_4^{2-}/SO_2(aq)}$和$\varepsilon_{SO_4^{2-}/SO_3^{2-}}$均随溶液中硫酸根活度的增大而增大，但随溶液pH值的升高而下降。因此，提高溶液中硫酸根浓度和氢离子浓度均可降低二氧化硫和亚硫酸根的还原能力。虽然降低溶液中的氢离子浓度（即提高溶液pH值）可以提高二氧化硫和亚硫酸根的还原能力，但会引起某些金属离子水解或沉淀析出亚硫酸盐。因此，用二氧化硫作还原剂从溶液中还原沉淀金属时，通常均在酸性介质中进行。

生产实践中，有时采用亚硫酸钠或亚硫酸氢钠作还原剂。此两种亚硫酸盐在酸性介质中会分解析出二氧化硫。其反应可表示为：

$$Na_2SO_3 + 2HCl \longrightarrow 2NaCl + H_2O + SO_2 \uparrow$$

$$NaHSO_3 + HCl \longrightarrow NaCl + H_2O + SO_2\uparrow$$

采用亚硫酸钠或亚硫酸氢钠作还原剂，具有价廉易得、操作方便等特点，其还原沉淀过程实属二氧化硫还原沉淀。

7.4.2 无机物还原沉淀法的应用

工业生产中，常用二氧化硫作还原剂回收溶液中的金和稀散元素硒。有时可采用亚硫酸钠、亚硫酸氢钠、硫酸亚铁或硼氢化钠等作还原剂回收溶液中的金、银和稀散元素硒。

7.4.2.1 回收金

A 从金泥中回收金

用锌粉置换沉淀贵液中的金银可获得金泥，经过滤、干燥、氧化焙烧、酸洗可除去大部分贱金属，然后送去提纯。

若金泥中银含量高，可用硝酸浸出使银转入浸出液中，从浸出液中回收银。

硝酸浸出渣可采用液氯或王水浸金，金均呈金氯配阴离子形态转入浸出液中。过滤洗涤后，所得含金溶液加热煮沸以赶氯或赶硝，然后采用二氧化硫（或亚硫酸盐、硫酸亚铁等）在常温常压条件下还原沉淀金。其反应可表示为：

$$2AuCl_4^- + 3SO_2 + 6H_2O \longrightarrow 2Au\downarrow + 12H^+ + 8Cl^- + 3SO_4^{2-}$$

$$HAuCl_4 + 3FeSO_4 \longrightarrow Au\downarrow + FeCl_3 + Fe_2(SO_4)_3 + HCl$$

还原终了，可适当加温以利于金粉粒度的长大。过滤后，所得金粉可直接熔铸为金锭，其纯度高达99.5%。

B 从铜阳极泥中回收金

a 金的富集

铜阳极泥中除含金外，还含硒、铜、银、铅等有用组分，富集金的过程中，还可综合回收这些有用组分。

首先铜阳极泥加入浓硫酸，充分混匀后进行低温硫酸化焙烧，硒被蒸馏挥发。大部分铜、银、铅等有用组分转变为固态的硫酸盐留在蒸馏渣中，用热水（加少量硫酸和氯化钠）浸出，铜转入浸液中，银呈氯化银和铅呈硫酸铅留在浸渣中。浸铜渣采用氨浸法使银转入浸液中，采用联胺（水合肼）还原沉淀或采用电化学还原沉积的方法回收氨浸液中的银。浸银渣采用硝酸浸出的方法使铅转入浸液中，浸液中加入硫酸铵使铅沉淀析出。浸铅渣含金一般可达60%～70%。

b 金的溶解与还原

采用氯酸钠和盐酸混合溶液作浸出剂，对铅浸渣进行氧化酸浸，金呈金氯配阴离子形态转入浸液中，浸液中的金含量约为200g/L。可采用二氧化硫还原法从浸液中还原沉淀金。

以二氧化硫为还原剂从溶液中还原沉淀金时，可获得金含量大于99.9%的金粉，同时，还原过程在酸浓度大于1mol/L的条件下进行，重金属离子和阳极泥中所含的铂族金属仍留在还原后液中，便于进一步回收利用。

C 从含金废料中回收金

含金废料种类繁多，是提取金的重要二次资源（请参阅黄礼煌编著的《金银提取技术》（冶金工业出版社出版）有关内容）。从固体含金废料中回收金，一般采用王水作浸出剂，使金呈金氯配阴离子形态转入浸液中，再充入二氧化硫气体从浸液中还原沉淀金。如：

（1）在生产电子元器件过程中，常产出含金的废弃王水。可直接充入二氧化硫气体从含金的废弃王水液中还原沉淀金。

（2）也可采用亚硫酸钠、亚硫酸氢钠、氯化亚铁、硫化钠、硫化氢、草酸、木炭或离子交换树脂等作还原剂从含金水溶液中还原沉淀金。

其中二氧化硫具有价廉易得、使用方便、反应稳定、金沉淀物金含量高及金回收率高等优点。采用氯化亚铁作还原剂从含金水溶液中还原沉淀金时，可获得很高的金回收率。硫酸亚铁价廉易得，从含金水溶液中还原沉淀金，也可获得很高的金回收率。

为了降低还原剂消耗量，从液氯或王水浸金液中还原沉积金前，应将浸出液加热煮沸以赶氯和赶硝。还原过程应适当加热，以利于还原沉淀获得较粗粒的海绵金。还可添加少量的絮凝剂（如聚乙烯酸）以利于沉降漂浮的微粒金。

7.4.2.2 回收硒

铜阳极泥是提取回收稀散元素硒的重要资源之一，可采用多种方法从中回收硒。采用低温硫酸化焙烧法挥发硒时，硒、碲均呈二氧化硒和二氧化碲挥发。其反应可表示为：

$$Se + 2H_2SO_4 \longrightarrow SeO_2\uparrow + 2H_2O + SO_2\uparrow$$

$$Te + 2H_2SO_4 \longrightarrow TeO_2\uparrow + 2H_2O + SO_2\uparrow$$

挥发的硒与烟气一起进入吸收塔（或气体洗涤器或湿式电收尘器），二氧化硒溶于水，生成亚硒酸：

$$SeO_2 + H_2O \longrightarrow H_2SeO_3$$

亚硒酸易被还原，其还原反应可表示为：

$$SeO_3^{2-} + 3H_2O + 4e \longrightarrow Se\downarrow + 6OH^-$$

其平衡还原电位为：

$$\varepsilon = \varepsilon^{\ominus} + \frac{RT}{4F}\ln\frac{a_{SeO_3^{2-}}}{a_{OH^-}}$$

$$= \varepsilon^{\ominus} + 0.0148\ (\lg a_{SeO_3^{2-}} - 6\lg a_{OH^-})$$

25℃时，$\varepsilon^{\ominus} = -0.336V$。当酸性液中氢离子活度为 1 时，则 $a_{OH^-} = 10^{-14}$。并设溶液中 $a_{SeO_3^{2-}} = 1$，则得：

$$\varepsilon = \varepsilon^{\ominus} + 0.0148 \times 6 \times 14 = -0.336 + 1.24 = +0.904V$$

因此，酸性液中亚硒酸易被常用还原剂还原为金属硒。

生产实践中，由于二氧化硒的挥发温度为 315℃，硫酸盐化焙烧温度愈高，硒的挥发速度愈高。为了不使二氧化碲与硒一起挥发及不使硫酸铜分解（分解温度为 650℃）为难溶于水的氧化铜，硫酸盐化焙烧温度常为 450～550℃。

烟气吸收塔为多级串联的水吸收塔，塔内温度为 70℃，硒的吸收率可达 90% 以上。由于烟气中除含二氧化硒外，还含二氧化硫气体，水吸收的亚硒酸立即被还原为金属硒。其还原反应可表示为：

$$H_2SeO_3 + 2SO_2 + H_2O \longrightarrow Se\downarrow + 2H_2SO_4$$

因此，二氧化硒的吸收和还原实际上是在同一吸收塔内完成。

随着吸收液中硫酸浓度的上升，正硒酸的含量随之上升，这将降低硒的还原率。因此，生产中吸收液中的硫酸浓度常控制为10% ~48%。

二氧化硫还原沉淀硒的纯度为96% ~97%，称为粗硒。用热水洗至溶液呈中性后，可采用蒸馏法进一步提纯。

7.4.2.3 制取三氧化二砷

处理各种含砷废料、中间产品或副产品时，先将其氧化为易溶于水的五价砷的砷化合物，然后采用二氧化硫气体将溶液中的五价砷化合物还原为三氧化二砷（三价砷）。

7.4.2.4 回收银

用化学选矿法处理各种含银矿物原料及各种含银废料时，常用食盐和盐酸混合液使银呈氯化银沉淀析出，以使银与大量的杂质离子分离。氯化银除在硫酸或盐酸介质中常用铁粉还原外，还可在60 ~80℃的酸性液中用硼氢化钠（$NaBH_4$）还原沉淀。

7.5 有机物还原沉淀法

工业生产和试验研究中常用的有机物还原剂有联胺、甲酸和草酸，此外，还可采用甲醛、乙醇、葡萄糖、抗坏血酸等有机物作还原剂。有机还原剂的选择主要取决于有机还原剂的还原能力、被处理溶液的组成和性质、还原剂的价格及劳动条件等因素。

7.5.1 水合联胺还原沉淀法

7.5.1.1 水合联胺还原原理

水合联胺为有机化合物，其结构式为 $H_2N\text{-}NH_2 \cdot H_2O$，分子式为 $N_2H_4 \cdot H_2O$，又称水合肼。水合联胺在还原过程中被氧化为氮气。

其在碱性介质中的还原反应可表示为：

$$N_2 + 5H_2O + 4e \longrightarrow N_2H_4 \cdot H_2O + 4OH^-$$

$$\varepsilon^{\ominus}_{N_2H_4 \cdot H_2O/N_2} = -1.16V$$

在酸性介质中的还原反应可表示为：

$$N_2 + 4H^+ + H_2O + 4e \longrightarrow N_2H_4 \cdot H_2O$$

$$\varepsilon^{\ominus}_{N_2H_4 \cdot H_2O/N_2} = -0.333V$$

从其标准还原电位可知，水合联胺的还原能力相当强，其还原能力随溶液 pH 值的升高而增大。

7.5.1.2 水合肼还原法的应用

水合肼还原法已普遍用于银的回收和银的化学提纯作业。

A 氨浸-水合肼还原回收（提纯）银

在银矿物原料和含银废料的化学处理过程中，常产出银含量不同的氯化银中间产品，如液氯浸出铜阳极泥的浸渣、液氯浸出锌置换金泥的浸渣、王水浸出金银矿物原料后的浸渣、食盐或盐酸处理硝酸银溶液的沉淀物、次氯酸钠处理氰化银电镀废液的沉淀物等。其中银均呈氯化银的形态存在，除银外，还含大量的其他组分。

氯化银易溶于氨水中，呈银氨配阳离子形态转入溶液中。其反应可表示为：

$$AgCl + 2NH_4OH \longrightarrow Ag(NH_3)_2Cl + 2H_2O$$

用氨水浸出氯化银沉淀物时，一般采用含氨12.5%左右的工业氨水在室温条件下浸出2h。浸出液固比视氯化银沉淀物中的银含量而异，一般控制浸出液中含银量不大于40g/L为宜，银的浸出率可达99%以上。氨水浸出氯化银沉淀物作业须在密闭设备中进行。

水合肼为强还原剂，在氨介质中，其 $\varepsilon^{\ominus}_{N_2H_4 \cdot H_2O/N_2} = -1.16V$，而 $\varepsilon_{Ag(NH_3)^{2+}/Ag} = +0.377V$。因此，水合肼易将银还原。其还原反应可表示为：

$$4Ag(NH_3)_2Cl + N_2H_4 \cdot H_2O + 3H_2O \longrightarrow 4Ag\downarrow + 4NH_4Cl + 4NH_4OH + N_2\uparrow$$

水合肼还原银时，先将银的氨浸液加热至50℃，在搅拌条件下缓慢加入水合肼，水合肼用量为理论量的2~3倍，还原30min，银的还原率可达99%以上。

若氯化银沉淀物中含铜、镍、镉等金属杂质，氨浸氯化银时，它们会生成相应的氨配合物转入浸出液中。此时直接用水合肼还原银，所得海绵银产品的纯度较低。若在氨浸液中加入适量盐酸，使银呈氯化银沉淀析出，可使银与贱金属杂质分离。

纯的氯化银沉淀物经氨浸-水合肼还原，可获得银含量达99.9%以上的海绵银。

B 氨-水合肼还原提纯银

氨-水合肼还原提纯银是将氯化银沉淀物的氨浸和氨浸液的水合肼还原两个作业合并为一个作业，可简化工艺过程。其综合反应可表示为：

$$4AgCl + N_2H_4 \cdot H_2O + 4NH_4OH \longrightarrow 4Ag\downarrow + N_2\uparrow + 4NH_4Cl + 5H_2O$$

氨浸-水合肼还原与氨-水合肼还原的效果相同。但氨-水合肼还原法的氨耗量比氨浸-水合肼还原法的氨耗量可降低50%。但氨-水合肼还原法只适用于处理纯的氯化银沉淀物。

我国某厂处理铜、镍、铅含量较高的硝酸银电解废液的流程如图7.10所示。

操作时，先将硝酸银废电解液加热至50℃，加入饱和食盐水使银呈氯化银沉淀析出，待银沉淀完全后，静置、过滤，用热水将沉淀物洗至无色。然后按水合肼∶氨水∶水=1∶3∶8的比例将氨水、水合肼和水混匀，加热至50~60℃，再将调成浆状的氯化银沉淀物缓慢加入其中，边加料边搅拌，待反应缓慢再加热煮沸30min。经过滤、洗涤、烘干、铸锭，可得银含量大于99.9%的银锭，银的总回收率为99%。沉银母液和还原后液中的银含量均小于0.001g/L。还原1kg银的氨水耗量为1.2~1.6kg，水合肼耗量为0.3~0.4kg。

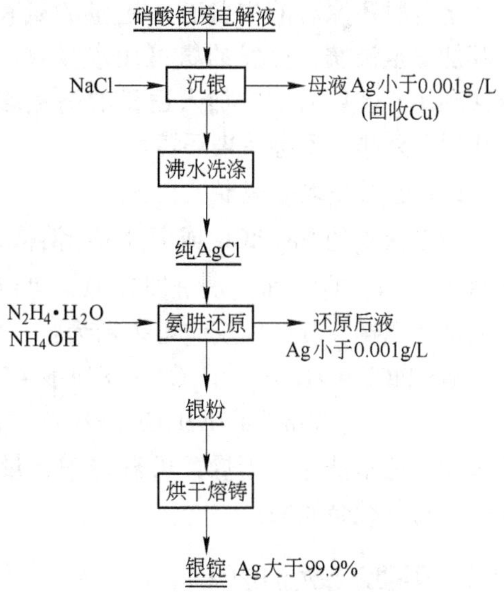

图7.10 从硝酸银电解废液中提纯银的流程

C 从硝酸银溶液中还原提取纯银

在室温条件下，采用水合肼可从硝酸银溶液中还原提取高纯度的银粉。其反应可表示为：

$$AgNO_3 + N_2H_4 \cdot H_2O \longrightarrow Ag\downarrow + NH_4NO_3 + \frac{1}{2}N_2 + H_2O$$

或
$$4AgNO_3 + N_2H_4 \cdot H_2O \longrightarrow 4Ag\downarrow + 4HNO_3 + N_2\uparrow + H_2O$$

由于硝酸为氧化剂，它可大量消耗水合肼。因此，操作时须先在硝酸银溶液中加入适量氨水，将溶液 pH 值调至 10 左右，再加入水合肼，这既可降低水合肼消耗量，又可提高还原速度。其反应可表示为：

$$AgNO_3 + 2NH_4OH \longrightarrow Ag(NH_3)_2NO_3 + 2H_2O$$

$$2Ag(NH_3)_2NO_3 + 2N_2H_4 \cdot H_2O \longrightarrow 2Ag\downarrow + N_2\uparrow + 2NH_4NO_3 + 4NH_3 + 2H_2O$$

可用此提取纯银的方法从含银-钨、银-石墨、银-氧化镉、银-氧化铜等含银废料中提取纯银粉，所得银粉粒度小于 160 目，银含量为 99.95%，可以满足粉末冶金制造电触头的要求。以含银废料为原料制取纯银粉的工艺流程如图 7.11 所示。

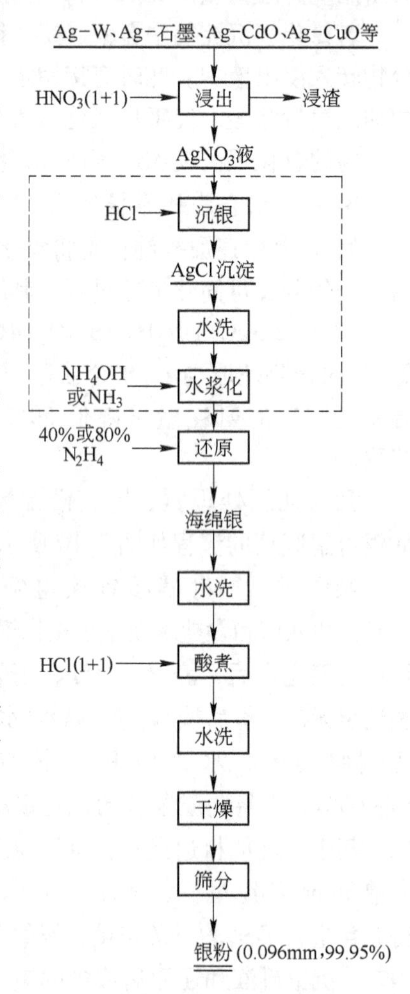

图 7.11 水合肼还原法从含银废料中制取纯银粉的流程

操作时，先用 1∶1 的硝酸浸出含银废料，银浸出率可达 98% ~99%。硝酸银浸出液加入氨水将 pH 值调至 8 ~ 10 后，用水合肼还原。所得海绵银经过滤、水洗、1∶1 盐酸煮洗、水洗、干燥、筛分，可获得达上述规格的纯银粉。银的还原率可达 99%。

若硝酸银浸出液中含有贱金属杂质，可加入适量盐酸沉银以制取纯氯化银沉淀物，再用氨-水合肼法还原，同样可制取上述规格的纯银粉。

水合肼还原后液中含有一定量的氨和水合肼，可将其加热至沸腾，挥发的氨可用水吸收，所得氨水可返回利用。蒸氨后液中加入适量的高锰酸钾将水合肼氧化后可外排，不会污染环境。

D 还原提取金属铂

精制获得的 Na_2PtCl_6 或 H_2PtCl_6 溶液，将其 pH 值调整为 3 ~4，直接加入水合肼还原，可沉淀析出细粉状的纯金属铂。其还原反应可表示为：

$$Na_2PtCl_6 + 4N_2H_4 \cdot H_2O \longrightarrow Pt\downarrow + 2N_2\uparrow + 2NaCl + 4NH_4Cl + 4H_2O$$

经过滤、纯水洗涤、干燥，可获得铂含量达 99.9% 以上的细粉状纯金属铂。

7.5.2 甲酸还原沉淀法

某些化学还原沉淀法制取超细纯银粉的化学反应式列于表 7.3 中。

采用银含量高于 99.9% 的电解银粉，用分析纯硝酸溶解和分析纯甲酸钠为还原剂制备纳米级银粉的工艺流程如图 7.12 所示。

表 7.3 某些化学还原法制取超细纯银粉的化学反应式

还原剂	还原反应式
双氧水	$2Ag^+ + 2NaOH \rightarrow Ag_2O + 2Na^+ + H_2O$ $Ag_2O + H_2O_2 \rightarrow 2Ag\downarrow + H_2O + O_2$
氢气	$Ag^+ + NaOH \rightarrow AgOH + Na^+$ $2AgOH + H_2 \rightarrow 2Ag\downarrow + 2H_2O$
甲基磺酸钠	$HOCH_2SO_2Na \cdot 2H_2O + HCHO + H_2O \rightarrow HCOONa + HOCH_2SO_2H$ $Ag^+ + HCOONa + H_2O \rightarrow Ag\downarrow + HCOOH + Na^+$
非水溶剂(醇)	Ag^+(醇) + I^-(醇)→AgI(醇) AgI(醇)→Ag↓(醇) + I(醇)
抗坏血酸	$KAg(CN)_2 + C_6H_6O_4(OH)_2 \rightarrow Ag\downarrow + C_6H_6O_6 + KCN + HCN$
水合肼	$Ag^+ + N_2H_4 \cdot H_2O + H_2O \rightarrow Ag\downarrow + N_2\uparrow + NH_4OH$
甲酸铵	$Ag^+ + HCOONH_4 \rightarrow Ag\downarrow + NH_4^+ + H_2O + CO_2$

甲酸和甲酸盐均具有还原性，可用于还原制取纯银粉。如采用银含量高于 99.9% 的电解银粉，用分析纯硝酸溶解和用去离子水将其稀释至指定浓度，在碱性介质和适量的分散剂（如聚乙烯吡咯烷酮 PVP 和聚乙烯醇 PVA）保护及高速搅拌的条件下，以甲酸钠为还原剂，反应温度为 25℃，反应时间为 30min，反应终了的 pH 值为 10～11，可制得纳米级纯银粉。经过滤、洗涤，在 70℃条件下进行真空干燥。然后采用氮吸附法比表面积测定仪测定其比表面积并计算其平均粒径，也可用扫描电子显微镜测定其平均粒径。

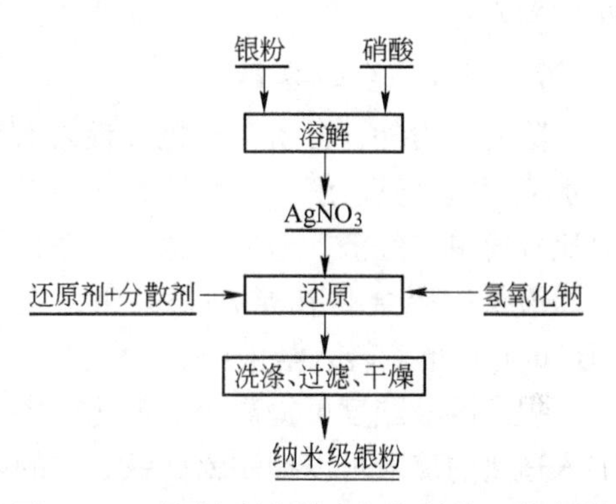

图 7.12 还原法制备纳米级银粉的工艺流程

银离子的起始浓度对还原银粉粒径的影响如图 7.13 所示。

从图中曲线可知，银离子的起始浓度一般以 0.1～0.3mol/L 为宜。

反应温度对还原银粉粒径的影响如图 7.14 所示。

从图中曲线可知，反应温度以 25～30℃为宜。

还原剂的选择非常重要，还原剂的还原能力应适中，不能太强，要求其还原速度适中。否则，还原银粉的粒径过粗。

分散剂一般为水溶性的高分子表面活性物质，其作用是控制银的粒度及形状，防止还原银粉产生团聚。

还原银粉须用高速离心过滤机过滤。过滤后，须用去离子纯水反复洗涤，然后用丙酮及乙醇等有机试剂洗涤以除去残留的有机添加剂。保证银粉的纯度，并对银粉起保护作用，使其不被氧化。

银粉的干燥必须在真空条件下进行，不宜进行高温干燥。否则，银粉将被氧化，降低其纯度。

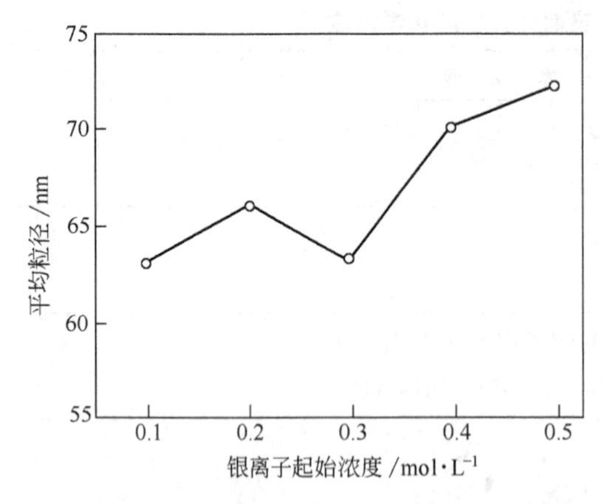

图 7.13　银离子的起始浓度对还原银粉粒径的影响

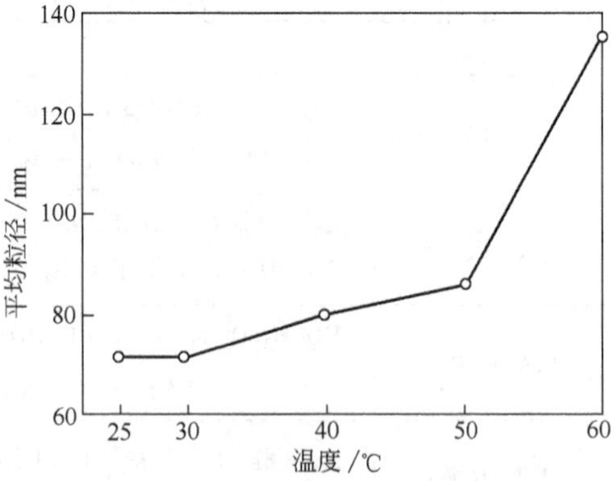

图 7.14　反应温度对还原银粉粒径的影响

7.5.3　草酸还原沉淀法

草酸还原沉淀法可用于对粗金粉、合质金和粗金锭进行化学提纯，要求提纯原料含金80%左右。

7.5.3.1　金的溶解

除粗金粉外，合质金和粗金锭溶解前应先将其熔淬成粒或铸（压）成薄片，可采用王水或液氯将其溶解。王水溶解的酸耗大，劳动条件差，工业上应用较少。液氯法溶金相对比较简单、经济，适应性强，劳动条件较好，工业上应用较普遍。

液氯法溶金是在常压条件下，在盐酸水溶液中通入氯气使金溶解，金呈金氯酸（$HAuCl_4$）形态转入溶液中。

提高溶液酸度可提高金的氯化效率。溶液中加入适量的硝酸可提高反应速度。溶液中加入适量的硫酸可以抑制铅、铁、镍的溶解。溶液中加入适量的氯化钠可提高金的氯化效率，但将提高氯化银的溶解度和降低氯气的溶解度，从而会降低金的氯化率。溶液的酸度一般为 1 ~ 3mol/L 盐酸。

氯化反应为放热反应，开始通入氯气时的溶液温度不宜过高，一般以 50 ~ 60℃为宜。氯化过程的温度以 80℃为宜。液固比以(4 ~ 5)∶1 为宜，氯化 4 ~ 6h，氯化反应基本完成。

液氯法溶金时，根据处理量，可在搪瓷釜内或三口烧瓶中进行，氯化设备必须密封。尾气用 10% ~ 20% 的苛性钠溶液吸收后才能排空。

液氯溶金可用氯酸钠代替氯气，此时金呈金氯酸钠（$NaAuCl_4$）形态转入溶液中。

7.5.3.2　金的还原沉淀

从金氯酸（或金氯酸钠）溶液中还原沉淀金的还原剂可采用草酸、甲醛、氢醌、二氧化硫、亚硫酸钠、硫酸亚铁、氯化亚铁等。其中草酸还原的选择性高、反应速度快，应用较广。其还原反应可表示为：

$$2HAuCl_4 + 3H_2C_2O_4 \longrightarrow 2Au\downarrow + 8HCl + 6CO_2\uparrow$$

操作时，先将王水（或液氯）溶金溶液加热至 70℃左右，用 20% 苛性钠溶液将溶液 pH 值调整至 1 ~ 1.5，在搅拌条件下，一次性加入理论量 1.5 倍的固体草酸，还原反应激烈进行。待反应平稳后，再加入适量的苛性钠溶液，还原反应又加速进行。直至再加入适量的苛性钠溶液无明显反应时，再补加适量的固体草酸以使金完全被还原。还原过程中始终控制溶液 pH = 1.5。反应终了，静置一定时间，过滤得海绵金。然后采用 1:1 的稀硝酸和去离子水洗涤海绵金，以除去金粉表面的草酸和贱金属杂质。经烘干、铸锭，可得金含量大于 99.9% 的金锭。

还原金的后液中残存的少量金，可采用锌粉置换沉淀法加以回收。置换所得的金富集物，用盐酸浸煮以除去过量的锌粉，浸渣返回液氯浸金作业。

8　电化学还原沉积法回收和提纯金属

8.1　概述

电化学还原沉积法在金属回收、提纯和材料合成领域的用途愈来愈广，目前大部分有色金属，包括稀有金属、贵金属的提取和化合物的制备均采用电化学还原沉积法完成。电化学还原沉积既可在水溶液中进行，也可在非水溶液（有机溶剂、熔盐、固体电解质等）中进行。既可在常温常压条件下进行，也可在热压条件下进行。但其电化学还原的原理是相似的，其主体均是在水溶液或熔盐中使金属离子还原沉积。

电化学还原沉积的基本过程为：将适当的电极插入电解质溶液中，电极上接上直流电源，此时电路中即有电流通过。通常与电源正极相连的电极称为阳极，与电源负极相连的电极称为阴极。电解质溶液形成外电路，电流由阳极流向阴极。在电解质溶液内部则形成离子流，阴离子向阳极移动，到达阳极后将多余的电子交给阳极而被氧化；金属阳离子则向阴极移动，到达阴极后从阴极获得电子而被还原，呈金属态沉积在阴极板上。此过程称为电化学还原沉积过程，简称为电积过程。

电积过程可根据阳极是否溶解分为可溶阳极电解过程和不溶阳极电积过程两大类。可溶阳极电解是将粗金属铸成阳极板作为阳极，以同种纯金属板为阴极，以该种金属盐溶液作电解液组成电解槽。控制一定的电解条件，使比目的金属电位更负的杂质金属优先从阳极溶解，但该杂质金属离子难于在阴极还原析出而留在溶液中；比目的金属电位更正的杂质金属不从阳极溶解而沉积于电解槽底部成为“阳极泥”；只有目的金属既从阳极溶解进入电解液，又可在阴极还原沉积，从而得到提纯。

不溶阳极电积过程简称电积，系在电解条件下阳极不溶解，只使电解液中的目的金属离子不断地在阴极还原沉积，直至电解液中的目的金属离子浓度降至一定值，电积作业无法正常进行时为止。

因此，可溶阳极电解只用于粗金属的提纯，如粗铜、粗铅、粗镍、粗镉、粗金、粗银等的提纯；不溶阳极电积一般用于从含目的金属离子的电解液中直接电积，以提取回收该金属。两者除阳极是否溶解外，其基本原理大致相同。

8.2　电化学还原沉积过程的有关术语

8.2.1　电极电位

当金属板放入电解质溶液中，将在电极板和电解质溶液间形成双电层，双电层间的电位差称为该金属的电极电位，其值可用于衡量该金属在电解质溶液中得失电子能力的相对强弱。金属的电极电位主要取决于电极的本性，并受溶液温度、介质和离子浓度等因素影响。

根据 1953 年国际纯粹化学与应用化学联合会（IUPAC）的建议，采用标准氢电极作为标准电极，并规定标准氢电极的电位为零。采用标准氢电极为负极和待测金属电极作正极，在标准状态下组成电池所测得的电位差称为该待测金属电极的标准电极电位，常用$\varepsilon^{\ominus}$表示。$\varepsilon^{\ominus}$值的大小可用于判断在标准状态下，电对中氧化态物质的氧化能力及还原态物质的还原能力的相对大小。$\varepsilon^{\ominus}$值愈小的电对，其还原态物质越易失去电子被氧化，其氧化态物质越难得到电子被还原；反之，$\varepsilon^{\ominus}$值愈大的电对，其还原态物质越难失去电子被氧化，其氧化态物质越易得到电子被还原。

通过$\varepsilon^{\ominus}$值可计算标准平衡常数$K^{\ominus}$，$K^{\ominus}$与标准吉布斯自由能变量$\Delta G^{\ominus}$的关系式为：

$$\Delta G^{\ominus} = -nF\varepsilon^{\ominus} = -RT\ln K^{\ominus}$$

$$\ln K^{\ominus} = \frac{nF\varepsilon^{\ominus}}{RT}$$

式中 R——气体常数，$R = 8.314\text{J}/(\text{K}\cdot\text{mol})$；

T——绝对温度，K；

n——氧化还原反应中转移的电子数；

F——法拉第常数，$F = 96500\text{C/mol}$。

上式表明，在一定温度下，氧化还原反应的标准平衡常数$K^{\ominus}$与标准电极电位$\varepsilon^{\ominus}$有关，而与反应物的浓度无关。$\varepsilon^{\ominus}$值愈大，$K^{\ominus}$值愈大，该氧化还原反应进行愈完全。因此，可用$\varepsilon^{\ominus}$值估计反应进行的程度。

8.2.2 分解电压

若某电解质溶液的欧姆电阻可以忽略，在可逆条件下使其分解的最低电压称为理论分解电压（$E_{理}$），它为阳极平衡电位$\varepsilon_{阳}$和阴极平衡电位$\varepsilon_{阴}$的差值，即：

$$E_{理} = \varepsilon_{阳} - \varepsilon_{阴}$$

由于各物质的平衡电位不同，因而各物质的理论分解电压也不同。在实际电解过程中，当电流通过电解槽时，电解过程经常是不可逆的，电极电位将偏离平衡值，溶液中的欧姆电阻也不可忽略。实践表明，通过电解槽的电流不同时，电解槽两端的电位差也不同。当电极反应以明显速度进行时，电解槽两端的最小电位差，称为实际分解电压（$E_{分}$），其值常比理论分解电压（$E_{理}$）大，有时甚至大得多。表8.1列举了某些电解质溶液的$E_{理}$和$E_{分}$值。

表8.1 电解质浓度为1mol/L时用铂电极测出的$E_{分}$和$E_{理}$计算值

电解质溶液	电极上的产物	$E_{分}$/V	$E_{理}$/V
HNO_3	H_2，O_2	1.69	1.23
H_2SO_4	H_2，O_2	1.67	1.23
HCl	H_2，O_2	1.31	1.37
NaOH	H_2，O_2	1.69	1.23
KOH	H_2，O_2	1.67	1.23
NH_4OH	H_2，O_2	1.74	1.32
H_2O	H_2，O_2	1.70	1.23

续表 8.1

电解质溶液	电极上的产物	$E_{分}$/V	$E_{理}$/V
$ZnSO_4$	Zn，O_2	2.55	1.60
$CuSO_4$	Cu，O_2	1.49	0.51
$AgNO_3$	Ag，O_2	0.70	0.04
$CdSO_4$	Cd，O_2	2.03	1.26

从表中数值可知，强酸和强碱的 $E_{理}$ 值相同，但盐酸的 $E_{分} < E_{理}$，可能是因氯离子的强烈去极化作用引起的。

8.2.3 极化现象和超电压

电解时，电流密度愈大，实际分解电压与理论分解电压的差值愈大，每一电极的电位偏离其平衡电位的数值也愈大。这种偏离其平衡电位的现象称为“极化现象”，其电极称为“极化了的电极”，描述电流密度与电极电位关系的曲线称为极化曲线（如图 8.1 所示）。

阳极极化使其电位变正，阴极极化使其电位变负。某一电流密度时的电位与其平衡电位的差值称为超电位，用正值表示：

$$\eta_{阳} = \varepsilon_{阳} - \varepsilon_{阳平}$$

$$\eta_{阴} = \varepsilon_{阴平} - \varepsilon_{阴}$$

$$E_{理} = \varepsilon_{阳平} - \varepsilon_{阴平}$$

$$E_{超} = \eta_{阳} + \eta_{阴}$$

实际分解电压等于 $E_{理}$ 和 $E_{超}$ 之和。

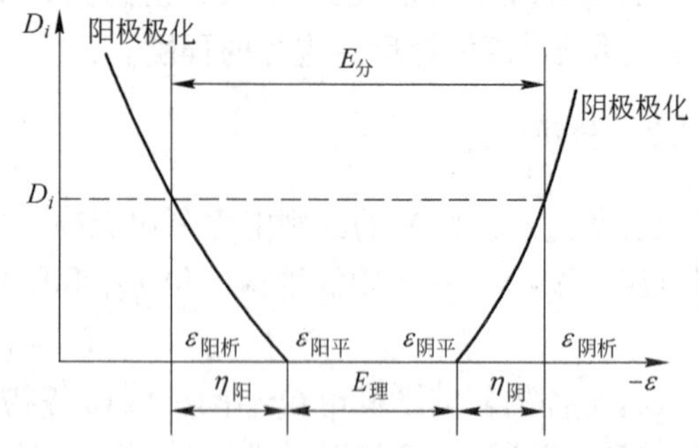

图 8.1 阳极和阴极的极化曲线

根据产生极化的原因可分为浓差极化和电化学极化两种。浓差极化是因扩散引起的极化现象，电化学极化是因电化学步骤最慢引起的极化现象。电解过程中同时存在浓差极化和电化学极化，但据情况又有主次之分。当电极反应速度较快时，主要表现为浓差极化；当电极反应速度很慢时，主要表现为电化学极化；当两者相当时，则应同时考虑浓差极化和电化学极化。

根据金属电沉积时的极化作用，可将金属分为三类：

第一类为大多数重有色金属和贵金属：这些金属离子（如铜、铅、锌、镉、金、银等）从水溶液中电积析出时，主要表现为浓差极化；

第二类为铁族元素：这些金属离子（如铁、钴、镍等）从水溶液中电积析出时，除浓差极化外，伴随有电化学极化；

第三类为轻金属、碱金属、碱土金属和许多稀有金属：这些金属离子不能从水溶液中电积析出，这些金属只能用熔盐电解（或在有机溶剂介质中电解）的方法制取。

8.2.4 析出电位和溶解电位

通常将金属、氢气（氧或氯气）等以明显速度（较大的电流密度）在阴极（或阳极）析出的实际电极电位称为析出电位。将金属以明显速度进行溶解的电极电位称为溶解电位。阳极的析出电位（或溶解电位）与阴极析出电位之差为该电解槽的实际分解电压。

析出电位（或溶解电位）与平衡电位及超电位之间的关系为：

$$\varepsilon_{阴析}=\varepsilon_{阴平}-\eta_{阴}=\varepsilon_{阴}^{\ominus}-\frac{RT}{nF}\ln\frac{a_{Me}}{a_{Me^{n+}}}-\eta_{阴}$$

$$\varepsilon_{阳溶}=\varepsilon_{阳平}+\eta_{阳}=\varepsilon_{阳}^{\ominus}-\frac{RT}{nF}\ln\frac{a_{Me}}{a_{Me^{n+}}}+\eta_{阳}$$

从上述关系式可知，析出电位（或溶解电位）决定于标准电极电位、金属及金属离子的浓度（活度）和电极过程的超电位。因此，可以通过控制溶液中金属离子的浓度及合金中某金属的含量、改变电极材料和超电位等方法来改变析出电位（或溶解电位），以在电极上实现所预期的反应。

电解时，析出电位愈正者愈易在阴极还原析出，析出电位愈负者愈难在阴极还原析出，只当金属离子的析出电位相等或相近时才会同时析出。

电解时，阳极的氧化可能是阳极本身的氧化溶解，也可能是负离子在阳极氧化而析出气体（氧气或氯气）。对可溶阳极而言，溶解电位愈负者愈易溶解。当阳极的溶解电位大于负离子放电的析出电位时，阳极本身不溶解，而在阳极析出气体。

在水溶液中电解时，阴极有可能析出氢气，只有当金属离子的析出电位比氢的析出电位更正时，阴极才只还原析出金属而不析出氢气。

不溶阳极电积时，阴极析出氢气不仅消耗大量电能，甚至使金属不可能从溶液中在阴极还原析出。研究氢的超电位时，发现在电极材料、溶液组成、温度等均固定的条件下，电极的氢的超电位绝对值与电流密度的对数在一定范围内呈直线关系，其关系可表示为：

$$\eta_{氢}=a+b\ln i$$

此为塔菲尔公式。对大多数金属的纯净表面而言，常数 a 几乎相同（约 50mV），表示表面电场对析氢反应的活化作用大致相同。式中 a 的物理意义是通过单位电流密度时氢的超电位，其值主要决定于电极材料，同时还与溶液组成有关。不同电极上的 a 值不相同，表示电极表面对析氢过程有着不同的“催化能力”。根据 a 值的大小，可将常用电极材料大致分为三类：

第一类为氢的超电位高的金属（a 为 1.2～1.5V），如铅、镉、汞、铊、锌、锡等；

第二类为氢的超电位为中等的金属（a 为 0.5～0.7V），最重要的有铁、钴、镍、钨、铜、金等；

第三类为氢的超电位低的金属（a 为 0.1～0.3V），主要为铂、钯。

不溶阳极电积时，常用氢的超电位高的金属作阴极材料，以防止在阴极析出氢气。在电解水时则须采用氢的超电位低的金属作阴极材料，以使氢易从阴极还原析出。

25℃时，不同电极材料在不同电流密度下的氢的超电位列于表 8.2 中。

阳极析氧是不溶阳极电积时阳极的主要反应，由于在阳极表面形成了氧的成相层或吸附层，不同的电极材料具有不同的反应机理，氧在不同的电极材料上的超电位列于表 8.3中。

表 8.2　25℃时氢的超电位

电流密度 /A · m⁻²	氢的超电位/V						
	Au	Cd	Cu	铂黑 Pt	光铂 Pt	Al	石墨
0		0.466					
1	0.122	0.651	0.351	0.034		0.499	0.3166
10	0.241	0.981	0.479	0.154	0.024	0.565	0.5995
20				0.0208	0.034	0.625	0.6520
50	0.332	1.086	0.548	0.0272	0.051	0.745	0.7250
100	0.390	1.134	0.584	0.0300	0.068	0.826	0.7788
500	0.507	1.211		0.0376	0.186	0.968	0.9032
1000	0.588	1.216	0.801	0.0405	0.288	1.066	0.9774
2000	0.688	1.228	0.988	0.0420	0.355	1.176	1.0794
5000	0.770	1.246	1.186	0.0448	0.573	1.237	1.1710
10000	0.798	1.254	1.254	0.0483	0.676	1.286	1.2200
15000	0.807	1.257	1.269	0.0495	0.768	1.292	1.2208
电流密度 /A · m⁻²	超电位/V						
	Ag	Sn	Fe	Zn	Bi	Ni	Pb
0		0.2411	0.2026				
1	0.2981	0.3995	0.2183				
10	0.4751	0.8561	0.4036	0.716	0.78	0.563	0.52
20	0.5987	0.9469	0.4474	0.726		0.633	
50	0.6922	1.0258	0.5024	0.726	0.98	0.705	1.060
100	0.7618	1.0767	0.5571	0.746	1.05	0.747	1.090
500	0.8300	1.1851	0.7000	0.926	1.15	0.890	1.168
1000	0.8749	1.2230	0.8184	1.064	1.14	1.048	1.179
2000	0.9379	1.2342	0.9854	1.168	1.20	1.130	1.217
5000	1.0300	1.3380	1.2561	1.201	1.21	1.208	1.235
10000	1.0890	1.2206	1.2915	1.229	1.23	1.241	1.262
15000	1.0841	1.2286	1.2908	1.243	1.29	1.254	1.290

表 8.3　25℃时氧的超电位

电流密度 /A · m⁻²	氧的超电位/V							
	薄石墨	Au	Cu	Ag	光铂	铂黑	光镍	海绵镍
10	0.525	0.673	0.442	0.58	0.721	0.398	0.353	0.414
50	0.705	0.927	0.546	0.674	0.80	0.480	0.461	0.511
100	0.896	0.963	0.580	0.729	0.85	0.521	0.519	0.563
200	0.963	0.996	0.605	0.813	0.92	0.561		
500		1.064	0.637	0.912	1.16	0.605	0.670	0.658
1000	1.091	1.244	0.660	0.984	1.28	0.638	0.726	0.687
2000	1.142		0.687	1.038	1.34		0.775	0.714
5000	1.186	1.527	0.735	1.080	1.43	0.705	0.821	0.740
10000	1.240	1.63	0.793	1.131	1.49	0.766	0.853	0.762
15000	1.282	1.68	0.836	1.14	1.38	0.786	0.871	0.759

8.2.5 电流效率 η_i

在任何电解质溶液中通过1F电量（为96500C或26.8A·h）时，在电极上将析出1克当量的任何物质。通过单位电量所能得到的产物质量数，称为该物质的电化当量（q）：

$$q=\frac{1\text{克当量的物质质量(mg)}}{96500(\text{C})}=3.6\times\frac{1\text{克当量的物质质量}}{96500}(\text{g/(A}\cdot\text{h))}$$

某些物质的电化当量值列于表8.4中。

表8.4 某些物质的电化当量值

元 素	原子价	相对原子质量	电化当量值	
			mg/C	g/(A·h)
Al	3	26.98	0.0932	0.3356
Bi	3	209.00	0.7219	2.5995
Fe	2	55.85	0.2894	1.0420
	3	55.85	0.1929	0.6947
Au	1	197.00	2.0415	7.3507
	3	197.00	0.6805	2.4502
Cd	2	112.41	0.5824	2.0972
Co	2	58.94	0.3054	1.0996
Mg	2	24.32	0.1260	0.4537
Mn	2	54.94	0.2847	1.0250
Cu	1	63.54	0.6584	2.3709
	2	63.54	0.3292	1.1854
Ni	2	58.71	0.3242	1.0953
Sn	2	118.70	0.6150	2.2146
	4	118.70	0.3075	1.1073
Pb	2	207.21	1.0736	3.8659
Ag	1	107.88	1.1179	4.0254
Cr	3	52.01	0.1797	0.6469
	6	52.01	0.0898	0.3234
Zn	2	65.38	0.3388	1.2198

电极上析出的物质质量与电流强度和时间之间的关系为：

$$Q=qIt$$

式中 Q——析出的物质质量，g；

q——该物质的电化当量，g/(A·h)；

I——电流强度，A；

t——通电时间，h。

实际电积生产中，电极上析出的物质重量常比上述计算值小。电解时电极上析出的产物的实际重量与理论计算的产物重量的比值百分数，称为电流效率，即：

$$\eta_i = \frac{Q_{实}}{qIt} \times 100\% = \frac{qI_0t}{qIt} \times 100\% = \frac{I_0}{I} \times 100\%$$

式中　I_0——电极无副反应时的理想电流强度，A；

I——电积时实际的电流强度，A。

电积时，电流效率一般为90%～95%。由于阳极和阴极的电极反应本性和反应条件不同，其电流效率也不同。电积时的电流效率通常是指阴极的电流效率。

8.2.6　电能效率

电能效率是指电解生产中为获得一定量的金属在理论上所需的电能量与实际消耗的电能量的比值的百分数：

$$\eta_e = \frac{e_0}{e} \times 100\% = \frac{I_0t \times E_{理}}{It \times E_{槽}} \times 100\% = \frac{I_0 \times E_{理}}{I \times E_{槽}} \times 100\% = \eta_i \cdot \eta_v \times 100\%$$

式中　η_v——电压效率；

e_0——析出一定量的物质在理论上所需的电能量；

e——析出同样重量的相同物质实际消耗的电能量；

I_0t——沉积金属所需理论电量；

It——通过电解槽的电量；

$E_{理}$——理论分压电压；

$E_{槽}$——电解时的槽电压。

实际生产中常用生产单位重量（t或kg）金属所耗电量（kW·h）来表示电能效率。电解时，可通过提高电流效率和电压效率的方法来提高电能效率。

8.2.7　槽电压

槽电压为电解槽内的两相邻阴、阳极之间的电位差，常用电压表直测其数值。即：

$$E_{槽} = \frac{V_1 - V_2}{N}$$

式中　V_1——全部串联电解槽的总电压，V；

V_2——导电母板上的电压降，V；

N——串联电解槽的槽数。

槽电压包括理论分解电压、极化超电压、电解液电压降和电解槽各接触点及导体的电压降（包括阳极泥）。即

$$E_{槽} = E_{理} + E_{液} + E_{接} + \sum E_{超}$$

降低槽电压是提高电能效率的有效方法。因此，可采用降低电解液电阻、适当提高电解液温度、缩小极间距（常不小于10cm）、控制电流密度以降低电极极化、选择超电位低的材料作电极、保持挂耳与导体棒的良好接触（防腐蚀）等措施来降低槽电压，以提高电能效率。

8.3　金属电沉积过程的主要影响因素

8.3.1　电极材料

金属电沉积过程中的阴极和阳极材料对电沉积工艺、能耗和产品质量均有一定的影

响。对金属回收和金属提纯而言，阴极板材料的影响相对较小，可选择同质阴极板或异质阴极板。采用异质阴极板时，要求选择电积产物与始极片易剥离的材料作始极片，注意选择不同种类的金属材料，以避免形成相同的金属键而增加剥离的难度。

对金属电解提纯而言，肯定采用待提纯的粗金属板作阳极，其纯度一般由粗金属冶炼工艺所决定。

对金属电积回收而言，阳极材料对能耗和产品纯度的影响很大，一般要求选用电积过程中不溶解的材料作阳极板。如采用含银1%的Pb-Ag合金板、铅板、石墨阳极板等。

8.3.2 电解液组成

电解液主要由目的金属离子、杂质离子及强酸（或强碱）组成。电解液中的目的金属离子应主要呈简单离子的形态存在，此时阴极极化较小，沉积层晶粒粗，可采用较大的电流密度，沉积速度高。

电解液中的杂质离子一般可分为三类：电极电位比目的金属负的、电极电位与目的金属相近的及电极电位比目的金属正的杂质离子。电极电位比目的金属负的杂质离子，在目的金属电积条件下较难在阴极还原析出，但它们会提高电解液的电阻。电极电位与目的金属相近的杂质金属离子，在目的金属离子浓度较低、电流密度较高时，它仍可与目的金属一起在阴极还原析出，降低目的金属的纯度。电极电位比目的金属正的杂质通常浸出率较低，主要留在浸渣中（阳极泥或残极），进入电解液中的量小，对目的金属电积的影响较小。

电解液中的强酸（或强碱）可称为附加电解质，其作用是降低电解液的电阻、防止目的金属离子水解和保持电解液的稳定性。

电积过程中阴极析氢与电解液组成、pH值、电极材料、槽电压、电流密度、温度等因素有关。阴极析氢不仅降低电流效率，而且影响沉积金属的质量，如沉积金属表面出现气孔、麻点，甚至呈海绵状金属沉积物。有时还可能引起爆炸。阴极析氢使电解液的pH值升高，易使其中的金属离子水解沉淀，甚至使电积作业无法进行。因此，应严格控制电解液组成、pH值、电极材料、槽电压、电流密度、温度等工艺参数，防止阴极析氢。

8.3.3 电流密度与槽电压

金属电积时，可根据极化曲线选择合适的电流密度与槽电压。在允许的电流密度范围内，提高电流密度可提高金属电积速度、提高产量。提高电流密度可提高阴极析氢的超电压，可降低或阻止阴极析氢。生产中的电流密度为几十至几百 A/m^2，有的厂矿为强化生产甚至达上千 A/m^2。当电流密度较高时，极化现象加重，槽压增大，液温升高，能耗大幅提高。故应综合分析后，选择较合适的电流密度。

电解提纯时，阳极为可溶的粗金属板，阴极为同质始极片，阴阳极的电位差较小。电积回收时，阳极为不溶阳极，阴极常为与回收金属同质的始极片，阴阳极的电位差较小。槽电压主要取决于电解液电阻和极化产生的超电位。电解液电阻与电解液组成、离子浓度、温度、电极面积和极间距等因素有关。超电位与电极材料、电流密度、电解液组成、温度、电解液循环速度等因素有关。因此，应全面考虑上述因素，在力争降低生产成本的前提下，提高生产率。

8.3.4　电解液温度

电解液的导电率随电解液温度的升高而增大，而且目的金属盐的溶解度也随电解液温度的升高而增大。因此，在较高的电解液温度下进行电积，可允许电解液中含有较高浓度的目的金属离子和酸，可以降低槽压。但电解液温度过高，会增加酸雾而恶化劳动条件，且可增加阴极沉积物反溶，降低电流效率。电解液的进槽温度常控制为30～40℃。

8.3.5　极间距

极间距为电解槽内两相邻阴、阳极之间的距离。适当减小极间距可以增加电解槽内的极板数，可降低槽电压和提高产能。但极间距太小时会增加极间短路现象和降低电流效率。实践中视阴极沉积物形态而异，极间距通常为80～100mm。

8.3.6　电解液循环速度（搅拌强度）

电积时，电解液循环流动（搅拌）可以降低浓差极化。电解液循环速度（搅拌强度）与电流密度和废电解液中目的金属离子浓度有关。若电流密度高而电解液循环速度过小，将增加浓差极化现象；反之，若电流密度低而电解液循环速度过大，则将增加废电解液中目的金属离子浓度，降低目的金属的实收率。电解液循环速度（搅拌强度）与其他电积工艺参数有关，各厂矿不同。

8.3.7　添加剂

电积时，为了使阴极沉积物生长均匀，结构致密，表面平整光滑，电解液中需添加少量的胶状物质或表面活性物质，以使阴极沉积物少长粒子。如铜电积时加入少量动物胶（明胶、牛胶）和硫脲，可被吸附于阴极沉积铜表面形成胶状薄膜，可抑制铜粒子的生长，可使电铜结构致密和减少尖端放电。

8.4　从浸出液中电积回收金属（不溶阳极电积）

8.4.1　电积铜

8.4.1.1　电积铜的工艺流程

铜电积的工艺流程如图8.2所示。

8.4.1.2　电极反应

铜电解液为铜浸出液经净化后的铜含量高的硫酸溶液，电解槽可用下列电化系统表示：Cu(纯)|H_2O, H_2SO_4, $CuSO_4$ | Pb。电解液中含Cu^{2+}、SO_4^{2-}、H^+、OH^-及某些杂质离子。电积时的电极反应为：

阳极反应：

$$Pb - 2e \longrightarrow Pb^{2+} \qquad \varepsilon^{\ominus} = -0.126V$$

$$SO_4^{2-} - 2e \longrightarrow SO_3 + \frac{1}{2}O_2 \qquad \varepsilon^{\ominus} = +2.42V$$

$$2OH^- - 2e \longrightarrow H_2O + \frac{1}{2}O_2 \qquad \varepsilon^{\ominus} = +0.401V$$

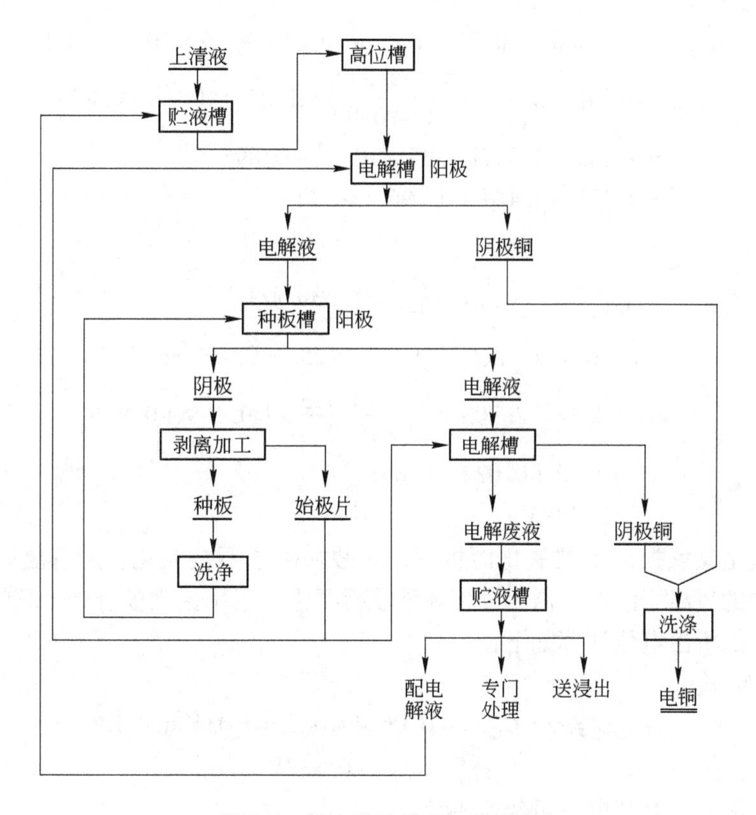

图 8.2 铜电积的基本工艺流程

阴极反应：

$$Cu^{2+} + 2e \longrightarrow Cu \qquad \varepsilon^{\ominus} = +0.337V$$

$$2H^{+} + 2e \longrightarrow H_2\uparrow \qquad \varepsilon^{\ominus} = 0.00V$$

通常采用铅银合金（含 1% 银）或铅锑合金（含 5% ~7% 锑）或铅银锑合金（1% 银，5% ~7% 锑）作阳极。从标准电位可知，电积开始时是阳极铅溶解，当阳极表面的铅离子浓度达到 $K_{s(PbSO_4)}$ 时，在阳极表面生成多孔难溶的硫酸铅薄膜，减少了阳极的有效面积，使阳极电流密度增大，使二价铅离子进一步氧化为四价铅离子。四价铅硫酸盐水解，在阳极表面生成过氧化铅（PbO_2）薄膜，使阳极钝化，使铅阳极成为不溶阳极。过氧化铅薄膜有很好的导电性，放电作用可在其表面继续进行。

阳极的过氧化铅薄膜生成后，氢氧离子和硫酸根离子哪一种阴离子先被氧化呢？可计算它们各自的析出电位。若电解液中 Cu^{2+} 的浓度为 0.5mol/L，硫酸浓度为 150g/L，电流密度为 $100A/m^2$，温度为 50℃。则：

对 OH^- 离子而言：

其标准还原电位为 +0.401V，其在 PbO_2 上的超电位可近似地取其在石墨上的超电位为 0.896V，$t = 50$℃时的 $K_w = 5.5 \times 10^{-14}$：

$$C_{H^+} = \frac{150}{98} \times 2 = 3.06 mol/L$$

$$C_{OH^-} = \frac{K_w}{C_{H^+}} = \frac{5.5 \times 10^{-14}}{3.06} = 1.80 \times 10^{-14} mol/L$$

$$\alpha_{OH^-}=\gamma \cdot C_{OH^-}=0.75\times 1.80\times 10^{-14}=1.35\times 10^{-14}\mathrm{mol/L}$$

$$\begin{aligned}\varepsilon_{析}&=0.401-2.303\times\frac{8.314\times 323}{2\times 96500}\lg 1.35\times 10^{-14}+0.896\\&=0.401-0.032\lg 1.35\times 10^{-14}+0.896\\&=0.401+0.444+0.896=1.741\mathrm{V}\end{aligned}$$

对 SO_4^{2-} 而言：

$$C_{SO_4^{2-}}=\frac{150}{98}=1.53\mathrm{mol/L}$$

$$\alpha_{SO_4^{2-}}=\gamma \cdot C_{SO_4^{2-}}=0.13\times 1.53=0.199\mathrm{mol/L}$$

$$\begin{aligned}\varepsilon_{析}&=2.42-2.303\times\frac{8.314\times 323}{2\times 96500}\times\lg 0.199+0.896\\&=2.42+0.022+0.896\\&=3.338\mathrm{V}\end{aligned}$$

因此，在阳极是氢氧根离子被氧化而析氧，硫酸根离子不被氧化。随着氢氧根离子被氧化，电解液中的氢离子浓度会增大，使硫酸获得再生。采用铅阳极有利于氧的析出。

阴极反应的析出电位计算如下：

对 Cu^{2+} 而言：

$$\alpha_{Cu^{2+}}=\gamma \cdot C_{Cu^{2+}}=0.0624\times 0.5=0.0312\mathrm{mol/L}$$

$$\varepsilon^{\ominus}_{Cu^{2+}/Cu}=+0.337\mathrm{V}$$

纯铜板作阴极，其超电位可忽略不计：

$$\begin{aligned}\varepsilon_{析}&=0.337+0.032\times\lg 0.0312-0\\&=0.34-0.048\\&=0.289\mathrm{V}\end{aligned}$$

$$C_{H^+}=3.06\mathrm{mol/L}$$

$$\alpha_{H^+}=\gamma \cdot C_{H^+}=0.142\times 3.06=0.435\mathrm{mol/L}$$

氢在铜阴极上的超电位为 0.584V。故氢在阴极上的析出电位为：

$$\varepsilon_{析}=0+0.032\times\lg 0.435-0.584=-0.596\mathrm{V}$$

因此，在铜阴极上只析出铜而不析出氢气。在理论上，只有当电解液中的铜离子浓度降至小于每升十万分之一摩尔时，在铜阴极上才能析出氢气。

此外，电解液中的高价铁离子可在阴极被还原为二价铁离子，还可与析出的金属铜起作用，使铜反溶。其反应为：

$$Fe^{3+}-e\longrightarrow Fe^{2+}$$

$$2Fe^{3+}+Cu\longrightarrow 2Fe^{2+}+Cu^{2+}$$

因此，电解液中含三价铁离子不利于铜电积过程的进行。浸出液中三价铁含量高时，电积前应预先将其除去。

综合考虑阳极和阴极的电极反应，电积铜的总反应式为：

$$CuSO_4+H_2O\longrightarrow Cu\downarrow+H_2SO_4+\frac{1}{2}O_2\uparrow$$

随着电积过程的进行，金属铜不断地在阴极沉积，在阳极不断析出氧气，电解液中的铜含量不断下降，而电解液中的硫酸浓度则不断增加。阴极上沉积 1kg 金属铜，阳极上可析出 0.25kg 氧气，电解液中可增加 1.5kg 硫酸。

8.4.1.3 工艺参数

A 电解液组成

电解液的化学组成对电解液导电率的影响较复杂，在铜电积的通常浓度范围内，硫酸和硫酸铜的浓度配比对电解液电导率的影响如图 8.3 所示。

从图 8.3 中曲线可知：①电解液的电导率随硫酸浓度的增大而增大，但当硫酸浓度大于 400g/L 时，电解液的电导率下降（图中未示出）；②电解液中的硫酸铜浓度大于 40g/L 时，电解液的电导率随铜离子浓度的增大而下降，且酸度愈高，下降愈快。当硫酸含量小于 25g/L 时，加入少量铜离子（小于 10g/L）会稍微降低其电导率。但当铜离子浓度继续增加时，其电导率上升；③硫酸含量为 20～40g/L 时为过渡区，铜离子浓度对电导率的影响不明显。随电积过程的进行，电解液组成由低酸高铜变为高酸低铜，其电导率将逐槽增高，而槽压将逐槽降低。因此，铜电积生产中应选择适宜的电解液组成，使各电积槽均有较理想的电导率。为了降低铜电解液电阻，适当提高电解液的起始酸度是有利的，但硫酸铜在硫酸液中的溶解度随酸度的提高而下降（见表 8.5）。

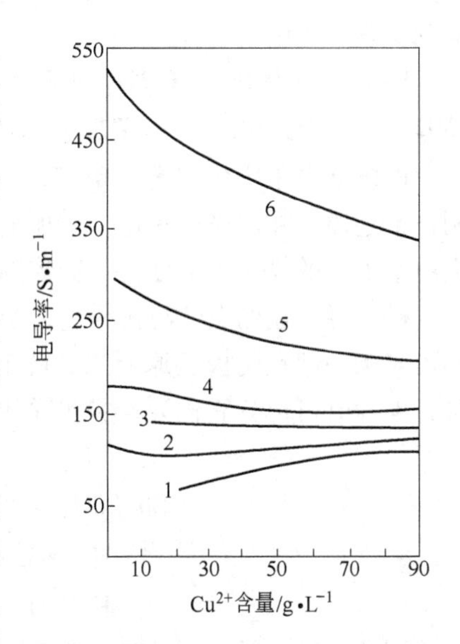

图 8.3 硫酸和硫酸铜的浓度配比对电解液电导率的影响

硫酸含量（g/L）：1—12.5；2—25；3—34；4—40；5—65；6—125

表 8.5 25℃时硫酸浓度对硫酸铜溶解度的影响 (g/L)

硫酸浓度	0	5	10	20	40
饱和时铜浓度	89.54	88.82	87.61	83.93	78.74
硫酸浓度	60	90	100	150	180
饱和时铜浓度	74.82	69.61	67.33	58.51	52.22

电解液的起始酸度以 25～40g/L 为宜，此时铜离子浓度对电导率的影响不大。

某厂铜电解液的起始酸度由 20g/L 增至 35g/L，1～9 槽各槽的槽电压相应降低 0.2～0.12V（即降低 7%～10%）。因此，适当增加铜电解液的起始酸度是合理的。

我国某些铜电积厂的起始电解液成分列于表 8.6 中。

表 8.6 我国某些铜电积厂的起始电解液成分

序 号	电流密度/A·m^{-2}	铜含量/g·L^{-1}	硫酸含量/g·L^{-1}
1	100～150	60～80	10～20
2	120～160	90～94	23～25
3	100～150	51	
4	100～150	60～80	20～30

铜电解液中的杂质可根据其还原电位分为比铜负的、与铜相近的和比铜正的三类。

锌、铁、镍等的电位比铜负，在铜电积条件下，它们较难在阴极还原析出，但它们会增加电解液的电阻。杂质锌对电解液电阻的影响列于表 8.7 中。

表 8.7　40℃时硫酸锌含量对电解液电阻率的影响

硫酸含量/$g \cdot L^{-1}$	锌含量/$g \cdot L^{-1}$	电解液电阻率/$\Omega \cdot cm^{-2}$
100	40	2.88
100	60	3.14
100	80	3.47

同样可计算出 55℃时，在硫酸浓度为 150g/L 的铜电解液中，每增加 1g/L 镍或铁后，电解液电阻率分别增加 0.776% 和 0.878%。铜电解液中的铁除影响电阻率外，还在阴极被还原，在阳极被氧化，增加电能消耗，还可使阴极铜反溶。因此，应设法尽量降低铜电解液中的铁离子浓度，一般控制铁离子浓度小于 5g/L。

砷、锑、铋的电位与铜相近，当铜电解液中的铜离子浓度较低而电流密度较高时，它们可与铜一起在阴极还原析出，降低电铜质量。砷、锑的硫酸盐可水解为亚砷酸和亚锑酸，电积时可部分氧化为砷酸和锑酸。其反应为：

$$As_2(SO_4)_3 + 6H_2O \rightleftharpoons 2H_3AsO_3 + 3H_2SO_4$$

$$Sb_2(SO_4)_3 + 6H_2O \rightleftharpoons 2H_3SbO_3 + 3H_2SO_4$$

$$H_3AsO_3 + H_2O \longrightarrow H_3AsO_4 + 2H^+$$

$$H_3SbO_3 + H_2O \longrightarrow H_3SbO_4 + 2H^+$$

因此，砷、锑主要呈亚砷酸根、砷酸根、亚锑酸根和锑酸根形态存在于铜电解液中。不同价态的砷锑化合物可生成溶解度很小的化合物（$As_2O_3 \cdot Sb_2O_5$ 和 $Sb_2O_3 \cdot As_2O_5$），这些化合物为粒度极细的絮状物，不易沉降，并可吸附其他化合物，飘浮于铜电解液中。易机械地黏附于阴极上，可降低电铜质量，还可在管道中结垢，堵塞管道。当电解液中含有足量的砷时，三价铋可与砷生成砷酸铋沉淀，黏附于阴极上，可降低电铜质量。为了减小这类杂质的危害，有的铜电积厂将电解液温度升至 60～65℃，初酸浓度增至 50～60g/L，取得较明显的效果。

某厂发现铜电解液中氧化硅含量超过 0.5g/L 时，阴极部分表面出现一层黏糊状物质，电铜出现深浅不同的凹坑，结构粗糙、松软，质量明显下降。但有的厂发现氧化硅含量在 0.2～0.3g/L 的范围时，阴极不仅不出现黏糊状物质，且可使阴极铜表面致密光滑。

电解液中的钙、镁离子，一般未见有不良影响，有时在低温（45℃）低酸（硫酸小于 10g/L）时，电极表面出现一层灰色黏结物，它含镁、铜、铁、钙和硅等，可妨碍铜电积作业正常进行。当铜电解液中含钨、钼时，电铜中也将含少量钨、钼。

一些电位比铜正的金属（如金、银等）在硫酸浸铜时主要留在浸渣中，电解液中的含量极微，对铜电积的影响较小。

B　电解液温度

电解液的电导率随电解液温度的升高而增大（见图 8.4）。而且硫酸铜的溶解度也随电解液温度的升高而增大。因此，在较高的电解液温度下进行电积，可允许电解液中含有较高浓度的铜和酸，且可降低槽电压。但电解液温度过高，空气中酸雾增多，将恶化劳动条件，且可加速阴极铜的反溶，降低电流效率。电解液的进槽温度一般控制为 30～40℃。

C　电解液循环速度

电积过程中，电解液循环流动可以减小浓差极化，其循环速度与电流密度和废电解液的铜含量有关。若电流密度高而循环速度过小，将增大浓差极化现象；反之，若电流密度小而循环速度过大，将增加废电解液中的铜含量，降低铜的实收率。据某厂试验，电解液循环速度与其他工艺参数的关系大致如表8.8所示。

D 电流密度

单位电极有效面积上通过的电流强度称为电流密度（D_i）：

$$D_i = \frac{I}{A}$$

式中 I——通过电解槽的电流强度，A；

A——每个电解槽内的阴极总面积，A = 每个电解槽内的阴极块数 × 阴极板长度 × 阴极板宽度 × 2，m^2。

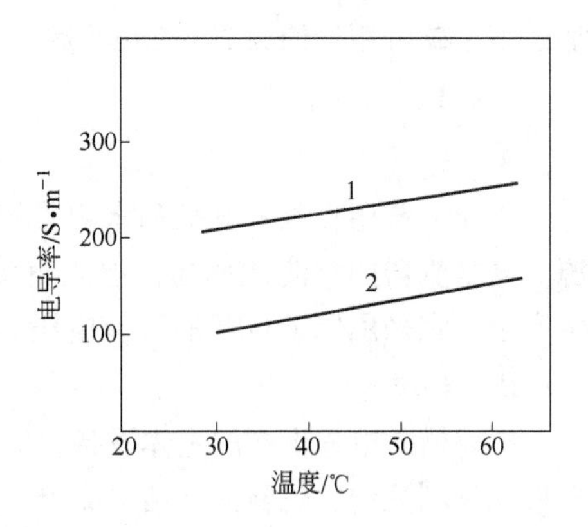

图8.4 温度对铜电解液的导电率的影响

1—硫酸65g/L，Cu^{2+} 50g/L；

2—硫酸50g/L，Cu^{2+} 90g/L

表8.8 电解液循环速度与其他工艺参数的关系

电积工艺参数			废电解液中铜含量的最低容许值/g·L^{-1}
电流密度/A·m^{-2}	温度/℃	循环速度/L·min^{-1}	
100	≥45	<5.4	10~11
125	≥50	<6.8	11~11.5
150	≥55	<8.1	11.5~12
175	≥58	<9.1	12~13
200	≥62	<11.0	13~14

提高电流密度可以提高设备产能，缩短电积时间，相应减少阴极电铜反溶损失，提高了电流效率。但电流密度过高，会增加浓差极化，增大槽压，增加电能消耗，且使电铜质量下降。因此，提高电流密度的同时，应采取相应措施提高电解液的循环速度和电解液中的铜含量。铜电积时的电流密度一般为150A/m^2。实践表明，当电流密度上升至180A/m^2以上时，电铜的结晶颗粒变粗，长粒子现象也较显著。此外，铜电解液中的悬浮物含量愈高，所能允许的电流密度愈低，若强行提高电流密度，则将降低电铜质量（粗糙、杂质及水分含量高）。

E 极间距

适当减小极间距，可增加电解槽内的电极板数，提高设备产能，可降低槽电压。但极间距太小时易产生极间短路现象，降低电流效率。生产实践中，极间距一般为80~100mm。

F 添加剂

铜电积时，为了使阴极铜生长均匀，结构致密，表面平整光滑，电解液中需加入少量的胶状物质或表面活性物质，以使阴极铜少长粒子。铜电积时常用的添加剂为动物胶（明胶、牛胶）和硫脲。它们可被吸附于阴极表面生成一层胶状薄膜，对铜的沉积生长起抑制作用，从而使阴极铜结构致密，并减少尖端放电。由于电解液中含有少量硅酸，有的厂认为它可在一定程度上代替动物胶。因此，近年来多数厂铜电积时不再添加牛胶，只添加硫脲。硫脲用量约为 20～25g/t 铜。

8.4.1.4 电积设备

A 电源

工业上曾用直流发电机和水银整流器作直流电源，现已全部采用硅整流器作直流电源。硅整流器的整流效率高，但当直流电压小于 60V 时，整流效率将急剧降低。因此，生产上不宜采用低于 60V 的直流电压。

B 电解槽

电解槽是电积生产的主体设备，应满足槽与槽之间及槽与地面之间有很好的绝缘、电解液能顺利流动、耐腐蚀、结构简单、造价低廉等要求。槽体视处理量大小，可用木质或混凝土结构。与木质槽比较，钢筋混凝土槽具有不变形、使用期长、不漏电等特点，但易被腐蚀，更换较困难，要求采用较可靠的衬里防腐措施。钢筋混凝土槽的壁和底的厚度约为 80～100mm，有时可增至 100～120mm 以承受电解液重量，槽底、槽壁内外均需先刷沥青，然后衬里。衬里可用铅皮、聚氯乙烯塑料、环氧树脂玻璃钢、辉绿岩板等。铅皮衬里是将 3～5mm 厚的含锑 3%～4% 的铅皮（或纯铅皮）平整地衬于槽内，用气焊接缝，其优点是施工简单，可耐较高温度，但机械性能和绝缘性能较差，易漏液漏电。采用 3～5mm 厚的软聚氯乙烯塑料衬里得到了普遍应用，具有良好的绝热和电绝缘性能，但机械强度随温度上升而下降，一般使用温度不宜超过 60～70℃，且易老化。环氧树脂玻璃钢的性能与聚氯乙烯塑料相似，其缺点是不易发现由于衬里破裂而造成的漏液现象。实践表明，较经济耐用的衬里材料是辉绿岩板，可用于衬里或用于捣制电解槽，其绝缘性能好、机械强度大、耐腐蚀、造价低、使用期长，故均优先被选用。

电解槽为上部敞开的长方形体槽，宽约 1～1.1m，深为 1.1～1.2m，长视生产规模而异，一般约 3～5m。生产量小时不受上述限制，设计时以便于操作为宜。槽底有放液孔，中间嵌有橡皮圈，孔塞一般采用耐酸陶瓷或硬铅制成。

电解槽安装在经防腐处理的砖柱或钢筋混凝土梁上，并衬以绝缘衬垫。梁柱的宽度和高度视电解槽体尺寸和厂房高度而定，高度以 1～2m 为宜，以便于清理槽体下的漏液和地面。电解槽安装时应校平，槽间间隙为 25cm，间隙用橡皮或其他绝缘垫嵌入并与上边缘齐平，再铺沥青油毛毡，最后贴瓷砖，槽间电棒装在瓷砖上。

C 电极

铜电积时采用不溶阳极，材质为铅银合金（含 1% 银）、铅锑合金（含 5%～7% 锑）、铅银锑合金（含 1% 银，5%～7% 锑）三种。用铅银合金作阳极，可使表面生成的过氧化铅膜较致密牢固，增加其稳定性。铅银锑合金的硬度较大，可减少阳极的弯曲变形。

可采用压延法或铸造法加工阳极，压延阳极的机械强度较大，寿命较长，使用期一般为 1.5～2 年。废阳极回炉重熔后可加工为新阳极。极板为平板状或花纹状，尺寸相同时，花纹板的面积较大。故当电流强度相同时，花纹板的电流密度较小，有利于降低氧在阳极上的超电位。花纹板的重量比平板轻，但其机械强度较差。压延阳极由阳极板和导电棒（铜棒）组成，加工时最好将导电棒铸入合金板中。电积过程中，阳极板极易弯曲变形，应注意检查，及时整平。有的厂研究使用铅银钍、铅锡银或表面涂层的钛板阳极。

铜电积的阴极为纯铜始极板。生产始极板的种板为铆接有铜耳的 3～4mm 厚的紫铜板或不锈钢（1Cr18Ni9Ti）板。采用铜种板时，装槽前须涂上隔离层，采用不锈钢种板时则不用隔离层。将种板放入种板槽中电积24h后取出，从种板上剥下的铜片经滚压拍平、钻孔装上挂耳后即可作始极板用。为了使始极板易于剥离、边缘完整，须在种板的三边边缘的1.5～2cm宽处包上一层绝缘涂料，使铜不在边缘处沉析。生产实践中，可采用橡皮包边，耐酸绝缘涂层包边或聚氯乙烯塑料条粘边。始极板边缘应平整、厚度为0.5～1mm，长度比阳极长30～40mm，宽度比阳极宽40～60mm，以防止阴极铜长粒子和凸瘤。阴极板与槽壁间应有80～100mm间隙，阴极板下缘与槽底间应有150～200mm间隙，以利于电解液循环和防止极板与槽壁短路。

8.4.1.5 电积操作

A 电路联接

电源装置应紧靠电积车间，电解槽的电路常采用复联法，即电解槽内的全部阳极并联，电解槽内的全部阴极也并联，各个电解槽则串联相接（见图8.5）。

因此，各个电解槽的电流强度相等，各个电解槽的各阳极与各阴极间的电压相等，电路电流等于槽内各同名电极电流的总和，电路总电压等于各串联电解槽的槽电压之总和。

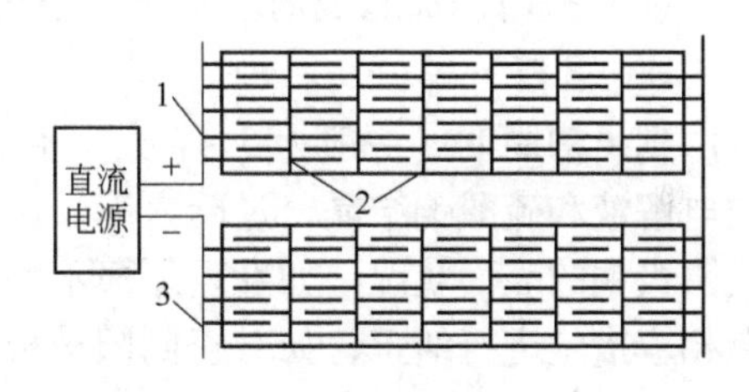

图8.5 电路复联法联接示意图

1—阳极导电排；2—中间导电排；3—阴极导电排

B 开槽和装槽

首先检查所有电解槽、管道、高位槽等是否漏液，所有设备应带负荷试车运转，检查运转是否正常。准备合格的阳极板和始极板，要求板平、棒直，表面洁净无油污等。然后将铜电解液充满电解槽，将阳极板和始极板装入槽内，要求阳极板和阴极板平行对正，极间距均匀，防止极板接触短路（可先组装好，整体吊装至槽内）。全部准备工作完成后，接通电源，进行电积。

C 电解液循环

铜电积时，电解液须循环流动，电解液循环可分单级式和多级式两种。多级式循环是电解液从高位槽流出，流经各电解槽，当电解液中的铜含量降至允许含量时，流入电解废液贮槽（见图8.6）。

单级式循环是电解液从高位槽流出，经一电解槽后即流入汇流管（沟或槽），再返回高位贮液槽，这种循环方式无需严格控制流量，但操作繁杂，生产中应用少。

相邻电解槽间的电解液流动可用“上进下出”或“下进上出”的方式（见图8.7），现场多数采用“上进下出”的流动方式。

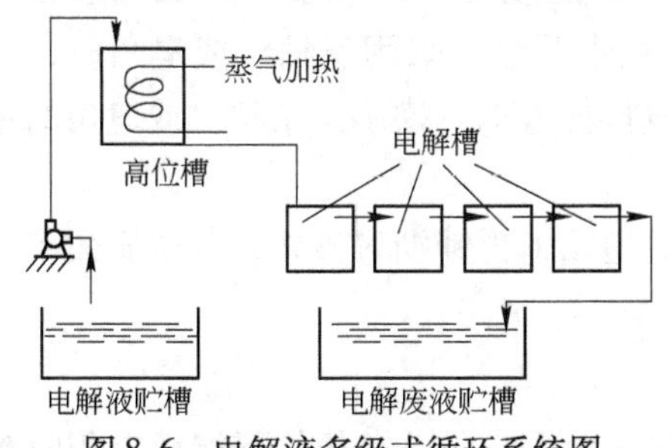

图8.6 电解液多级式循环系统图

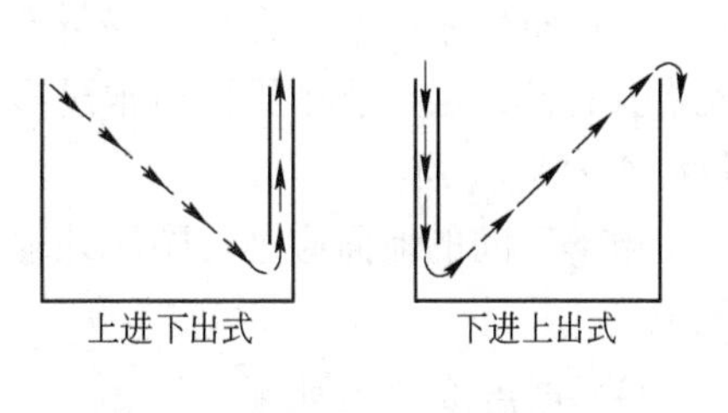

图8.7 电解槽内电解液流动方式

D 槽面管理

槽面管理包括下列内容：

(1) 测量槽电压，检查所有接触点是否洁净，接触是否良好；

(2) 防止短路，若槽电压过低，导电棒发热，液面冒大泡，均说明有短路现象，应及时查明原因，及时处理；

(3) 定期取样、分析化验尾槽电解液的铜含量，及时调节给液量，以保证尾槽电解液的铜含量维持在规定值内；

(4) 检查阴极铜的表面状况，若表面出现有暗红色铜粉，须查明原因，采取适当措施消除（如调整给液量和电流密度等）；

(5) 保持导电排和槽间绝缘瓷砖干燥洁净，防止电解槽和管道漏液与堵塞；

(6) 与配电间密切配合，以保持电流稳定；

(7) 按时将配好的添加剂溶液加入到各电解槽中；

(8) 按时添加起泡剂（皂角或茶枯饼），以保持槽面的浮盖泡沫层。

E 出槽

到出槽周期（一般为 5 ~7 天）后，将阴极铜从电解槽中取出，在洗铜槽中洗去带出的电解液和硫酸铜结晶，过磅入库。出槽可在不停电的条件下进行。出槽时应仔细观察每块阴极铜的表面状况，如发现厚薄不均、局部长粒子、表面暗红发黑、松软变脆等均应采取相应措施进行纠正，如对正阴阳极板、使阴阳极板平直、调整电解液组成和添加剂溶液的加入量等。

F 绝缘与防腐

为了消除和减少对地的漏电损失，应尽可能采用塑料制作输液管和电解槽衬里，同时可在电解液循环系统中安装断流装置，并保持电解车间内的干燥和清洁，以减少设备漏电。

某厂的翻斗断流装置（见图 8.8）装在电解废液进入地下贮液槽（内衬 3mm 厚的铅板）的入口处，由于翻斗的来回翻转和贮液槽的分流间断出液而达到断流目的。翻斗断流装置可用硬聚氯乙烯板制成，结构简单，不需动力，经济实用。

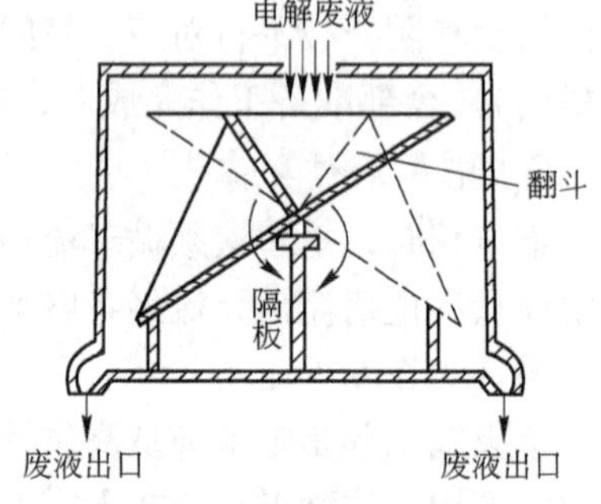

图 8.8 翻斗断流装置

电积作业在敞开的电解槽中进行，由于电解液的蒸发和阳极析氧，必然产生酸雾。电积时须将茶枯饼、皂角或洗衣粉之类的起泡剂加入电解槽中，以形成大量泡沫浮盖于电解液表面，从而减少车间空气中的酸雾含量。据测定，加入茶枯饼后，车间空气中的酸雾含量可降低 90% 左右，效果相当明显。采用茶枯饼或皂角时，应先将其打碎，装入袋中再用热水浸泡，所得溶液可直接加入电解槽中。茶枯饼或皂角的用量约 4 ~5kg/t 铜。

电解车间的地面应进行防腐处理，一般均在水泥地面上再铺沥青砂浆，其防腐效果较理想。

G 电解废液的处理

铜电积后排出的溶液称为电解废液，其中含铜约 12g/L，在通常条件下继续电积时难以获得致密电铜。除将其返回浸出系统、反萃作业和作电解液配液外，大部分电解废液需进行专门处理，以回收其中所含的铜和其他有用组分（如钴、镍、锌、镉等）。

目前，国内主要采用分步中和法、电解脱铜法、脂肪酸萃取法和生产硫酸盐等方法处理铜电积后的电解废液，这些处理方法各有特点及其适用范围。最经济的方法是将其全部返回浸出作业或反萃作业，以获得供电积用的含铜溶液。

某厂用分步中和法处理含钴铜电解废液的工艺流程如图 8.9 所示。

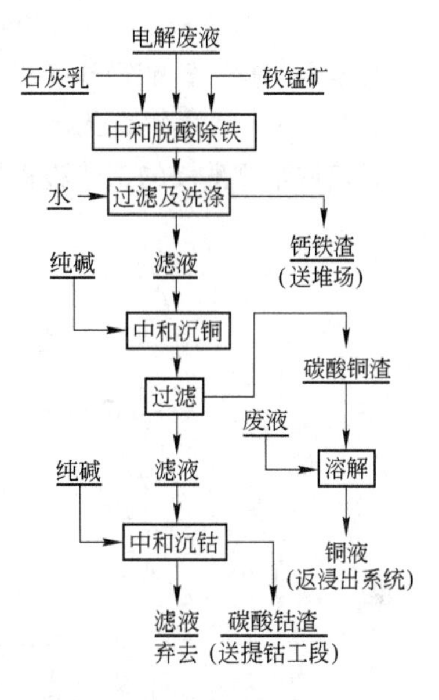

图 8.9 分步中和法处理含钴铜电解废液的工艺流程

电解脱铜法的原理与铜电积相同，但槽电压较高，电流效率较低，电能消耗大，只产出海绵铜。随溶液中铜含量的降低，当溶液中砷含量较高时，砷离子和氢离子可与铜一起在阴极析出（砷呈 AsH_3 气体形态析出），对人体危害极大。因此，采用电解脱铜法处理砷含量高的电解废液时，宜在通风良好的单独房间内进行，并应张贴氯化汞试纸进行检测。当 AsH_3 气体含量少时，试纸变黄色；当 AsH_3 气体含量高时，试纸变为红棕色。

处理电解废液的其他方法可参阅本书前述的有关章节。

8.4.2 电积锌

8.4.2.1 电积锌的原则工艺流程

根据锌矿物原料的不同，电积锌的工艺流程主要有三种：

（1）硫化锌矿→浮选→硫化锌精矿→氧化焙烧→酸浸→电积；

（2）硫化锌矿→浮选→硫化锌精矿→热压酸浸→电积；

（3）氧化锌矿和氧化锌烟尘→热酸浸→电积。

8.4.2.2 浮选硫化锌精矿的氧化焙烧

浮选硫化锌精矿是目前提锌的主要原料，硫化锌矿→浮选→硫化锌精矿→氧化焙烧→酸浸→电积工艺产出的电锌约占世界锌总产量的 80%。

多数硫化锌精矿含锌约 45% ~55%，含铁约 5% ~16%，除锌、铁外，硫化锌精矿中还含硅、铜、钴、镍、砷、锑、镉及稀有金属等。

浮选硫化锌精矿浸出前须经氧化焙烧，使其转化为氧化锌后才能进行酸浸。氧化焙烧常在沸腾焙烧炉中进行，氧化焙烧温度一般为 900 ~1000℃。氧化焙烧时的主要反应为：

$$ZnS + 1\frac{1}{2}O_2 \longrightarrow ZnO + SO_2\uparrow$$

$$2CuFeS_2 + 6\frac{1}{2}O_2 \longrightarrow 2CuO + Fe_2O_3 + 4SO_2\uparrow$$

$$ZnO + SiO_2 \longrightarrow ZnO\cdot SiO_2$$

$$SO_2 + \frac{1}{2}O_2 \longrightarrow SO_3\uparrow$$

$$MeS + 1\frac{1}{2}O_2 \longrightarrow MeO + SO_2 \uparrow$$

$$FeS_2 + 11O_2 \longrightarrow 2Fe_2O_3 + 8SO_2 \uparrow$$

$$ZnO + Fe_2O_3 \longrightarrow ZnO \cdot Fe_2O_3$$

锌呈氧化锌、铁酸锌和硅酸锌的形态存在于氧化焙烧渣中。

8.4.2.3 锌焙砂酸浸

锌焙砂常规酸浸的工艺流程如图 8.10 所示。

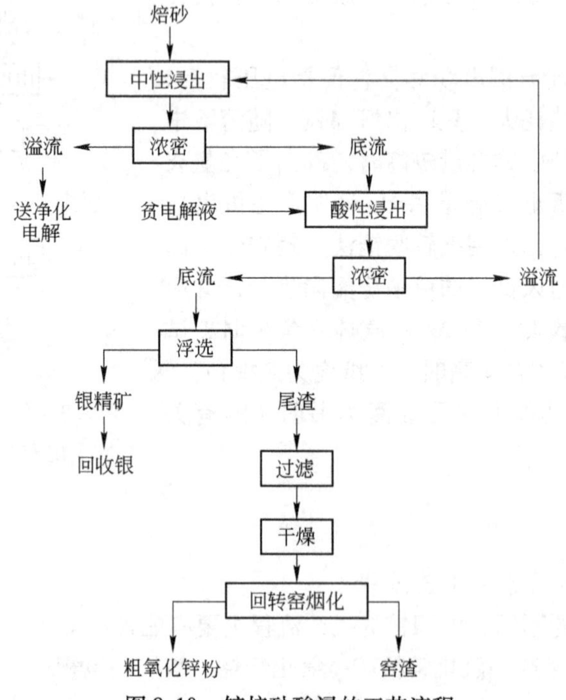

图 8.10 锌焙砂酸浸的工艺流程

采用浮选法回收酸性浸渣中的银。为了回收浸渣中未浸出的锌，浸渣采用烟化法产出粗氧化锌粉。

锌焙砂浸出槽常采用机械搅拌浸出槽或压缩空气搅拌浸出槽，浸出槽容积常为 50 ~ 100m^3，用混凝土或钢材制作，内衬耐酸材料。某厂用的压缩空气搅拌浸出槽如图 8.11 所示。

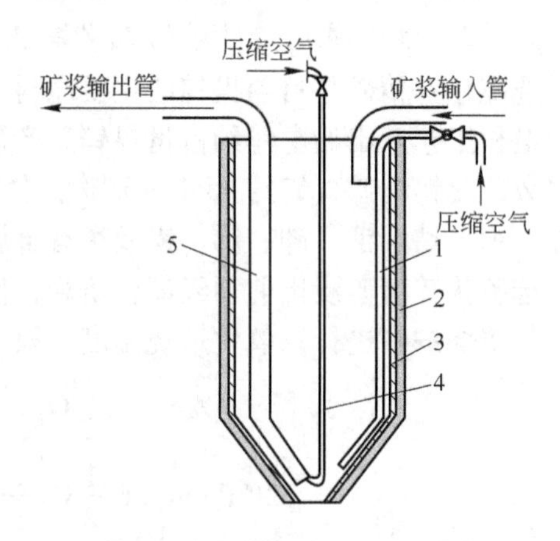

图 8.11 某厂锌焙砂浸出的压缩空气搅拌浸出槽

1—搅拌压缩空气管；2—混凝土槽体；3—防腐衬里；4—矿浆提升压缩空气管；5—矿浆提升管

浸出槽的容积视处理量而异，趋向于采用大型槽。锌焙砂浸出可用间歇作业方式或连续作业方式进行。

现代锌焙砂酸浸分两段进行，第一段为中性酸浸，第二段为热酸浸出。酸浸时采用硫酸作浸出剂，生产中采用电解废液作浸出剂。

中性酸浸时，浸出液固比为（10~15）:1，浸出温度为40~75℃，浸出时间为30~150min，加入软锰矿或锌电解阳极泥作氧化剂使浸液中的二价铁离子氧化为三价铁离子。常加入过量的锌焙砂使浸出终点的pH值为5~5.4。此时绝大部分氧化锌被浸出，锌转入中性浸液中，大部分杂质水解沉淀进入中性浸渣中。中性浸渣中锌的物相分析结果列于表8.9中。

表8.9 中性浸渣中锌的物相分析结果

序号	$ZnO\cdot Fe_2O_3$	ZnS	$ZnO\cdot SiO_2$	ZnO	$ZnSO_4$	总锌（%）
1	61.2	15.8	2.2	2.7	18.1	100（22.2）
2	94.9		1.8	2.2	1.1	100（20.4）
3	76.3	0.78	3.7	5.5	10.8	100（21.2）

从表8.9中的数据可知，铁酸锌中的锌占中性浸渣中总锌量的60%以上，若提高焙砂质量和加强中性浸渣洗涤以降低渣中硫化锌和硫酸铜的含量，铁酸锌中的锌占中性浸渣渣中总锌量将达90%以上。

锌焙砂中性浸出液的大致组成列于表8.10中。

表8.10 锌焙砂中性浸出液的组成 (g/L)

序号	1	2	3	4	5
Zn	150	145	160	178	195
Cu	0.7	0.09	0.275	0.464	0.630
Cd	0.7	0.55	0.275	0.580	0.930
Ni		0.002	0.002~0.003	0.0008	
Co	0.025	0.011	0.009~0.011	0.036	0.007
As		0.00002	0.0006		
Sb		0.0004			
Fe	0.01	0.01	0.016	0.004	0.005
Cl			0.05~0.10	20	

从表8.10中数据可知，各厂锌焙砂中性浸出液的组成变化较大，因锌精矿质量而异。其中许多杂质（如Cu、Cd、Co、Ni、As、Sb等）的含量均超过其危害锌电积的允许含量。因此，锌电积前须对锌焙砂中性浸出液进行净化，分离危害锌电积的杂质，并可综合利用其中的有用组分。

为了浸出中性浸渣中的铁酸锌，采用锌电积的电解废液作浸出剂，在温度为85~95℃、初酸为100~200g/L、初始浸出液固比为（6~10）:1，终酸为30~60g/L的条件下进行热酸浸出，浸出时间为180~240min，铁酸锌的浸出率可达90%以上，锌总浸出率高达98%~99%。

热酸浸出时，除铁酸锌被浸出外，中性酸浸时被水解沉淀的杂质也被浸出，浸液中的铁含量常高达30g/L以上，余酸为30~60g/L。因此，热酸浸出的酸浸液无法直接返回中性浸出作业以利用其中的余酸，须除铁后才能返回。目前，从热酸浸出的酸浸液中除铁大致有黄钾铁矾法、针铁矿法、赤铁矿法和转化法。这些除铁方法均已用于工业生产，各具特色和具有不同的工艺要求，但黄钾铁矾法使用较广泛。

A 热酸浸出－黄钾铁矾沉铁工艺

此工艺为国内外常用，使热酸浸出液中的铁呈黄钾铁矾（$K_2Fe_6(OH)_{12}(SO_4)_4$）、黄钠铁矾（$Na_2Fe_6(OH)_{12}(SO_4)_4$）或铵矾沉淀。热酸浸出矿浆经浓密、过滤产出酸浸液和铅银渣。酸浸液沉铁前常用锌焙砂进行预中和，使游离硫酸降至10g/L左右，料浆pH值为1.1～1.5。预中和料浆送浓密脱水，底流返回热酸浸出作业以浸出其中未浸出的锌。浓密溢流中加入生成黄钾铁矾的碱金属阳离子（NH_4^+、K^+、Na^+等）沉铁，沉铁后液中含铁1～3g/L。沉铁料浆经浓密、底流酸洗、过滤，产出铁矾渣，溢流返中性浸出作业。

某厂采用间歇作业的黄钾铁矾法，锌焙砂的中性浸出和热酸浸出均在一个搅拌浸出槽中进行，被称为一段浸出流程。开始时将电解废液和锌焙砂加入浸出槽中，充满浸出槽2/3的容积，溶液酸度控制为15g/L，搅拌浸出1h。然后再加电解废液使溶液酸度增至80～100g/L，搅拌浸出2.5h，溶液酸度降至30g/L。此时加入预先确定的少量锌焙砂进行中和，待溶液酸度缓慢降至10～20g/L后，送浓缩产出Pb－Ag渣（含Sn）。上清液中加入苛性钠，产出钠铁矾沉淀。在沉铁的过程中，继续加入少量锌焙砂以中和游离酸，在2h内，溶液中的铁离子含量降至1g/L以下，继续加入锌焙砂中和直至溶液pH值升至3.5～4.0。整个过程的温度为95～98℃。锌的浸出率可达94.5%。矿浆经浓缩，pH值为4～4.5的上清液送浸液净化作业。底流在另两个浓密机中进行逆流洗涤，再经圆筒过滤机过滤获得钠铁矾渣。这种间歇作业方式操作灵活，适用于原料组分变化较大的厂矿，但处理量小。

多数厂矿采用连续作业方式进行生产。我国西北铅锌冶炼厂于1992年投产，年产电锌100kt，其工艺流程如图8.12所示。

该流程由中性浸出－二段热酸浸出－预中和－沉矾－三段逆流洗涤等作业组成，锌浸出率为95.2%。

各作业酸度控制值（H_2SO_4g/L）列于表8.11中。

表8.11 各作业酸度控制值（H_2SO_4） (g/L)

作 业	贫电解液	中浸终酸	热浸终酸	预中和终酸	沉矾终酸
控制值	65～70	40～50	120～140	15～25	8～10

通常预中和采用锌焙砂作中和剂，锌焙砂中未溶解的残渣有部分进入矾渣，既损失有价组分又造成铁渣的污染。该厂采用碱式硫酸锌、氧化锌代替焙砂作中和剂，可降低渣率和渣中锌含量。

为了简化热酸浸出－黄钾铁矾沉铁工艺，芬兰奥托昆普公司将黄钾铁矾沉铁作业与高温高酸浸出作业合并为一个作业，此法称为奥托昆普转化法或铁酸锌一步处理法，于1973年在Kokkola锌厂建成投产。转化法的主要化学反应为：

$$3ZnO \cdot Fe_2O_3 + 2xA^+ + (14-2x)H^+ + 4SO_4^{2-} + (2-2x)H_2O \longrightarrow 2A_x(H_3O)_{1-x}[Fe_3(SO_4)_2(OH)_6]\downarrow + 3Zn^{2+}$$

式中 A——碱金属离子；

$A_x(H_3O)_{1-x}[Fe_3(SO_4)_2(OH)_6]$——混合型黄钾铁矾。

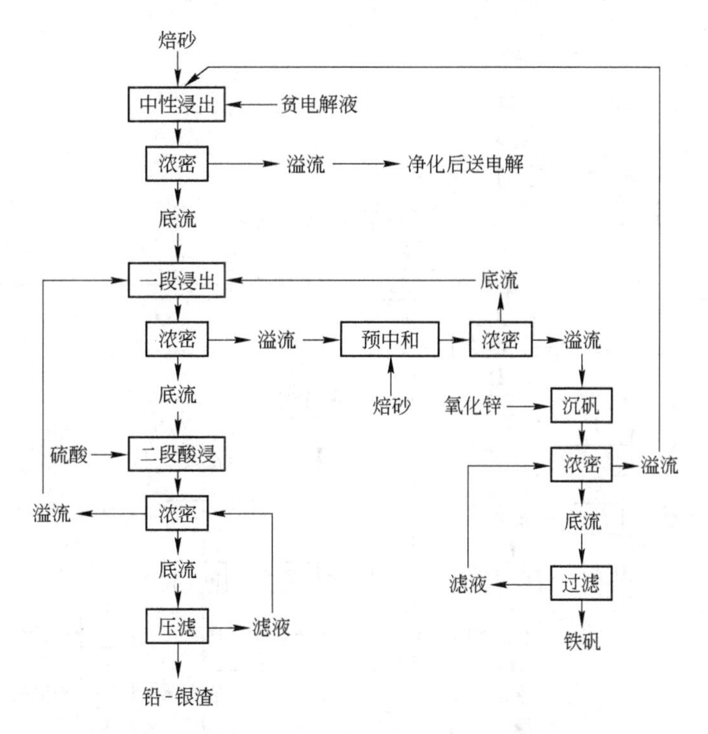

图 8.12 我国西北铅锌冶炼厂锌系统的黄钾铁矾流程

采用转化法可获得较高的锌浸出率，流程简短，投资较低。但铅、银和稀散元素进入转化渣中，综合利用率较低。

B 热酸浸出-针铁矿沉铁工艺

热酸浸出矿浆经浓密可获得含铁硫酸锌溶液，在低酸和高温条件下中和沉淀高价铁离子可获得易澄清和过滤的针铁矿（FeO·OH）晶体型渣，其中包含α-FeO·OH、β-FeO·OH、α-Fe_2O_3 及无定形相等存在形态。

针铁矿沉铁工艺有两种实施方法：

（1）将液中的高价铁还原为亚铁（常用 ZnS 精矿作还原剂），在 80～90℃条件下中和至 pH=2～3.5，通入空气将亚铁氧化为高铁，此时铁以针铁矿α-FeO·OH 形态析出。此法称为 V.M. 法；

（2）在加热的中和沉铁槽中，喷淋加入含铁硫酸锌溶液，其喷淋速度与针铁矿沉淀速度相等以使溶液中的铁含量始终低于 1g/L。针铁矿呈β-FeO·OH 形态析出，此法称为 E.Z. 法。

Balen 锌厂、温州锌厂和水口山四厂采用酸浸出-针铁矿沉铁工艺。Balen 锌厂的原则工艺流程，如图 8.13 所示。

该流程主要由中性浸出-高温高酸浸出-热酸浸出-还原-氧化沉铁等作业组成。

热酸浸出液中含 Fe^{3+} 20～25g/L，H_2SO_4 50～60g/L，泵入搅拌槽中，加入理论量 1.15～1.2 倍的 ZnS 精矿还原，还原温度为 85～90℃，还原时间为 7h，要求 Fe^{3+} 的还原率大于 90%，Fe^{3+} 含量小于 2g/L。还原后获得含硫 50%～60%、含锌 15% 左右的硫渣（加入 1t ZnS 精矿产出 0.5t 硫渣），硫渣返流态化焙烧作业。

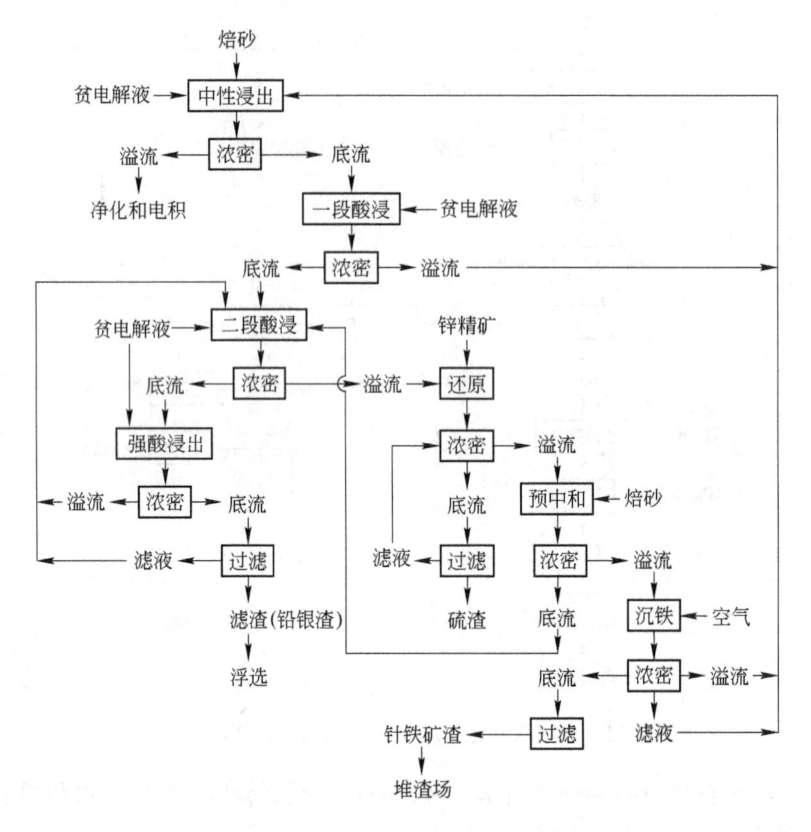

图 8.13 Balen 锌厂的原则工艺流程

还原后的溶液泵入沉铁反应器中，加入中和剂以使 pH 值为 3.0～3.5，在强烈搅拌条件下，以氧气作氧化剂喷射进入还原后的溶液中，使 Fe^{2+} 逐步氧化为 Fe^{3+}，并以针铁矿（FeO·OH）形态析出，作业时间为 4h。所得铁渣组成（%）为：Zn4～8、Pb1～2、Cu0.3、Fe35～42、$SiO_2$1～2、硫酸盐 5～15。此铁渣与石灰混合后堆存。

Balen 锌厂浸出各作业的工艺参数列于表 8.12 中。

表 8.12 Balen 锌厂浸出各作业的工艺参数

作　业	温度/℃	$H_2SO_4/g \cdot L^{-1}$	作业时间/h
中性浸出		终 pH = 5.0	2
弱酸浸出		终 pH = 2.5	2
热酸浸出	80	50	6
强酸浸出	90	120	4
还　原	90		4
预中和		3	1
沉　喷		终 pH = 2.7	4

铁渣中 $\alpha-Fe_2O_3$ 的生成量随温度的上升而增加，当沉淀温度较高（如 80℃）时，$\alpha-Fe_2O_3$的生成量可能与赤铁矿法相当。

C 热酸浸出－赤铁矿法沉铁工艺

赤铁矿法沉铁工艺为比利时老山公司（Vieille Montangne）于20世纪60年代末开发和实现工业化，现日本饭岛锌厂和德国迈梯尔（Datteln）锌厂使用此工艺。

日本饭岛锌厂的浸出－赤铁矿法沉铁工艺流程如图8.14所示。

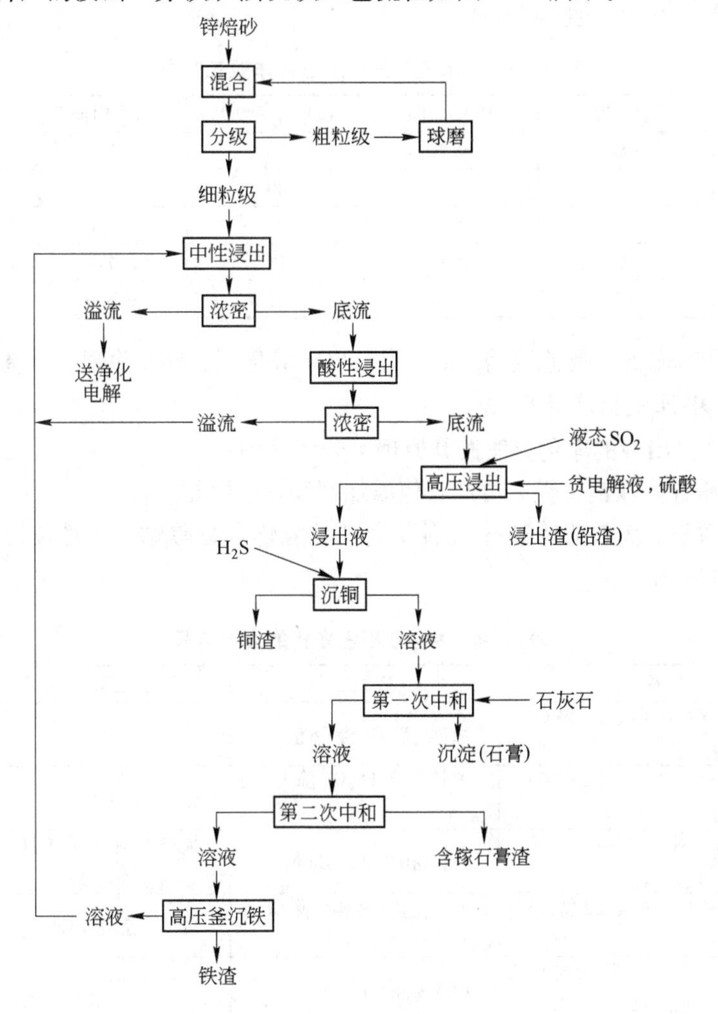

图8.14 日本饭岛锌厂的浸出－赤铁矿法沉铁工艺流程

该流程特点为：

（1）中性浸渣采用热压还原酸浸，以SO_2为还原剂，将其压入高压釜中，在0.15～0.2MPa和100～110℃的条件下浸出3h。其主要反应为：

$$ZnO \cdot Fe_2O_3 + 4H^+ + SO_2 \longrightarrow Zn^{2+} + 2Fe^{2+} + SO_4^{2-} + 2H_2O$$

（2）热压浸液在95～100℃条件下，采用H_2S沉铜，沉铜后液采用石灰分两段中和至pH=4.5。

（3）石灰中和后液（pH=4.5）在180～200℃及1.8MPa的氧压条件下保温3h，亚铁离子氧化水解呈赤铁矿（$\alpha-Fe_2O_3$）析出。其主要反应为：

$$2Fe^{2+} + 1\frac{1}{2}O_2 + 6H^+ \longrightarrow 2Fe^{3+} + 3H_2O$$

$$2Fe^{3+} + 3H_2O \longrightarrow Fe_2O_3 \downarrow + 6H^+$$

总反应式可表示为：

$$2Fe^{2+} + 1\frac{1}{2}O_2 \longrightarrow Fe_2O_3 \downarrow$$

各作业工艺参数列于表 8.13 中。

表 8.13 日本饭岛锌厂浸出各作业工艺参数

作 业	温度/℃	压力/MPa	硫酸/g·L^{-1}	停留时间/h	添加剂
热压浸出	105	0.2	40	3.0	SO_2，S^0
沉 铜	90	0.1	40	1.0	H_2S
一次中和	80	0.1	5	2.0	$CaCO_3$
二次中和	80	0.1	14	1.0	$CaCO_3$
沉 铁	200	1.8	60	3.0	O_2

该工艺应用有限的主要原因为需高压釜、SO_2 液化厂、H_2S 除铜等，基建投资高。

8.4.2.4 中性浸出液的净化

锌焙砂中性浸出液的净化方法按其原理可分为两种：

（1）加锌粉置换除铜、镉，再加其他添加剂和锌粉除钴；

（2）添加黄药、β 萘酚等特殊试剂以生成难溶化合物除钴。中性浸出液的大致净化流程列于表 8.14 中。

表 8.14 中性浸出液净化的大致流程

净化流程	第一段	第二段	第三段	第四段
黄药法	加锌粉除 Cu、Cd 得 Cu - Cd 渣	加黄药除 Co 得 Co 渣		
逆锑法	加锌粉除 Cu、Cd 得 Cu - Cd 渣	加锌粉和 Sb_2O_3 除 Co 得 Co 渣	加锌粉除 Cd	
砷盐法	加锌粉和 Sb_2O_3 除 Cu、Co、Ni 得 Cu 渣	加锌粉除 Cd 得 Cd 渣	加锌粉除反溶 Cd 得 Cd 渣返第二段	加锌粉除 Cd
β 萘酚法	加锌粉除 Cu、Cd 得 Cu - Cd 渣	加亚硝基 - β 萘酚除 Co 得 Co 渣	加锌粉除反溶 Cd	
合金锌粉法	加 Zn - Pb - Sb 合金锌粉除 Cu、Cd、Co	加锌粉除 Cd		

中性浸出液净化后的大致组成（g/L）列于表 8.15 中。

表 8.15 中性浸出液净化后的大致组成 （g/L）

序 号	1	2	3	4	5
Zn	170	144	170		
Cu	0.0001	0.0001	<0.0002	微	
Cd	0.0005	0.0003	0.00028	微	0.0005
Ni		0.0002	0.00005		
Co	0.0002	0.0004	0.0002	0.0003	0.0006
As	0.00001	微	微		
Sb		微			
Fe	0.015	0.0002	0.025	0.003	0.007
Cl			0.05 ~ 0.1		

从表 8.15 中的数据可知，中性浸出液净化后的净化液中 Ni、As、Sb 等的含量多数已小于 1mg/L。

中性浸出液的净化常在机械搅拌槽中进行，净化后常用压滤机进行固液分离。国内多数厂矿采用锌粉 - 黄药法除杂净化，锌粉耗量取决于中性浸出液的铜、锗含量和锌粉纯度，常为 20 ~ 50kg/t 电锌。

8.4.2.5 电积锌

A 电极反应

电积锌一般采用 Pb - Ag 合金板为阳极，以纯铝板为阴极，以锌焙砂中性浸出液净化后的净化液为电解液。当通以直流电时，锌在阴极上还原沉积析出，阳极上则水被氧化而不断析出氧气。总的化学反应可表示为：

$$ZnSO_4 + H_2O \xrightarrow{\text{直流电}} Zn\downarrow + H_2SO_4 + \frac{1}{2}O_2\uparrow$$

因此，随着锌电积过程的进行，电解液中的锌含量不断下降，而电解液中的硫酸含量不断增加。为了维持锌电积条件的稳定，须不断将电解废液返至锌焙砂浸出作业，同时相应加入净化溶液以维持电解液中锌及硫酸的含量，并稳定电解系统溶液的体积平衡。

B 电积设备与操作

a 电解槽

电解槽结构如图 8.15 所示。

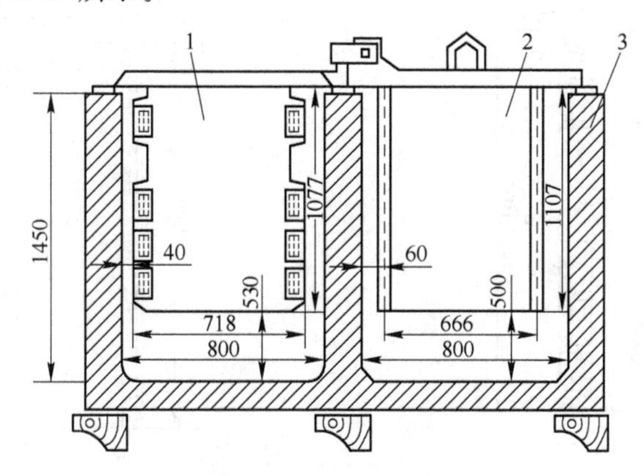

图 8.15 锌电解槽结构

1—阳极；2—阴极；3—电解槽

电解槽为上部敞开的长方形槽，其数量取决于电解槽的大小、电积工艺参数和处理量。电解槽长为 2 ~ 4.5m，宽为 0.8 ~ 1.2m，深为 1.0 ~ 2.5m。为使电解液能正常循环，阴极边缘至槽壁距离为 60 ~ 100mm，阴极下缘至槽底距离为 400 ~ 500mm 以利于阴极泥平静地沉积于槽底。电解槽内的阴极板一般为 12 ~ 40 块。电解槽一般采用钢筋混凝土浇成，衬里为 3 ~ 5mm 的铅皮，目前多数厂改用 5mm 厚的软聚氯乙烯塑料作衬里，它具有抗蚀性能强、绝缘性能好和可降低阴极锌的铅含量等优点。为了保证槽与地及槽间的绝缘，电解槽安装于经绝缘处理的钢筋混凝土梁上，柱子与梁之间垫以绝缘瓷砖或瓷板，槽与槽之间留有 15 ~ 20mm 的绝缘缝。

电解槽一般行列组合，配置在同一水平面上，构成供电回路系统。电路联接采用复联法，槽与槽串联，槽内为并联。一个电解车间内电解槽的配置应满足紧凑而便于操作和维修、供电供液线路最短、漏电可能性最小的原则。

b 极板

多数厂的阳极采用 Pb－Ag 合金（含 Ag1.0%～1.3%）。其优点是机械强度高，不易弯曲，导电性好和寿命长。某厂的阳极板结构如图 8.16 所示。

阳极导电铜棒浇铸于 Pb－Ag 合金中。阳极一般长为 900～1077mm，宽为 620～718mm，厚为 5～6mm，质量为 50～70kg。阳极尺寸取决于阴极尺寸，阳极寿命为 1.5～2 年。鉴于 Pb－Ag 合金阳极板氧的析出电位较高而增加槽压以及机械磨损和少量溶解而污染阴极锌等缺点，有的厂在使用 Pb－Th－Ag（含 Th1.78% 和含 Ag0.53%～1.04%）的三元合金阳极，Pb－Ag－Ti－Ca 四元合金阳极，Ti－Mn（含 Ti1%～10%）阳极。Ti－Mn 阳极电积时在其表面镀上一层致密的 MnO_2 膜，使阳极完全不溶，可降低槽压，电流效率可提高 1%，可提高阴极锌的质量，还具有机械强度高和重量轻等优点。

阴极板为纯铝板。氢在纯铝板上的析出超电压较大，但铝含量愈低愈易被腐蚀。阴极一般长为 1020～1520mm，宽为 600～900mm，厚为 2.5～5mm，重 10～12kg。阴极表面应平直光滑，否则使阴极锌粗糙和结构不均匀。阴极应比阳极长 30～40mm，阴极应比阳极宽 30～40mm，以减少阴极边缘生成树枝状结晶。阴极的导电棒用纯铝或硬铝加工，纯铝板与导电棒焊接或浇铸在一起（见图 8.17）。

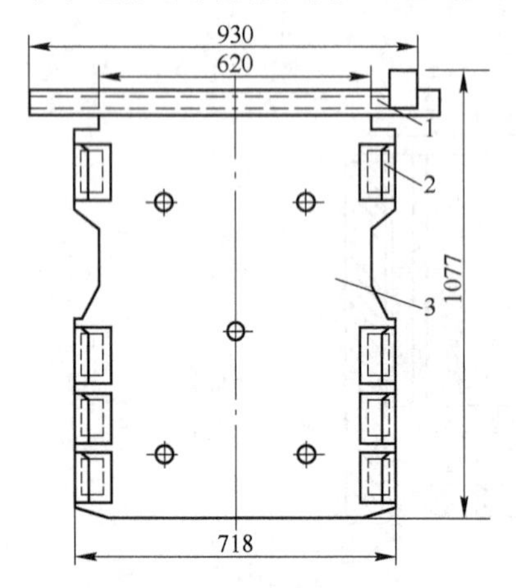

图 8.16 阳极板（99% Pb，1% Ag）

1—导电棒；2—瓷套；3—阳极板

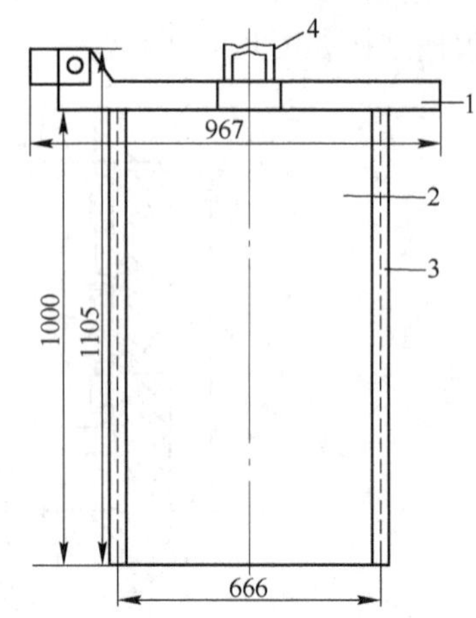

图 8.17 阴极结构

1—导电棒；2—铝板阴极；3—聚乙烯绝缘边条；4—提环

导电棒与导电头用螺钉连接、铆接或焊接。焊接导电头的槽压比用螺钉连接的低。导电头一般采用厚为 5～6mm 的紫铜板制成。阴极板两边缘粘压有聚乙烯塑料条，以防止阴阳极板短路和利于阴极锌的剥离。聚乙烯塑料条可使用 3～4 个月不脱落。现场通常使用低电流密度（400A/m^2 左右）、大阴极面积、增加电流强度以提高产量，也有利于剥锌的机械化和自动化。

c 电源

电解车间的直流电来自配电间的硅整流器。导电板用铜板或铝板制成，铜导电板的断面允许电流密度为 1.0～1.2A/mm^2，每列电解槽之间的导电板用铜导电板，电解槽至配电间之间的导电板则用铝板。

d 电解液的冷却

电积过程中，由于会产生焦耳热，将使电解液的温度上升。为了维持电解液的正常温度，须对电解液进行冷却。电解液的冷却方法有槽内分别冷却与槽外集中冷却两种。目前，槽内分别冷却方式已逐渐被槽外集中冷却方式所取代。槽外集中冷却时，槽内电解液的循环速度可以提高10倍。某厂电解液的循环速度达60L/min时，循环溶液组成（g/L）与温度的关系列于表8.16中。

表8.16 溶液组成（g/L）与温度的关系（循环速度60L/min）

电解液	Zn	H_2SO_4	比重	温度/℃
新的中性溶液	152			30
加入的电解液	69	158	1.321	26
流出的电解液	61.8	180	1.288	33

槽外集中冷却的冷却设备可采用强制通风冷却塔与真空蒸发冷冻机两种。

e 装槽和出槽

许多厂矿均不同程度实现了机械化和自动化，出装阴极板的吊车为框架结构，逐行逐槽地将需要剥锌的阴极板吊出，装在极板运输车上送去剥锌，运回空白阴极板装入槽内。

f 添加剂

由于电极反应而析氢和析氧，带出少量的细小电解液珠，在车间内形成酸雾。正常操作时，要求车间空气中硫酸和硫酸锌的含量分别小于0.02mg/L和0.004mg/L，以保护工人健康和防止腐蚀厂房及设备。因此，各厂矿除加强电解车间通风外，还加入各种胶、水玻璃、甲酚等添加剂，其作用是在槽内电解液面上形成稳定的泡沫层，以减少电积过程中产生酸雾。

若剥锌产生困难，可在电解液中加入少量酒石酸锑钾，锑盐水解产生的氢氧化物胶体可吸附于铝阴极表面上，使剥锌易于进行。

C 工艺参数与技术指标

电解液组成（g/L）为：Zn50～60、$H_2SO_4$120～200，电流密度为400～600A/m^2，槽压为3.3～3.5V，电解液温度为33～37℃，同极距为70～90mm，锌沉积周期为24～48h，电流效率为90%～92%，电耗3200～3300kW·h/t电锌，电锌含锌99.995%～99.997%、含铅0.0010%～0.0017%。

8.4.3 电积金

从载金炭或载金树脂解吸所得贵液中提金，常采用电解沉积法。一般采用多室电解槽，将金沉积在钢绵阴极上。处理阴极钢绵得金泥，经熔铸得金锭。也可采用强制循环电解槽从金含量较低的解吸液、氰化浸出液、硫脲浸出液中电解沉积金。

8.4.3.1 从氰化解吸贵液中电解沉积金

采用炭浆（炭浸）氰化法或树脂矿浆氰化法提金时，常用碱性氰化物溶液解吸载金炭或载金树脂上的金银，所得贵液中金含量较高，一般可达250g/L左右，常采用电解沉积法回收贵液中的金。

A　电极反应

阳极反应：

$$CN^- + 2OH^- - 2e \longrightarrow CNO^- + H_2O$$

$$2CNO^- + 4OH^- - 6e \longrightarrow 2CO_2 + N_2 \uparrow + 2H_2O$$

$$4OH^- - 4e \longrightarrow O_2 \uparrow + 2H_2O$$

阴极反应：

$$Au(CN)_2^- + e \longrightarrow Au \downarrow + 2CN^-$$

$$Ag(CN)_2^- + e \longrightarrow Ag \downarrow + 2CN^-$$

$$Cu(CN)_3^{2-} + 2e \longrightarrow Cu \downarrow + 3CN^-$$

$$2H^+ + 2e \longrightarrow H_2 \uparrow$$

根据各反应式的平衡电极电位的差异，阳极反应主要是氢氧根离子被氧化分解而析出氧气。随着电积过程的进行，电解液的 pH 值会下降。阳极反应不排除有部分氰根被氧化分解而析出二氧化碳和氮气。阴极反应主要是金、银、铜氰络阴离子的还原分解，分别析出金、银、铜。只当电解液中的金、银含量降至某值时，阴极的析氢反应才较明显。

B　电极

氰化贵液电积时，一般采用316号不锈钢板作阳极，阳极板上钻有孔洞以利于电解液的均匀流动。除石墨屑电解槽采用石墨屑作阴极外，通常采用钢绵阴极。钢绵阴极是将钢绵装在两面均钻有孔洞的聚丙烯塑料框内，钢绵密度为35g/L，以保证电解液能均匀通过和防止短路。钢绵具有很大的比表面积、容量大、价廉易得，有利于降低阴极的电流密度和提高金的回收率。为了便于取出载金钢绵，阴极塑料框的正面是可拆卸的。若采用离子隔膜将阳极区和阴极区分开，可提高电流效率，但成本较高，会增加槽压。

C　电解槽

氰化贵液电积时，可采用四种类型的电解槽（见图8.18）：

a——普通的平行电极电解槽；

b——美国矿务局研制的扎德拉电解槽；

c——南非英美和兰德公司（AARL）电解槽；

d——南非国立冶金所（NIM）研制的石墨屑阴极电解槽。

国外主要采用本国设计的电解槽，国内主要采用普通的平行电极电解槽。

澳大利亚研制出一种 Micron 矩形槽，用铝箔作阴极。电积时，金沉积在铝箔阴极上。电积结束后，将载金阴极浸泡于酸液或碱液中，将铝溶解而获得金片。中间试验槽为30cm×15cm×20cm，在槽压为2.6V，电流密度为1.5A/cm^2，液温67℃下电积，贫液金含量可降至5g/m^3，金的回收率达99.9%。

D　金电积的主要影响因素

影响电积的主要因素为贵液中的金银含量、其他杂质离子含量、电解液温度、极间距、槽电压、电流密度、电解液的循环流动速度、钢绵用量等。

E　电积的工艺参数和指标

我国灵湖金选厂采用全泥氰化炭浆流程，采用两台平行电极电解槽串联回收贵液中的金。采用不锈钢板作阳极，用钢绵作阴极。在槽压为3～3.5V、阴极电流密度为

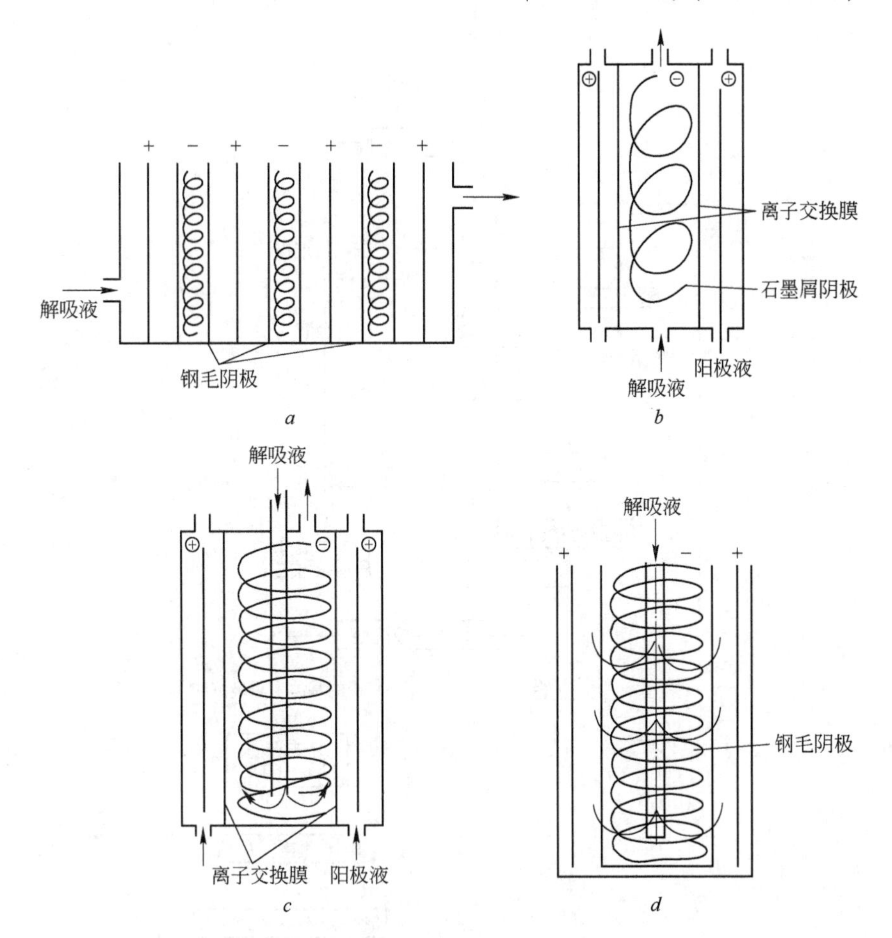

图 8.18 各种电解槽示意图

a—普通的平行电极电解槽；*b*—石墨屑阴极电解槽；*c*—AARL 电解槽；*d*—扎德拉电解槽

$8\sim15A/m^2$、电流强度为 10 ~ 15A、贵液金含量为 $250g/m^3$、常温下电积 12 ~ 14h，贫液金含量为 $2.5g/m^3$，金的回收率达 99%。

8.4.3.2 从硫脲解吸贵液中电积金

树脂矿浆工艺一般采用硫脲硫酸溶液作解吸液，解吸载金树脂中的金，所得贵液电积沉金的原则流程如图 8.19 所示。

A 电极反应

阳极反应：

$$SO_4^{2-} - 2e \longrightarrow SO_3 + \frac{1}{2}O_2\uparrow \qquad \varepsilon^{\ominus} = +2.42V$$

$$2OH^- - 2e \longrightarrow H_2O + \frac{1}{2}O_2\uparrow \qquad \varepsilon^{\ominus} = +0.401V$$

$$(SCN_2H_3)_2 + 2H^- + 2e \rightleftharpoons 2SCN_2H_4 \qquad \varepsilon^{\ominus} = +0.38V$$

阴极反应：

$$Au(SCN_2H_4)_2^+ + e \longrightarrow Au\downarrow + 2SCN_2H_4 \qquad \varepsilon^{\ominus} = +0.38V$$

$$Ag(SCN_2H_4)_3^+ + e \longrightarrow Ag\downarrow + 3SCN_2H_4 \qquad \varepsilon^{\ominus} = +0.12V$$

$$2H^+ + 2e \longrightarrow H_2\uparrow \qquad \varepsilon^{\ominus} = \pm0.00V$$

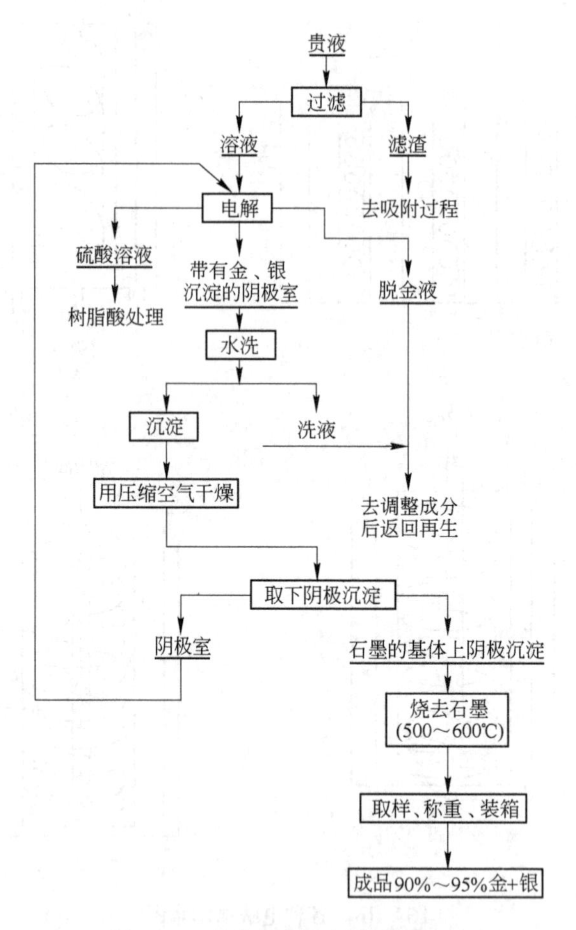

图 8.19　贵液电积沉金的原则流程

从上述反应式可知，阳极反应主要是氢氧根离子被氧化分解而析出氧气。随着电积过程的进行，电解液的 pH 值会下降，酸度有所提高。阴极反应主要是金硫脲配阳离子和银硫脲配阳离子的还原分解，在阴极不断沉积析出金银和使硫脲再生。由于硫脲易被氧化，从硫脲硫酸溶液解吸贵液中电积金时，一般采用离子隔膜将电解槽分为阳极室和阴极室。阳极室以 2% 的硫酸溶液作电解质，阴极室以硫脲解吸贵液作电解质。离子隔膜具有良好的导电性和低的流体渗透性，具有足够的机械强度，它可让硫酸根离子进入阴极室，但硫脲分子不能穿透隔膜而留在阴极室内。

从硫脲硫酸溶液解吸载金树脂中的贵液中电积金时，若不采用离子隔膜，而是采用常用的平行电极电解槽，电解液中的硫脲不排除有部分被阳极氧化为二硫甲脒，但量极微。

B　电极板

一般采用钛网阳极和多孔石墨阴极。采用常用的平行电极电解槽时，一般采用钻孔的不锈钢板阳极和钢绵阴极，异电极间不采用离子隔膜将电解槽分为阳极室和阴极室。

C　电积操作方法

电积操作方法与电积其他金属相同，电积金银也可采用间歇法和连续法。间歇操作时，贵液自高位槽同时进入电解槽的各阴极室，各阴极室的排出液再返回至高位槽。溶液在闭路循环中电积至其中的金银含量下降至规定值后，排出废电解液。废电解液返回配制硫脲解吸作业，然后再进行第二批贵液的电积。因此，间歇操作时，电积作业是分批间歇进行。

连续操作时，贵液自高位槽顺序通过串联电解槽的各阴极室，从最后一个阴极室排出的废电解液直接返回配制硫脲解吸作业。因此，连续操作时，电积作业是连续进行。由于连续操作法能与载金树脂的连续解吸过程相适应，故连续操作法的应用较广泛。

D 电积的主要影响因素

电积的主要影响因素为贵液中的金银含量、电流密度、溶液温度、溶液流速、槽电压等。

E 电积的主要工艺参数

槽压常为2~5V，电流密度为20~50A/m²，溶液温度为30~50℃，溶液流速与贵液中的金银含量、废电解液中的金银含量及电流密度等条件有关。

F 电积槽与操作

从硫脲解吸贵液中电积金时，一般采用隔膜平行电极电积槽。用钛网板作阳极，可采用片状阴极或多孔石墨阴极（图8.20）。

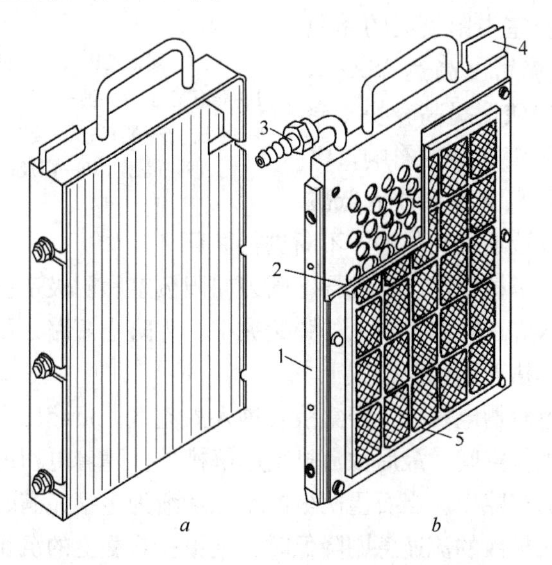

图8.20 片状阴极 *a* 和多孔石墨阴极 *b* 的结构

1—电极本体；2—石墨材料；3—管接头；4—导电闸刀卡头；5—压紧格板

片状阴极是由许多垂直分布于阳极上的极板用垫片隔离组装而成，具有很大的总表面积。电积金时，贵液从极板组下部供入，流经各片极板间的间隙而进行金的电积。试验表明，片状极板高度最大可达极板间距的100倍，若再增加极板高度，将降低极板的利用率。当片状阴极的容积为34L时，阴极组的总表面积为5m²。若使用装有10个片状阴极组的电积槽，金的沉积率为95%时，每昼夜可处理约5m³ 的贵液，其效率比同体积的平板阴极电解槽提高9倍。

前苏联均采用多孔石墨阴极，其效率比片状阴极高。多孔石墨阴极有中心室结构，作为阴极导体的石墨材料由格板盖压紧在中心室侧面的壁上。贵液经由管接头供入阴极内部，在流经石墨纤维的孔隙时进行金的电积。由于石墨导电材料的比表面积大（1gBBП-66-95型石墨导电材料的比表面积为0.3m²），当外形尺寸相同时，多孔石墨阴极的生产效率比片状阴极高3~4倍。在最佳电积条件下，1kg石墨导电材料可沉积50kg金属，沉积物中石墨基体材料的含量小于沉积物总质量的2%。

前苏联从硫脲解吸贵液中电积金时，采用ЭУ-1M型电解槽（图8.21）。

槽体采用钛材，两侧壁上有固定阴极和阳极的供电母板，槽体内有工作空间和外溢流室，脱除部分金后的贵液流入外溢流室。槽体内的工作空间可装入10个阴极组和11个阳极室。阳极室用不导电聚乙烯塑料或有机玻璃制的“冂”形框组成，框上有阳极液的进出口，并将离子交换膜压紧在钛制框板阳极室的侧壁上。生产过程中，阳极室注入1%~2%硫酸溶液，并放入钛网阳极。由于阳极室中阳极液的体积较小，作业的容积电流密度高达25A/L。电积过程中，阳极液的酸度提高较快，会降低阳极的寿命。为了消除酸的影响，电积过程中由高位槽向阳极室不断注入低酸阳极液，并将高酸阳极液返回高位槽，不断进行循环。

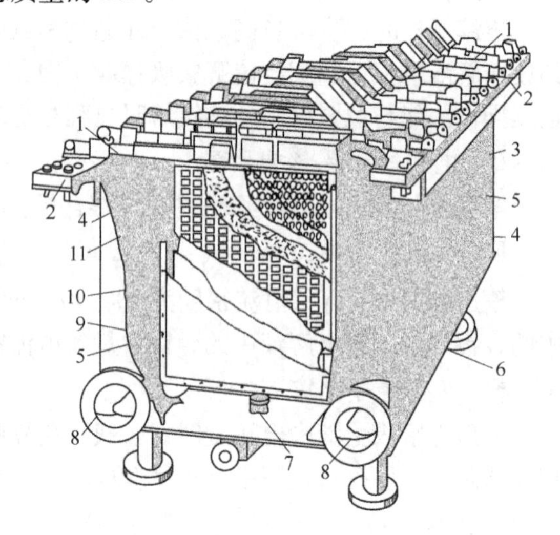

图8.21 ЭУ-1M型电解槽

1—导电闸刀；2—供电母板；3—槽体；4—导向装置；5—平板；6—阴极；7—接管；8—阴、阳极液排出管；9—隔膜；10—阳极；11—聚乙烯框板

采用硅整流器向电解槽供电，使用导电闸刀向阳极室和阴极室供电，一端与电极上的铰链连接，另一端嵌入焊在导电母板上的弹簧夹中。为防止短路，用绝缘固定梢子将阴极室和阳极室固定在电解槽壳的相应位置上。

贵液和阳极液经电解槽电积后，经集液管进入溢流室。贵液压入阴极室的管接头，然后透过石墨阴极充满工作空间，最后溢流排出电解槽外。随着电积的进行，贵液中的金银不断沉积于石墨阴极的空隙中。当石墨阴极的空隙逐渐为金银充满时，阴极液通过阴极组的流速逐渐降低。当阴极液的流速急剧降低时，金银在石墨上的沉积已达最大值。此时应停止电积，从电解槽中取出阴极组，卸下阴极沉积物。然后给阴极组装上新的石墨材料，进行新的电积。

阴极液（贵液）应仔细过滤以除去悬浮的矿泥、碎交换树脂及木屑等。阳极液和阴极液应分别进行均匀循环，当阳极液和阴极液供应中断或循环受阻时，应立即停止电积。电解槽内所有电接点应经常保持洁净。阳极室损坏时，应及时更换。供给电解槽的电压应小于12V，电解槽体应与地绝缘，与槽体连接的管道也应与地绝缘。装配和拆卸电解槽及拆卸阳极室和阴极组时，均应在断电条件下进行。操作人员应穿戴劳保用品，电解槽上方须安装排风机，以排除放出的气体和酸雾。

当石墨阴极中的金银沉积物达最大值时，停止电积，取下阴极组。先向沉积金银的阴极组中通入5~10min清水进行清洗，停水后再用压缩空气吹去沉积物中的水分。然后将洗涤和干燥后的沉积物从阴极组卸至操作平台上。再将沉积物装入钛盘中，放置在电阻炉内于500~600℃条件下烧去石墨材料，再将金泥块送熔炼、铸锭和交库贮存。

8.5 熔盐电积和非水溶液电积

此类非水溶液电积法主要用于生产轻金属、碱金属、碱土金属和某些稀有金属。如冰晶石－氧化铝熔盐电解铝（请参阅第14章铝矿物原料的化学选矿）。

8.6 水溶液电解提纯金属（电解提纯）

8.6.1 电解提纯铜

8.6.1.1 电解提纯铜的工艺流程

电解提纯铜的目的是进一步除去火法精炼铜中的杂质，使其纯度达99.95%～99.98%，并综合回收其中所含的稀贵金属等有用组分。电解提纯铜的工艺流程如图8.22所示。

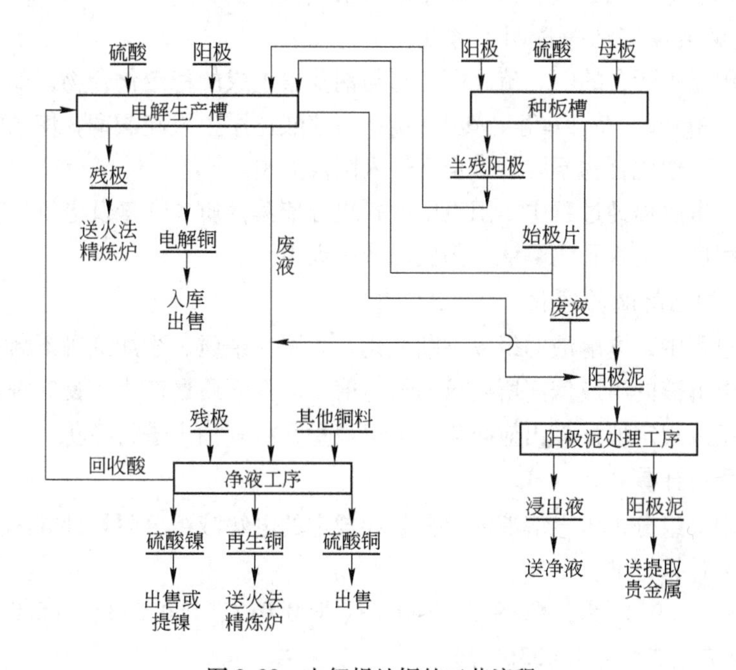

图8.22 电解提纯铜的工艺流程

对比图8.2的电积铜的流程，电解提纯铜的工艺流程增加了阳极泥处理工序和净液工序，其他作业大致相同。

8.6.1.2 阳极泥

各厂电解提纯铜的阳极板成分各异，通常铜含量为98.5%～99.5%，杂质含量约0.5%～1.5%。这些杂质根据其标准电极电位，可将其分为四类：

第一类为标准电极电位比铜正的金属杂质，如Au、Ag、Pt、Os、Ir、Ru、Rh、Pd等贵金属。电解提纯铜时，它们在阳极不被氧化溶解，而呈微细粒分散状态沉积于电解槽底部，形成阳极泥。仅少量银以硫酸银形态进入电解液中，若电解液中加入适量盐酸或食盐，则大部分银将以氯化银形态存在于阳极泥中。

第二类为标准电极电位比铜负的金属杂质，如 Sn、Pb、Ni、Co、Fe、Zn 等。电解提纯铜时，它们在阳极被氧化溶解呈二阶金属离子形态进入电解液中。其中 Sn、Pb 最终呈难溶化合物进入阳极泥，Co、Fe、Zn 最终呈离子形态留在电解液中，Co、Zn 含量低且其电位比铜负，不会在阴极还原析出，但 Fe 离子在阳极氧化和在阴极还原将降低电流效率和增加阴极铜的反溶。Ni 在电解液中的积累对生产不利，会降低硫酸铜的溶解度、增加阴阳两极极化，故要求电解液中的镍含量约小于 15g/L。

第三类为标准电极电位与铜相近的金属杂质，如 As、Sb、Bi 等。电解提纯铜时，它们对电铜产品的危害最大。由于标准电极电位相近，电解工艺参数稍有变化，它们就与铜一起在阴极析出，降低电铜质量。其次是三价离子水解生成絮状漂浮阳极泥，会污染阴极铜。因此，生产中应尽量采用砷、锑含量小的阳极板。即使采用砷、锑含量高的杂铜阳极时，也应采用较高酸度、较高温度、电解液循环应下进上出、电解液流出槽后应过滤以除去浮渣等措施使电解液中含砷小于 10g/L、含锑小于 0.5g/L，使电解液保持洁净透明不浑浊。

第四类为阳极中所含的氧、硫、硒、碲与铜及银生成的稳定化合物，如 Cu_2O、Cu_2S、Cu_2Se、Cu_2Te、Ag_2Se、Ag_2Te 等。其中 Cu_2O 与硫酸作用生成硫酸铜，使电解液和阳极泥中铜含量上升。其他化合物不溶解，全部进入阳极泥中。

从上可知，电解提纯过程中，阳极中的各组分依其性质、含量及电解工艺条件等的不同，分别不同程度地进入到电解液、阳极泥或阴极中。

8.6.1.3 铜电解液的净化

电解提纯过程中，电解液的组成不断变化，如铜、杂质、添加剂等不断积累，酸度则不断下降，使电解液的组成偏离所要求的规定值，对电铜质量产生不良影响。因此，须定期按电解液的组成规定值计算出应净化的电解液量，将其抽出进行净化。

A 净液量的计算

通常依据阳极组分进入电解液的百分数和规定的电解液组分限量计算净液量。一般以铜、镍、砷作为计算标准。

若阳极组成（%）为：Cu99.2、Ni0.08、Fe0.017、Pb0.023、Zn0.066、As0.063、Sb0.017，阳极单位消耗为 1.033t/t 铜。

规定电解液中杂质的临界含量（g/L）为：Ni12.5、As5.0、Fe3.0、Sb0.7、Cu45。以日产 80t 电铜为例：

按镍计算净液量为：

$$\frac{80 \times 1.033 \times 0.0008 \times 0.87 \times 10^3}{12.5} = 4.6\ (m^3/d)$$（87% 为阳极铜中 Ni 进入电解液的系数）

按砷计算净液量为：

$$\frac{80 \times 1.033 \times 0.00063 \times 0.65 \times 10^3}{5} = 6.77\ (m^3/d)$$（65% 为阳极铜中 As 进入电解液的系数）

按铜计算净液量为：

$$\frac{80 \times 1.033 \times 0.992 \times 0.015 \times 10^3}{45} = 27.33\ (m^3/d)$$（1.5% 为阳极铜中 Cu 进入电解液的系数）

从上可知，若按铜计算的净液量每日抽出 27.33m³/d 送去进行净化，不仅可满足电解液中的铜含量为45g/L 的临界要求，而且可使电解液中的镍、砷等杂质的含量远低于临界含量。

B 净液流程

常用的净液方法为：中和结晶生产硫酸铜和粗硫酸镍法：不溶阳极电积除铜、砷、铋、锑法；蒸发浓缩结晶生产硫酸铜、母液电解脱铜回收镍法。

国内目前采用联合法净液。净液流程如图 8.23 所示。

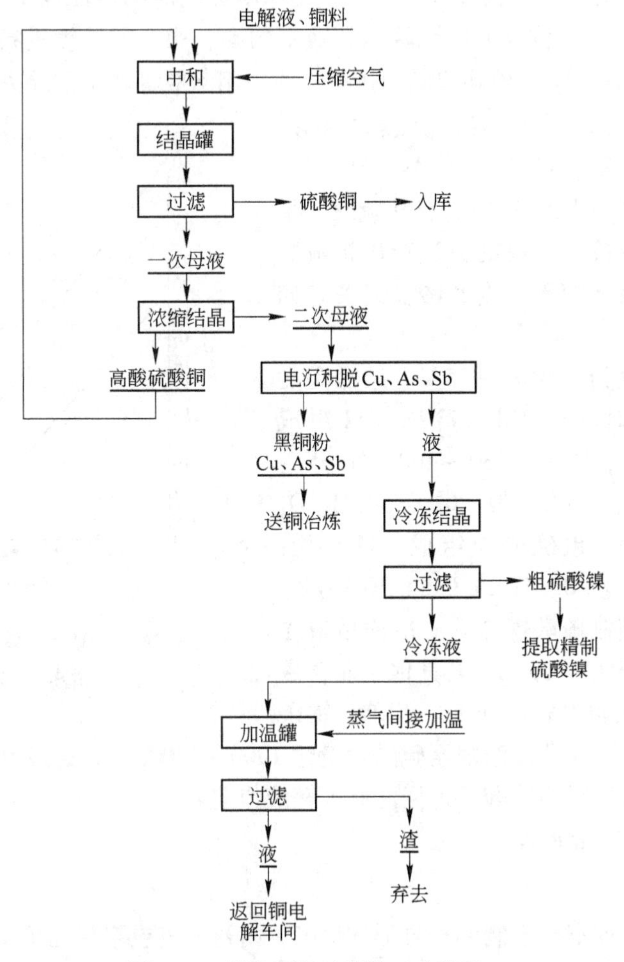

图 8.23 铜电解提纯净液工艺流程

首先利用较纯净的铜料将电解液中的酸中和，结晶产出成品硫酸铜。结晶母液浓缩产出高酸硫酸铜（高酸胆矾），高酸胆矾加水溶解后返回中和作业。中和作业可在中和槽或鼓泡塔中进行，中和槽中铜的溶解速率仅 1~1.5kg/（m³·h），而鼓泡塔中铜的溶解速率可达40kg/（m³·h），生产中较常采用鼓泡塔。硫酸铜结晶可采用自然冷却结晶法或机械搅拌水冷结晶法，前者夏季需 3~4 天，冬季需 2 天。

结晶硫酸铜的二次母液约含 30%~50% 的铜及过量的砷、锑、铋等杂质，采用不溶阳极电积法回收铜和除去砷、铋、锑等杂质。不溶阳极电积分三段进行：

第一段：电解液中的铜含量从 50g/L 降至 12～15g/L，电流密度为 $200A/m^2$，可产出一级电铜。

第二段：电解液中的铜含量从 12～15g/L 降至 5～8g/L，电流密度大于 $200A/m^2$，产出的阴极铜返阳极炉精炼浇铸阳极板。

第三段：电解液中的铜含量从 5～8g/L 降至 0.2～0.4g/L，电流密度为 $800A/m^2$。此时砷、锑大量在阴极还原析出，产出黑铜，其中含铜约 60%～70%，含砷、锑高达 30%，须返回火法炼铜作业。

不溶阳极电积时的槽压为 1.8～2.2V，比电解提纯时的槽压高 10 倍左右，电流效率平均为 60% 左右。若想较为彻底脱除电解液中的砷、锑，需继续进行电积过程，此时产生剧毒的 AsH_3 气体，须在单独房间内进行。或采用萃取等新工艺除去砷、锑。

除去铜、砷、锑后的母液含硫酸约 300g/L、Ni40～50g/L 及少量的 Cu、As、Sb、Bi、Fe、Zn 等杂质。为了回收其中的镍和硫酸，采用蒸发浓缩，然后冷冻结晶的方法产出粗硫酸镍。硫酸镍溶解度与溶液温度和酸度的关系如图 8.24 所示。

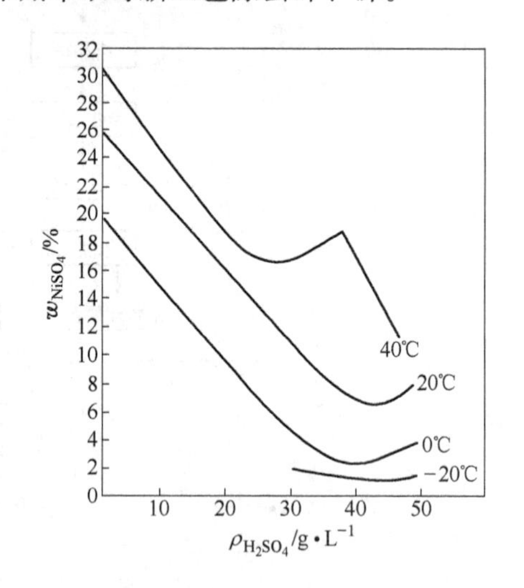

图 8.24 硫酸镍溶解度与溶液温度和酸度的关系

冷冻盐水温度为 -30～-25℃，结晶温度为 -20℃，结晶时间为 10h。冷冻前液组成 (g/L) 为：Cu<1、H_2SO_4 350～400、Ni 35～60。冷冻后液组成 (g/L) 为：Cu 0.5、H_2SO_4 400 左右、Ni<10。粗硫酸镍组成 (%) 为：Ni 21.6、Cu 0.2、Zn 0.24、Fe 0.8、H_2SO_4 8。

粗硫酸镍送精制硫酸镍作业。冷冻后液含 Ni 7～10g/L、H_2SO_4 400g/L，若其他杂质含量低，可将其返回配制电解液作业。若砷、锑杂质含量高，则需进一步蒸发浓缩至硫酸含量达 1000～1200g/L，镍及其他杂质以无水硫酸盐形态析出，过滤所得粗硫酸可返回配制电解液作业。

8.6.1.4 电解槽与极板

A 电解槽

铜电解槽为钢筋混凝土制的长方形敞口槽，内衬铅皮或聚氯乙烯塑料。电解槽体积和数量据电铜产量、阴阳极板面积而异，其结构如图 8.25 所示。两端有进液口和出液口，槽底两端向中间有 0.03% 的坡度，中间设阳极泥排出口，用铅制塞子堵口。相邻槽间有 20～40mm 的空隙用以绝缘。

B 阳极板、阴极板、种板

阳极板的形状如图 8.26 所示，一般为长方形或正方形。

阳极板用火法精炼铜浇铸而成，含铜要求大于 99.2%，对严重影响电铜质量的杂质如 Pb、O_2、As、Sb 等的含量有严格限制。某些铜电解提纯厂的阳极和阴极成分列于表 8.17 中。

种板示意图如图 8.27 所示。

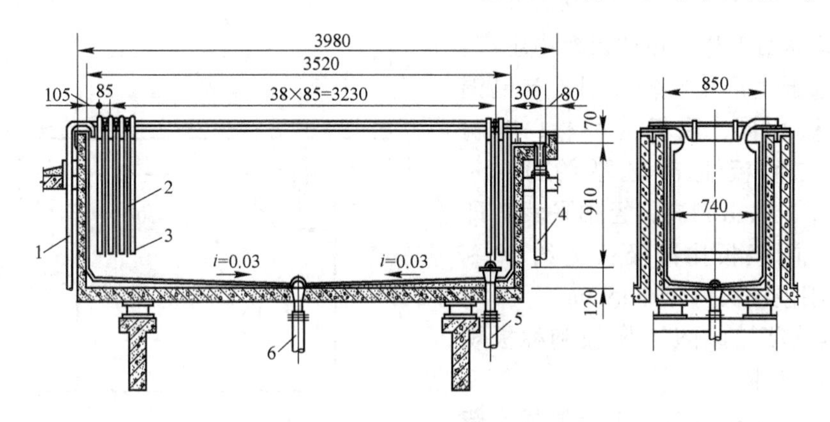

图 8.25 铜电解槽结构图

1—进液管；2—阴极；3—阳极；4—出液管；5—放液孔；6—放阳极泥孔

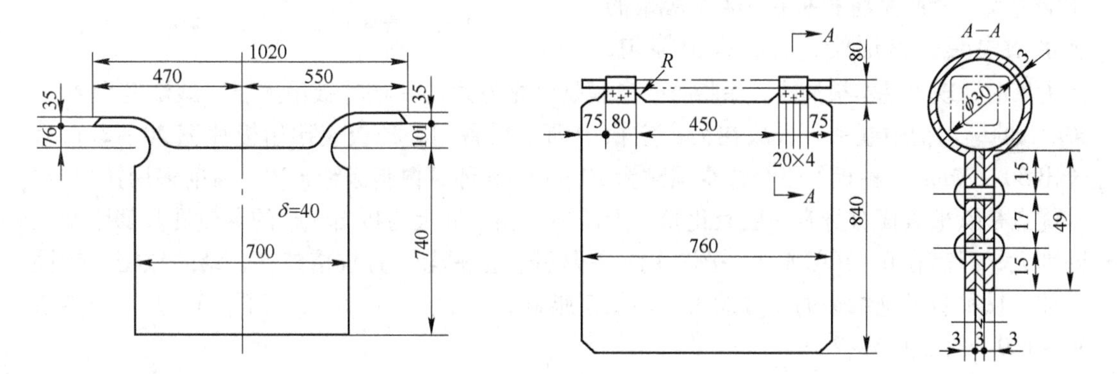

图 8.26 阳极板的形状

图 8.27 种板示意图

表 8.17 某些铜电解提纯厂的阳极和阴极成分 （%）

元 素	阳 极		阴 极	
	国 内	国 外	国 内	国 外
Cu	99.2~99.7	99.4~99.8	99.96~99.97	99.99
S	0.0024~0.015	0.001~0.003	0.0022~0.0027	0.0004~0.0007
O	0.04~0.2	0.1~0.3	0.0021~0.02	
Ni	0.09~0.15	0~0.5	0.0005~0.0008	微量~0.0007
Fe	0.001	0.002~0.003	0.0005~0.0012	0.0002~0.0006
Pb	0.01~0.04	0.01~0.1	0.0005	0.0005
Sn	0.001~0.01		0.0005~0.0006	
As	0.02~0.05	0.02~0.3	0.0005	0.0001
Sb	0.018~0.03	0~0.03	0.0001	0.0002
Bi	0.0026	0~0.001	0.0005	微量~0.0003
Se	0.017~0.025	0.01~0.02		0.0001
Te	0.001~0.038	0~0.001		微量~0.0001
Ag	0.058~0.1	微量~0.1		0.0005~0.001
Au	0.003~0.007	0~0.005		0~0.00001

阴极（铜始极片）示意图如图 8.28 所示。

阳极板装槽前要求表面平直，无飞边毛刺，先在含硫酸 100g/L 的酸水槽中浸泡 10~15min，酸水温度为 65~70℃，浸泡后的阳极表面应无氧化铜和无铜粉。

阴极又称始极片，在种板槽中生产。种板槽与电铜生产槽相同，阳极与电铜生产的阳极相同，阴极为种板，电解16~24h，在种板上析出厚约0.4~0.7mm铜片，取出剥离，经拍平裁剪即为阴极板，阴极板比阳极板宽约30~50mm，比阳极板长约25~45mm。

某些电解厂的阳极、阴极和种板规格列于表8.18中。

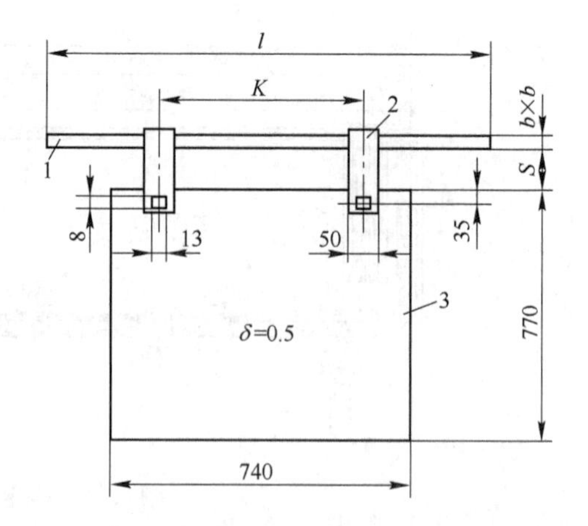

图8.28 阴极（铜始极片）示意图
1—阴极导电棒；2—攀条；3—铜片

种板用紫铜板或不锈钢板制成，紫铜板厚约3~4mm。使用前需涂蜡膜或脂肪酸皂膜。蜡膜是将种板在100℃溶蜡的沸水槽中蘸一薄层蜡，然后人工擦匀，费力费时，现已基本被淘汰。涂脂肪酸皂膜是将粘好边的一槽种板吊入脂肪酸浓度为40~50g/L的皂水槽中蘸一下，放在另一空槽中沥干后备用。种板应比始极片宽20~30mm，长出50~70mm，种板的三个边缘须贴涂10~15mm环氧树脂涤纶布边。目前多用钛种板，其优点是钛板表面自身有一层氧化膜，无需另涂膜。钛板与析出铜片的导热性及膨胀系数差别大，只需在0~10℃水中一蘸，铜片易从种板上脱落，且规格整齐，结晶致密，韧性极佳。钛种板贴绝缘边的配方约为：环氧树脂100、丙酮13~15、二丁酯15~25、石英粉50~120、乙二胺5~7。

表8.18 某些电解厂的阳极、阴极和种板规格

厂家		1	2	3	4
形状		长方形	正方形	长方形	正方形
阳极	长/mm	740	850	1000	750
	宽/mm	700	810	960	740
	厚/mm	35~40	33~38	45	30~35
	重量/kg	155~165	210~260	370	130~150
阴极	长/mm	770	840	1020	780
	宽/mm	740	860	1000	760
	厚/mm	0.4~0.6	0.4	0.6	0.3~0.5
	重量/kg	2~3	2.6	6	2~3
种板	长/mm	835	880	1060	860
	宽/mm	760	930	1040	800
	厚/mm	3.5~4	2.5~3	4	3
	重量/kg	19.8	9~11	47.73	18.4

8.6.1.5 工艺参数

铜电解提纯的工艺参数列于表8.19中。

表 8.19 某些铜电解提纯厂的工艺参数

工艺参数与指标		电解生产槽实例			种板槽实例		
		1	2	3	1	2	3
电解液组成 /g·L^{-1}	Cu	45~55	40~45	42	45~54	40~45	45
	H_2SO_4	165~185	150~170	188	165~185	140~160	190
电解液中其他组分/g·L^{-1}	Ni	<10	<15	4.5	<10	<4	2.9
	As	<10	<15	2.9	<10	<3	3.13
	Sb	<0.5	<0.5	0.58	<0.5	<0.3	0.63
	Bi	<0.5	<0.3	1.03	<0.5	<0.1	1.05
	Fe	<1	<4	1.88	<1.0	<0.8	2.1
	Cl	<0.075		0.06	<0.075		0.035
电流密度/A·m^{-2}		322~330	250	240	339~349	300	219
电解液温度/℃		62~67	66~68	>60	62~67	62~64	60
同极中心距/mm		75	85	105	80	90	105
循环量/L·min^{-1}		30~40	25~30	30	30~40	25~30	30
循环方式		上进下出	下进上出	下进上出			
阳极寿命/d		12~14	18	24	6~7	12	12
阴极周期		4d	6d	12d	10~14h	16h	24h
添加剂用量	动物胶/g·t^{-1}	≤80	100	100	30~450	400	600
	干酪素/g·t^{-1}	≤40	10	20~30	≤20		
	硫脲/g·t^{-1}	≤40	34	30~40	≤20	15	8~10
	盐酸/mL·t^{-1}	≤300	150	50~70mg/L	≤50	350	50~70mg/L

8.6.2 电解提纯铅

8.6.2.1 铅电解提纯流程

铅电解提纯是以粗铅或火法精炼铅铸造成阳极，以电解铅铸成薄片为阴极，在硅氟酸铅和硅氟酸溶液中进行电解提纯铅。铅电解提纯流程如图 8.29 所示。

8.6.2.2 阳极泥

铅阳极中的杂质含量约 1% ~2%，按其标准电极电位可将其分为三类：

第一类：比铅电位较负的金属杂质，如 Zn、Fe、Cd、Co、Ni。电解时，此类杂质与铅一起进入电解液中，因其在阳极中含量小（如 Cd、Co、Ni）或在火法精炼时易被除去（如 Zn、Fe 等），故此类杂质对电解液不会造成污染。

第二类：比铅电位较正的金属杂质，如 Au、Ag、Cu、As、Sb、Bi 等。电解时，此类杂质不进入电解液，留在阳极泥中。但阳极中的铜含量大于 0.06% 时，会使阳极泥坚硬致密，增加槽压和影响阳极的正常溶解，故要求火法精炼时将铜降至 0.1% ~0.06% 。

阳极中须含 0.3% ~0.8% 的锑，它可使阳极泥的结构坚固而又疏松多孔，成为具有一定附着强度的海绵状泥层而不脱落。但阳极中的锑含量不宜太高，否则使阳极泥过于坚硬而难以刷下来，甚至阻碍阳极溶解。电解时，锑大部分进入阳极泥中，只当电解液中含

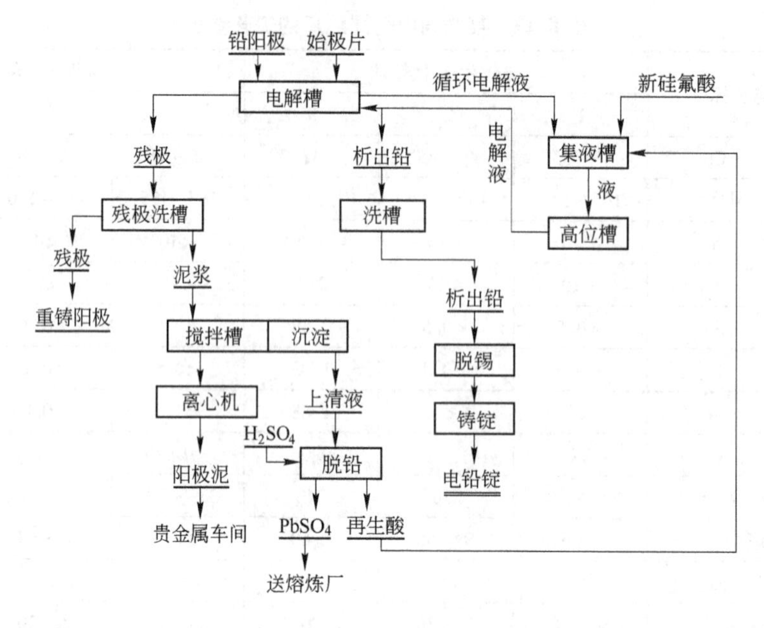

图 8.29 铅电解提纯流程

锑大于 0.2g/L 时，阴极铅的锑含量随电解液中含锑量的增加而成正比增加。阳极中的 As、Bi 同样可增加阳极泥的强度，其作用仅次于锑。电解时，铋几乎不进入电解液中，阴极铅含铋属阳极泥机械夹带所致。阳极含砷须小于 0.35%。

阳极中的金、银几乎全部进入阳极泥中，电解液中的微量银可能是漂浮阳极泥带入的。阴极铅含银可降至小于 8×10^{-6}。

第三类：与铅电位相近的锡，理论上应与铅一起进入电解液中并在阴极析出。由于锡与一些金属杂质形成金属间化合物，使其电位变正，故电解时相当部分的锡留在阳极泥中。

8.6.2.3 铅电解槽、阳极与阴极

某些铅提纯厂的电解槽、阳极与阴极的有关数据列于表 8.20 中。

表 8.20 某些铅提纯厂的电解槽、阳极与阴极的有关数据

厂　家	1	2	3	4	5
电路连接方式	复联	复联			复联
电解槽材质	钢筋水泥沥青衬	钢筋水泥沥青玛碲脂衬	钢筋水泥聚氯乙烯衬	钢筋水泥玛碲脂衬	
电解槽/mm	3200/760/1200	2670/775/1070	5000/1300/1550	4000/800/1160	2692/787/1168
阳极/阴极片/块	38/39	24/25	40/41	28/29	24/25
异极距/mm	80		110		102
阳极/mm	735/630/20	765/670/25	1050/950/35	1000/660/31.5	915/660/19
阴极/mm	840/660/2.0	810/679/0.6	1080/1130/1.0	1000/660/0.6	940/686/0.8

8.6.2.4 工艺参数与指标

某些铅提纯厂的工艺参数与指标列于表 8.21 中。

表 8.21 某些铅提纯厂的工艺参数与指标

厂家		1	2	3	4	5	6
电解液 SiF_6 总量/g·L^{-1}		160	150/195	155	130		143
电解液 Pb/g·L^{-1}		100	100/115	85	80	90/100	72.5
游离 H_2SiF_6/g·L^{-1}		85	92/99	95	74	50/60	92.5
电解液温度/℃		44	39/45	40/48	37	25/32	30/32
循环量/L·（min·槽）$^{-1}$		18/24	20/30	18/21	15	25/30	18
加胶量 kg/t 铅		0.5	0.5/0.8				
电流密度/A·m^{-2}		172	182	240（阳）	190（阳）	140	124
槽电压/V		0.5	0.43	0.35/0.5	0.5/0.7	0.5	0.45/0.5
电流效率/%		约 97	约 92	97	95	96.43	92
电能消耗/kW·h·t^{-1}		125	135.2	198（交流）	127/137	128	
阳极/mm（长/宽/厚）		735/630/20		765/670/25	915/660/19	1052/950/35	625/575/20
阳极/kg·块$^{-1}$		90		117	118	400	100
阳极寿命/d		4	2	6	4	8	6
阳极成分/%	Pb	98.55	97.97/98.67	98.32	94/96	98.04	98.6/99
	Cu	0.061	0.05/0.06	0.04	0.04	0.06	0.002/0.0005
	As	0.32		0.3	0.29		0.01/0.005
	Sb	0.62	0.5/0.6	1.0	1.51	1.02	0.04/0.25
	Sn	0.0004	0.01/0.02	0.03	0.003	0.02	0.014/0.04
残极率/%		37		30/32	48.8		20/22
阴极重/kg	电解前	5		5.4	6.8	20	3.5
	电解后	30/40		68	63		20
阴极周期/d		2	2	3	4	4	2
阳极泥组成/%	Pb	15.44	13/15	19.7	14.31	14.59	
	Au	0.043	0.04/0.064	0.016	0.103	0.027	
	Ag	13.34	8.27/11.75	11.5	9.14	2.44	
	Bi	9.66	12/14	2.1	1.0	2.66	
	As	15.08		10.6	4.5	0.5	
	Sb	24.62		28.1	35.01	41.40	
	Sn	0.72		0.07		0.38	
电解槽清洗周期/d		90		70			24

8.6.2.5 铅的周期反向电解

我国从 1974 年开始将周期反向电解工艺用于铅的提纯生产，30 年来取得了明显的效果。仅将原有供电设施改为周期反向可控硅整流供电设施即可实现周期反向电解工艺。生产实践表明，直流输出正向和反向电流为 0～12000A，直流输出电压最高为 250V。如电流密度提高至 200 ~ 221A/m^2 时，周期换向（正反时比）为 162∶4 ~ 143∶3 的条件下，电流效率为 93.6% ~ 93.37%，槽电压为 0.579 ~ 0.79V，直流单耗为 166 ~ 213kW · h/t 铅，阴极析出铅全部为一级品。因此，周期反向电解工艺对高电流密度电解提纯非常有效，可减轻劳动强度，提高生产效率，提高电铅质量，降低直流电耗。

8.6.2.6 电解提取高纯度铅

高纯度铅主要用于 X 射线、核能及红外线探测等领域。近年来电子工业的发展，半导体材料的开发，均对铅的纯度提出了更高的要求。制备高纯度铅的方法有多种，但最简捷的方法是国标 1 号铅（含铅 99.992%）的再次电解提纯，可以获得 99.99930% ~ 99.99948% 的高纯度铅。

我国某厂采用电解法造液，阳极为 1 号铅，阴极为电铅片。电解液含硅氟酸 180g/L，阴极套以涤纶布（涂以带微孔有渗透性的有机玻璃隔膜），与阳极分开，各自形成阳极室和阴极室。造液条件为：总 SiF_6 为 140 ~ 180g/L、游离酸 90 ~ 120g/L、Pb90 ~ 100g/L，电流密度 200A/m^2，电解温度为室温，槽电压 1 ~ 2V，造液时间约一星期，造液成分（g/L）列于表 8.22 中。

表 8.22 造液成分 (g/L)

成　分	Pb	总酸	游离酸	Sn	Fe	As	Sb	Cu
含量/g · L^{-1}	98.98	158.5	98.22	0.2	0.14	微	0.01	0.005

获得的电解液采用活性炭吸附法进行净化，电解液中加入为杂质总量 1 万倍的活性炭在搅拌槽中搅拌 3h，静置澄清 48h，可将电解液中的杂质（如 Au、Ag、Cu、Fe、Sn、Bi 等）吸附除去，净化后的电解液送电解。

电解时，1 号铅为阳极，高纯铅为阴极，采用高酸、低电流密度的工艺条件。其参考工艺条件为：电解液中的铅含量为 90 ~ 100g/L、总酸 150 ~ 170g/L、电流密度 100 ~ 150A/m^2、同极中心距 90 ~ 100mm、槽电压为 0.2 ~ 0.4V、电解温度 25 ~ 35℃、动物胶添加量 0.5 ~ 1g/L。始极片（阴极）含铅 99.999%，阳极含铅大于 99.99%，电解液循环速度为 50 ~ 80mL/min，电解周期为 3 ~ 4 天。

电解获得的高纯铅用热水煮洗，以洗去表面黏附的阳极泥和电解液，再用去离子水冲洗至中性，最后在红外线灯下烘干至无水后，送入不锈钢筒中加热至 380 ~ 400℃ 熔化。除去氧化渣后的电铅液浇铸于光谱纯的石墨铸模中。冷却后，高纯铅用滤纸包好，用塑料袋封存。

8.6.3 电解提纯金

8.6.3.1 极板

电解提纯金时，将含金大于 90% 的粗金原料铸成阳极板，通过电解产出电解纯金，并从阳极泥中回收银和从电解废液和洗液中回收金及铂族金属。粗金原料来自金矿山产出的合质金、冶炼厂副产金及含金废料、废屑、废液和金首饰等。当原料为合质金或含银高时，应在熔铸阳极板前采用电解法或其他方法分银。

熔铸阳极板时，一般采用烧柴油的地炉在石墨坩埚中将粗金原料熔化，并加少量硼砂和硝石及适量洁净的碎玻璃，在1200～1300℃条件下熔化造渣1～2h。熔化造渣后，用铁质耙子清除液面浮渣，取出坩埚，将金液浇铸于预热的模内。因金阳极小，浇铸速度宜快。地炉和坩埚容积，取决于生产规模，一般采用60～100号坩埚，100号坩埚每埚可熔化75～100kg粗金。各厂阳极板的规格不一，某厂的阳极板规格为160mm×90mm×（厚）10mm，每块阳极板重为3～3.5kg，含金大于90%。阳极板冷却后，撬开模子，趁热将阳极板置于5%稀盐酸液中浸泡20～30min以除去表面杂质，洗净晾干后送金电解提纯作业。

采用电解法制取金始极片（阴极），俗称电解造片。造片在与电解金相同或同一电解槽中进行，电解参数为：电流密度为210～250A/m^2，槽压0.35～0.4V，并重叠5～7V的交流电（直交流比为1:3），液温35～50℃，同极距80～100mm。电解液为氯化金溶液，槽内装入粗金阳极板和纯银阴极（种板）。先将种板擦抹干净，烘热至30～40℃，打上一层极薄而均匀的石蜡。种板边缘2～3mm处一般经粘蜡处理或用其他材料粘边或夹边，以利于金始极片的剥离。电解4～5h，可在种板两面分别析出厚约0.1～0.15mm，重约0.1kg的金片。种板出槽后，再加入另一批种板继续造片。取出的种板用水洗净晾干后，剥下金始极片。剥下的金始极片先在稀氨水中浸煮3～4h后用水洗净，再在稀硝酸液中用蒸气浸煮4h左右，然后用水刷洗干净，晾干拍平，送金电解提纯作业。

8.6.3.2 电解液

金电解提纯采用氯化金溶液作电解液。可用王水法及电解法造液，常用电解法造液。电解法造液均采用隔膜电解法，电解法造液的工艺条件与金电解提纯的工艺条件基本相同。纯金阴极板小，装在未上釉的耐酸素瓷隔膜坩埚中（见图8.30），采用25%～30%的盐酸液，电流密度为1000～1500A/m^2，槽压不大于3～4V的条件下，可制得含金380～450g/L的氯化金浓溶液。

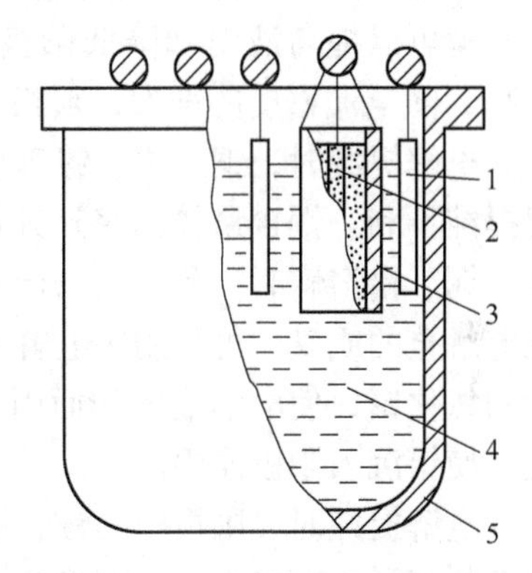

图8.30 金的隔膜电解法造液
1—阳极；2—阴极；3—耐酸素瓷隔膜坩埚；4—电解液；5—电解槽

某厂在电解槽中造液，电解槽中装入稀盐酸液，装入粗金阳极板，在耐酸素瓷隔膜坩埚中装105mm×43mm×（厚）1.5mm的纯金阴极板。耐酸素瓷隔膜坩埚内径为115mm×55mm×（深）250mm，壁厚5～10mm。坩埚内的阴极液为1:1的稀盐酸液，阴极液的液面比电解槽中的阳极液的液面高5～10mm，以防止阳极液渗入阴极区。电解造液工艺条件为：电流密度为2200～2300A/m^2，槽压3.5～4.5V，重叠的交流电为直流电的2.2～2.5倍，变流电压为5～7V，液温40～60℃，同极距100～120mm。接通电流后，阴极析氢，阳极溶解。造液44～48h，可得密度为1.38～1.42g/m^3、金含量为300～400g/L（延长造液时间可达450g/L），盐酸含量为250～300g/L的含金液。过滤除去阳极泥后，贮存耐酸缸中备用。造液结束后，取出坩埚，将阴极液进行置换处理，以回收进入阴极液中的金。

王水造液法是用王水氧化溶解金粉而制得电解液。1份金粉加1份王水，金粉溶解后继续加热赶硝，过滤除去杂质后备用。此法造液速度快，但溶液中的硝酸不可能全部排除。电解时，硝酸根将引起阴极金的反溶。

8.6.3.3　电解提纯金时各杂质组分的行为

金电解提纯可在氯化金或氰化金溶液中进行，为安全起见，国内外几乎全采用氯化金电解提纯法，又称沃耳维尔法。该法在大电流密度和高浓度氯化金溶液中进行电解提纯，电解时粗金阳极板不断溶解，阴极不断析出电解纯金。其电化系统可表示为：Au(阴极) | $HAuCl_4$、HCl、H_2O、杂质 | Au、杂质（阳极）。

电解提纯时各杂质组分的行为与其电位有关。电位比金负的杂质有银、铜、铅、镍、铂、钯、铱、锇等。银氧化溶解后与氯根生成氯化银壳覆盖于阳极表面，当阳极含银大于5%时可使阳极钝化析出氯气，妨碍阳极溶解。为了使阳极表面的氯化银壳脱落，向电解槽供直流电的同时重叠供比直流电强度大的交流电，交直流电重叠在一起，组成一种与横坐标不对称的脉动电流（见图8.31）。金在阴极析出取决于直流电强度，交流电的作用是在脉动电流最大值的瞬间使电流密度达最大值，甚至在阳极上开始分解析出氧气，经如此断续而均匀的震荡，进行阳极的自净化，使覆盖于阳极表面的氯化银壳疏松、脱落。采用交直流重叠电流电解可以提高液温和降低阳极泥中的金含量。直流电与交流电的比例常为1:(1.5～2.2)，随电流密度的增大，须相应提高电解液的温度和酸度。

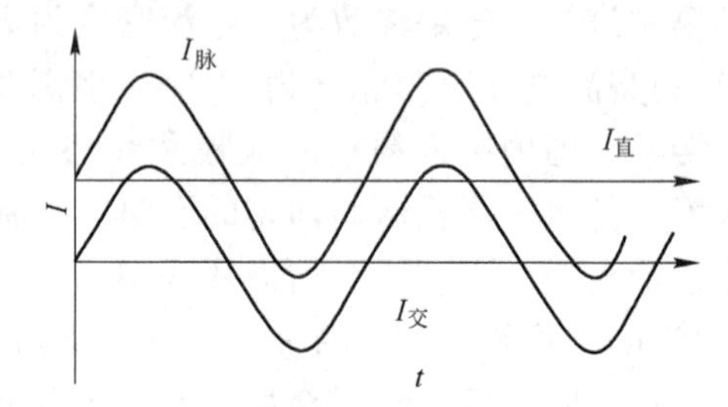

图8.31　不对称的脉动电流

电解提纯时，铜、铅、镍等贱金属杂质进入电解液中。阳极板中铜、铅含量高对金电解提纯不利。铜含量较高将迅速降低电解液中的金含量，甚至在阴极析铜。因阳极中的金、铜、铅溶解时，阴极上只析金，阳极上每溶解1g铜，阴极上则析出2.5g金。为了保证电解金的质量，可采用每电解两个阴极周期则更换全部电解液。含铅量较高时将生成大量的氯化铅，使电解液饱和而引起阳极钝化。因此，电解提纯过程中须定时加入适量硫酸，使铅沉入阳极泥中。

电解提纯时，阳极中的铱、锇（包括锇化铱）、钌、铑不溶解而进入阳极泥中。纯铂和钯的离子化倾向小，应不溶解。但在粗金中，铂钯一般与金结合成合金，有部分铂钯与金一起进入溶液，在阴极不析出，只当液中铂钯积累至浓度高（Pt50～60g/L，Pd15g/L以上）时，才与金一起在阴极析出。

金电解提纯的工艺参数为：电解液含金60～120g/L，盐酸100～130g/L，液温65～70℃，阴极允许最大电流密度1000～3000A/m^2，槽电压0.6～1V。阳极杂质含量高时，阴极电流密度可降至500A/m^2。

阴极析出电金的致密性随电解液中金含量的提高而增大，故金电解提纯时均采用金含量高的电解液。通常当电解液中金含量大于30g/L，电流密度为1000～1500A/m^2时，析出的金能很好地附着在始极片上。

8.6.3.4　金电解提纯设备与操作

金电解提纯电解槽为方形耐酸陶瓷槽或塑料槽，也可采用玻璃钢槽。方形槽放在塑料保护槽内，以防漏液。金电解槽的结构如图8.32所示。

金电解提纯电解槽的有关参数列于表8.23中。

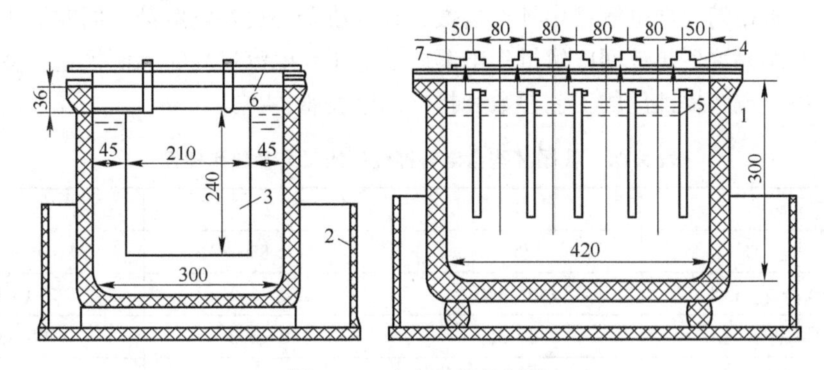

图 8.32 金电解槽的结构

1—耐酸陶瓷槽；2—塑料保护槽；3—阴极；4—阳极吊钩；
5—粗金阳极；6—阴极导电棒；7—阳极导电棒

表 8.23 金电解提纯电解槽的有关参数

厂 家	1	2	3	4	5
直流电流/A	80	80/120	50/60	18/20	40/50
交流电流/A	180/200	120/240	75/90	18/20	无
阴极电流密度/A·m^{-2}	200/250	500/700	190/230	250/280	450/500
阳极尺寸/mm	100/150/10	165/100/10	128/68/2	100/78/10	130/100/10
阴极尺寸/mm	190/120	210/180/0.2	128/68		140/110
种板尺寸/mm	260/250/1.5				
种板材质	压延纯银板			压延纯银板	压延纯银板
每槽阳极板数/块	4 排，每排 2 块	3	4 排，每排 3 块	3	3
每槽阴极板数/片	5 排，每排 2 片	4	5 排，每排 3 片	4	4

导电棒和导电排常用纯银制成，阳极板的吊钩为纯金。电解液不循环，只用小空气泵（或真空泵）进行吹风搅拌。由于高温高酸条件下可采用高电流密度，一般在高温高酸条件下进行金的电解提纯。除通过电流升温外，还可在电解槽下通过水浴、砂浴或空气浴升温。

粗金阳极板常含4%~8%的银。正常电解时，生成的氯化银覆盖在阳极表面，影响阳极的正常溶解和使电解液混浊，甚至引起短路。因此，每 8h 应刮除阳极板上的阳极泥 1~2 次。刮除阳极泥时，先用导电棒使该电解槽短路，轻轻提起阳极板以免扰动阳极泥引起混浊和漂浮。刮净阳极泥并用水冲洗后，再将阳极板放回槽内继续电解。每 8 小时检查 1~2 次阴极的析出情况，此时不必短路，一块一块提起阴极板检查和除去阴极上的尖粒，以免引起短路。

一个阴极周期后，电金出槽不用短路。取出一块电金则加入一块始极片，直至取完全部电金和加完新始极片为止。取出的电金用少量水洗净表面的电解液，剪去耳子（返回铸阳极），用稀氨水浸煮 4h，洗刷净，再用稀硝酸煮 8h，刷洗干净晾干后，送熔铸金锭。

电解过程中，有时会因酸度低或杂质析出使阴极发黑，或因电解液密度太大和液温过低而产生极化，在阴极上析出金和铜的绿色絮状物。严重时，绿色结晶布满整个阴极表面。此时，应根据情况向电解液中补加盐酸、部分或全部更换电解液。同时取出阴极，刷洗净绿色絮状结晶物后再放回电解槽中电解。当电压或电流过高时，阴极也会变黑。

我国某些金电解提纯厂的工艺参数和指标列于表 8.24 中。

表 8.24 我国某些金电解提纯厂的工艺参数和指标

厂　家	1	2	3
阳极含金/%	90	>88	96 ~98
电解液含金/g·L^{-1}	250 ~300	260 ~350	250 ~350
电解液含盐酸/g·L^{-1}	250 ~300	150 ~200	200 ~300
电解液温度/℃	30 ~50	50 ~70	50 ~70
阴极电流密度/A·m^{-2}	200 ~250	500 ~700	450 ~500
极间距/mm	80 ~90	120	90
电流效率/%	95		>98
槽电压/V	0.2 ~0.3	0.2 ~0.8	0.4 ~0.6
直流电单耗/kW·h·kg^{-1}	2.14		
残极率/%	20		15 ~20
阴极含金/%	99.96	99.95	99.99

8.6.3.5 阳极泥和废电解液的处理

金电解阳极泥约含 90% 以上的氯化银和 1% ~10% 的金，常将其返回熔铸金银合金阳极板供电解提纯银，也可在地炉中熔化后用倾析法分金。氯化银渣加入碳酸钠和炭进行还原熔炼，铸成粗银阳极板送银电解提纯，金返回熔铸金阳极板。当金电解阳极泥中含锇铱矿时，可用筛分法分出锇化铱后，再回收金银。

更换电解液时，将废电解液抽出，清出阳极泥，洗净电解槽后，再加入新电解液。将废电解液和洗液全部过滤，洗净烘干阳极泥。一般先用二氧化硫或亚铁盐从废电解液和洗液中还原金，再用锌置换法回收铂族金属直至溶液澄清为止。过滤，弃去滤液，用 1:1 稀盐酸浸出滤饼以除去铁、锌，送精制铂族金属作业。若废电解液中铂、钯含量很高时，可先用氯化亚铁还原金，再分离铂、钯。也可先用氯化铵使铂呈氯铂酸铵沉淀后，再用氨水中和至 pH 为 8 ~10 以水解贱金属，再用盐酸酸化至 pH =1，钯呈二氯二氨络亚钯沉淀析出。余液用铁或锌置换，以回收残余的贵金属后弃去。

8.6.4 电解提纯银

8.6.4.1 极板

电解提纯银的原料为各种不纯的金属银，将其铸成粗银阳极板。粗银阳极板中的铜含量应小于 5%，金银总量大于 95%，其中金含量不超过金银总量的 1/3。若粗银阳极板中的金含量过高，须配入粗银，以免阳极钝化。

粗银阳极板须装入隔膜袋中，以免阳极泥和残极落入槽底污染电解银粉。

银电解提纯时的阴极最好采用纯银板，也可采用不锈钢板或铝板。电解时，银呈粒状在阴极析出，易于从阴极刮下。刮下的银粒直接沉入槽底，阴极板可长期使用。

8.6.4.2 电解液

目前，银电解提纯时均采用硝酸银电解液。其电化系统可表示为：Ag（阴极）| $AgNO_3$、HNO_3、H_2O、杂质 | Ag、杂质（阳极）。

配制电解液时，一般均采用含银99.86%～99.88%的电解银粉。在耐酸瓷缸中用水润湿电解银粉后，分次加入硝酸和水，在自热条件下溶解，再用水稀释至所需浓度，或直接将浓溶液按计算量补加于电解槽中。有的也采用含银较低的银粉或粗银合金板及各种不纯银原料制取硝酸银电解液。

8.6.4.3 电解过程中各杂质组分的行为

电解过程中各杂质组分的行为与其电位、浓度及是否水解有关，大致可分为四类：

（1）电位比银负的锌、铁、镍、锡、铅、砷，其中锌、铁、镍、砷的含量甚微，影响较小。此类杂质全部进入电解液中，并逐渐积累造成污染，且消耗硝酸，一般不影响电银质量。锡呈锡酸进入阳极泥中。铅部分进入溶液，部分生成PbO_2进入阳极泥中。少量PbO_2黏附于阳极板表面，较难脱落，当PbO_2量较多时，会影响阳极溶解。

（2）电位比银正的金和铂族金属。此类金属杂质不溶解，全部进入阳极泥中。当其含量高时，会滞留于阳极表面，甚至引起阳极钝化。电解过程中实际上有部分铂钯进入电解液中，因部分铂钯在阳极被氧化而溶于硝酸。尤其当硝酸浓度高，液温高和电流密度大时，进入电解液中的铂钯量会增大。电解液中钯的浓度增至15～50g/L时，钯与银一起在阴极析出（钯与银的电位相近）。

（3）电解过程中不发生电化学反应的化合物通常为Ag_2Se、Ag_2Te、Cu_2Se、Cu_2Te等，随阳极溶解脱落进入阳极泥中。但金属硒会溶于弱酸性液中，并与银一起在阴极析出。在酸度高（1.5%左右）的溶液中，阳极中的金属硒不进入电解液中。

（4）电位与银相近的铜、铋、锑。此类金属杂质对银电解提纯的危害最大。阳极中的铜含量较高，常大于2%，电解时进入电解液中，使电解液呈蓝色。正常电解条件下，铜不在阴极析出。但当出现浓差极化时，银离子浓度急剧下降，电解液搅拌不良，银铜含量比超过2∶1时，铜将在阴极上部析出。尤其当阳极含铜高时阳极溶解1g铜，阴极相应析出3.4g银，易使电解液中的银离子浓度急剧下降，增加阴极析铜的危险性。因此，电解铜含量高的银阳极时，应定期抽出部分含铜高的电解液，补入部分浓度高的硝酸银溶液。但电解液中应保持一定浓度的铜，以提高电解液的密度，可降低银离子的沉降速度而有利于电解过程的进行。

铋部分生成碱式盐[$Bi(OH)_2NO_3$]进入阳极泥中。部分进入电解液中，积累至一定浓度后，会在阴极析出，影响电银质量。在低酸条件下电解时，硝酸铋水解呈碱式盐沉淀，会影响电银粉的质量。

8.6.4.4 电解提纯设备与操作

银电解提纯广泛采用妙比乌斯（Moebius）直立电极电解槽（见图8.33）。直立电极电解槽多为钢筋水泥槽，内衬软塑料，槽形近正方形。有的厂采用硬塑料焊制电解槽。

国外有的厂使用巴尔本·詹姆（Balbacn Thum）卧式电解槽（见图8.34）。卧式电解槽的结构简单，无运动部件，电极平放，采用石墨阴极，残极率低（约2%）。缺点是槽压高（3.8V），电能消耗大，槽体体积大，要求较大的厂房面积，硝酸耗量高，折旧费用高，故应用少。

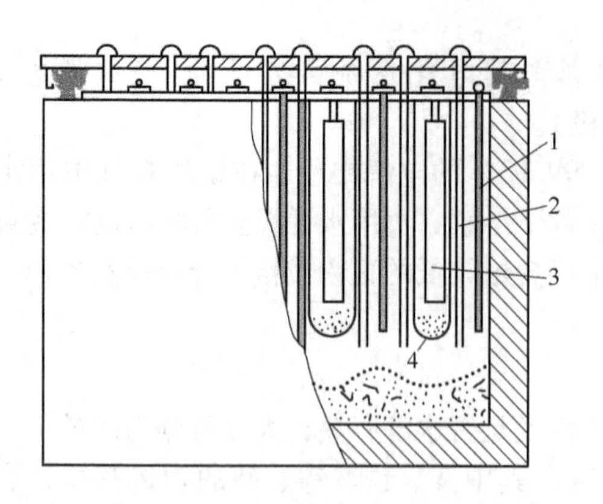

图 8.33　妙比乌斯（Moebius）直立电极电解槽

1—阴极；2—搅拌棒；3—阳极；4—隔膜袋

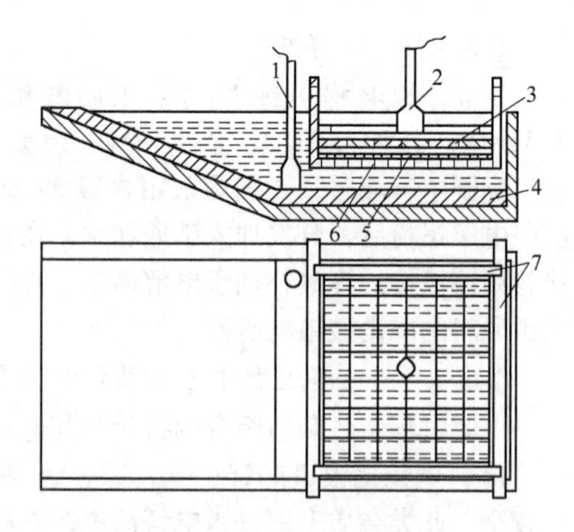

图 8.34　卧式银电解槽

1—阴极导电棒；2—阳极导电棒；3—阳极；4—阴极；5—过滤布；6—格栅假底；7—阳极框

银电解提纯的工艺流程如图 8.35 所示。

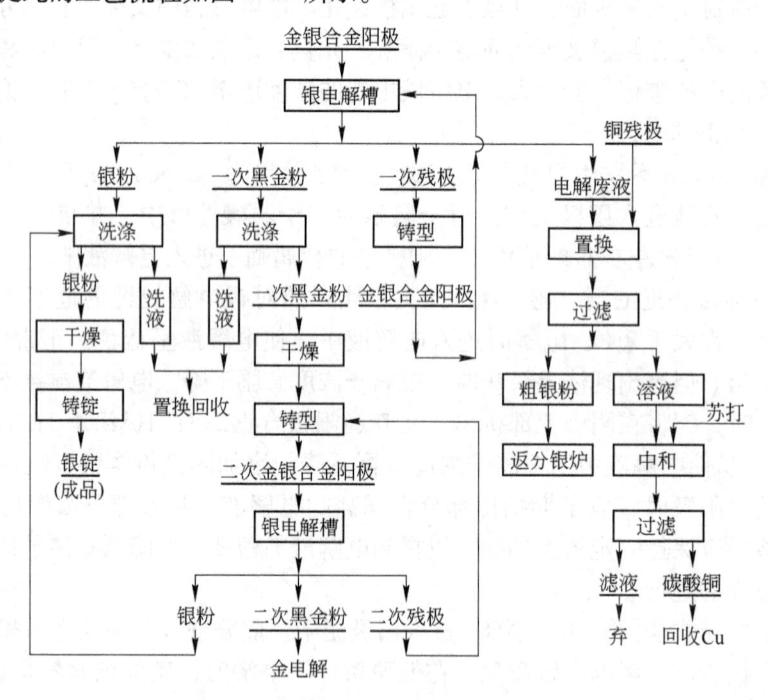

图 8.35　银电解提纯的工艺流程

某些银电解提纯厂的电解槽参数列于表 8.25 中。

表 8.25　某些银电解提纯厂的电解槽参数

厂　家	1	2	3	4
电流强度/A	700	450/750	60/80	240/260
阴极电流密度/$A \cdot m^{-2}$	250/300	270/450	280/300	300/320

续表 8.25

厂　家	1	2	3	4
阳极尺寸/mm	190/250/15	300/250/20	150/160/15	445/280/15
阴极尺寸/mm	370/700/3	340/550/2	160/180/3	470/300/3
每槽阳极数/块	5 排，每排 3 块	5 排，每排 2 块	7	6
每槽阴极数/片	6	6	6	5
同极距/mm	160/180	150	100/110	100/120
电解周期/h	36	48	72	48
电解槽尺寸/mm	760/780/740	700/840/730 700/1000/750	760/280/510	950/750/870
电解槽数/个	10	14	6	14
电解槽材质	混凝土槽，内衬硬聚氯乙烯板	混凝土槽，内衬玻璃钢	10mm 硬聚氯乙烯板焊制	15mm 硬聚氯乙烯板焊制

集液槽和高位槽为钢板槽，内衬软塑料。电解液循环为下进上出，采用小型立式不锈钢泵抽送电解液。电解槽串联组合，电极并联。阳极进槽前应拍平，去除飞边毛刺，钻孔用银钩悬挂装在两层布袋中。阴极为纯银板，进槽前应拍平光滑，用吊耳挂于紫铜棒上。

电积过程中，阴极电银沉积速度快。除用玻璃棒搅拌碰断外，每班还须用塑料刮刀将阴极上的电银结晶刮落 2～3 次，以防短路。电解 20h 以后，阳极不断溶解而缩小，同极距增大，电流密度逐渐增高，引起槽压脉动上升。当槽压升至 3.5V 时，阳极板已基本溶完，此时可出槽。取出的电银置于滤缸中用热水洗至无绿色或微绿色后送烘干铸锭。隔膜袋中的（残极率为 4%～6%）和一次黑金粉洗净烘干后，送熔铸银电解二次阳极板。二次黑金粉洗净烘干后，送熔铸粗金阳极板。

某些银电解提纯厂的技术工艺参数列于表 8.26 中。

表 8.26　某些银电解提纯厂的技术工艺参数

厂　家		1	2	3	4	5
阳极成分/%	Au + Ag	>97	>97	>95	>96	>98
	Cu	<2	<2		2.5/3.5	<0.5
	Te					<0.05
电解液组成 /$g \cdot L^{-1}$	Ag^+	80/100	100/150	60/80	60/80	120/200
	HNO_3	2/5	2/8	3/5	3/5	3/6
	Cu^{2+}	<50	<60	<40	<50	<60
电解液温度/℃		35/50	35/50	38/45	35/45	常温
阴极电流密度/$A \cdot m^{-2}$		250/300	270/450	200/290	280/300	300/320
电解液循环量/$L \cdot (槽 \cdot min)^{-1}$		0.8/1.0	不定期循环	1/2	0.5/0.7	
同极距/mm		160	150	100/125	100/110	120
电解周期/h		36	48	72	72	48

某些银电解提纯厂的技术指标列于表 8.27 中。

表 8.27 某些银电解提纯厂的技术指标

厂 家	1	2	3	4
电流效率/%	96		90/95	>95
残极率/%	10	约 10	6/10	<15
槽电压/V	1.5/2.5	1/2.8	1.2/2.5	1/2.2
直流电耗/kW·h·t^{-1}	510		500	
硝酸耗量/kg·t^{-1}	90	60/65		80
电解回收率/%	99.7	99.95		
银粉含银/%	99.86/99.88	99.91	99.95	99.941/99.96
银锭浇铸银回收率/%	99.96	99.96		>99
银锭浇铸合格率/%	97.5	97		100
银锭含银/%	99.94/99.96	99.97	99.95	99.95/99.98
银锭重/kg·块$^{-1}$	15/16	15/16	15/16	15/16
银提纯回收率(1)/%	99.5		97.89	
银提纯回收率(2)/%	98.3	99	87	98.4

注：1. 硝酸折合浓度为 100%；
2. 银提纯回收率（1）为自金银合金阳极至银锭的回收率；
3. 银提纯回收率（2）为自阳极泥至产出银锭的回收率。

8.6.4.5 电解废液和洗液的处理

电解废液和洗液的处理方法如下。

A 硫酸净化法

此法适于处理被铅、铋、锑污染的电解废液和洗液。往电解废液中加入按铅含量计算所需的硫酸（不可过量），搅拌后静置，铅呈硫酸铅沉淀析出，铋水解为碱式盐沉淀，锑水解呈氢氧化物浮于液面。过滤后滤液可返回使用。此法也适于处理含铅、铋、锑高的电解液。

B 铜置换法

将电解废液和洗液置于槽中，挂入铜残极，蒸气加热至 80℃，银被还原呈粒状沉淀，置换反应至检不出氯化银沉淀为止。可产出含银 80% 以上的粗银粉，送熔铸阳极板。置换后液用碳酸钠中和至 pH 值为 7 ~ 8，产出碱式碳酸铜，送铜冶炼。残液弃去。

C 食盐沉淀法

将电解废液和洗液置于槽中，加入食盐水，银呈氯化银沉淀，加热凝聚。过滤后，滤液用铁屑置换铜，但铜的置换率较低。

D 加热分解法

将电解废液和洗液置于不锈钢罐中，加热浓缩结晶至糊状并冒气泡后，严格控制在 220 ~ 250℃恒温，硝酸铜分解为氧化铜（硝酸钯也分解），但硝酸银不分解。当渣完全变黑和不再放出氧化氮黄烟时，分解过程结束。渣中加入适量水于 100℃条件下以溶解硝酸银结晶，反复水浸二次，第一次水浸可得含银 300 ~ 400g/L 的浸液，第二次浸液含银 150g/L 左右，均可返回作电解液使用。水浸渣含铜约 60%、含银 1% ~ 10%、含钯 0.2%，可返回铜冶炼或送去分离银和钯。

E 置换－电积法

适于处理铜含量高的电解废液。将电解废液和洗液置于槽中，用铜片置换沉淀银，过滤洗涤后，银粉送硝酸银制备作业。除银后液用硫酸沉铅，过滤所得滤液送电积提铜。

F 活性炭吸附法

银电解提纯过程中，阳极板中约40%～50%的铂钯进入电解液中，并不断积累，活性炭可选择性吸附电解液中的铂钯，然后可采用硝酸解吸回收。

G 丁基黄药净化法

丁基黄药可沉淀电解废液中的铂钯，铂钯的沉淀率达99%以上，丁基黄药的加入量相当于沉淀铂钯的理论量。丁基黄原酸钯沉淀酸溶后，使其转换为二氯化二氨配亚钯沉淀，再将其溶于氨水中，用水合肼还原为金属钯，过程中钯的直收率可达97%。

8.6.4.6 阳极泥的处理

银电解提纯过程中产出的阳极泥除含金和铂族金属外，还含有较高的银、铜、锡、铋、铅、硒、碲等杂质。国内多数厂将一次阳极泥（俗称一次黑金粉）洗净烘干后，配入适量杂银熔铸成含金小于33%的合金板送银电解。经第二次银电解产出的二次阳极泥（俗称二次黑金粉）洗净烘干后，熔铸成粗金阳极板，送金电解提纯。

有的厂采用硝酸浸出银电解提纯过程中产出的阳极泥，不溶渣熔铸造粗金阳极板，送金电解提纯。硝酸浸液含银140g/L、含钯2g/L，先加盐酸沉银。沉银后液加热蒸发浓缩，再加硝酸氧化，用氯化铵沉钯。钯盐加水溶解，用氨水中和至pH＝10以除去杂质。再用盐酸酸化至pH＝1，使钯呈$Pd(NH_3)_2Cl_2$沉淀。过滤洗净烘干后，经煅烧并在氢气流中还原，可产出纯度达99.9%的海绵钯。

用化学方法处理银电解阳极泥时，多数厂先用硝酸浸出2～3次，以浸出银和重有色金属，不溶浸渣用王水浸出、用亚铁还原金得金粉。金粉洗净后，采用稀硝酸处理2～3次以除杂质，可得含金达99.9%以上的化学纯金。还原金后的溶液，采用锌置换法回收铂精矿，再送分离提纯作业。

有的厂采用浓硫酸浸煮银电解阳极泥，经几次浓硫酸浸煮和浸出，不溶浸渣洗净烘干后送熔炼金作业。浸液和洗液加水稀释后，用铁屑置换铜。残液可送去回收硫酸铜。

9 物理选矿法净化和生产化学精矿

9.1 概述

随着贫、细、杂难选矿物资源的利用和未利用资源的资源化，许多化学选矿和物理选矿联合流程的独特工艺正日益广泛地用于工业生产。有人将浮选前或磁选前用适当药剂改变矿物表面的物理化学性质以提高选别指标的流程也归为化学选矿与物理选矿的联合流程，如果这样，化学选矿的范畴就更广了，但通常人们仍将这种只改变矿物表面化学性质的化学处理归属于后续的主要选别作业一起讨论，只将那些完全改变矿物组成的化学处理作业称为化学选矿作业。

化学选矿过程中，可采用焙烧或浸出的方法改变矿物组成以提取有用组分，进行有用组分分离或从粗精矿中除去有害杂质。矿物原料经焙烧或浸出后，有用组分或有害杂质常富集于烟尘或浸液中，但焙烧渣或浸渣中有时仍含有某些可利用的有用组分，有时焙烧后，有用组分留在焙烧渣中，此时可用物理选矿法从浸渣或焙烧渣中回收有用组分。焙烧烟尘中的有用组分一般用浸出法使其转入溶液中，然后从浸液中回收有用组分。从浸液中回收有用组分除前述的方法外，还可采用沉淀浮选、离子浮选等方法进行分离和生产化学精矿。

本章着重讨论矿物原料先经化学选矿法处理后用物理选矿法生产化学精矿的联合流程，而先经物理选矿富集后用化学选矿法处理的联合流程就不赘述了。

9.2 焙烧渣和浸出渣的处理

除高温氯化挥发外，其他焙烧方法处理矿物原料时，有用组分皆存在于焙烧渣中，根据新生成的化合物的性质，可用不同的物理选矿法从中回收有用组分。

众所周知，磁化焙烧－磁选流程是处理某些难选弱磁性氧化铁矿（赤铁矿、褐铁矿、针铁矿等）的成功工艺流程，原矿经还原磁化焙烧后，弱磁性的氧化铁矿转变为强磁性的人造磁铁矿或 γ－赤铁矿，经磨矿后可用弱磁场磁选机将其富集为铁精矿。虽然目前可用各种强磁选机直接选别某些弱磁性氧化铁矿石，但磁化焙烧－磁选工艺在我国仍具有相当大的现实意义。难选氧化铜矿的一段离析－浮选工艺在我国于 1970 年投入工业生产，取得了较好的选别指标，积累了许多宝贵的经验。

在某些缺乏焦煤，而劣质煤和铁矿资源又较丰富的地区，可用原矿品位较低的高硅铁矿石（α 为 20% ~50%）生产粒铁。粒铁生产的实质是铁矿石的还原焙烧，但还原气氛和还原温度较磁化焙烧高些。回转窑粒铁生产原则流程如图 9.1 所示。铁矿石碎至 －10mm后与还原剂煤粉（1 ~ 10mm）、熔剂石灰石（0 ~ 3mm）配料混匀后从窑尾加入回转窑内。回转窑直径 3.6 ~ 4m、长 50m 以上，倾角 3% ~5%，转速 0.5 ~ 1.5r/min。窑体用钢板焊接而成，内衬以耐火砖衬里。进入窑内的炉料经 250 ~ 500℃的预热带进至 500 ~

1100℃的还原带，此时铁矿石被还原，脉石与熔剂生成炉渣，最后进到粒铁带（1100～1300℃），此时铁矿石继续被还原为粒铁，脉石、灰分和熔剂生成炉渣，粒铁悬浮于渣中。在窑体转动过程中，半熔融态的粒铁互相碰撞结合为大粒铁，并与炉渣黏结在一起成为熔融物从窑头排出。熔融物经水淬冷却、磨矿、筛分后，筛下物送去进行磁选或重选（跳汰），可获得品位为95%以上渣含量小于2%～3.5%的粒铁，中矿返回配料，渣送尾矿坝，铁的总回收率可达80%～84%。

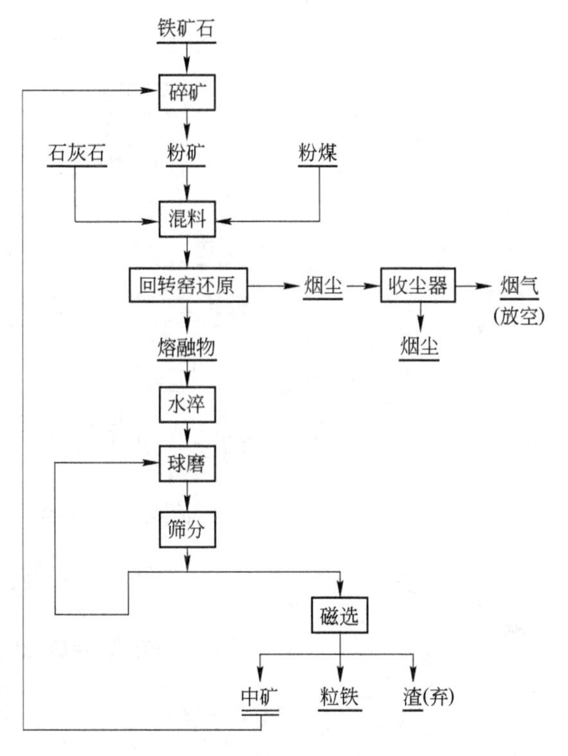

图9.1　回转窑粒铁生产原则流程

碳酸盐型磷矿石煅烧后可用消化法使氧化钙转变为消石灰，用分级法可使消石灰与磷矿物分离获得优质磷精矿。锰矿物经煅烧后可改善其可浮性，用浮选法可得优质锰精矿。

浸出渣的处理方法据物料性质而异。如难选钨锡中矿碱浸时，钨呈钨酸钠形态转入浸出液中，锡仍呈锡石留在渣中，可采用重选法使锡石与脉石矿物相分离而得到锡精矿。若浸出目的是除杂时，浸渣洗涤后即为合格的精矿，如钨精矿杂质超标时，常用浸出法降低磷、铋、钼等杂质的含量，浸渣为合格的钨精矿。

选择氧化酸浸混合硫化物矿物原料时（如用高价铁盐作浸出剂），易氧化的硫化矿物被高价铁盐分解，进入浸液中，氧化速率小的难氧化硫化矿物仍留在浸渣中，此时可用浮选法将其富集为相应的精矿。由于浸出时有富集和清洗矿物表面的作用，使渣中的硫化矿物的可浮性得到一定程度的改善，但浸渣一定要洗涤，以降低浮选矿浆中外来离子的干扰。如铜、钼、铋、铅、铁等混合硫化矿有时难以用浮选法获得单一精矿而互含严重时，可先用选择氧化酸浸法浸出，后用浮选法处理。如采用低浓度的高价铁盐溶液浸出易氧化的辉铋矿、方铅矿等，使黄铜矿、辉钼矿、黄铁矿等留在渣中，然后用浮选法获得铜、钼、硫的单一精矿，处理的原则流程如图9.2所示。

某钽铌矿的磁选尾矿主要含钽铌铁矿、铀细晶石、泡铋矿、锡石、曲晶石和锆英石等，脉石矿物主要为石英、长石、电气石等。密度大于4g/cm^{3}的矿物约占87%以上，该矿采用图9.3所示的试验流程可得到单一的铋、钽铌和锆英石精矿。该流程先用硫酸和氯化钠混合液浸出泡铋矿，然后用水解法从浸液中回收氯氧铋产品。浸渣分级进摇床脱酸，并获得部分钽铌精矿和丢弃部分尾矿，中矿主要含曲晶石和锆英石，84%的钽铌留在中矿中，可采用碳酸钠、水玻璃调浆，油酸钠作捕收剂浮选锆英石，槽内产品主要含铀细晶石，扫选泡沫产物再用磁选法分离锆英石和钽铌铁矿。按此流程可得铋含量为75%的氯氧铋，钽铌品位达30%的钽铌精矿和合格的锆英石精矿。

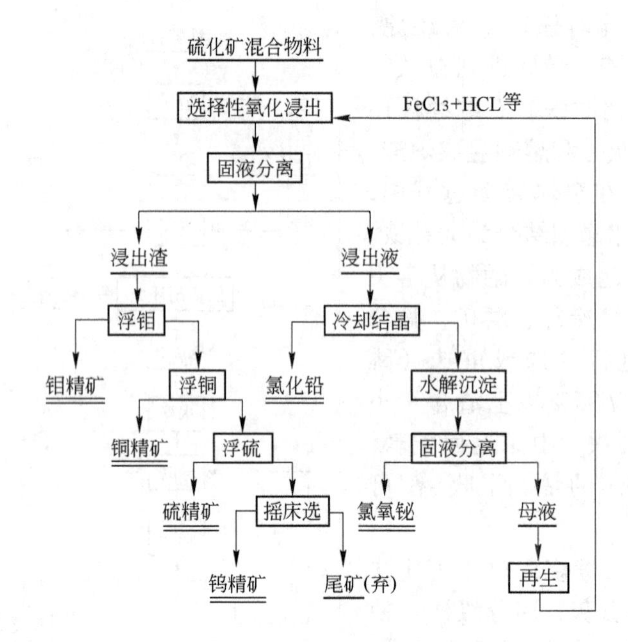

图 9.2 难选混合硫化矿的处理原则流程

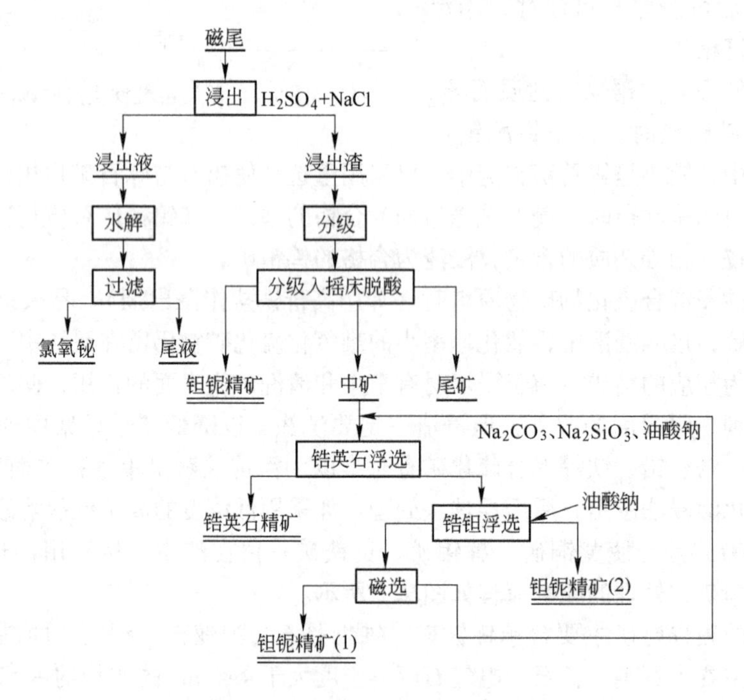

图 9.3 某钽铌矿磁尾处理原则流程

铜镍硫化矿是镍的主要矿物原料，处理的原则流程是浮选精矿经焙烧部分脱硫后送熔炼得铜镍锍，再吹炼得铜镍高锍，然后用缓冷却法结晶出人造矿物，磨碎后用磁选法得到带磁性的铜镍合金和非磁性的 Cu_2S 和 Ni_3S_2，用浮选法处理非磁性部分可得单一的铜精矿和镍精矿。用磁选法和浮选法处理铜镍高锍具有流程简单，精矿品位高等特点，铜精矿的铜品位为68%～74%，铜的回收率为85%～90%，镍精矿中镍的品位为67%～68%，镍的回收率为63%～73%，且铂族金属富集于磁性铜镍合金中，可从中回收铂族金属。

9.3 浸出—沉淀—浮选工艺

如前章所述，控制溶液的pH值，加入某些沉淀剂或用浓缩结晶的方法均可使某些组分呈难溶沉淀物的形态析出。在沉淀过程中常有共沉淀现象，所得沉淀物的品位较低。因此，常用离子交换法或萃取法预先对浸出液进行净化而后用沉淀法获得品位较高的精矿，此外也可用浮选法进行沉淀物分离以获得品位较高的单一产品。

沉淀—浮选工艺早已用于工业生产，浮选所用的浮选药剂制度主要取决于沉淀物的性质。若沉淀物为有色金属硫化物，一般可用黄药类捕收剂浮选。若有用组分呈氢氧化物或含氧酸盐的形态沉淀，则可采用羧酸类捕收剂浮选。用沉淀—浮选法所得精矿品位较沉淀-过滤法所得精矿品位高，互含较少。

难选氧化铜及混合矿石中的碳酸盐含量少及浮选指标不理想时，可用浸出—沉淀—浮选工艺（“L—P—F”法）处理，可得高品位的铜精矿，并可同时回收硫化铜矿物和伴生的贵金属。此工艺由碎磨、酸浸、置换沉淀、浮选等工序组成。原矿经碎磨后泥砂分别进行处理，酸浸时的硫酸浓度为0.5%～3%，酸耗视矿物组成而异，余酸浓度应小于0.05%～0.1%。已溶铜用铁（废铁、铁屑、海绵铁等）置换法沉淀析出，置换速度取决于置换铁的比表面积，铁耗与矿浆中的残余酸度有关。若酸度太高，置换前可用石灰中和。铁耗一般为每千克铜耗铁1.2～3.5kg，铁屑常过量10%～20%，以防止铜被氧化和重溶，置换应避免充气。浮选在pH值为3.7～4.5的酸介质中进行，以二硫代磷酸盐或双黄药为捕收剂，甲酚或松油为起泡剂，未溶的硫化铜矿物与金属铜一起上浮。氧化铜矿的浸出—沉淀—浮选工艺在国外有大量成功的应用实例，如美国比尤特选厂的工艺流程如图9.4所示，原矿含铜1.1%（其中0.18%为氧化铜），破碎后的矿石进入衬有耐酸材料的鼓式解磨机中，向解磨机中加硫酸至pH=2（1.5kg/t），解磨过程中有70%氧化铜转入溶液，浸液中铜的浓度达1.1g/L，矿浆经分级后沉砂和溢流分开处理。矿砂经二段磨矿后用双黄药（米涅列克）浮选，溢流用海绵铁置换沉淀，后用双黄药，松油和醇类起泡剂浮选，海绵铁用磁选法回收并循环使用。选厂附近建有硫酸厂，用黄铁矿精矿制酸，用黄铁矿烧渣制取海绵铁。

离子吸附型稀土矿用食盐或硫酸铵溶液浸出后，可用草酸沉淀法得草酸稀土沉淀物，经灼烧后得混合稀土氧化物，此法主要缺点是试剂耗量大，稀土回收率较低，成本较高。为了提高企业经济效益，可用碱（苛性钠或氨水等）使稀土呈氢氧化物从浸液中沉淀析出，然后在强碱性介质中用羧酸类捕收剂浮选稀土氢氧化物，泡沫产物中的氧化稀土含量可达43%以上（草酸稀土中仅25%左右），稀土回收率达99%。沉淀—浮选法不仅使稀土的回收率较高，而且改善了稀土氢氧化物的过滤性能。

在常用的硫化浮选和浸出—沉淀—浮选工艺的基础上创造了水热硫化—浮选工艺。此工艺处理难选氧化铜矿、混合矿和某些硫化铜矿均有较显著的效果。其特点是将浸出和沉淀结合在一起，在高温条件下将元素硫（硫化剂）氧化为S^{2-}和硫酸，再与氧化铜矿物或硫化铜矿物作用生成硫化铜，其反应可表示为：

$$4S + 4H_2O \longrightarrow 3S^{2-} + SO_4^{2-} + 8H^+$$

$$3CuCO_3 \cdot Cu(OH)_2 + 8S + 2H_2O \longrightarrow 6CuS + 2H_2SO_4 + 3H_2CO_3$$

$$3CuSiO_3 + 4S + 4H_2O \longrightarrow 3CuS + 3H_2SiO_3 + H_2SO_4$$

$$CuFeS_2 + 2S + 4H_2O \longrightarrow CuS + FeS_2 + 4H_2SO_4$$

$$Cu_5FeS_4 + 4S + 4H_2O \longrightarrow 5CuS + FeS_2 + 4H_2SO_4$$

由于氧化铜矿物被硫化生成 CuS，硫化铜矿物转变为 CuS，从而提高了铜矿物的浮选活性，故水热硫化为浮选创造了极有利的条件。

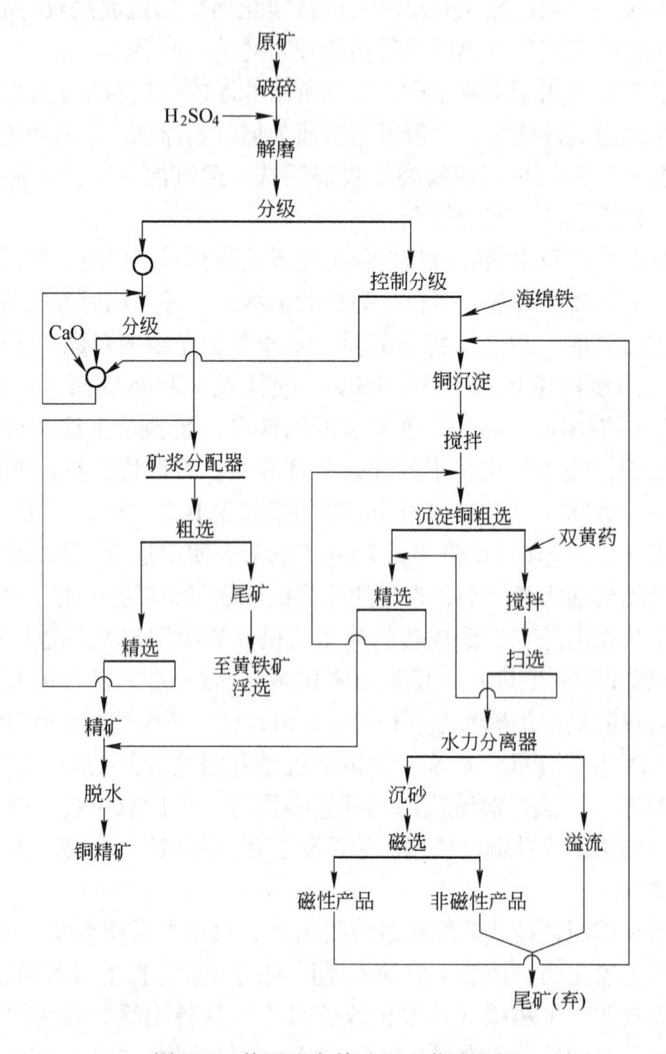

图 9.4 美国比尤特选厂工艺流程图

影响水热硫化浮选工艺的主要因素有硫化温度、矿石粒度、硫化剂用量、硫化时间、溶液 pH 值和浮选温度等。硫化温度是促使氧化铜矿物和硫化铜矿物转变为硫化铜的最主要因素。氧化铜的转化率和浮选回收率均随硫化温度的增大而增大（表 9.1）。水热硫化主要在矿物表面进行，由表及里地逐渐深入至矿粒内部，铜矿物的暴露程度及铜的浮选回收率均随矿石粒度的减小而增大，但精矿品位略有降低。

表9.1 硫化温度对铜物相的影响

水热硫化温度/℃	原矿含铜/%	结合氧化铜/%		自由氧化铜/%		硫化铜/%		矿石氧化率/%
		含量	占有率	含量	占有率	含量	占有率	
室温	0.619	0.198	32.00	0.282	45.53	0.139	22.47	77.53
160	0.586	0.104	17.73	0.022	3.75	0.460	78.52	21.48
180	0.598	0.072	12.04	0.029	4.85	0.497	83.11	16.89
200	0.607	0.070	11.52	0.026	4.28	0.511	84.20	15.80

注：水热硫化时间2h，液:固=1:1，硫量1.47倍，93% -0.074mm。

若使原矿中全部铜均变为硫化铜（CuS）时所需的硫量为其理论量，则适宜的硫化剂用量为其理论量的1～1.5倍。硫化剂用量小，硫化不足。硫量过高，矿浆中残存的S^{2-}过多，将抑制原有的和新生的硫化铜矿物的浮选，同样降低铜的浮选指标。硫化时间因矿石性质和硫化温度而异，如160℃时需1.5～2.0h，180～200℃时仅需0.5～1h，通常硫化2～4h即可。矿浆pH值一般以中性（pH=7.0）的硫化效果较好，硫化后矿浆pH值为6.3～6.5，腐蚀性较小。硫化后的矿浆冷至室温或在温水（40～50℃）条件下加药剂进行浮选。

水热硫化—浮选工艺对中条山铜矿峪铜矿石和东川汤丹铜矿石进行的试验表明，虽然原矿氧化率高、结合率高、铜矿物嵌布粒度细，直接浮选指标相当低，但当矿石磨至95% -0.074mm，硫化剂用量为理论量的1～1.5倍时，在180℃条件下硫化2～4h，然后进行温水浮选，可获得铜品位为20%、铜回收率为88%的铜精矿。与直接浮选比较，铜回收率约提高20%，精矿品位约提高10%。对不同矿样的对比试验表明，不仅处理极难选的氧化铜矿石可提高15%～20%的铜回收率，而且对一般的氧化矿、硫化矿和混合矿也可提高5%～10%的铜回收率（表9.2）。因此，该工艺对矿石的适应性较好，在矿石性质多变条件下仍可保持较稳定的技术经济指标。

表9.2 不同矿样直接浮选与水热硫化—浮选试验指标

矿样	原矿品位/%	氧化率/%	结合率/%	浮选工艺	铜品位/%		铜回收率/%	
					精矿	尾矿	精矿	精矿+中矿
极难选氧化矿	0.42	94.5	62.7	直接浮选	9.48	0.295	18.4	32.9
				水热硫化（130℃，2h）浮选	7.86	0.251	35.2	46.9
				水热硫化（180℃，1h）浮选	8.97	0.226	38.2	56.0
易选氧化矿	0.63	70.0		直接浮选	23.14	0.118	66.0	85.2
				水热硫化（130℃，2h）浮选	21.25	0.092	71.0	88.9
				水热硫化（180℃，1h）浮选	30.30	0.083	71.0	88.9
硫化矿	0.38	17.8	微	直接浮选	24.65	0.071	74.9	82.9
				水热硫化（130℃，2h）浮选	20.00	0.034	83.2	92.4
				水热硫化（180℃，1h）浮选	20.70	0.036	85.9	92.9
混合矿	0.78	21.4	2.3	直接浮选	10.01	0.114	80.8	86.8
				水热硫化（130℃，2h）浮选	14.59	0.101	81.6	88.1
				水热硫化（180℃，1h）浮选	15.23	0.082	86.4	90.3

9.4　离子浮选

离子浮选是利用捕收剂与溶液中的金属离子形成可溶性配合物或不溶性沉淀物，使金属离子附着于气泡上浮为泡沫产品的工艺过程。可用此工艺从溶液中分离、提纯和回收某些有用组分。目前已成功地用于从选厂和冶炼厂废水中提取铜、镉、钼、钨等有用组分，从海水及其他稀溶液中提取贵金属、稀散元素、铀、锶等的研究工作也取得了相当大的进展。

与常规的矿物浮选相似，离子浮选用的捕收剂也是表面异极性物质，常见的极性基团为—OH、—COOH，$—SO_3H$，$—OSO_3H$，$—OPO_3H$，$—PO_3H$，$—NH_2$，═N，≡N，$≡N^+$，—CO（酮，醛基）等，非极性基为烷烃或芳烃。离子浮选时，金属离子呈可溶性配合物形态附着于气泡上浮称为泡沫（Foam）离子浮选，金属离子呈难溶化合物形态附着于气泡上浮的称为浮渣（Scum）离子浮选。

泡沫离子浮选用的捕收剂是水溶性的，它以石蜡、烯烃、乙醇、脂肪酸、聚羧酸等强疏水物质作为捕收剂的母体，在适当位置加入氨基、亚氨基等亲水基团使其成为水溶性捕收剂。捕收作用是由于极性基及捕收剂中的氮原子与金属离子配位后形成稳定的可溶性配合物使其附着于气泡上，随气泡上浮为泡沫产品，以达到分离回收金属离子组分的目的。

浮渣离子浮选时的不溶或难溶化合物可有三种形态：

（1）可溶性捕收剂与金属离子生成沉淀物，这是浮渣离子浮选的主要形式。如用黄药类捕收剂浮选重有色金属离子时生成难溶的黄原酸盐，沉淀物附着于气泡上浮至液面，随着泡沫的破裂，金属离子则富集于浮渣中。

（2）固态羧酸类捕收剂与目的离子产生皂化反应使其固着于捕收剂表面。如硬脂酸、棕榈酸等固态羧酸类捕收剂在适宜条件下可选择性地与某些金属离子产生皂化反应，从而达到分离目的离子的目的。如在适宜的碱性液中，可用羧酸捕收剂从含大量铁离子的溶液中浮选铜离子，铁呈氢氧化物沉淀并逐渐转变为亲水的复杂羟基化合物。但固态羧酸捕收剂不能混有液态的油酸、环烷酸等捕收剂，否则它们将吸附于铁羟基水合物表面而使其疏水并混入泡沫产品中，使铜铁分离的选择性遭到破坏。

（3）乳浊状脂肪酸捕收剂与目的离子生成脂肪酸盐而使目的离子附着于油滴上。如将含碳 11 ~ 18 的饱和脂肪酸（或其钠盐）乳化为 0.3 ~ 2μm 的乳滴，在适宜条件下可选择性地与目的离子产生离子交换反应，使目的离子附着于油滴上而达到分选的目的。

金属离子与捕收剂结合的难易与捕收剂类型、溶液 pH 值、气泡特性及捕收剂与金属离子的配合配位特性等因素有关，在一定程度上还与浮选设备的结构特性有关。这些因素的影响较复杂，一般须通过试验才能确定其适宜值。

选择离子浮选捕收剂时除参考矿物浮选时选择捕收剂的原理和原则外，还须考虑离子浮选的许多特点，不仅应考虑目的离子、共存离子和溶液的特性，而且还应考虑捕收剂的价格、循环使用、环境污染和泡沫特性等因素。根据报道的资料，某些离子浮选用的捕收剂列于表 9.3 中，可供选用时参考。离子捕收剂的用量常为其理论量的 1 ~ 1.5 倍，具体用量随液中目的离子浓度而异。液中捕收剂的浓度不应超过其形成胶束分子团的临界浓度（表 9.4）。当液中捕收剂的浓度超过其临界浓度时，几十个捕收剂分子聚在一起形成乳滴状胶束分子团，其表面具有很强的亲水性而难以浮选。形成胶束的临界浓度随捕收剂碳链的增长而下降，且随捕收剂中支链数目的增加而增大。

表 9.3 某些离子浮选用的捕收剂

离子捕收剂	选别离子	离子捕收剂	选别离子
烷基磺酸盐	镍、钴、铜、镉、汞等	聚乙胺	镉、铬、锰、汞
烷基芳基磺酸钠	铜	月桂酸钾	铜、铜氨配离子
十二苯磺酸钠	铜	十六烷基吡啶	铁、锌盐配离子
十六烷基聚胺	铜、镉	双十二烷基二甲基胺	亚铁氰离子、铁氰酸离子
硝基烷基胺	钼	氯化物	
十六烷基胺	钼	十二烷基铵氯化物	铬酸离子、钒酸离子、银氰离子
棕榈酸钠	钴、钴氨配离子	O-羟基苯丁基苯磺	锶
硫酸化脂肪酸	镍、镍氨配离子	酸钠	
月桂酸吡啶氯化物	钴氰配合物	十六烷基三甲基溴	铁氰离子、络酸离子
十二烷基丙二酸二钠	镉、锌、镍	化胺	
十六烷基丙二酸二钠	辛基癸基醋酸胺	铯	
十八烷基丙二酸二钠	油酸钠	铈、钇、锆	
α-硫代烷基酸	锌、铅、镍	癸酸钾	钪、镧
	双羟酸	铀	
	锌、铅、镍	季胺氯化物	铀
	十八碳季胺氯化物	铟	
	锶、铝、钒、镁、钙、钡	黄原酸	重有色金属离子

表 9.4 某些离子捕收剂形成胶束的临界浓度

捕 收 剂	分 子 式	形成胶束分子团的临界浓度/mol
月桂酸钾	$C_{11}H_{23}COOH$	0.02
十二烷基酸钾	$C_{12}H_{25}COOK$	0.006
十二烷基胺氯盐	$C_{12}H_{25}NH_3Cl$	0.03
十二烷基硫酸钠	$C_{12}H_{25}OSO_3Na$	0.006
十六烷基硫酸钠	$C_{16}H_{33}OSO_3Na$	0.0004
油酸钾	$C_8H_{17}CH=CH(CH_2)_7COOK$	0.01

溶液的 pH 值直接影响捕收剂与金属离子所形成的化合物的稳定性和溶解度，捕收剂耗量及浮选泡沫稳定性等。离子捕收剂与离子化合时要求某一特定的 pH 值，如从废液中除铅（铅含量为 10mg/L），以戊基黄药作捕收剂，当 pH 值为 3~4 时，生成的黄原酸铅凝聚进入泡沫产品，铅脱除率达 90% 以上，但当溶液 pH 值升至 5 时，黄原酸则分散，浮选速度下降，脱除率即降至 50%，因此，控制溶液 pH 值是进行选择性离子浮选的有效手段之一。

离子浮选时，捕收剂与离子的化合物常呈单分子层黏附于气泡表面，所需气泡表面积较矿物浮选时大得多。设气泡平均直径为 $r$cm，捕收剂分子的横截面积为 $20\times10^{-20}m^2$（$20\times10^{-16}cm^2$），则吸附 1g 分子捕收剂所需的气泡总面积为：$N\times20\times10^{-16}cm^2$（$N$ 为阿伏加德罗常数）。若捕收剂分子全部吸附于气泡表面，则气泡的总表面积至少应等于捕收剂分子的横截面积的总和，即：

$$n\times4\pi r^2=N\times20\times10^{-16}$$

$$n=\frac{20N\times10^{-16}}{4\pi r^2}=\frac{6.02\times10^{23}\times20\times10^{-16}}{4\pi r^2}$$

$$=9.58\times10^7\times\frac{1}{r^2}$$

吸附1g分子捕收剂所需气泡总体积（V）为：

$$V=n\times\frac{4}{3}\pi r^3=9.58\times10^7\times\frac{1}{r^2}\times\frac{4}{3}\pi r^3=4\times10^8 r\mathrm{cm}^3$$

因此，离子浮选所需空气量与气泡的半径呈线性关系，气泡愈小，所需空气量愈小。离子浮选要求有较大的气泡表面积，但应避免因空气量大引起溶液剧烈搅动。因此，创造小而均匀弥散的气泡是离子浮选的必要条件。

此外，溶液温度、离子浓度和中性盐含量等对离子浮选也有不可忽视的影响。

目前，离子浮选的捕收剂用量较大，成本较高，进行捕收剂再生是解决此问题的重要措施之一，这方面的研究工作近几年来取得了相当的进展。

（1）黄药类捕收剂的再生：

目前主要采用两种方法：

1）硫化法回收黄原酸根离子：采用硫化钠与泡沫中的黄原酸盐作用，其反应为：

$$\mathrm{Me(RX)_2+S^{2-}=\!=\!=MeS\downarrow+2RX^-}$$

图9.5为含铜镉废液脱铜、脱镉及黄药再生流程，黄原酸根的回收率可达90%以上。

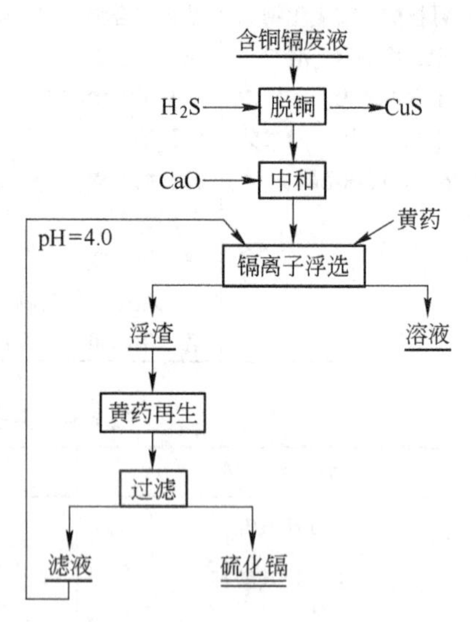

图9.5　含铜镉废液处理流程

2）碱法回收黄原酸根离子：采用苛性钠与黄原酸盐作用，其反应为：

$$\mathrm{Me(RX)_2+2OH^-=\!=\!=Me(OH)_2\downarrow+2RX^-}$$

将料浆过滤可回收重有色金属氢氧化物，含黄原酸根的滤液可返回再用，黄原酸根的回收率可达90%左右。

（2）阳离子胺类捕收剂的再生：用苛性钠溶液热处理泡沫产品，使捕收剂与离子形成的化合物分解。如处理钼离子浮选泡沫的反应为：

$$\mathrm{(RNH_3)_5HMo_7O_{24}+14OH^-=\!=\!=7MoO_4{}^{2-}+5RNH_2+10H_2O}$$

在高碱介质中，分子胺化物不与钼离子反应，不溶于水而浮于液面形成有机相，钼离子进入溶液。有机相经盐酸处理可使胺类捕收剂再生，可返回使用。

（3）固体羧酸捕收剂的再生：浮渣过滤后得到羧酸盐，加酸处理，金属离子进入溶液，不溶脂肪酸可直接返回使用。以铜离子浮选为例，其反应为：

$$\mathrm{(RCOO)_2Cu+H_2SO_4=\!=\!=CuSO_4+2RCOOH}$$

浮渣经硫酸处理后，溶液中的铜含量较原液高20~25倍。

离子浮选用浮选机除应满足矿物浮选用浮选机的一般要求外，还应满足充气量大，气泡弥散性能好及液流平稳等特殊要求。因此，矿物浮选用浮选机难以满足离子浮选的技术要求。自20世纪70年代以来，日本相继研制了适于离子浮选的新型机械搅拌式纳格姆浮选机，起泡器浮选机和浮选柱，苏联研制的充气搅拌式浮选机也已用于工业生产，这些离子浮选机均有各自的特点。

离子浮选工艺已成功地用于污水净化和从稀溶液中提取某些有用组分，与前述的离子交换、溶剂萃取等净化法比较，它具有选择性好、分选效率和富集比高等特点。但离子浮选用捕收剂目前仍较昂贵，用量也较大，从而限制了它的应用和推广。因此，研制高效价廉的离子浮选捕收剂和进一步完善捕收剂的再生技术是进一步发展离子浮选技术的关键。随着高效价廉捕收剂的研制成功、再生技术的完善及浮选设备及控制技术的不断改进，离子浮选的应用范围定将不断扩大，不仅在污水净化和从浸出液中提取有用组分方面将日益获得推广，而且可能成为从海水中提取铀、锶等金属组分的有效手段。

10 钨矿物原料的化学选矿

10.1 概述

钨在地壳中的含量较少，其重量百分数为$1\times10^{-4}\%$，目前已知的天然钨矿物约20种，其中大部分是钨酸盐，但只有黑钨和白钨两种矿物具有工业价值。处理钨矿石时，因黑钨密度大而用重选法富集，白钨因其可浮性较好而用浮选法富集。除钨外，钨矿石中常伴生有锡石、辉铋矿、泡铋矿及铜、铅、锌、钼、铁的硫化矿等有用矿物，脉石矿物以石英为主。因此，处理钨矿石时常采用联合流程，流程中除包括常用的重选、磁选、浮选、浮游-重选和电选等物理选矿方法外，还包括化学选矿法，以保证钨精矿质量和综合回收伴生的有用组分。

进入选厂的钨矿石中除含原生矿泥外，因钨矿物性脆，在破碎、运输等过程中不可避免地会产生相当数量的次生细泥，常用的物理选矿法回收钨细泥的效率较低，有时虽采用较复杂的流程也难以使细泥产品达到钨精矿质量标准而呈低品位钨精矿，富尾矿或中矿的形式产出。同时，钨矿石选矿加工过程中还产出相当数量的难选中间产品（如钨锡中矿、含钨铁砂、混合硫化矿等）。为了回收这些产品中的钨和综合回收其他有用组分，也需采用物理选矿和化学选矿的联合流程。

10.2 钨粗精矿除杂

根据钨精矿质量标准，钨精矿中除三氧化钨含量一般应大于65%外，其他有害杂质的含量也应低于相应的标准，特级钨精矿的质量要求还要高。对粗粒钨精矿而言，一般用物理选矿方法可保证其中三氧化钨的含量达到质量标准，但精矿中的某些有害杂质（如Sn、Cu、As、P、Mo、S等）的含量常超过标准值。生产中除用较经济的物理选矿法反复精选以降低精矿中的有害杂质含量外，有时还需采用化学选矿的方法除去精矿中的有害杂质，以提高钨精矿质量等级和综合利用所含的某些有用组分。

钨矿石中的锡常呈锡石形态存在。它呈单体存在时可用强磁选和电选的方法使其分别与黑钨矿及白钨矿分离。实践中物理选矿法所得的钨精矿含锡量过高，究其原因可能是锡石表面不同程度地被铁氧化物所污染，锡石与钨矿物紧密共生而未单体解离，锡石本身铁质含量高而具磁性或被机械夹带而进入钨精矿中。若锡石表面被铁磁性物质污染，可采用酸洗-磁选的方法进行钨锡分离。若因其他原因含锡过高，则酸洗-磁选的方法降锡的效果差，甚至会降低钨的回收率。高温还原焙烧（1100℃）虽可使锡石挥发，但此时黑钨矿也剧烈离解，所以一般用酸洗-磁选法或高温还原焙烧法难于达到降锡的目的。

锡石较难被直接氯化，但在还原剂存在的条件下，锡及其氧化物（硫化物）易被氯化，生成易挥发的氯化亚锡。生产中常用固体氯化剂对超锡的钨粗精矿进行氯化焙烧，使锡挥发以达到降锡的目的。过程的主要反应为：

$$SnO_2 + CaCl_2 + C \xrightarrow{850℃} SnCl_2\uparrow + CaO + CO\uparrow$$

$$2FeWO_4 + 2CaO + \frac{1}{2}O_2 \longrightarrow 2CaWO_4 + Fe_2O_3$$

$$6FeWO_4 + 6CaCl_2 + \frac{3}{2}O_2 \longrightarrow 6CaWO_4 + 4FeCl_3 + Fe_2O_3$$

$$SnO_2 + 2NH_4Cl + 3C + O_2 \xrightarrow{830℃} SnCl_2\uparrow + 2NH_3\uparrow + 3CO + H_2O$$

常用的固体氯化剂中，氯化钠会使钨矿物转变为水溶性的钨酸钠，氯化钙的运输较困难和会增加钨精矿中的钙含量。因此，钨粗精矿氯化焙烧除锡时常用的氯化剂为腐蚀性小且易回收的氯化铵、氯化铁等。为了保证氯化反应在还原气氛中进行，配料时须加入一定数量的木炭粉或锯木屑。焙烧时氯化铵的加入量视钨精矿中锡含量的不同而异。氯化焙烧温度为850℃左右，过程可在反射炉或回转窑中进行。为了提高脱锡效率，氯化焙烧2~4h后可再翻料一次，保温一段时间以进行氧化焙烧，脱锡率可达90%以上，钨精矿中的锡含量可降至0.2%以下。某矿钨粗精矿氯化焙烧降锡时的配料比列于表10.1中。

表10.1 某矿钨粗精矿氯化焙烧除锡的配料比

锡含量/%	木屑用量/kg	NH_4Cl/kg	矿量/kg	还原焙烧时间/h	氧化焙烧时间/h
1~2	10~20	12	175	2	2
3	10~20	20	175	3	3
4	10~20	24	175	4	4
5	10~20	28	175	4	4

砷在钨矿石中主要呈毒砂（FeAsS）、雄黄（AsS）、雌黄（As_2S_3）、白砒石（As_2O_3）和各种砷酸盐的形态存在。生产中常用枱浮和浮选的方法脱除大部分硫化砷，但因夹杂、连生及含有少量氧化砷等原因，钨精矿中的砷含量常超标。钨粗精矿精选时常用弱氧化焙烧或还原焙烧的方法脱砷。焙烧前配料时据原料中的砷含量高低加入为原料重量的2%~6%的木炭粉或煤粉，在700~800℃的温度下焙烧2~4h，焙烧脱砷在反射炉或回转窑中进行。若加木炭粉达不到脱砷要求时可加入少量的硫黄。过程的主要反应为：

$$2FeAsS + 6O_2 + C \longrightarrow As_2O_3 + Fe_2O_3 + 2SO_2 + CO_2$$

$$2As_2S_3 + 10O_2 + C \longrightarrow 2As_2O_3 + 6SO_2 + CO_2$$

$$Fe_3(AsO_4)_2 + C \longrightarrow As_2O_3 + 3FeO + CO_2$$

$$CaO\cdot As_2O_5 + C \longrightarrow As_2O_3 + CaO + CO_2$$

砷的低价氧化物（As_2O_3）为易挥发物，500℃时的蒸气压可达98066.5Pa（1atm）。高价砷氧化物（As_2O_5）的挥发温度大于1000℃，较难挥发。部分低价砷氧化物在氧化剂及接触剂（SiO_2、Fe_2O_3等）的作用下易氧化为不挥发的高价砷氧化物。提高温度和增大空气过剩量可促进高价砷氧化物的生成。高价砷氧化物可与某些碱性氧化物生成稳定的砷酸盐：

$$As_2O_3 + SiO_2 + O_2 \longrightarrow As_2O_5 + SiO_2$$

$$FeO(CaO) + As_2O_5 \longrightarrow FeO\cdot As_2O_5(\text{或 } CaO\cdot As_2O_5)$$

因此，用焙烧法脱砷宜在弱氧化气氛或还原气氛中进行，此时可使砷呈低价砷氧化物挥发，并可使高价砷氧化物（氧化物或砷酸盐）还原为低价砷氧化物，从而可提高脱砷率。

磷在钨精矿中常呈磷酸盐（磷灰石、磷钇矿等）形态存在。若呈磷灰石存在，可采用稀盐酸浸出的方法除磷。如某厂采用1:(3~5)的稀盐酸作浸出剂，粗粒钨精矿用渗浸法，粉状细粒钨精矿用搅浸法，可使钨精矿中的杂质磷含量降至0.05%以下。若磷呈磷钇矿、独居石等形态存在，用稀盐酸浸出无法达到降磷目的。如某厂钨精矿中的磷长期超标，无法用稀盐酸降磷，后查明磷呈磷钇矿形态存在，该厂采用浮磷抑钨的方法（用甲苯砷酸和油酸混合捕收剂，草酸作抑制剂、碳酸钠作调整剂）达到了降磷目的，并综合回收了磷钇矿精矿。

钨粗精矿中的钼常呈辉钼矿和钼氧化物（钼酸钙、钼华等）形态存在。若钼呈辉钼矿形态存在，可用次氯酸钠溶液浸出法除钼，浸出宜在低于40℃的温度下进行，此时铁、铜硫化物的氧化速度比辉钼矿小，具有较高的选择性。若钼呈氧化矿物形态存在，欲降低钨精矿中的钼含量则相当困难，目前尚无经济有效的方法，一般可用酸浸或碱浸的方法处理，如用20%~30%的盐酸在加热条件下可使全部钼酸盐转变为易溶于盐酸的钼酸钙，部分铜及部分钨也转入溶液中，钨的酸溶量随盐酸浓度和温度的增加而增加。

钨粗精矿中的铜若呈硫化物形态存在，可用浮选或枱浮的方法将其除去。

采用上述方法除去某一杂质时，皆可伴随除去相当部分的其他杂质。如氯化焙烧降锡或还原焙烧除砷时均可除去相当量的硫。酸浸法除钼、磷时，可除去相当量的钙、铋、铜等杂质，有时可从酸浸液中综合回收铋。用次氯酸钠溶液除钼时，可除去部分铜、砷硫化物等。

钨精矿中其他杂质超标的情况较少见，一般采用物理选矿法多次精选和采用上述化学处理的方法除杂，可使钨精矿中的有害杂质含量降至标准规定值以下。

10.3 低品位钨矿物原料的化学处理

钨选厂除产出合格钨精矿外，一般均产出钨含量达不到质量标准的低品位钨精矿，其中钨含量较低（含 WO_3 为5%~30%）、其他杂质（如Si、As、P、Mo、Sn等）的含量较高。属于这类产品的主要有低品位钨细泥精矿、钨锡中矿、含钨铁砂及其他难选的含钨中间产品。此类产品除不得已掺和一部分出厂外，一般是用化学选矿方法处理，使钨呈钨酸钠，合成白钨、仲钨酸铵、钨酸或三氧化钨的形态出售，并可从浸出渣中综合回收其他有用组分。

低品位钨矿物原料化学处理的原则流程如图10.1所示。处理过程可分为原料准备、矿物分解、浸出液净化和生产化学精矿等作业。

10.3.1 原料准备

合成白钨的质量标准与钨矿物精矿相同，仲钨酸铵、钨酸和三氧化钨主要用于生产硬质合金和金属钨，为了保证化学精矿的质量，原料中的杂质含量应低于一定值，如砷不应大于0.3%~0.5%，硫不应大于1.3%~1.5%。原料中的砷大于1.5%时可用浮选法除去，当0.5%<As<1.5%时，可用还原焙烧法除去。硫含量高时可用浮选法或焙烧法将其除去。若用焙烧法除硫砷时，一般采用先除硫后除砷的顺序。其他杂质含量高时也应设法在准备阶段将其降至一定值。

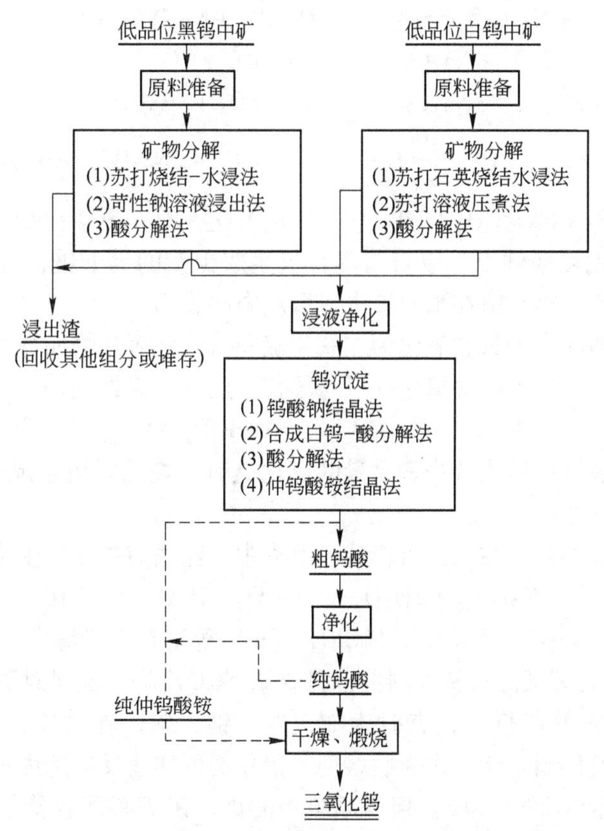

图 10.1 低品位钨矿物原料化学处理原则流程图

为了提高分解效率，矿物分解前照例应将其磨细，磨细粒度视后续的分解方法和原料特征而定。如苏打烧结法需磨至 100~150 目以下，直接浸出时须磨至 200~300 目以下。

10.3.2 矿物分解

工业上分解钨矿物的主要方法为：苏打烧结-水浸法、苏打溶液压煮法、苛性钠溶液浸出法和酸分解法。分解方法的选择主要取决于钨矿物原料特性和现场的具体条件。

10.3.2.1 苏打烧结-水浸法

它是常用的分解钨矿物原料的方法之一，适于处理含少量石英的低品位黑钨原料，如钨细泥、含钨铁砂、钨锡中矿等，也可用于处理含少量石英的低品位白钨原料。烧结时使不溶于水的黑钨矿和白钨矿与苏打作用生成水溶性的钨酸钠，水浸烧结块使钨转入溶液中，固液分离即可除去不溶杂质。黑钨原料的烧结温度约 700~850℃，白钨原料约 860℃。炉料间的主要反应为：

$$FeWO_4 + Na_2CO_3 + \frac{1}{4}O_2 \longrightarrow Na_2WO_4 + \frac{1}{2}Fe_2O_3 + CO_2\uparrow$$

$$MnWO_4 + Na_2CO_3 + \frac{1}{4}O_2 \longrightarrow Na_2WO_4 + \frac{1}{2}Mn_2O_3 + CO_2\uparrow$$

$$MnWO_4 + Na_2CO_3 + \frac{1}{6}O_2 \longrightarrow Na_2WO_4 + \frac{1}{3}Mn_3O_4 + CO_2\uparrow$$

$$CaWO_4 + Na_2CO_3 + SiO_2 \longrightarrow CaSiO_3 + Na_2WO_4 + CO_2\uparrow$$

$$SiO_2 + Na_2CO_3 \longrightarrow Na_2SiO_3 + CO_2\uparrow$$

$$Ca_3(PO_4)_2 + 3Na_2CO_3 \longrightarrow 2Na_3PO_4 + 3CaCO_3$$

$$MoS_2 + 3Na_2CO_3 + \frac{9}{2}O_2 \longrightarrow Na_2MoO_4 + 2Na_2SO_4 + 3CO_2\uparrow$$

$$As_2S_3 + 6Na_2CO_3 + 7O_2 \longrightarrow 2Na_3AsO_4 + 3Na_2SO_4 + 6CO_2\uparrow$$

在800~900℃温度条件下，锡石与苏打仅生成少量的锡酸钠，且反应速度慢，可认为不发生作用。因此，锡石留在水浸渣中，可从中回收锡石。

原料含有的硫砷尚有少量被氧化为二氧化硫和低价砷氧化物而挥发。

当苏打过量时，反应生成的氧化铁可与苏打作用生成亚铁酸钠：

$$Fe_2O_3 + Na_2CO_3 \longrightarrow 2NaFeO_2 + CO_2\uparrow$$

原料中含有较多量的钙化合物和足量的氧化硅时，烧结时可生成难溶于水的硅酸钙，可降低水浸时钙的有害影响。

上述反应中生成的钠盐在水浸时皆转入溶液中，亚铁酸钠则发生水解：

$$2NaFeO_2 + 2H_2O \longrightarrow Fe_2O_3 \cdot H_2O + 2NaOH$$

烧结块中的Fe_2O_3、Mn_3O_4、Mn_2O_3、$CaSiO_3$、SnO_2等留在水浸渣中。

图10.2为某厂处理低品位钨原料的苏打烧结-水浸流程。配料时除加入为三氧化钨理论量的130%~150%的苏打外，有时为加速铁、锰、硫、砷的氧化还须加入为炉料量3%~8%的硝石作氧化剂，食盐作为助熔剂和稀释剂可加速反应速度和降低苏打用量，加入食盐量常为炉料量的2%~3%。但当原料中的锡、铋等有回收价值时，应少加或不加食盐以免锡、铋等被氯化挥发而造成损失。原料中的氧化硅含量高时，苏打用量也应相应提高。因此，含硅高的黑钨矿物原料不宜用苏打烧结-水浸法分解。原料中硫砷含量低时，也可不加氧化剂。

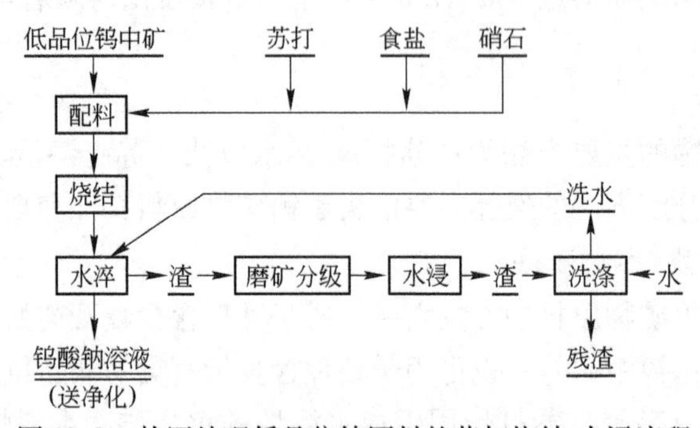

图10.2 某厂处理低品位钨原料的苏打烧结-水浸流程

处理白钨原料时需加入适量的石英砂以免生成难溶的钨酸钙，炉料中的CaO/SiO_2比以2.5为宜，反应为：

$$CaWO_4 + Na_2CO_3 + \frac{1}{2}SiO_2 \longrightarrow Na_2WO_4 + \frac{1}{2}Ca_2SiO_4 + CO_2$$

$$CaWO_4 + Na_2CO_3 + SiO_2 \longrightarrow Na_2WO_4 + CaSiO_3 + CO_2$$

根据处理量的大小，烧结作业可在反射炉或回转窑中进行。配料时应混匀，料层不宜太厚，烧结温度一般为750~850℃，温度低反应无法进行，温度过高则使炉料熔化。在

750～850℃条件下，烧结块呈疏松体，不熔化，一直保持块状，碱、盐和钨酸盐产生利于反应的液相，可加速反应的进行。苏打烧结钨矿物原料的反应为不可逆反应，故反应时间愈长反应愈完全，一般烧结两小时左右。操作时应经常翻动炉料（反射炉）以使炉料受热均匀和增加空气的捕收量，翻料时应做到前炉翻透后炉翻松。

烧结完后将烧结块耙出，冷却后磨至一定粒度再送去水浸。也可将烧结块直接耙入水淬槽粉碎和浸出，水淬后的粗粒再磨至一定粒度（－0.074mm）后送去水浸。钨酸钠易溶于水（表10.2），当浸出液中三氧化钨含量达160～180g/L（溶液密度为1.18～1.20g/cm^3）时可送去净化。浸渣洗涤后废弃或送去回收其他有用组分。水浸液和洗水中三氧化钨含量低于130g/L时返至水淬槽或浸出槽。

表10.2 钨酸钠在水中的溶解度 (%)

项目	温度								
	－5℃	0℃	5℃	6℃	10℃	20℃	40℃	80℃	100℃
溶解度	30.6	35.4	41.0	41.8	41.9	42.2	43.8	47.4	49.2
（以无水盐计）	$Na_2WO_4 \cdot 10H_2O$			$Na_2WO_4 \cdot 2H_2O$					

10.3.2.2 苛性钠溶液浸出法

采用35%～40%浓度的苛性钠溶液在常压加温至110～120℃，在加压的条件下浸出磨细的钨矿物原料，可使钨呈钨酸钠转入浸出液中。所得浸液可用两种方法处理：一是直接稀释至密度为1.3g/cm^{3}后送去净化；二是将其蒸浓至密度为1.45g/cm^{3}左右析出钨酸钠晶体，结晶母液返至浸出作业，结晶体水溶后送去净化。与苏打烧结-水浸法比较，此法流程简单，投资少，可处理硅含量较高的钨细泥和钨锡中矿等钨矿物原料。

常压下苛性钠溶液浸出白钨矿的反应为可逆反应，应采用苛性钠和硅酸钠的混合溶液作浸出剂才能获得满意的浸出结果。当白钨原料中含有相当量的氧化硅时，可采用单一的苛性钠溶液作浸出剂。因苛性钠与氧化硅反应可生成硅酸钠。

某厂采用苛性钠溶液浸出来自选厂的磨浮溢流、细粒磁选杂砂、磁选收尘粉尘和焙烧烟尘等含钨原料，生产氧化钨粉。浸出工艺流程如图10.3所示。原料化学组成列于表10.3。溢流砂可直接送浸出，中矿杂砂需再磨至90%－0.074mm。按图示条件浸出，钨的浸出率达93%以上（表10.4），稀释澄清后的浸出液密度为1.2～1.28g/cm^3，其中含有较多量的苛性钠。为了提高产品质量、降低净化作业的试剂耗量及回收浸液中的苛性钠，净化前浸液先浓缩结晶。钨酸钠的结晶率随浸液密度的增大而增大，试验表明，密度为1.45～1.48g/cm^{3}是较好的结晶条件。操作时将浸液加热蒸浓至密度为1.45g/cm^3，开始析出晶体时即停止加热，静止冷却结晶30h，钨酸钠的结晶率可达70%以上（表10.5）。结晶母液含180～200g/L苛性钠和70～100g/L氧化钨，将其返回浸出作业，可回收85%以上的苛性钠。

苛性钠溶液浸钨时其他组分的浸出率和结晶率均较低，钨酸钠晶体用纯水或后续的硅砷渣洗水溶解后可得到较纯净的钨酸钠溶液，为净化作业创造了较好的条件。因此，苛性钠溶液浸出法正日益取代苏打烧结-水浸法，为愈来愈多的钨选厂所采用。

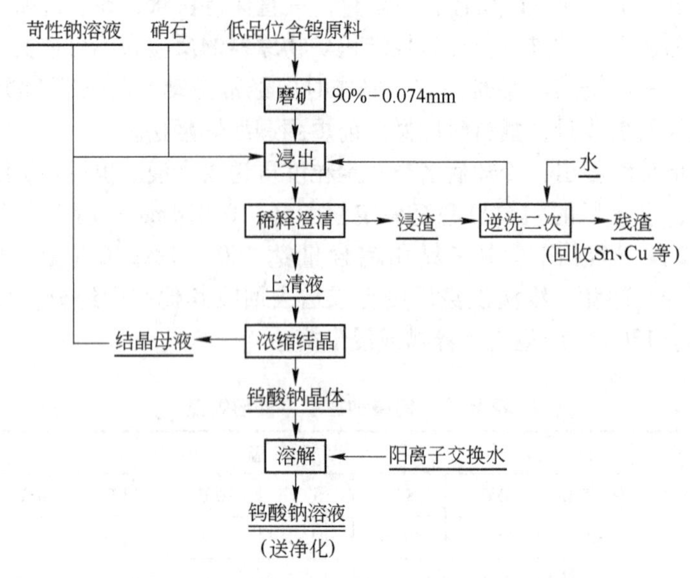

图 10.3　某厂苛性钠溶液浸出含钨原料工艺流程

表 10.3　某厂含钨原料化学组成

原料来源	WO_3/%		其他元素/%		
	总　量	白　钨	Cu	Sn	S
磨浮溢流	20.0	13.0	5.59	2.30	7.68
混合溢流	30.0	13.1	3.24	4.36	5.80

原料来源	其他元素/%				
	SiO_2	As	P	Mo	Ca
磨浮溢流	28.00	0.60	0.70	0.02	6.64
混合溢流	14.00	0.35	0.36	0.02	6.98

表 10.4　各元素浸出率

元　素	WO_3	Sn	Cu	S
浸出率/%	93 ~95	7 ~13	3 ~7	33 ~46

元　素	SiO_2	As	P	Ca	Mo
浸出率/%	12 ~20	22 ~28	8 ~20	16 ~25	17 ~27

表 10.5　钨酸钠溶液中各元素的结晶率　　(%)

Na_2WO_4（溶液密度为1.45）	NaOH	SiO_2	As	Sn	Cu	P	S
65 ~74.8	6.6 ~13.8	9 ~16	13.00	20.00	6.00	10.70	37.00

10.3.2.3　酸分解法

酸分解法可用于处理白钨矿和黑钨矿两种原料，采用32% ~38%的浓盐酸或硝酸作浸出剂在100℃左右的温度下直接分解钨矿物原料。过程主要反应为：

$$FeWO_4 + 2HCl \longrightarrow H_2WO_4 \downarrow + FeCl_2$$

$$MnWO_4 + 2HCl \longrightarrow H_2WO_4 \downarrow + MnCl_2$$
$$CaWO_4 + 2HCl \longrightarrow H_2WO_4 \downarrow + CaCl_2$$
$$SiO_2 + HCl + H_2O \longrightarrow H_2SiO_3 + HCl$$
$$Fe_2O_3 + 6HCl \longrightarrow 2FeCl_3 + 3H_2O$$
$$Al_2O_3 + 6HCl \longrightarrow 2AlCl_3 + 3H_2O$$
$$Ca_3(PO_4)_2 + 6HCl \longrightarrow 2H_3PO_4 + 3CaCl_2$$

酸分解的浸出率高，缺点是试剂耗量大，生成的钨酸沉淀与残渣混在一起，甚至包裹在矿粒表面而降低钨的浸出率。因此，酸分解时须将物料磨细（-0.043mm）。酸分解时相当部分杂质进入溶液中，固液分离可使其与钨酸分离。为了使钨酸与残渣分离，常用碱溶法使钨呈碱金属钨酸盐形态转入溶液中，得到较纯净的钨酸钠或钨酸铵溶液。

为了提高分解效率，可在石墨或石英砖衬里的球磨机中进行热盐酸分解，此时可用两段浸出，即将第二段的浓酸浸液返至第一段作浸出试剂以降低最终酸度和提高浸出率。

某厂盐酸分解含锡白钨原料的工艺流程如图10.4所示，原料含25% WO_3，18% Sn，化学选矿产品为氧化钨和锡精矿。此法流程简短，但试剂耗量大。由于氨溶得的钨酸铵溶液较纯净，澄清后即可送去中和析出仲钨酸铵（或产出合成白钨），过滤洗涤、干燥煅烧可得到合格的氧化钨产品。

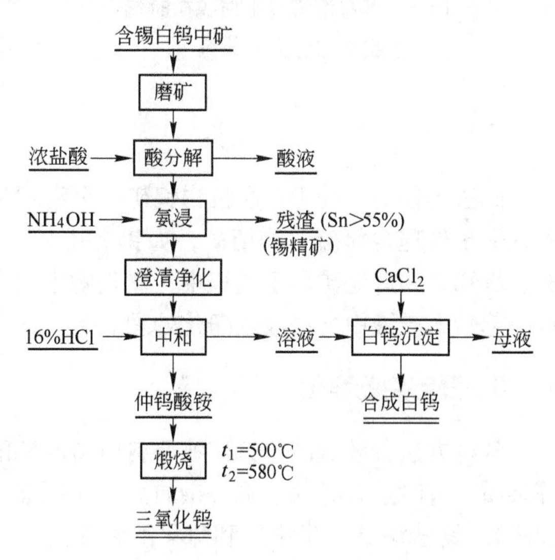

图10.4 某厂盐酸分解含锡白钨原料流程

10.3.2.4 苏打溶液压煮法

此法可用于分解白钨和黑钨矿物原料。分解白钨的反应为：

$$CaWO_4 + Na_2CO_3 \longrightarrow Na_2WO_4 + CaCO_3$$

浸出过程在压煮器中进行，原料须预先磨细（最好小于0.043mm）。过程反应速度与平衡常数和浸出压力、温度有关，如温度为100℃时，即使苏打用量过量三倍也得不到满意的浸出率，但当温度为180~200℃，压力为490332.5Pa（5atm），苏打用量为理论量的250%~300%时，钨浸出率可达95%~98%（图10.5）。苏打用量与浸出时间及原料中的氧化钨等组分含量有关（图10.6）。一般分解富矿时，苏打用量为理论量的3~4倍。分解贫矿时，苏打用量为理论量的4~4.5倍。除苏打溶液外，还可采用氟化钠或氟化铵溶液压煮法分解白钨矿物原料，此时钨被完全分解，杂质砷、磷、硅等进入溶液甚微，具有较高的选择性。

苏打溶液加压分解黑钨原料的反应较复杂，其反应可以下式表示：

$$MeWO_4 + Na_2CO_3 \longrightarrow MeCO_3 + Na_2WO_4 \text{（Me 为 Fe 或 Mn）}$$
$$MeCO_3 + H_2O \longrightarrow Me(OH)_2 + CO_2$$
$$CO_2 + Na_2CO_3 + H_2O \longrightarrow 2NaHCO_3$$

由于碳酸锰和碳酸铁水解生成二氧化碳，导致生成碳酸氢钠，降低了碳酸钠的浓度。

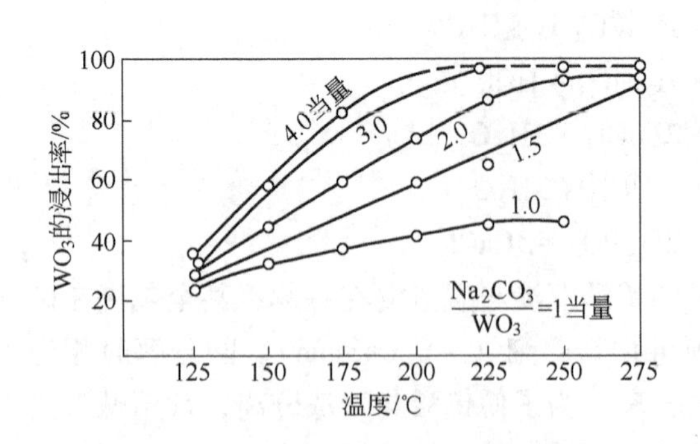

图 10.5　苏打溶液浸出白钨矿时钨浸出率与温度的关系

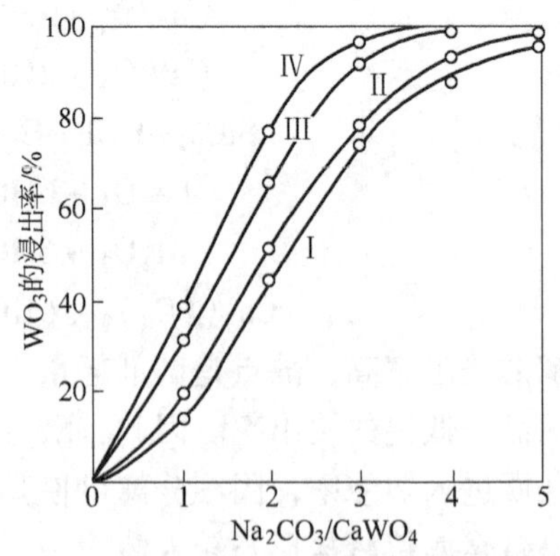

图 10.6　钨浸出率与白钨精矿中钨含量的关系
（固：液≈1：2，t=200℃）
Ⅰ—2.8% WO_3；Ⅱ—5.6% WO_3；
Ⅲ—9.75% WO_3；Ⅳ—19.85% WO_3

此法不仅适于处于低品位白钨矿（5% ~15% WO_3）及摇床富尾矿（4% ~5% WO_3），而且适于处理含钨硫化物精矿，如钨铋中矿、铋钼钨中矿、高硫钨中矿等。浸出时，锡石、辉锑矿和辉铋矿留于残渣中，氧化物中的全部钼，部分氧化硅、氟、磷、砷等杂质与钨一起转入浸液中。浸液送净化处理。

10.3.3　浸出液的净化

各种方法分解低品位钨矿物原料所得的钨酸钠溶液均不同程度地含有硅、磷、砷、钼等杂质，有时还含有硫、氟等杂质。为了保证化学精矿的质量，目前常用铵镁盐法（二步法）、镁盐法（一步法）和硫化钠法等化学沉淀法或离子交换法、萃取法对浸液进行净化，以除去硅、磷、砷、钼、氟等杂质。

10.3.3.1　除硅、磷、砷、氟

A　铵镁盐法（二步法）

浸液中 SiO_2/WO_3 质量比大于 0.1% 时应除硅。硅在浸液中呈硅酸钠存在，当溶液碱度降低时将水解呈硅酸形态析出。因此，往浸液中加入 1∶3 的稀盐酸使 pH 值降至 13，然后加入氯化铵使 pH 值降至 8 ~9（碱度约 0.1 ~0.2mol/L），硅酸钠可较完全地被水解，液中的氧化硅可降至 0.25g/L。中和时的反应为：

$$Na_2SiO_3 + 2H_2O \longrightarrow H_2SiO_3 + 2NaOH$$

$$NaOH + HCl \longrightarrow NaCl + H_2O$$

$$Na_2CO_3 + 2HCl \longrightarrow 2NaCl + H_2O + CO_2\uparrow$$

$$NaOH + NH_4Cl \longrightarrow NaCl + NH_3\uparrow + H_2O$$

$$Na_2SiO_3 + 2NH_4Cl \longrightarrow SiO_2\downarrow + 2NaCl + 2NH_3 + H_2O$$

中和反应宜在加热至 100℃ 和不断搅拌的条件下进行，然后在室温下澄清 24h，倾析过滤后滤渣进行逆洗。除硅后的滤液中含砷超过 0.03g/L 时，应除磷、砷。磷砷在除硅液中分别呈 HPO_4^{2-} 和 $HAsO_4^{2-}$ 的形态存在，在室温下往其中加入密度为 1.16 ~1.18g/cm^3 的氯化镁溶液至碱度为 0.02 ~0.03mol/L，磷砷分别呈铵镁磷酸盐和铵镁砷酸盐的形态析出，

20℃时它们在水中的溶解度分别为0.052%和0.038%。过程反应为：

$$Na_2HPO_4 + MgCl_2 + NH_4OH \longrightarrow Mg(NH_4)PO_4\downarrow + 2NaCl + H_2O$$

$$Na_2HAsO_4 + MgCl_2 + NH_4OH \longrightarrow Mg(NH_4)AsO_4\downarrow + 2NaCl + H_2O$$

上述复盐易水解为溶解度较大的酸式盐：

$$Mg(NH_4)PO_4 + H_2O \longrightarrow MgHPO_4 + NH_4OH$$

$$Mg(NH_4)AsO_4 + H_2O \longrightarrow MgHAsO_4 + NH_4OH$$

因此，中和时加入氯化铵既可防止溶液局部过酸，防止生成硅钨酸盐（为 $Hg[Si(W_2O_7)_6]\cdot xH_2O$ 的衍生物）或钨酸盐以降低渣中的钨含量，又可使溶液中有足够浓度的游离铵，以防止复盐水解和产生氢氧化镁沉淀（pH=12）。

溶液中磷砷含量高不仅影响产品质量，而且因生成砷钨酸盐或磷钨酸盐沉淀（如 $H_7[P(W_2O_7)_6]\cdot xH_2O$ 及其相应盐 $3MeO\cdot P_2O_5\cdot 24WO_3$）而降低钨的回收率，同时还降低钨化学精矿的沉降速度，使钨酸难澄清过滤。硼、钒也能生成组成复杂的类似化合物。

B 镁盐法（一步法）

该法是先用稀盐酸（1:3）在不断搅拌下中和热的浸液至pH值小于11而使硅酸钠部分水解，此时磷砷呈 HPO_4^{2-}、$HAsO_4^{2-}$ 形态存在，再加入密度为1.16~1.18g/cm³的氯化镁溶液（约含200~250g/L $MgCl_2$）至浸液碱度为0.2~0.3g/L NaOH时，产生下列反应：

$$Na_2SiO_3 + MgCl_2 \longrightarrow MgSiO_3\downarrow + 2NaCl$$

$$2Na_2HPO_4 + 3MgCl_2 \longrightarrow Mg_3(PO_4)_2\downarrow + 4NaCl + 2HCl$$

$$2Na_2HAsO_4 + 3MgCl_2 \longrightarrow Mg_3(AsO_4)_2\downarrow + 4NaCl + 2HCl$$

因此，加入氯化镁不仅可以除磷砷，而且可以除硅。此法要点是须用稀盐酸将浸液先中和至pH<11才能加入氯化镁溶液，否则会产生氢氧化镁沉淀。要求除硅磷砷后的净化液中As<0.025g/L、P<0.05g/L、Si<0.025g/L。

当原料中萤石含量高时，浸液中的 F^- 含量可达一定值。当加入氯化镁时，可使 F^- 呈 MgF_2 沉淀析出，可使 F^- 含量降至0.3~0.4g/L。

无论铵镁盐法或镁盐法只能除去高价砷，当有低价砷存在时，须先用双氧水或次氯酸钠等氧化剂将低价砷氧化为高价砷，然后加入氯化镁才能达到除砷的目的。

镁盐法较铵镁盐法的效率高，处理量大，生产周期短，渣中钨含量低（约4%~5% WO_3），但渣量大。铵镁盐法渣量小，但渣中钨含量高（约15%~20% WO_3）。因此，应据原料特性通过试验才能决定最佳的净化方法。

10.3.3.2 除钼

浸液中钼含量大于0.2~0.7g/L时应除钼。钼在浸液中呈钼酸钠形态存在，生产中可用酸法或碱法除钼。酸法除钼是将密度为1.12~1.3的硫化钠溶液加入除去硅磷砷后的滤液中，加热至沸腾，使钼转变为硫代钼酸盐，砷和部分钨也转变为相应的硫代酸盐：

$$Na_2MoO_4 + 4Na_2S + 4H_2O \longrightarrow Na_2MoS_4 + 8NaOH$$

$$Na_2HAsO_4 + 4Na_2S + 3H_2O \longrightarrow Na_3AsS_4 + 7NaOH$$

$$Na_3AsO_4 + 4Na_2S + 4H_2O \longrightarrow Na_3AsS_4 + 8NaOH$$

$$Na_2WO_4 + 4Na_2S + 4H_2O \longrightarrow Na_2WS_4 + 8NaOH$$

然后用盐酸（1:1）中和至pH值为2.5~3.0（温度为70~80℃），加热煮沸2h，钼呈三硫化钼形态析出，部分钨和砷分别呈三硫化钨和三硫化二砷析出：

$$Na_2MoS_4 + 2HCl \longrightarrow MoS_3 \downarrow + 2NaCl + H_2S \uparrow$$

$$Na_2WS_4 + 2HCl \longrightarrow WS_3 \downarrow + 2NaCl + H_2S \uparrow$$

$$2Na_3AsS_4 + 6HCl \longrightarrow As_2S_3 \downarrow + 6NaCl + 3H_2S \uparrow$$

$$Na_2S + 2HCl \longrightarrow 2NaCl + H_2S \uparrow$$

此法除钼率可达99%以上。缺点是钼渣中钨含量高，过程在酸性介质中进行，且生成大量的硫化氢气体，劳动条件较差。为了降低钼渣中的钨含量，可将其溶于苏打液中和反复沉淀出三硫化钼，最终可得钨含量低（小于2%）的钼精矿。

碱法除钼同样先加入硫化钠溶液使钼转变为硫代钼酸盐，残留在溶液中的砷也转变为硫代砷酸盐。然后加盐酸中和至pH值为8.5左右，此时钼砷不沉淀析出。再加氯化钙溶液使钨呈钨酸钙沉淀析出，而钼砷仍呈相应的硫代酸盐形态留在溶液中，倾析过滤可将钼砷除去，除钼率可达70%～90%。硫化钠加入量为钼砷总量的8～8.5倍，温度约80℃。从上可知，碱法除钼的工序少，不需耐酸设备，劳动条件较好，可同时除去钼砷，钨的回收率较高。如某厂原用酸法除钼，要求合成白钨前溶液含钼小于0.7g/L，含砷小于0.025g/L，后改为碱法除钼，则要求合成前溶液Mo＜0.9g/L，As＜0.2g/L，过去除砷要反复3～4次，现在1～2次能达要求，砷渣量较原来降低了1/2，盐酸用量降低1/3，钨回收率提高了0.7%。

溶液中的钼含量低（小于0.25g/L）时，不一定需单独的除钼工序，可用提高分解合成白钨酸度的方法达到钨钼分离的目的（表10.6）。酸度愈大（大于400g/L盐酸），温度愈高，除钼效果愈好。此法废酸仍需处理以回收钨，除钼率仅40%～70%。另一方法是提高分解白钨酸度并加入钨粉（为钨含量的1%～3%），金属钨将钼还原为钼蓝Mo_3O_8，钼蓝再溶于盐酸中生成三氯氧钼：

$$CaMoO_4 + 2HCl \longrightarrow H_2MoO_4 + CaCl_2$$

$$3H_2MoO_4 + 2W \longrightarrow Mo_3O_8 + 2WO_2 + 3H_2 \uparrow$$

$$Mo_3O_8 + 6HCl + H_2O \longrightarrow 2MoOCl_3 + H_2MoO_4 + 3H_2O$$

表10.6　钼酸和钨酸在盐酸中的溶解度

HCl浓度 /g·L⁻¹	溶解度/g·L⁻¹					
	20℃		50℃		70℃	
	H_2MoO_4	H_2WO_4	H_2MoO_4	H_2WO_4	H_2MoO_4	H_2WO_4
400	440	7.02	551.3	9.45	535.6	6.48
270	192.6	4.32	270	4.86	265.0	5.25
200	101.5	1.7	124.5	2.5	135.9	2.16
130	29.2	0.65	18.6	0.69	42.6	0.67
80	10.9	0.25	6.48	0.28	13.0	0.25
40	3.8	0.13	2.46	0.09	4.6	0.01

三氯氧钼极易溶于盐酸，故易使钨钼分离。此法可使钨酸中的钼含量由0.7%降至0.1%。此外在钨酸铵溶液蒸发或中和结晶过程中也可除去一部分钼。

10.3.3.3 离子交换净化法

除采用化学沉淀法除去浸液中的硅、磷、砷等杂质外，可采用离子交换净化法除杂，此时采用强碱性或弱碱性的阴离子交换树脂，交换吸附浸液中的钨酸根离子及部分硅酸根、磷酸根和砷酸根离子，然后再用不同浓度的氯化钠或氯化铵溶液淋洗，即可达到除去硅、磷、砷的目的。如某厂采用201×7（717）树脂从苛性钠浸液中吸附钨酸根离子，吸附线速度为8cm/min，饱和树脂水洗后用1.5% NaCl溶液（加少量NaOH调pH值）淋洗砷和硅，淋洗线速度为6cm/min，然后再用15% NaCl溶液淋洗钨，合格液送去合成白钨。水洗树脂至中性后再返回吸附。此法除砷率为99%。WO_3: As可从料液中的100:（7.3～1.5）降至氧化钨中的100:（0.15～0.05），具有流程短，试剂耗量少和有利于苛性钠回收等优点。但除钼率低，仍需合成白钨和白钨分解作业。此外，可用氯化铵溶液淋洗，从淋洗液中结晶仲钨酸铵晶体，从而可省去合成白钨等作业。当浸液中钼含量低时采用离子交换净化法最有利。若钼含量较高，则需与后续的仲钨酸铵分步结晶法结合才能达到钨钼分离的目的。

对净化液的纯度要求依最终化学精矿形态和用途而异，若生产供硬质合金用的氧化钨，净化液组成（g/L）一般应控制：WO_3 130～150、Mo＜0.2、As＜0.025、P＜0.05、SiO_2＜0.05。当杂质含量大于上述值时，除杂作业应重复进行，直达规定值为止。

10.3.4 生产化学精矿

处理低品位含钨矿物原料的化学精矿常为钨酸钠、合成白钨、钨酸、仲钨酸铵和氧化钨。从净化液中沉钨可用钨酸钠结晶法、钨酸钙沉淀法、仲钨酸铵结晶法和酸分解钨酸沉淀法。由于钨酸钠及钨酸粒度细，过滤洗涤较困难，工业上一般先从净化液中沉淀析出合成白钨或仲钨酸铵，再生产钨酸或氧化钨。此时虽增加了白钨沉淀工序，但钨酸钙沉淀粒度粗，易过滤洗涤，能除去大部分钠离子，在技术和经济上仍是合理的。若最终产品为氧化钨时，以沉淀析出仲钨酸铵最有利。

10.3.4.1 合成白钨沉淀

沉淀合成白钨常用的沉淀剂为氯化钙，有时可用氢氧化钙或硫酸钙。过程反应为：

$$Na_2WO_4 + CaCl_2 \longrightarrow CaWO_4 \downarrow + 2NaCl$$

$$2Na_3PO_4 + 3CaCl_2 \longrightarrow Ca_3(PO_4)_2 \downarrow + 6NaCl$$

$$2Na_3AsO_4 + 3CaCl_2 \longrightarrow Ca_3(AsO_4)_2 \downarrow + 6NaCl$$

$$Na_2SiO_3 + CaCl_2 \longrightarrow CaSiO_3 \downarrow + 2NaCl$$

$$Na_2MoO_4 + CaCl_2 \longrightarrow CaMoO_4 \downarrow + 2NaCl$$

$$Na_2SO_4 + CaCl_2 \longrightarrow CaSO_4 \downarrow + 2NaCl$$

沉淀时所生成的钙盐中，除硫酸钙（30℃时的溶解度为2.09g/L）外，其他钙盐的溶解度均较小，因此，沉淀合成白钨时对于硅、磷、砷、钼等杂质没有净化作用，只对硫有部分净化作用（除硫率约50%）。

合成白钨的质量与沉淀率主要与净化液的钨含量、碱度、沉淀剂类型和添加量等因素有关。钨含量影响合成白钨的粒度和过滤洗涤性能。试验表明，料液密度以1.14～1.18g/cm^3（约120～130g/L WO_3）较适宜。料液碱度高，沉淀较完全，但晶粒变细，一般沉淀前加碱调至剩余碱度为0.4～0.7g/L。沉淀剂为氯化钙时，可得高品位合成白钨

（WO_3 达70% ~76%），母液可返回，沉淀剂对产品污染小，缺点是氯化钙易潮解，运输包装较困难。石灰虽价廉易得，但所得合成白钨品位低（WO_3 为60% ~68%），过滤洗涤困难，母液中钨含量高。硫酸钙虽可获得高品位的合成白钨（WO_3 达68% ~74%），但对产品污染严重（硫酸钠、硫酸钙），反应时间长。因此，工业上采用氯化钙作沉淀剂较理想。使用时先用软水将氯化钙加热溶解，过滤调整浓度，使其密度为1.2 ~ 1.26g/cm³左右，pH值不小于6.0，将净化液调碱度并加热至80℃，加入氯化钙溶液（用量为理论量的120% ~125%），搅拌料浆，出现白色泡沫时停加氯化钙，加热料浆煮沸10 ~15min。用草酸铵自检氯化钙的过量程度，若出现少量白色沉淀表示加入量适当，否则为量不足或过量太多。此时可取4 ~5mL母液用锌粒自检钨沉淀的完全程度，若溶液为淡蓝色则液中有少量氧化钨，若为蓝条带则表示液中钨含量较高，若不显色则液中钨含量已至微量。过程反应：

$$2HCl + Zn \longrightarrow ZnCl_2 + H_2\uparrow$$

$$4WO_3 + 2H_2 \longrightarrow W_4O_{11}(\text{蓝色中间氧化物}) + H_2O$$

沉淀温度愈高，沉淀速度愈快，合成白钨晶粒愈粗，沉淀愈完全，有利于过滤洗涤。沉淀时间与沉淀剂类型和温度有关，用氯化钙、氢氧化钙在100℃条件下沉淀时，以10 ~ 15min为宜，采用硫酸钙时则需1.5 ~2h（因其溶解度小）。

为了防止污染及降低钨的溶解损失，应采用热软水洗涤产品。若化学精矿为合成白钨，则应过滤干燥，然后包装出厂。若最终产品为钨酸或氧化钨，则合成白钨经倾析浓缩或过滤洗涤后将湿的白钨料浆送去制取钨酸。

10.3.4.2 制取钨酸

采用盐酸或硝酸分解合成白钨或钨酸钠溶液可制取钨酸。工业上常用的为合成白钨酸分解法，过程反应为：

$$CaWO_4 + 2HCl \longrightarrow H_2WO_4\downarrow + CaCl_2$$

合成白钨中的硅、磷、砷等杂质对钨酸的制取影响很大，它们可使钨酸沉淀粒度变细，易成胶状，难于沉淀过滤，同时还与钨生成杂多酸，增加母液中的钨含量：

$$CaSiO_3 + 12CaWO_4 + 26HCl \longrightarrow H_8[Si(W_2O_7)_6]\cdot 9H_2O + 13CaCl_2$$

$$Ca_3(PO_4)_2 + 24CaWO_4 + 54HCl \longrightarrow 2H_7[P(W_2O_7)_6]\cdot 20H_2O + 27CaCl_2$$

$$Ca_3(AsO_4)_2 + 24CaWO_4 + 54HCl \longrightarrow 2H_7[As(W_2O_7)_6]\cdot 20H_2O + 27CaCl_2$$

制取钨酸过程的主要影响因素为温度、盐酸浓度和剩余酸度。操作时先将密度为1.14g/cm³左右的盐酸在反应器中加热至80℃，再加入密度为1.4左右的合成白钨料浆，待游离酸降至70 ~100g/L时停止进料，再加入2 ~3kg硝石或硝酸，将料浆煮沸10min即可送去过滤，酸分解温度高有利于制取粗粒钨酸，杂质分解较完全，但盐酸挥发损失大，劳动条件差。因此，初温常为70 ~80℃，加料后再煮沸10 ~15min。提高盐酸浓度有利于钨酸粒度粗化，杂质分解较完全，但钨酸的溶解度随盐酸浓度的提高而增大，生产中一般采用30%左右的盐酸浓度。分解终了的剩余酸度低，使钨酸粒度变小，纯度低，难于洗涤且易胶化，一般剩余酸度为70 ~90g/L。合成白钨料浆的含水量高有利于制取细粒钨酸，一般白钨料浆水分不应超过50%（其密度为1.3 ~1.4g/cm³）。

酸分解时加入硝石（或硝酸）有利于杂质氧化和加速分解过程，如使氯化亚铁氧化为氯化铁，后者的溶解度较前者大得多，加入氧化剂可提高分解过程的除铁率。此外，加入氧化剂可使钨酸粒度粗化，可防止部分钨酸被还原以保持产品的正常颜色，可使偏钨酸 $H_2[O(WO_3)_4]$ 转化为正钨酸，从而可提高钨的总回收率。

过滤后的钨酸应进行洗涤以除去游离盐酸、氯化钙及少量的硅、磷、砷、钾、钠、钙、镁、铁等杂质和其他可溶性杂质。用热浓盐酸分解合成白钨可得到组成一定的粗粒黄色钨酸 H_2WO_4（或 $WO_3 \cdot H_2O$），而用冷稀盐酸分解时得到组成不定的白色胶态钨酸（$WO_3 \cdot nH_2O$），有人认为其组成为 $WO_3 \cdot 2H_2O$。钨酸洗涤时随洗水酸度的变化，黄色钨酸可转化为胶态钨酸，而胶态钨酸在热浓盐酸中煮沸时可转变为黄色钨酸。因此，洗涤时应注意钨酸形态的变化。洗涤时采用阳离子交换水（硬度小于0.07～0.1），并加入一定量的盐酸，温度须大于90℃，以防胶化和提高洗涤效率。洗涤后将水抽干，滤饼在300℃左右的条件下干燥，破碎筛分后可包装出厂。过滤后的母液一般含0.5g/L WO_3，可用石灰沉淀法回收钨和再生氯化钙。氯化钙溶液可返至合成白钨作业。

此外，也可采用硝酸调节钨酸钠溶液碱度，采用硝酸钙沉淀合成白钨，然后采用硝酸分解合成白钨制取钨酸。此法可大大降低氯盐废料（NaCl，$CaCl_2$）的生成，过滤母液可用于生产氮肥。

钨酸质量符合标准才能出厂或送去制取氧化钨，否则需进行净化。钨酸中的主要杂质为钙盐、钠盐、硅酸和钼酸以及吸附的铁、锰、铝、磷、砷等化合物，其中所含的氧化硅，碱金属及碱土金属的总量常称为“氯化残渣”，它是衡量钨酸质量的重要指标。如用于生产钨丝用的钨酸或氧化钨的“氯化残渣”须小于0.1%，生产碳化钨的氧化钨的“氯化残渣”须小于0.1%～0.15%。

钨酸净化常用氨法，将钨酸溶于氨水中使其转化为钨酸铵溶液，大部分硅、铁、锰等杂质则留在沉淀中。操作时将钨酸制浆加热至80～85℃，然后将料浆倒入盛有25%浓度氨水的反应器中，静止8～12h，固液分离可得密度为1.3g/cm^3 左右的钨酸铵溶液（约含320g/L WO_3）。采用氨水多次溶解和沉淀的方法可得纯钨酸铵溶液，酸分解可得纯钨酸。

10.3.4.3 制取仲钨酸铵

采用浓缩结晶法或中和法可从钨酸铵溶液中制取仲钨酸铵。用氨水溶解钨酸、离子交换或溶剂萃取的方法可制取纯钨酸铵溶液。钨酸易溶于氨水中，且可使钨与某些杂质分离：

$$H_2WO_4 + 2NH_4OH \longrightarrow (NH_4)_2WO_4 + 2H_2O$$
$$FeCl_2 + 2NH_4OH \longrightarrow Fe(OH)_2\downarrow + 2NH_4Cl$$
$$FeCl_3 + 3NH_4OH \longrightarrow Fe(OH)_3\downarrow + 3NH_4Cl$$
$$MnCl_2 + 2NH_4OH \longrightarrow Mn(OH)_2\downarrow + 2NH_4Cl$$
$$CaCl_2 + 2NH_4OH \longrightarrow Ca(OH)_2\downarrow + 2NH_4Cl$$

硅酸不溶于弱碱液中。操作时用70～80℃的软水将钨酸制成密度为1.6～1.65的料浆，在不断搅拌下加入25%～28%的氨水中，温度控制在50℃左右为宜，钨酸料浆与氨水之比为1∶1，溶液中游离氨以20～30g/L，密度为1.25～1.3g/cm^3 为宜，澄清8～12h后过滤，滤液可送去制取仲钨酸铵。

用强碱性或弱碱性阴离子交换树脂处理钨浸出液，用氯化铵溶液淋洗载钨树脂所得的淋洗液可用于制取仲钨酸铵。

此外，还可用溶剂萃取法制取钨酸铵溶液。此时以除去硅、磷、砷、钼等杂质的钨酸

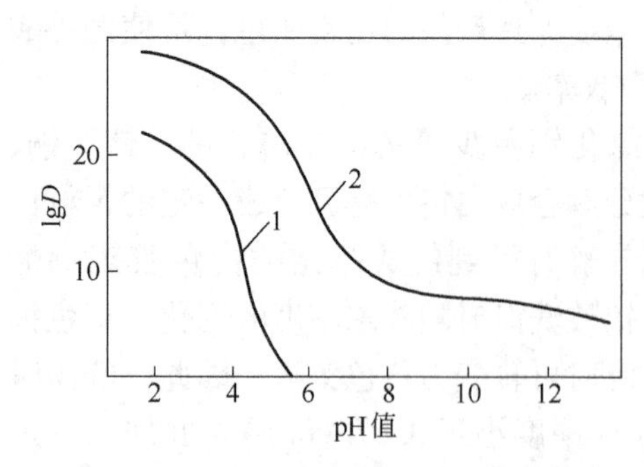

图 10.7　钨的分配系数与 pH 值的关系
1—三辛胺；2—季铵盐

钠溶液为料液，以叔胺或季胺的煤油液作有机相，（据料液钨含量可采用 2% ~10% 的胺、20% ~25% C_7 ~ C_9 醇的煤油液），在 pH 值为 2 ~4 条件下萃钨，然后用 2% ~4% 氨水反萃可得钨酸铵溶液。反萃时应控制温度（约 50℃）和相比，以保证反萃液中 WO_3 含量为 100g/L 左右。叔胺或季胺萃钨的分配系数与 pH 值的关系如图 10.7 所示，在 pH 值为 2 ~6 区间内，萃合物组成与料液钨含量及 pH 值有关，料液钨含量低（2 ~5g/L）时，萃合物组成为（R_3NH）HWO_4；钨含量高时，萃合组成为（$R_3NH)_4H_2W_{12}O_{39}$。为了改善相分离条件和防止出现第三相，可加 15% ~30% 的长链醇或 TBP。加入氟离子可防止微量的硅、磷、砷被萃取，因相应生成不被胺萃取的 H_2SiF_6、HPF_6、$HAsF_6$ 配合物。萃取法省去了合成白钨与酸分解等工序，直接由钨酸钠溶液制取钨酸铵溶液，降低了试剂耗量，故萃取法在工业上得到了广泛的应用。但萃取过程的除杂率低，仍需用分步结晶法使钨钼分离。

钨酸铵溶液蒸浓时可蒸发部分氨，冷却后（大于 50℃）则结晶析出片状的仲钨酸铵结晶：

$$12(NH_4)_2WO_4 \longrightarrow 5(NH_4)_2O \cdot 12WO_3 \cdot 5H_2O\downarrow + 14NH_3\uparrow + 2H_2O$$

因仲钨酸铵的溶解度比仲钼酸铵小，可用分步结晶法使钨钼分离。为了防止产品被钼污染，一般不希望结晶率过高（图 10.8），如蒸发 60% 的液体，钨的结晶率为 55%，而钼的结晶率只 12%，故最初结晶析出的仲钨酸铵含钼甚微，后期析出的仲钨酸铵含钼较高。蒸浓时挥发的氨气经洗涤塔回收，所得氨水可返回用于溶解钨酸。富含杂质的母液可以钨酸钙或钨酸的形态回收钨，然后将其送至相应工序进一步处理。

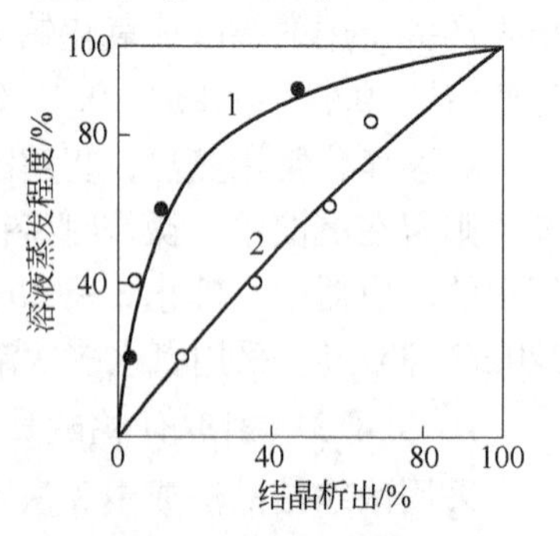

图 10.8　结晶析出数量与溶液蒸发程度的关系
1—仲钼酸铵；2—仲钨酸铵

中和法是在不断搅拌条件下，将浓度为 10% ~20% 的纯盐酸缓慢地加入冷的密度为 1.18 ~1.20g/cm³ 的钨酸铵溶液中至 pH 值为 7 ~7.4，静置 24h，钨呈针状仲钨酸铵的形态析出，结晶率可达 85% ~90%：

$$12(NH_4)_2WO_4 + 14HCl + 4H_2O \longrightarrow 5(NH_4)_2O \cdot 12WO_3 \cdot 11H_2O + 14NH_4Cl$$

中和法得的仲钨酸铵晶体纯度与中和程度密切相关，若需进一步净化时可用纯盐酸分解，将仲钨酸铵缓慢加入盛纯浓盐酸的反应器中，加热至沸腾。由于中和法不能回收氨，需消耗纯盐酸，已逐渐被蒸浓法所取代。

如果中和法与蒸浓法相结合则可克服中和法的某些缺点，当温度高于 50℃ 时可析出带 5 个结晶水的片状仲钨酸铵。操作时将料液加热至 50 ~70℃ 蒸发 1 ~2h，再用盐酸中和至 pH 值为 6.5 ~7.5，然后再蒸发至母液密度为 1.08 ~1.10g/cm³，再放料冷却。此法制取的仲钨酸铵纯度较高，粒度易控制，结晶速度较快。

10.3.4.4　制取三氧化钨

将干燥纯钨酸或仲钨酸铵进行煅烧可制取工业钨氧粉。反应为：

$$H_2WO_4 \longrightarrow WO_3 + H_2O\uparrow$$

$$5(NH_4)_2O \cdot 12WO_3 \cdot nH_2O \longrightarrow 12WO_3 + 10NH_3\uparrow + (5+n)H_2O\uparrow$$

煅烧温度为500℃时，可使钨酸完全脱水。温度高于250℃时，可使仲钨酸铵完全分解。用于生产钨材和碳化钨的三氧化钨除应具有一定的纯度外，还应满足一定的粒度要求。三氧化钨的粒度与钨酸和仲钨酸铵的粒度及煅烧温度有密切的关系。三氧化钨粉末的粒度常用其松散密度表示，更准确的是用甲醇蒸气吸附量（mg/g（粉末））表示。粉末粒度愈细，比表面积愈大，吸附的甲醇蒸气量愈大，松散密度则愈小。钨酸的煅烧温度与三氧化钨粉末粒度的关系列于表10.7。因此，钨酸的煅烧温度取决于对工业钨氧粉的粒度要求，一般控制在750~850℃之间（用于硬质合金时），但煅烧温度不宜太高，温度高于800℃时，钨的挥发损失将随温度的升高而增大。仲钨酸铵的煅烧温度决定于三氧化钨的用途，若用于生产钨铝丝，煅烧温度应低些（一般为500~550℃）。若用于纯钨材料和钨钍材料，可在800~850℃的高温下煅烧2h。煅烧仲钨酸铵制取的三氧化钨粉的粒度较钨酸制取的粗大些（表10.8），且以浓缩结晶法制得的仲钨酸铵制取的三氧化钨粉的粒度最大。

对纯三氧化钨化学纯度的要求列于表10.9。由表中数据可知，用于生产金属钨的三氧化钨具有较高的纯度。

表10.7 钨酸的煅烧温度与三氧化钨粒度的关系

煅烧温度/℃	550	600	650	700	750	800	850
松散密度/$g \cdot cm^{-3}$	0.61	0.62	0.62	0.63	0.67	0.73	0.79
甲醇吸附量/$mg \cdot g^{-1}$	0.99	0.72	0.59	0.47	0.14	0.06	0.04
比表面积/$m^2 \cdot g^{-1}$	3.8	2.76	2.26	1.8	0.54	0.23	0.15

表10.8 由仲钨酸铵制取的三氧化钨的粒度特征

制取仲钨酸铵方法	中和法			蒸浓法		
煅烧温度/℃	650	750	850	650	750	850
松散密度/$g \cdot cm^{-3}$	0.19	0.05	0.04	0.57	0.11	0.03
甲醇吸附量/$mg \cdot g^{-1}$	1.20	1.08	1.09	1.66	1.47	1.46

表10.9 三氧化钨的质量标准

组分	含量/%	
	用于生产硬质合金	用于生产金属钨
WO_3	≥99.9	≥99.95
Mo	≤0.1	≤0.02
As	≤0.015	≤0.002
S	≤0.01	≤0.002
P	≤0.015	≤0.001
Ca	—	≤0.005
Fe	—	≤0.006
Al	—	≤0.002
Na	—	≤0.005
SiO_2	—	≤0.05
倍半氧化物	≤0.04	—
氯化残渣	≤0.1	—

11 铀矿物原料的化学选矿

11.1 概述

铀广泛分布于自然界，其在地壳中的含量为$3 \times 10^{-4}\%$，比常见的金、银、汞、铂、锑等多得多。铀在地壳中各种岩石中的分布极不均匀，火成岩中的铀含量随氧化硅含量的增加而增加，沉积岩中的铀含量比火成岩中的约低50%（见表11.1）。

表11.1 地壳中各类岩石中的平均铀含量 （%）

火成岩		沉积岩	
岩石名称	平均铀含量	岩石名称	平均铀含量
酸性岩（花岗岩、流纹岩等）	3.5×10^{-4}	黏土及页岩	3.2×10^{-4}
中性岩（闪长岩、安山岩等）	1.8×10^{-4}	碳质页岩	2.1×10^{-4}
基性岩（玄武岩、辉长苏长岩）	3×10^{-5}	砂　岩	1.5×10^{-4}
超基性岩（纯橄榄岩、橄榄岩）	3×10^{-5}		

海水中铀含量为$(0.36 \sim 2.3) \times 10^{-3} g/m^3$，且随海水中盐总浓度的提高而增加，海水中铀总量约45亿吨。目前许多国家均在探索从海水中提铀的最佳方法。

铀是亲氧的非常活泼的元素，可生成一系列铀矿物和含铀矿物，目前已发现的铀矿物和含铀矿物约200种，但具有工业价值的只20～30种。根据铀矿物和含铀矿物的生成条件，铀的价态及工艺处理的难易，可分为原生铀矿物、原生含铀矿物及次生铀矿物三大类。

（1）原生铀矿物：包括晶质铀矿和沥青铀矿，其分子式可用$UO_2 \cdot nUO_3 \cdot mPbO$表示，式中$n$值取决于矿物年龄和埋藏深度，$m$值取决于矿物年龄，铀主要呈四价。晶质铀矿性质类似于UO_2，是最难分解的铀矿物之一，可与ThO_2、R_EO_2形成一系列同晶产物，其中主要为铀钍矿$(U、Th)O_2$、钇铀矿$(U、R_E)O_2$和方钍石$(Th、U)O_2$。沥青铀矿的分子式与晶质铀矿相同，但成因和性质不同，分布十分广泛，其工业价值最大，它与晶质铀矿的最大差别是不含钍和稀土。某晶质铀矿样的矿物组成列于表11.2中。

表11.2 某晶质铀矿样的矿物组成 （%）

No.	UO_2	UO_3	PbO	ThO_2	$R_{E2}O_3$
1	39.10	32.40	10.95	10.60	4.02
2	48.87	28.58	16.42	2.15	2.08

No.	ZrO_2	CaO + MgO	$Al_2O_3 + Fe_2O_3 + MnO_2$	SiO_2	H_2O
1	—	1.09	0.55	0.19	0.70
2	0.22	0.47	0.30	0.06	0.44

（2）原生含铀矿物：具有工业价值的是伟晶岩矿床，铀以类质同象的形态交代复杂氧化物中的钍、稀土、锆和钙。这类矿物的组成相当复杂，主要是钛钽铌酸盐类，有24种矿物，其中主要的矿物列于表11.3中。此外，铀还以类质同象形态存在于独居石、萤石、锆英石、斜锆石、钍石和钛铁矿中。这类矿物非常稳定，只有将矿物结构完全破坏时才能将铀提取出来。因此，要求较强烈的分解条件，只有能综合利用其中的大部分有用组分时，从这类矿物原料中提铀在经济上才有利。一般先用物理选矿法得矿物精矿，再进行化学处理得相应的化学精矿。

表11.3　主要钛钽铌酸盐矿物的组成

矿物名称	组　成	铀含量/%
烧绿石	$NaCaNb_2O_6F$	2.5~8.1
黑稀金矿	$(Y、Ca)(Ti、Nb、Ta)_2O_6$	<15.0
钛铀矿	$(U、Ca、Fe、Y、Th)_3Ti_5O_{16}$	<40.0
钶钇矿	$(Y、Er、Ce、U、Ca、Fe、Pb、Th)(Nb、Ta、Ti、Sn)_2O_6$	3.5~14.0
钛钶铀矿	$(U、Ca)(Nb、Ta、Ti)_3O_9 \cdot nH_2O$	10~26.0
细晶石	$(Na、Ca)_2Ta_2O_6(O、OH、F)$	0~20.0
复稀金矿	$(Y、Ce)(Nb、Ta、Ti)_2O_6$	<15.0
钛铈铁矿	$Ti、Fe、R_E、U$ 等氧化物	<8.0

（3）次生铀矿物和含铀矿物：最有工业价值的是从冷水液中结晶析出或同晶置换和吸附所生成的次生铀矿物和含铀矿物，有工业意义的次生铀矿物为磷酸盐和钒酸盐（表11.4）。最重要的次生含铀矿物为含铀磷块岩、含铀煤和含铀页岩。这类矿物中铀呈六价，且与氧生成铀酰离子（UO_2^{2+}），易溶于稀酸和碳酸盐溶液中。

表11.4　某些磷酸铀矿物和钒酸铀矿物的组成

矿物名称	组　成	铀含量/%
钾钒铀矿	$K_2O \cdot 2UO_3 \cdot V_2O_5 \cdot (1\sim3)H_2O$	50
钙钒铀矿	$CaO \cdot 2UO_3 \cdot V_2O_5 \cdot (9\sim10)H_2O$	50~60
钙铀云母	$CaO \cdot 2UO_3 \cdot P_2O_5 \cdot (8\sim12)H_2O$	50
铜铀云母	$CuO \cdot 2UO_3 \cdot P_2O_5 \cdot (8\sim12)H_2O$	50
偏铜铀云母	$CuO \cdot 2UO_3 \cdot P_2O_5 \cdot 8H_2O$	30~50
斜磷铅铀矿	$2PbO \cdot UO_3 \cdot P_2O_5 \cdot H_2O$	25

目前开采的铀矿石主要来自热液矿床和次生铀矿床，处理的主要铀矿物为晶质铀矿、沥青铀矿和次生铀矿物，可在提取稀有元素时顺便回收原生含铀矿物中的铀。次生含铀矿物和海水中的铀含量较低，但储量相当大，是潜在的铀资源，作为副产品回收的前景相当乐观。

铀矿石的预选方法和浸出方法主要取决于矿石中的铀矿物组成和脉石矿物组成。铀矿石类型和脉石组成与浸出方法的关系列于表11.5和表11.6中。矿石中的铀含量、共生矿物组成、嵌布特性和结构构造等因素对处理方法的选择也有较大的影响。

表 11.5　铀矿石类型与浸出方法和预选方法的关系

矿石类型		主要矿物	浸出方法	预处理方法
原生矿石	沥青铀矿型	沥青铀矿	稀酸氧化浸出、碱浸	有时可用物理选矿法富集
	晶质铀矿型	晶质铀矿	稀酸或浓酸氧化浸出	
	钛铀矿型	钛铀矿、钛钽铌酸盐	浓酸氧化浸出	
次生矿石	铀黑型	铀黑	稀酸浸、碱浸	
	铀的含水氧化物型	水沥青铀矿、红铀矿、柱铀矿等	稀酸浸、碱浸	
	铀云母型	铜铀云母、铁铀云母	稀酸浸、碱浸	
	不定型铀矿物型	磷酸钙、有机物、黏土等	稀酸浸或稀酸氧化浸出	焙烧
混合矿石	沥青铀矿-铀黑型	原生和次生铀物共生	稀酸氧化浸出	
	沥青铀矿-铀云母型	原生和次生铀物共生	稀酸氧化浸出	
	沥青铀矿-铀的含水氧化物型	原生和次生铀物共生	稀酸氧化浸出	
	沥青铀矿-硅钙铀矿型	原生和次生铀物共生	稀酸氧化浸出或碱浸	
	沥青铀矿-钾钒铀矿-钒钙铀矿型	原生和次生铀物共生	稀酸氧化浸出或碱浸	焙烧

表 11.6　脉石组成与处理方法的关系

矿石类型	决定类型的主要矿物	矿物组分含量/%	浸出方法	预处理方法
硅酸盐及硅铝酸盐型	石英、长石、云母等	主要矿物总量 >95	稀酸浸或碱浸	
碳酸盐型	方解石、白云石	碳酸盐含量 6 ~ 12 12 ~ 25 >25	 稀酸浸或碱浸 碱浸或稀酸浸 碱浸	可用浮选法除去碳酸盐
硫化物型	黄铜矿、黄铁矿、方铅矿、闪锌矿、辉锑矿等	硫化物总量 3 ~ 10 10 ~ 25 >25	 稀酸浸或碱浸 稀酸浸 稀酸浸	碱浸前可除去硫化物
铁氧化物型	赤铁矿、磁铁矿、褐铁矿等	含大量二价铁	稀酸浸	焙烧
磷酸盐型	磷块岩（磷灰石）	P_2O_5 3 ~ 10 10 ~ 20 >20	 稀酸浸 浓酸浸 浓酸浸	
可燃有机物型	含铀煤、沥青碳质页岩、砂岩等	—	稀酸浸、碱浸	焙烧

11.2 铀矿石浸出

目前，除部分铀矿石采用放射性选矿法进行预选或用焙烧法处理外，大部分铀矿石直接送选厂进行化学选矿（浸出、浸液净化和生产化学精矿）。铀矿石的种类较多，成分复杂，大体上可分为硅酸盐矿石和碳酸盐矿石两大类，前者适于用酸浸，后者适于用碳酸钠溶液浸出。

11.2.1 稀硫酸浸出

铀矿石酸浸时，可用盐酸、硝酸或硫酸作浸出剂。从试剂价格、分解能力及对设备的腐蚀等因素考虑，最常用的浸出剂为稀硫酸。硫酸价格低，对铀的浸出率较高，其对设备的腐蚀性较盐酸和硝酸小，浓硫酸可用碳钢容器储运，浸出设备可用含钼不锈钢或用衬耐酸陶瓷和衬橡胶的方法解决。

原生矿中铀主要呈 UO_2，其次为 UO_3，$U-H_2O$ 系 $\varepsilon-pH$ 图如图 2.6 所示。酸浸时希望铀呈 UO_2^{2+} 离子存在浸液中，浸液中的铀浓度常为 1g/L，相当于 $a_{UO_2^{2+}}=10^{-2}$，因此，浸液的还原电位须大于 200 ~ 300mV 才能使四价铀氧化为 UO_2^{2+}，当电位为 400 ~ 500mV 时，铀基本上呈六价形态存在，且浸液的 pH 值应小于 3.5，否则 UO_2^{2+} 离子水解呈氢氧化物沉淀析出。

为了使浸出液的还原电位大于 400mV，浸出时须加入氧化剂。从反应速度考虑，有效的氧化剂为三价铁离子，Fe^{3+} 对 UO_2 的氧化可表示为：

$$2Fe^{3+}+UO_2\longrightarrow UO_2^{2+}+2Fe^{2+}$$

$$\Delta\varepsilon=(0.77-0.227)+0.0295\lg\frac{a_{Fe^{3+}}^2}{a_{Fe^{2+}}^2}-0.0295\lg a_{UO_2^{2+}}$$

$$=0.55+0.0295\lg\frac{a_{Fe^{3+}}^2}{a_{Fe^{2+}}^2}-0.0295\lg a_{UO_2^{2+}}$$

平衡时，$\Delta\varepsilon=0$

所以

$$\frac{a_{Fe^{2+}}^2\cdot a_{UO_2^{2+}}}{a_{Fe^{3+}}^2}=10^{18.3}$$

可见 Fe^{3+} 氧化 UO_2 的平衡常数很大。估计反应开始时的电位差为 0.15 ~ 0.35V 以上，浸液中铁含量一般为 0.5 ~ 2g/L，且矿石中的二价铁易溶，氧化铁较稳定，为了将二价铁氧化为三价铁，常以 MnO_2 作氧化剂：

$$2Fe^{2+}+MnO_2+4H^+\longrightarrow 2Fe^{3+}+Mn^{2+}+2H_2O$$

$$MnO_2+4H^++2e\longrightarrow Mn^{2+}+2H_2O$$

$$\varepsilon=1.23-0.12pH-0.03\lg a_{Mn^{2+}}$$

$$\Delta\varepsilon=(1.23-0.77)-0.12pH-0.03\lg\frac{a_{Mn^{2+}}\cdot a_{Fe^{2+}}^2}{a_{Fe^{3+}}^2}$$

$$=0.46-0.12pH-0.03\lg\frac{a_{Mn^{2+}}\cdot a_{Fe^{2+}}^2}{a_{Fe^{3+}}^2}$$

实际上，酸性液中常压空气氧化 Fe^{2+} 的速度很慢。若溶液中没有 Fe^{2+} 离子，MnO_2 等氧化剂也起不到有效的氧化作用。因此，$Fe^{2+} \longrightarrow Fe^{3+}$ 对 MnO_2 氧化 UO_2 起了触媒作用。氧化剂的用量应适当，过多会降低铀的浸出率，可能是 Mn^{2+} 对 UO_2 固相表面的竞争作用所致。Fe^{2+} 过多也会产生类似的作用。浸出液的还原电位与 MnO_2 的用量有关（表 11.7）。从表中数据可知，矿石中还原组分含量小时，MnO_2 用量常为矿石质量的 0.5% ~2.0%。MnO_2 用量过大会增加硫酸耗量。若矿石中铀呈 UO_3 存在时，浸出时不需加氧化剂。

表 11.7 MnO_2 用量与浸液还原电位的关系

MnO_2 用量/%	0	0.5	1.0	2.0	3.0	4.0	5.0	6.0	7.0	8.0
还原电位/V	0.35	0.38	0.38 ~0.43	0.43 ~0.60	0.67	—	0.67	—	—	0.66

现已查明，铀在硫酸浸液中呈配离子形态存在，25℃时存在下列平衡：

$$UO_2^{2+} + SO_4^{2-} \xrightleftharpoons{K_1} UO_2SO_4 \qquad K_1 = 50$$

$$UO_2^{2+} + 2SO_4^{2-} \xrightleftharpoons{K_2} UO_2(SO_4)_2^{2-} \qquad K_2 = 350$$

$$UO_2^{2+} + 3SO_4^{2-} \xrightleftharpoons{K_3} UO_2(SO_4)_3^{4-} \qquad K_3 = 2500$$

铀在硫酸浸液中呈 UO_2^{2+}、UO_2SO_4、$UO_2(SO_4)_2^{2-}$、$UO_2(SO_4)_3^{4-}$ 等形态存在。其间的比例取决于浸出液的酸度、铀浓度、硫酸根离子浓度和温度等因素。在一定的酸度和温度条件下，其间的比例主要决定于各自的配合常数和游离硫酸根的浓度。

浸出时，矿石中的氧化硅和氧化铝较稳定，其溶解量与酸度和温度有关，硅酸胶体对后续工序影响较大，故应尽量避免高酸浸出。氧化铁相当稳定，仅少量（5% ~8%）被溶解，但氧化亚铁易被硫酸分解（约 40% ~50%）。存在氧化剂时，浸液中的亚铁离子可氧化为硫酸高铁。矿石中的碳酸盐和钙镁氧化物全部被稀硫酸分解，矿石的磷钒全部进入浸液中。矿石中的稀土、锆、钛、钽、铌矿物非常稳定，在稀硫酸中几乎不分解。存在于矿石中的铜、锑、砷、铬等硫化物也很稳定，分解量极少。因此，稀硫酸可作为硅酸盐、铝硅酸盐、含铀硫化物、铁氧化物、含铀磷块岩、有机岩及碳酸盐含量少的铀矿石的浸出试剂，不宜用于浸出碳酸盐含量高的铀矿石及含铀钛钽铌酸盐矿石。

浸出时的矿石粒度约为 0.147 ~0.991mm，液固比为 0.6 ~1.2，酸用量与矿石组成有关，易浸矿石的剩余酸度一般为 3 ~8g/L，难浸矿石为 30 ~40g/L，浸出温度一般为 60 ~90℃，MnO_2 用量为矿石重量的 0.5% ~2.0%，溶液的还原电位约 0.4 ~0.45V，浸出时间依矿石性质和浸出条件而异。上述工艺参数常通过试验决定其最佳值。

11.2.2 碳酸盐溶液浸出

铀矿石中碳酸盐含量高时，不宜用酸浸而需用碳酸盐溶液浸出。碳酸盐浸出具有选择性好，浸液较纯，试剂可部分返回使用和对设备腐蚀性小等优点，但浸出时间较长，浸出率较低，尤其存在四价铀时更是如此。若采用加压浸出，提高温度和强化氧化条件，可加快反应速度，提高浸出率。

所有的次生铀矿物及氧化焙烧、加盐烧结所生成的三氧化铀和碱金属铀酸盐易被碳酸盐溶液分解。原生铀矿中的六价铀易被碳酸盐溶液溶解，但其中的四价铀只在氧化剂存在下才能溶于碳酸盐溶液中。浸出过程会生成苛性钠，使浸液 pH 值上升，当 $pH>10.5$ 时，三碳酸铀酰配合物会分解析出重铀酸盐沉淀。因此，一般采用碳酸钠和碳酸氢钠的混合液作浸出剂，以保证浸出在 pH 值为 9 ~ 10.5 的范围内进行。碳酸氢钠用量常为碳酸盐总用量的 10% ~30%，以中和浸出过程所生成的苛性钠。

碳酸盐溶液浸出时，矿石中的氧化硅、氧化铝、氧化铁和碳酸盐等脉石相当稳定，而磷、钒、钼、砷等氧化物极易被碳酸盐溶液分解，金属硫化物和硫酸盐也易被碳酸盐分解。碱土金属氧化物强烈地与碳酸盐溶液作用。因此，矿石中碳酸盐含量高时，不宜预先焙烧，否则会显著增加浸出试剂耗量。

碳酸盐溶液的分解能力较稀硫酸弱，浸出时的矿石粒度需小于 0.074 ~ 0.147mm，液固比常为 0.8 ~ 1.4，常压浸出时的试剂浓度较高，常为矿石质量的 4% ~8%。

近年来，加压碱浸工艺得到了迅速的发展。加压碱浸温度一般为 100 ~ 150℃，压力为 $10.13\times10^5\sim15.20\times10^5$Pa（表压），适宜的试剂浓度：$Na_2CO_3$ 25 ~ 60g/L，$NaHCO_3$ 5 ~ 25g/L，浸出时间较常压碱浸缩短 10 ~ 20 倍，可获得较高的浸出率。

碱浸时常用空气作氧化剂，一般可用提高氧分压或添加催化剂的方法以提高空气的氧化速度。加压浸出可提高氧分压，添加化学氧化剂（如 Cu^{2+}、$Cu(NH_3)_4^{2+}$、MnO_4^- 等）可起催化作用，提高空气的氧化速度，加速浸出过程。

除常见的稀硫酸和碳酸盐溶液浸出外，对某些含硫化物的铀矿石，近年来已研究和采用热压水浸法处理。当矿石中硫含量足够时，可以不用外加酸。与常压酸浸法比较，具有浸出率高，杂质和游离酸度低，操作费低等优点，但设备腐蚀较严重和维修费高。对某些低品位（甚至高品位）铀矿石，堆浸和地下浸出的工艺得到了广泛的应用，细菌浸出法在处理贫铀矿石中起了重要的作用。

11.3 铀浸出液的净化

铀浸出液一般含铀几百 mg/L，高的为 1 ~ 2g/L，含有大量的游离硫酸（或碳酸根）及铁、磷、铝、锰、钒、钙、镁、硅、钼等杂质，含量为几 g/L 至几十 g/L，有的甚至达几百 g/L。因此，浸液一般需采用离子交换法或溶剂萃取法进行净化以制得较纯的含铀溶液，然后采用化学沉淀或结晶的方法制取铀化学精矿。

11.3.1 离子交换净化法

11.3.1.1 从硫酸浸出液中提取铀

铀在浸出液中可呈 UO_2^{2+}、UO_2SO_4、$UO_2(SO_4)_2^{2-}$、$UO_2(SO_4)_3^{4-}$ 等形态存在，其间的比例可用下法进行计算：

$$UO_2^{2+}+SO_4^{2-}\overset{K_1}{\rightleftharpoons}UO_2SO_4\qquad K_1=50$$

$$UO_2^{2+}+2SO_4^{2-}\overset{K_2}{\rightleftharpoons}UO_2(SO_4)_2^{2-}\qquad K_2=350$$

$$UO_2^{2+}+3SO_4^{2-}\overset{K_3}{\rightleftharpoons}UO_2(SO_4)_3^{4-}\qquad K_3=2500$$

溶液中铀的总浓度

$$C = [UO_2^{2+}] + [UO_2SO_4] + [UO_2(SO_4)_2^{2-}] + [UO_2(SO_4)_3^{4-}]$$
$$= [UO_2^{2+}]\{1 + K_1[SO_4^{2-}] + K_2[SO_4^{2-}]^2 + K_3[SO_4^{2-}]^3\}$$
$$= K[UO_2^{2+}]$$

所以

$$\frac{[UO_2^{2+}]}{C} = \frac{1}{K} \times 100\%$$

$$\frac{[UO_2SO_4]}{C} = \frac{K_1[SO_4^{2-}]}{K} \times 100\%$$

$$\frac{[UO_2(SO_4)_2^{2-}]}{C} = \frac{K_2[SO_4^{2-}]^2}{K} \times 100\%$$

$$\frac{[UO_2(SO_4)_3^{4-}]}{C} = \frac{K_3[SO_4^{2-}]^3}{K} \times 100\%$$

按上列各式计算所得的硫酸铀酰溶液组成列于表 11.8 中。

表 11.8　硫酸铀酰溶液组成

$[SO_4^{2-}]$/mol	$[UO_2^{2+}]$/%	$[UO_2SO_4^-]$/%	$[UO_2(SO_4)_2^{2-}]$/%	$[UO_2(SO_4)_3^{4-}]$/%
0.01	65	32.5	2.3	0.2
0.1	8.3	41.7	29.2	20.8
0.2	2.2	22.2	31.1	44.5
0.3	0.87	13.05	27.39	58.69
1.0	0.036	1.72	12.064	86.18

通常每升浸液中含铀 0.5～2.0g，硫酸根 50～150g（0.5～1.5mol）。因此，浸液中铀主要呈 $UO_2(SO_4)_3^{4-}$ 形态存在，其次为 $UO_2(SO_4)_2^{2-}$，而 UO_2^{2+}、UO_2SO_4 的含量极小。多数杂质（如 K^+、Na^+、Ca^{2+}、Mg^{2+}、Fe^{2+}、Ni^{2+}、Co^{2+}、Cu^{2+} 等）呈阳离子形态存在。虽然浸液中含有硫酸根、硫酸氢根、钼、磷、钒、三价铁等配阴离子、因铀酰配阴离子对树脂的亲和力较大（钼除外），采用强碱性阴离子交换树脂可使铀与大部分杂质分离。

吸附阶段铀从液相转入树脂相，铀的吸附率除与树脂性能有关外，还与一系列操作因素和化学因素有关。影响铀吸附率的主要化学因素为游离硫酸根浓度、介质 pH 值、铀浓度、阴离子杂质类型及浓度等。

（1）硫酸根浓度：硫酸根浓度影响铀的存在形态和硫酸氢根浓度。其他条件相同时，$UO_2(SO_4)_3^{4-}$，HSO_4^- 浓度皆随硫酸根浓度的提高而提高。$UO_2(SO_4)_3^{4-}$ 浓度的提高有利于铀的吸附，但 HSO_4^- 浓度的提高会降低铀的吸附容量。通常不用其他方法调节浸液中的硫酸根浓度，当有硫酸根积累时应考虑其对铀吸附容量的影响。

（2）介质 pH 值：介质 pH 值对强碱性树脂的交换能力影响甚微，但影响铀的存在形态和硫酸氢根浓度。硫酸氢根浓度随剩余酸度的增大而增大，会降低铀的吸附容量。酸度下降时，硫酸氢根浓度下降，且随 pH 值的升高，铀酰离子会部分水解形成多聚铀酰离子的配阴离子，这两者均有利于铀的吸附，故铀的吸附容量随 pH 值的提高而增大，但有一最大值。超过此值时，由于杂质吸附量的增大及铀吸附率下降导致铀吸附容量下降。工业上，介质 pH 值一般控制在 1～2 范围内。

（3）铀浓度：树脂吸附铀的容量随吸附原液铀浓度的提高而增大，铀的作业回收率却随铀浓度的提高而下降。为保证尾液达废弃标准，必须增加树脂量或改变其他操作条件才能保证较高的铀吸附率。因此，离子交换法一般适于从稀铀溶液中提取铀。

（4）阴离子杂质：浸液中所有的阴离子杂质均可被阴离子树脂吸附，但它们对树脂的亲和力不同，对铀的吸附容量的影响也各异。影响较大的有 Cl^-、NO_3^-、$Fe(OH)\cdot(SO_4)_2^{2-}$、HPO_4^{2-}、$HAsO_4^{2-}$、VO_3^-、MoO_4^{2-}、CN^-、SCN^-等阴离子。

1）Cl^-、NO_3^-、ClO_3^- 离子：浸液中一般不含这些离子，若原矿用食盐烧结，浸出时用氯酸钾作氧化剂或母液部分返回时，浸液中可能出现这些离子。它们对强碱性树脂的亲和力较大，它们的含量高时将显著降低铀的吸附容量，甚至使吸附失效。因此，氯型树脂一般需转型后才能进入吸附系统使用。

2）三价铁离子：低价铁在浸液中呈阳离子形态存在，三价铁在 pH 值为 1～2 的范围内有部分形成 $Fe(SO_4)_2^-$、$Fe(SO_4)_3^{3-}$、$Fe(OH)(SO_4)_2^{2-}$ 型配阴离子。酸度高时，它们对铀吸附容量的影响较小。当 $pH>1.8$ 时，三价铁的吸附容量显著增大，会降低铀的吸附容量和化学精矿质量。

3）磷酸根和砷酸根：在浸液中一般呈 $H_2PO_4^-$、$H_2AsO_4^-$ 形态存在，可被阴离子树脂吸附。砷酸根对树脂的亲和力较弱，对铀的吸附容量影响较小，当其浓度大时会有一定不良影响。磷酸根浓度高时，会生成低价的磷酸氢铀酰配阴离子 $UO_2(H_2PO_4)_3^-$，可提高铀的吸附容量，但此时铀的淋洗较困难。如磷酸根浓度为 2～8g/L 时甚至可使铀的吸附容量增加一倍，此时 pH 值应控制在 1.7 以下，否则淋洗时易生成磷酸氢铀酰沉淀，增加淋洗液体积。试验表明，三价铁离子可抑制磷酸根的影响，当吸附液中含 1g/L 三价铁离子时，可完全抑制磷酸根的影响，此时生成了不被吸附的配阳离子 $FeHPO_4^+$。

4）钼：一般呈硫酸钼酰或钼酸根离子存在于浸液中，它们对强碱性树脂的亲和力大，且不被通常的铀淋洗剂淋洗而逐渐积累在树脂上，使树脂中毒，严重地降低树脂吸附铀的容量。属于这类型的阴离子还有 CN^-、SCN^-、$CO(CN)_3^-$、连多硫酸根等。

（5）温度：提高吸附原液温度可以提高吸附速度。为了保持树脂的热稳定性，原液温度一般应低于 50℃。

树脂被铀饱和后，用水冲洗，然后采用酸性淋洗剂淋洗铀。一般采用酸化的硝酸盐或氯化物溶液作铀的淋洗剂，工业上常用的硝酸与硝酸盐和硫酸与硫酸盐，如 0.1～0.4mol/L HNO_3 + 0.7～1.0mol/L NH_4NO_3、1～1.5mol/L HNO_3、1mol/L H_2SO_4、0.5mol/L H_2SO_4 + 0.75～1.0mol/L $(NH_4)_2SO_4$、1mol/L NaCl + 0.15mol/L H_2SO_4 或 0.9mol/L NH_4Cl + 0.1mol/L HCl 等。氯化物价廉易得，但对设备腐蚀较严重。硝酸盐价格虽较贵，但其淋洗效率高，淋洗液浓度高，合格液体积小。近年采用硝酸代替硝酸铵淋洗，节省了试剂和降低了成本。硫酸淋洗特别适用于淋萃流程，可直接生产核纯产品。

淋洗效率随淋洗剂中阴离子浓度和酸度的增大而提高。若合格液送去生产化学精矿，淋洗剂酸度不宜太高，否则会增加沉淀剂耗量。若后续工序为萃取，则可适当增加淋洗剂的酸度。淋洗温度对淋洗效率有较大的影响，如从 25℃ 增至 60℃，可使淋洗速度增加 20% 左右，但通常淋洗温度不超过 50℃，以免损坏树脂的热稳定性。

11.3.1.2 从碳酸盐浸出液中提取铀

碳酸盐浸出液较纯，浸液中铀浓度高时，可直接用化学沉淀法得到品位较高的化学精矿。但处理贫矿时，浸液中的铀浓度低，浸液体积大，直接化学沉淀会导致试剂耗量高、铀回收率低、铀在母液中损失率高等缺点。此时可先用强碱性阴离子树脂处理，以提高过程的技术经济指标。

影响铀吸附容量的主要因素是铀和碳酸根及碳酸氢根的相对浓度、碳酸根与碳酸氢根的比例及溶液的 pH 值等。试验表明，吸附液 pH 值由 10 降至 9 时，铀的吸附容量下降 50% 以上。其他阴离子（如 Cl^-、NO_3^-、SO_4^{2-} 等）也会降低铀的吸附容量。此外，有机质（碱浸时多为有机酸钠）可使树脂中毒，降低铀的吸附容量。

树脂被铀饱和后，通常采用中性或碱性淋洗剂淋洗，不能采用酸性淋洗剂淋洗，否则，因产生大量的二氧化碳气体而在树脂床中产生沟流现象，从而降低淋洗效率。但不宜采用碳酸盐或苛性钠溶液作淋洗剂，碳酸盐的淋洗效率低，淋洗液体积大，经济上不合理。用苛性钠溶液淋洗时，当 pH > 11.6 时会析出重铀酸盐沉淀，使操作困难。适宜的淋洗剂为硝酸盐或氯化物的中性液或碱性液，如 1 ~ 2mol/L Na_2CO_3（或 $NaHCO_3$）+ 2mol/L $NaNO_3$ 或 NaCl 溶液。加入碳酸盐可防止铀酰离子水解和提高淋洗效率。

11.3.2 溶剂萃取净化法

铀浸出液或淋洗液中铀浓度较低，杂质含量较高，因此，萃铀的萃取剂对铀的分配系数要大，萃取容量可以小些。具有这些特点且使用较广的为有机胺类和有机磷类萃取剂。铀矿工艺中常用的萃取剂、稀释剂、添加剂及其性能比较分别列于表 11.9 ~ 表 11.11 中。

表 11.9 铀矿工艺中常用萃取剂特性

项　目	磷酸三丁酯	二（2-乙基己基）磷酸	三脂肪胺	季铵盐
代号或缩写	TBP	D_2EHPA（P_{204}）	TFA	7402
相对分子质量	266.37	322.43	$C_8 \sim C_{10}$	420 ~ 470
沸点/℃（1atm）	289		180 ~ 230（3mmHg）	
闪点/℃	146	206	189	195
燃点/℃	212	233	226	168
凝固点/℃	−7.1	< −70	−64	15（呈黄褐蜡状）
密度（25℃）/$g \cdot cm^{-3}$	0.973	0.97	0.8153	
黏度（25℃）/Pa · s	3.32×10^{-3}	3.47×10^{-3}	10.4×10^{-3}	
水中溶解度/$g \cdot L^{-1}$	0.42	0.012	<0.01	<0.021（碱性液）
介电常数	8.05		2.44（20℃）	
其他			叔胺含量 >98%	季胺含量 >98% 含氮 3% 左右
适用介质	硝酸液	硫酸或磷酸液	硫酸液	碳酸钠溶液

表 11.10 常用稀释剂添加剂特性

类别	名称	相对分子质量或碳原子数	沸程/℃	闪点/℃	密度(25℃)/$g \cdot cm^{-3}$	黏度(25℃)/Pa · s	外　观
稀释剂	煤　油		147 ~ 240	62 ~ 88	0.754 ~ 0.8	$0.3 \times 10^{-3} \sim 0.5 \times 10^{-3}$	无色透明液体
添加剂	混合醇	含 $C_{12} \sim C_{16}$ 仲醇	190 ~ 240		0.793	17.8×10^{-3}	浅黄色油状液体

表 11.11 胺类和磷类萃取剂萃取性能比较

项 目	胺类萃取剂	磷类萃取剂
对铀选择性	高，对杂质分离系数为 $10^3 \sim 10^5$	一般，P_{204}能同时萃取 Fe^{3+}
萃取速度	快	较慢
分配系数	高	较低，TBP 比 P_{204} 更低
饱和容量	较低	较高，TBP 容量最高
反萃性能	易反萃，用硝酸盐，氯化物碳酸盐作反萃取剂	需用 10% 碳酸盐溶液或强酸液作反萃取剂
对酸、碱、辐射稳定性	稳定	一般
稀释剂中溶解度	较小，需加添加剂	较大
进料中悬浮固体含量	要求很低 $<50 \times 10^{-4}\%$	可允许达 $300 \times 10^{-4}\%$
乳化情况	易产生乳化	不易产生乳化
中毒情况	钼易在 TFA 中积累，7402 易被有机物中毒	

11.3.2.1 有机胺萃取铀

铀工艺中用得最广的为三脂肪胺和季胺盐。前者适于从硫酸体系中提取铀，后者适用于从碳酸盐体系中提取铀。

A 三脂肪胺萃取铀

三脂肪胺是 8 ~ 12 个碳原子的混合叔胺，以 8 个碳原子的叔胺为主。其萃铀的分配系数大，选择性高，水溶性小，但分相速度较慢，且能萃取钼。属于这类萃取剂的有 N - 235、阿拉明 336、阿道根 364 等。萃铀的主要反应为：

$$\overline{R_3N} + H_2SO_4 \rightleftharpoons \overline{(R_3NH)_2SO_4}$$

$$2\,\overline{(R_3NH)_2SO_4} + UO_2(SO_4)_3^{4-} \rightleftharpoons \overline{(R_3NH)_4UO_2(SO_4)_3} + 2SO_4^{2-}$$

$$\overline{(R_3NH)_2SO_4} + UO_2(SO_4)_2^{2-} \rightleftharpoons \overline{(R_3NH)_2UO_2(SO_4)_2} + SO_4^{2-}$$

$$\overline{(R_3NH)_2SO_4} + UO_2SO_4 \rightleftharpoons \overline{(R_3NH)_2UO_2(SO_4)_2}$$

三脂肪胺从硫酸浸液中萃铀时，在有机相接近饱和的条件下，胺与铀的摩尔比 $\frac{[U]}{[R_3N]} = \frac{1}{4}$，$\frac{[U]}{[SO_4^{2-}]} = \frac{1}{3}$，故接近饱和时的萃合物组成主要为 $(R_3NH)_4UO_2(SO_4)_3$。萃取时有机胺的浓度不能太大，一般以 0.1mol/L 左右为宜。介质 pH 值控制在 1 ~ 1.5 左右。pH <0.8时，铀的分配系数下降。pH >2 时，由于铁、硅、铀的水解，易产生乳化现象。为防止出现三相，常加入混合醇，但混合醇的浓度不能太大。试验表明，对 0.1mol/L 的三脂肪胺萃铀而言，混合醇浓度以 0.05 ~0.1mol/L 为宜。

萃取原液中的阴离子含量对铀的萃取有较大影响，各种阴离子被三脂肪胺萃取的顺序为：$ClO_3^- > NO_3^- > F^- > Cl^- > HSO_4^- > SO_4^{2-}$，可见影响较大的是 NO_3^-、Cl^-、F^- 等离子，PO_4^{3-}、SO_4^{2-} 影响较小。浸液的钼、钒常呈 MoO_4^{2-}，$[MoO_2(SO_4)_n]^{2(n-1)-}$、$VO_3^-$、$VO_4^{3-}$ 等形态存在，它们与铀一起被三脂肪胺萃取。钼对三脂肪胺的亲和力较铀大，钼有时还以杂多酸盐形态沉淀析出，以致生成第三相。因此，浸出时应严格控制钼的含量。反萃时加入氧化剂（Na_2ClO_3、H_2O_2 等）可使钼易于反萃。用热碳酸钠溶液再生有机相可防止钼的积累。

有机相饱和后可用硝酸盐、氯化物、氢氧化钠、氢氧化铵、碳酸钠或碳酸铵溶液反萃，常用的反萃剂为氯化物（0.05mol/L H_2SO_4 + （1～1.5）mol/L NaCl）、碳酸盐（10% Na_2CO_3）和碳酸铵与氢氧化铵的混合溶液。反萃取反应为：

$$\overline{(R_3NH)_4UO_2(SO_4)_3} + 4NaCl \rightleftharpoons \overline{4R_3NHCl} + UO_2SO_4 + 2Na_2SO_4$$

$$\overline{(R_3NH)_4UO_2(SO_4)_3} + 3Na_2CO_3 \rightleftharpoons 4\,\overline{R_3N} + UO_2(CO_3)_3^{4-} + 3Na_2SO_4 + 4H^+$$

$$\overline{(R_3NH)_4UO_2(SO_4)_3} + 4NH_4OH \rightleftharpoons 4\,\overline{R_3N} + UO_2SO_4 + 2(NH_4)_2SO_4 + 4H_2O$$

三脂肪胺萃铀流程和工艺参数如图 11.1 所示。

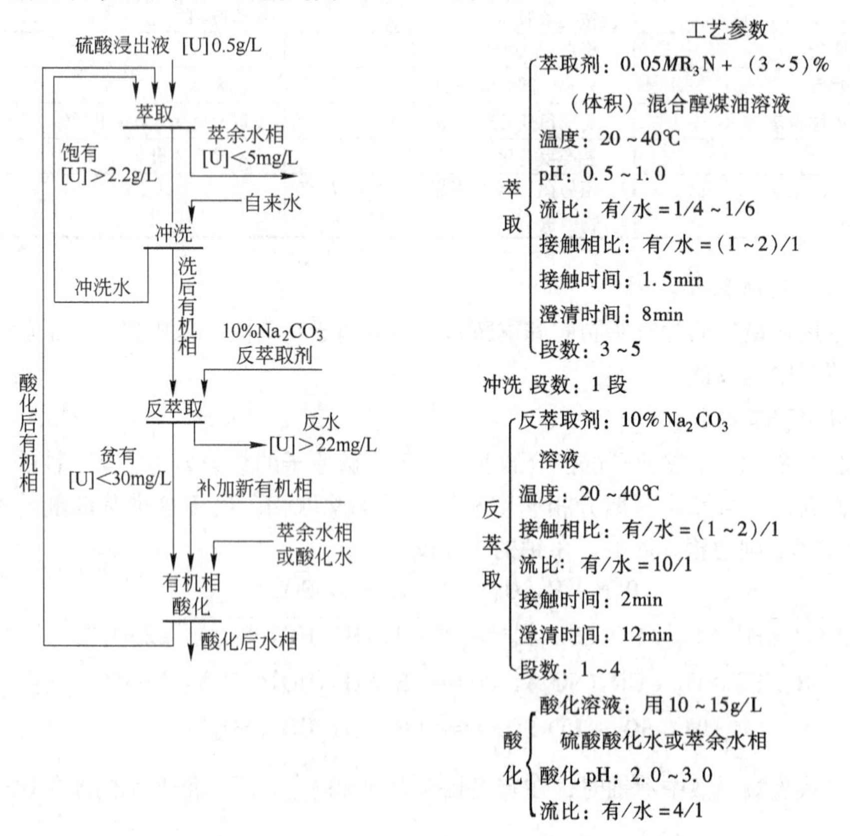

图 11.1 三脂肪胺萃取流程图

B 季铵盐萃取铀

季铵盐是从碱性介质中萃铀的良好萃取剂。温度低于 15℃时，季铵盐凝固为黄褐色蜡状物，加热至 30～50℃时具流动性，分子量为 420～470，可从碳酸盐溶液中萃铀。为了提高季铵盐在煤油中的溶解度，常用 C_{12}～C_{16}的混合醇作添加剂。季铵盐在碱性液中的溶解损失较大，易被高压碱浸矿浆中的有机物和某些无机阴离子中毒。季铵盐萃铀的主要反应为：

$$2\,\overline{R_4NCl} + Na_2CO_3 \rightleftharpoons \overline{(R_4N)_2CO_3} + 2NaCl$$

$$2\,\overline{(R_4N)_2CO_3} + UO_2(CO_3)_3^{4-} \rightleftharpoons \overline{(R_4N)_4UO_2(CO_3)_3} + 2CO_3^{2-}$$

季铵盐萃铀时，季铵盐浓度一般约 0.1mol/L，混合醇浓度（体积）约 3%～5%，碳酸盐总浓度小于 50g/L，碳酸钠与碳酸氢钠的重量比应大于 2，故碳酸氢钠浓度宜小于 15g/L（可用苛性钠调节）。浸出液中的阴离子对铀的萃取有较大影响，NO_3^-、Cl^- 的影响较 SO_4^{2-} 大，NO_3^- 还会积累，不易反萃下来。萃取原液中的固体含量宜小于 $50\times10^{-4}\%$，否则易乳化。

可用碳酸盐溶液反萃，一般采用0.7mol/L Na_2CO_3 +1.0mol/L $NaHCO_3$ 作反萃剂，温度为25~35℃，也可用25%的碳酸铵溶液进行反萃结晶。由于萃取和反萃均在同一阴离子体系中进行，不会引进其他阴离子杂质，产品品位较高，母液便于返回使用。母液返回比例可通过试验决定，以免产生杂质积累现象。

季铵盐萃铀流程和工艺参数如图11.2所示。

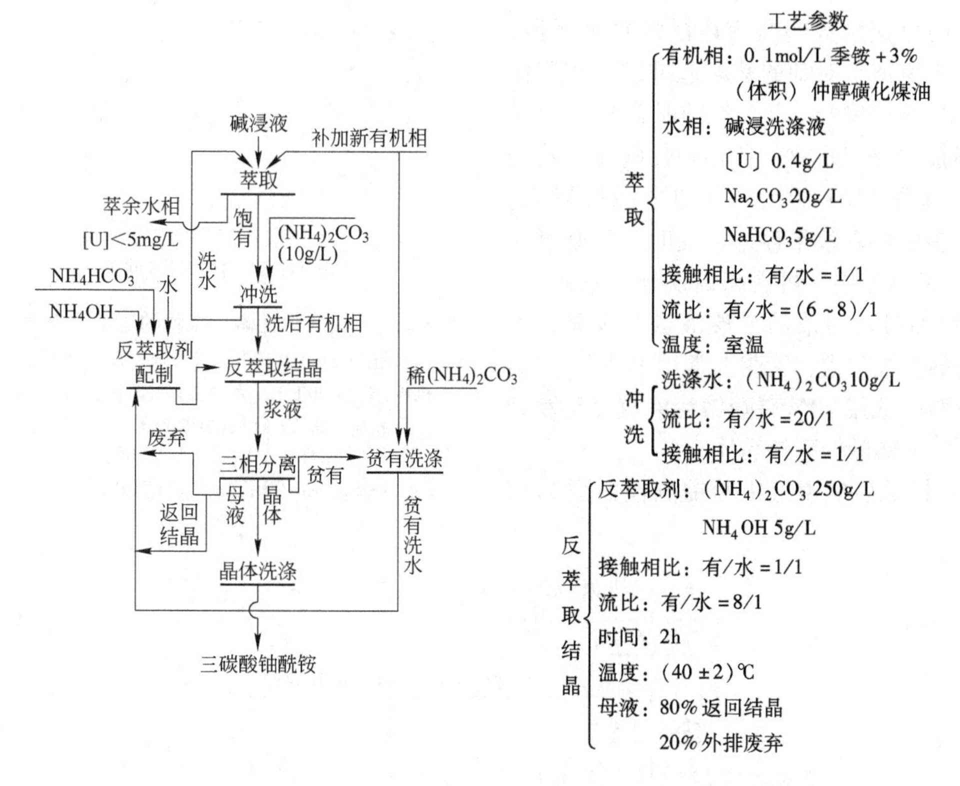

图11.2 季铵盐萃取流程

11.3.2.2 有机磷萃取铀

铀工艺中应用最广的有机磷萃取剂为D_2EHPA(P_{204})和TBP。P_{204}适用于从硫酸浸液或淋洗液中提取铀，TBP适用于从硝酸液中提取铀。

A P_{204}萃取铀

D_2EHPA(P_{204})为酸性磷酸酯，其萃铀反应为：

$$UO_2^{2+} + 2\overline{(R_2HPO_4)_2} \rightleftharpoons \overline{UO_2(R_2PO_4)_2 \cdot (R_2HPO_4)_2} + 2H^+$$

P_{204}萃铀时pH值的影响较大，萃铀的分配系数和饱和容量均随介质pH值的提高而增大，但介质pH值不宜太高，否则会影响萃取的选择性（图11.3）。从图中数据可知，pH<2时，铀能与大部分阳离子杂质相分离。只Fe^{3+}、Th^{4+}、Mo、R_E等与铀同时被萃取。有机相中P_{204}的浓度

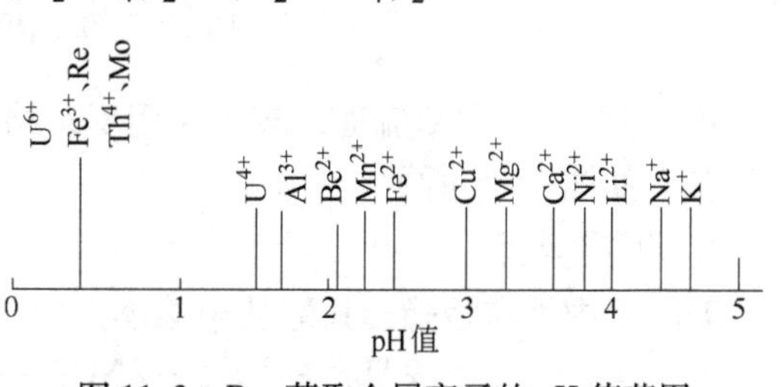

图11.3 P_{204}萃取金属离子的pH值范围

应与萃原液中铀的浓度相适应，以利于操作和保证较高的有机相饱和度。萃原液铀浓度为0.4～0.5mol/L时一般可用0.02mol/L P_{204}、铀浓度1.5～1.6g/L时用0.05mol/L P_{204}、铀浓度为4～5g/L时用0.2mol/L P_{204}。

原液中含有能与铀配合的阴离子时会降低铀的分配系数，各种阴离子的影响顺序为：$PO_4^{3-} > SO_4^{2-} > Cl^- > NO_3^- > ClO_4^-$。对某种酸而言，铀的分配系数随酸浓度的增加而下降，主要是由于氢离子对铀的萃取起抑制作用和阴离子与铀配合的缘故。P_{204}萃铀时常加入协萃剂以提高铀的分配系数，各种中性磷化合物的协萃性能如图11.4所示。从图中曲线可知，三丁基氧膦的协萃效果最好，同时三丁基氧膦对Fe^{3+}有抑制作用，可提高铀铁分离系数。

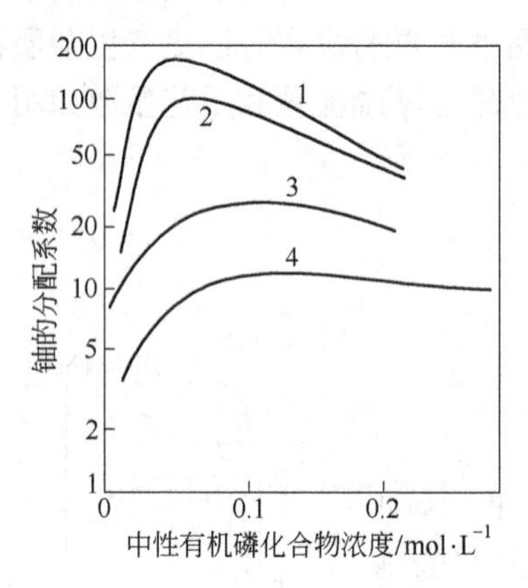

图11.4 P_{204}与中性磷化合物的协萃效应
（条件：水相：1.5mol/L H_2SO_4、0.04mol/L $[UO_2^{2+}]$；有机相：0.1mol/L P_{204} + 中性有机磷化合物；相比：O/A = 1:1；温度25℃）
1—P_{204} + TBPO；2—P_{204} + BDBP；3—P_{204} + DBBP；4—P_{204} + TBP

P_{204}萃铀时可用浓的强酸液进行反萃，考虑到设备的腐蚀问题，工业上常用10% Na_2CO_3溶液作反萃剂或用20%碳酸铵溶液直接反萃结晶，以制取三碳酸铀酰铵晶体。

P_{204}直接从硫酸浸液中萃铀流程如图11.5所示。

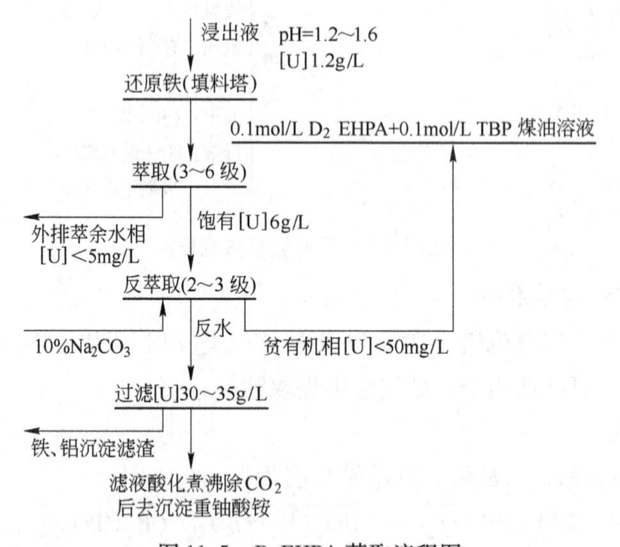

图11.5 D_2EHPA萃取流程图

P_{204}也常用于淋萃流程，较常采用反萃结晶法制取核纯的三碳酸铀酰晶体，其工艺流程和参数如图11.6所示。

B TBP萃铀

TBP为中性磷酸酯，只能从硝酸体系中萃铀。TBP萃铀的主要反应为：

$$2TBP + UO_2^{2+} + 2NO_3^- \rightleftharpoons \overline{UO_2(NO_3)_2 \cdot 2TBP}$$

TBP萃铀的容量大，可从铀浓度为每升几十至几百克的溶液中萃铀，但铀的分配系数

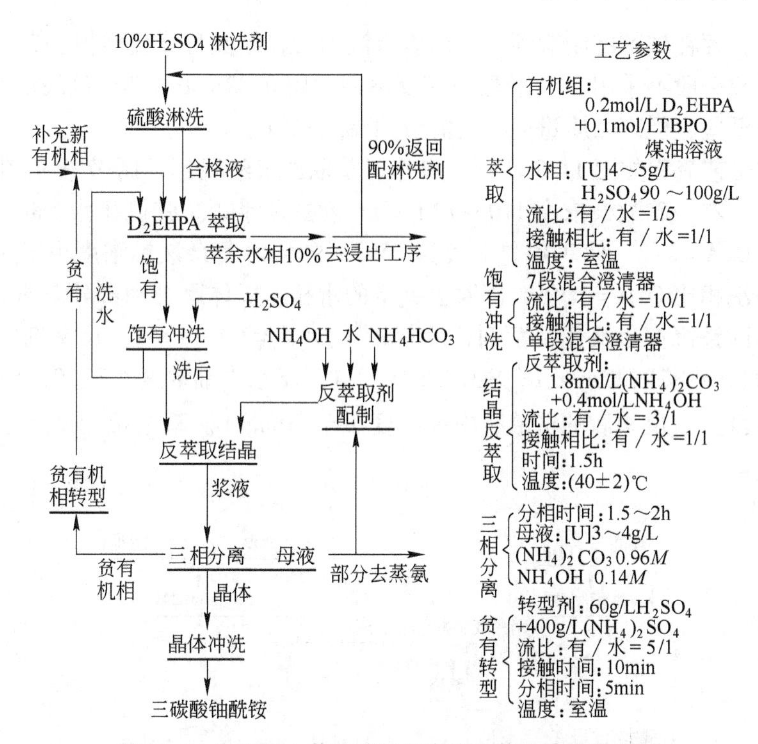

图 11.6 D_2EHPA 萃取碳酸铵直接反萃取结晶流程图

较小，一般不超过 50。添加盐析剂可显著提高 TBP 萃铀的分配系数，各种金属硝酸盐的盐析作用顺序为：$Al^{3+} > Fe^{3+} > Zn^{2+} > Cu^{2+} > Mg^{2+} > Ca^{2+} > Li^{+} > Na^{+} > NH_4^{+}$。选用盐析剂时应避免引入杂质，常用的盐析剂为铝、镁、钙的硝酸盐及硝酸铵。

TBP 不能直接萃取阴离子，但各种阴离子可与 UO_2^{2+} 配合，降低铀的分配系数，其影响顺序为：$PO_4^{3-} > SO_4^{2-} > F^- > C_2O_4^{2-} > Cl^- > NO_3^-$；$CO_3^{2-} > OH^- > F^-$。因此，溶液中的 PO_4^{3-}、SO_4^{2-}、CO_3^{2-} 对 TBP 萃铀的影响较大，但只当其浓度大于 0.05 ~ 0.1mol/L 时才显示出来。

有机相中的 TBP 浓度决定于萃原液中的铀浓度，一般控制 TBP 的饱和度为 85% ~ 90%，当原液中铀浓度为若干 g/L（如淋洗液）时，TBP 的浓度控制为 5% ~ 10%，铀浓度大于 100g/L（如化学精矿溶解液）时，TBP 的浓度应控制为 30% ~ 40%。

凡能与 UO_2^{2+} 配合且其配合物较 $UO_2(NO_3)_2$ 稳定的各种酸及其相应的盐均可作为 TBP 萃铀时的反萃剂。浓度相同时，各种盐的反萃能力较相应的酸强，而且铵盐的反萃能力又比钠盐强。反萃能力的顺序为：$C_2O_4^{2-} > CO_3^{2-} > SO_4^{2-} > Ac^-$。常用的反萃剂为：5% H_2SO_4、20% $(NH_4)_2SO_4$、20% 左右的 $(NH_4)_2CO_3$ 或 0.02mol/L 热硝酸（60℃）。反萃的主要反应为：

$$\overline{UO_2(NO_3)_2 \cdot 2TBP} + nSO_4^{2-} \rightleftharpoons 2\,\overline{TBP} + UO_2(SO_4)_n^{2(n-1)-} + 2NO_3^-$$

$$\overline{UO_2(NO_3)_2 \cdot 2TBP} \xrightleftharpoons{\text{热稀硝酸}} 2\,\overline{TBP} + UO_2(NO_3)_2$$

$$\overline{UO_2(NO_3)_2 \cdot 2TBP} + 3(NH_4)_2CO_3 \rightleftharpoons 2\,\overline{TBP} + (NH_4)_4UO_2(CO_3)_3 + 2NH_4NO_3$$

用硫酸或硫酸盐溶液反萃时，反萃效率随硫酸根浓度的增大而增大，但随硝酸根浓度的增大而下降。要完全抑制硝酸根的影响，须使 $SO_4^{2-}/NO_3^- \geqslant 1$（离子摩尔比）。用 20%

硫酸铵反萃时，存在试剂配制麻烦，产品质量波动大，结晶母液硫酸根、硝酸根含量大难处理等问题，故一般不采用20%硫酸铵作反萃剂。用0.02mol/L热稀硝酸反萃虽比5%硫酸的反萃效率低些，但产品质量高，还能节约硫酸和氨水。

TBP萃铀工艺流程如图11.7所示。操作时萃取原液经稀释，调节盐析剂浓度，使铀浓度为10g/L左右，硝酸根浓度110～120g/L，除去悬浮物。有机相为5%～10%TBP磺化煤油溶液，O∶A=1∶2，使TBP饱和度达85%～90%。萃余液铀浓度小于5mg/L，室温操作，饱有冲洗相比O∶A=10∶1，以除去夹带的水相、固体颗粒和部分杂质。用4%硫酸再加部分重铀酸铵沉淀母液作反萃剂，反萃相比O∶A=(3～4)∶1，反萃剂中硫酸根浓度为100g/L左右，硫酸浓度40g/L，$SO_4^{2-}/NO_3^- > 1$，反水中铀浓度大于30g/L，Fe/U $< 2 \times 10^4$（重量浓度比）。反萃后的贫液有中铀浓度小于50mg/L。萃余液和反水中夹带的有机相用煤油捕收。

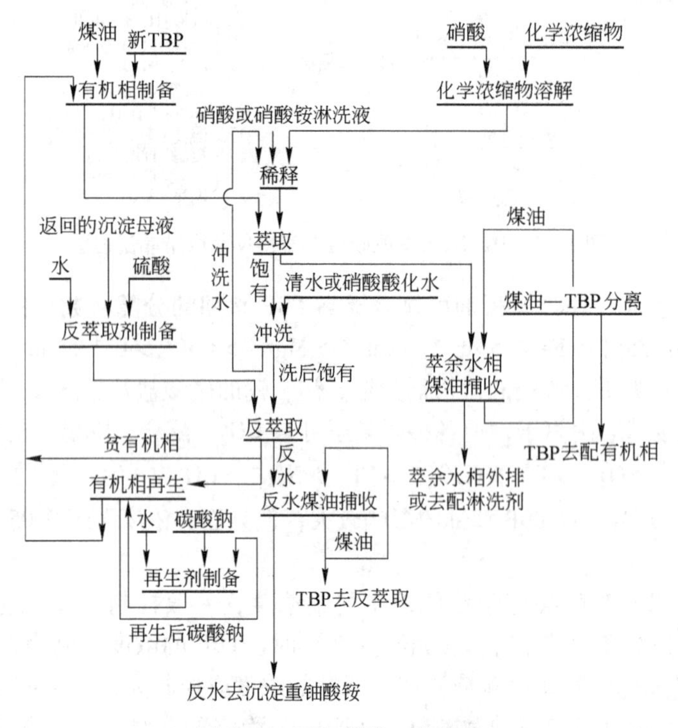

图11.7 TBP萃铀工艺流程

用30～50g/L碳酸钠溶液洗涤有机相可除去TBP降解产生的一丁酯和二丁酯，使有机相再生。

11.4 铀化学精矿的生产

20世纪50年代初期采用化学沉淀法直接从铀矿浸出液中沉淀铀，所得铀化学精矿品位低、杂质含量高，铀的回收率低，试剂耗量大，成本高，后来逐渐采用离子交换法和萃取法净化浸出液，然后从淋洗液或反萃液中沉淀铀化学精矿。有的工厂直接从铀矿碱浸液中沉淀铀。沉淀所得的铀化学精矿俗称为黄饼，一般含铀40%～70%，为中间产品，须进一步精制除杂才能获得核纯产品。目前，有的厂采用淋-萃流程处理铀矿浸出液，用结晶反萃法制得核纯的三碳酸铀酰铵产品。

从含铀液中生产铀化学精矿可分为从酸性液和碱性液中沉淀铀两种类型。

11.4.1 从酸性含铀溶液中沉淀铀

铀矿酸浸所得浸出液经离子交换或溶剂萃取净化后所得淋洗液或反萃液，通常是铀浓度较高的酸性液，每升溶液铀含量为几克至几十克，还含少量的铁、铝、钼、钒、磷等杂质。工业上常用碱中和的方法制取铀化学精矿或纯的重铀酸铵产品。常用氨水、苛性钠、石灰和氧化镁等作碱沉淀剂。氨水从硫酸铀酰液中沉铀的主要反应为：

$$H_2SO_4 + 2NH_4OH \longrightarrow (NH_4)_2SO_4 + 2H_2O$$

$$2UO_2SO_4 + 6NH_4OH \longrightarrow (NH_4)_2U_2O_7 \downarrow + 2(NH_4)_2SO_4 + 3H_2O$$

$$Fe_2(SO_4)_3 + 6NH_4OH \longrightarrow 2Fe(OH)_3 \downarrow + 3(NH_4)_2SO_4$$

$$Al_2(SO_4)_3 + 6NH_4OH \longrightarrow 2Al(OH)_3 \downarrow + 3(NH_4)_2SO_4$$

铀的沉淀率、沉淀物的质量和物理性能决定于沉淀 pH 值、温度、沉淀时间、搅拌强度、原液组成及沉淀剂类型等一系列因素。沉淀 pH 值是影响铀沉淀率和产品质量的主要因素。生产上沉淀终了 pH 值应控制在 7.0 左右，沉淀剂应缓慢地加入，使 pH 值逐渐升至7.0，这有利于控制和获得较粗的沉淀物。分段控制 pH 值进行连续沉淀时，各段 pH 值是否适当对产品中硫酸根含量有很大影响。如沉淀 pH 值分2 ~2.5，4.5 ~5，6.5 ~7.0 三段控制时，产品中硫酸根含量可高达 11% ~13%，若 pH 值改为 2 ~2.5，6.5 ~6.8，6.8 ~7.0 三段控制时，产品中硫酸根含量可降至1% ~3%。这是由于在 pH 值为4 ~6 的范围内易生成碱式硫酸铀酰 $(UO_2)_2SO_4(OH)_2 \cdot 4H_2O$ 沉淀的缘故，故应避免此 pH 值范围，以降低产品中的硫酸根含量。有时也可采用分步沉淀法，如先中和至 pH 值为 3 ~ 3.5 以除去大部分铁和硫酸根及部分磷、钒等杂质，然后中和至 pH =7.0，但分步中和时需增加固液分离作业、实践中较少采用。沉淀温度一般为 50 ~65℃，沉淀时间一般大于 2h，搅拌强度应适当，否则易将沉淀颗粒打碎。

沉淀剂类型对沉淀率，沉淀物质量和物理性能的影响较大。工业上常用氨水作沉淀剂，因其价廉易得，使用方便，不污染产品，利于后续工序处理。其缺点是氨含量一般仅 20% ~25%，且含相当数量的碳酸根，它会降低铀的沉淀率，增加铀在母液中的损失。石灰和氧化镁虽价廉易得，可得粗粒易过滤的沉淀物，但其反应速度慢，产品易被未反应完全的石灰、氧化镁所污染。因此，石灰、氧化镁只用于制取铀的粗化学精矿。苛性钠的价格较高，腐蚀性强，易吸收空气中的水和二氧化碳，易生成难过滤的泥状物。因此，生产中较少采用，有时只用于运输较困难的边远地区。

原始料液中的铀浓度愈高，沉淀剂的耗量愈少，铀的沉淀率愈高，质量也愈高。料液中切忌含有能与铀生成可溶性配合物的阴离子杂质（如 F^-、CO_3^{2-} 等），这些阴离子严重降低铀的沉淀率。为了降低沉淀剂耗量，沉淀母液可部分返回用于配制淋洗剂或反萃剂，返回的比例应通过试验决定，以免杂质离子积累，降低淋洗率和反萃率。

11.4.2 从碱性含铀溶液中沉淀铀

铀矿碱浸液、碳酸钠淋洗液和反萃液中的杂质含量较相应的酸性液要低得多，从这些溶液沉淀铀可用碱分解法和酸分解法。

11.4.2.1　碱分解法沉淀铀

碱分解法是从碱性液中沉铀的主要方法。三碳酸铀酰配合物仅在弱碱性介质中才稳定，若 pH 值大于 11.6 时会分解析出重铀酸盐沉淀：

$$NaHCO_3 + NaOH \longrightarrow Na_2CO_3 + H_2O$$

$$2Na_4[UO_2(CO_3)_3] + 6NaOH \longrightarrow Na_2U_2O_7 \downarrow + 6Na_2CO_3 + 3H_2O$$

碱分解工艺流程如图 11.8 所示。碱分解温度一般为 70～90℃，以得到易过滤的沉淀物。苛性钠过量 5～6g/L（有时达 20g/L）。此法所得母液中的铀含量较高（约 0.1g/L）。母液再生后可返回浸出作业，以提高铀的回收率。母液再生反应为：

$$2NaOH + CO_2 \longrightarrow Na_2CO_3 + H_2O$$

$$Na_2CO_3 + CO_2 + H_2O \longrightarrow 2NaHCO_3$$

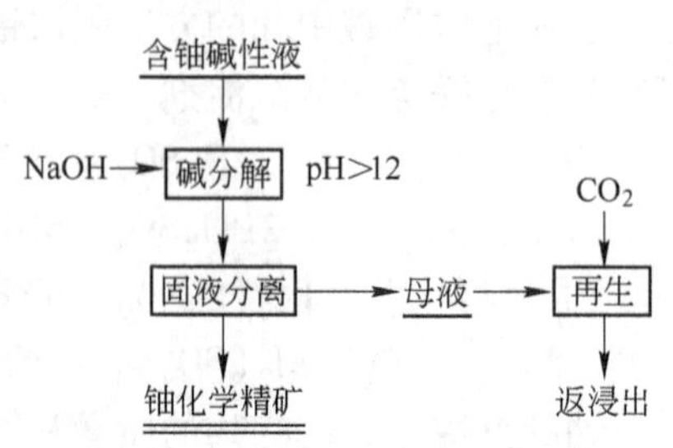

图 11.8　铀碱性液碱分解流程

碱分解法仅适用于碳酸钠和碳酸氢钠浓度不高，钒浓度较低及铀浓度较高（铀的浓度大于 2.5g/L）的碱性液。当溶液中 V_2O_5 含量达 2～3g/L 时，碱分解沉铀失效。此时应设法将钒除去或采用其他方法回收铀。含钒碱性液中加入硫酸铅或硫酸亚铁时可除去钒：

$$PbSO_4 + 2NaVO_3 \longrightarrow Pb(VO_3)_2 \downarrow + Na_2SO_4$$

$$FeSO_4 + 2NaVO_3 \longrightarrow Fe(VO_3)_2 \downarrow + Na_2SO_4$$

固液分离可使铀钒分离，然后从滤液中回收铀。硫酸加热溶解 $Pb(VO_3)_2$ 和 $PbCO_3$ 等沉淀物，可得到红饼（$V_2O_5 \cdot nH_2O$）：

$$2Pb(VO_3)_2 + H_2SO_4 \xrightarrow{pH = 2.5} V_2O_5 \cdot nH_2O \downarrow + PbSO_4$$

11.4.2.2　酸分解法沉淀铀

含铀碱性液用硫酸酸化至 pH = 3～4 时的反应：

$$Na_2CO_3 + H_2SO_4 \longrightarrow Na_2SO_4 + CO_2 \uparrow + H_2O$$

$$Na_4[UO_2(CO_3)_3] + 3H_2SO_4 \longrightarrow UO_2SO_4 + 2Na_2SO_4 + 3CO_2 \uparrow + 3H_2O$$

加热煮沸溶液赶除二氧化碳，此时铀及所有杂质均转入溶液中，再用碱中和至 pH 值为 6.5～7.0，铀定量沉淀析出，其工艺流程如图 11.9 所示。该流程适于处理不含钒的碱性液。

若含铀碱性液含大量的钒时，用硫酸酸化至 pH = 6 时会沉淀析出黄饼（$NaUO_2VO_4 \cdot nH_2O$）：

$$Na_4[UO_2(CO_3)_3] + NaVO_3 + 2H_2SO_4 \xrightarrow{pH = 6.0} NaUO_2VO_4 \cdot nH_2O \downarrow + 2Na_2SO_4 + 3CO_2 + 2H_2O$$

超过 $NaUO_2VO_4 \cdot nH_2O$ 相对分子质量的钒仍留在溶液中，固液分离后，再用硫酸将滤液酸化至 pH = 2.5，此时留在滤液中的钒呈红饼析出：

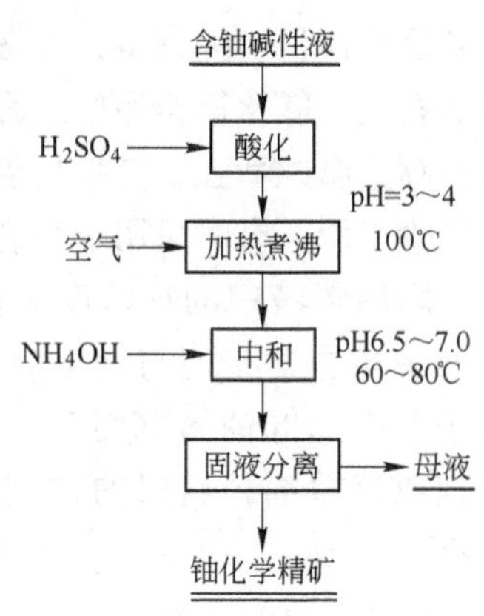

图 11.9　铀碱性液酸分解流程

$$2NaVO_3 + H_2SO_4 \xrightarrow{pH=2.5} V_2O_5 \cdot nH_2O\downarrow + Na_2SO_4$$

所得黄饼为铀钒化学精矿，可与碳酸钠、氯化钠和木屑熔合，使钒转变为水溶性的钒酸钠，使铀转变为不溶于水的二氧化铀：

$$NaUO_2VO_4 + Na_2CO_3 = NaVO_3 + UO_2\downarrow + Na_2O + CO_2\uparrow + \frac{1}{2}O_2$$

水浸熔合物可使铀钒分离。

有时也可采用酸分解-过氧化氢沉淀法从碱性液中回收铀。此时先用硫酸酸化至 pH = 2.0，加热破坏碳酸根，然后加入过氧化氢沉铀：

$$UO_2^{2+} + H_2O_2 + nH_2O = UO_4 \cdot nH_2O\downarrow + 2H^+$$

随反应的进行用氨调节介质 pH = 3.4，可得过氧化铀沉淀。该产品形态铀含量高（72% ~ 76%），钒、钼、钾、钠、钙、铁、硫酸根等杂质含量低，密度大（比氨沉法大 1.25 倍），易过滤洗涤，母液铀含量低（小于 2mg/L），但过氧化氢价格较高，故其应用受限制。

12　铜矿物原料的化学选矿

12.1　概述

铜在地壳中的含量仅占0.01%，并不比分散性稀有金属的含量多，但铜常富集为分布较广的铜矿床。自然界中已发现有200多种铜矿物，具有工业价值的大约只有15种，可将其分为硫化铜矿物和氧化铜矿物两大类。根据铜矿石中氧化铜矿物中的铜含量占矿石中总铜含量的百分数（称矿石的氧化率），可将铜矿石分为硫化矿（氧化率小于10%）、氧化矿（氧化率大于30%）和混合矿（氧化率介于10%～30%）三类。硫化铜矿物的可浮性较好，常用浮选法处理硫化铜矿。氧化率较小且氧化铜矿物的可浮性较好的氧化矿和混合矿也可用浮选法处理而得到铜矿物精矿。由于氧化铜矿物的可浮性较差，尤其当矿石中的铜呈难浮的硅孔雀石、赤铜矿及呈被氢氧化铁、铝硅酸锰所浸染的铜矿物或呈结合铜形态存在，铜矿物嵌布粒度极细，结合铜含量高，矿泥含量高时，用浮选法处理很难得到理想的技术经济指标，此时可用化学选矿方法回收其中的铜。因此，浮选法是处理铜矿物原料应用最广和最成熟的方法，只有通过试验确认实属难选的铜矿物原料、用浮选法无法得到满意的技术经济指标时才考虑采用化学选矿方法处理，并应考虑采用联合流程以得到最佳的技术经济指标。

处理难选铜矿物原料时，化学选矿方法的选择主要取决于矿石中铜的物相组成、围岩特性和矿石结构构造等因素。若脉石为酸性岩，铜矿物为次生铜矿物时可用稀硫酸分解矿石；若矿石中除次生铜矿物外还含有相当量的硫化铜矿物和自然铜时，则宜采用氧化酸浸（热压氧酸浸、高价盐浸、细菌浸出）或氧化焙烧-酸浸的方法分解矿石。若脉石主要为碱性岩，铜呈次生铜矿物和金属铜存在时可用一般氨浸法分解，若还含相当量的硫化铜矿物时可用热压氨浸法分解。若矿石中铜呈难分解的硅酸铜或结合铜形态存在时，可用还原焙烧-氨浸或离析法处理。根据分解铜矿石所得浸液的特性和对产品形态的要求，可分别采用铁置换法、沉淀-浮选法、直接电积法、萃取-电积法和蒸馏-沉淀等方法从浸液中回收铜，离析铜一般采用浮选法回收。浸出时可据矿石特性和具体条件分别采用渗滤槽浸、地浸、堆浸或各种搅拌浸出的工艺。因此，用化学选矿法处理难选的铜矿物原料时，主要的是选择适宜的分解方法。

12.2　酸法浸出铜矿物原料

可用稀硫酸作浸出剂处理硅酸盐型的难选氧化铜矿石。若除氧化铜矿物外还含相当量的硫化铜矿物，则宜采用氧化酸浸法分解矿石。由于细菌浸出仍属硫酸体系，放在酸浸法一起讨论，但高价盐浸属盐酸体系，另分节讨论。酸浸一般在常压下进行，据难浸程度可加温或不加温，固液比一般为1:(1～2)，铜呈硫酸铜形态转入浸液中，常用铁置换法、沉淀-浮选法、萃取-电积法回收浸液中的铜。

12.2.1 一般酸法浸出

12.2.1.1 酸浸-沉淀-浮选法

铜矿石中碳酸盐脉石含量少，铜矿物可浮性差时可用此工艺。它一般包括碎磨、浸出、沉淀、浮选等作业。其特点是可采用较粗的磨矿细度、较稀的浸出剂，浸出矿浆不用固液分离，未分解的硫化铜矿物和贵金属可与沉淀铜一起浮选回收，与直接浮选法比较可得较高的铜精矿品位和铜回收率。此工艺在国外获得了广泛的应用（如美国比尤特选厂）。

浸出前碎磨作业的最终粒度视矿石嵌布特性而异，一般粒度上限约1mm。若含难分解的硫化铜矿物和贵金属时，应将其磨至适于浮选的粒度。近年来趋向于采用泥砂分开处理的流程，即先将矿石碎至8mm，泥砂分开处理，矿泥用酸浸，矿砂可先浸后浮或只用浮选法处理。

酸浸时采用浓度为0.5%～3%的稀硫酸作浸出剂，目的是分解次生氧化铜矿物，余酸一般为0.05%～0.1%，固液比为1:(1～2)。浸出是在室温或加温至50～80℃的条件下进行。

沉淀时可用废铁、铁屑、海绵铁或灼烧后的废罐头盒作沉淀剂，也可采用硫化氢作沉淀剂，使铜呈海绵铜或硫化铜形态析出。沉淀时主要控制介质pH值、沉淀剂用量等因素。铁耗主要取决于介质的剩余酸度，一般为1.2～3.5kg/kg。置换沉淀时应避免充气，以免置换铜被氧化和重溶。若浸液余酸太高可先用石灰进行中和。

沉淀铜的浮选直接在弱酸性（pH值为3.7～4.5）矿浆中进行，一般采用二硫代磷酸盐或双黄药作捕收剂，以甲酚或松油作起泡剂，未分解的硫化铜矿物与伴生的贵金属和沉淀铜一起上浮。

我国的氧化铜矿大部分不适宜采用酸浸，但部分矿山应用浸出-沉淀-浮选工艺的可能性仍然存在。某矿氧化率较高，天然铜离子对浮选的干扰较大，为此采用了预先脱泥，矿泥部分采用酸浸-沉淀-浮选法处理的试验表明，比直接浮选法可获得较高的技术经济指标。国内在常用的硫化-浮选和浸出-沉淀-浮选工艺的基础上研究了水热硫化-浮选工艺。试验表明，此工艺处理难选氧化铜矿、混合矿和某些硫化矿均可获得较显著的效果，由于硫化pH值接近中性（pH值为6.3～6.5），可用于处理碳酸盐含量较高的难选铜矿物原料。

12.2.1.2 酸浸-萃取-电积法

溶剂萃取具有提取率高、分离效果好、操作简便、“三废”少、易连续化和自动化等优点，近十几年来采用萃取法提铜的铜矿山不断增加，是一种很有发展前途的提铜新工艺。

从酸性浸铜液中萃铜国外广泛采用Lix（R）型萃取剂，国内现有的萃铜萃取剂为N-510、N-530、N-531、O-3045等，与Lix（R）一样均属肟类螯合剂。N-510适于从贫铜液（1～3g/L）中萃铜，萃取率随pH值的提高而增大，一般用于氨浸液。N-530与N-531性质相似，适于从富铜液（约10g/L）中萃铜，可用较高的酸度（pH=1）。O-3045的选择性较好，但平衡时间较长，适用于细菌浸铜液和贫铜液。用肟类螯合剂萃铜时，通常采用废电解液进行反萃，反萃液含铜可达50g/L左右，然后采用不溶阳极电积法得电铜。反萃有机物可返回萃取作业循环使用。

酸浸-萃取-电积法在国外有不少生产厂，如美国蓝鸟矿氧化矿堆浸，浸液含铜4g/L、铁22g/L和硫酸3～5g/L，用Lix64萃铜，电积产铜18.2t/d，纯度达99.9%。巴格达公司德新铜矿用稀硫酸浸出，浸液含铜1g/L，经三级萃取三级反萃，产电铜7000t/a。

国内对铜矿的酸浸-萃取-电积工艺进行了试验研究，如国内某矿为露采氧化铜矿，原生矿泥含量高，-0.246mm占17%，铜矿物以孔雀石为主，含少量蓝铜矿、自然铜、赤铜矿，氧化率达95%，结合铜占10%～20%。铁矿物以磁铁矿为主，其次为赤铁矿和部分褐铁矿。脉石矿物主要为石英、黏土物质。原设计采用硫化-浮选法回收铜矿物，用磁选法回收铁矿物，但金属流失严重，铜回收率为80%左右，浮选药耗大，成本高。采用酸浸-萃取-电积工艺进行了试验，原矿磨至55% -0.074mm，在酸耗为70kg/t条件下进行两段常温酸浸、四段逆洗，铜的浸出率达90%，其中自由氧化铜浸出率达99%，结合铜浸出率为40%，硫化铜浸出率为47%，渣中铜含量为0.3%左右（原矿含铜2%～3%）。浸液用20% N-531磺化煤油有机相进行2～5级萃取，萃取率达98%以上。负载有机相用废电解液进行4～5级反萃，可得铜含量约40g/L的富铜液，电积可得合格电铜。与浮选流程比较，磨矿细度由80% -0.074mm降至55% -0.074mm，浸出率较浮选回收率提高8%，尾矿铜含量由0.9%降至0.3%，可节省浮选药剂和直接得电铜，改善了劳动条件。现厂拟将此流程处理浮选尾矿，并进行了半工业试验，以提高铜的总回收率。

12.2.2 细菌浸出

细菌浸出可用于处理硅酸盐型或碳酸盐含量较少的难选氧化铜矿、混合矿、贫矿、表外矿、废石、尾矿、含铜炉渣和采空区及废矿井中的残矿等，且常用渗滤槽浸、堆浸或就地浸出的方法直接得到澄清的含铜溶液，再用铁置换法、沉淀-浮选法或萃取-电积法等从铜浸液中提铜。如我国某矿采用渗滤槽浸法处理重选老尾矿得到含铜、铀的澄清浸出液。浸液流经强碱性阴离子交换柱提铀，流出液进入铁置换池用铁屑置换铜。置后液返回菌液再生池，经鼓气再生后返回浸出循环使用。吸附流出液中铜含量约1.5～2g/L，控制pH值为1.5～2.0，置换铁耗为铜理论量的2～2.5倍，置换时间一般为6h。铀的总回收率约75%～80%，铜的总回收率为70%～75%（其中浸出率为75%～80%，置换率为90%～95%），海绵铜品位为60%～65%，酸耗为40～45kg/t，铁耗为每吨铜耗铁2.5t。海绵铜送冶炼厂精炼或氧化焙烧后，采用酸溶-电积法生产电铜。铁置换法劳动条件差，流程长，已逐渐被萃取-电积法所代替。

国内某矿属沉积铜矿床，原生铜矿经后期次生淋滤富集形成可采矿体，铜矿物以次生硫化铜为主，铜矿物中次生硫化铜（主要为辉铜矿）占79%，原生硫化铜占9%，氧化铜占12%。脉石以长石、石英为主。该矿采用氧化铁硫杆菌进行渗滤池浸，生产流程如图12.1所示。生产实践表明，采用图示条件浸出时，约50%的铜的浸出速度较快，其余50%的浸出速度较慢。为适应这一特点，生产中采用浸出初期大量放液以加速浸出，浸出后期采用休闲和翻晒矿的方法以加速硫化铜矿物的氧化，同时为满足后续萃铜要求，浸出后期相应降低浸矿剂的酸度以提高浸液的pH值。采用9个渗浸池轮流渗浸以保证浸液中铜含量较恒定，浸矿周期为60～90天，铜浸出率为79.5%，其中原生硫化铜为42.9%，次生硫化铜为77.4%，氧化铜为93.6%。浸液经澄清砂滤后用7% N－510 200号溶剂油溶液进行四级逆萃，萃取率为85%。负载有机相铜含量为1.4g/L，采用含硫酸200g/L和含铜40g/L的废电解液进行三级反萃，反萃率达99%。富铜液组成（g/L）为：Cu45、$H_2SO_4$200，Fe6.5。进行不溶阳极电积可得一级电铜。电积时以含锑8%的铅锑合金板为阳极，不锈钢板为阴极，槽压为1.9～2.1V，电流密度为111A/m^2，同极距为100mm，富铜液流量为5.6L/min。存在的主要问题是有机相损失大，萃取率低，电解液铁积累等问题，有待进一步研究以提高经济效益。

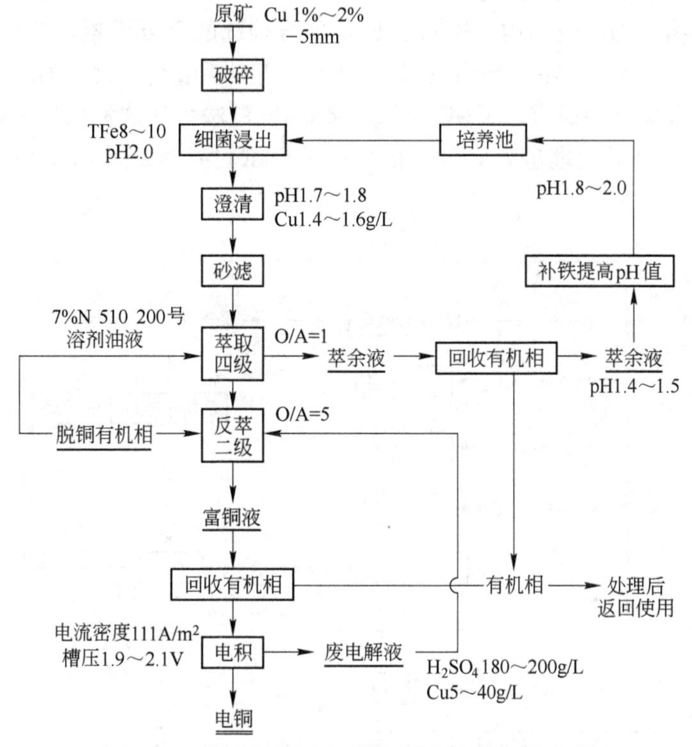

图12.1　某矿细菌浸出-萃取-电积生产工艺流程

12.3 氨浸铜矿物原料

氨浸法处理氧化铜矿石已有80多年的历史，它不仅适于处理氧化铜矿石，而且还可处理硫化铜，复杂硫化铜、铜炉渣，尾矿和其他含铜物料。热压浸出和萃取工艺的应用为氨浸法处理难选氧化铜矿开辟了新的途径。据氨浸中发生的主要反应，可将铜矿物原料氨浸分为一般氨浸、氧化氨浸和还原焙烧-氨浸等类型。若铜矿物为次生铜矿，脉石为碳酸盐，可用一般氨浸；若除次生铜矿物外，还含有金属铜和原生硫化铜矿物，可采用氧化氨浸；若铜呈难浸的硅酸铜或结合铜形态存在，直接氨浸效果差，宜用还原焙烧-氨浸法处理。

国内某矿为一储量大的氧化铜矿，全矿区80%以上为氧化矿，仅在矿体中部和深部出现少量的混合矿，主要铜矿物为孔雀石（占80%以上），其次为硅孔雀石和其他氧化铜矿物，尚含少量的斑铜矿、黄铜矿和微量的自然铜。脉石绝大部分为白云石，绿泥石及黏土矿物，个别矿体含有大量的碳质和泥质。原矿品位一般为0.6%～0.8%。铜物相分析如表12.1所示，由于大部分氧化铜矿物呈极细网脉状或显微网脉状出现于白云石、石英、

表 12.1　铜物相分析结果

项　目	总铜	结合氧化铜	游离氧化铜	活性硫化铜	惰性硫化铜
含量/%	0.619	0.108	0.282	0.109	0.030
分布率/%	100.00	32.00	45.53	17.62	4.85

绢云母等脉石晶粒界面、颗粒间隙和解理裂纹中，网脉宽一般为 0.015 ~ 0.002mm，部分铜矿物被褐铁矿所包裹。氧化铜矿物的这种"显微分散状态"的赋存特征使铜矿物难于机械解离，是造成该矿石难选的主要原因。结合率高达 10% ~ 47%，氧化率为 30% ~ 82%，硫化铜矿物呈细粒极不均匀嵌布也是该矿石难选的重要因素。现厂采用硫化-浮选法得的铜精矿品位为 8% 左右，铜回收率约 70%，药剂耗量相当大。国内有关单位对此矿石的处理作过多方案试验研究，证明采用直接热压氨浸法可使这种低品位难选铜矿的铜浸出率达 90% 以上。该矿处理量为 100t/d 的中间工厂试验流程如图 12.2 所示，它由碎磨、

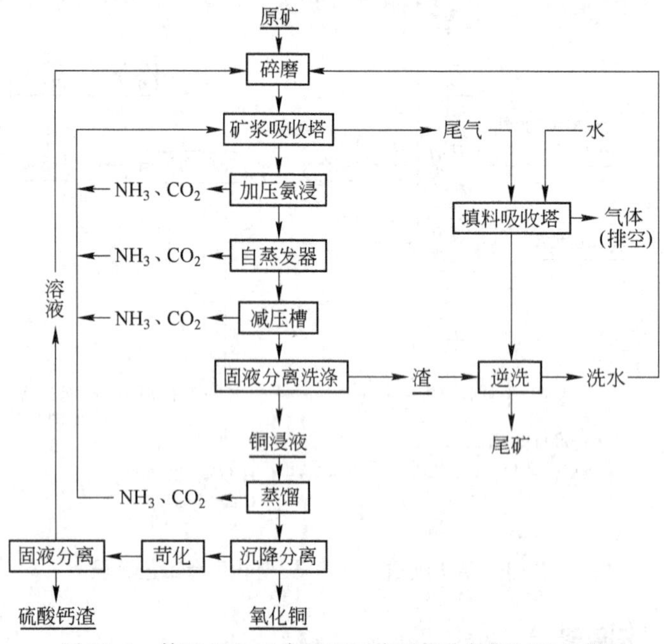

图 12.2　某矿 100t/d 中间工厂热压氧化氨浸试验流程

浸出、固液分离和蒸馏四个工序组成。试样含铜 0.85%、含硫 0.173%、氧化率 70%。矿石破碎后与返回的含铜、二氧化碳和氨的稀溶液一起磨至 55% -0.074mm 目，+0.2mm 粒级含量小于 25%，溢流浓度为 55% 左右，然后进入矿浆吸收塔连续吸收来自热压浸出泊槽、自蒸发器、减压槽和蒸馏釜出气中的二氧化碳和氨，经补氨后试剂浓度达 $NH_3$8.5% ~ 10.2%，$CO_2$5.5% ~ 6.6%，然后经高压泥浆泵压经矿浆加热器加热后送入多层泊槽，在 120℃ 和 $10.13 \times 10^5 \sim 20.26 \times 10^5$Pa 通空气进行热压氧化氨浸，浸出时间为 2.5h。浸出过程的主要反应为：

$$CuCO_3 \cdot Cu(OH)_2 + 6NH_3 + (NH_4)_2CO_3 \longrightarrow 2Cu(NH_3)_4CO_3 + 2H_2O$$

$$2Cu_5FeS_4 + 40NH_3 + 2CO_2 + 18\frac{1}{2}O_2 + nH_2O \longrightarrow$$
$$8Cu(NH_3)_4SO_4 + 2Cu(NH_3)_4CO_3 + Fe_2O_3 \cdot nH_2O$$

从泊槽底部出来的浸出矿浆经自蒸发器、减压槽降温降压，释放出的氨、二氧化碳和水蒸气返回矿浆吸收塔，降温降压后的矿浆用浓缩机进行固液分离和逆流洗涤，澄清液送蒸馏釜蒸氨得氧化铜。蒸馏母液进行苛化可得铜含量为10%的硫酸钙渣，可回收与硫酸根结合的部分氨。过程反应为：

$$Cu(NH_3)_4CO_3 \xrightarrow{\triangle} CuO + 4NH_3\uparrow + CO_2\uparrow$$

$$(NH_4)_2SO_4 + Ca(OH)_2 \xrightarrow{\triangle} CaSO_4 + 2NH_3\uparrow + 2H_2O$$

逆流洗涤得到的洗水可返回磨矿作业或吸收塔。此工艺铜浸出率达90%左右（其中游离氧化铜浸出率大于95%，结合铜浸出率约85%，活性硫化铜浸出率约95%，惰性硫化铜浸出率约80%），与原浮选流程比较，至获得电铜的铜总回收率可提高10%以上。

国内某厂采用还原焙烧-氨浸法处理氧化脉锡矿选厂重选含铜尾矿，铜矿物主要为呈微粒包裹体或离子状态存在于氧化铁中的结合铜，这种结合氧化铜约占总铜的70%，尚有少量的砷钙铜矿和微量的孔雀石、蓝铜矿。锡呈锡石存在，铁主要为褐铁矿及少量的赤铁矿。脉石主要为方解石，其次为石英。从矿石性质可知，该尾矿不宜酸浸或浮选，浮选回收率仅30%左右。采用离析法需消耗大量食盐，且产品需进一步处理。常温常压下直接氨浸，铜的浸出率小于20%。160℃时热压氨浸时铜的浸出率为75%左右。若采用还原焙烧-常压氨浸，铜的浸出率达88%左右，且焙烧可改善锡的可选性，锡的回收率可提高6%~7%。该厂生产流程如图12.3所示。锡重选含铜尾矿运至浓缩机脱水，底流送回转

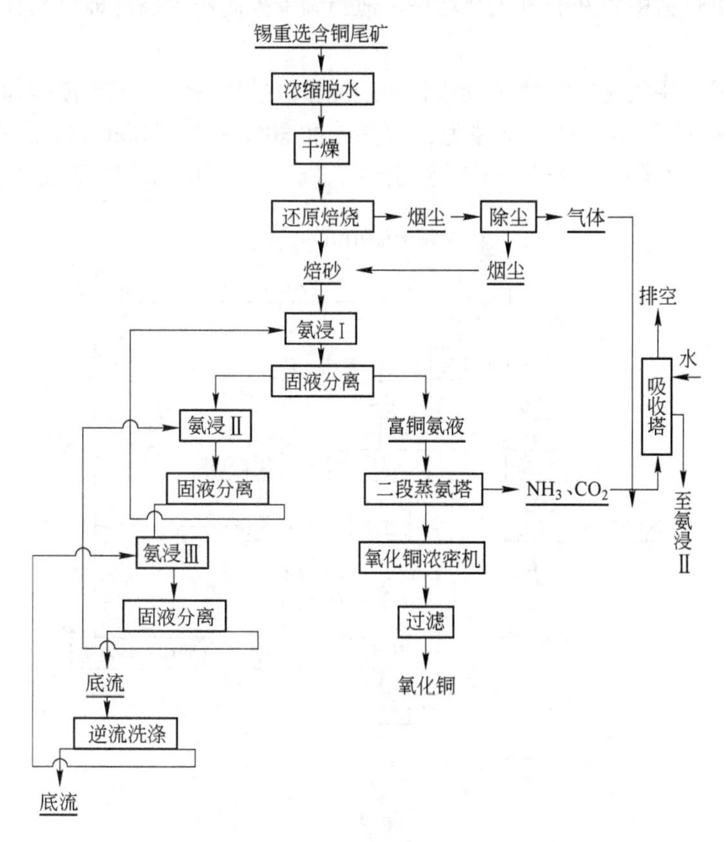

图12.3 某厂还原焙烧-氨浸生产流程

窑干燥至含水量小于5%，然后与占矿石重4%的褐煤粉混合在750～850℃条件下于回转窑中进行还原焙烧，使矿石中大部分结合铜转变为游离氧化铜，少部分被还原成金属铜：

$$3(CuO \cdot Fe_2O_3) + C \longrightarrow 3CuO + 2Fe_3O_4 + CO$$

$$3(CuO \cdot Fe_2O_3) + 4CO \longrightarrow 3Cu + 2Fe_3O_4 + 4CO_2$$

还原焙烧窑为顺流操作。窑尾有几米长的冷却段，焙砂用螺旋运输机送至骤冷槽与返回的稀铜氨液调成液固比为2.3∶1的矿浆，用泵送至机械搅拌充气涡轮浸出槽进行浸出。浸出分三段进行，每段浸出后进行固液分离，最后进行四级逆洗。固液分离和逆洗均在浓缩机中进行。浸出温度为45～50℃，浸出剂含氨65g/L，二氧化碳40g/L，浸出3.5h。洗涤后的底流送选矿回收锡、铁。浸出后的富铜氨液送蒸氨沉铜，得铜含量约65%的氧化铜。蒸氨产生的NH_3、CO_2气体经冷凝吸收后返回浸出作业。

12.4　高价盐浸出铜矿物原料

原料中含原生硫化铜矿物时，酸浸或氨浸的铜浸出率较低，若先氧化焙烧而后酸浸或氨浸又将产生空气污染。为消除空气污染、改善劳动条件和提高铜浸出率，可用高价盐浸出法处理。常用的高价盐为氯化铁或氯化铜的盐酸溶液。

12.4.1　氯化铁浸出法

氯化铁是高价盐中较好的氧化剂之一，适当调节控制浸出条件即可选择性浸出某些硫化矿物。

国内某钨矿采用氯化铁溶液从重选和浮选溢流沉砂中浸铜，工艺流程如图12.4所示，沉砂组成列于表12.2中。浸出条件为：物料粒度90% －0.074mm目，氯化铁浓度大于100g/L，106℃（沸腾），浸出2～3h，浸出终了Fe^{3+}20～30g/L。试验表明，液固比影响

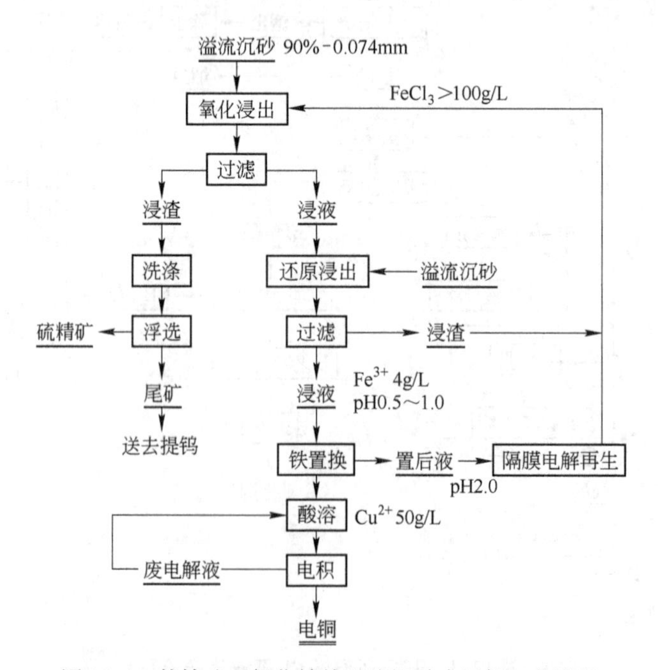

图12.4　某钨矿三氯化铁从溢流沉砂中浸铜工艺流程

小，但须保证浸液中 Fe^{3+} 浓度。浸出终了铜主要呈 Cu^{2+} 形态存在于浸液中。还原浸出时以溢流沉砂作还原剂，浸出终了溶液中 Fe^{3+} 含量约 4g/L，铜主要呈低价形态存在。还原浸渣返第一段进行氧化浸出，浸液送后续处理。由于沉砂中含毒砂，浸出时会生成氯化砷，应加强通风，注意安全。浸出作业在内衬 5mm 厚橡胶层及 50mm 厚的铸石板的复合防腐层的反应槽中进行，搅拌轴内衬橡胶外衬环氧呋喃玻璃钢。两段浸出后的浸液和浸渣组成列于表 12.3 中。

表 12.2 重选和浮选溢流沉砂化学组成

成 分	Cu	WO_3	Zn	Sn	Fe	As	S
含量/%	6.07	17.97	3.20	0.35	11.50	3.60	29.66

表 12.3 两段浸出后浸液和浸渣的化学组成

元 素	Cu	Zn	Fe	As	Sn	备 注
浸液/$g \cdot L^{-1}$	30.51	20.70	195.5	4.70	0.70	锡为硫化锡
浸渣/%	0.1	0.08	5.95	0.72	0.011	
浸出率/%	92.5	98.86	76.5	91.3	98.57	

为了从浸液中提铜，该矿曾作过多方案对比试验。由于浸液中砷含量较高（1.5 ~ 4.5g/L），即使在较低电流密度下（$D_K = 200A/m^2$）电积沉铜的质量差，电铜含铜量仅 60% ~80%，且隔膜电积沉铜的槽压较高，电能消耗大，会析出剧毒的氢化砷气体。因此，该矿采用铁屑沉铜，所得海绵铜洗净滤干后再在鼓风条件下直接溶于返回的废电解液中，溶解至余酸为 3 ~ 5g/L 时终止，可得铜含量 50g/L 的含铜液，送去电积可得合格电铜。

置后液中主要含氯化锌和氯化亚铁，多次循环后会产生锌积累，影响浸出效果。试验时曾采用 N-235 萃取脱锌，有机相为 25% N235、20% TBP 和 55% 磺化煤油。为了降低铁的萃取率，应控制置后液中氯离子的含量。一般水相含 Fe^{2+} 120 ~ 130g/L，pH 值为 1 ~ 1.5，萃取相比（O/A）为（0.5 ~ 1）:1，负载有机相用水洗涤（O/A = 1:1）以洗去 Ca^{2+}、Fe^{2+}，然后用 5% 硫酸（或 5% 碳酸钠）进行反萃（O/A = 1:1）。从反萃液中回收锌。反萃有机相用 2mol/L 盐酸再生（O/A = 0.5:1）后返回萃取作业。萃取温度为 40℃，在混合-澄清器中进行。

该矿采用隔膜电积法再生氯化铁，初期再生时生产部分铁粉，现阴极室补加稀盐酸，完全不加氯化亚铁溶液，故只在阳极室再生氯化铁。再生条件为：阴极液为稀盐酸，pH 值为 1.5 ~ 2.2，阳极液含 Fe^{2+} 130 ~ 150g/L，pH 值为 1.5 ~ 2.0，终点时阳极液含 Fe^{2+} 小于 10g/L，温度小于 65℃，槽压为 5 ~ 7V 左右。再生后的氯化铁溶液返至浸出作业，若铁量不足可用稀盐酸溶解铁屑的方法补充。

该矿拟用萃取-电积工艺代替置换沉铜工艺，萃余液用空气氧化法再生氯化铁，负载有机相用废电解液反萃，从而形成独立的氯化铁系统和硫酸铜系统，预计改进后的流程较合理。

国外浸出硫化矿主要也是采用氯化铁作浸出剂，这里仅简单地介绍杜瓦尔公司的克利尔法和塞浦路斯公司的改进的塞梅特法。克利尔法的工艺流程如图 12.5 所示，该流程将氧化浸液进行两段还原，第一段采用硫化铜精矿作还原剂，在密闭容器中进行，温度为

107℃。固液分离后的溶液在 107℃下用海绵铜将剩余的高铜还原为亚铜离子。两段还原后的溶液（含 CuCl、$FeCl_2$、NaCl）经热交换器使温度升至 55℃，固液分离除去悬浮物，溶液进隔膜电解槽电解得电铜，在阳极再生 $CuCl_2$。电解废液含 $FeCl_2$、NaCl 及 $CuCl_2$，送入再生段，在 107℃下通入压力为 2.85×10^5Pa 的空气或氧，使 $FeCl_2$ 氧化为 $FeCl_3$，$CuCl_2$ 可起催化作用，系统中过量的铁（呈 $Fe(OH)_3$）、硫酸盐及其他杂质同时沉淀析出。再生后的溶液返至氧化浸出段浸出一段还原浸出渣。浸出在密闭容器中进行，温度为 140℃，压力为 2.85×10^5Pa，使铜完全溶解。可用适当方法从浸渣中回收硫和贵金属。氧化浸液返至一段还原浸出。

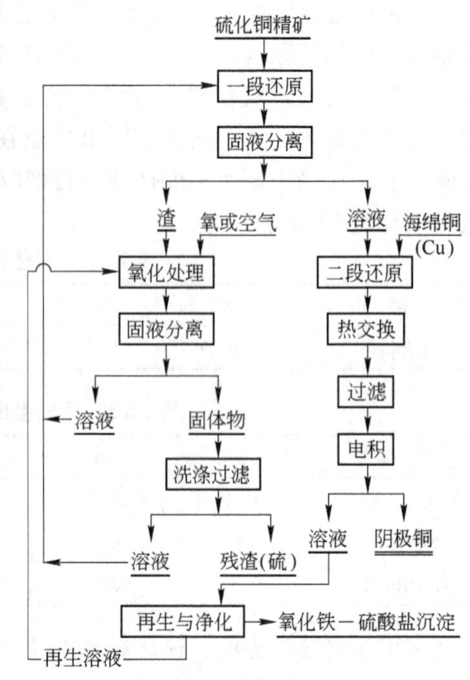

图 12.5　克利尔法工艺流程

克利尔法除采用两段还原外，还采用 $FeCl_3$、$CuCl_2$ 和 NaCl 的混合液作浸出剂。氯化钠的作用在于提高氯化亚铜溶解度、提高氧化浸出时铜的浸出率、防止氯化亚铜被空气氧化、防止硫被氧化为硫酸和提高电铜质量。以氯化亚铜形态电积沉铜的电耗为 470～580kW · h/t，而硫酸铜电积时的电耗一般为 2300kW · h/t。

塞梅特法的工艺流程如图 12.6 所示，该法先用氯化铁溶液二段预浸硫化铜矿，然后用电化学方法溶解硫化物，试验规模为 50t/d。硫化铜精矿磨至 95% －0.074mm，浸出温度为 75～80℃。经二段浸出后的分级底流进入电解槽的阳极室，第一次浸出矿浆经水力分级得的溢流再经浓缩过滤得的溶液进入电解槽的阴极室。电解槽用人造纤维的渗透膜隔为阴阳两室，阳极为涂有导电性氧化物的金属钛板，阴极为圆形铜棒，与阳极平行等距离

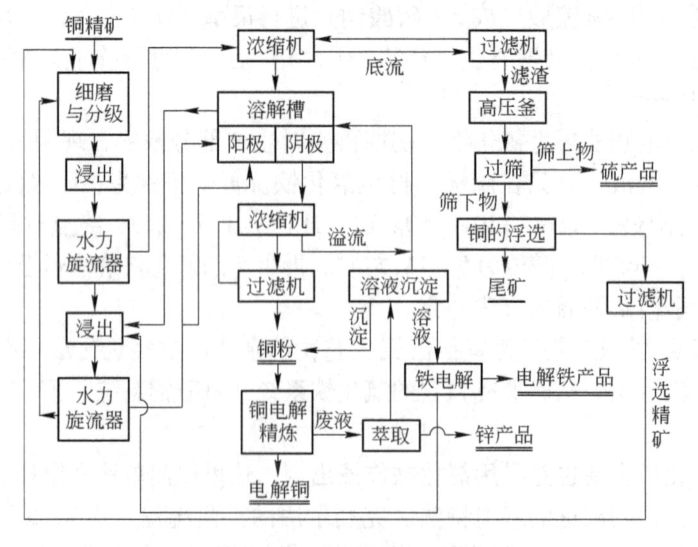

图 12.6　塞梅特法工艺流程

放置，阴阳极面积比约为1∶1。电解槽内的主要反应为：

阳极室： $CuFeS_2 + 3HCl - 3e \longrightarrow CuCl + FeCl_2 + 2S^0 + 3H^+$

阴极室： $3CuCl + 3e \longrightarrow 3Cu^0 + 3Cl^-$

在高电流密度下，阳极液的 pH < 4.0，温度大于 50℃，阳极矿浆中的黄铜矿溶于阳极液中，阳极排出的矿浆进入第二段浸出。氯化亚铜在阴极室呈铜粉析出，呈矿泥态送去电解精炼得电铜，阴极室产生的氯离子进入阳极室与氢离子结合。

第一段浸出矿浆水力分级溢流经浓缩过滤后的底流中，元素硫含量较高，可从中提取元素硫。将其在高压釜中加热至135℃，处理两小时后冷至120℃使硫呈球团固化，再进行筛选，筛上产物即为元素硫，含硫可达96%，筛下物送浮选得铜含量达17%的铜精矿，返回浸出作业，浮选尾矿废弃。

废电解液中除含氯化亚铁外，还含有可溶性残余铜及铅、镉、砷、锑、锌等的氯化物，再生时须将杂质除去，先用铁置换法沉铜、铅、铋，然后用锌粉除残余的铜、铋、锑、砷和汞。铁电解的允许可溶锌浓度为2g/L，若锌含量超过允许值，可用叔胺萃取剂进行萃取分离。净化的氯化亚铁溶液送去电积铁和再生氯化铁，用铁作阴极始极片电解得高纯铁，在阳极室再生氯化铁，再生液返回浸出作业。由于阴阳极效率不平衡及补加铁粉沉铜，需用水解法从系统中除去多余的铁离子。

此工艺的优点是可再生氯化铁和产出电解铁片，电能消耗约为硫酸铜电积的一半，主要缺点是氯化铁浸出率仅约50%，电化浸出率约30%，浮选回收率约20%，且铜粉需进一步精炼。此工艺原理适用于大多数金属硫化矿（铜、镍或铜锌复合矿及低品位难选含银、汞的精矿）。1975年改造的流程废除了电解槽和电解精炼，代之以直接从浸出液中生产高纯铜粉，使电能消耗降低了2/3。

12.4.2 氯化铜浸出法

高价铜离子在100℃左右也是浸出硫化矿的有效氧化剂之一，可克服氯化铁浸出法带进大量铁使后续电积提铜困难的缺点。浸出硫化矿的主要反应为：

$$FeS_2 + 2CuCl_2 \longrightarrow FeCl_2 + 2CuCl + 2S^0$$

$$\Delta G^{\ominus} = -23.51\text{kJ/mol}$$

$$CuFeS_2 + 3CuCl_2 \longrightarrow FeCl_2 + 4CuCl + 2S^0$$

$$\Delta G^{\ominus} = -51.76\text{kJ/mol}$$

$$PbS + 3CuCl_2 \longrightarrow PbCl_2 + 2CuCl + S^0$$

$$\Delta G^{\ominus} = -64.22\text{kJ/mol}$$

$$ZnS + 2CuCl_2 \longrightarrow ZnCl_2 + 2CuCl + S^0$$

$$\Delta G^{\ominus} = -80.1\text{kJ/mol}$$

$$Cu_2S + 2CuCl_2 \longrightarrow 4CuCl + S^0$$

$$\Delta G^{\ominus} = -166.77\text{kJ/mol}$$

因此，氯化铜溶液浸出硫化矿从难到易的顺序为：黄铁矿→黄铜矿→方铅矿→闪锌矿→辉铜矿。

国内某矿用氯化铜溶液提铜的半工业试验流程如图12.7所示，该矿浮选所得的铜铅锌混合精矿难于用浮选法获得单一精矿，混精的化学组成列于表12.4中。浸出分两段进行，第一段为还原浸出，浸出剂组成（g/L）为：Cu^{2+}35.86，Cu^{+}13.2、Cl^{-}244.62，由氯化铜、盐酸和氯化钠组成，在液固比为（4~5）：1，118℃，pH=1的条件下浸出3~4h，铜浸出率达40%~50%，还原浸液铜含量大于60g/L，澄清倾析后的底流进行氧化浸出，此时浸出剂过量100%，氧化浸液组成（g/L）为：Cu^{2+}60，Cu^{+}36，Fe^{2+}50，Cl^{-}357.87。浸渣用10%~15% NaCl水溶液逆洗四次后可作为提取元素硫、金银的原料。

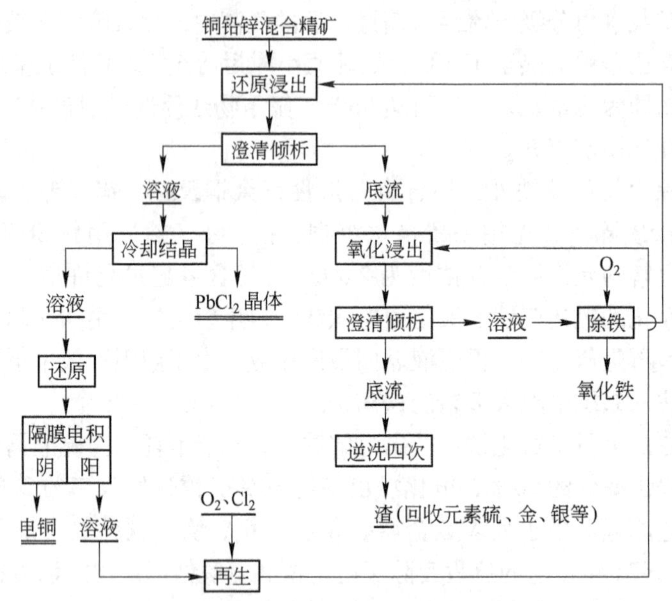

图12.7 某矿氯化铜溶液浸出半工业试验流程

表12.4 混合精矿化学组成

成 分	Cu	Pb	Zn	Fe	S	CaO	MgO	$Au/g \cdot t^{-1}$	$Ag/g \cdot t^{-1}$
含量/%	9.54	11.86	2.2	27.85	33.61	0.3	0.1	8	100

采用氯化钠提高浸出剂中氯离子含量有利于提高铜、铅、锌氯化物在浸液中的溶解度，可抑制硫氧化为硫酸盐及可提高浸出液的沸点，从而可促进氯化铜的浸出反应。

浸出时铅锌与铜一起转入浸液中。20℃时氯化铅在水中的溶解度为0.99g/L，浸出矿浆趁热澄清倾析，清液冷却可析出氯化铅晶体。除铅后的溶液仍含少量二价铜离子，电积前用铜粉还原，然后送至隔膜电解槽的阴极室电积得电铜。

还原浸渣在试剂过量条件下进行，氧化浸出使渣中铜含量降至0.5%以下，浸液中相当部分铜呈一价形态存在，固液分离后的部分清液送隔膜电解槽的阳极室再生氯化铜，其余部分送氧化除铁。氧化除铁反应为：

$$2FeCl_2 + \frac{1}{2}O_2 + 3H_2O \longrightarrow Fe_2O_3 \cdot H_2O\downarrow + 4HCl$$

溶液存在的大量氯化铜可促进亚铁离子的氧化，氧化速度很快，生成针铁矿型铁渣，结晶颗粒较大，有较好的沉降过滤性能，铜含量低，除铁pH值为2.5~3.4。除铁后的清液返至还原浸出作业。

隔膜电积时采用阴离子隔膜，它只让阴极室的阴离子通过，阳极室的阳离子因受隔膜正电基团斥力的影响而留在阳极室中。电积槽以石墨板作阳极，电铜板作阴极，电积至阴极室中的铜含量降至10g/L为止。废电解液转至阳极室再生氯化铜，直至锌积累至一定程度后可作提锌原料。提锌前先用铁置换铜，再用P_{204}萃取锌，反萃后用电积法回收锌。隔膜电积槽阳极室再生得的氯化铜溶液需补氯和充氧后再返至氧化浸出作业。铜电积条件为：阴阳极室温度45～50℃，电流密度100～110A/m^2，pH<2.0，槽电压1.3～1.9V，加明胶0.2g/L，阴极液流量1～1.5L/h，电流效率88%～95%，电耗为750～900kW·h/t。

12.5 离析-浮选法

离析法是处理某些难选矿石的有效方法之一，目前在工业上主要用于处理难选氧化铜矿。根据现有的离析工艺的特点，可分为一段离析和两段离析。一段离析是先将矿石、还原剂和氯化剂混合均匀，然后在同一反应器中完成混合料的加热和离析的离析工艺。两段离析是预先在氧化气氛中将矿石加热至离析所需温度，然后转至离析反应器中与还原剂和氯化剂混合进行离析的离析工艺，故矿石的加热和离析分别在两个不同的反应器中进行。下面仅讨论已工业化的铜离析工艺。

12.5.1 两段离析工艺

较成功的两段离析工艺有“托尔科法”（TORCO）和“三井离析法”。前者为沸腾炉-竖炉离析工艺，后者为悬浮预热-回转圆筒离析工艺。

采用“托尔科法”的生产厂有赞比亚恩昌加统一铜矿有限公司罗卡纳工业试验厂和毛里塔尼亚的阿克米季特离析-浮选厂。南非英美联合公司于1960年11月在赞比亚成立了“处理难选氧化铜矿”研究小组，经六年时间完成了小型试验和中间试验，成功地进行了10t/d规模的沸腾炉加热离析室离析的中间试验，在此基础上于1965年建立了500t/d的工业试验厂，1968年工业试验成功，1970年转为工业生产，其工艺流程如图12.8所示，该厂离析浮选指标为：原矿品位3%～6% Cu，精矿品位45%～55% Cu，回收率85%～87%，若处理氧化矿低品位精矿和高品位难选氧化铜矿，铜的总回收率约80%～81%。

毛里塔尼亚阿克米季特铜矿地处沙漠区，其硫化矿含铜1.79%，金0.97g/t，氧化矿为磁铁矿型，含Fe48%，$SiO_2$7%，MgO3%，Cu2.7%，Au3.1g/t。铜呈硅孔雀石和浸染状存在于氧化铁中，采用重选或浮选的富集效果差，硫化-浮选法的铜回收率仅30%～40%。酸浸法的酸耗高。曾考虑用冶炼硫化铜精矿的废气制酸以浸出氧化矿，但须同时开采两种矿石，且从铁含量高的浸液中回收铜的效果差，回收金银较困难。赞比亚难选氧化铜矿“托尔科法”成功后，决定采用此法进行工业生产。离析厂于1970年建成，设计指标为：四个系列的沸腾炉-竖炉处理量为3600～4000t/d，年产高级铜精矿5万多吨，全厂总回收率87%，离析-浮选回收率89%。其工艺流程与罗卡纳厂相似。由于原矿含水仅1%，可不经干燥而直接送至圆锥和自磨机中碎磨，预热前用磁选法除铁，磁性产品产率为17%，铜损失率小，非磁性产品中铜和金的品位分别由原矿的2.7%和3.1g/t增至3.2%和3.6g/t。采用沸腾焙烧炉预热矿石的传热系数高且可使硫化铜矿转变为氧化铜矿，沸腾焙烧后的物料流经溢流堰通过室墙中的一个沟槽进入离析竖炉（可为单室或双室）。

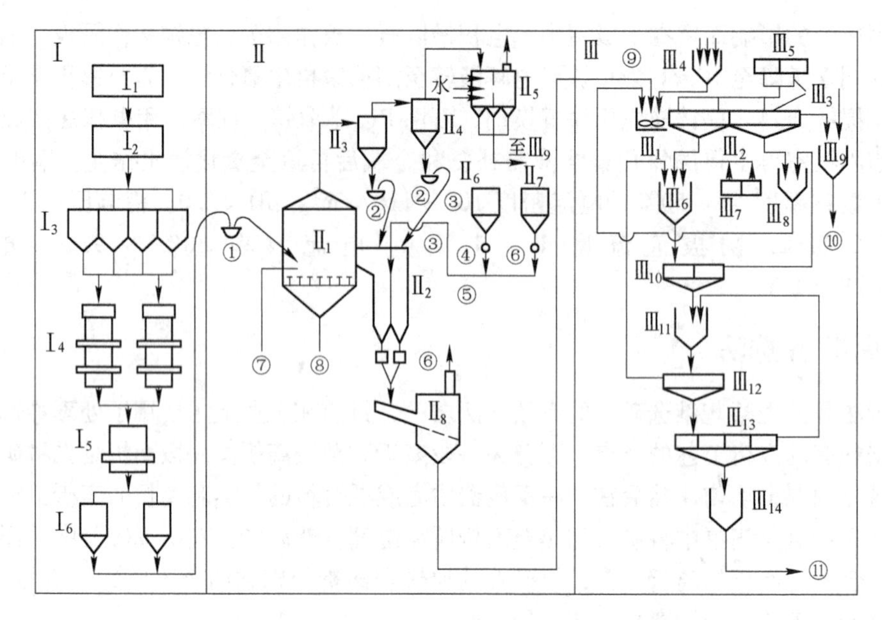

图 12.8　罗卡纳离析厂工艺流程

Ⅰ—碎矿车间工艺；Ⅰ$_1$—露天矿石堆；Ⅰ$_2$—罗卡纳冶炼厂粗矿料仓；Ⅰ$_3$—四个中碎矿料仓（每个容量为185t）；Ⅰ$_4$—两台干燥回转窑（各为ϕ2.2m×1.92m，ϕ1.5m×13.7m）；Ⅰ$_5$—一台棒磨机（ϕ2m×3.7m）；Ⅰ$_6$—两个干矿粉矿仓；Ⅱ—离析焙烧工艺；Ⅱ$_1$—一台沸腾炉（ϕ5.49m×6.1m）；Ⅱ$_2$—一台双室竖炉（每室内径915mm，总高8.3m）；Ⅱ$_3$—两台一级旋涡收尘器（ϕ2.1m）；Ⅱ$_4$—四台二级旋涡收尘器（ϕ910mm）；Ⅱ$_5$—一台湿法收尘器；Ⅱ$_6$—盐仓（容量为60kg）；Ⅱ$_7$—煤仓（容量为300kg）；Ⅱ$_8$—水淬箱；①，②—流态化密封装置；③—风力文氏喷射器；④，⑤—星形给料装置；⑥—套筒排料阀；⑦—五台粉煤输送泵；⑧—一台三级鼓风机；Ⅲ—浮选工艺；Ⅲ$_1$—矿浆搅拌槽；Ⅲ$_2$—四台第一粗选机组；Ⅲ$_3$—八台第二粗选机组；Ⅲ$_4$—石灰乳搅拌槽；Ⅲ$_5$—浮选药剂台；Ⅲ$_6$—一次精选调浆槽；Ⅲ$_7$—药剂台；Ⅲ$_8$—第二精矿循环槽；Ⅲ$_9$—尾矿和湿法收尘废液尾砂池；Ⅲ$_{10}$—两台一次精选机组；Ⅲ$_{11}$—两次精选调浆槽；Ⅲ$_{12}$—一台二次精选浮选机；Ⅲ$_{13}$—四台三次精选浮选机；Ⅲ$_{14}$—最终精矿泵池；⑨—离析焙烧产品；⑩—浮选总尾矿；⑪—浮选精矿

将食盐和碳质还原剂（煤粉或焦炭粉）加入竖炉中。加有食盐和碳质还原剂的热矿石堆层在重力作用下缓慢地在竖炉内向下移动，用套阀机构控制竖炉的排料速度。排料进入水淬溜槽水淬，然后进入磨浮系统。沸腾焙烧烟尘经旋涡器捕收后返回离析室，但该厂投产后的作业率低，1972 年月平均 39.6%，1973 年月平均为 57.2%，原矿品位约 3.5%，铜精矿品位约 61% ~65%，铜收率约 61% ~64%。

沸腾炉预热-竖炉离析工艺的优点是沸腾炉预热矿石传热好，温度均匀，易于控制，无传动部件、易密闭，正压操作，炉内气氛稳定，竖炉离析反应速度快（只需停留 10min），过程产生的各种有用气体不会被废气带走或冲淡而可反复利用，故氯化剂用量只需 0.3% ~0.5% 食盐即可，腐蚀问题较小，铜的挥发损失小，处理量大，设备投资较少。但该法废热利用率低（最高仅 25%），干料输送系统和烟尘的金属流失量较大，烟尘带走的金属损失占全厂金属损失的 5% ~9%，需庞大的备料系统，磨矿费用高，劳动条件较差。

由日本三井矿冶公司研究的“三井离析法”1973 年在秘鲁建立了 150t/d 的中间试验厂，从含铜 5% ~5.5% 的加丹加氧化铜中获得铜品位为 53% ~58% 的铜精矿，平均回收率为 75% ~80%。该矿主要铜矿物为孔雀石和硅孔雀石，脉石主要为石灰石和石英。三井离析法设备联系图如图12.9所示。矿石经破碎、球磨至小于65目，浓缩过滤后的滤饼在竖式干燥器中干燥，干矿用空气输送至悬浮预热器中预热。预热器由三段旋风器和一个单独的热风炉组合而成。当干矿通过三个旋风器时，矿石被从热风炉来的温度为1100℃的热风加热，热风经三个旋风器后温度降至400℃，用风机引至竖式干燥器干燥滤饼。矿石在预热器内仅停留20～30min而被预热至800℃左右，再与食盐和焦炭一起送入ϕ1.9m×5.0m的回转反应炉中进行离析，反应在20min内完成。熔砂水淬后送磨浮工段。此工艺优点为：预热器内矿石与热风间的热交换迅速，适当选择旋风器段数可降低排出的热风温度，热效率较高，反应炉无烧嘴且可防止空气进入炉内，易保持炉内所需的中性和弱还原气氛；预热时间短，方解石来不及分解，故适于处理方解石含量高的氧化铜矿石；热风炉和预热器分开，有利于灵活的选择燃料。据称，通过半年的试验，操作已稳定，准备建规模较大的离析厂。

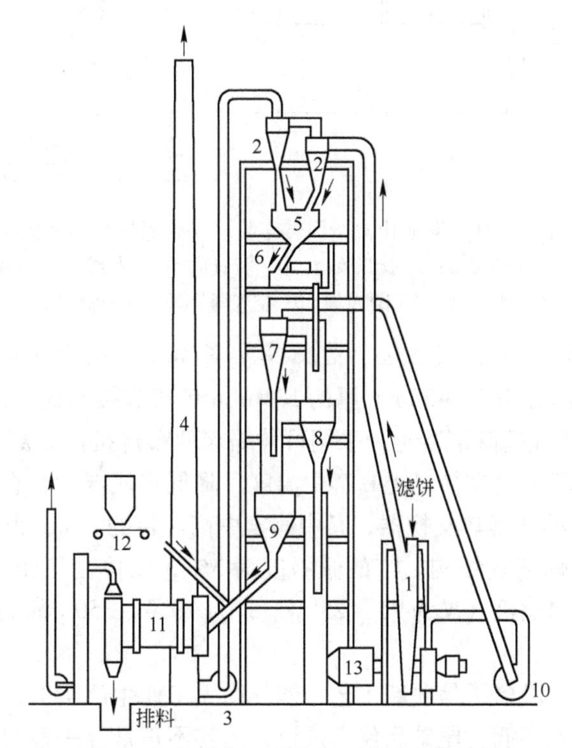

图12.9 加丹加二步离析法系统工艺流程

1—立式干燥器；2—旋风器；3—风机；4—烟囱；5—料仓；6—定量加料机；7—No3旋风；8—No2旋风；9—No1旋风；10—风机；11—反应炉；12—食盐和焦炭加料机；13—热风炉

12.5.2 一段离析工艺

我国某矿为高硅铁质深度氧化的单一铜矿，含铜品位较高，铜矿物以孔雀石为主，含少量的蓝铜矿、硅孔雀石和水胆矾等，铁矿物以褐铁矿为主，硅铁矿次之，脉石矿物除铁质黏土外，还有石英、云母、柘榴子石、角闪石等，原矿铁质黏土含量高，呈泥土状，含水27.1%。铜物相随原矿品位的变化而异，原矿品位为0.8%～6%时，结合铜含量为20.5%～42.8%，自由氧化铜占38.4%～73.9%，硫化铜占1.5%～11.8%，800～900℃

时矿石的灼减率为9% ~12%（主要为物理水和结晶水）。从1964年起有关单位对该矿的处理进行过多方案对比试验，在当时条件下决定采用直接加热的一段回转窑离析法，1966年设计，1970年建成试产，其设备联系图及工艺流程分别如图12.10和图12.11所示，全厂由备料、离析和磨浮三部分组成，离析部分由配料加料系统、燃烧室、回转窑、收尘系统和仪表控制室组成。

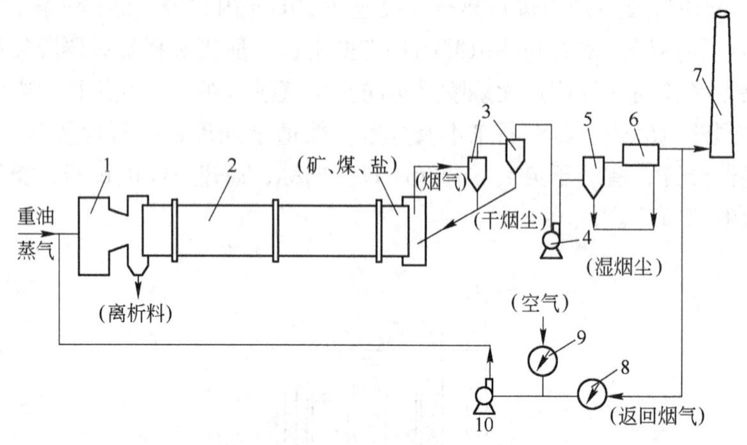

图12.10 某矿山离析回转窑装置（附返烟）示意图

1—燃烧室；2—回转窑；3—旋风收尘；4—排风机；5—冷却塔；6—水膜除尘器；7—烟囱；8—返烟调节阀；9—空气调节阀；10—返烟风机

离析回转窑直径3.6m，长50m，筒体窑头部分2m用20mm厚的耐热不锈钢板（1Cr18Ni9Ti），其余部分用22 ~28mm厚的18MnCu钢板焊接而成。窑内衬以200mm厚的高铝砖，窑头2m衬工业磷酸混凝土。采用可伸缩玻璃布连接活动磨块密封装置加强窑头密封。为提高窑后半段的热交换以提高窑中温度、降低窑尾温度，在距窑尾6m处沿窑头方向安装了15.2m长的金属热交换器，其中靠窑中高温带的3.2m为耐热不锈钢制的中心放射状结构，其后为蜂窝状结构。窑的倾斜度为3%，筒体由三组托轮支承，由JZS101型三相异步整流子变速电机（N为75 ~25kW，n为1050 ~350r/min）驱动，正常转速为1.5 ~0.5r/min。

直接加热回转窑一段离子是项新工艺，国外尚无工业生产实例，试产初期遇到处理量低，精矿品位低，回收率低，尾矿品位高及设备运转不正常等一系列问题。后在工业规模进行持续的试验和改进，取得了较理想的技术经济指标，经鉴定后于1976年投入正常生产。

试产中技术指标低的主要原因是离析窑采用燃烧重油的热工制度不能满足离析工艺的要求，存在温度和气氛的矛盾，要保持窑内中性或弱还原性气氛，必须将重油燃烧的空气过剩系数保持在1.1 ~1.2，但这将导致入窑烟气温度高达1500℃，造成炉料熔结影响正常操作。为了保证总的热量供应和较合理的窑内温度分布，需将空气过剩系数增至1.7 ~2左右，但这时的气氛条件无法满足离析工艺的要求。通过试验，该矿总结了一套“大风大煤”的操作方法，即加大风量直接燃烧重油。空气过剩系数为1.7 ~2.0时，入窑烟气温度可达1150 ~1250℃，可保证窑头温度为900℃，窑内烟气含氧10% ~11%。为了减少氧化性烟气对料层的不良影响，保证料层内为中性或弱还原性气氛，采用了提高配料煤比

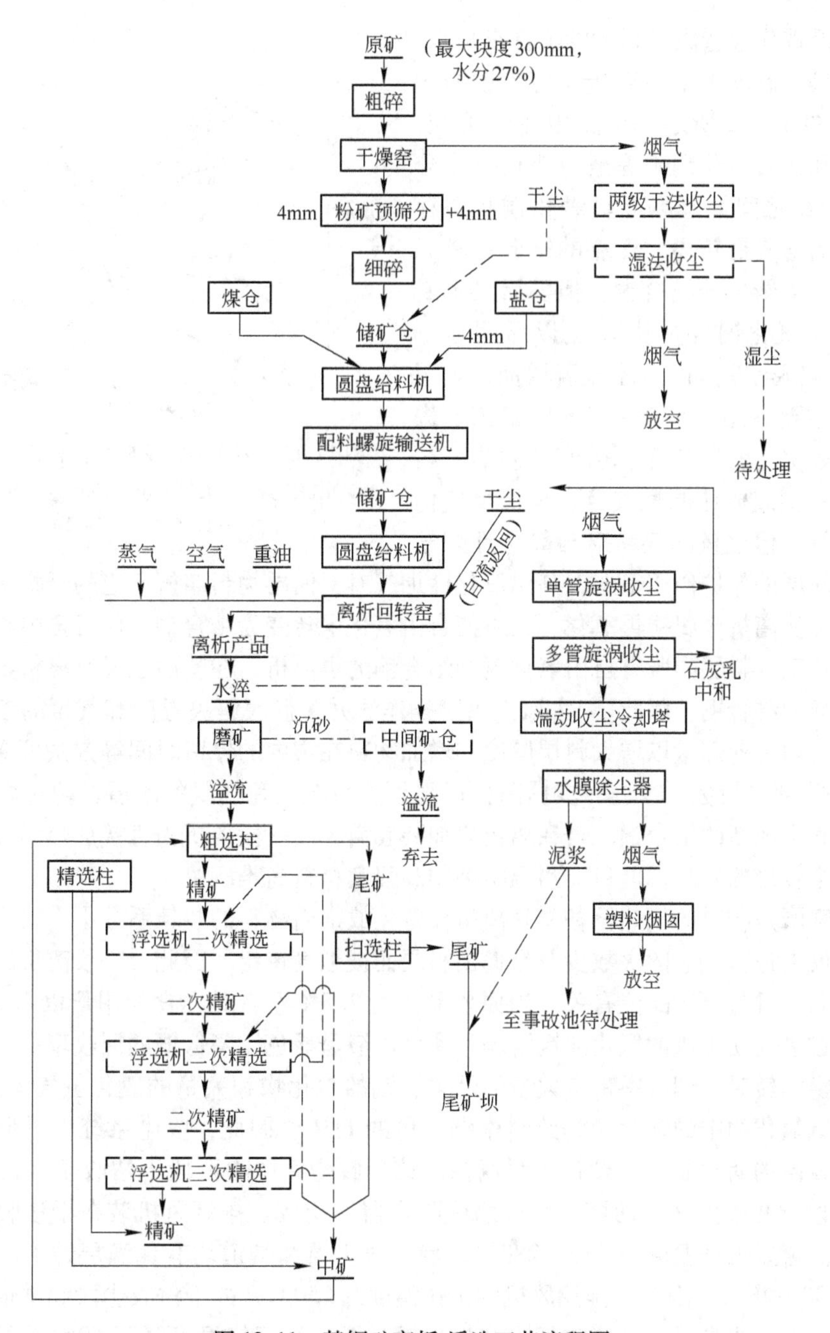

图 12.11 某铜矿离析-浮选工艺流程图

措施。此时还原剂煤粉除作为产生还原剂氢的原料和离析铜沉积发育的核心外，还消除来自高温烟气氧的侵害而保护离析反应的正常进行，同时还成为热源的一部分，有助于提高窑中温度。实践表明，煤比以3.5%～4%为宜，煤比小于3.5%起不到上述作用，离析效果差；煤比大于4%时，就地还原程度增加，降低铜的回收率，同时离析产品中的残煤含量高，降低精矿品位和增加浮选药耗。因此，“大风大煤”操作法在一定程度上克服了温度和气氛的矛盾，使窑内温度分布较理想，但并未根本解决这一矛盾，且煤比不能太高，否则将给浮选作业造成极恶劣的不良影响。

上述热工制度下窑内离析反应带铜物相的变化如图 12.12 所示，从图中曲线可知，原矿中的孔雀石、蓝铜矿等至 *D* 点已基本分解完，*D*、*C* 之间铜基本上呈氧化铜状态存在，离析的金属铜较少，*D* 点的结合铜较原矿多，出现了新生的结合铜，但随后又不断地被分解。氧化铜含量从 *C* 点以后明显下降，而金属铜至 *B* 点以后才显著增加，表明离析反应主要在距窑头 7 ~ 10m 的窑床上进行，同时表明尽管烟气含氧达 10% 左右，料层内仍为中性或弱还原性气氛，离析反应仍能正常进行。但过量的煤粉对与氧化性烟气接触的料面层的保护作用很弱，高温氧化性烟气对料面层物料离析反应的干扰是不可避免的，它既可使离析金属铜再氧化，又可使自由氧化铜转变为结合铜。由于窑内物料不停地翻动向前移动，料层内既有自由氧化铜和结合铜的再离析，在料面层又有离析金离铜被氧化和生成新的结合铜。因此，“大风大煤”操作法并未彻底解决温度和气氛的矛盾。降低窑的转速，增大处理量以增大料层厚度和增加物料在窑内的停留时间等方法可在一定程度上提高离析-浮选指标。欲进一步提高指标则须克服温度和气氛的矛盾，防止离析金属铜的再氧化和生成新的结合铜。若在离析段加装套筒，改一段离析为直接加热回转窑两段离析可能是个较好的办法，但目前耐温耐蚀的高强度材料尚难解决。

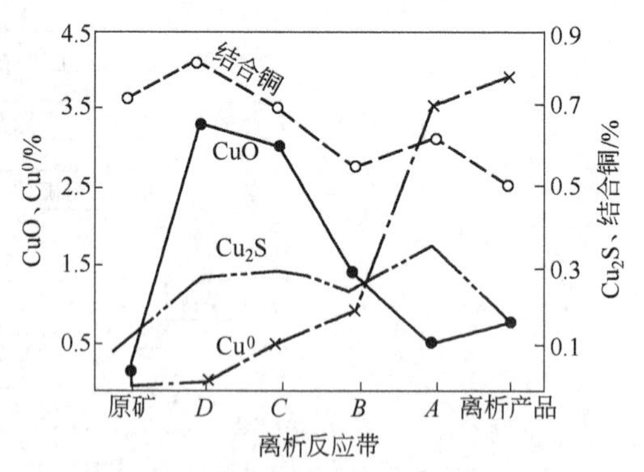

图 12.12 窑内离析反应带铜物相变化情况

距窑头排料口距离：*A*—4.5m；*B*—10.5m；*C*—17.5m；*D*—24.5m

回转窑既是物料的预热设备又是离析设备，故窑内物料的装填系数小，料层薄，氯化氢在窑内反复进行反应的次数少及易逸出料层而被烟气带走。因此，一段离析的食盐用量较两段法高，且与原矿品位有关。当原矿品位为 2.5% 左右时，食盐用量以 1.8% 左右为宜。盐比过高会使生成的氯化亚铜溶解，使水淬液呈绿色，降低铜的回收率。

回转窑运转时，烟气中带有大量的烟尘、铜的氯化物和大量的氯化氢气体，据测定，烟尘中的铜氯化物中的铜含量为给料中铜含量的 11%。因此，收尘系统应对烟尘和铜的氯化物有较高的捕收能力，设备应耐腐蚀。该厂收尘系统由两段干法收尘（二级旋风收尘）和两段湿法收尘（湍动塔和卧式水膜除尘器）组成。排烟风机装在干法收尘和湿法收尘之间。窑尾烟气温度为 230 ~ 280℃，旋风收尘器和烟道均有保温层，干法收尘段的温度降约 30 ~ 40℃。因此，排烟风机的工作温度约 250℃，故干法收尘段和排烟风机的腐蚀不严重，湿法收尘段不仅捕收烟尘和挥发铜，而且将烟气温度降至 60℃ 以下，以便经塑料烟囱排空。烟气中的氯化氢气体与水接触生成稀盐酸，尤其第一级湿法收尘的湍动塔处于冷热交替处，防腐蚀要求更高，要求材质既耐腐蚀又能耐较高温度（大于 300℃）。曾试用过石墨衬里湍动塔、钛板湍动塔和花岗岩湍动塔，这三种材质均能满足生产要求，目前生产上采用的为花岗岩湍动塔，直径为 2.5m，壁厚 250mm，用环氧胶泥砌缝。卧式水膜除尘器的工作温度约 60℃，采用内衬软聚氯乙烯板或用硬塑料板制造均可满足防腐蚀要求。

烟气中夹带的挥发铜为冷凝的呈微细结晶的铜氯化物，大部分附着在烟尘上，并随烟尘被收尘器捕收下来。据测定，二级旋风收尘器的收尘率约88%，随烟尘捕收的铜挥发物占挥发铜的72.7%，湿法收尘率可达98%，放空烟气带走的烟尘率为0.04%。干法收尘的烟尘可自流返回窑内，湿法捕收的烟尘堆存待处理。

当原矿品位为2%～3% Cu、粒度小于4mm，水分约5%的矿石中添加3.5%～4%的煤和1.8%～2.0%食盐，在入窑烟气温度为1150～1250℃，窑头温度为880～950℃，窑中温度为200～750℃，窑尾温度100～200℃，窑转速0.66～0.75r/min，分级溢流浓度为30%，细度为75% -0.074mm，浮选浓度为24%～28%，采用一粗一精一扫的浮选流程，可获得较好的技术指标。主要指标为：

离析窑处理量	每台每小时处理干矿19.36t
燃料率（重油）	4%
二级干法收尘率	86.99%
二级湿法收尘率	98.34%
烟尘率	25.68%
挥发氯化铜捕收率	72.71%
湿法尘含铜及水溶铜损失率	3.8%
离析窑作业率	70%
精矿品位	>25%
尾矿品位	0.5%～0.7%
浮选理论回收率	80%～85%
离析-浮选实际回收率	77%左右

13 金矿物原料的化学选矿

13.1 概述

金、银是典型的贵金属。由于金具有良好的物理机械性能和很高的化学稳定性，长期以来，金主要用作货币、制造首饰和装饰品，至今尚无黄金的代用品用作“国际货币”。20 世纪 60 年代后期以来，由于镀金及合金技术的飞速发展，金及其合金在飞机、火箭、核反应堆、电子工业及宇航等方面获得了广泛的应用，已成为发展核能和宇航技术不可缺少的原材料。此外，金在化学工业、医学及陶瓷玻璃工业中也有一定的用途。

1850 年以前，世界上以开采砂金为主。本世纪初开始大量开采脉金矿，目前世界脉金产量约占总产金量的 65% ~75%。

金在地壳中的含量很少，仅为 $5\times10^{-7}\%$。金是亲硫元素之一，在原生条件下金矿物常和黄铁矿、毒砂等硫化矿物共生，但在自然界金不与硫化合，更不与氧化合，除存在少量碲化金和方金锑矿外，金主要呈单质的自然金形态存在。自然金中常见的杂质为银、铜、铁、碲、硒，而铋、钼、铱、钯的含量较少，密度为 15.6 ~18.3g/cm^3，硬度为 2 ~ 3，含铁杂质具磁性，良导体。与金共生的主要金属矿物为黄铁矿、磁黄铁矿、辉锑矿和黄铜矿等，有时还含方铅矿和其他金属硫化矿以及有色金属氧化矿物，脉石矿物主要为石英。目前砂金的主要选矿方法为重选法和混汞法，脉金的主要选矿方法为混汞、浮选和氰化法。硫脲提金在国内已用于工业生产，其工艺正日臻完善。

根据矿物组成及可选性，可将含金矿物原料分为砂金矿和脉金矿两大类，脉金矿石又可大致分为下列几种类型：

（1）含少量硫化矿物的金矿石：金是唯一的有用组分，硫化物含量少且多为黄铁矿，多属石英脉型，自然金粒度较粗，可用简单的选矿流程得到较高的选别指标。

（2）含多量硫化矿物的金矿石：黄铁矿和毒砂含量高，可作副产品进行回收。自然金粒度较小，一般先用浮选法富集硫化矿物和金，然后进行分离。

（3）多金属含金矿石：除金外，有时还含铜、铜铅、铅锌银、钨锑等，其特点是含相当数量（10% ~20%）的硫化矿物。自然金除与黄铁矿关系密切外，还与铜、铅等矿物密切共生。自然金的粒度较粗，但粒度变化范围大、分布不均匀，而且随开采深度而变化。选别时一般是先用浮选法将金富集在有色金属矿物精矿中，在冶炼过程中综合回收金。分离浮选产出的含金黄铁矿精矿可用氰化法就地产金。

（4）复杂难选含金矿石：除金外，矿石中还含相当数量的锑、砷、碲、泥质和碳质等，这些杂质给选别作业造成很大困难，使工艺流程复杂化。选别时一般是先用浮选法获得含金的有色金属矿物精矿，然后进行低温氧化焙烧或热压氧化浸出以除去砷、锑、碳等有害杂质，再从焙砂或浸渣中用氰化法提取金银。若浮选尾矿不能废弃时，可用氰化法回收其中的金银。由于砷、锑、碳、硫等杂质对硫脲提金的影响较小，采用硫脲作浸出剂直接从含锑、砷、碳、硫的难选金矿中提金的试验研究工作取得了相当大的进展，小型试验指标较高，有可能用于工业生产。

处理含微粒金的多金属矿物原料时，可采用高温氯化挥发法，以综合回收金和其他共生的有用组分。

选金流程主要取决于含金矿物原料的性质和对产品的要求。无论采用何种流程，当入选原料中含有粗粒单体金时，一般均在浮选、氰化前采用混汞、重选或单槽浮选等方法及时将其回收，只要条件允许应尽可能在矿山就地产金（合质金或纯金），这不仅可免除中间产品的运输，而且可加速产品销售，有利于资金周转，虽然目前可用多种方法分解含金矿物原料，但当前就地产金的主要方法是混汞法和氰化法，有工业前景的是硫脲法和氯化挥发法。

13.2 混汞法提金

混汞法提金是一种古老的选金方法，它基于金粒易被汞选择性润湿，继而汞向金粒内部扩散形成金汞齐（金汞合金）的原理而捕收自然金粒，其反应可以下式表示：

$$Au + 2Hg \longrightarrow AuHg_2$$

金汞齐（膏）的组成随其含金量而变。混汞时金粒表面先被汞润湿，然后汞向金粒内部扩散分别形成 $AuHg_2$、$AuHg$、Au_3Hg，最后形成金在汞中固溶体 Au_3Hg。当金粒粗时，金粒中心可能存有未汞齐化的残存金。金与其他贱金属相比，金在空气中最稳定，氧化速度最慢，表面的氧化膜最薄，故汞可选择性地润湿金。除金外，银、铜、锌、锡和镉也能与汞形成汞齐，甚至铂在锌或钠参与下也能生成铂汞齐，但银和铂的表面生成一层致密坚硬的氧化膜，汞齐化较困难。因此，采用混汞法可选择性捕收自然金粒。生产中得到的汞齐为二相或多相混合物，由汞与金（部分或全部）形成的固体汞齐和过剩汞组成。汞膏中的含金量低于10%时为液体，含金量达12.5%时为银白色糊状体。虽然形成汞膏时由于原子间力的作用而放出热量，但汞膏中的金并未改变其本身的化学性质。将汞膏加热至357℃以上时，汞呈元素汞形态挥发，金呈海绵金形态留于容器中。

黄礼煌教授率先提出了金混汞机理及其数学表达式，分析了金混汞过程的主要影响因素，指明了强化金混汞过程和提高混汞金回收率的途径（其要点可参阅《金银提取技术（第3版）》）。

混汞时金的回收率主要取决于自然金粒的粒度、形状、金粒的成色、汞的质量、混汞温度、矿浆浓度、酸碱度、混汞方式和设备等因素。

金粒的粒度、形状和单体解离度主要与碎磨作业（处理砂矿为碎散作业）有关。生产实践表明，晶粒状、球块状或树枝状的金粒较薄膜状、滴状包裹体易混汞。影响最大的是单体解离度，故适当提高磨矿细度可以提高混汞时金的回收率。适于混汞的金粒粒度一般为0.2~0.03mm，磨矿循环中的板混汞粒度下限为0.015mm。粒度微细的金粒易随矿浆流失。

金矿中砂金的成色高于脉金，氧化带中的金成色高于原生矿中的金。金粒中除含金外，银的含量约0~30%，此外还含铜、铁等杂质。从金粒的色层分析可知，银铜铁的含量由金粒中心向外逐渐增加，金粒中心的成色最高。“纯金”最易混汞，金粒被汞润湿的能力随其杂质含量的不同而异。金粒表面被污染时，其汞齐化的能力将显著下降，故内混汞的效率及所得汞金的质量常较外混汞高。金粒较粗时，碎磨过程中有可能将磁铁矿、石英等碎屑压入金粒中或使金粒变形、过粉碎。含银高的金粒经多次冲击，表面会变硬。矿浆中的微泥和溶解于水中的杂质有可能在金粒表面形成吸附膜，它们均将降低金粒的混汞效果。

汞的熔点为 -38.89℃，沸点为 357.25℃，在常温下为液体，其活性随矿浆温度的提高而增大，故提高矿浆温度可增大汞对金粒的润湿能力。但温度过高会增大汞的流动性，使部分汞金随汞的流失而损失，同时汞的蒸发速度也随温度的升高而急剧增大，在 10～40℃范围内，温度每增加 10℃，汞的蒸发速度约增大 1.2～1.5 倍，并且随着汞的蒸发还产生缓慢的氧化作用，在汞表面生成较致密的氧化层，影响混汞作业的正常进行。温度过低会增加汞的黏度，也会降低汞对金粒的润湿性。因此，混汞指标有季节性变化。国内混汞温度一般大于 15℃，并采用调节汞的添加量和矿浆浓度等方法尽量消除温度变化对混汞的不良影响。

外混汞的矿浆浓度不宜过大，以形成松散的薄矿浆流，使金粒有较大的沉降速度，否则，细粒金尤其是磨矿中形成的微粒小金片难于沉落到汞板上。就外混汞作业而言，矿浆浓度以 10%～25% 为宜，但实践中常以后续作业的浓度要求来确定混汞板的给矿浓度。因此，混汞板的给矿浓度常大于 10%～25%，有时高达 50%。内混汞的矿浆浓度视具体情况而定，一般应使汞呈悬浮状态，矿浆浓度以 30%～50% 为宜。为了使分散于矿浆中的汞齐和汞能聚在一起，内混汞作业结束后可将矿浆稀释至较低的浓度。

矿浆的酸碱度对混汞效果影响甚大。实践表明，在酸性介质和氰化物溶液（浓度为 0.05% 时）中混汞效果较好，因其可清洗金粒和汞表面的贱金属氧化膜。但酸性介质无法使矿泥凝聚，矿泥会污染金粒表面，进入矿浆中的可溶盐有可能生成贱金属汞齐覆盖表面，混入的机械油和其他有机物也可污染汞金和汞，它们均会降低汞对金粒的润湿能力。在碱性介质中混汞可以改善作业条件，如用石灰作调整剂时，既可沉淀可溶盐和消除油质的不良影响，又可使矿泥凝聚，降低介质黏度。混汞通常宜在 pH = 8～8.5 的条件下进行。

混汞时加汞量过多会降低汞膏的弹性和稠度，易使汞膏和汞随矿浆流失；加汞量不足会使汞膏坚硬，失去弹性，降低捕金能力。应据汞板上汞膏的“干”或“湿”确定汞的添加量。汞板投入生产后，初始涂汞量为 15～30g/m^2，6～12h 后开始添加汞，添汞量一般为矿石含金量的 2～5 倍，汞的消耗量常为 3～8g/t。汞板上汞膏的分布是前多后少，前部汞膏金粒较大且均匀。当原矿品位低时，汞膏一般不均匀，添加汞时一般应撒在“干”汞膏部位上，不应一律平均添加。

汞的质量对混汞效果影响颇大，纯汞对金的润湿效果不好，汞中含少量的金银及贱金属可降低汞的表面张力，改善润湿效果。如汞中含金量为 0.1%～0.2% 时可加速汞对金的汞齐化过程。汞中含银 0.17% 时，润湿金的能力可提高 70%，当金银含量达 5% 时便可提高两倍。汞中铅、铜和锌含量不超过 0.1% 时，能促进汞对金的润湿。机油、矿浆中的微泥会污染汞表面，矿石中的硫化矿（如砷、锑、铋硫化矿及黄铁矿等）及滑石、石墨、砷化物易附着在汞的表面，它们均降低汞对金的润湿能力。

混汞作业分内混汞和外混汞两种类型。内混汞是在磨矿设备内一边使矿石碎磨一边混汞提金的混汞过程，外混汞是在磨矿设备外进行的混汞提金过程。混汞设备应满足增大金粒与汞的接触面积和接触时间，对金粒表面能产生一定的磨剥作用和操作方便等要求。若工艺流程以混汞作业为主时，一般以在捣矿机、辗盘机等设备中进行内混汞为主，采用外混汞板辅助回收溢流出来的部分汞膏和细粒金。若工艺流程以浮选、重选或氰化为主时，球磨磨矿时常用混汞板回收粗粒单体自然金，防止粗粒金过粉碎和变形，很少采用球磨机进行内混汞作业。但处理重砂粗精矿和富含金产物时，一般在磨矿的同时进行内混汞，且常在混汞筒中进行。

可用紫铜板、镀银铜板或纯银板作汞板，一般厚为3~5mm，宽400~600mm，长800~1200mm。实践表明，镀银铜板的混汞效果最好。用紫铜板作汞板虽可省去镀银工序，价格较纯银板低，但捕金效果差，使用前需退火以使其表面疏松粗糙、金的回收率较镀银板低3%~5%。纯银板虽不需镀银，但价格昂贵，表面光滑，挂汞量不足，捕金效果较镀银铜板差。镀银铜板作汞板虽增加了镀银工序，但它具有一系列优点，如能避免带色氧化铜薄膜及其衍生物的生成，能降低汞的表面张力以改善汞对金的润湿性能，同时由于预先形成银汞膏，对汞板表面具有很大的弹性和耐磨能力，银汞膏比单纯的汞有较大的抵抗矿浆中的酸类及硫化物对混汞作业干扰的能力。因此，目前工业上普遍采用镀银铜板作汞板。制作汞板时将3~5mm厚的电解铜板裁成所需的形状，经整形除去表面污物磨光后即在银氰化钾水溶液中镀银。100L电解液成分为：电解银5kg，氰化钾（纯度98%~99%）12kg，硝酸（纯度90%）9~11kg，食盐8~9kg，蒸馏水100L。电镀时槽电压为6~10V，电流密度1~3A/m^2，阳极为电解银板（重为8~10kg），阴极为整形磨光后的电解铜板。电镀温度为16~20℃，铜板镀银层厚度为10~15μm。镀银层厚度与原矿中金含量有关，镀银层表面应粗糙。

常用的外混汞设备有固定混汞板和振动混汞板等，国内常用固定混汞板。操作时将其搭接于木质或钢质溜槽中，所需汞板面积主要决定于处理量和矿石性质以及混汞作业在流程中的地位。若以混汞作业为主，汞板面上的矿浆流厚度为5~8mm，流速为0.5~0.7m/s，所需汞板面积为0.05~0.5m^2/(d·t)。若汞板设于氰化或浮选前捕收粗粒金时，其定额为0.1~0.2m^2/(d·t)。南非和美国的金矿常在捣矿机内进行内混汞，苏联的一些中小金矿较常采用辗盘机，国内有些金矿采用混汞筒进行金与重矿物的分离。

生产中除磨矿循环中的板混汞外，还有溢流板混汞，或两者并用。溢流板混汞只能回收溢流出来的一部分过粉碎的细粒金，无法回收单体解离的粗粒金。当处理粗粒浸染的含金纯石英矿石以及不引起汞粉化的含金矿石时，内混汞效率较外混汞高。从洗选作业得的重砂、粗精矿和各种含金产物中回收金时，常需再磨并在混汞筒中进行混汞作业。球磨机内混汞效率虽高，但汞膏易沉积在衬板缝隙和分级机槽底，故生产中较少采用球磨机进行内混汞。

混汞作业一般不作为独立过程，常与其他选别方法组成联合流程。多数情况下，混汞作业仅是回收金的一种辅助方法，而且目前正逐渐被浮选或重选法所取代。但混汞法能回收单体自然金，可就地产金，故在黄金选矿工艺中仍占有一定的地位。混汞提金的原则流程如图13.1所示，经碎磨使金单体解离后的脉金矿或经重选得的含金粗精矿经混汞后可得汞膏，从混汞板、混汞溜槽、捣矿机或混汞筒中得的汞膏，尤其是从捕汞器或混汞筒得的汞膏含有大量的重砂、脉石和其他杂质，从混汞板得的汞膏较纯净。汞膏中的脉石和重砂含量高时须在淘金盘等设备中使汞膏与这些产物分离，然后用水反复冲洗汞膏。为使汞膏柔软可适当加汞进行稀释。杂质含量高的汞膏呈暗灰色，汞膏应洗至明亮光洁时为止。清金后的汞膏用布包好，再送至压滤机进行压滤，以分离多余的汞。压滤后的固体汞膏含金量取决于压榨力、滤布致密度和混汞金粒的大小，通常含金量为30% ~40%，如混汞金粒较大，含金量可达45% ~50%。若金粒较小，含金量可降至20% ~25%。压滤出来的汞仍含0.1% ~0.2%的溶解金，可用于再混汞。黄金粒极细或滤布不致密时，汞中含金量可很高，以致放置较长时间后金可沉于容器底部。这种“回收汞”的混汞效果比纯汞好，尤其当汞板失去或降低了捕金能力时，使用这种“回收汞”的效果最好。可据生产规模定期地在蒸馏罐或蒸馏炉中蒸馏固体汞膏，使金和汞分离（图13.2）。蒸汞时先在罐壁上涂以浆状的白垩粉或石墨粉、滑石粉、氧化铁粉，然后装入固体汞膏，厚度一般为40 ~50mm。装罐时切不可混入包装纸，否则回收汞用于再混汞时会产生粉化现象，也不可混入重矿物和大量硫，否则易使罐底穿孔，造成金的损失。将汞装入后，盖好密封盖，接入冷却水，引出铁管的末端应与冷水盆水面保持一定距离，以免罐内呈负压时将水及冷凝汞吸入罐内引起爆炸。蒸汞时应缓慢升温，罐内温度达357℃时汞即气化（工厂蒸汞温度常为400 ~450℃），汞蒸气沿铁管外流并逐渐冷却液化而收集于冷却水盆内。当大部分汞蒸馏后将炉温升至750 ~800℃，保温30min以排尽罐内的残余汞。蒸汞后的海绵金的含金量可达60% ~80%，有时还可高些，除金外还含少量的汞、银、铜和其他杂质，熔炼后可得合质金。回收的冷凝汞经过滤除去颗粒状杂质，再用浓度为5% ~10%硝酸或盐酸洗涤净化后，返回混汞作业使用。

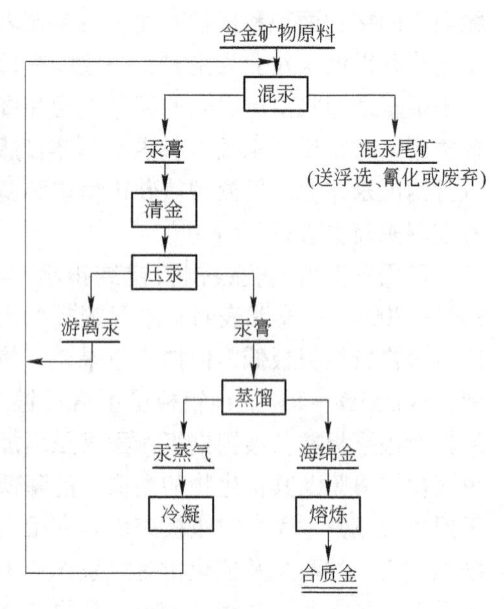

图13.1　混汞提金原则流程

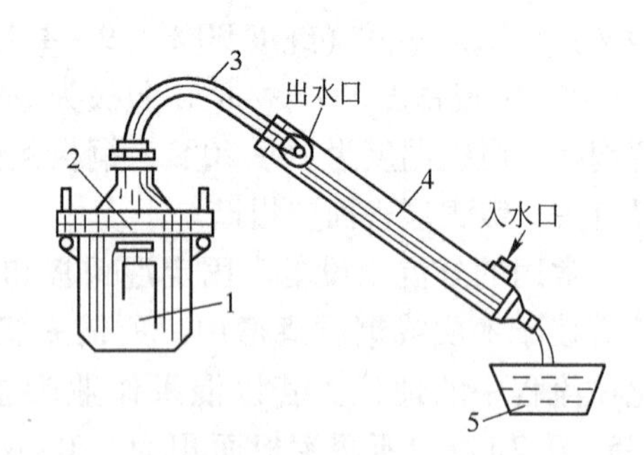

图13.2　汞膏蒸馏罐

1—罐体；2—密封盖；3—导出铁管；4—冷却水套；5—冷水盆

混汞作业的劳动条件较差，劳动强度较大，易引起汞中毒。因此，有混汞作业的选厂应采取有效的防止汞中毒的措施，应对接触汞的作业人员加强防汞毒的安全教育，装汞容器应密封，操作人员须穿戴防护用具，有汞的场所不准进食和吸烟，有良好的通风设施（整体或局部）地面用不吸汞材料铺设，墙壁天棚最好涂油漆，含汞废水和废气应进行净化。此外，还应建立定期检查身体的制度，经常检测和控制操作室空气中汞的浓度，检查防汞面具的安全性和吸汞剂的活性。若发现操作人员有汞中毒症状，应及时就诊。

13.3 含包体金的硫化矿精矿的预处理

含包体金的硫化矿精矿的预处理分为三个步骤：

（1）矿物原料再磨

含金银的矿物原料（常为精矿）浸出前应再磨，再磨细度决定于金银赋存状态和嵌布粒度，常为80% ~95% -0.036mm。

（2）除去金属铁粉

再磨矿浆浓密脱水前，应采用弱磁场磁选机脱除金属铁粉，然后再送浓密机浓缩和脱除浮选药剂。

（3）难直接浸出的含金硫化矿物的预氧化处理

1）氧化焙烧。当含金黄铁矿精矿中金呈微细粒存在，并含一定量的碳质物时，可采用在600 ~700℃条件下氧化焙烧1 ~2h，焙砂中的硫可降至1.5%，碳可降至0.08%。所得焙砂疏松多孔，为后续浸出金银创造了良好条件。

当含金砷黄铁矿精矿中金呈微细粒存在，并含一定量的碳质物时，宜采用两段焙烧的方法进行预处理。第一段在550 ~600℃，空气系数为零的条件下进行还原焙烧；第二段在600 ~650℃，空气系数大的条件下进行氧化焙烧。两段焙烧的方法可避免焙砂熔结，砷、硫脱除率高，焙砂中的砷、硫可降至小于1.5%。

焙砂再磨后须进行洗涤（用水或稀酸）、弱磁选，可脱除水溶物、亚铁盐、金属铁粉和铁磁性矿物，浓密脱水后，底流可送浸出金银作业。

2）细菌氧化酸浸。细菌氧化酸浸可破坏含金黄铁矿、砷黄铁矿、碳酸盐矿物的结构，使这些矿物中的包体金单体解离或裸露。细菌氧化酸浸后的料浆经浓密、压滤、洗涤、滤饼制浆和适当处理以除去其他药剂后，可送浸出金银作业。

3）热压氧化酸浸。含包体金的金属硫化矿精矿经热压氧化酸浸预处理，可获得残硫、残砷含量低的浸出料浆，且对原料中的硫、砷含量无特殊要求，硫、砷的转化率高，可使包体金完全单体解离或裸露。预处理后的料浆经浓密、压滤和洗涤，滤饼制浆后即可送浸出金银作业。

4）硝酸浸出。含包体金的金属硫化矿精矿经硝酸浸出，可使硫化矿物分解和使银转入浸出液中，预处理阶段可分离银。浸出后的料浆经浓密、压滤和洗涤，滤饼制浆后即可送浸出金作业。浸出液中加入氯化钠可析出氯化银沉淀。此法适于预处理银含量高的含包体金的硫化矿精矿。

5）高价铁盐酸浸。在常温常压条件下，高价铁盐酸性液可浸出分解金属硫化矿物，可使其中的包体金完全单体解离或裸露。浸出后的料浆经浓密、压滤和洗涤，滤饼制浆后即可送浸出金银作业。

13.4 氰化法提金

氰化法是当前国内外提金的主要方法，自1887年开始浸出矿石中的金至今已有100多年的历史，工艺成熟，技术经济指标均较高。

氰化时金的浸出率主要取决于氰化物和氧的浓度、矿浆pH值、金矿物原料组成、浸出温度、金粒大小、矿泥含量、矿浆浓度及浸出时间等因素。

浸出时氰化物的浓度一般为0.03%~0.08%，常用压风机向矿浆中充空气使氧在矿浆中的溶解度达7.5~8mg/L。试验表明，氰化物浓度低于0.05%时，氧在溶液中的溶解度较大，氧及氰化物在稀溶液中的扩散速度较高。金的溶解速度随氰化物浓度的提高呈直线上升至最大值，然后缓慢上升，当氰化物浓度达0.15%以后，金的溶解速度与氰化物浓度无关，甚至下降（因氰化物水解）。当氰化物浓度增高时，金的溶解速度随氧分压的上升而增大，如在709.275kPa（70℃）充气的条件下氰化，不同性质的含金矿石中金的溶解速度可提高10~30倍，金的回收率约提高15%，因此，采用富氧溶液或高压充气氰化工艺可强化金的溶解。

氰化试剂的选择主要取决于其对金银的溶解能力、稳定性和经济因素。氰化物溶解金银的能力决定于单位重量氰化物中的含氰量。某些氰化物对金银的相对溶解能力列于表13.1中。从表中数据可知，溶解金银的能力顺序为：氰化铵＞氰化钙＞氰化钠＞氰化钾。在含有二氧化碳的空气中的稳定性顺序为：氰化钾＞氰化钠＞氰化铵＞氰化钙。就价格而言，氰化钾最贵，氰化钙最价廉，氰化钠居中。在氰化提金初期主要使用氰化钾，现多数选金厂使用氰化钠，因其有较大的溶金能力和稳定性，价格也较低廉。近年来有的选厂采用"氰熔体"作氰化剂，它是杂质含量较高的氰化钙，耗量为氰化钠的2~2.5倍，但它价廉易得。氰化物的耗量常为理论量的20~200倍，主要决定于原料的矿物组成和操作因素。

表13.1 某些氰化物对金银的相对溶解能力

氰化物	分子式	相对分子质量	金属原子价	相同溶解能力的相对耗量	相对溶解能力
氰化铵	NH_4CN	44	1	44	147.7
氰化钠	NaCN	49	1	49	132.6
氰化钾	KCN	65	1	65	100.0
氰化钙	$Ca(CN)_2$	92	2	46	141.3

氰化法虽是目前提金的主要方法，但某些含金矿物原料则不宜直接采用氰化法处理。若矿石中铜、砷、锑、铋、硫、碳等组分含量高时将大大增加氰化物耗量，降低金的浸出率。除原生黄铜矿和硅孔雀石与氰化物作用弱外，其他所有次生铜矿物均可溶于氰化物溶液中（表13.2）。一般认为铜含量大于0.1%的含金原料不宜直接用氰化法处理。若原料中的磁黄铁矿和白铁矿含量高时，将消耗矿浆中的氧，而且生成一系列可与氰化物作用的硫酸盐、硫代硫酸盐、硫酸、元素硫和氢氧化铁等。碎磨作业因机械磨损而混入矿浆中的金属铁粉（每吨矿石含0.5~2.5kg）也将消耗氰化物。可将矿石预先进行氧化焙烧和洗矿或在氰化前预先鼓气并加足量的石灰使亚铁氧化为高铁离子呈沉淀析出。含碳、砷、锑的金矿属难处理矿石，砷、锑硫化物分解时会消耗矿浆中的氧和氰化物，生成的亚砷酸盐、硫代亚砷酸盐、亚锑酸盐、硫代亚锑酸盐均可在金粒表面生成薄膜，从而降低金的溶解速度。矿石中碳含量高时，碳可吸附已溶金而随尾矿流失。可采用预先氧化焙烧或浮选的方法消除砷、锑、碳的有害影响，氰化时加石灰可消除氧化砷的影响。氰化前预先加掩蔽剂（煤油、煤焦油等）或预先用次氯酸钠处理也可消除碳的有害作用。

表13.2 铜矿物在0.99%氰化钠溶液中的溶解率

矿物名称	分子式	铜溶解率/%	
		23℃	45℃
金属铜	Cu	90.0	100.0
蓝铜矿	$2CuCO_3 \cdot Cu(OH)_2$	94.5	100.0
赤铜矿	Cu_2O	85.5	100.0
硅孔雀石	$CuSiO_3$	11.8	15.7
辉铜矿	Cu_2S	90.2	100.0
黄铜矿	$CuFeS_2$	5.6	8.2
斑铜矿	$FeS \cdot 2Cu_2S$	70.0	100.0
孔雀石	$CuCO_3 \cdot Cu(OH)_2$	90.2	100.0
硫砷铜矿	$3Cu_2S \cdot As_2S_3$	65.8	75.1
黝铜矿	$4Cu_2S \cdot Sb_2S_3$	21.9	43.7

磨矿作业常加石灰作保护碱以防止氰化物水解和使金的溶解处于最佳条件，石灰加入量以维持矿浆pH值为9～12为宜。多数选厂均在高碱条件下氰化。若矿石中某些硫化物在高pH值下更易与氧作用时则使用较低pH值矿浆较有利，但为了加速金的溶解，矿浆pH值不应低于9.0。矿浆pH值过高对溶金不利，因在金表面生成过氧化钙薄膜而明显降低金的溶解速度。

金的氰化溶解速度随矿浆温度的升高而增大，至85℃时达最大值，再增大温度导致氧的溶解度下降而降低金的溶解速度，提高矿浆温度不仅消耗大量燃料，且增大贱金属的溶解速度，加速氰化物水解，增大氰化物耗量。因此，实践中除寒冷地区为使矿浆不冻结而采取保温措施外，一般均在大于15～20℃常温条件下进行氰化。

金粒大小是影响氰化时间的主要因素。一般将大于495μm的金粒称为特粗粒金，74～495μm的为粗粒金，37～74μm的为细粒金，小于37μm的为微粒金。特粗粒金和粗粒金的氰化溶解速度慢。大多数矿石中金主要呈细粒和微粒存在，故许多金选厂于氰化前用混汞、重选或浮选法预先捕收粗粒金，以免其损失于氰化尾矿中。细粒金在氰化过程中易溶解，但金粒呈微粒存在时，磨矿时的解离度低，大部分仍包裹于共生矿物和脉石中。若包裹于硫化矿中，氰化前常须进行氧化焙烧或热压氧化浸出；若包裹于脉石中则需进行细磨以增加微粒金的解离度，这将增大磨矿费用，并使固液分离较难进行，增大氰化物和已溶金的损失。因此，金粒大小也是决定能否采用氰化法的主要因素之一。

矿泥含量和矿浆浓度直接影响组分的扩散速度。一般条件下，矿浆浓度应小于30%～33%，若矿浆中含有较多矿泥时，矿浆浓度应小于22%～25%。

氰化浸出时间随矿石性质、氰化方式和氰化条件而异，一般搅拌氰化浸出时间常大于24h，有时长达40h以上，氰化碲化金时则需72h左右。渗滤氰化浸出常需5d以上。

搅拌浸出矿浆常用倾析、过滤或流态化法进行固液分离和洗涤。倾析法可分为间歇倾析洗涤法和连续倾析洗涤法，前者常与间歇搅拌氰化配合使用，但过程时间长，溶液体积大，设备占地面积大，目前在工业上较少使用。连续倾析法是国内外广泛采用的固液分离和洗涤方法，也称逆流倾析洗涤法（CCD），国外使用的最大浓缩机直径达150～180m，国内广泛采用多层浓缩机进行氰化矿浆的固液分离和逆流洗涤。若用炭浆法（CIP）、炭浸法（CIL）、磁炭法（MCIP）或树脂矿浆法（RIP）提金则可省去固液分离作业。

固液分离得的贵液在沉金前须澄清以除去矿泥和悬浮物，常用的澄清设备为框式过滤机、压滤机、砂滤池或沉淀池。从贵液中沉金可用金属锌或金属铝置换法、活性炭或离子交换树脂吸附法或电解沉积法。目前应用最广的是金属锌（锌丝或锌粉）置换法，置换时的主要反应为：

$$2Au(CN)_2^- + Zn \longrightarrow Zn(CN)_4^{2-} + 2Au\downarrow$$

$$Zn + 4CN^- \longrightarrow Zn(CN)_4^{2-} + 2e$$

$$Zn + 4OH^- \longrightarrow ZnO_2^{2-} + 2H_2O + 2e$$

$$ZnO_2^{2-} + 4CN^- + 2H_2O \longrightarrow Zn(CN)_4^{2-} + 4OH^-$$

$$2H^+ + 2e \longrightarrow H_2\uparrow$$

由于氢离子的还原电位比贵液中锌氰配离子的还原电位高得多，故只要有锌溶解，在锌表面就会析出氢气泡。氢与溶液中的溶解氧结合成水，可减少沉淀金的反溶和锌的氧化。不与氧结合的氢则在锌表面析出，产生极化作用阻止锌的溶解，使沉金过程减缓甚至停止。当锌中含铅时，由于铅的电位较锌正，组成铅为阴极锌为阳极的原电池，氢在铅阴极表面析出，可使锌不断溶解。因此，锌中含铅可促进金的沉析，从冒出的氢气泡可判断沉金过程是否正常。

锌沉金时锌的溶解速度随贵液中氰根浓度和碱度的提高而增大，当氰根浓度和碱度低时，氰锌化钠可分解为不溶性的氰化锌生成的氰化锌覆盖于锌表面，妨碍金银沉析。当液中含氧时，液中的氰根浓度一般应保持为0.05%～0.08%，碱度为0.03%～0.05%。沉金速度还与温度有关，当温度低于10～15℃时，反应速度大为降低。沉金前贵液经脱氧塔脱除溶解氧，可彻底消除其对沉金的有害影响。

贵液中杂质离子对沉金过程的影响各异，其中以铜离子的影响最大，铜被置换在锌表面生成薄膜，妨碍金银沉析。因此，应预先从原料中脱铜或定期（或连续地）从贵液中脱铜。从贵液中脱铜可用不渗铅或未经铅盐处理的锌丝预先处理贵液，使铜先沉析。若贵液含铜不高，采用渗铅锌丝可防止在锌表面生成致密的铜薄膜。贵液含汞可在锌表面生成汞合金薄膜，使锌丝变脆和钝化。贵液含可溶性硫化物可在锌、铅表面生成硫化锌、硫化铅薄膜，故应在沉金前加铅盐（醋酸铅）以除去游离的硫离子。贵液中其他离子的影响较小，铅离子可促进沉金过程的进行。

金属锌置换沉金可用锌丝或锌粉。锌丝沉金始于1888年，在置换沉淀箱（图13.3）中进行。沉淀箱的规格各厂不一，主要取决于处理量和操作方便等因素。它由箱体、挡板和假底构成，箱长一般为3.5～7.0m，宽0.45～1.0m，深0.75～0.9m，分为5～10格，假底筛网为6～12目，每格中贵液的流动可采用从下向上或从上向下的方式，沉淀箱的总容积取决于沉金所需时间（一般为20～40min）。锌丝由含铅0.2%～0.5%的锌锭就地切削而成（宽1～3mm，厚0.2～0.4mm），以免放置过久而氧化，也可将熔融的金属锌连续均匀地倾倒在用水冷却的高速旋转的生铁圆筒上制得锌丝。压紧的锌丝孔隙率为70%～90%，装箱前锌丝可先在10%浓度的醋酸铅（或硝酸铅）溶液中浸泡2～3min，使其表面染铅，也可往贵液中滴入铅盐。操作时沉淀箱第一格一般装不含铅锌丝和补加药剂（NaCN等）以预先沉铜和其他杂质，最后一格不装锌丝用于沉淀随液流而悬浮的细粒金泥，其他各室装含铅锌丝。贵液从第一室进入，顺序流经各室，贫液从最后一室排出。定期（半月或一个月）清理金泥，各班视情况往各室添加锌丝。锌丝沉金置换率可达95%～99%，锌丝耗量约每千克金消耗4～20kg，远较理论量大。因此，锌丝置换沉金设备简单，易操作，不消耗动力，但锌耗量大，氰化钠耗量大，金泥品位低，占地面积大，过程积金多，已逐渐被锌粉置换沉金法所代替。

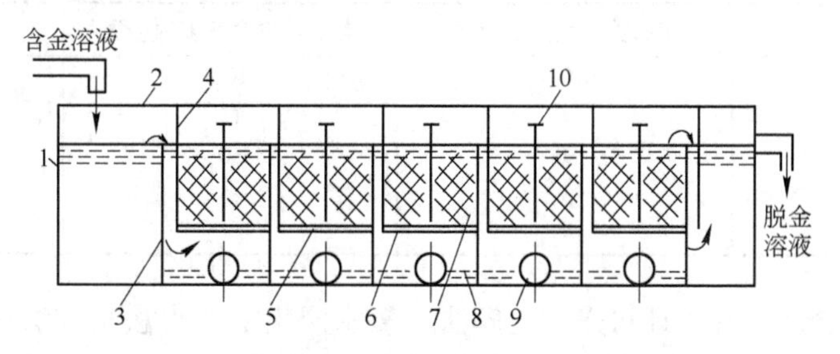

图13.3 锌丝置换沉淀箱

1—箱体；2—箱缘；3—下挡板；4—上挡板；5—筛网；6—铁框；7—锌丝；8—金泥；9—排放口；10—把手

锌粉沉金时贵液须先经真空脱氧塔（图13.4）脱氧，然后按比例将锌粉加入混合槽中与脱氧贵液混合，再送压滤机进行置换和过滤得金泥和贫液。可用升华法使锌蒸气在大容积的冷凝器迅速冷却的方法制得锌粉，粒度小于0.01mm，金属锌含量为95%～97%，含铅1%。锌粉易氧化，应在密封容器中贮存和运输。操作时可将为锌粉质量的10%的铅盐滴入混合槽中，以改善锌粉的沉金能力。贵液中氰化钠和氧化钙含量可分别低至0.014%和0.018%，脱金贫液含金超过0.15g/m^{3}时须返回重新处理。与锌丝沉金比较，具有锌粉价廉，锌耗量低（15～50g/m^{3}贵液），金银沉淀率高，金泥含锌量低，氰化物耗量低，易自动化和机械化等优点。但设备较多，动力消耗较大。

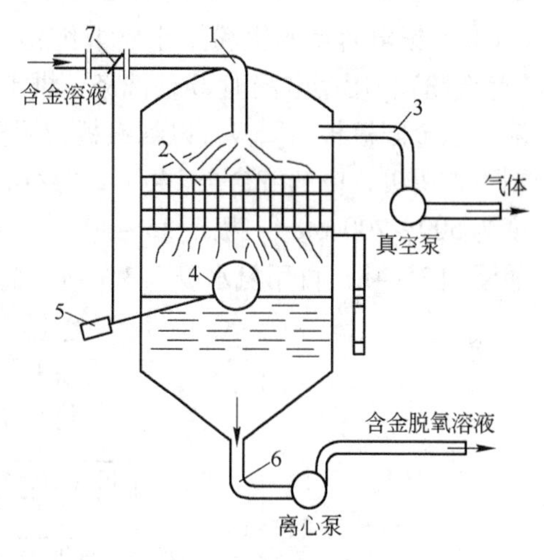

图13.4 真空脱氧塔结构示意图

1—进液口；2—木格条；3—排气口；4—浮子；5—平衡锤；6—排液口；7—蝶阀

锌丝置换得的金泥需先筛分以除去粗粒锌丝，筛下物滤干后再用10%～15%稀硫酸溶去锌丝头，浸渣洗涤滤干后进行氧化焙烧以氧化贱金属、除去水分及其他可挥发杂质，含铅高时可用15%苛性钠溶液除铅。锌粉置换得的金泥较纯净，可不经酸洗及焙烧而直接熔炼。干金泥的典型组成列于表13.3中。将干金泥与一定的溶剂混合后置于坩埚（石墨质或硅质）或小转炉内，在1200～1350℃的条件下熔炼1.5～2h，杂质经造渣后排出，熔融体铸锭冷却后即得金银合金（合质金），其中金含量可达60%以上。金泥熔炼时的配料比列于表13.4中。多数选厂以合质金为最终产品，渣中含金和有色金属，碎磨后可用重选或混汞法回收粗粒金，重选精矿返回熔炼作业，尾矿可返至氰化作业或出售给冶炼厂处理。

表 13.3 干金泥的典型组成 (%)

组 分	Au	Ag	Cu	Pb	Zn	硫化物	SiO_2	Ca	有机质
含 量	10~50	1~5	2~15	5~30	10~50	1~6	2~20	1~5	1~10

表 13.4 含锌金泥熔炼时的配料比

物料组成	含石英少纯净的金泥	含石英少含锌多的金泥	含石英多的金泥
金 泥	100	100	100
碳酸钠	4	15	35
硼 砂	50	50	35
石英砂	3	15	—
萤 石	—	—	2

选厂除产出合质金外，还可采用电解法、氯水浸出法或火法精炼法产出高品位金锭。电解法生产纯金的工艺流程如图 13.5 所示，汞齐蒸汞或锌沉金所得金泥配以银（金银比为 1:2，金银总量大于 98%）进行熔炼浇铸金银合金阳极板，以不锈钢板为阴极，合金板为阳极（套于丝绸袋中）在硝酸银（硝酸 0.5%~1%，硝酸银 5%~10%）中进行银电解，槽压为 1.2~1.8V，电流密度为 180~280A/m^2，槽温为 30~45℃，极距为 50~60mm。银电解得的银粉用于制取纯银，一部分返回浇铸合金阳极板。银电解阳极泥为“黑金粉”，用硝酸浸泡 2h，洗涤、烘干、熔炼后浇铸金阳极板。以三氯化金溶液为电解液，以金阳极板为阳极，以纯银板为阴极母板进行金电解，7~8h 后可将母板上的纯金板剥下作阴极，电解液含金 140~220g/L，盐酸 120~160g/L，槽压为 0.2~0.6V，电流密度为 500~700A/m^2，极距 35~40mm，每槽电解周期为 110~143h。所得电解金用 50% 硝酸浸泡 3~4h，再用氨水浸泡 3~4h，金品位达 99.95%~99.99%，金回收率达 90%，可

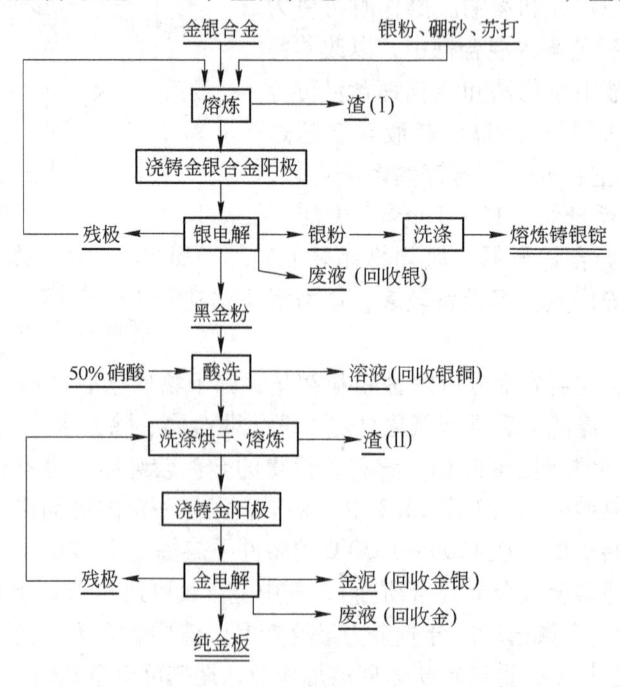

图 13.5 电解法生产纯金流程

用隔膜电解法制取三氯化金溶液。

国内某选厂曾用氯水浸出金泥的方法生产纯金。金泥烘干磨细后在水封搅拌槽中通氯气进行浸出，液固比为2:1，温度大于40℃下浸出6~7h，金浸出率可达99%，过滤，热水洗涤浸渣，浸渣（含金量小于100g/t）可返至氰化作业。所得贵液搅拌除氯后用亚硫酸钠（或亚铁盐）还原，用量为每千克金含2~3kg，还原时间约0.5~1h。过滤洗涤后的金粉用稀硝酸洗涤，滤干后加适量硼砂作助熔剂进行熔铸，可得金含量为99.99%的金锭，若重选金精矿不含亚铁型还原物质，硫化物含量不超过1%的纯石英金精矿，可直接采用氯水浸出法生产纯金。若硫化物含量大于1%时，应预先进行氧化焙烧，焙烧温度为650~700℃，氯水浸出时的耗氯量为20~30kg/t，浸出2h，金浸出率可达93%~98%。

合质金的火法精炼可用下列方法：（1）硫化精炼：合质金含铜高时可将其与黄铁矿一起熔炼，使铜等贱金属造渣，产出高品位金锭和含少量金银的冰铜；（2）氧化精炼：向熔融的低品位合质金中吹空气（或氧气）进行氧化精炼；（3）氯化精炼：向熔融的低品位合质金中通氯气，使银、铜等氯化造渣，金的纯度可达99.6%。

氰化提金的主要试剂为剧毒的氰化物。据报道，0.1g氰化钠或0.12g氰化钾，或口服0.05mg氢氰酸均能使人丧命，0.1~0.14mg氰化钠或0.06~0.09mg氰化钾能使重达1kg的动物死亡，含氰化钠0.5mg/L的污水能使重达10g的金鱼死亡，因此，含氰污水的排放将严重污染江河水系，危害人民的健康。我国的“工业企业设计卫生标准”中规定：地面水中氰化物的最高容许浓度为0.05mg/L，车间空气中氰化氢气体的最高容许浓度为0.3mg/m^3。为了确保安全，操作时应严格遵守安全操作规程，氰化物应存于阴凉干燥并有独立通风系统的库房内。

氰化污水中含有大量的简单氰化物、铜、锌、铁的氰配化合物以及硫氰酸盐和其他杂质，应切实加强氰化污水的管理和净化工作。处理含氰污水时，可采用漂白粉法、液氯法、硫酸亚铁-石灰法，空气吹脱法、电解法、液滴薄膜法、炉渣吸附法、离子交换法、臭氧法、过氧化氢和高锰酸钾等方法清除污水中的氰化物。漂白粉法和液氯法的净化效果最好，目前广泛用于生产实践中。其原理是在碱性介质中（pH值为8~9）用漂白粉（$CaOCl_2$）、漂粉精[$Ca(OCl)_2$]、次氯酸钠（NaOCl）或液氯使污水中的氰化物氧化为二氧化碳和氮气：

$$CN^- + HOCl \longrightarrow CNCl + OH^-$$

$$CNCl + 2OH^- \longrightarrow CNO^- + Cl^- + H_2O$$

$$2CNO^- + 3OCl^- + H_2O \longrightarrow 2CO_2\uparrow + N_2\uparrow + 3Cl^- + 2OH^-$$

净化时应控制投药量、介质pH值和净化时间。若净化废液中的余氯含量高，可延长反应时间，减少投药量或加少量硫酸联铵即可除去。

为了净化和回收污水中的氰化物，目前可采用：（1）酸法暴气法：用硫酸（或SO_2）将污水酸化至pH=2~3.5，加热至30~40℃，通空气使氰化物转化为氰化氢气体挥发，再用苛性钠或氢氧化钙溶液吸收，可得氰化物浓度为20%~30%、苛性钠浓度为1%~2%的溶液，脱氰液过滤可得铜银沉淀物，滤液可排入碱性尾水中，稀释后外排。（2）硫酸锌法：污水中加入硫酸锌，简单的氰化物和铜、锌氰配盐皆转变为白色的氰化锌沉淀，固液分离后，用硫酸分解氰化锌并用碱液吸收生成的氰化氢气体，可得氰化物溶液。酸分解时生成的硫酸锌可返回使用。此外，可用细菌分解法净化含氰污水。

13.5 硫脲法提金

13.5.1 概述

硫脲法提取金银是一项日臻完善的低毒提取金银新工艺。用硫脲酸性溶液从金银矿物原料中提取金银，已有70多年的历史。试验研究表明，硫脲酸性溶液浸出金银，具有浸出速度高、毒性小、药剂易再生回收和铜、砷、锑、碳、铅、锌、铁的硫化矿物的有害影响小等特点，适于从难氰化的矿物原料中提取金银。

人们1968年首次合成硫脲，1869年就发现硫脲可溶解金银。20世纪30年代开始用硫脲酸性溶液从金银矿物原料中提取金银，1941年，苏联科学院公布了普拉克辛等人的研究成果。20世纪50年代后期世界各国广泛开展了硫脲酸性溶液浸出金箔、银箔和金银矿石的试验研究，测定了硫脲浸金的热力学和动力学数据，研究了硫脲酸性溶液浸出金的作业条件，对某些难氰化的含金矿物原料进行了半工业试验和工业试验，有的已成功地用于工业生产。

我国的硫脲提金试验研究始于20世纪70年代初期，长春黄金研究所（现黄金研究院）研发的硫脲铁浆工艺（FeIP）经小试、扩试、半工业试验和工业试验后，于1983年在广西龙水金矿建立了我国首座处理10t含金黄铁矿精矿的硫脲提金车间。

20世纪80年代，我国许多研究院所、金矿山试验室、某些高等院校均进行了硫脲提金的专题研究，取得了许多宝贵的成果。

黄礼煌教授的硫脲提金课题组从1977年开始一直从事硫脲提金的试验研究，先后发表有关硫脲提金的论文10篇，1979年底，在全国第2次选矿学术会议上宣读了《硫脲溶金机理的初步探讨》，在国内首次提出了硫脲溶金的化学反应方程和电化腐蚀-氧化配合机理，比较全面地论述了硫脲的基本特性、影响硫脲溶金的主要工艺参数、提高金浸出率和降低药耗的途径等。1981年10月初，在冶金部召开的龙水金矿硫脲提金工艺论证会上宣读了《硫脲浸出-电积一步法提金的试验研究》和《硫脲一步法提金的试验研究》2篇论文，宣布了课题组的试验成果，论述了硫脲一步法（金属置换法、矿浆直接电积法、矿浆树脂法、炭浆与炭浸法）的理论基础、主要影响因素及优缺点。1982年底，调南方冶金学院（现江西理工大学）任教，仍坚持硫脲提金的试验研究工作，完成了龙水金矿、文峪金矿、洋鸡山金矿、金厂峪金矿、湘西金矿等矿的浮选金精矿和原矿的硫脲提金试验，完成了硫脲矿浆电积一步法（EIP）和硫脲炭浸一步法（CIL）的小型全流程试验，取得了极其宝贵的试验成果。

本节除部分引用国内外资料外（均注明来源），其余全部内容来自课题组已发表或尚未发表的硫脲提取金银的科研成果，错误不当之处，恳请鉴别。

13.5.2 硫脲的基本特性

硫脲又名硫代尿素，结构式为 $S=C\begin{matrix}\diagup NH_2\\ \diagdown NH_2\end{matrix}$ ，分子量为76.12，为白色具有光泽的菱形六面晶体，味苦，密度为1.405g/cm^3，熔点为180~182℃，温度更高时分解，易溶于水，20℃时在水中的溶解度为9% ~10%，水溶液呈中性。

硫脲在碱性液中不稳定，易分解为硫化物和氨基氰，反应式为：

$$SC(NH_2)_2 + 2NaOH \longrightarrow Na_2S + CNNH_2 + 2H_2O$$

分解生成的氨基氰可转变为尿素：

$$CNNH_2 + H_2O \longrightarrow CO(NH_2)_2$$

因此，硫脲在碱性介质中可与金属阳离子（如 Ag^+、Cu^{2+}、Cd^{2+}、Hg^{2+}、Pb^{2+}、Bi^{3+}、Fe^{2+}等）生成硫化物沉淀。

硫脲在酸性液中具有还原性质，可被氧化剂氧化为多种产物，在室温下的酸性液中，硫脲易氧化为二硫甲脒，此外，还可生成具有较高氧化态的硫的产物（如元素硫和硫酸根等），但其反应速度慢：

$$(HN{=})(H_2N)C{-}S{-}S{-}C(NH_2)({=}NH) + 2H^+ + 2e \rightleftharpoons 2S{=}C(NH_2)_2$$

$$CNNH_2 + S + 2H^+ + 2e \rightleftharpoons SC(NH_2)_2$$

$(SCN_2H_3)_2/SC(NH_2)_2$ 电对的标准还原电位为0.42V,用能斯特公式表示的平衡式为：

$$\varepsilon = 0.42 + 0.0295\ \lg a_{(SCN_2H_3)_2} - 0.0591\ \lg a_{SCN_2H_4} - 0.0591pH$$

从上式可知，硫脲浓度一定时，硫脲的平衡还原电位随介质 pH 值的降低而增大，即硫脲在酸性介质中较稳定。介质 pH 值一定时，硫脲的平衡还原电位随硫脲浓度的增大而降低。因此，从硫脲的稳定性考虑，溶金时宜采用硫脲的酸性稀溶液作浸出试剂。

硫脲在酸性或碱性液中加热时均发生水解：

$$SC(NH_2)_2 + 2H_2O \xrightarrow{\triangle} CO_2 + 2NH_3 + H_2S$$

因此，硫脲溶金的温度不宜太高。

由于稀硫酸为弱氧化酸，一般采用硫脲的稀硫酸溶液作浸出剂，且应先加酸后加硫脲，以免矿浆局部温度过高而使硫脲水解失效。

硫脲本身毒性小，无腐蚀性，对人体无损害，硫脲浸金废液含一定的硫脲分解产物，一般经石灰处理后可外排灌溉农田。

13.5.3 硫脲溶金和沉金的化学过程

试验证实，在氧化剂存在下，金呈 $Au(SCN_2H_4)_2^+$ 配阳离子形态转入硫脲酸性液中，较一致地认为硫脲溶金属电化腐蚀过程，其电化方程可以下式表示：

$$Au(SCN_2H_4)_2^+ + e \rightleftharpoons Au + 2SCN_2H_4$$

25℃时测得 $Au(SCN_2H_4)_2^+/Au$ 电对的标准还原电位为 +0.38V ± 0.01V，故其平衡条件为：

$$\varepsilon = 0.38 + 0.0591\lg a_{Au(SCN_2H_4)_2^+} - 0.118\lg a_{SCN_2H_4}$$

因此，其平衡还原电位仅与硫脲浓度和硫脲金络阳离子浓度有关。但 $Au(SCN_2H_4)_2^+/Au$ 电对与 $(SCN_2H_3)_2/SCN_2H_4$ 电对的标准还原电位相近（分别为0.38V 和0.42V），所以选择适宜的氧化剂是硫脲酸性液溶金的一个关键问题。较适宜的氧化剂为 Fe^{3+} 和溶解氧：

$$O_2 + 4H^+ + 4e \rightleftharpoons 2H_2O$$

$$\dot{\varepsilon}_{O_2/H_2O} = +1.229V$$

$$Fe^{3+} + e \rightleftharpoons Fe^{2+}$$

$$\dot{\varepsilon}_{Fe^{3+}/Fe^{2+}} = +0.77V$$

因此，硫脲溶金的化学反应式可表示为：

$$Au + 2SCN_2H_4 + Fe^{3+} \rightleftharpoons Au(SCN_2H_4)_2^+ + Fe^{2+}$$

$$Au + \frac{1}{4}O_2 + H^+ + 2SCN_2H_4 \rightleftharpoons Au(SCN_2H_4)_2^+ + \frac{1}{2}H_2O$$

与氰化溶金相类似，硫脲溶金主要受扩散过程控制，由菲克定律可得：

$$\frac{[SCN_2H_4]}{[O_2]} = \frac{4D_{O_2}}{D_{SCN_2H_4}}$$

室温条件下，$D_{O_2} = 2.76 \times 10^{-5} cm^2/s$，$D_{SCN_2H_4} = 1.1 \times 10^{-5} cm^2/s$，代入可得：

$$\frac{[SCN_2H_4]}{[O_2]} = 4 \times \frac{2.76 \times 10^{-5}}{1.1 \times 10^{-5}} = 10$$

即溶液中硫脲的游离浓度与溶解氧浓度之比为 10 左右时，金的溶解速度达最大值。室温常压下氧在水中的饱和浓度为 8.2mg/L（相当于 0.27×10^{-3}mol/L），故相应的硫脲浓度应为 5.4×10^{-3}mol/L，约相当于 0.05%。

为了在浸出金银时，使用较高的硫脲游离浓度，一般采用液态氧化剂，如高价铁离子、过氧化氢、二硫甲脒等。此时的浸出矿浆液相中氧化和硫脲的浓度均可在较大范围内进行调节。

根据硫脲浸金贵液中金含量的高低，可采用铁粉、铝粉、铜粉、旋转铅板置换法，不溶阳极电积法、离子交换吸附法或活性炭吸附法等方法，从浸出液中回收金银。所得金泥熔炼可得合质金。金熔炼的工艺与氰化金泥的熔炼相同。

13.5.4 硫脲溶金的主要影响因素

试验结果表明，硫脲酸性溶液从金银矿物原料中提取金银时的浸出率主要与浸出介质 pH 值、金（银）物料的矿物组成、金粒大小、磨矿细度、金属铁粉含量、氧化剂类型与用量、还原剂类型与用量、硫脲用量、浸出液固比、浸出选择性、搅拌强度、浸出温度、浸出时间、浸出工艺等因素有关。

13.5.4.1 浸出介质 pH 值

硫脲酸性溶液从金银矿物原料中提取金银时，常用硫酸调整矿浆的 pH 值，因硫酸既为强酸，对硫脲而言又是非氧化酸。提高浸出矿浆酸度，可以提高硫脲的稳定性和矿浆液相中硫脲的游离浓度。浸出矿浆酸度（pH 值）与硫脲浓度有关，浸出矿浆 pH 值一般应随硫脲浓度的增大而下降。理论计算和试验表明，在常用硫脲用量条件下，矿浆 pH 值以 1～1.5 为宜。

13.5.4.2 金（银）物料的矿物组成

原料中的酸溶物（如金属铁粉、碳酸盐、有色金属氧化物等）及还原组分含量高时，会增加硫酸、氧化剂和硫脲的用量。故硫脲浸金工艺不宜直接处理碳酸盐含量高的物料及含有色金属氧化物和钙镁含量高的焙砂。

硫脲浸金工艺不宜直接处理混汞尾矿，因混汞尾矿中残留汞消耗硫脲，甚至使硫脲浸金完全失效。混汞尾矿可经浮选除去大部分游离汞，可采用硫脲浸金工艺从浮选金精矿中提取金银。

13.5.4.3 金粒大小

硫脲浸金时不破坏载金矿物，只能浸出单体解离金和裸露金，无法浸出包体金。当原料中的自然金粒度为粗粒（大于0.074mm）和细粒（-0.074+0.037mm）时，含金物料磨至80%~90%-360目后，硫脲浸金可获得较高的金浸出率。若原料中的自然金呈微粒或显微粒（-0.037mm）形态存在时，目前磨矿条件下，金主要呈包体金形态存在于磨矿产品中，此时直接进行硫脲浸金，很难获得满意的金浸出率。此时可进行预处理，使金粒单体解离和裸露后才能获得满意的金浸出率。

13.5.4.4 磨矿细度

硫脲浸金前，含金物料均须进行再磨，再磨细度与金的嵌布粒度和浸出工艺有关。再磨细度常以小于0.036mm粒级的百分数表示，如90%-0.036mm。

13.5.4.5 金属铁粉含量

含金物料再磨时，因衬板、钢球的磨损进入矿浆中的金属铁粉量一般为0.5~1.5kg/t。金属铁粉在硫脲酸性溶液中可被酸溶和消耗硫脲，金属铁粉可还原沉析已溶金，沉析的金粉又被硫脲浸出，此反应直至全部金属铁粉全部耗尽为止。为了消除金属铁粉的有害影响，除采用耐磨衬板和钢球外，硫脲浸金前，可用磁选的方法预先除去再磨矿浆中的金属铁粉。

13.5.4.6 氧化剂类型与用量

硫脲浸金时须加入一定量的氧化剂，常用的氧化剂为过氧化氢、空气、高价铁盐和二硫甲脒等（见表13.5），不宜采用漂白粉、高锰酸钾、重铬酸钾等强氧化剂。含金物料中含有大量的杂质矿物，硫脲酸性溶液浸金时，不可避免地会有部分酸溶铁进入浸液中，只要矿浆液相中维持一定的溶解氧浓度，矿浆液相中的亚铁离子将不断被氧化为高铁离子。因此，硫脲酸性溶液浸金时，开始时加入少量过氧化氢或高价铁离子作氧化剂，并不断向浸出矿浆中鼓入空气，即可满足硫脲浸金时对氧化剂的要求。某些常见氧化剂列于表13.5中。

表13.5 某些常见氧化剂的还原电位（ε）值 （V）

氧化电对	H_2O_2/H_2O	MnO_4^-/Mn^{2+}	CrO_4^{2-}/Cr^{3+}	Cl_2/Cl^-
ε	+1.77	+1.51	+1.45	+1.358
氧化电对	ClO_3^-/Cl_2	$Cr_2O_7^{2-}/Cr^{3+}$	O_2/H_2O	MnO_2/Mn^{2+}
ε	+1.385	+1.33	+1.229	+1.04
氧化电对	NO_3^-/HNO_2	Fe^{3+}/Fe^{2+}	$(SCN_2H_3)_2/SCN_2H_4$	SO_4^{2-}/H_2SO_3
ε	+0.94	+0.771	+0.42	+0.17

13.5.4.7 还原剂类型与用量

为了降低硫脲耗量，开始时加入少量过氧化氢或高价铁离子使30%左右的硫脲氧化为二硫甲脒，在浸金后期加入二氧化硫或亚硫酸盐可使二硫甲脒还原为硫脲，这既可降低硫脲耗量，又可提高硫脲游离浓度和金的浸出速度。

13.5.4.8 硫脲用量

硫脲浸金时，硫脲主要消耗于氧化分解、碱分解、热分解、浸出金银消耗、浸出杂质消耗和维持一定的剩余浓度，浸出金银所耗硫脲只占极小部分。因此，硫脲浸金时应严格按加药顺序和操作规程进行操作，尽可能降低硫脲的无效消耗。硫脲耗量因原料和工艺参数而异，其耗量为每吨几千克至几十千克。

13.5.4.9 浸出选择性

硫脲为有机配合剂，可与许多金属阳离子生成金属硫脲配阳离子。某些金属硫脲配阳离子的解离常数（p*K* 值）列于表 13.6 中。

表 13.6 某些金属硫脲配阳离子的解离常数（p*K* 值）

配阳离子	$Hg(thi)_4^{2+}$	$Au(thi)_2^{+}$	$Hg(thi)_2^{2+}$	$Cu(thi)_4^{+}$
p*K* 值	26.30	22.10	21.90	15.40
配阳离子	$Ag(thi)_3^{+}$	$Cu(thi)_3^{+}$	$Bi(thi)_6^{3+}$	$Fe(thi)_2^{2+}$
p*K* 值	13.60	12.82	11.94	6.64
配阳离子	$Cd(thi)_3^{2+}$	$Pb(thi)_4^{2+}$	$Zn(thi)_2^{2+}$	$Pb(thi)_3^{2+}$
p*K* 值	2.12	2.04	1.77	1.77

注：thi 为硫脲 thiourea 的缩写。

从表 13.6 中数据可知，除汞硫脲配阳离子比金硫脲配阳离子稳定外，其他金属硫脲配阳离子的稳定性均比金硫脲配阳离子小，但其中铜、铋硫脲配阳离子的 p*K* 值较大。因此，硫脲酸性溶液浸出金银具有较高的选择性。当矿物原料中有色金属氧化物含量较高时，硫脲浸金前宜用稀酸浸出有色金属氧化物和碳酸盐矿物，浸渣洗涤后，送硫脲浸金作业。

13.5.4.10 浸出温度

硫脲浸金时，金的浸出速度随浸出温度的上升而提高，但有峰值。由于硫脲的热稳定性较低，浸出温度一般不超过 55℃，常在室温或 40℃左右的条件下浸出金银。

硫脲浸金时的搅拌强度较弱，常采用双桨叶低速机械搅拌槽作浸出槽。

13.5.4.11 浸出液固比

硫脲浸金时的液固比与药剂消耗和矿浆黏度有关，应根据具体浸出工艺通过试验确定。

13.5.4.12 浸出时间

硫脲浸出金银时，金银浸出率随浸出时间的增加而增加，硫脲浸出金银的时间常小于 10h。一步法浸出可强化浸出过程，提高金银的浸出速度和浸出率，可显著缩短浸出时间。

13.5.5 试验研究与应用

13.5.5.1 硫脲浸出-铁板置换一步法（FeIP）

20 世纪 70 年代初期，长春黄金研究所（现黄金研究院）研发的硫脲铁浆工艺（FeIP）经小试、扩试、半工业试验和工业试验后，于 1983 年在广西龙水金矿建立了我国首座日处理 10t 含金黄铁矿精矿的硫脲提金车间。

龙水金矿产出的含金黄铁矿精矿，主要金属矿物为黄铁矿、黄铜矿、方铅矿、闪锌矿、褐铁矿、孔雀石和自然金。脉石矿物主要为石英、绢云母、绿泥石、高岭土和碳酸盐类矿物。绝大部分自然金呈细粒嵌布。工业试生产工艺条件为：浮选金精矿再磨至80%～85% -0.045mm，矿浆液固比为2:1，硫脲用量6kg/t（原始浓度为0.3%），硫酸用量为100.5kg/t（pH值为1～1.5），铁板置换面积为$3m^2/m^3$，金泥刷洗时间间隔为2h，浸出时间为35～40h。金浸出率大于94%，金置换沉积率大于99%。工业试生产流程如图13.6所示。工业试生产指标列于表13.7中。

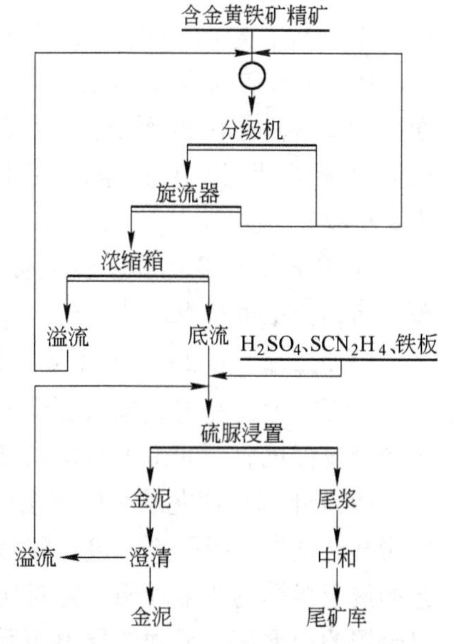

图13.6 硫脲浸出-铁板置换一步法（FeIP）试生产流程

从表中数据可知，浸置段的金浸出率和金置换沉积率均较理想，但所得金泥含金仅0.3%～0.5%，浸出时间长，硫酸耗量高，铁板一起麻坑即废弃，铁板耗量高。

金泥的处理流程为：氧化焙烧-硫酸浸铜-铜浸渣硝酸浸银-银浸渣王水浸金-亚铁还原沉金，最后产出海绵铜、银锭和金锭三种产品。

表13.7 工业试生产指标

序号	浸出			置换			浸置率/%
	金精矿/$g \cdot t^{-1}$	浸渣/$g \cdot t^{-1}$	浸出率/%	贵液/$g \cdot m^{-3}$	贫液/$g \cdot m^{-3}$	置换率/%	
1	80.77	4.44	94.50	38.17	0.25	99.35	93.89
2	75.50	3.62	95.21	35.94	0.13	99.64	94.85

试生产几年发现的主要问题是生产成本高，金实收率较低，金属量不平衡。成本高的主要原因是硫酸和铁板耗量高，这是工艺本身不可克服的矛盾，因在硫酸介质中铁板会被腐蚀，肯定起麻坑，一起麻坑金泥则留在麻坑中无法刷下来，铁板就须报废，加之金泥中含大量矿泥，处理流程长，试剂耗量大，最后只得停产。

13.5.5.2 硫脲浸出-矿浆电积一步法提取金银（EIP）

此工艺为黄礼煌教授课题组于1980年研发的提金新工艺。试样为广西龙水金矿产出的含金黄铁矿精矿，主要金属矿物为自然金、黄铁矿，少量黄铜矿、方铅矿等，脉石矿物主要为石英、方解石、石墨、萤石、绢云母等。试样特点是金银含量较低，硫、铁、碳含量较高。试样多元素分析结果列于表13.8中。

表13.8 龙水试样多元素分析结果

元素	Au/$g \cdot t^{-1}$	Ag/$g \cdot t^{-1}$	Cu	Pb	Zn	Fe
含量/%	34	60	0.20	0.78	0.07	32.50
元素	S	CaO	MgO	SiO_2	Al_2O_3	C
含量/%	35.81	0.14	0.13	18.33	4.25	2.09

试验在自制双向循环电积槽中进行，用硅整流器供直流电，用Pb-Ag板作阳极，用不锈钢板、电解铜板、铅板等作阴极。浸出-电积工艺参数为：再磨细度为95% -0.041mm，矿浆经磁选除金属铁粉后送入电积槽，硫酸为15kg/t，硫脲为3kg/t，液固比为2∶1，阴极板面积为37.5m^2/m^3，阴极电流密度为37.9A/m^2，每30min刷一次阴极板以保持其洁净，浸出-电积4h，金浸出率为97.59%，金电解沉积率为99.72%。

硫脲浸出-矿浆电积一步法提取金银（EIP）工艺具有金实收率高、成本低、流程简短、指标稳定等特点。值得进一步研究，具有较好的工业应用前景。

13.5.5.3 硫脲炭浸（炭浆）一步法（CIL或CIP）提取金银

此工艺为黄礼煌教授课题组于1980年研发的提金新工艺，并于1985年完成了实验室小型全流程试验，取得了非常满意的技术经济指标。

1980年以广西龙水金矿产出的含金黄铁矿精矿为试样，以北京光华木材厂生产的椰壳炭和杏核炭为吸附剂，进行硫脲炭浆工艺和硫脲炭浸工艺的平行对比试验。两种提金工艺的浸吸指标均非常理想。经对比，作者认为硫脲炭浸工艺比硫脲炭浆工艺好些，硫脲浸出金银的速率高，无须先浸出而后吸附。

1985年课题组以江西洋鸡山金矿原矿为试样，完成了硫脲炭浸（炭浆）一步法（CIL或CIP）提取金银的实验室小型全流程试验。

洋鸡山金矿为金铜为主的金、银、铜、铅、锌、硫多金属矿。属中低温热液矿化矿床，金银矿物为自然金、银金矿、辉银矿、自然银。原矿试样多元素分析结果列于表13.9中。

表13.9 原矿试样多元素分析结果

元素	$Au/g\cdot t^{-1}$	$Ag/g\cdot t^{-1}$	Cu	Pb	Zn	S	As	Fe
含量/%	5.2	96.6	1.72	0.2	0.47	26.7	0.29	29.59
元素	Mn	Bi	Sn	Sb	CaO	MgO	SiO_2	Al_2O_3
含量/%	0.27	0.17	微量	0.04	0.072	0.02	22.92	1.99

铜物相分析结果列于表13.10中。

表13.10 铜物相分析结果

物相	硫酸铜	自由氧化铜	结合铜	原生硫化铜	次生硫化铜	总铜
含量/%	0.06	0.13	0.008	0.85	0.67	1.718
占有率/%	3.49	7.57	0.46	49.48	39.00	100.00

砷物相分析结果列于表13.11中。

表13.11 砷物相分析结果

物相	砷黝铜矿	黄铁矿	其他矿物	合计
占有率/%	77.80	21.90	0.30	100.00

银物相分析结果列于表13.12中。

表 13.12 银物相分析结果

物 相	方铅矿	辉银矿	硫化矿包裹辉银矿	硫化矿高度分散银	自然银	合 计
占有率/%	1.63	37.01	38.95	15.02	7.39	100.00

金的粒度分析结果列于表 13.13 中。

表 13.13 金的粒度分析结果

粒级/mm	>0.1	0.1 ~ 0.037	<0.037	合 计
相对含量/%	1.46	8.20	86.34	100.00

从上列表中数据可知，该矿为多金属复合矿，主要有用组分为金、银、铜、硫。铜主要呈黄铜矿和砷黝铜矿形态存在，矿石中氧化铜含量占 11.06%。砷主要存在于砷黝铜矿中，故金铜混合精矿中的砷肯定超标。银较分散，主要呈辉银矿和硫化矿包裹辉银矿形态存在。金的嵌布粒度较细，金粒小于 0.037mm 的大于 86%。因此，该矿同时回收金、银、铜、硫，并实现就地产金存在较大困难。目前，该矿采用优先浮选流程产出砷含量较高的金铜混合精矿和硫精矿。

为了实现部分产金，曾委托有关单位进行氰化试验。采用优先浮选流程产出砷含量较高的金铜混合精矿，铜尾再磨后进行氰化提金，氰化渣洗涤后浮硫的工艺路线，所得金铜混合精矿含 Au26g/t，Ag758g/t，Cu13.74%，精矿中各元素回收率（%）为：Au 53.69、Ag 78.36、Cu90.63。铜尾含 Au 3g/t、Ag 28g/t，再磨后进行氰化，金浸出率为 25.78%，氰渣含 Au1.33g/t，金损失率为 20.53%。氰渣洗后浮硫，硫精矿含硫 38%。此工艺金的总回收率为 78.33%，其中混金占 53.69%，成品金占 24.64%。工业试验表明，该工艺主要缺点为铜尾再磨费用高，氰化物耗量高达 40kg/t 以上，成品金比例小，氰渣洗水量大，硫浮选指标低等。

我们课题组采用原矿破碎、磨矿-全混合浮选-混合精矿再磨-硫脲炭浸（炭浆）一步法（CIL 或 CIP）提取金银-载金炭解吸-贵液电积-熔铸-金锭，炭浸尾浆-铜硫分离浮选得铜金混合精矿和硫精矿的工艺路线进行了小型实验室全流程试验。原矿磨至 80% -0.074mm采用黑药（60g/t）和丁黄药（80g/t）进行混合浮选，闭路后的金、银、硫回收率均大于92%。混合精矿再磨至 99% -0.041mm，用磁选法去除再磨矿浆中的金属铁粉，然后进行硫脲炭浸和硫脲炭浆的平行对比试验，均取得较理想指标，决定采用炭浸工艺进行连续闭路试验。连续闭路试验的工艺参数为：矿浆液固比为 1.5:1，硫酸为 36kg/t（pH 值为 1.5 ~ 2.0），硫脲为 5kg/t，浸吸 15h（5 级，每级 3h），金的浸出率为 56.39%，金的吸附率大于 99%，铜、铅浸出率极微。

载金炭洗涤脱泥后，采用两段法解吸，先用稀硫酸溶液解吸贱金属阳离子，然后采用碱性配合剂解吸金银，金银解吸率大于 99%。

硫脲炭浸尾浆 pH 值为 2.0 左右，加石灰中和至 pH 值为 6.5 ~ 7.0，加入丁基铵黑药 80g/t，可获得含铜 11.98% 的金铜混合精矿，金回收率为 30%，铜回收率为 90%，铜尾矿为硫精矿，含硫 40%，硫回收率为 80%。

若贵液电积及熔铸作业金的回收率为 99%，则金的总回收率为 78.78%，其中混合精矿中的金占 30%，成品金占 48.78%；铜回收率为 90%，混合精矿含铜 11.98%；硫精矿含硫 40%，硫回收率为 80%。上述指标均比相同矿样的相应氰化指标高得多。

13.5.5.4 硫脲矿浆树脂一步法（RIP）提取金银

此工艺为黄礼煌教授课题组于 1980 年研发的提金新工艺。此工艺与硫脲炭浸工艺非常相似，不同的是采用 001（732）强酸性苯乙烯系阳离子交换树脂代替粒状活性炭作吸附剂。载金树脂经洗涤除去矿泥后，同样采用两段法解吸，先用稀硫酸溶液解吸贱金属阳离子，然后采用碱性配合剂解吸金银，金银解吸率大于 99%。所得贵液可用电积、金属置换和化学还原等方法从中回收金银。

鉴于硫脲浸出金银时，生成的金（银）硫脲配阳离子的截面积较大，建议采用 RIP 工艺时宜选大孔型强酸性苯乙烯系阳离子交换树脂作吸附剂。大孔型交换树脂的比表面积为每克几平方米至几十平方米，而凝胶型交换树脂的比表面积小于 $1m^2/g$。因此，采用大孔型强酸性苯乙烯系阳离子交换树脂作吸附剂，可以提高金银的吸附速率和吸附容量。

13.5.5.5 硫脲浸出-铝粉置换二步法（CCD）提取金银

美国加利福尼亚州的 Jamestown 矿含金 2.01g/t、含银 1.76g/t，浮选金精矿含金 56g/t、含银 49g/t，金浮选回收率为 93%，银浮选回收率为 73%，金精矿含铜约 1%，还含少量滑石，其他为黄铁矿。

为了从含铜的金精矿中提取金银，进行了硫脲浸出-铝粉置换二步法（CCD）提取金银的工业试验。进行两段硫脲浸出，每段由 6 个串联机械搅拌浸出槽组成，用不锈钢蛇管泵送热水将矿浆加温至 40℃，浸出液固比为 1.5:1。第一段浸出后的矿浆经真空过滤，滤饼用硫脲溶液和水洗涤后，送第二段硫脲浸出。第二段硫脲浸出后的矿浆同样经真空过滤，滤饼用硫脲溶液和水洗涤。每段硫脲浸出的第一槽加入 5% 的过氧化氢，以使 20% ~ 30% 的硫脲被氧化为二硫甲脒。在浸出段的第 3 槽和第 5 槽充入二氧化硫气体，以使过量的二硫甲脒还原为硫脲。

采用雾化铝粉从贵液中置换金，沉金前先用二氧化硫气体还原贵液中的二硫甲脒，然后按 600mg/L 用量加入雾化铝粉，置换时间为 30min，金置换回收率为 99.5%。雾化铝粉耗量为 0.75kg/t。

浸出槽中金的平均含量列于表 13.14 中。

表 13.14 浸出槽中金的平均含量 (g/t)

槽号	进料	1	2	3	4	5	6	产品	金浸出率/%
第一段	59.3	28.7	15.5	10.0	8.2	7.2	6.2	5.9	90.2
第二段	5.9	3.4	3.1	3.2	2.9	2.9	2.9	3.0	94.9

第一段浸出产品的固体含量为 42.9%，第二段浸出产品的固体含量为 37.9%。从表中数据可知，大部分金在第一段浸出；在第二段，大部分金在第一槽浸出。第一段浸出液中含金 45.2mg/L，第一段浸出液中含金 2.1mg/L。

浸出槽中硫脲浓度的变化列于表 13.15 中。

表 13.15 浸出槽中硫脲浓度的变化 (g/L)

槽号	进料	1	2	4	6
第一段	5.00	4.78	4.72	4.68	4.60
第二段	5.00	4.97	4.91	4.82	4.75

第二段硫脲的总耗量平均为0.65g/L，即0.95kg/t。若将第一段贫液的50%返回第二段及补加新浸出剂，硫脲耗量为4.1kg/t；若将贫液返回量增至80%，硫脲耗量将降至1.9kg/t。硫脲浸出金精矿不耗酸，当返回50%贫液时，硫酸耗量为11kg/t，过氧化氢耗量为1.7kg/t，二氧化硫耗量为3.2kg/t，返回50%贫液时的金浸出率与采用新浸出剂的金浸出率相同。

13.5.5.6　硫脲浸出-二氧化硫法（SKW法）

此法为前联邦德国南德意志氰氨基化钙公司（SKW）研发。该公司为硫脲主要生产厂家，为开拓市场，开展了硫脲提金的试验研究工作。

研究结果认为：硫脲耗量较大的主要原因是硫脲易氧化为二硫甲脒，此反应为可逆反应；二硫甲脒产生歧化反应生成硫脲和亚磺酸化合物，此反应为不可逆反应；亚磺酸化合物可分解为氨基氰和元素硫等产物，此反应为不可逆反应。因此，硫脲氧化分解产物可能包含二硫甲脒、氨基氰、元素硫、硫化氢、硫酸盐、二氧化碳和氮化合物等。欲降低硫脲提金的硫脲用量，最直接有效的方法是防止和降低二硫甲脒的不可逆分解，而且不可逆分解生成的元素硫可黏附于矿粒表面，对金的浸出产生钝化作用。

试验表明，硫脲浸金时，将矿浆加温至40℃以加速硫脲氧化为二硫甲脒，再充入适量的二氧化硫气体以还原矿浆中过量的二硫甲脒，二氧化硫气体的充入量以硫脲总量的50%氧化为二硫甲脒为宜，即可达到提高金银浸出率和降低硫脲耗量的目标。此硫脲浸金工艺称为SKW硫脲法。

对含Pb50%、Zn6.8%、Fe26.5%、Ag315g/t，Au10.6g/t的难处理氧化矿，采用氰化法、常规硫脲法和SKW硫脲法浸出的结果列于表13.16中。

从表中数据可知，采用SKW硫脲法，矿浆中充入6.5kg/t二氧化硫气体，浸出5.5h，金、银浸出率均比氰化法和常规硫脲法高得多，并使硫脲耗量降至0.57kg/t。

在小试和半工业试验基础上，R.G.舒尔策（Schulze）提出的SKW硫脲炭浆工艺流程如图13.7所示。

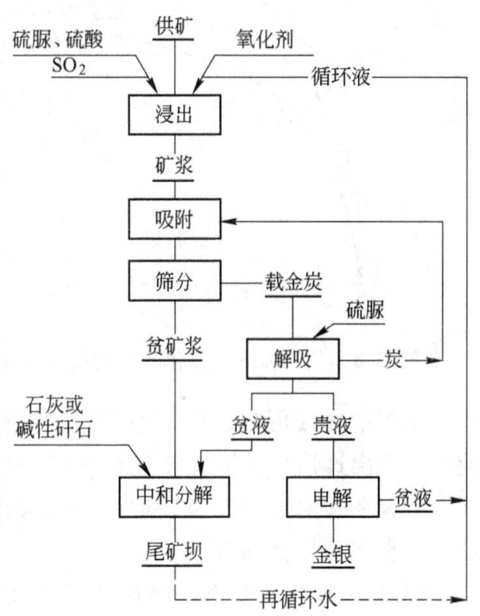

图13.7　SKW硫脲炭浆工艺流程

表13.16　不同浸出方法对难处理氧化矿的浸出结果

指　标	氰化法	常规硫脲法	SKW硫脲法
药耗/$kg \cdot t^{-1}$	7.0	34.4	0.57
浸出时间/h	24	24	5.5
SO_2耗量/$kg \cdot t^{-1}$			6.5
金浸出率/%	81.2	24.7	85.4
银浸出率/%	38.6	1.0	54.8

SKW 硫脲炭浆工艺流程与氰化炭浆工艺流程十分相似，但工艺参数不同。

13.5.5.7　硫脲浸出金银的速度

台湾矿业研究所的 C. K. 陈等对纯度为 99.9% 的金盘、银盘及基隆金爪石（Chin kua shin）产的含 Au 50g/t、Ag 250g/t、Cu6.02% 的矿石进行氰化物和硫脲浸出对比试验。试验结果表明，当金盘、银盘转速为 125r/min，在含 0.5% NaCN、0.05% CaO 的溶液中旋转时，金、银的氰化浸出速度分别为 3.54×10^{-4}mg/(cm^2·s)和 1.29×10^{-4}mg/(cm^2·s)。当浸出剂改为含 1% 硫脲、0.5% H_2SO_4、0.1% Fe^{3+} 时，金、银的硫脲浸出速度分别为 43.19×10^{-4}mg/(cm^2·s)和 13.93×10^{-4}mg/(cm^2·s)。因此，金、银在硫脲浸出剂中的浸出速度，分别比其在氰化物中的浸出速度高 12.2 倍和 10.8 倍。

以金爪石金矿的矿粉为试样，分别在含 0.5% 硫脲、0.5% H_2SO_4、0.1% Fe^{3+} 的浸出剂和含 0.5% NaCN、0.5% CaO 的浸出剂，在 25℃ 和 0.1MPa 条件下进行浸出对比试验，金、银、铜的浸出曲线分别如图 13.8 ~ 图 13.10 所示。

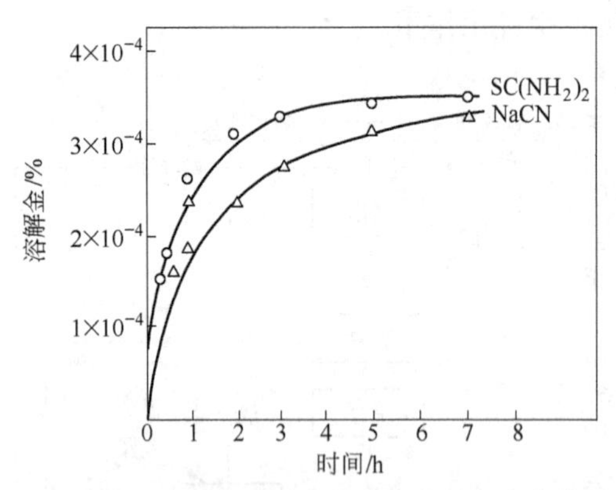

图 13.8　金在硫脲和氰化液中的浸出曲线

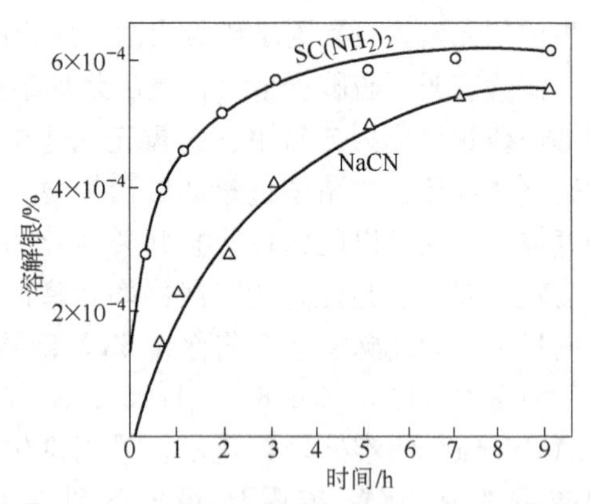

图 13.9　银在硫脲和氰化液中的浸出曲线

从图中曲线可知，矿石中的金、银在硫脲液中的浸出速度，比其在氰化液中的浸出速度高；而铜在硫脲液中的浸出速度，比其在氰化液中的浸出速度低得多。

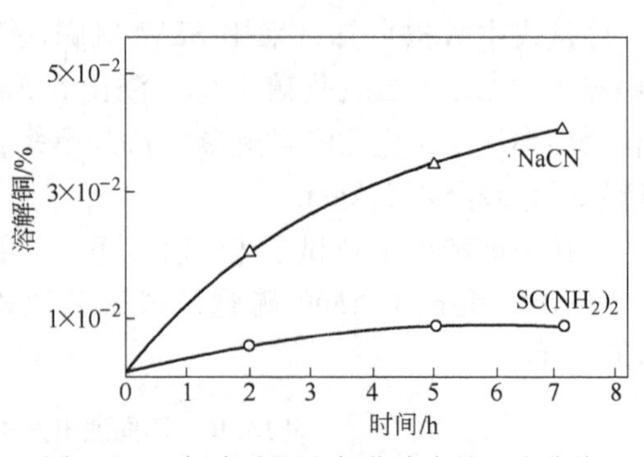

图 13.10　铜在硫脲和氰化液中的浸出曲线

13.5.5.8　从含金辉锑矿精矿中提金

澳大利亚新南威尔士希尔格罗夫（Hillgrove）锑矿为早期开采的锑矿山，现存锑矿带宽仅 300 ~ 400m。1969 年，新东澳大利亚矿业公司（NEAM）重新在此开矿和建立选矿厂。

该矿为石英脉型含金辉锑矿，除金外，主要共生矿物为辉锑矿、黄铁矿、磁黄铁矿、毒砂、白钨矿和绿泥石等。原矿含 Sb 约 4.5%、Au 约 9g/t。原矿经破碎、磨矿、重选和浮选，产出含金辉锑矿精矿，销售给冶炼厂。精矿含金 30 ~ 40g/t，但冶炼厂不计价。曾用氰化法回收精矿中的金，效果欠佳。但硫脲能浸出精矿中的单体解离金和裸露金，于 1982 年建立处理量为 1t/h 的间歇作业的硫脲提金车间。

精矿不再磨，在较高硫脲浓度和较高的高价铁离子浓度条件下，将浸出剂与含金辉锑矿精矿混合制浆，使每批锑精矿的浸出时间缩至小于15min。采用活性炭吸附浸液中的金，产出含金6～8kg/t的载金炭，直接销售。活性炭吸后母液用过氧化氢调整还原电位，返回浸出作业，循环使用。锑精矿中金的浸出率为50%～80%，硫脲耗量常小于2kg/t。

后发现锑浮选尾矿中的毒砂含金量较高，选厂又增建了毒砂浮选循环，产出的浮选毒砂精矿含Au150～200g/t、Sb5%、As15%～20%，锑浮选尾矿中金的回收率约70%。1983年新建了一座500t/d的浮选厂用于处理早期的锑浮选尾矿，可从每吨锑浮选尾矿中回收1～2.5g金。

我们硫脲课题组以湘西金矿浮选含金辉锑矿精矿为试样，将试样（细度为68%－0.043mm）再磨至96%－0.043mm，再磨矿浆磁选除铁，采用1%硫脲、2%硫酸铁，温度25℃条件下浸出9h，金的浸出率为42.78%，锑的浸出率为0.08%。若进行三段硫脲浸出，金的浸出率为69.84%，锑的浸出率仍为0.08%。因此，采用硫脲浸出含金辉锑矿精矿中的金，具有很高的选择性，锑硫化矿物对硫脲浸金的有害影响甚微。

13.6 炭浆法和矿浆树脂法提金

13.6.1 炭浆法

1847年人们已发现活性炭可从溶液中吸附贵金属的特性，开始只从清液中吸附金，将载金炭熔炼以回收金。由于须制备清液和活性炭不能返回使用，此法在工业上无法与广泛使用的锌置换法竞争。1934年人们直接从矿浆中吸附金，1952年J. B. 扎德拉（Zadra）等用热氢氧化钠与氰化钠混合液从载金炭上解吸金银获得成功，从氰化矿浆中用活性炭吸附金银工艺才趋于完善。1961年，炭浆法开始小规模地在美国科罗拉多州卡尔顿选厂使用，完善的炭浆工艺于1973年首先用于美国南科他州霍姆斯特克金选厂（处理量为2250t/d）。1975年以后陆续在美国、南非、澳大利亚等地建立了几十座炭浆提金厂。我国于1985年自行研究和设计了灵湖金矿和赤卫沟金矿两座炭浆厂，至今已有几十座炭浆厂在生产。

炭浆法工艺由原料制备、搅拌浸出与逆流炭吸附、载金炭解吸、电积或脱氧锌粉置换、熔炼铸锭及活性炭的再生等主要作业组成（图13.11）。含金原料碎磨至适于氰化的粒度，用筛分法除去大于0.6mm的砂砾、木屑、塑料炸药袋及橡胶轮胎等碎片，再经浓缩脱水以保证浸出矿浆浓度为45%～50%。搅拌浸出与常规氰化相同，一般为5～8槽。氰化矿浆送入搅拌吸附槽（炭浆槽），进行4～6槽逆流炭吸附，仍可将空气、石灰乳和氰化物加入炭浆槽，最后1～2个槽可不加氰化物以降低尾矿浆中的氰化物含量。炭吸附总时间一般为5～8h，炭载金3～7kg/t。载金炭送至解吸槽（塔）中解吸，目前可用四种方法解吸：（1）热苛性氰化钠溶液解吸：用1% NaCN＋1% NaOH，在80～93℃和常压条件下解吸24～48h；（2）低浓度苛性氰化钠加酒精解吸：用20%酒精、1% NaOH＋0.1% NaCN溶液，在80℃和常压下解吸5～6h；（3）加温加压解吸：用1% NaOH＋1% NaCN，在135℃和3.5kg/cm^{2}压力下解吸6～12h；（4）高浓度苛性氰化钠溶液解吸：用2% NaOH＋4% NaCN在90℃下浸泡4～8h，然后用4个床体积的低浓度苛性氰化钠热溶液洗涤5h，再用3个床体积的热水洗4h，我国灵湖、赤卫沟采用此法。

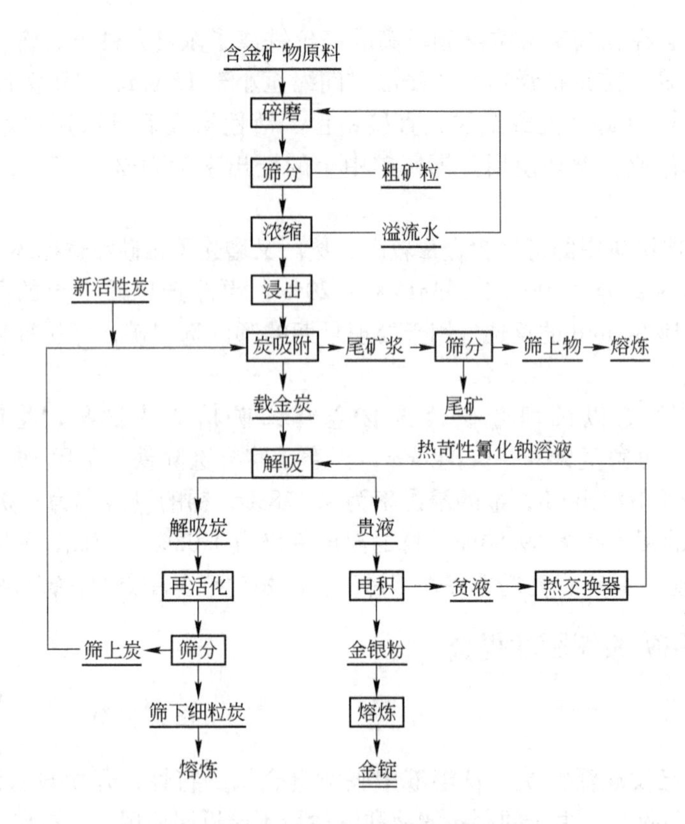

图 13.11 回收金银的氰化炭浆厂流程

载金炭解吸可得含金达 $600g/m^3$ 的高品位贵液，可用电积法或常规的锌粉置换法沉金。电积在有机玻璃或塑料电积槽中进行。采用不锈钢阳极，钢绵阴极，阴极电流密度为 $6\sim10A/m^2$，槽压 3～3.5V，电积 8～12h，阴极采用逆向位移，从第一槽取出阴极钢绵送熔炼，钢绵含金 40% 左右。

解吸后的炭先用稀硫酸（硝酸）酸洗，以除去碳酸钙等聚积物，经几循环后需进行热力活化以恢复炭的吸附活性。炭的热力活化在回转窑中进行，在无空气存在下将炭加热至 700℃ 左右，保温 30min，然后倒入水淬槽中冷却，经 16 目筛子筛出细炭后返回炭吸附回路。

炭浆工艺技术经济指标除与氰化条件、矿石性质、金粒大小等因素有关外，还与活性炭类型、炭的粒度、每级炭量、串炭时间、吸附级数、每级炭停留时间及炭的损失量等因素有关。对活性炭的活性、孔径、孔容积、机械强度等均有严格的要求，国外炭浆厂全都采用椰壳炭，合适炭粒度为 6～16 目，堆积法可用 12～30 目的活性炭粒。国内除用椰壳炭外，还广泛采用国产 GH-17 型杏核炭，其性能与椰壳炭大体相同，只是粒度细些。

氰化炭浆工艺与常规氰化法比较具有许多优点，最突出的是该工艺取消了浓缩、过滤和洗涤等固液分离作业，所以占地面积小，设备投资少，尤其对黏性矿石、沉降过滤性能差的含金矿物原料，其优点更突出。对含可溶性镍、铜的金原料，炭浆法也能适应，因镍、铜、铁杂质对炭吸附金影响小，但对锌粉沉金有害。炭浆法电积得的金银粉较纯，熔炼时的熔剂耗量要低得多（与传统氰化法比较）。但炭浆法存在全部矿浆在吸附前须通过

24 目筛网，部分金损失于无法回收的被磨损的细粒炭上，操作较锌粉置换法复杂等缺点。

南非明特克（Mintek）选厂在炭浆法基础上改为边氰化边吸附工艺，即炭浸工艺(CIL)，该工艺可缩短生产周期，节省基建投资，减少生产过程中金的滞留量，但炭的磨损量会有所增加。

炭浆（或炭浸）工艺除用于氰化提金外，也可用于硫脲提金，硫脲炭浸工艺较硫脲铁浆工艺优越，可减少硫酸及铁板耗量，缩短浸出时间，获得高得多的金泥品位，流程简化等。硫脲炭浸工艺的指标可接近或超过氰化炭浆的指标。我国于 1986 年对某矿进行了完整的硫脲炭浸提金试验。

13.6.2 矿浆树脂法

1906 年已发现离子交换吸附金，1945 年 F. C. 纳科德（Nachod）提出了离子交换树脂提金的方法，1949 年英国公司用 IR-4B 弱碱性树脂从氰化液中提金的试验获得成功，1967 年在苏联乌兹别克共和国穆龙陶金矿建立了第一座含大量原生黏土金矿石的氰化离子交换吸附金的试验厂（200t/d）。至今前苏联有五个选厂和加拿大大黄刀两个选厂使用矿浆树脂法提金，津巴布韦、南非等地建成了若干中间试验厂。矿浆树脂法也有先氰化后吸附（RIP）和氰化和吸附同时进行（RIL）两种工艺。由于合成树脂的选择性吸附较差，目前矿浆树脂法还不如锌置换法经济，但此工艺用于传统氰化—锌置换法难于处理的含黏土、石墨、沥青页岩、氧化铁等天然吸附剂的金矿石和砷金等复杂矿石时，则可提高金回收率，且目前主要用矿浆树脂法（RIP）。

氰化矿浆树脂法用的树脂为强碱性阴树脂、弱碱性阴树脂或混合碱性阴树脂，从对金的吸附动力学特性而言，以强碱性阴树脂和混合碱性阴树脂较好，在苏联则广泛使用 AM-2Б 型混合碱性阴树脂从氰化矿浆中提金。氰化矿浆树脂法提金的典型流程如图 13.12 所示，送氰化矿浆浓度为 40% ~50%，氰化矿浆送入泊秋克槽中进行逆流吸附，产出饱和载金树脂和尾矿浆，尾矿浆送净化前须经检查筛分以回收漏失的载金树脂。载金树脂用筛分法与矿浆分离后，加水洗涤，送跳汰分出大于 0.4mm 的矿砂，矿砂经摇床选别产出精矿返回再磨矿，跳汰产出的饱和载金树脂送再生工段解吸提金。前苏联某选厂 AM-2Б 阴树脂再生的流程如图 13.13 所示，流程包括洗泥(4h)、氰化（30h)、洗涤氰化物（15h)、酸处理（30h)、吸附硫脲（30h)、金解吸（75h)、洗涤硫脲（30h)、碱处理（30h）和洗涤碱(30h）等 9 个作业，全过程约需 259h，可据具体条件、矿石性质和树脂及吸附的组分而适当减少若干作业。洗泥最好用热水以洗除矿泥和木屑。氰化采用 4% ~5% NaCN 溶液以除去树脂中的铁、铜等氰配合物，一般只在铁铜积累到严重影响树脂吸金容量时才进行氰

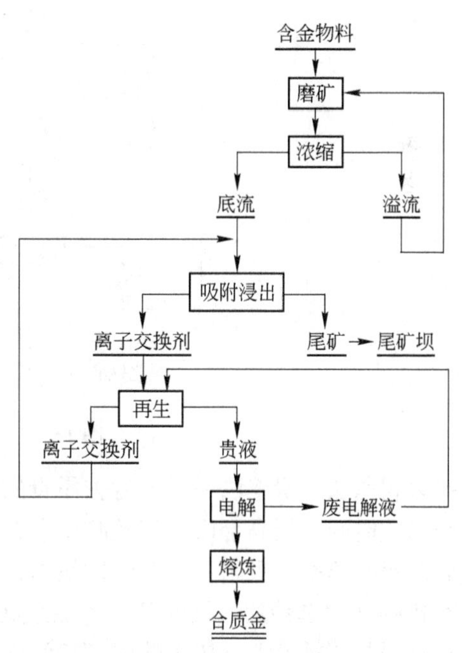

图 13.12 氰化矿浆树脂法提金流程

化处理。然后用清水洗除树脂床中的氰化物溶液。酸处理采用0.5%～3%的稀硫酸溶液，以溶解锌和部分钴氰配合物，并使氰化物和CN^-呈氰氢酸挥发。硫脲为金的良好解吸剂，采用3%硫酸和9%硫脲的混合液作解吸剂，解吸作业常在串联的几个柱中逆流进行，可得高品位的解吸液和提高金的回收率。树脂床中的硫脲须用水洗净，否则返回吸附时会在树脂相中生成难溶的硫化物沉淀而降低树脂的交换容量，经解吸并洗去硫脲的树脂须用3%～4%NaOH溶液处理，以除去树脂相中的硅酸盐等不溶物，并使树脂由SO_4^{2-}型转为OH^-型，碱处理液与上述酸处理液中和后弃去。用清水洗净树脂床中碱液后可重新返回吸附浸出作业使用。

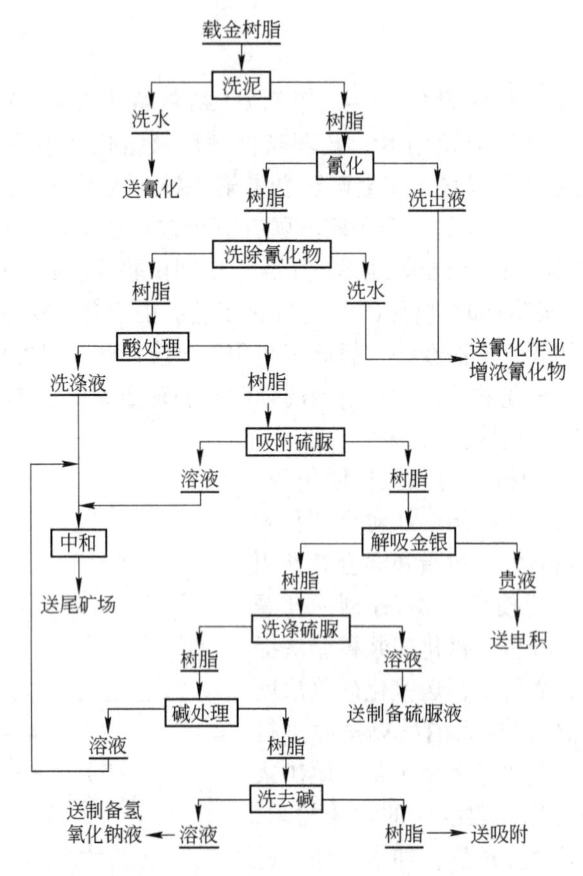

图13.13 饱和载金树脂再生流程

矿浆树脂法与炭浆法一样可省去昂贵的固液分离作业以及贵液的澄清、除气等工序，可缩短氰化时间、提高金回收率及减少金在尾矿中的损失。与炭浆法比较，某些阴离子交换树脂的吸附速率和吸附容量较活性炭高；载金树脂可在室温下解吸，不需定期进行热再生；有机物（浮选药剂、机油等）不会使树脂中毒。但阴树脂对贱金属氰配合物的吸附量较活性炭的选择性差，树脂的密度较活性炭小。矿浆树脂法与炭浆法比较，认为其优点在于反应速度较快，饱和容量较高，操作简单，解吸再生费用低等化学方面的因素，其不利性在于树脂粒度小，密度低等物理方面的因素。

矿浆树脂法除用于从氰化矿浆中提取金银外，也可用于从硫脲浸出矿浆中提取金银，此时宜用RIL法，但树脂类型，具体浸出和再生工艺条件则完全不同。

13.7 高温氯化挥发法提金

含微粒金的低品位多金属含金矿物原料可采用高温氯化挥发的方法处理，以综合回收金和其他有用组分。这是一种有前途的提金方法，但仍处于试验研究阶段。

如国内某矿浮选得的金铜硫混合精矿，组成为：金 39.09g/t、银 187.46g/t、铜 6.8%、铅0.65%、硫42%、铁40%。浮选分离得金铜精矿和含金硫精矿，金铜精矿送冶炼厂处理，含金 6g/t 的硫精矿氰化指标低，只好堆存。以混合精矿进行高温氯化挥发的扩大试验流程如图 13.14 所示。沸腾焙烧、制酸是为了回收混合精矿中的硫。焙砂组成为：金 55g/t、银 194.2g/t、铜 2.24%、铅 0.3%、锌 0.5%、铁 55.3%、硫 1.8%、水 0.5% ~1.0%。焙砂中金铜锌的回收率分别为 98.81%、97.74%和 98.37%，铅的回收率较低，其挥发损失较大。将焙砂再磨至 70% 以上的 -0.043mm，以保证氯化球团的强度，然后加入7% ~8% 的氯化钙制成8 ~12mm 的球团，再在250 ~300℃条件下干燥，干球水分

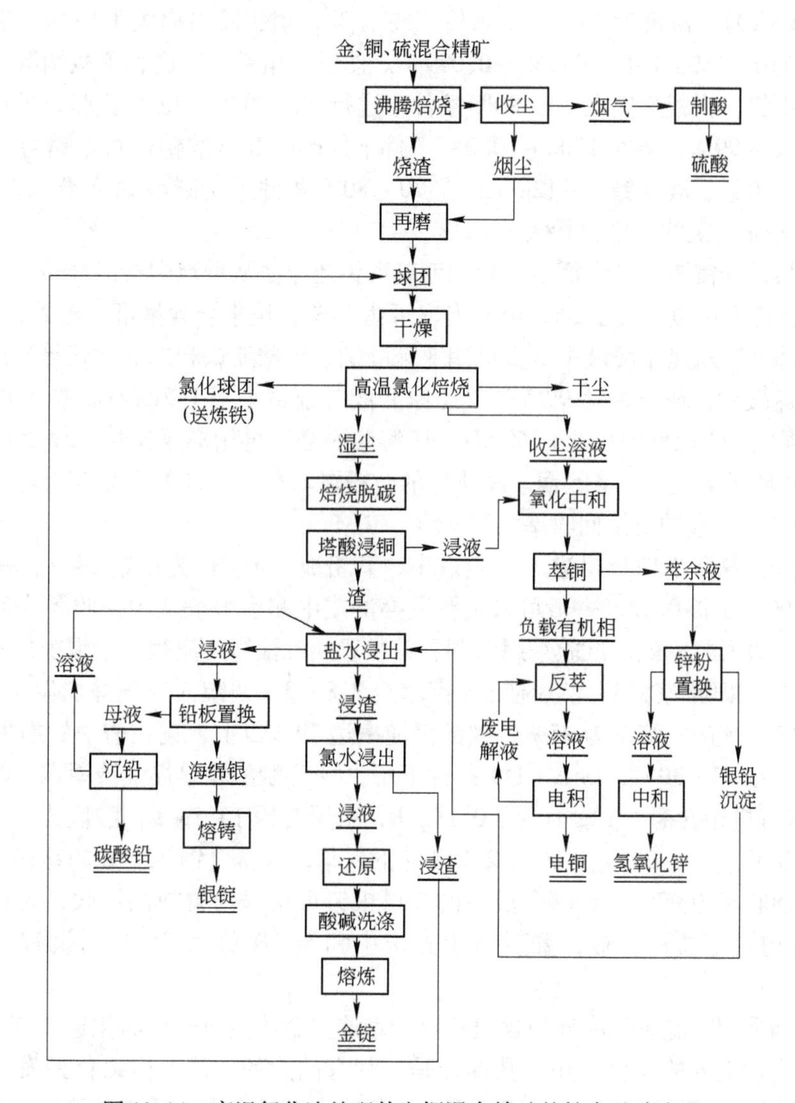

图 13.14 高温氯化法处理某金铜混合精矿的扩大试验流程

小于1%，氯化钙含量为8%～10%。干球易吸潮，应立即送往回转窑进行高温氯化挥发，温度为1050～1080℃，窑内烟气含氧5%～7%，球团在窑内停留时间为90min，此时金、银、铜、锌、铅等金属及其化合物皆呈氯化物形态挥发。反应生成的金氯化物不稳定，很快分解为单体金。烟尘的物相分析表明，金在烟尘中全呈单体形态存在。试验中各组分的氯化挥发率（%）为：金98.87、银96.58、铜95.31、铅90.6、锌89.27。挥发后的球团含铁56%～58%，可作高炉炼铁的原料。

氯化烟尘经烟尘室、沉降斗、管道、冲击洗涤器、文氏管和湿式电收尘器除尘，得到干尘、湿尘和收尘溶液。干尘因金属含量低而返回重新球团。湿尘成分（%）为：金0.5、银2～3、铜5～7、锌0.16～0.2、铅8.0、碳2.0。因回转窑烧油不正常致使湿尘中碳含量较高。因此，浸铜前必须焙烧脱碳，再用塔酸（是废气经洗涤塔回收的混合酸）浸铜。塔酸成分为 $HCl:H_2SO_4:H_2O=5:2:9.3$，铜浸出率大于95.5%，浸液含铜约20g/L，浸铜液与收尘液合并送去提铜，塔酸浸渣用氯化钠溶液浸出，在氯化钠浓度280g/L，固:液=1:(8～10)、温度为70～80℃条件下浸出2h，银铅浸出率大于98%，渣中银铅含量分别降至110～180g/t和0.041%～0.089%。然后采用铅板置换和碳酸钠沉淀法分别从浸液中回收银铅，铅板置换在70～80℃条件下进行2h，可得品位大于85%的海绵银，置换率为98.6%～99%，再在1000～1050℃条件下加硼砂和碳酸钠进行熔铸可得品位大于95%的银锭。铅置后液含铅6～12g/L，在70～80℃条件下用碳酸钠沉铅，终了 pH≤7，铅沉淀率达99%，沉淀物铅含量大于52%。

除银铅后的盐浸渣用氯水浸金，后用亚硫酸钠还原法从浸液中析出金粉。在室温、固液比为1:2条件下用氯气浸出3h，金浸出率可达99%，渣中金含量可降至20g/t以下，浸渣返回球团作业。从氯水浸液中沉金可用亚硫酸钠、硫酸亚铁和二氧化硫等作还原剂，试验中采用亚硫酸钠，还原率达99.9%，还原后液含金量小于1.2mg/L。金粉中含少量的铜铅银等杂质，可用1% NH_4Cl +5% NH_4OH 溶液洗涤，再用离子交换水洗涤除银铅，再用1%硝酸和离子交换水洗涤除铜。净化后的金粉在1200～1250℃下熔铸得金锭，其中金品位大于99.5%，金的直接回收率大于98%。

绝大部分铜锌及少部分铅进入收尘液中，其组成（g/L）为：铜14.7、锌3.46、铅0.83、金0.0005、银0.32。一般可采用铁置换法或中和水解法从中回收各有用组分，但流程复杂，金属回收率低。试验采用萃铜和锌粉置换沉银铅的流程。萃铜前用石灰中和至pH值为1～1.5以除硫酸根，然后使pH值增至2.8～3.0，鼓入空气并加温至80～90℃，使铁水解沉淀。硫的沉淀率为95%，铁的沉淀率达79%以上，铜在渣中的损失率约1%。固液分离后，在25～30℃，O/A=1:1条件下用30%环烷酸锌皂煤油液萃铜，接触时间约15min，负载有机相含铜4.12g/L，锌0.18g/L，采用含铜15.1g/L，酸度为1.93mol/L的废电解液作反萃剂，在20℃、O/A=2:1条件下反萃，可得含铜60g/L的富铜液，电积可得电铜，铜回收率为98%。铜萃余液中的少量银铅可用锌粉置换法回收，置换得的海绵状银铅沉淀物返至盐浸作业，置后液用石灰中和至pH值为7～9以沉锌，锌沉淀率约98%。

从上可知采用高温氯化法处理含微粒金的难选多金属金精矿可简化选矿流程，提高金的回收率，有用组分的综合利用系数高，是一种有前途的方法，但氯化挥发过程比较复杂，尚需解决回转窑结窑，提高球团质量、降低成本和扩大方法适应性等一系列问题。

14 铝矿物原料的化学选矿

14.1 概述

铝是地壳中分布最广的元素之一，其质量百分数（克拉克值）为8.8%（以Al_2O_3计则为16.62%），仅次于氧和硅。铝的矿物资源非常丰富，主要原生矿物为长石和霞石等。经长期地质作用生成次生的铝土矿、高岭土和绢云母等矿床。目前生产金属铝的矿物原料主要为铝土矿，95%以上的氧化铝均以高品位的铝土矿为原料进行生产。

我国的铝土矿资源非常丰富，全国保有地质储量居世界第四位，其中94.5%的储量分布于山西、贵州、河南、广西、四川和山东六省，前四省的储量约占总储量的90.4%。我国六大氧化铝生产厂分布于山西、贵州、河南、广西和山东五省。

我国的铝土矿石以一水硬铝石为主，约占总储量的98.45%，其特点是高铝、高硅、低铁，Al∶Si（A/S）为4～9的中低品位铝矿石占总量的四分之三。

以铝土矿为原料生产氧化铝的工艺大致可分为碱法、酸法、酸碱联合法和热法，目前工业上主要采用碱法生产氧化铝。用苛性钠或碳酸钠溶液浸出铝土矿，矿石中的氧化铝呈铝酸钠形态转入浸出液中，矿石中的铁、钛、硅等杂质大部分仍留在浸渣（俗称赤泥）中。从分离和净化后的铝酸钠溶液中分解沉淀析出氢氧化铝，经固液分离、洗涤、煅烧，获得氧化铝产品，送电解作业生产金属铝。分解母液返回浸出作业，循环使用。

目前工业上碱法生产氧化铝的工艺可分为拜耳法、碱石灰烧结法、联合法等。拜耳法是目前生产氧化铝的主要方法，该法生产的氧化铝占世界氧化铝总产量的90%以上。拜耳法只适用于处理Al∶Si≥9的优质铝土矿，国外主要采用此法生产氧化铝，国内仅平果铝业公司采用此法生产氧化铝，占全国总产能的10%左右。

碱石灰烧结法，适用于处理Al∶Si低的铝矿物原料。先将铝土矿、碳酸钠和石灰制成料浆在回转窑中进行钠化烧结，使铝土矿中的有用组分铝转变为易溶于水或稀碱溶液的铝酸钠。然后用水或稀碱溶液进行熟料浸出，获得粗铝酸钠浸液，经净化、分解、洗涤，煅烧，产出氧化铝产品。国内中州铝厂和山东铝厂基本上采用此法生产氧化铝，占全国总产能的24.3%左右。

联合法为烧结法和拜耳法的组合工艺，又可分为并联、串联和混联三种组合方式。通常铝土矿中的Al∶Si≥10时采用拜耳法；Al∶Si＝3左右时采用碱石灰烧结法；3≤Al∶Si≤10时采用联合法。国内郑州铝厂、贵州铝厂和山西铝厂采用混联工艺，其产能占全国总产能的65.7%左右。

14.2 铝矿物原料与铝土矿浸出

14.2.1 铝矿物原料

目前世界上95%以上的氧化铝是采用铝土矿为原料进行生产的。铝土矿是一种组成复杂、化学组成变化大的铝矿物。其中氧化铝含量为40% ~70%，杂质矿物主要为SiO_2、Fe_2O_3、TiO_2，其次为CaO、MgO等，有时还含硫、钙、钒、铬、磷等。铝土矿最重要的质量指标是氧化铝的含量和铝硅比（A/S）。

铝土矿中的氧化铝主要呈三水铝石（$Al(OH)_3$或$Al_2O_3 \cdot 3H_2O$）、一水软铝石（α-AlOOH或α-$Al_2O_3 \cdot H_2O$）和一水硬铝石（β-AlOOH或β-$Al_2O_3 \cdot H_2O$）的矿物形态存在。依据矿石中这三种矿物的含量，铝土矿可分为三水铝石型、一水软铝石型、一水硬铝石型和各种混合型。

依据铝土矿的成因，铝土矿可分为红土型、岩溶型和齐赫文型三种地质类型：

红土型铝土矿是含铝土矿的原生母岩经长期风化和红土化作用，或经搬运、沉积再风化而形成的铝土矿床。在铝土矿储量中，此类型所占比例最大，多数为三水铝石型，且多为地表矿，易于露天开采，具有很高的经济价值。

岩溶型铝土矿主要是具有溶蚀作用的溶液对含铝母岩的浸蚀溶解，含铝溶液在适宜部位进行沉积而形成的铝土矿床。地下开采的铝土矿基本上均属岩溶型铝土矿床。

齐赫文型铝土矿床基本上由搬运的铝矿石构成，沉积于硅酸盐岩石表面，多数只形成小矿床。

由于矿床成因不同，加上地质条件的变化，各矿山产出的铝土矿在铝矿物形态、化学成分和矿石结构等方面均不完全相同，故各矿山的氧化铝生产工艺也不尽相同。

工业生产中评价铝土矿质量的指标为有效氧化铝含量和活性氧化硅含量。在一定生产条件下，可被苛性碱浸出的氧化铝称为有效氧化铝，可被苛性碱浸出的氧化硅称为活性氧化硅。同一矿石，生产条件和工艺不同，测得的有效氧化铝含量和活性氧化硅含量不尽相同，其数值与矿石的实际氧化铝含量和氧化硅含量也不尽相同。如在浸出三水铝石的工艺条件下，一水硬铝石不与苛性碱反应，矿石中这部分矿物中的氧化铝不能计入有效氧化铝中。在此工艺条件下，石英也不与苛性碱反应，同样也不计入活性氧化硅中。

我国的铝土矿以岩溶型矿床为主，坑采储量比例较大。铝矿物以一水硬铝石型占绝大部分，具有高铝、高硅、铁含量波动大的特点，通常铝硅比偏低。国外的铝土矿以红土型矿床为主，铝矿物以三水铝石为主，其铝硅比高，多为地表矿，易于露天开采，主要采用拜耳法生产氧化铝。国内的铝土矿主要为一水硬铝石型的岩溶型铝土矿，多为地下矿床，适于地下或露天开采，主要采用碱石灰烧结法、混联法生产氧化铝。因此，我国氧化铝生产中的铝土矿浸出工艺与国外有较大的差别。

除铝土矿外，可用于生产氧化铝的其他矿物资源有明矾石、霞石、高岭土、黏土、长石、页岩、丝钠铝石、硫磷铝锶矿和大型热电厂的煤渣等。

14.2.2 氧化铝矿物的浸出

14.2.2.1 三水铝石的浸出

三水铝石（$Al(OH)_3$或$Al_2O_3 \cdot 3H_2O$）是一种可溶于酸或碱的两性氢氧化物。

三水铝石是最易被苛性碱溶液浸出的氧化铝矿物。在85℃条件下，三水铝石即可溶于苛性碱溶液中，其浸出率随温度的提高而上升。通常条件下，三水铝石的浸出温度为140 ~145℃，Na_2O含量为120 ~140g/L。

苛性碱浸出三水铝石的反应为可逆反应，其反应式可表示为：

$$Al(OH)_3 + NaOH \rightleftharpoons NaAl(OH)_4$$

上式表示三水铝石与未饱和的含碱铝酸钠溶液起反应而转入溶液中。当溶液中的铝酸钠达饱和或超饱和时，则铝酸钠分解而沉淀析出氢氧化铝。

三水铝石浸出的动力学研究表明，浸出率随时间呈抛物线形增加。浸出速率方程遵循未反应核收缩模型。其浸出速率方程可表示为：

$$1 - (1 - \varepsilon)^{1/3} = kt$$

式中 ε——浸出率；

k——浸出速率常数。

从上式可知，$1 - (1 - \varepsilon)^{1/3}$与$t$呈直线关系，根据直线的斜率可求得反应速率常数。试验表明，三水铝石的浸出速率与苛性碱浓度成正比，但与搅拌速度关系不密切。故三水铝石的浸出速率受化学反应控制，其表观活化能为81.93kJ/mol。三水铝石的浸出速率可表示为：

$$\frac{dC_{Al_2O_3}}{dt} = kAC_{Na_2O}\exp\left(\frac{-19600}{1.987T}\right)$$

式中 k——浸出速率常数；

A——表面积；

T——绝对温度。

14.2.2.2 一水软铝石的浸出

一水软铝石（α-AlOOH 或 α-$Al_2O_3 \cdot H_2O$）同样为两性氢氧化物，但其浸出条件比三水铝石的浸出条件要苛刻得多，须在较高的浸出温度和较高的浸出碱浓度条件下，才能达到一定的浸出率。工业生产中，一水软铝石的浸出温度为240～250℃，浸出液中通常含 Na_2O 180～240g/L。

一水软铝石在苛性钠溶液中的平衡溶解度因产地略有差异，其典型曲线如图14.1所示。由图中曲线可知，当 Na_2O 为120～300g/L时，一水软铝石的平衡溶解度随浸出温度及浸出液中 Na_2O 浓度的提高而增大。

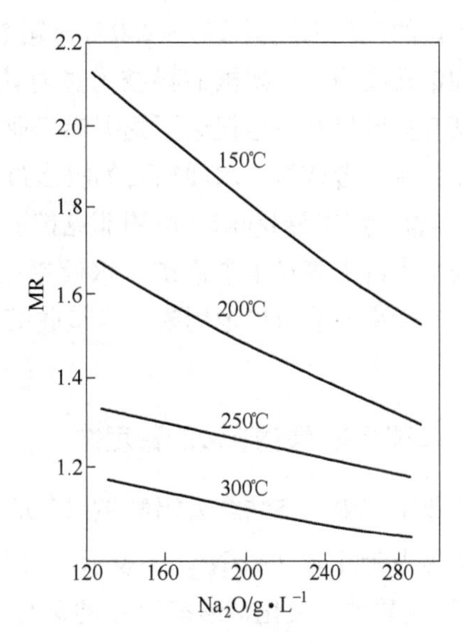

图14.1 一水软铝石的平衡浓度（苛性钠溶液中）与温度的关系

（MR为铝酸钠溶液中 Na_2O 与 Al_2O_3 的摩尔比）

有些人认为一水软铝石的浸出与浸出其他固体物料相似，其浸出率与浸出时间呈抛物线形增加，可简单表示为：

$$1 - (1 - \varepsilon)^{1/3} = kt$$

从上式可知，浸出初期，浸出率与浸出时间近似直线关系，可计算得知此时的浸出速率常数为 $3.07 \times 10^{-4}\,min^{-1}$。依据不同温度下所得的浸出速率常数计算反应的表观活化能为71.48kJ/mol，表明一水软铝石的浸出过程属化学反应控制。其浸出速率方程可表示为：

$$\frac{dC_{Al_2O_3}}{dt}=kAC_{NaOH}\exp\left(\frac{-17100}{1.987T}\right)$$

式中　$\frac{dC_{Al_2O_3}}{dt}$——一水软铝石的浸出速率；

k——浸出速率常数；

A——表面积；

C_{NaOH}——苛性碱浓度；

T——浸出时的绝对温度。

但也有人认为一水软铝石的浸出过程受外扩散控制。其浸出速率方程可表示为：

$$\frac{dC_{Al_2O_3}}{dt}=\frac{D}{\delta}S'(C_{At}-C_A)(C_{Ae}-C_A)$$

式中　$C_{Al_2O_3}$——溶液中 Al_2O_3 的浓度；

D——扩散系数，m^2/s；

δ——扩散层厚度，m；

C_{At}——溶出条件下一水软铝石的最大溶解度；

C_{Ae}——浸出条件下一水软铝石的平衡浓度；

S'——传质过程的比表面积，m^2/mol。

14.2.2.3　*一水硬铝石的浸出*

一水硬铝石（$\beta-AlOOH$ 或 $\beta-Al_2O_3\cdot H_2O$）与一水软铝石（$\alpha-AlOOH$ 或 $\alpha-Al_2O_3\cdot H_2O$）属同晶异构的氢氧化铝矿物，也属两性的氢氧化铝矿物。

一水硬铝石比一水软铝石更难浸出，是最难浸出的铝矿物。工业生产中，一水硬铝石型铝土矿的浸出温度为 240～250℃，碱浓度为 240～300g/L Na_2O。我国的铝土矿资源以一水硬铝石型为主，我国的科技人员对该类型铝土矿的浸出过程进行了较详细的试验研究，其有关成果有力地促进了我国铝工业的发展。

多数研究者认为一水硬铝石的浸出过程属内扩散控制，有人估算一水硬铝石的浸出的表观活化能为 12.5kJ/mol，可用菲克扩散速度表示其浸出速度。

我国毕诗文等对平果铝矿一水硬铝石型铝土矿浸出的研究表明，矿石颗粒具有多孔性，反应速率不能简单地用未反应核收缩模型表示，不同浸出温度区具有不同的反应速率方程。

14.2.3　苛性碱铝酸钠溶液的稳定性

工业生产中，将结合为铝酸钠（$NaAlO_2$）或呈游离氢氧化钠形态存在于铝酸钠溶液中的碱称为苛性碱（以 Na_2O_k 表示）；以碳酸钠形态存在的碱称为碳酸碱（以 Na_2O_c 表示）；以硫酸钠或硫化钠形态存在的碱称为硫酸碱（以 Na_2O_s 表示）。苛性碱和碳酸碱的总和，称为总碱（以 Na_2O_T 表示）。

工业生产中，铝酸钠溶液的浓度常以每升铝酸钠溶液中所含的氧化铝及氧化钠的克数表示。常将铝酸钠溶液中的苛性碱与氧化铝含量的摩尔比称为苛性比值（以 α_k 或

MR 表示）。

铝酸钠溶液中的氧化铝与二氧化硅的含量比称为该溶液的硅量指数，以 A/S 表示。溶液的硅量指数愈高，溶液中的二氧化硅含量愈低，溶液的纯度愈高。

以氧化铝和氧化钠为主要成分的铝酸钠溶液是一种复杂的盐溶液，其溶液性质可用 Na_2O-Al_2O_3-H_2O 三元相图显示。在一定温度条件下，氧化铝的溶解度与苛性碱的关系曲线称为等温线（图 14.2）。

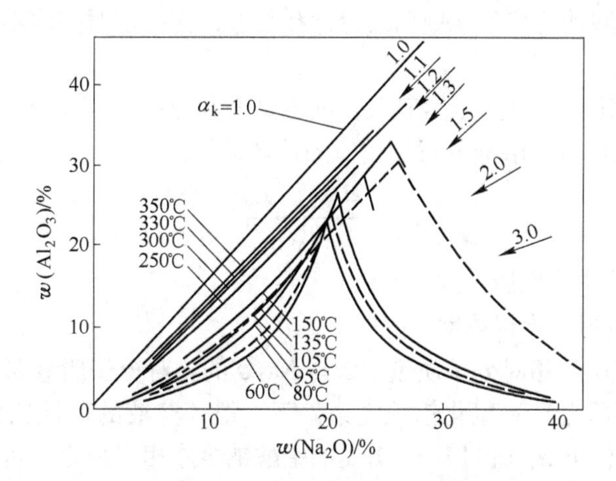

图 14.2　Na_2O-Al_2O_3-H_2O 三元系中氧化铝溶解度等温线

氧化铝在苛性碱铝酸钠溶液中的溶解度与铝的矿物存在形态有关，一水硬铝石在苛性碱溶液中的溶解度列于表 14.1 中。

表 14.1　一水硬铝石在苛性碱溶液中的溶解度

203℃	$Na_2O/g\cdot L^{-1}$	147	221.5	289				
	$Al_2O_3/g\cdot L^{-1}$	124.5	218.5	332				
	α_k	1.95	1.67	1.43				
220℃	$Na_2O/g\cdot L^{-1}$	145	202	283	296			
	$Al_2O_3/g\cdot L^{-1}$	135	213	305	347			
	α_k	1.77	1.56	1.53	1.46			
250℃	$Na_2O/g\cdot L^{-1}$	156.4	190.3	226.3	305.6	351.4		
	$Al_2O_3/g\cdot L^{-1}$	188.4	237.2	288.5	411.8	503.1		
	α_k	1.37	1.32	1.25	1.23	1.15		
300℃	$Na_2O/g\cdot L^{-1}$	96.8	126.5	158.2	192.4	229.0	267.9	289.1
	$Al_2O_3/g\cdot L^{-1}$	126.6	167.9	212.3	261.7	316.2	380.7	417.8
	α_k	1.26	1.24	1.22	1.21	1.18	1.16	1.14

从表 14.1 中数据可知，在一定的苛性碱浓度条件下，提高浸出温度（压力）可以提高氧化铝的溶解度，获得苛性比值较低的铝酸钠溶液；反之，降低温度则可以提高氧化铝的过饱和度，有助于氢氧化铝从铝酸钠溶液中结晶析出。

试验研究表明，在不同的压力、温度和碱浓度条件下，铝酸钠溶液中具有不同的平衡固相。低温和低碱浓度的饱和液中，平衡固相为三水铝石；随压力、温度和碱浓度的提高，平衡固相将由三水铝石转变为一水铝石或氧化铝。有关转变温度的报道不尽一致，过去认为平衡固相只取决于温度，认为温度低于95℃的平衡固相为三水铝石，150～275℃的平衡固相为一水软铝石，温度为275～360℃时为一水硬铝石。目前的研究认为碱浓度对平衡固相也有很大的影响，随着碱浓度的提高，三水铝石转变为一水铝石的温度将降低。α-AlOOH 转变为 α-Al_2O_3 与此相似。

工业生产中的铝酸钠溶液处于饱和或过饱和状态，在一定时间内不发生自发分解或分解速度很小。

铝酸钠溶液的稳定性与许多因素有关，其主要因素为：

（1）溶液的苛性比值。溶液的苛性比值的计算式为：

$$\alpha_k = \frac{1.645 C_{Na_2O_k}}{C_{Al_2O_3}}$$

式中　$C_{Na_2O_k}$——溶液中苛性碱浓度，g/L；

$C_{Al_2O_3}$——溶液中氧化铝浓度，g/L；

1.645——Al_2O_3 的相对分子质量102与 Na_2O 的相对分子质量62的比值。

在一定的温度（压力）和氧化铝浓度条件下，提高溶液的苛性比值可增加铝酸钠溶液的稳定性。生产条件下 α_k 值为1.4～1.8的铝酸钠溶液相当稳定，苛性比值低的铝酸钠溶液的稳定性差。当苛性比值大于3时，铝酸钠溶液放置很长时间均不发生自发分解。

（2）溶液中的氧化铝浓度。铝酸钠溶液的稳定性与溶液中的氧化铝浓度之间的关系较复杂。在一定的温度（压力）和苛性钠浓度条件下，当溶液中的氧化铝浓度小于25g/L或大于250g/L时，铝酸钠溶液相当稳定；当溶液中的氧化铝浓度接近40～70g/L（稀溶液）或200～250g/L（浓溶液）时，铝酸钠溶液的稳定性较低；当溶液中的氧化铝浓度为70～200g/L（中等浓度）时，铝酸钠溶液的稳定性最低。

（3）溶液的温度（压力）。在一定的溶液苛性比值、氧化铝浓度条件下，铝酸钠溶液的稳定性随溶液温度（压力）的降低而降低，直至30℃为止。当温度低于30℃时由于溶液黏度增大，其稳定性反而增大。

（4）溶液中的杂质。溶液中的碳酸钠、硫酸钠、硫酸钾和硫化钠均可在一定程度上提高铝酸钠溶液的稳定性。溶液中的有机物更可提高铝酸钠溶液的稳定性。溶液中的氧化硅也有助于提高铝酸钠溶液的稳定性。

（5）晶核与搅拌。在饱和溶液中自发生成晶核较困难，因而铝酸钠溶液可以在过饱和条件下处于稳定状态。当加入晶种后，饱和的铝酸钠溶液则迅速发生分解。在无晶种条件下，机械搅拌可促进饱和的铝酸钠溶液迅速产生分解，促进晶核生成与晶体生长。在有晶种条件下，机械搅拌可促进饱和的铝酸钠溶液的分解。

在铝土矿浸出过程中，应尽可能保持铝酸钠溶液的稳定性。在溶液种分结晶时，则应使铝酸钠溶液迅速发生分解，结晶析出氢氧化铝。

14.2.4　杂质在浸出过程中的行为

14.2.4.1　氧化硅矿物

硅是铝土矿中最常见的杂质，是碱法生产氧化铝过程中最有害的杂质。杂质硅的危害主要表现为：

（1）含硅矿物与碱溶液反应被浸出，随后又呈水合铝硅酸钠形态析出，造成 Na_2O 和 Al_2O_3 的损失。

（2）水合铝硅酸钠大部分进入赤泥，少量溶解于铝酸钠溶液中。当溶液成分和温度变化时，水合铝硅酸钠将继续析出，在设备和管道内表面结疤，尤其易在换热器表面结疤，增加能耗和影响生产的正常进行。

（3）水合铝硅酸钠有部分进入产品氢氧化铝中，降低产品质量。

含硅矿物种类繁多，主要为高岭石、伊利石、蛋白石、石英及其水合物、鲕绿泥石、绢云母、长石等矿物。这些含硅矿物在碱溶液中的浸出行为各不相同。

高岭石：为铝土矿中的主要含硅矿物，在 70～95℃ 条件下，可与碱溶液反应而被浸出。其反应可表示为：

$$Al_2O_3 \cdot 2SiO_2 \cdot 2H_2O + 6NaOH + H_2O \longrightarrow 2NaAl(OH)_4 + 2Na_2(H_2SiO_4)$$

当溶液中的硅含量达一定值时，开始析出水合铝硅酸钠沉淀（称铝硅渣）。其反应可表示为：

$$2NaAl(OH)_4 + xNa_2(H_2SiO_4) \longrightarrow$$
$$Na_2O \cdot Al_2O_3 \cdot xSiO_2 \cdot nH_2O \downarrow + 2xNaOH + (4-n)H_2O$$

高岭石在铝土矿浸出过程中不断地被浸出，以硅酸钠形态转入浸液中。浸出同时，硅又不断地生成铝硅渣沉淀从浸液中析出，成为赤泥的一部分。铝土矿单次浸出过程中，高岭石被浸出导致浸液中二氧化硅含量的变化曲线如图 14.3 所示。图中曲线表明，浸液中二氧化硅含量开始时增加较快，达峰值后浸液中二氧化硅含量开始下降，下降速度逐渐变缓。

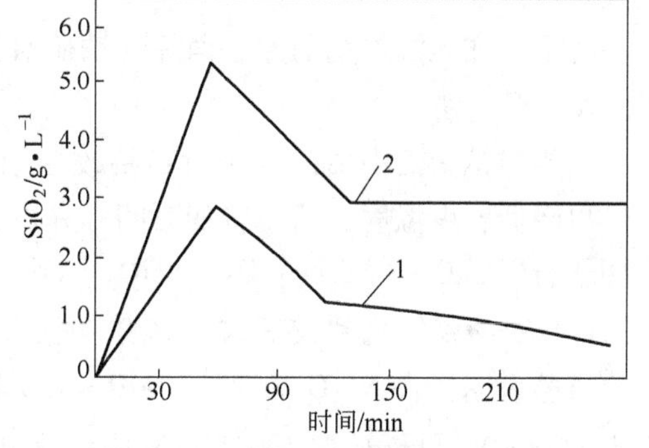

图 14.3 高岭石被碱浸出时浸液中二氧化硅含量的变化

1—150g/L Na_2O，MR = 3.5 的母液浸出；
2—150g/L Na_2O 碱液浸出

铝土矿中高岭石被碱浸出的主要影响因素为高岭石的矿物结构、浸液组成和浸出温度等。

伊利石：它在苛性铝酸钠溶液中的浸出率与浸出温度有关。当浸出温度低于 150℃ 时，伊利石几乎不被浸出；浸出温度升至 180℃ 时，浸出 20min，伊利石的浸出率小于 20%；浸出温度大于 200℃ 时，反应速率迅速增大，浸出 20min，伊利石的浸出率接近 100%。

石英：在 110～240℃ 时，铝土矿中石英的浸出率与石英的表面积成正比、与溶液中的 Na_2O 浓度呈线性关系。石英的浸出曲线如图 14.4 所示。

蛋白石：为无定形二氧化硅，其化学活性大，易溶于苛性碱和碳酸钠溶液中。

铝酸钠溶液中沉淀析出铝硅渣的速率主要与铝土矿中氧化硅的含量、反应温度、苛性碱浓度、氧化铝浓度、返回赤泥的化合物组成和返回赤泥的数量等因素有关。

14.2.4.2 铁矿物

铝土矿中常见的铁矿物为赤铁矿（α-Fe_2O_3）、针铁矿（FeOOH）、磁铁矿（Fe_3O_4）、γ-赤铁矿（γ-Fe_2O_3）和褐铁矿（$Fe_2O_3 \cdot nH_2O$）。

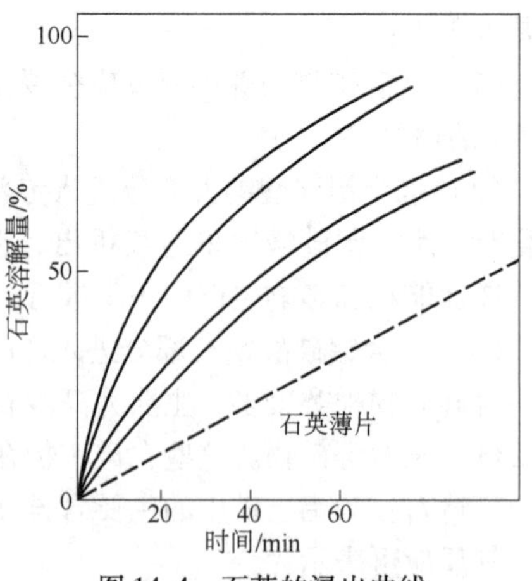

图 14.4 石英的浸出曲线

赤铁矿：铝土矿中常见的铁矿物在碱液中的行为不全相同。三水铝石中常见的赤铁矿在温度小于 300℃时，相当稳定，不与碱液作用，全部进入赤泥中。但铁矿物中普遍存在铝离子代替铁离子现象，会将部分铝带入赤泥中，造成铝的损失和影响赤泥的沉降性能。但这部分铝仅占极小部分，对铝的浸出率影响小。

针铁矿和铝针铁矿：铝土矿中的针铁矿和铝针铁矿在温度小于 200℃时，会缓慢溶于铝酸钠溶液中，其平衡溶解度与游离苛性碱浓度相关。针铁矿溶解后，将不可逆地转变为赤铁矿进入赤泥中。当温度高于 210℃时，这种转变相当迅速，其转变过程与铝酸钠溶液组成、温度、针铁矿中铝类质同象的取代量、晶种和时间等因素有关。铝针铁矿在常规浸出温度 230～240℃的条件下很难浸出，直接进入赤泥。当铝针铁矿呈微细颗粒形态存在时，将显著降低赤泥的沉降性能，并增加赤泥中碱和铝的损失。

可采用加入添加剂的方法消除针铁矿对铝土矿浸出的不良影响。其方法如下。

A 石灰法

当铝酸钠溶液中加入石灰时，将改变铝针铁矿的浸出行为，促进针铁矿转变为赤铁矿，可降低转变温度、缩短转变时间，并可浸出铝针铁矿中的铝，使铁离子生成水合铁铝石榴子石($3CaO \cdot (Al,Fe)_2O_3 \cdot xSiO_2 \cdot (6-x)H_2O$)，可改善赤泥的沉降性能。

B 石灰＋氯化钠或石灰＋硫酸钠法

试验表明，含 Na_2O 200g/L、MR＝1.4 的铝酸钠溶液中，在温度为 235℃的条件下加入 1.3% CaO，针铁矿在 40～50min 内完全转变为赤铁矿。当同时加入硫酸钠时，转变时间缩短为 30min，此时铝针铁矿中的铝全部被浸出，铝的浸出率可提高约 1%。

菱铁矿：铝土矿中的菱铁矿易与碱液作用而溶解。其反应式可表示为：

$$3FeCO_3 + 6NaOH \longrightarrow Fe_2O_3 + 3Na_2CO_3 + 2H_2O + H_2 \uparrow$$

反应析出的氢气增加了热压反应器中的不凝气体量，对操作不利。

黄铁矿：黄铁矿与碱溶液作用，分解生成硫化钠、硫代硫酸钠、硫酸钠、赤铁矿等，还可能生成羟基硫代铁酸钠或硫代铁酸钠，使铝酸钠溶液中的铁含量上升。

绿泥石：铝土矿中的绿泥石与碱溶液作用，生成水合铝硅酸钠和极度分散的氧化亚铁。氧化亚铁与水反应析出氢气，其反应可表示为：

$$3FeO + H_2O \longrightarrow Fe_3O_4 + H_2 \uparrow$$

钛铁矿：铝土矿中的钛铁矿一般难与碱溶液作用，浸出时转入赤泥中。当添加石灰时，钛铁矿与碱溶液作用生成水合钛石榴子石和氢氧化铁进入赤泥中。其反应可表示为：

$$yFeO \cdot TiO_2 + 3Ca(OH)_2 + 2x[Al(OH)_4]^- + (y-x)OH^- \longrightarrow$$
$$3CaO \cdot xAl_2O_3 \cdot yTiO_2 \cdot nH_2O \downarrow + yFe(OH)_3$$

磁铁矿：铝土矿中的磁铁矿较稳定，浸出时不发生化学反应而转入赤泥中。

铝酸钠溶液中以铁酸钠形态存在的铁的总量一般小于 4 ~ 5mg/L，对析出氢氧化铝的质量影响不明显。但以羟基硫代铁酸钠或硫代铁酸钠形态存在的铁可使铝酸钠溶液中的铁溶解度上升，因温度降低而析出的呈微细颗粒悬浮于铝酸钠溶液中，对析出氢氧化铝的质量有一定的不良影响。试验表明，此时添加异羟肟酸盐可促进微细铁化合物的团聚，可较大幅度降低氢氧化铝沉淀物中的铁含量。

14.2.4.3 *钛矿物*

铝土矿中约含 2% ~4% TiO_2，主要呈金红石、锐钛矿和板钛矿存在，有时还含胶体氧化钛和钛铁矿。

碱溶液浸出三水铝石型和一水软铝石型铝土矿时，氧化钛消耗大量碱，并恶化赤泥的沉降性能；碱溶液浸出一水硬铝石型铝土矿时，氧化钛会显著降低氧化铝的浸出率。而且当预热矿浆温度大于 140℃时，加热管中产生钛结疤，结疤中的氧化钛含量高。因此，铝土矿中的氧化钛对氧化铝的浸出是非常有害的矿物。

在拜耳法工艺条件下，氧化钛与苛性碱液起反应生成钛酸钠，如 $NaHTiO_3$、Na_2TiO_3、$Na_2O \cdot 3TiO_2 \cdot 2.5H_2O$ 等。钛酸钠中 Na_2O 与 TiO_2 的摩尔比为 1:(2 ~6)。钛酸钠在铝酸钠溶液中可生成极细的针状结晶体，并在一水硬铝石表面生成薄膜，阻碍一水硬铝石浸出。三水铝石易于浸出，不受钛酸钠的影响。钛酸钠对一水软铝石浸出的有害影响也较小。

试验证明，浸出时加入锐钛矿可严重阻碍一水硬铝石浸出。一水硬铝石的浸出率与二氧化钛呈线性负增长关系。当二氧化钛添加量达 1% 以上时，一水硬铝石的浸出率几乎降至零。

二氧化钛与苛性铝酸钠溶液的反应因钛矿物形态而异，胶体氧化钛在 180℃左右时可与循环母液产生反应。锐钛矿的反应温度大于 150℃，金红石的反应温度大于 180℃。

二氧化钛在苛性铝酸钠溶液中的浸出速度主要取决于苛性碱浓度和浸出温度，而与铝酸钠浓度关系不密切。在 172 ~212℃时的表观活化能为 79.9kJ/mol，浸出速率受化学反应控制；在 212 ~250℃时，表观活化能为 9.98kJ/mol，浸出速率受扩散控制。浸出时加入石灰，可明显提高铝土矿中二氧化钛的浸出速率。

若在铝土矿浸出时加入石灰，可与二氧化钛生成钛酸钙、羟基钛酸钙和水合钛石榴子石，不生成钛酸钠，故可消除二氧化钛对一水硬铝石浸出的有害影响。这几种钙钛化合物中二氧化钛含量的递降顺序为：羟基钛酸钙 > 钛酸钙 > 水合钛石榴子石。浸出时生成何种钙钛化合物，主要取决于浸出工艺条件和石灰的添加量。

拜耳法浸出一水硬铝石时，须加入 3% ~5% 的石灰，以提高氧化铝的浸出率。铝土矿浸出时加入石灰，可降低一水软铝石型和三水铝石型铝土矿的浸出碱耗，减轻预热器和浸出反应器的结疤现象，并可消除碳酸盐和有机物等杂质的有害影响，可提高铝土矿的浸出速率。石灰对热压无氧浸出铝土矿的强化作用试验研究工作已取得较大的进展，但对其强化机理认识不一。

14.2.5 铝土矿浸出反应器

随着铝土矿的热压无氧浸出技术的不断提高，铝土矿的热压无氧浸出技术经济指标获得显著的改善和提高。

管道化热压无氧浸出技术远优于传统的高压釜热压无氧浸出技术，高压釜浸出最高温度只能达260℃，限制了高温强化浸出技术的应用。因此，高压釜浸出技术正逐渐被管道化热压无氧浸出技术所取代。

目前有三种管道加热浸出装置，即德国的多管单流法，匈牙利的多管多流法和法国的单管预热-高压釜浸出法。

14.2.5.1 多管单流浸出法

德国联合铝业公司在原管道化技术基础上，发展为目前的 RA_8 管道化浸出技术。其工艺流程如图14.5所示。

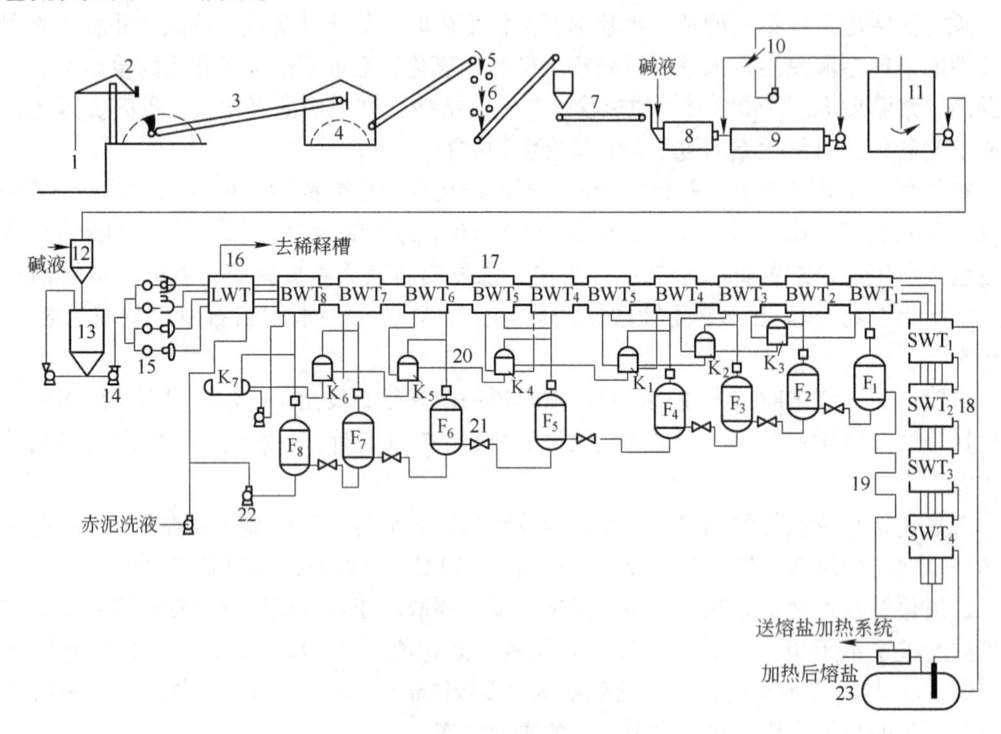

图14.5 RA_8 管道化浸出工艺流程

1—轮船；2—起重塔架；3—皮带输送机；4—矿仓；5—一段对辊机；6—二段对辊机；7—电子秤；8—棒磨机；9—球磨机；10—弧形筛；11—搅拌槽；12，13—混合槽；14—泵；15—隔膜泵，300m³/h，10MPa；16～18—管道加热器；19—保温反应器；20—冷凝水自蒸发器；21—矿浆自蒸发器；22—浸出料浆出料泵；23—熔盐槽

LWT为1级原矿浆与浸出矿浆的热交换管。外管直径为500mm，内装四根长为160m，直径为100mm的内管。

BWT_1～BWT_8 为8级浸出矿浆自蒸发二次蒸气-矿浆的热交换管，共有10段，每段长200m。除 BWT_4 和 BWT_5 有2段以保证出现结疤后仍有足够的传热面积外，其余均为1段，管径和配置与LWT相同。

SWT_1～SWT_4 为熔盐-矿浆的热交换管，共有4段，每段长75m，管径和配置与LWT相同。

保温反应管长600m，管径250mm，设有石灰加入口，可以改变石灰乳加入位置。

管道全长3060m，其中加热段长为2460m。

$F_1 \sim F_8$ 为8级浸出矿浆自蒸发器。$F_1 \sim F_6$ 的规格为 42.2m×4.5m，F_7 为 42.6m×4.5m，F_8 为 42.8m×4.5m。

$K_1 \sim K_7$ 为7级冷凝水自蒸发器。

RA_8 型管道化浸出系统配有较先进的检测、控制和数据处理系统。主要测量下列数值：

（1）矿浆、蒸气及熔盐的温度；

（2）8级自蒸发器的矿浆进出口压力及自蒸发蒸气压力；

（3）矿浆和冷凝水的流量；

（4）各级矿浆自蒸发器及冷凝水自蒸发器的液面。

主要控制下列数值：

（1）调节熔盐温度以控制浸出温度；

（2）调节隔膜泵的液压耦合器以控制原矿浆流量；

（3）控制自蒸发器的液面。

主要技术工艺参数：

流量　　　270～330m^3/h

浸出温度　280℃

流速　　　LWT、BWT、SWT内的流速为2.4m/s，

　　　　　保温反应管内的流速为0.8～1.0m/s

矿浆加热　一级矿浆加热、8级二次蒸气加热、1级熔盐加热

14.2.5.2　多管多流浸出法

匈牙利铝业公司1982年在MOTIM厂投产的多管多流浸出流程如图14.6所示。

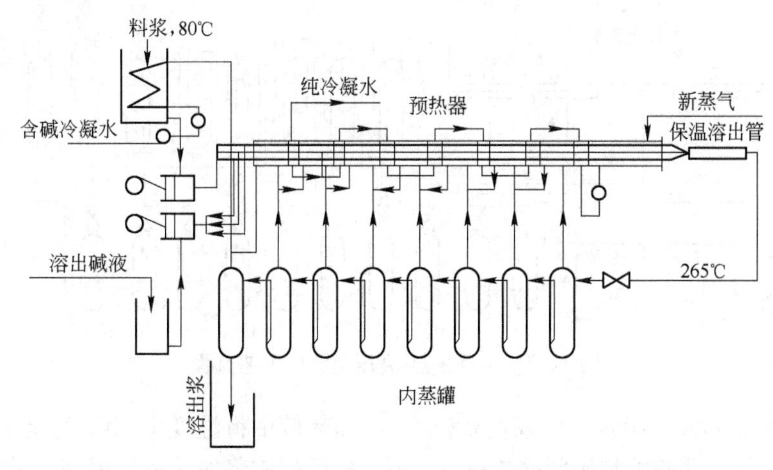

图14.6　MOTIM厂的多管多流浸出流程

经预脱硅的矿浆、碱液分别用高压泵送入管道反应器中。管道反应器共15级，前14级采用高温浸出矿浆自蒸发产生的二次蒸气加热，第15级采用新蒸气加热。已加热的矿浆和碱液合流后，进入14级自蒸发系统降压后送入稀释槽。

从管道结构而言，为一根大管内套三根小管，属多管结构；从工艺而言，为多流作

业，一根管子通碱液，二根管子通矿浆，然后合流。每级由 4 个管道单元组成，每个管道单元的外管直径为 200mm，管长为 13m，内装 3 根直径为 67mm 的内管。其管道反应器和自蒸发系统的级数取决于矿石性质和浸出工艺条件。

MOTIM 厂采用三台功率大的活塞泵输送矿浆，最大压力为 12MPa。该活塞泵由匈牙利制造，其特点是当活塞泵进料时，先吸入碱液后吸入矿浆；当活塞泵出料时，由碱液将矿浆推送出去，避免了矿浆对活塞的磨损。

主要技术工艺参数为：

流量	$120m^3/h$
浸出温度	265℃
流速	溶出一水软铝石型铝土矿时为 3m/s； 溶出一水硬铝石型铝土矿时为 1.5 ~ 2.0m/s
浸出时间	矿浆在加热管中 20min，在混合管中 20min
碱液成分	200g/L Na_2O，MR = 3.38 ~ 3.40
浸出液 MR	1.41 ~ 1.12
运转率	94% ~ 98%

14.2.5.3　单管预热-高压釜浸出法

法国彼施涅公司最先提出单管预热-高压釜浸出法，由单管浸出器和高压釜共同组成。单管浸出器结构简单，便于制造和清理，传热效率高，适于处理一水硬铝石型铝土矿。与高压釜组比较，具有投资少，经营费低等特点。

我国山西铝厂引进法国单管预热-高压釜浸出技术，其工艺流程如图 14.7 所示。

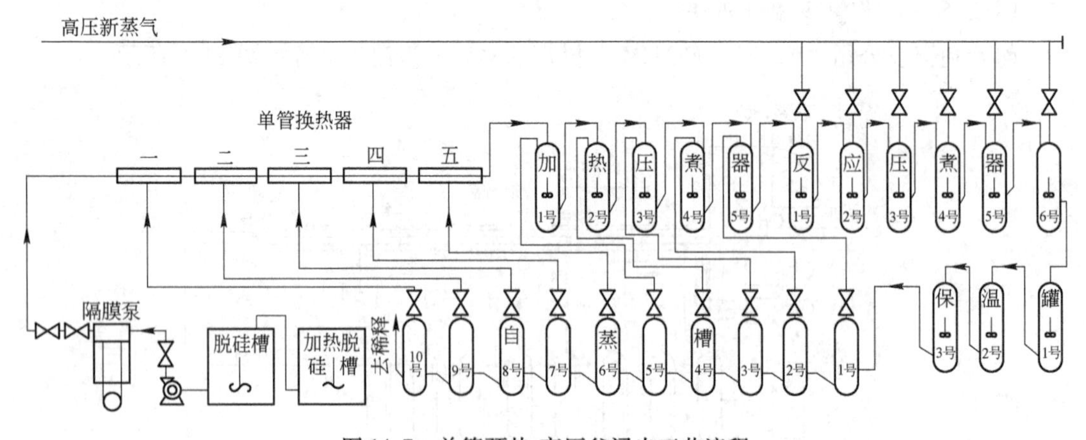

图 14.7　单管预热-高压釜浸出工艺流程

固体浓度为 30% ~ 40% 的矿浆在 ϕ8m × 8m 加热槽中将温度由 70℃ 升至 100℃。然后在 ϕ8m × 14m 预脱硅槽中常压脱硅 4 ~ 8h。预脱硅后的矿浆加入适量碱液，使矿浆浓度降至 20%，温度为 90 ~ 100℃，采用高压隔膜泵送入 5 级 2400m 长的单管预热器（外管直径 335.6mm，内管直径 253mm）中，采用 10 级矿浆自蒸发器的前 5 级产生的二次蒸气加热，将矿浆温度升至 155℃。然后进入 5 台 ϕ2.8m × 16m 的加热高压釜中，采用后 5 级矿浆自蒸发器的二次蒸气加热升至 220℃。再在 5 台 ϕ2.8m × 16m 的反应高压釜中采用 6MPa 的高压新蒸气将其加热至浸出温度 260℃，然后在 3 台 ϕ2.8m × 16m 的保温反应高压釜中进行保温反应45~60min。高温浸出料浆经10级自蒸发，温度降至130℃后进入稀释槽。加热高压釜和反应高压釜中均有机械搅拌装置和蛇形管加热器，保温反应高压釜中只有机械搅拌装置。

主要技术工艺参数为：

流量	$450m^3/h$
浸出温度	260℃
碱液浓度	225~235g/L Na_2O
浸出温度下的停留时间	45~60min
浸出液 MR	1.46
Al_2O_3 相对浸出率	93%
浸出热耗	$0.32GJ/m^3$ 矿浆

14.2.5.4 管道-停留罐浸出法

我国的铝土矿以一水硬铝石型铝土矿为主，要求较高的浸出温度。而铝土矿中的硅矿物和钛矿物含量较高且组成复杂。铝土矿的硬度高，对管道磨损大。根据我国铝土矿资源的特点，自主研究开发了管道-停留罐浸出法，于1989年投入生产。其工艺流程如图14.8所示。

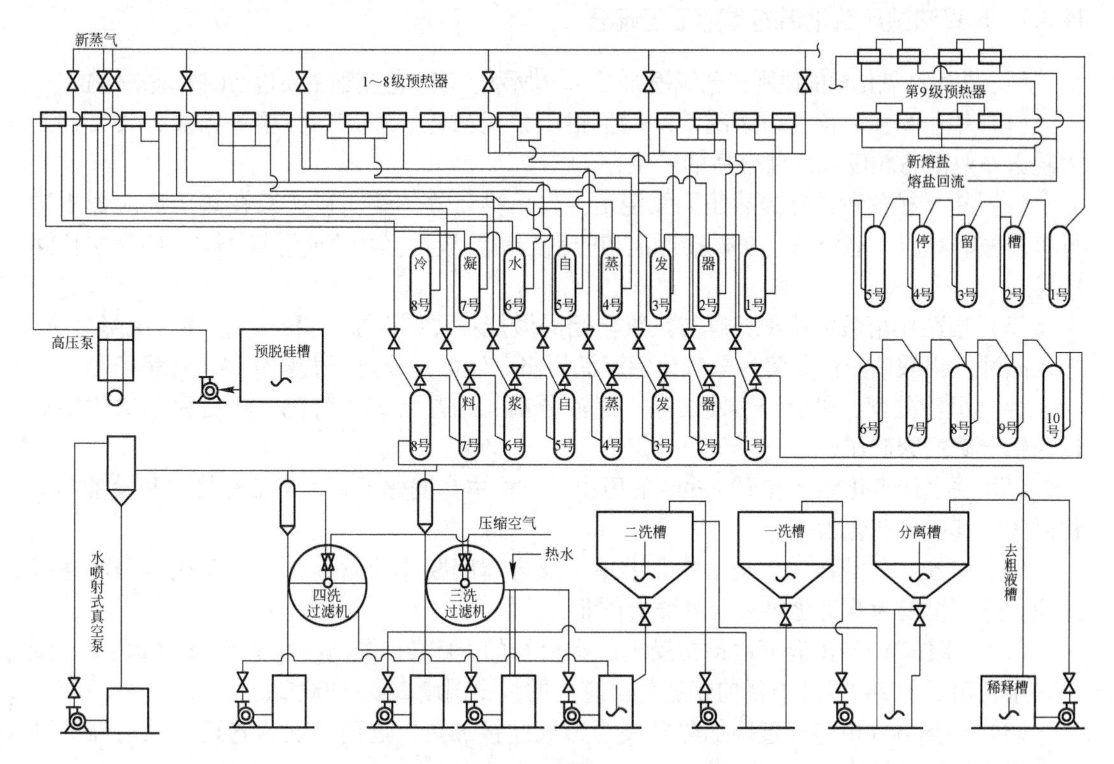

图14.8 管道-停留罐浸出法的工艺流程

铝土矿矿浆经预脱硅后，采用橡胶隔膜泵送入9级单套管管式反应器中，前8级利用8级矿浆自蒸发器产生的二次蒸气将矿浆预热至200~210℃，第9级采用熔盐将矿浆加热至浸出温度，最高可达300℃。达浸出温度后的矿浆进入无搅拌停留罐中充分反应后，进入8级矿浆自蒸发器，降温后排入稀释槽中。

管式反应器的第1~5级的外管为ϕ102mm×5mm，内管为ϕ48mm×8mm，第6~9级的外管为ϕ87mm×7mm，内管为ϕ42mm×8mm。每50m为一节。在第5级和第6级之间有2节ϕ102mm×12mm的脱硅管，在第6级和第7级之间有2节ϕ102mm×12mm的脱钛管。管道总长为1250m。

停留罐为直径269mm、高10.5m的空罐，10台串联以保证足够的浸出时间。

矿浆自蒸发器的第1~4级为ϕ26mm×22mm×3500mm，第5~6级为ϕ500mm×12mm×3500mm，第7~8级为ϕ820mm×10mm×3500mm。

主要技术工艺参数为：

流量	4~6m^3/h
浸出温度	300℃
碱液浓度	160g/L Na_2O
浸出液 MR	<1.5
Al_2O_3 相对浸出率	>94%

14.3 拜耳法生产氧化铝

14.3.1 拜耳法生产氧化铝的原则工艺流程

拜耳法生产氧化铝的原则工艺流程如图14.9所示。该工艺流程主要包括四个基本作业：

（1）铝土矿浸出前的矿浆准备：包括铝土矿的破碎、磨矿、分级等作业，其目的是为浸出作业准备粒度和浓度合适的矿浆；

（2）铝土矿的苛性碱的热压无氧浸出：将已准备好的铝土矿矿浆在热压反应器中进行苛性碱的热压无氧浸出，获得接近饱和的铝酸钠溶液（其中Na_2O与Al_2O_3的摩尔比达1.8）；

（3）铝酸钠溶液的晶种分解与氢氧化铝的煅烧：浸出矿浆经降压、稀释、沉降分离、加入晶种使铝酸钠溶液分解为氢氧化铝沉淀析出，经沉降分离、煅烧获得氧化铝产品；

（4）母液处理：母液经蒸发结晶、固液分离、结晶溶解、苛化，转变为氢氧化钠后返回铝土矿的磨矿作业。

拜耳法生产氧化铝已有100多年的历史，方法本身变化不大，但工程技术和设备却变化巨大。其主要变化为：

（1）铝土矿的热压无氧浸出作业由单个反应器间断作业发展为多个反应器串联连续作业，进而发展为管道化热压无氧浸出作业；

（2）铝土矿的浸出温度由最初浸出三水铝石的105℃、浸出一水软铝石的200℃、浸出一水硬铝石的240℃升至目前管道化反应器的浸出温度280~300℃；

（3）加热方式由蒸气直接加热发展为蒸气间接加热，进而发展为管道化反应器的高温浸出段的熔盐加热。

国外铝土矿主要为三水铝石型，铝硅比高（Al/Si>9），较易浸出，多数采用拜耳法生产氧化铝。浸出碱耗低，浸出液的苛性比值低，氧化铝的生产成本较低，处理量较大。如德国联合铝业公司、匈牙利铝业公司、法国彼施涅公司等。

国内仅广西平果铝业公司采用拜耳法处理一水硬铝石型铝土矿。平果铝是我国六大铝工业基地之一，集采矿、选矿、冶炼为一体，是国内独家生产砂状氧化铝的大型铝厂，其氧化铝产能约180万吨/年。引进法国、德国、美国、瑞典、荷兰、丹麦和日本七国的相关技术和设备，同时拥有我国铝工业生产的最新研究成果，在工艺和技术装备方面达20世纪90年代初的世界先进水平。

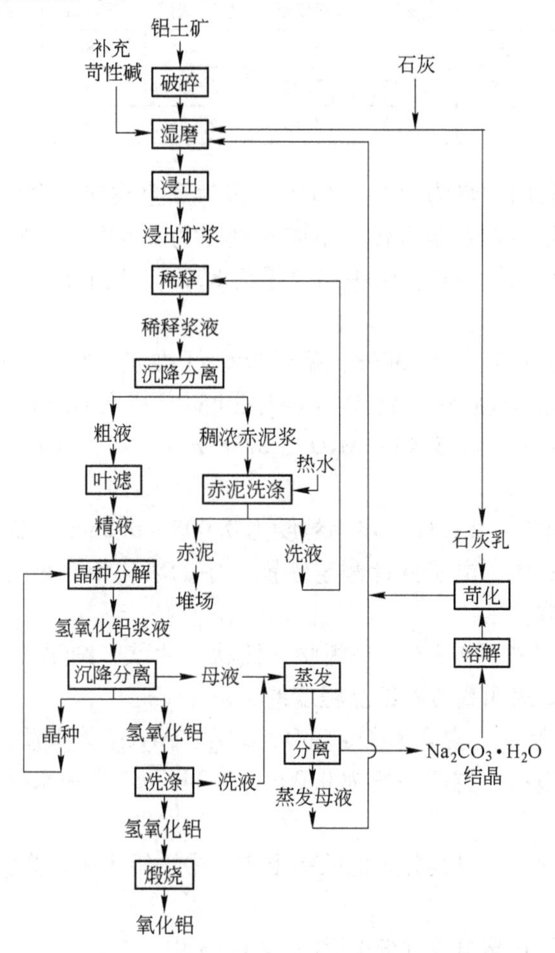

图14.9 拜耳法生产氧化铝的原则工艺流程

14.3.2 平果铝厂的生产实践

14.3.2.1 铝土矿原料

平果铝的铝土矿属岩溶堆积型铝土矿，产于岩溶洼地、谷地中的第四系红土层中，全矿分五个矿区，较大的为那豆、教美和太平三个矿区。现生产矿石采自那豆矿区。含矿岩系一般厚3~15m，最厚可达30m，自上至下分为三层：（1）上部黏土层，混杂少量铝土矿碎块，一般厚0~3m，最厚达十多米；（2）堆积铝土矿层，土红色，主要为铝土矿碎块，碎屑和黏土，少量褐铁矿碎屑，厚度一般为3~15m，最厚达23m；（3）底部黏土层，呈紫色夹灰白色，主要为黏土，局部含少量磨圆度好的铝土矿碎屑和褐铁矿碎屑，一般厚1~5m。三层之间急剧过渡，分界线较明显。

矿石矿物组成较复杂，主要为一水硬铝石，其次为针铁矿、赤铁矿、高岭石、绿泥石、锐钛矿，还有少量的三水铝石、水针铁矿、石英、埃洛石、磁铁矿、一水软铝石及稀土矿物。

平果铝矿石的矿物组成列于表 14.2 中。

表 14.2　平果铝矿石的矿物组成　(%)

矿　区	一水硬铝石	三水铝石	针铁矿	赤铁矿	水针铁矿	高岭石	绿泥石	石英	锐钛矿
那豆	61.04	0.57	16.30	2.60	1.40	9.88	3.24	0.85	
教美	55.15	5.28	16.13	3.95	3.19	3.53	4.88	1.10	
太平	55.15	4.20	22.38	4.15	2.95	5.20	3.18	0.53	3.25

矿石中一水硬铝石的含量为 55% ~61%，多为黑色粒状集合体，少量为灰白色、无色，透明状晶体和红褐色粒状集合体。单体粒度多为 0.048 ~0.0096mm，少量呈板状晶体。电子探针测定单个晶体中氧化铝平均含量为 80%，接近于一水硬铝石中氧化铝的理论含量。

针铁矿含量为 16.13% ~22.38%，呈针状、纤维状、粒状、叶片状，粒径一般为 0.001 ~0.01mm，集合体呈胶状、粒状。电子探针测定其化学成分为：79.68% ~80.22% Fe_2O_3，2.05% ~2.33% SiO_2，5.43% Al_2O_3，0.38% ~0.44% TiO_2，表明晶格中有硅酸盐及铝置换铁的现象。

赤铁矿含量为 2.6% ~4.15%，单晶粒度为 0.005 ~0.2mm，多呈粒状、豆状集合体，构成皮壳或散布于豆石中。电子探针测定赤铁矿中的氧化铝含量为 0.09% ~1.59%，较低，对生产工艺无影响。

高岭石含量为 3.53% ~9.8%，呈板状、棱状、片状、细鳞片状、纤维状、糖粒状、隐晶质、胶状集合体。表明高岭石结晶程度差。

锐钛矿含量为 3.25%，常含 CaO、FeO、SiO_2、Al_2O_3 等杂质。颜色为深棕、暗黄、黄绿色，呈双锥状、板状，粒度一般为 0.008 ~0.24mm。为一水硬铝石型铝土矿中最主要的钛矿物。

按铝土矿中的铁含量可将其分为低铁铝土矿、中铁铝土矿、高铁铝土矿和含高岭石铝土矿等矿石类型。

平果铝矿石的平均化学组成（%）列于表 14.3 中。

表 14.3　平果铝矿石的平均化学组成　(%)

矿　区	那　豆	教　美	太　平
Al_2O_3	59.14	52.27	54.52
Fe_2O_3	16.41	25.88	23.76
SiO_2	6.15	3.40	3.53
H_2O	13.62	13.36	13.69
TiO_2	3.45	3.68	3.40
Ga	0.0075	0.0069	0.0091
CaO	0.071	0.019	0.066
MgO	0.067	0.046	0.052
P_2O_5	0.094	0.170	0.150
S	0.066	0.073	0.065
Al/Si	9.62	15.37	15.44

从表中数据可知，矿石中的 Al_2O_3、Fe_2O_3、SiO_2、H_2O 的含量之和约 95%，其他组分约 5%。其中 Al_2O_3 一般为 50% ~60%；Fe_2O_3 一般为 10% ~35%、最高为 42.75%；SiO_2 为 2% ~8%，最高为 12.27%；TiO_2 一般为 3% ~5%，最高为 5.34%；H_2O 一般为 12% ~14%，最高为 14.77%。矿石中 Al_2O_3、Fe_2O_3、SiO_2、TiO_2 和 H_2O 五种组分含量之和大于 98%，表明其红土化作用很强；Al_2O_3 与 Fe_2O_3 呈负增长关系，其相关系数为 -0.92；TiO_2 含量较稳定，一般为 3% ~4%，铝钛比为 12 ~22，平均为 18.47；有害组分硫含量一般为 0.02% ~0.1%，P_2O_5 一般为 0.05% ~0.2%，CaO + MgO 一般为 0.04% ~0.5%，均低于工业指标允许含量；伴生组分镓的含量已达工业要求，可考虑综合回收。

14.3.2.2 *采矿和选矿*

平果铝土矿全部采用露天开采，现生产矿区为那豆矿区，划分为 13 个采区，第 9 采区负担三分之二的生产任务，第 10 采区负担三分之一的生产任务，全部采用汽车运输，平均采剥比为 $0.1034m^3/m^3$。第 9 采区建有洗选厂，产出的铝土矿精矿送第 10 采区洗选厂破碎、配矿后统一向氧化铝厂供应铝土矿精矿。铝土矿精矿平均品位（%）为：$Al_2O_3$63.52，$SiO_2$4.36，Al/Si = 15 ±0.5。年产干铝土矿精矿 650.8kt。

平果铝土矿的洗选流程如图 14.10 所示。

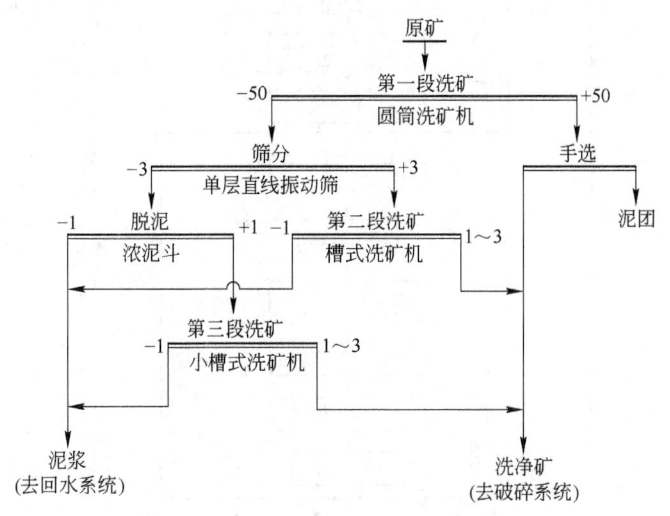

图 14.10 平果铝土矿的洗选流程

平果铝土矿属岩溶堆积型矿床，其特点是点多、面广（鸡窝矿）、含泥率高，矿泥含量一般为 44.21% ~75.92%，平均为 63.5%。黏土塑性指数平均为 22.8。须经洗矿脱泥后，才能获得合格的铝土矿精矿。

根据该矿铝土矿的特点，设计时以 1mm 为分界线，大于 1mm 为矿，小于 1mm 为泥。选矿原则流程为先洗矿后破碎、配矿。在第 9 采区和第 10 采区分别建设 1、2、3 号洗选厂，采用两段洗矿加手选和三段破碎一闭路的两段洗矿三段破碎的选矿流程。多点洗矿，集中破碎、配矿。

原矿用汽车运至洗选厂矿仓格筛（筛孔为 300mm），大于 300mm 的大块用液压碎石机破碎后入仓。经重型板式给矿机进入 ϕ2200mm × 6500mm 圆筒洗矿机（筛孔为 50mm）洗矿，筛上产物进入手选皮带，人工捡去未碎散的泥团。筛下产物经筛分（筛孔为 3mm）

脱水，筛上产物进入 2200mm×8400mm 槽式擦洗机洗矿，筛下产物经脱泥（筛孔为 1mm）筛分，大于 1mm 筛上物再经小槽式擦洗机洗矿。槽式擦洗机返砂和手选合格矿作为洗选厂的精矿送破碎和配矿系统。小于 1mm 筛下物和槽式擦洗机溢流经浓密脱水后泵入尾矿库贮存。两个洗选厂的综合净矿损失率为 4%，精矿含泥率为 2%。

9 区用汽车和 10 区用皮带运来的洗选精矿进入 10 区的破碎厂的精矿仓，经电振给矿机进入 600mm×900mm 颚式破碎机进行粗碎，用 ϕ1200mm 标准圆锥破碎机进行中碎。中碎产物经中间矿仓由电振给矿机进入 1800mm×3600mm 振动筛（两台）筛分（筛孔为 15mm），筛下产物分别进入配矿系统的配矿矿仓，筛上产物进入 ϕ1750mm 短头圆锥破碎机进行细碎，细碎产物送振动筛筛分构成闭路。

14.3.2.3 铝土矿精矿的浸出

平果铝厂铝土矿精矿的浸出流程如图 14.11 所示。

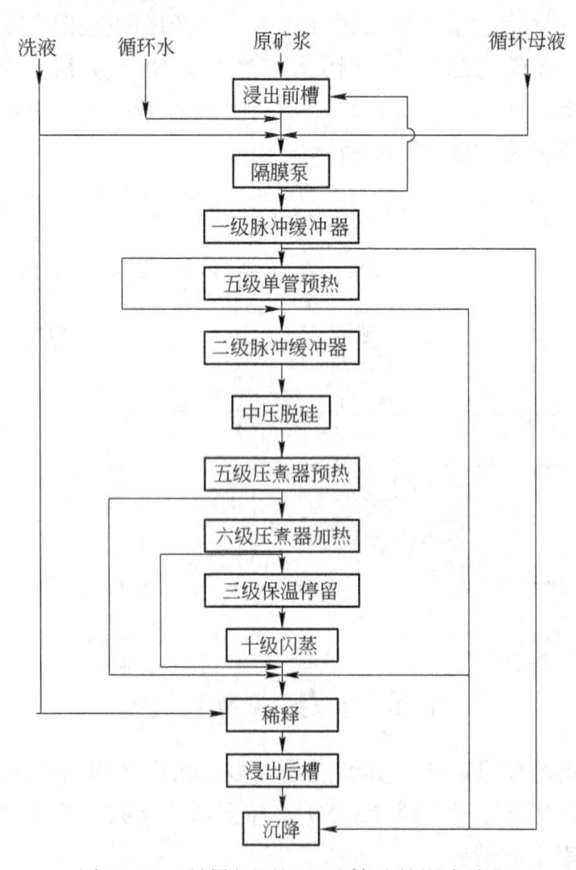

图 14.11 平果铝厂铝土矿精矿的浸出流程

平果铝厂采用单套管预热机械搅拌间接加热的浸出反应器。铝土矿精矿经磨矿获得细度和浓度合格的矿浆，进入加热槽将矿浆温度从 70℃升至 100℃，再在预脱硅槽中进行常压脱硅。脱硅后的矿浆采用高压隔膜泵送入五级单套管中预热至 155℃，然后进入带机械搅拌间接加热的五台高压釜中加热至 220℃，再在六台反应高压釜中加热至 260℃，然后进入三台终端高压釜中进行保温反应以完成整个浸出过程。

平果铝厂的浸出工艺参数为：矿浆预热温度为 160℃，浸出温度为 260℃，保温浸出时间为 45～60min，石灰添加量为 9%。

机械搅拌间接加热的浸出技术采用法国彼施涅公司的技术软件，以希腊圣-尼古拉铝厂的生产实践为基础。由于矿石的矿物组成和化学组成、晶型结构、矿石硬度及浸出性能的差异，平果铝厂投产初期为提高生产技术指标进行了一系列的试验研究和技术开发工作，以满足平果铝厂的生产需求。

其主要研究成果为：

（1）将纯碱苛化初碱改为补加苛性碱溶液及提高石灰中的有效氧化钙含量，使有效氧化钙含量由 80% 增至 85%，减少了进入流程的二氧化碳气体量，增加了活性，生产中浸出液的 R_P（R_P 为 Al_2O_3/Na_2O_k）由设计的 1.11 增至 1.175，浸出率由设计的 93% 增至 95%。

平果铝厂苛性碱溶液热压无氧浸出的主要指标列于表 14.4 中。

表 14.4 平果铝厂热压无氧浸出的主要指标

项　　目	平果铝设计值	平果铝生产值	国内直接加热浸出	希腊圣-尼古拉
相对浸出率/%	≥93	95.6	约 90	94
赤泥钠硅比（Na_2O/SiO_2）	0.45	0.36	0.45	0.37
耗热/kJ · t^{-1}（Al_2O_3）	347.98×10^4	347.65×10^4	99.69×10^5	
浸出液 R_P（Al_2O_3/Na_2O_k）	1.11	1.175	≤1.0	1.24

（2）全部采用间接加热的热压浸出工艺，在浸出率相同条件下，可使浸出液的 MR 值从传统的 1.60 降至 1.43，提高了循环效率，可使浸出产能提高 20%。

（3）蒸发母液中的氧化钠含量从传统的 260g/L 降至 230g/L，降低了 11.5%，可节约能耗和降低成本。

（4）氧化铝生产矿浆预热、浸出、赤泥分离、晶种分解和母液分解等作业均可产生结疤，产生结疤与诸多因素有关，研究表明，在热压浸出前在近沸点条件下，使碱液与硅矿物充分反应，尽可能使硅矿物转变为钠硅渣进行预脱硅，在更高温度下硅矿物与溶液反应时，已生成的钠硅渣又可作为晶种使反应生成的化合物沉淀析出，从而可避免或降低其在反应器表面结疤的危害程度。

（5）针对平果矿的矿土共生、矿层薄和矿床分布广，矿石只占矿土的三分之一的特点，研究了一套以恢复农业耕地为主的复垦方法，形成了采准-回采-尾矿处理-采空区工程复垦-采空区生态快速重建的一体化可持续发展模式，使采空区的土地复垦率达 95%，复地率达 100%。

（6）浸出过程产出的赤泥现用尾矿库堆存，对赤泥的综合利用已进行了许多试验研究工作。

14.3.2.4　生产氧化铝

热压无氧浸出的矿浆经自蒸发降压、稀释、沉降分离、过滤等作业获得纯净的过饱和铝酸钠溶液，加入晶种，析出氢氧化铝沉淀。晶种分解反应可以下式表示：

$$NaAl(OH)_4 \xrightarrow{\text{晶种}} Al(OH)_3\downarrow + NaOH$$

晶种分解的料浆经沉降分离、洗涤、过滤等作业获得氢氧化铝，经煅烧得氧化铝。

我国氧化铝的质量标准列于表 14.5 中。

表 14.5 我国氧化铝的质量标准

等 级	Al_2O_3（不低于）	杂质（不高于）			
		SiO_2	Fe_2O_3	Na_2O	灼损
一级	98.6	0.02	0.03	0.55	0.8
二级	98.5	0.04	0.04	0.60	0.8
三级	98.4	0.06	0.04	0.65	0.8
四级	98.3	0.08	0.05	0.70	0.8
五级	98.2	0.10	0.05	0.70	1.0
六级	97.8	0.15	0.06	0.70	1.2

电解法生产金属铝时对氧化铝的质量要求较高，主要是氧化铝的纯度和粒度。我国电解法生产金属铝时主要使用一级、二级和三级氧化铝。

20 世纪 70 年代起，电解铝生产采用大型下料预焙烧槽和干法烟气净化技术，但要求氧化铝的粒度较粗且均匀、强度高和比表面积大，只有砂状氧化铝才能满足此要求。此电解铝生产技术具有电流效率高、电耗低、环境污染小和生产率高等特点。

国内氧化铝生产厂只有平果铝厂才能生产砂状氧化铝。

不同类型氧化铝的物理性能列于表 14.6 中。

表 14.6 不同类型氧化铝的物理性能

物 理 性 能	面粉状	砂粒状	中间状
≤44μm 的粒级含量/%	20～50	10	10～20
平均粒径/μm	50	80～100	50～80
安息角/(°)	>45	30～35	30～40
比表面积/$m^2 \cdot g^{-1}$	<5	>35	>35
密度/$g \cdot cm^{-3}$	3.90	≤3.70	≤3.70
堆密度/$g \cdot cm^{-3}$	0.95	>0.85	>0.85

14.3.2.5 母液处理

铝土矿浸出过程中需加入一定量的石灰（平果铝为 9%）以提高氧化铝的浸出率、降低碱耗量及降低结疤的有害影响。因此，铝酸钠溶液晶种分解的母液中氧化钠以苛性钠和碳酸钠两种形态存在。母液经蒸发浓缩结晶析出纯碱，使苛性钠和纯碱分离后，纯碱重溶加石灰苛化后与蒸发浓缩结晶后的苛性钠溶液一起返回磨矿和浸出作业，循环使用。

14.4 碱石灰烧结法生产氧化铝

14.4.1 碱石灰烧结法生产氧化铝的原则工艺流程

碱石灰烧结法生产氧化铝的原则工艺流程如图 14.12 所示。

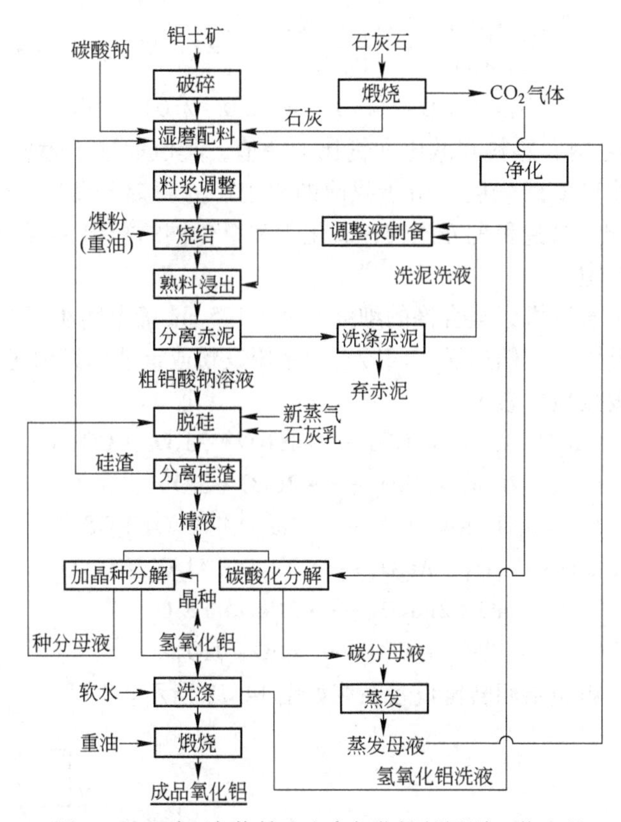

图 14.12　碱石灰烧结法生产氧化铝的原则工艺流程

碱石灰烧结法生产氧化铝的原则工艺流程主要由铝土矿精矿破碎、湿磨配料、调浆、碱石灰烧结、熟料浸出、脱硅、碳酸化分解、晶种分解、氢氧化铝洗涤和煅烧等作业组成。

我国山东铝厂和中州铝厂采用烧结法生产氧化铝，其产能占全国氧化铝产能的24.3%左右。山东铝厂为我国第一座氧化铝厂，它在改进和发展碱石灰烧结法生产氧化铝方面作出了许多贡献，创造了符合我国铝土矿资源特点的生产氧化铝的独特工艺技术。

14.4.2　碱石灰烧结

拜耳法生产氧化铝的经济效益随铝土矿原料的铝硅比的降低而急剧下降，当铝硅比小于7时，则不宜单纯采用拜耳法生产氧化铝。当铝土矿原料中铝硅比小于4时，碱浸出前须进行预处理，碱石灰烧结法是目前获得生产应用的有效的预处理方法。

碱石灰烧结法处理的含铝原料有铝土矿、霞石和拜耳法赤泥，分别称为铝土矿炉料、霞石炉料和赤泥炉料。它们各具特点，铝土矿炉料的铝硅比为3左右，霞石炉料的铝硅比为0.7左右，赤泥炉料的铝硅比为1.4左右，还常含大量的氧化铁。

碱石灰烧结时，将铝土矿炉料破碎，加入碳分母液蒸发后液、碳酸钠和石灰及其他循环物料（如硅渣）进行配料，配方包括料浆中七项指标：铝硅比A/S、铁铝摩尔比[F]/[A]、碱比[N]/[A]+[F]、钙比[C]/[S]、水分含量、固定碳含量及干生料的细度。碱比为1，钙比为2称为饱和配方。我国碱石灰烧结熟料配方为：

$$碱比=\frac{[Na_2O_T]+[K_2O]-[Na_2O_S]}{[Al_2O_3]+[Fe_2O_3]}=(0.92\sim0.95)+K_1$$

$$钙比=[CaO]/[SiO_2]=(2.0\sim2.03)+K_2$$

K_1、K_2 分别为生料和熟料间碱比和钙比的差值，其值取决于燃料带入的灰分及某些作业的灰尘损失。生产实践表明，由于我国的铝土矿为高铝、高硅、低铁的一水硬铝石型，采用低碱高钙配方与饱和配方比较，氧化铝和氧化钠的浸出率可提高 0.5% ~1.0%，而且烧成温度范围较宽。

配好的生料送入管磨机磨至合格的细度（+0.125mm 筛上物小于 12%）。湿磨后的生料浆进入调浆槽搅拌混匀，然后送入回转窑中采用煤粉或重油作燃料进行湿式烧结。碱石灰烧结过程中的主要反应可表示为：

$$Al_2O_{3(晶)}+Na_2CO_3 \longrightarrow Na_2O\cdot Al_2O_3+CO_2\uparrow$$

$$2CaO+2SiO_2 \longrightarrow 2CaO\cdot SiO_2$$

$$Fe_2O_3+Na_2CO_3 \longrightarrow Na_2O\cdot Fe_2O_3+CO_2\uparrow$$

$$Na_2O\cdot Fe_2O_3+Al_2O_3 \longrightarrow Na_2O\cdot Al_2O_3+Fe_2O_3$$

$$2CaO+2Fe_2O_3 \longrightarrow 2CaO\cdot Fe_2O_3$$

$$TiO_2+CaO \longrightarrow CaO\cdot TiO_2$$

碱石灰铝土矿炉料烧结回转窑设备系统如图 14.13 所示。

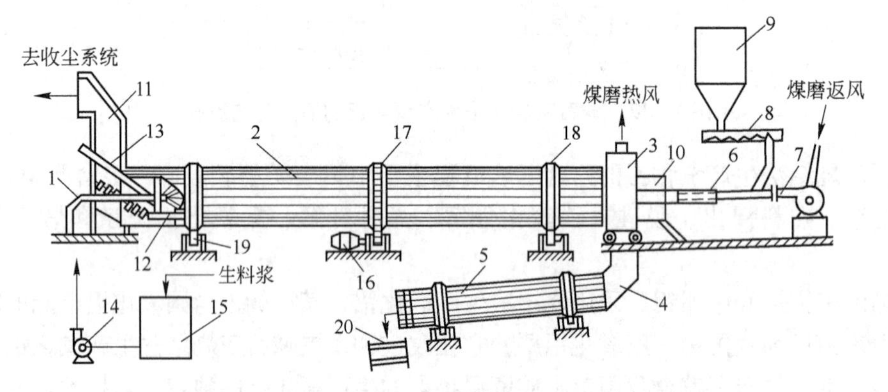

图 14.13　碱石灰铝土矿炉料烧结回转窑设备系统图

1—喷枪；2—窑体；3—窑头罩；4—下料口；5—冷却机；6—喷煤管；7—鼓风机；8—煤粉；9—煤粉仓；10—观火室；11—窑尾罩；12—刮料器；13—返灰管；14—高压泵；15—料浆槽；16—电动机；17—大齿轮；18—滚圈；19—托轮；20—裙式运输机

烧结后的熟料中主要含铝酸钠、铁酸钠、正硅酸钙及少量钛酸钙、铁酸钙、霞石、硫酸钠和硫化物等。烧结后的熟料送浸出作业。

14.4.3　烧结熟料的浸出

14.4.3.1　熟料浸出的目的与要求

熟料浸出的目的为：

（1）使熟料中的铝酸钠 $Na_2O\cdot Al_2O_3$ 转入浸液中，铁酸钠 $Na_2O\cdot Fe_2O_3$ 分解，使

Na_2O 转入浸液中，获得高的氧化铝与氧化钠的浸出率；

（2）使赤泥尽快与铝酸钠浸液分离，以降低氧化铝和氧化钠在赤泥中的损失；

（3）尽量降低赤泥附液中氧化铝和氧化钠的机械夹带损失。

由于熟料中的氧化钙浸出后大部分仍留在赤泥中，故可将氧化钙作为计算氧化铝浸出率 $\varepsilon_{A净}$ 及氧化钠浸出率 $\varepsilon_{N净}$ 的内标。其浸出率的计算式为：

$$\varepsilon_{A净} = \frac{Al_2O_{3熟} - Al_2O_{3泥} \times \dfrac{CaO_{熟}}{CaO_{泥}}}{Al_2O_{3熟}} \times 100\%$$

$$\varepsilon_{N净} = \frac{Na_2O_{熟} - Na_2O_{泥} \times \dfrac{CaO_{熟}}{CaO_{泥}}}{Na_2O_{熟}} \times 100\%$$

式中 $Al_2O_{3熟}$——熟料中氧化铝含量，%；

$Al_2O_{3泥}$——赤泥中氧化铝含量，%；

$Na_2O_{熟}$——熟料中氧化钠含量，%；

$Na_2O_{泥}$——赤泥中氧化钠含量，%。

赤泥的洗涤效果常用其附液损失衡量。附液损失为1t干赤泥所带附液中的碱含量，若洗涤后废弃赤泥的液固比为L/S，附液中的碱含量为 N_T（g/L），则附液损失为L/S × N_T（每吨赤泥含 Na_2O 的量（kg））。

熟料浸出作业的 $\varepsilon_{A净}$ 和 $\varepsilon_{N净}$ 的高低取决于熟料质量和浸出工艺参数，根据我国低铁熟料的特点，采用低苛性比值的二段磨矿浸出流程，使 $\varepsilon_{A净}$ 由70% ~75%增至92% ~93%。使 $\varepsilon_{N净}$ 由85% ~88%增至93% ~95%。氧化铝总回收率和碱耗指标达世界先进水平。

14.4.3.2 烧结熟料浸出时的主要化学反应

烧结熟料的浸出通常可采用逆流浸出工艺或湿磨浸出工艺，其中湿磨浸出工艺应用较普遍。

100℃条件下用碱液将固体铝酸钠溶解为 Al_2O_3 浓度为100g/L的铝酸钠溶液仅需3 ~5min，溶解1mol铝酸钠约放出42kJ的热量。固体铝酸钠溶解反应可表示为：

$$Na_2O \cdot Al_2O_3 + 4H_2O \longrightarrow 2NaAl(OH)_4$$

铁酸钠在水溶液中迅速水解，析出水合氧化铁沉淀。其反应可表示为：

$$Na_2O \cdot Fe_2O_3 + 2H_2O \longrightarrow Fe_2O_3 \cdot H_2O\downarrow + 2NaOH$$

由于熟料中铁酸钠与铝酸钠形成固溶体，可加速铁酸钠的水解速度，如铁酸钠含量为13.7%的铝酸盐熟料磨细至小于0.25mm时，在20℃条件下，铁酸钠的水解反应仅需30min，在50℃和75℃条件下，铁酸钠的水解反应分别仅需15min和5min。铁酸钠水解生成苛性钠，可提高铝酸钠浸液的稳定性。

熟料中的正硅酸钙含量常大于30%，正硅酸钙不溶于水。但浸出过程中它可与碳酸钠和苛性钠起反应，其反应产物与浸出工艺条件有关。正硅酸钙与水反应生成针硅钙石（$2CaO \cdot SiO_2 \cdot 1.17H_2O$），可在β型正硅酸钙表面形成致密薄膜，阻碍反应的继续进行。

正硅酸钙与碳酸钠反应可析出碳酸钙沉淀。其反应可表示为：

$$2CaO \cdot SiO_2 + 2Na_2CO_3 + H_2O \longrightarrow 2CaCO_3\downarrow + Na_2SiO_3 + 2NaOH$$

试验表明，溶液中的 SiO_2 含量达8 ~10g/L时，上述反应可达平衡，只有部分正硅酸钙参与反应。

正硅酸钙与苛性钠的反应与苛性钠浓度有关，当苛性钠浓度低于250g/L时，其反应可表示为：

$$2CaO \cdot SiO_2 + 2NaOH + H_2O \longrightarrow Na_2SiO_3 + 2Ca(OH)_2 \downarrow$$

随后，进一步反应生成偏硅酸钙，其反应可表示为：

$$Na_2SiO_3 + Ca(OH)_2 + H_2O \longrightarrow CaSiO_3 \downarrow + 2NaOH$$

反应产物（偏硅酸钙）在正硅酸钙表面形成坚固薄膜，阻碍正硅酸钙的进一步浸出。

溶液中的铝酸钠、偏硅酸钠、氢氧化钙相互作用，其反应可表示为：

$$3Ca(OH)_2 + 2NaAl(OH)_4 \longrightarrow 3CaO \cdot Al_2O_3 \cdot 6H_2O \downarrow + 2NaOH$$

$$2Na_2SiO_3 + (2+n)NaAl(OH)_4 + (x-4)H_2O \longrightarrow$$
$$3Na_2O \cdot Al_2O_3 \cdot 2SiO_2 \cdot nNaAl(OH)_4 \downarrow \cdot xH_2O$$

$$3CaO \cdot Al_2O_3 \cdot 6H_2O + xNa_2SiO_3 + (x+y-6)H_2O \longrightarrow$$
$$3CaO \cdot Al_2O_3 \cdot xSiO_2 \cdot yH_2O \downarrow + 2xNaOH$$

上述反应表明，铝酸钠可与氢氧化钙反应生成水合铝酸钙沉淀，铝酸钠可与偏硅酸钠生成水合硅铝酸钠沉淀，水合铝酸钙沉淀可与偏硅酸钠反应生成水合石榴子石沉淀，使氧化铝损失于赤泥中。因此，抑制正硅酸钙的分解非常重要。

试验和生产实践表明，影响正硅酸钙二次反应的主要因素为苛性碱的浓度。当浸液中氧化铝含量一定时，苛性碱的浓度愈低，正硅酸钙二次反应造成的氧化铝和氧化钠的损失愈小，但此时铝酸钠浸液的稳定性会下降。但由于熟料浸出时正硅酸钙的分解，浸液中的 SiO_2 含量达5~6g/L，浸液苛性比值为1.25左右，铝酸钠浸液仍具有足够的稳定性，这为采用低苛性比值的浸出工艺提供了条件。

水合石榴子石可被碳酸钠或苛性钠溶液分解，其反应可表示为：

$$3CaO \cdot Al_2O_3 \cdot xSiO_2 \cdot (6-x)H_2O + 3Na_2CO_3 \longrightarrow$$
$$3CaCO_3 + \frac{x}{2}Na_2O \cdot Al_2O_3 \cdot 2SiO_2 \cdot 4H_2O \downarrow + (2-x)NaAl(OH)_4 + 4NaOH$$

$$3CaO \cdot Al_2O_3 \cdot xSiO_2 \cdot (6-x)H_2O + 2(1+x)NaOH \longrightarrow$$
$$2NaAl(OH)_4 + 3Ca(OH)_2 + xNa_2SiO_3$$

上述反应表明，水合石榴子石中的氧化铝可被碳酸钠部分浸出。而水合石榴子石中的氧化铝可被苛性钠溶液浸出，重新转入浸出液中。

碱石灰烧结熟料中的钛酸钙在浸出过程中不发生化学反应。

14.4.3.3 浸出工艺条件

碱石灰烧结熟料浸出的目的是获得尽量高的氧化铝和氧化钠的浸出率，极力使硅、铁、钛、钙等杂质组分进入赤泥中，获得较纯净的铝酸钠浸出液。因此，必须选择较适宜的浸出工艺条件。

影响铝、硅、铁、钛、钙等浸出的主要浸出工艺条件为：浸出温度、碱浓度、碳酸钠浓度、液固比、熟料粒度等。

A 浸出温度

前述化学反应的速度随浸出温度的提高而增大，尤其是苛性钠分解正硅酸钙和浸出液脱硅的速度随浸出温度的提高而急剧增大。因此，浸出温度不宜太高。但浸出温度太低会增大浸出液的黏度，增加固液分离难度，赤泥与浸出液接触时间的增加会增加正硅酸钙分解和引起赤泥性能的变化，而随后的赤泥洗涤和脱硅作业均要求较高的作业温度，故浸出温度不宜太低。因此，浸出温度应与其他浸出工艺条件相配合。生产实践表明，铝土矿熟料的浸出温度常为80℃左右。当铝土矿熟料中正硅酸钙含量高时，浸出温度应降至70℃左右。由于熟料温度高，浸出过程又是放热反应，故浸出剂的温度须调整降至70℃，才能保证浸出温度不超过85℃。

B 浸出液的苛性碱浓度

熟料中的正硅酸钙主要与浸出液中的苛性碱起反应，Na_2O_k 的含量也与苛化效果有关。当提高 Na_2O_k（或 Na_2O_T）时，会加速正硅酸钙的分解，并使氢氧化钙主要转变为水合石榴子石，较少转变为碳酸钙。因此，全面考虑熟料浸出、脱硅、分解和蒸发浓缩几个作业的要求，铝土矿熟料浸出液中氧化铝含量通常均选择为120g/L左右，欲降低浸出液中的 Na_2O_T 浓度，只能通过降低氧化钠与氧化铝的摩尔比（苛性比值）来实现。铝土矿熟料含相当数量的氧化硅，当氧化钠与氧化铝的摩尔比为1.25时，铝酸钠溶液具有足够的稳定性。由于我国铝土矿中铁含量低，故可采用低摩尔比进行浸出。若浸出液（粗液）中的氧化铝含量约120g/L左右，氧化钠与氧化铝的摩尔比为1.25，则浸出液（粗液）中 Na_2O_k 为90g/L左右，Na_2O_c 为25~30g/L。我国铝土矿碱石灰熟料浸出时，控制 Na_2O_c 的苛化量约为10g/L。

C 浸液中的碳酸钠浓度

适当提高碳酸钠浓度，使碳酸钠与氢氧化钙作用可减少水合石榴子石的生成及抑制正硅酸钙的分解，可降低赤泥中氧化铝损失，提高氧化铝的浸出率。但碳酸钠苛化后提高了苛性钠的浓度，从而增强正硅酸钙的分解和脱硅的难度，增加氧化钠和氧化铝的损失。选择适宜的 Na_2O_c 浓度的目的是为了避免生成大量的水合石榴子石和水合铝硅酸钠，使氧化钠和氧化铝的损失降至最低。适当提高 Na_2O_c 浓度，可抑制赤泥膨胀，可改善赤泥的沉降性能。目前，工业生产中熟料浸出液中的碳酸钠浓度一般控制为30g/L左右。

D 二氧化硅含量

当浸液中二氧化硅含量大于正硅酸钙分解的平衡浓度时，可抑制其分解和降低二次反应损失。只有在浸液中 Na_2O_c 浓度和浸出温度较低，不利于脱硅的条件下，控制浸液中 SiO_2 浓度以抑制二次反应的措施才能获得较好的效果。

E 浸出时间

由于熟料中的有用组分（铝酸钠）的浸出仅需15min左右，正硅酸钙的浸出在这之后才趋于剧烈，其浸出量随浸出时间的延长而不断增加。因此，尽快使浸出液与赤泥分离是降低正硅酸钙浸出、提高氧化铝浸出率及降低氧化铝在赤泥中损失的非常关键的措施。如采用沉降器过滤分离赤泥，从熟料入磨机至赤泥成滤饼总计小于40min。若采用沉降分离槽分离赤泥，赤泥在沉降分离槽内的时间超过2h。因此，浸出时采用合适的赤泥分离技术，对提高氧化铝浸出技术指标非常重要。

F 熟料粒度与湿磨浸出的液固比

目前生产中普遍采用二段湿磨浸出工艺，其原则工艺流程如图14.14所示。

熟料粒度愈细，其在第一段湿磨机中的停留时间愈短，一般仅几分钟，第一段湿磨机

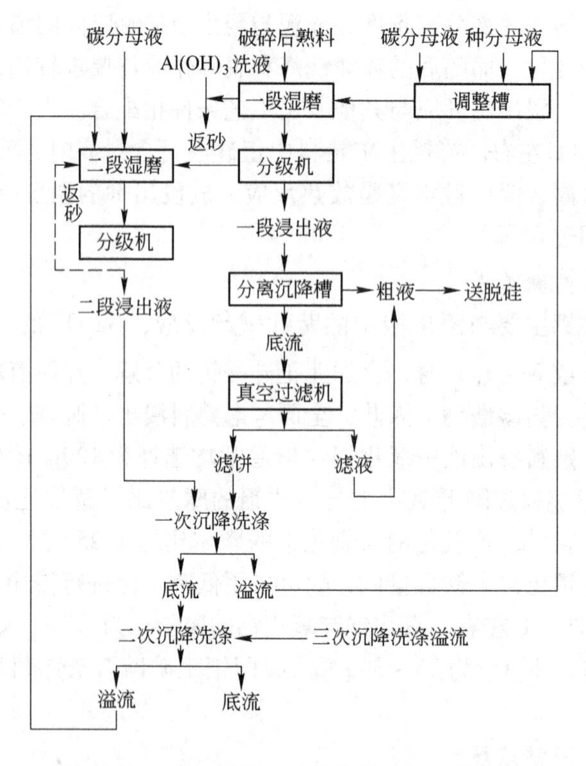

图 14.14 焙烧熟料二段湿磨浸出的工艺流程

排料经分级机可将50% ~60%的赤泥送入第二段湿磨机中继续浸出及尽力避免过磨。第一段湿磨分级机溢流中赤泥 +0.25mm 粒级小于 15%，-0.25 +0.088mm 粒级大于 13%，液固比可达 14 ~15，溢流中的赤泥含量小于 90g/L，进入分离沉降槽浓缩脱水，底流液固比可达 5 左右，再经圆筒过滤机分离赤泥。第二段湿磨机的浸出液中的赤泥粒度 +0.25mm小于13%，-0.25 +0.125mm 大于15%，Na_2O 含量可降至50 ~60g/L，加之摩尔比保持为1.25 左右，Na_2O_c 为25 ~30g/L，可使正硅酸钙浸出造成的氧化铝损失降至较低水平，可使氧化铝及 Na_2O_c 的净浸出率分别达93%和96%。

所得赤泥的化学组成列于表 14.7 中。

表 14.7 熟料二段湿磨浸出所得赤泥的化学组成

组 分	SiO_2	Na_2O	Fe_2O_3	TiO_2	Al_2O_3	CaO	CO_2	H_2O
含量/%	20/25	2/2.5	6/8	2/2.5	4/8	40/50	1/5	3/10

熟料二段湿磨浸出所得赤泥的化合物组成列于表 14.8 中。

表 14.8 熟料二段湿磨浸出所得赤泥的化合物组成 （%）

化合物	$2CaO \cdot SiO_2$	$Fe_2O_3 \cdot xH_2O$	$3CaO \cdot Al_2O_3 \cdot xSiO_2 \cdot (6-2x)H_2O$	$CaCO_3$	$Na_2O \cdot Al_2O_3 \cdot 2SiO_2$	$Na_2O \cdot Al_2O_3 \cdot 1.7SiO_2 \cdot 2H_2O$	$CaO \cdot TiO_2$	$Al(OH)_3$
含量/%	40 ~55	6 ~9	5 ~10	2 ~10	3 ~8	3 ~15	3.5 ~4.5	1 ~3

熟料二段湿磨浸出工艺的缺点是流程冗长复杂。随着赤泥分离设备的改进，熟料浸出工艺流程也在进一步改进。如采用压滤机分离洗涤赤泥，熟料浸出则可采用一段湿磨开路流程。由于实现了赤泥的快速分离和洗涤，可以适当降低对熟料质量和作业条件的要求。

14.4.4 粗液脱硅

14.4.4.1 粗液脱硅的必要性

通常粗液中 Al_2O_3 含量为 120g/L，SiO_2 含量为 4.5～6g/L（硅量指数为 20～30），故粗液中的 SiO_2 含量比铝酸钠溶液中 SiO_2 的平衡浓度高许多倍。若粗液直接送碳酸化分解，大部分 SiO_2 将与氢氧化铝一起沉淀析出。为了保证氧化铝产品的纯度，碳酸化分解析出氢氧化铝前，粗液须经脱硅作业除去硅渣产出精液。精液的硅量指数愈高，表示溶液中 SiO_2 的含量愈低，脱硅愈完全。

碳酸化分解时不仅应析出高质量的氢氧化铝，而且要求高的分解率，以尽量减少随碳分母液返回的 Al_2O_3 量。因此，粗液须脱硅，而且要求精液的硅量指数大于 400。目前，国内外碱石灰烧结法生产厂已研制了多种脱硅流程，如先经高压釜在 150～170℃条件下进行第一段脱硅，使溶液的硅量指数提高至 400 左右，然后在常压下加石灰进行第二段脱硅，使溶液的硅量指数提高至 1000～1500 的两段脱硅流程。

粗液脱硅使 SiO_2 呈水合铝硅酸钠或添加石灰使 SiO_2 呈水合石榴子石析出，其目的是使铝酸钠溶液中的 SiO_2 转变为难溶化合物沉淀析出。因脱硅后的铝酸钠溶液的稳定性较小，当采用低苛性比值浸出熟料工艺时，为防止脱硅过程中铝酸钠溶液的分解，脱硅前须预先将粗液的苛性比值增至大于 1.5～1.55。添加一定量的石灰进行粗液脱硅，精液的硅量指数可提高至 1000 以上。其脱硅反应可表示为：

$$3Ca(OH)_2 + 2NaAl(OH)_4 + xNa_2SiO_3 + yH_2O \longrightarrow$$
$$3CaO \cdot Al_2O_3 \cdot xSiO_2 \cdot yH_2O + 2(1+x)NaOH$$

14.4.4.2 粗液加石灰脱硅过程的主要影响因素

粗液加石灰脱硅过程的主要影响因素为：

A 粗液中 Na_2O 与 Al_2O_3 的浓度

提高溶液的 Na_2O 浓度将促使水合石榴子石分解，会降低精液的硅量指数。当溶液的苛性比值一定时，提高溶液的 Al_2O_3 浓度，将明显降低精液的硅量指数（见表 14.9）。

表 14.9 溶液的 Al_2O_3 浓度对加石灰脱硅的影响

脱硅原液成分/g·L^{-1}				脱硅精液的 A/S（硅量指数）			
α_k	Al_2O_3	Na_2O	SiO_2	10min	30min	60min	120min
1.47	97.5	87.1	0.36	312	694	1080	1162
1.40	101.7	86.6	0.42	289	535	752	1028
1.40	113.3	96.4	0.43	331	607	707	947
1.47	125.4	112.1	0.45	348	467	530	526
1.47	132.9	118.8	0.49	358	428	443	442

注：加石灰 8.5g/L，脱硅温度 100℃。

B 溶液中的 Na_2O_c 浓度

提高溶液的 Na_2O_c 浓度将促使水合石榴子石分解，会降低精液的硅量指数，其反应可表示为：

$$3CaO \cdot Al_2O_3 \cdot xSiO_2 \cdot yH_2O + 3Na_2CO_3 \longrightarrow$$

$$3CaCO_3 + (2-x)NaAl(OH)_4 + 4NaOH + \frac{x}{2}(Na_2O \cdot Al_2O_3 \cdot 2SiO_2 \cdot 2H_2O)$$

碳酸钠与石灰产生苛化反应，将增加石灰耗量和提高溶液的 Na_2O 浓度，会降低精液的硅量指数。

C 溶液中的 SiO_2 浓度

由于脱硅时生成的水合石榴子石的饱和度很低，溶液中的 SiO_2 浓度愈高，石灰耗量及损失的 Al_2O_3 也愈高。若石灰加入量不足，将无法保证精液的脱硅深度。加石灰脱硅时，须预先分离钠硅渣，否则因石灰脱硅会使钠硅渣重溶而升高溶液中的 SiO_2 浓度。

D 石灰添加量及其质量

石灰添加量愈多，精液的硅量指数愈高，但损失的 Al_2O_3 也愈高。如100℃条件下脱硅，石灰添加量为6g/L，Al_2O_3 的损失量约1.9g/L，当石灰添加量增至13g/L，Al_2O_3 的损失量增至7.7g/L。

脱硅时用的石灰须经充分煅烧，以提高有效氧化钙含量。石灰中所含的MgO的脱硅作用比CaO好，可降低设备结钙现象，但脱硅后所得的含镁渣熟料不宜作配制铝酸盐炉料或水泥炉料。碱石灰铝土矿炉料中MgO的含量太高，将使烧成温度变窄及降低 Al_2O_3 和 Na_2O 的浸出率。水泥制品中的MgO会使固结时的体积剧烈膨胀而破坏混凝土。

E 温度

铝酸钠溶液加石灰脱硅的速度和深度均随温度的升高而增大。当其他条件相同时，脱硅温度愈高，水合石榴子石中 SiO_2 的饱和度愈大，溶液中 SiO_2 的平衡浓度愈低，可降低石灰耗量及减小 Al_2O_3 的损失。二段脱硅时，第一段脱硅分离钠硅渣后，将溶液温度降至95~100℃，在此温度下加石灰进行第二段脱硅可大幅度提高精液的硅量指数。

14.4.4.3 铝酸钠溶液的二段脱硅工艺流程

铝酸钠溶液的二段脱硅工艺流程如图14.15所示。

从图14.15可知，二段脱硅时，将第二段所得的水合石榴子石渣返至第一段脱硅作业，然后从第一段脱硅作业所得泥渣中回收氧化铝，可以减小 Al_2O_3 的损失。

14.4.4.4 从水合石榴子石中回收氧化铝

二段脱硅时所得的水合石榴子石渣中 Al_2O_3 含量约26%，若将其直接返回烧结作业会造成氧化铝的大量循环和损失。若将其进行碳酸钠溶液浸出则可消除此缺点。浸出反应可表示为：

$$3CaO \cdot Al_2O_3 \cdot xSiO_2 \cdot yH_2O + 3Na_2CO_3 + (2x-y)H_2O \longrightarrow$$

$$3CaCO_3 + \frac{x}{2}(Na_2O \cdot Al_2O_3 \cdot 2SiO_2 \cdot 2H_2O) + (2-x)NaAl(OH)_4 + 4NaOH$$

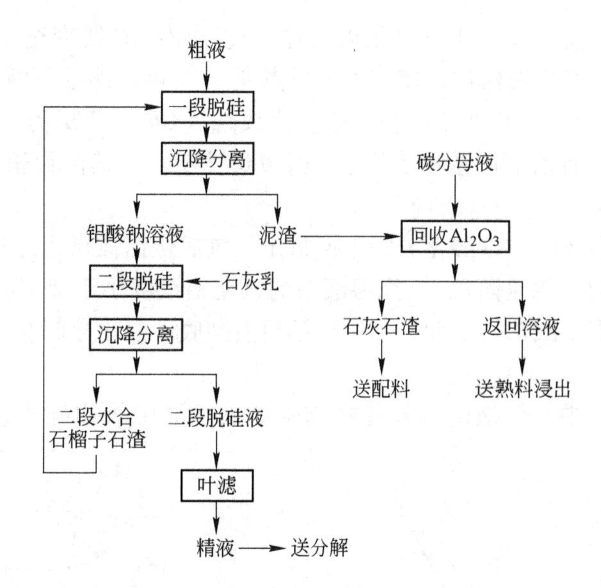

图 14.15 铝酸钠溶液的二段脱硅工艺流程

碳酸钠溶液浸出水合石榴子石渣时，Na_2O 浸出率与 Na_2CO_3 浓度的关系如图 14.16 所示。从图中曲线可知，送回收的溶液中的碳酸钠浓度愈高，溶液中的苛性碱浓度愈高。

碳酸钠溶液浸出水合石榴子石渣回收氧化铝时，同时进行碳酸钠的苛化，所得的铝酸钠-碱溶液的苛性比值为 3.4 左右，可返回配制调整液或提高浸出粗液的苛性比值。

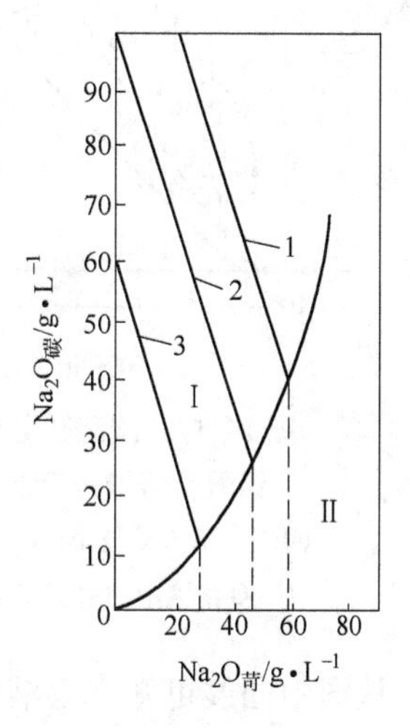

图 14.16 90℃时从 $x=0.2$ 的水合石榴子石渣中回收氧化铝过程的碳酸钠浓度与苛性碱浓度的变化

I—$CaCO_3$ 结晶区；

II—$3CaO \cdot Al_2O_3 \cdot xSiO_2 \cdot yH_2O$；

原液中 Na_2O_c 浓度（g/L）：

1—130；2—100；3—60

14.4.5 铝酸钠溶液的碳酸化分解

14.4.5.1 碳酸化分解原理

碳酸化分解过程进行的化学反应为：

（1）二氧化碳气体被铝酸钠溶液吸收，中和苛性碱：

$$2NaOH + CO_2 \longrightarrow Na_2CO_3 + H_2O$$

（2）析出氢氧化铝：

$$NaAl(OH)_4 \longrightarrow Al(OH)_3 \downarrow + NaOH$$

（3）析出水合铝硅酸钠结晶：

$$2Na_2SiO_3 + 2NaAl(OH)_4 + xH_2O \longrightarrow$$
$$4NaOH + Na_2O \cdot Al_2O_3 \cdot 2SiO_2 \cdot xH_2O \downarrow + 2H_2O$$

（4）析出水合碳铝酸钠：

$$2Na_2CO_3 + 2Al(OH)_3 \longrightarrow NaOH + Na_2O \cdot Al_2O_3 \cdot 2CO_2 \cdot 2H_2O \downarrow$$

铝酸钠精液的 Na_2O-Al_2O_3-H_2O 系的状态图如图 14.17 所示。

铝酸钠浓度须由不饱和区进入过饱和区后才能分解。铝酸钠精液通入二氧化碳气体后产生苛性碱中和反应，Na_2O 浓度沿直线 AB 变至 B 点，使溶液组成点处于过饱和区，开始碳酸化分解的第Ⅱ阶段（析出氢氧化铝），溶液组成沿 *BC* 线变至 *C* 点。继续通入二氧化碳气体后与生成的苛性碱作用，使溶液组成点变至 *B*′点，连续不断进行上述两个反应，氢氧化铝的结晶线（*BC*、*B*′*C*′等）和碳酸钠生成线（*CB*′、*C*′*B*″等）组成许多折线，这两个过程同时发生，所以溶液浓度实际上是沿 *B*0 线变化，其位置稍高于平衡曲线（0*M* 线）。

水合铝硅酸钠主要是在碳酸化分解末期析出，氢氧化铝被氧化硅和碱严重污染。

碳酸化分解末期（第Ⅲ阶段），当溶液中的氧化铝浓度小于 2 ~ 3g/L 时，由于溶液温度不高，析出水合碳铝酸钠。因此，当铝酸钠溶液彻底碳酸化分解时，所得氢氧化铝中含有大量的碳酸钠。

碳酸化分解过程中，精液的硅量指数与铝酸钠溶液中氧化硅含量的关系如图 14.18 所示。

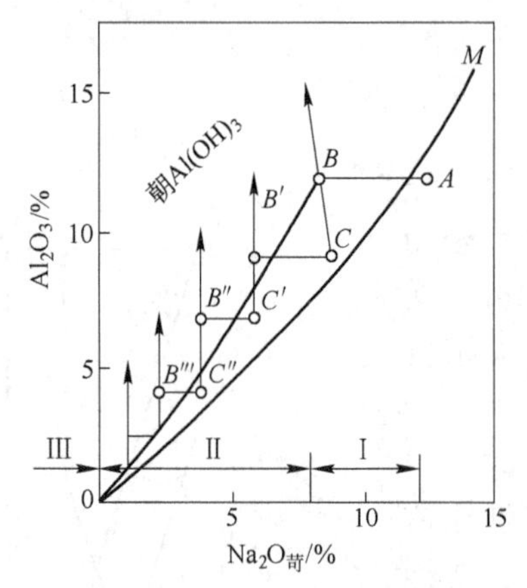

图 14.17 碳酸化分解过程铝酸钠溶液浓度的变化

（0M 为 80℃条件下 Al（OH）$_3$ 在 Na_2O 溶液中的溶解度等温线）

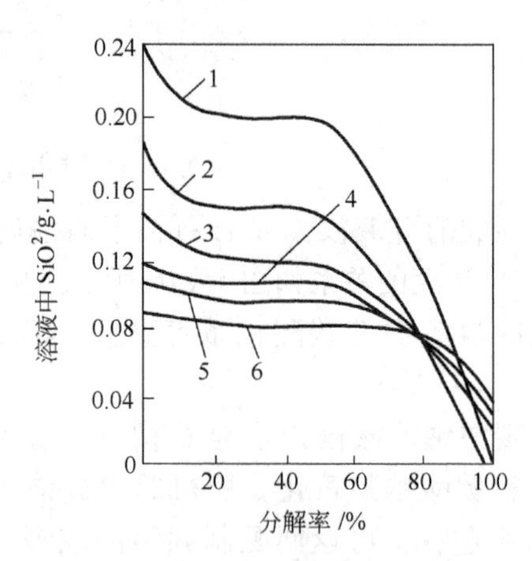

图 14.18 碳分时精液的硅量指数与溶液中氧化硅含量的关系

硅量指数：1—350；2—470；3—600；4—710；5—850；6—970

从图中曲线可知，溶液中氧化硅含量的变化可分为三段：

（1）分解初期，硅与铝产生表面吸附共沉淀，硅量指数愈高，曲线愈短愈平缓，氢氧化铝沉淀中氧化硅含量愈少。这部分氢氧化铝的铝硅比甚至低于分解原液的硅量指数。由于氢氧化铝表面被含氧化硅物质所覆盖，阻碍氢氧化铝晶体长大，故从含硅高的原液中分解所得氢氧化铝的粒度较小。添加晶种可改善氢氧化铝的粒度组成，并可减小分解初期氧化硅的析出。

（2）分解中期，曲线几乎与横坐标平行，表明此阶段只沉淀析出氢氧化铝，曲线长度随硅量指数的提高而延长。此阶段所得氢氧化铝的纯度最高。但此阶段，溶液中的氧化硅的过饱和度则逐渐增大。

（3）分解末期，曲线斜率较大，表示随氢氧化铝析出的氧化硅量大幅度增加。溶液中的大部分氧化硅在此阶段析出，若将氧化铝全部分解析出，则氧化硅也几乎全部析出，因为铝硅酸钠在碳酸钠溶液中的溶解度非常小。

碳分温度对氧化硅的行为有一定影响。温度低，生成的氢氧化铝的晶体不完善，粒度小，对氧化硅的吸附能力强，同时氢氧化铝的晶体还包裹较多的母液，使分解初期的氧化硅析出量增大。因此，可按分解原液的硅量指数来控制分解率，在氧化硅大量析出前便结束碳分过程并迅速分离氢氧化铝，可获得氧化硅含量低的优质氢氧化铝。

14.4.5.2 碳酸化分解的主要影响因素

A 精液纯度与碳酸化分解率

精液纯度不仅要求较高的硅量指数，而且须将其浮游物含量降至小于 0.02g/L。精液的硅量指数愈高，碳酸化分解率也愈高。

碳酸化分解过程中全碱（$Na_2O_k + Na_2O_c$）的绝对量基本不变，碳分时铝酸钠溶液的氧化铝的分解率的计算式为：

$$\varepsilon_{Al_2O_3} = \frac{\left[A_n - A_m \times \left(\frac{N_T}{N'_T}\right)\right]}{A_n} \times 100\%$$

式中 A_n——精液中的 Al_2O_3 浓度，g/L；

A_m——母液中的 Al_2O_3 浓度，g/L；

N_T——精液中的总碱浓度，g/L；

N'_T——母液中的总碱浓度，g/L。

$\frac{N_T}{N'_T}$为溶液的浓缩比或浓缩系数，表示碳分过程中溶液体积的变化。碳分过程中，排出的废气和结晶析出的氢氧化铝均带走部分水，使溶液浓缩。采用石灰窑气分解时，浓缩比可达 0.92～0.94。

B 二氧化碳气体纯度、浓度和用量

石灰窑窑气中 CO_2 的浓度为 35%～40%，烧结窑窑气中 CO_2 的浓度为 8%～12%，两者均可作为碳酸化分解的 CO_2 的来源。我国碱石灰烧结法以石灰为配料，采用石灰窑窑气进行碳酸化分解。

二氧化碳气体纯度是指其中含尘量的多少。粉尘中的 CaO、SiO_2 和 Fe_2O_3 等为氧化铝中的有害杂质。碳酸化分解的 CO_2 的用量大，石灰窑窑气中的粉尘全部进入氢氧化铝中，故石灰窑窑气须净化洗涤，使其中的含尘量小于 0.03g/m^3。

窑气中 CO_2 的浓度和通入速度（用量）决定碳酸化分解速度、设备产能、压缩机功率和碳酸化分解温度。

采用高浓度的石灰窑窑气（浓度为 38% 左右）进行碳酸化分解，其分解速度快、产量高和 CO_2 的利用率高。分解过程中 CO_2 与 Na_2O 的中和反应及氢氧化铝结晶所释放出的热量足可使碳酸化分解在较高的温度条件下进行，有利于氢氧化铝晶体长大和蒸发部分水分。通入速度（用量）快虽可缩短分解时间、提高产能，但因分解速度快，氢氧化铝晶体来不及长大、粒度细，晶间包含相当数量的母液，增加氢氧化铝沉淀中的不可洗碱量和 SiO_2 含量。

C 温度

提高碳酸化分解温度有利于氢氧化铝晶体长大，减小其吸附碱和 SiO_2 的能力，有利于氢氧化铝的分离和洗涤。碳酸化分解温度与窑气中 CO_2 的浓度和通入速度有关，采用高浓度的石灰窑窑气，可使碳酸化分解温度维持在85℃以上。采用低浓度的石灰窑窑气，只能使碳酸化分解温度维持在70～80℃，此时须通入蒸汽保温。

D　晶种

预先向精液中添加一定数量的晶种，可避免分解初期生成分散度大、吸附能力强的氢氧化铝沉淀，可降低其对 SiO_2 及其他杂质的吸附，可改善晶体结构和粒度组成（见图14.19、图14.20）。

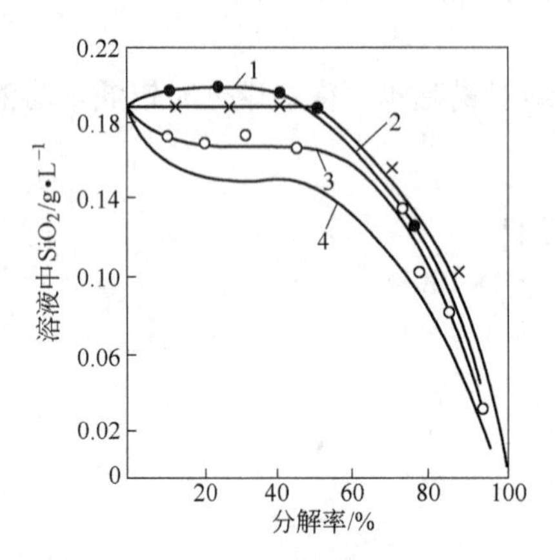

图14.19　添加晶种对碳分过程中 SiO_2 析出的影响

1，2—晶种系数为1.0；3—晶种系数为0.4；4—不加晶种（晶种中的 SiO_2 含量（占晶种中的 Al_2O_3）1—0.75%；2，3—0.05%）

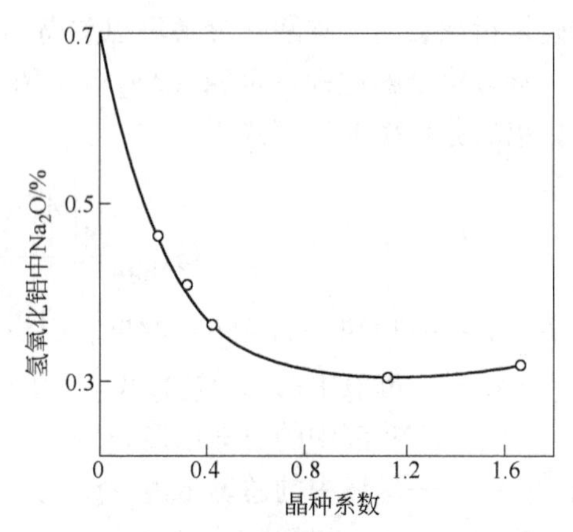

图14.20　氢氧化铝沉淀中的碱含量与晶种系数的关系

从图中曲线可知，添加一定数量的晶种时，分解率小于50%时析出的氢氧化铝沉淀不含 SiO_2。分解率相同时，添加一定数量的晶种时的氢氧化铝沉淀中的 SiO_2 含量比不加晶种时的 SiO_2 含量低。添加晶种可改善氢氧化铝沉淀的晶体结构和粒度组成，降低其碱含量。当晶种系数从0增至0.8时，氢氧化铝沉淀中的碱含量从0.69%降至0.3%。

但添加晶种时，可使部分氢氧化铝沉淀循环积压于碳分过程中，增加分离设备的负荷系数。

E　搅拌强度

碳酸化分解是气、液、固三相界面的多相反应过程，增加搅拌强度有利于溶质扩散、可使氢氧化铝沉淀悬浮、可防止局部过碳酸化分解、可改善氢氧化铝晶体的结构和粒度组成、降低其碱含量、可提高 CO_2 的吸收率、可减轻槽内结钙现象和强化碳分过程。

仅靠石灰窑窑气的鼓泡产生的搅拌强度太小，须靠机械搅拌或压缩空气搅拌才能将氢氧化铝晶体悬浮。

14.4.5.3　设备与操作

圆筒形平底碳分槽的结构如图14.21所示。CO_2 气体经若干支管从槽下部通入槽内，经槽顶部气水分离器排出。

圆筒形锥底碳分槽的结构如图14.22所示。槽内料浆由锥体部分径向系统送入的 CO_2 气体进行搅拌，沉积于锥底（喷嘴以下）的氢氧化铝晶体采用空气提升器提升至上部区域。

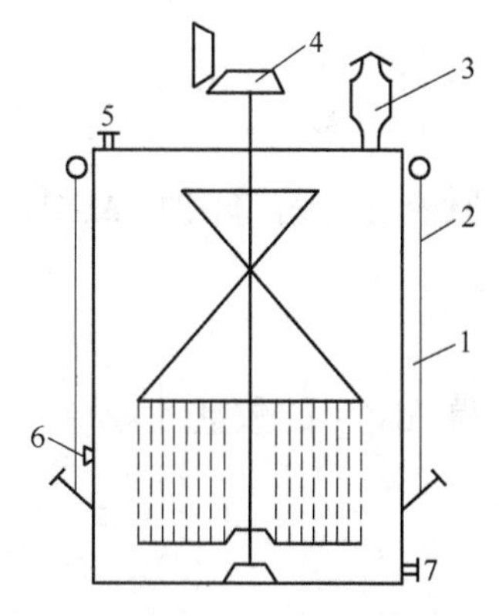

图 14.21 圆筒形平底碳分槽的结构
1—槽体；2—进气管；3—气水分离器；
4—机械搅拌机构；5—进料管；6—取样管；
7—出料管

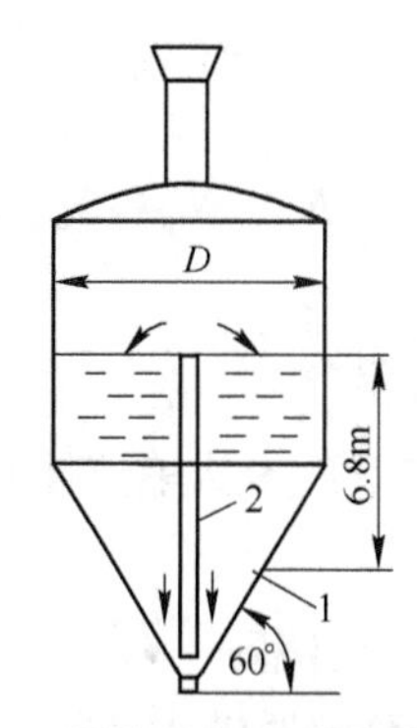

图 14.22 圆筒形锥底碳分槽的结构
1—气体进口；2—空气提升器

碳酸化分解作业可采用连续作业或间断作业的方式进行，目前多数氧化铝厂采用间断作业的方式。间断作业时，先确定每个槽的作业时间，以保证碳酸化分解过程能均衡稳定地进行。间断作业时，操作分为进料、通气分解、停气出料和检查四个工序，其主要任务是控制好碳分分解率。

14.4.6 晶种分解

14.4.6.1 晶种分解原理

脱硅后的大部分精液送碳酸化分解，仅少部分精液送晶种分解，其目的除晶种分解沉淀析出氢氧化铝外，另一目的是提供种分母液，以将其返回脱硅作业供粗铝酸钠溶液脱硅。

过饱和的铝酸钠溶液加入晶种（氢氧化铝）后将发生分解，其反应可表示为：

$$Al(OH)_4^- + xAl(OH)_3 \longrightarrow (x+1)Al(OH)_3 \downarrow + OH^-$$

过饱和的铝酸钠溶液中加入晶种（氢氧化铝），克服了铝酸钠溶液均相成核的困难，晶种系数的增加，显著缩短了成核的诱导期，晶种成为现成的结晶核心。

过饱和的铝酸钠溶液中加入晶种（氢氧化铝）的分解过程中，同时发生次生成核、晶体长大、晶粒富集、晶粒破裂与磨蚀等一系列物理化学作用。这些作用同时进行，但因条件的不同其程度有差异。有效地控制这些作用的进程，即可获得粒度组成和强度均符合要求的氢氧化铝。如尽可能避免或减少形成次生晶核及晶粒破裂，促进晶体长大和晶粒富集，均有利于生产砂状氧化铝。

14.4.6.2 晶种分解的指标

晶种分解的指标为分解率（ε）、产出率（Q）、分解槽单位产能（P）和氢氧化铝质量。

A 分解率

分解率（ε）为分解所得氢氧化铝中所含氧化铝与精液中所含氧化铝的质量之比的百分数，即：

$$\varepsilon_{Al_2O_3}=\left[\frac{A_a-A_m\cdot\frac{N_a}{N_m}}{A_a}\right]\times100\%=\left(1-\frac{\alpha_a}{\alpha_m}\right)\times100\%$$

式中 A_a，A_m，N_a，N_m，α_a，α_m——分别为分解原液和分解母液的 Al_2O_3 及 Na_2O 浓度和苛化比值。

B 产出率

产出率（Q）为从单位体积分解原液中分解所得 Al_2O_3 的数量（kg/m^3），即：

$$Q=A_a\cdot\varepsilon$$

式中 Q——产出率；

A_a——分解原液中 Al_2O_3 的浓度，kg/m^3；

ε——分解率。

产出率与分解原液中 Al_2O_3 的浓度和分解率密切相关。即使分解率不高，只要分解原液中 Al_2O_3 的浓度高，仍可保持较高的产出率。

C 分解槽单位产能

分解槽单位产能（P）为单位时间从分解槽单位体积中分解所得的 Al_2O_3 的数量，即：

$$P=\frac{A_a\times\varepsilon}{\tau}=\frac{A_a\cdot(\alpha_m-\alpha_a)}{\tau\cdot\alpha_m}$$

式中 P——分解槽单位产能，$kg/(m^3\cdot h)$；

τ——分解时间，h。

分解槽单位产能（P）与原液浓度及苛性比值差成正比，与分解时间和母液苛性比值成反比。因此，提高原液浓度可提高分解槽单位产能，但溶液稳定性增大，会延长分解时间；降低原液浓度可提高分解速度和分解率，但单位体积稀原液中析出的 Al_2O_3 会降低，故应全面兼顾有关分解工艺条件。

D 氢氧化铝质量

氧化铝的粒度组成和机械强度主要取决于种分作业条件，氧化铝的纯度主要取决于氢氧化铝的纯度。

氢氧化铝的杂质主要为 SiO_2、Na_2O、Fe_2O_3 及少量的 CaO、TiO_2、P_2O_5、V_2O_5、ZnO 等。其中 Fe_2O_3、CaO、ZnO、V_2O_5、P_2O_5 等杂质含量与种分作业条件关系不密切，它们主要取决于原液纯度。因此，须严格控制原液的过滤作业，使分解原液中的浮游物降至小于允许含量（0.02g/L）。

氢氧化铝中的 SiO_2 一部分来自浮游物中的钠硅渣（$Na_2O\cdot Al_2O_3\cdot1.7SiO_2\cdot2H_2O$），另一部分来自原液硅量指数低于 200～250 时分解过程析出的水合铝硅酸钠，且可增加产品中的氧化钠含量。氢氧化铝煅烧时，因窑衬磨损会带入少量 SiO_2，因此，氢氧化铝中的 SiO_2 含量一般应比质量标准规定值低 0.01%，以留有余地。

氢氧化铝中的碱有四种：(1) 夹带母液中的碱。(2) 吸附于氢氧化铝颗粒表面的碱。(3) 氢氧化铝结晶集合体空隙中包裹母液中的碱。(4) 以水合铝硅酸钠形态存在的化合碱及进入氢氧化铝晶格中的晶格碱。前两者易于洗去，用热软水逆向洗两次，可将其降至

0.1%左右。晶格碱很难洗去，其含量小于0.05%～0.1%。化合碱含量取决于原液中的氧化硅含量，当原液中的硅量指数达200以上时，化合碱含量小于0.01%～0.02%。成品氧化铝中的Na_2O含量一般小于0.4%，低钠氧化铝中的Na_2O含量可小于0.02%。

14.4.6.3 晶种分解的主要影响因素

A 分解原液浓度和苛性比值

分解原液浓度和苛性比值是影响晶种分解速度、分解率和分解槽单位产能的主要因素，对氢氧化铝的粒度组成也有明显影响。

从Na_2O-Al_2O_3-H_2O三元素相图可知，其他条件相同时，Al_2O_3含量约90g/L的中等浓度溶液的过饱和度大，其分解速度较大。从图14.23可知，若只考虑分解速度，原液浓度不宜太高，但此时产出率及槽单位产能较低。生产实践表明，当溶液苛性比一定时，最高的槽单位产能有其相对应的最佳浓度。溶液苛性比值愈低，最佳浓度愈高，分解槽单位产能愈高。因此，降低铝酸钠溶液苛性比值和适当提高Al_2O_3浓度，是强化分解过程和提高分解指标的有效措施之一。

若溶液苛性比值低，过饱和度大，则分解温度低时，由于分解速度快，产生大量次生晶核，氢氧化铝结晶变细；此类溶液若在较高温度分解，则利于晶种的富集和生长。

B 分解温度

分解温度与氢氧化铝的粒度组成密切相关。根据Na_2O-Al_2O_3-H_2O三元素相图，当其他条件相同时，降低分解温度可提高分解率和分解槽单位产能，但若分解温度低于30℃时，种分解速度将下降（见图14.24）。

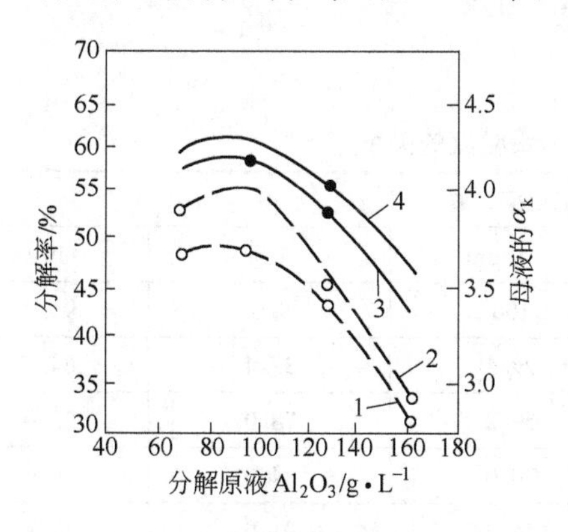

图14.23 原液浓度对种分的影响

1，3—晶种系数为1.5；

2，4—晶种系数为2.0；——分解率；

---母液α_k；原液α_k=1.59～1.63

（分解初温62℃，终温42℃，分解时间64h）

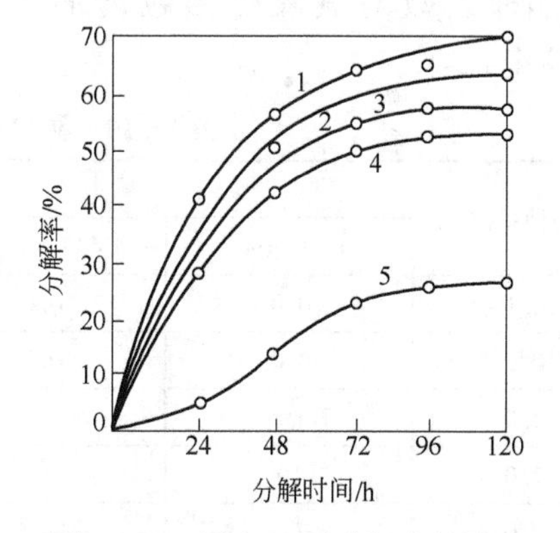

图14.24 原液α_k对分解率的影响

原液Al_2O_3浓度为110g/L；

分解初温60℃，终温36℃

1—α_k=1.27；2—α_k=1.45；3—α_k=1.65；

4—α_k=1.81；5—α_k=2.28

分解温度（尤其是初温）是氢氧化铝粒度的主要影响因素。若将初温从85℃降为50℃，可使晶体长大速度增大6～10倍。分解温度高，可避免或减少新晶核的形成，可获得晶体完整、强度较大的氢氧化铝。因此，生产砂状氧化铝时，分解初温为70～85℃，终温为60℃，但不利于提高分解率和产能。生产面粉状氧化铝时，对产品粒度无特殊要求，均采用较低的分解温度。

分解温度对氢氧化铝中的某些杂质含量有影响。试验表明，分解初温愈低，氢氧化铝中的 Na_2O 含量愈高。

生产中一般采用逐渐冷却溶液的变温分解工艺，合理确定初温、终温及降温速度等参数，通常初期降温快，后期慢。

C 晶种数量和质量

晶种数量和质量是影响分解速度、产品粒度和强度的主要因素之一。

晶种数量常用晶种系数（或种子比）表示。晶种系数为添加晶种氢氧化铝中所含的 Al_2O_3 数量与分解原液中 Al_2O_3 数量的比值。生产实践中，晶种数量相当大，如产量为1000t/d 氧化铝的氧化铝厂，若晶种系数为2，循环的氢氧化铝晶种数量将超过14000～18000t。

晶种质量是指晶种的活性和强度的大小，它取决于晶种的制备方法、条件、保存时间、结构和粒度等因素。

晶种系数与分解速度的关系如图14.25所示。

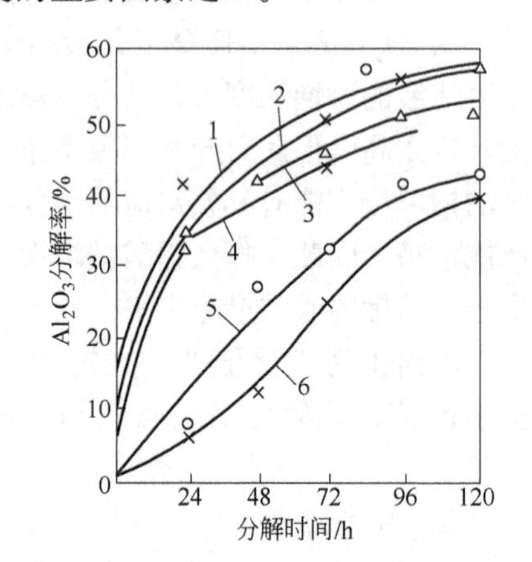

图14.25 晶种系数与分解速度的关系
1—4.5；2—2.1；3—1.0；4—0.3；5—0.2；6—0.1

从图中曲线可知，分解速度随晶种系数的增大而增大，但有峰值。当晶种系数较小时，分解速度增加幅度大；晶种系数较大时，分解速度增加幅度小。

晶种系数与氢氧化铝粒度的关系列于表14.10中。

表14.10 晶种系数与氢氧化铝粒度的关系

晶种系数	氢氧化铝粒度组成/%				
	+85μm	43～85μm	-43μm	+10μm	-10μm
0.1	0.0	0.0	100	9.0	91.0
0.5	0.0	0.6	99.4	35.4	64.6
1.0	5.8	25.0	69.2	78.0	22.0
2.0	10	23.0	70.0	84.0	16.0
3.0	9.5	26.5	54.0	91.0	9.0
5.0	6.6	25.0	68.4	91.0	9.0

从表14.10中的数据可知，提高晶种系数可使氢氧化铝粒度变粗，因加入大量晶核，减少了新晶核的生成。但随晶种系数的提高，单位体积浆液中铝酸钠溶液量将减少；不洗涤的晶种带入的母液量愈多，分解原液中的苛性比值增加愈多，使分解速度下降；随晶种系数的提高，提高了氢氧化铝的周转量、输送动力，增加了氢氧化铝的分离和分级设备。因此，晶种系数不宜太高。

晶种的活性对分解速度的影响大，采用比表面积大的细粒氢氧化铝作活性晶种时，晶种系数可降至0.05～0.1。

目前工业生产中还未采用活性晶种，因其制备困难和难以保证氢氧化铝产品的粒度和强度。工业生产中采用分级法获得细粒氢氧化铝作为晶种，即将出料分解槽停止搅拌或减速搅拌，使粗粒氢氧化铝沉于槽下部，经出料、过滤、洗涤后得产品；细粒氢氧化铝经槽上部溢流、过滤后作为晶种。

采用高强度的氢氧化铝晶种才能制得高强度的氢氧化铝产品。晶种的强度取决于适宜的分解工艺参数。

D 分解时间及母液苛性比值

分解时间与分解率的关系如图 14.26 所示。

当其他条件相同，分解率随分解时间的增加而增加，母液苛化比值也随之增加。随分解时间的增加，分解速度愈来愈小（$aa' > bb' > cc' > dd' > ee'$），母液苛化比值的增长梯度也愈来愈小，分解槽的产能也愈来愈低，产品中细粒级的含量愈来愈高。因此，不宜过分延长分解时间，但过早停止分解会降低分解率和苛化比值，故分解时间宜根据具体条件确定。

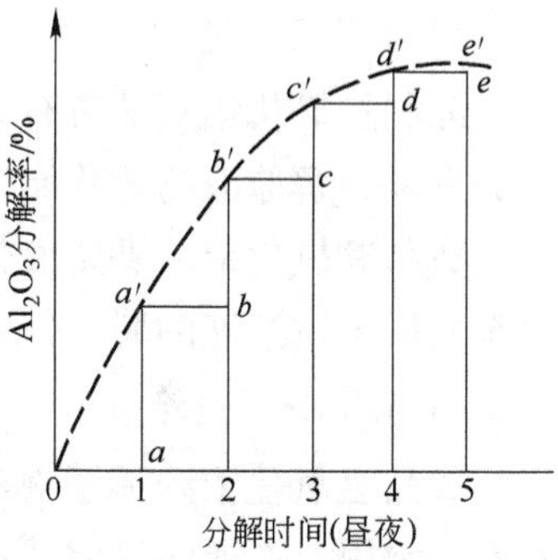

图 14.26 分解时间与分解率的关系

分解后期细粒级的含量增大，是因溶液过饱和度减小、温度下降、黏度增加、晶体长大速度减小、长时间搅拌引起晶体破裂和磨蚀几率增大的结果。

E 搅拌强度

分解过程中应保持一定的搅拌强度，使氢氧化铝晶种在铝酸钠溶液中悬浮并与溶液良好接触，使溶液浓度均匀一致，加速溶液分解，使氢氧化铝晶体均匀地长大。搅拌可引起晶体破裂和磨蚀，它可成为在以后的循环作业中转化为强度较大的晶体，故一些强度小的晶体破裂和磨蚀并非坏事。

当原液浓度较低（如 Na_2O_T 149.5g/L，$Al_2O_3$125g/L，苛性比值为 1.74），搅拌强度的影响小，搅拌强度能保持氢氧化铝晶种在铝酸钠溶液中悬浮即可。当原液浓度较低（Na_2O_T 大于 160～170g/L）时，增加搅拌强度可显著提高分解率，因增加搅拌强度可提高扩散速度。

F 杂质

原液中少量有机物对分解作业影响小，但当积累至一定量时会使产品粒度变细。硫酸钠和硫酸钾会降低分解速度，但浓度低时不明显。SO_2 含量大于 30～40g/L 时会明显降低分解速度，使产品粒度不均匀。原液中的锌全部进入产品中，会降低氧化铝质量。一般含量的 NaF 对分解速度无影响，但氟、磷、钒对氢氧化铝的粒度有影响。

14.4.6.4 分解设备

A 冷却

为了控制分解初温，分解前须将叶滤后的精液（分解原液）通过热交换器进行冷却。生产中采用的冷却设备有：鼓风冷却塔、板式热交换器、闪速蒸发换热器等。其中以板式热交换器应用较广，鼓风冷却塔已基本被淘汰。

B 分解槽

生产中采用的分解槽有空气搅拌槽和机械搅拌槽两种分解槽。20 世纪 70 年代新型机械搅拌槽获得了发展，已逐步取代空气搅拌槽。机械搅拌槽的优点为：动力消耗低、使固体颗粒在槽内均匀分布、循环量大、结疤少、可减少料浆短路现象、可减少空气中的 CO_2 进入料浆使苛性碱转变为碳酸碱、可靠性高和易启动等。

14.4.7 氢氧化铝沉淀的分级、过滤、洗涤和煅烧

14.4.7.1 分级

从分解槽排出的浆液含母液和氢氧化铝晶体，常用分级法分为成品氢氧化铝浆液和晶种氢氧化铝浆液。原分级工艺采用水力旋流器、弧形筛及多级沉降分级槽组成。目前我国已采用旋流器筛，一次即可进行成品氢氧化铝、粗晶种和细晶种分级。

14.4.7.2 过滤

晶种氢氧化铝浆液带有大量母液，返回分解槽前须经过滤以滤去所带的母液，以避免过分提高分解原液的苛化比值。

成品氢氧化铝浓稠浆液带有大量母液，须经过滤以回收母液中的 Na_2O，种分母液须返至粗铝酸钠溶液的脱硅作业。

14.4.7.3 洗涤

成品氢氧化铝浓稠浆液经过滤所得滤饼仍带有部分母液，须用软水洗涤，水温高于90℃，常用二次逆向过滤洗涤以降低用水量。过滤后的成品氢氧化铝附碱（Na_2O）含量要求不大于0.12%，水分含量要求不大于12%。通过改进设备和采用助滤剂，可使成品氢氧化铝水分含量降至6%～8%。

14.4.7.4 煅烧

A 煅烧的目的

煅烧的目的是除去成品氢氧化铝中的附着水和结晶水，获得吸湿性能较差的氧化铝，以满足铝电解生产的要求。

B 脱水机理

煅烧温度为1000～1250℃，其脱水过程为：110～120℃脱除附着水；200～250℃条件下，$Al(OH)_3$(三水铝石)失去两个结晶水转变为一水软铝石；500℃左右一水软铝石转变为无水 γ-$Al(OH)_3$；850℃以上无水 γ-$Al(OH)_3$ 转变为不吸湿的 α-$Al(OH)_3$。其中除无水 γ-$Al(OH)_3$ 转变为不吸湿的 α-$Al(OH)_3$ 为放热过程外，其他脱水过程均为吸热过程，主要热量消耗于500～600℃的脱水和相变阶段。

煅烧温度和煅烧时间与产品 Al_2O_3 中 α-Al$(OH)_3$ 含量的关系如图14.27所示。

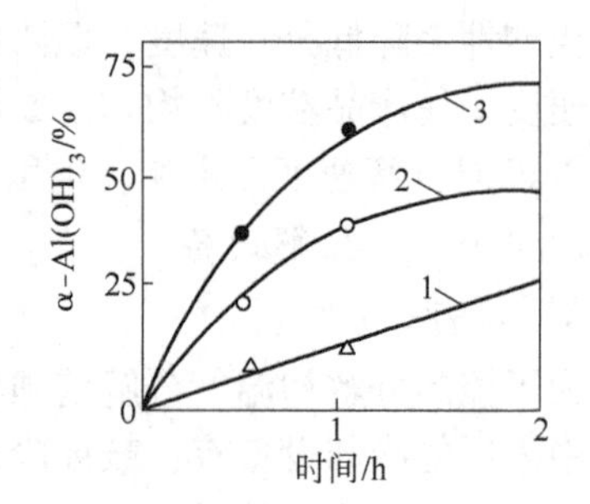

图14.27 煅烧温度和煅烧时间与产品 Al_2O_3 中 α-$Al(OH)_3$ 含量的关系
1—1150℃；2—1200℃；3—1250℃

C 煅烧设备

a 带冷却机的回转窑

氢氧化铝煅烧回转窑的设备联系图如图14.28所示。

目前多数氧化铝厂仍采用此类设备进行氢氧化铝的煅烧，最大的煅烧窑为 ϕ4.5m×110m。

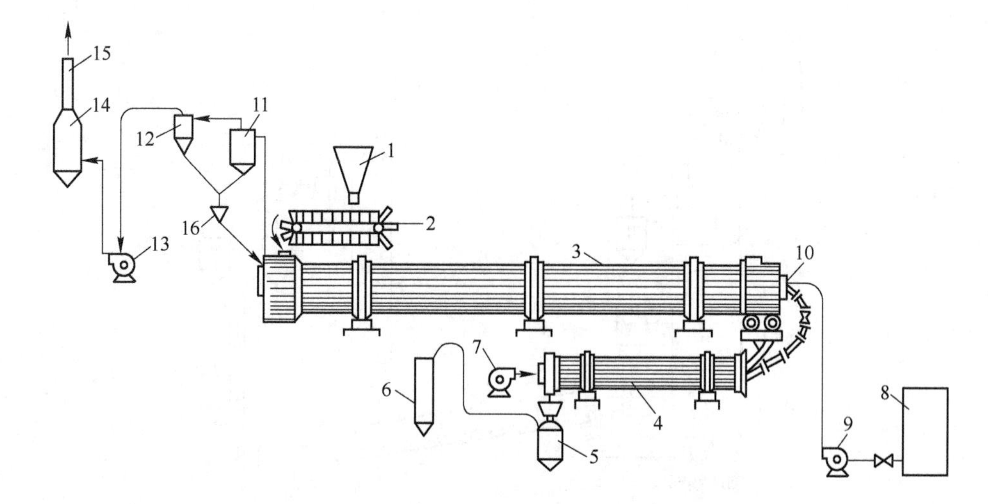

图 14.28 氢氧化铝煅烧回转窑的设备联系图
1—氢氧化铝仓；2—裙式喂料机；3—窑身；4—冷却机；5—吹灰机；
6—氧化铝仓；7—鼓风机；8—油库；9—油泵；10—油枪；
11—一次旋风收尘器；12—二次旋风收尘器；13—排风机；
14—立式电收尘器；15—烟囱；16—集灰斗

煅烧回转窑可分为四个带（区）：

烘干带：入窑物料与循环窑灰从 40℃左右加热至 200℃，附着水全被蒸发，窑气从 600℃左右降至 250～350℃。

脱水带：物料从 200℃左右加热至 900℃，脱除全部结晶水并转变为无水 γ-$Al(OH)_3$，窑气从 1050℃左右降至 600℃左右。

煅烧带：与燃烧带基本相同，火焰温度可达 1500℃以上，物料从 900℃加热至 1200℃左右。无水 γ-$Al(OH)_3$ 转变为不吸湿的 α-$Al(OH)_3$ 的程度取决于温度、停留时间及是否添加催化剂等。

冷却带：物料冷却至 1000℃左右，然后送入冷却机继续冷却。

煅烧过程的燃料费占煅烧作业加工费的三分之二以上。为了降低热耗，已对旧式的煅烧回转窑作了许多改造，出现了一些热耗低、产能大的新型煅烧设备。

b 带旋风热交换器的回转窑

带两组旋风热交换器的回转窑的设备联系图如图 14.29 所示。

采用废气预热氢氧化铝，进行预热、脱水，旋风热交换器的热效率高。因热交换器承担了一部分回转窑的工作，在产能不变的条件下，可缩短回转窑的长度和减小回转窑的热损失，可大幅度降低投资和热耗。

窑头安装高效冷却旋风热交换器后，可充分回收出窑的氧化铝所带出的热量，可提高空气预热温度，从而可提高燃烧温度，增强了窑内的热交换过程和可提高窑的产能。

c 循环流态化煅烧炉

循环流态化煅烧炉的设备联系图如图 14.30 所示。

国外于 20 世纪 40 年代初开始研究沸腾炉焙烧技术，20 世纪 70 年代将此技术用于氢氧化铝的煅烧。目前新建的氧化铝厂多数采用沸腾煅烧工艺。

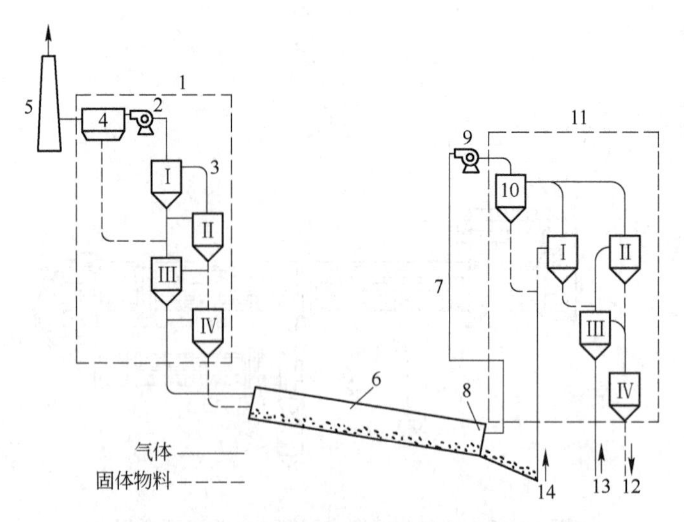

图 14.29　带两组旋风热交换器的回转窑设备联系图

1—氢氧化铝预热系统；2—排风机；3—氢氧化铝加料器；4—电收尘器；5—烟囱；6—回转窑；7—热风；8—油枪；9—鼓风机；10—除尘器；11—氧化铝冷却系统；12—送吹灰机；13，14—空气

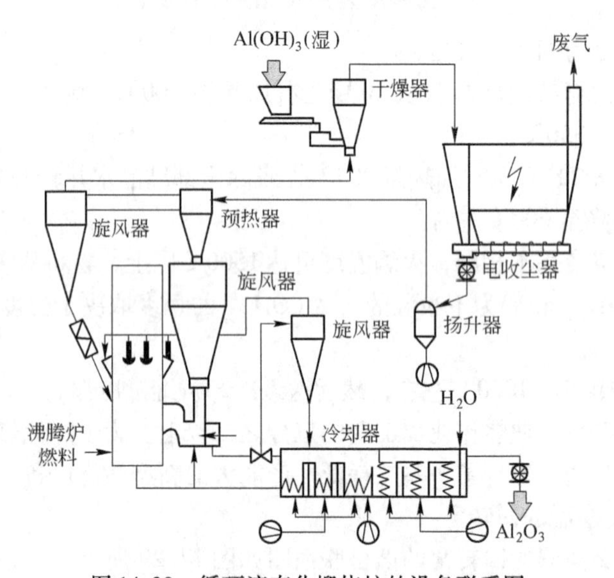

图 14.30　循环流态化煅烧炉的设备联系图

主设备为沸腾炉与其连在一起的旋风器和 U 形料封槽组成的煅烧设备，煅烧所需热量由燃料在沸腾炉内直接燃烧产生的燃烧气体提供，该燃烧气体也是煅烧固体的沸腾介质。

燃烧空气分一次风和二次风。燃料在分布板上部的两段中燃烧。燃烧气体与煅烧后的氧化铝混合在一起从炉顶排出，进入旋风器进行分级。分离出的大部分氧化铝经 U 形料封槽循环返回沸腾炉，少部分作为产品送冷却系统预热空气。分离所得废气用于氢氧化铝的干燥和脱水。在系统中固体与气体理想对流，使煅烧过程的热量获得充分利用。

d　沸腾闪速煅烧炉

美国铝业公司发明的沸腾闪速煅烧炉的设备联系图如图 14.31 所示。

煅烧炉为两端呈锥形的竖式圆柱体。燃烧用的热空气从煅烧炉下部吹入，燃料（煤气或重油）从炉体下部周边几个点送入。经预煅烧的氧化铝从旋涡热交换器出来，经倾斜管进入煅烧炉的燃烧带。倾斜管可将预煅烧的氧化铝分布于煅烧炉的中央。煅烧后的氧化铝和燃烧产物从煅烧炉的上端进入旋涡器，氧化铝与炉气分离后落入旋涡器下部的沸腾层中。燃料在沸腾煅烧区内充分燃烧，达最高煅烧温度。

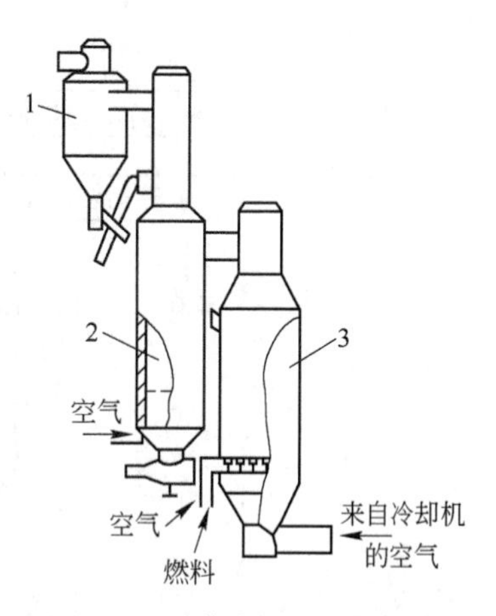

图 14.31 沸腾闪速煅烧炉的设备联系图

1—旋涡器Ⅰ；2—旋涡器Ⅱ；3—燃烧炉

煅烧后的氧化铝先在旋涡热交换器中与空气直接接触进行冷却，然后在双层沸腾层冷却机中冷却。上层的管式热交换器加热干燥用的空气，而水冷盘管热交换器则在下层进行氧化铝的最终冷却。

该煅烧炉采用低温（950～1050℃）稀相载流煅烧与浓相流化床停留保温相结合的工艺。所有燃烧产物和脱出的水蒸气高速排出，可使稀相悬浮系统的容器和压力降至最小，浓相流化床的传热效率高，且便于控制。燃烧空气与煅烧物料直接进行对流热交换可使热耗降低40%。该工艺可精确保持工艺所要求的温度，物料中温度分布均匀稳定；晶体破碎度低，产品质量高；设备结构简单，活动件少，占地面积小，操作费和维修费低。但该工艺比较复杂，床层送入的空气量大（32 标准 $m^3/t\ Al_2O_3$），动力消耗较大，整个系统散热损耗也较大。

14.5 联合法生产氧化铝

联合法生产氧化铝的工艺流程为拜耳法和碱石灰烧结法的联合流程，据联合方式可分为并联、串联、混联三种形式。联合法生产氧化铝在我国具有非常重要的地位，其产能占65.7%，郑州铝厂、贵州铝厂、山西铝厂均采用混联法生产氧化铝。

14.5.1 并联法生产氧化铝

14.5.1.1 并联法生产氧化铝的工艺流程

并联法生产氧化铝的工艺流程如图 14.32 所示。

并联法可同时处理低硅优质铝土矿和高硅铝土矿，两个系统各自独立。

14.5.1.2 并联法的优缺点

其优点为：

（1）可充分利用同一矿区的铝土矿资源；

（2）生产过程中碱损耗可用纯碱补充，成本较低；

（3）种分母液蒸发时析出的一水碳酸钠可直接返回烧结法配料作业，可省去苛化工序，一水碳酸钠所吸附的有机物可在烧结时烧去，降低了有机物的循环积累和其对种分过程的不良影响；

（4）烧结法系统产出的苛性比值低的铝酸钠溶液与拜耳法系统产出的铝酸钠溶液合并，可降低铝酸钠溶液的苛性比值，可提高晶种分解速度。因全部精液均用种分分解，烧结法所得粗液的脱硅要求可以低些，此时种分母液的蒸发会困难些。

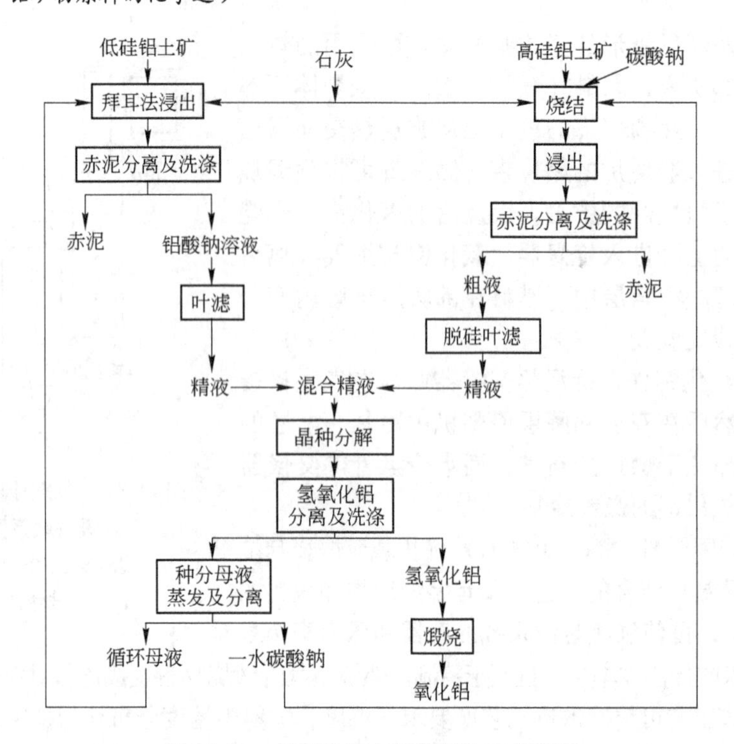

图 14.32 并联法生产氧化铝的工艺流程

并联法的主要缺点为：

（1）工艺流程较复杂。要求烧结法系统送至拜耳法系统的铝酸钠溶液的液量正好补充拜耳法部分的碱损失以保证流量平衡，使拜耳法系统的生产不受烧结法系统的影响和制约，故须有足够的母液储槽和其他备用设施以应付烧结法系统的波动。

（2）用烧结法系统的铝酸钠溶液代替苛性碱补偿拜耳法系统的苛性碱损失，使拜耳法系统各工序的循环碱量有所增加，可能产生硫酸钠积累，对各工序的技术经济指标有所影响。

14.5.2 串联法生产氧化铝

14.5.2.1 串联法生产氧化铝的工艺流程（见图 14.33）

串联法适于处理中等品位的铝土矿和低品位的三水铝石型铝土矿。先用拜耳法处理以提取大部分氧化铝，然后用烧结法处理拜耳法的赤泥，以进一步提取其中的氧化铝和碱，所得的精液与拜耳法精液一起进行晶种分解。种分母液蒸发析出的一水碳酸钠返烧结系统配制生料。

14.5.2.2 串联法的优缺点

串联法的主要优点：

（1）矿石经拜耳法和烧结法两次处理，氧化铝的总回收率高、碱耗较低，处理难浸铝土矿时可适当降低拜耳法的浸出条件；

（2）由于大部分氧化铝用拜耳法提取，少量氧化铝用烧结法提取，可降低回转窑负荷和燃料耗量，可降低氧化铝生产成本；

（3）全部精液采用晶种法分解，氧化铝产品质量高；

（4）除上述优点外，具有并联法的所有优点。

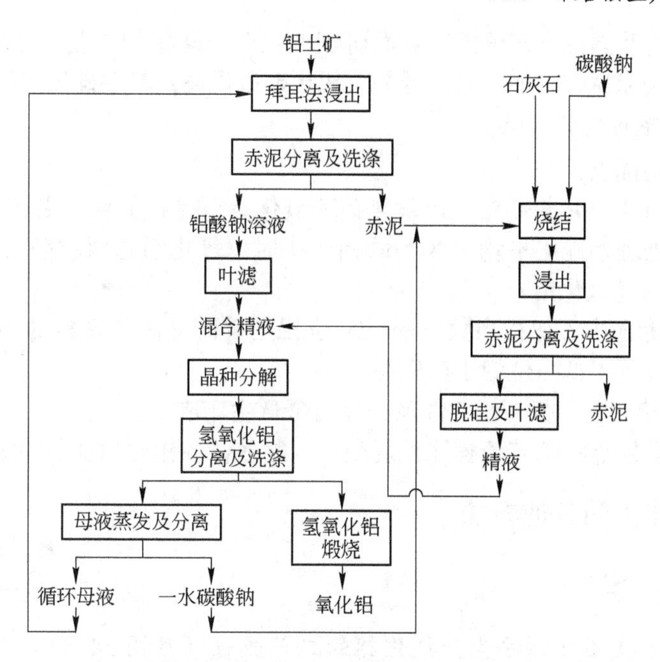

图 14.33 串联法生产氧化铝的工艺流程

串联法的主要缺点：与并联法相似，主要是工艺流程复杂，两系统互相制约，烧结过程的技术条件受拜耳法赤泥成分的制约而较难控制，赤泥熟料氧化铝含量低，熟料折合比高，使熟料中氧化铝和碱的浸出率比铝土矿烧结熟料低。

14.5.3 混联法生产氧化铝

14.5.3.1 混联法生产氧化铝的工艺流程（见图 14.34）

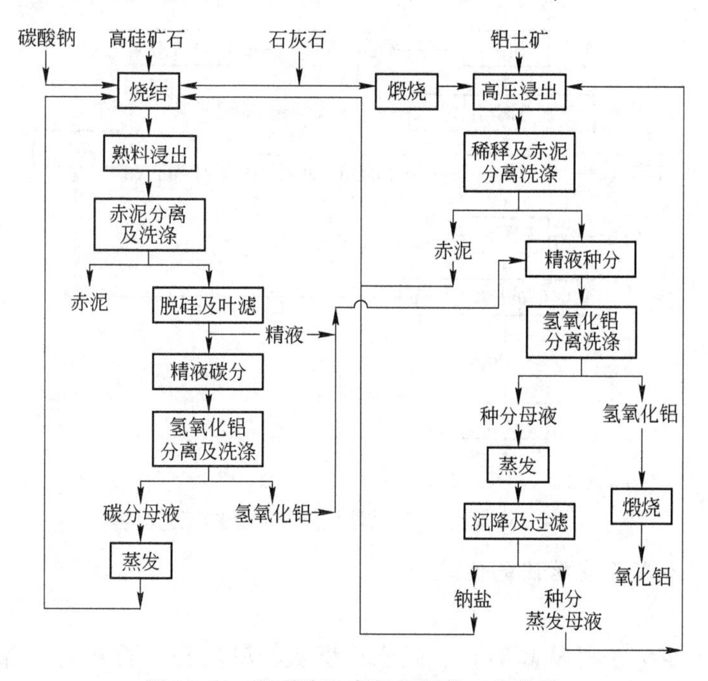

图 14.34 混联法生产氧化铝的工艺流程

混联法是结合我国铝土矿资源特点而研创的生产氧化铝的工艺，在串联法的基础上，烧结法处理拜耳法赤泥时添加一部分低品位铝土矿以提高熟料铝硅比（不低于2.3）。

14.5.3.2 混联法的优缺点

混联法的主要优点：

（1）拜耳法赤泥再用烧结法浸出氧化铝和氧化钠，提高了氧化铝和氧化钠的回收率，可降低碱耗。如处理铝硅比平均为8.5的铝土矿时，氧化铝总回收率为90%～91%，苏打耗量小于60kg/t（氧化铝）；

（2）拜耳法赤泥中添加相当数量的低品位铝土矿既提高了熟料的铝硅比，又改善了烧结过程和有效利用了低品位铝土矿资源；

（3）用价格较低的苏打补偿苛性碱损耗可降低生产成本。

混联法的主要缺点：工艺流程冗长复杂，工序多，各作业相互制约等。

14.6 生产氧化铝的其他方法

14.6.1 石灰石烧结法

14.6.1.1 石灰石烧结法生产氧化铝的工艺流程（见图14.35）

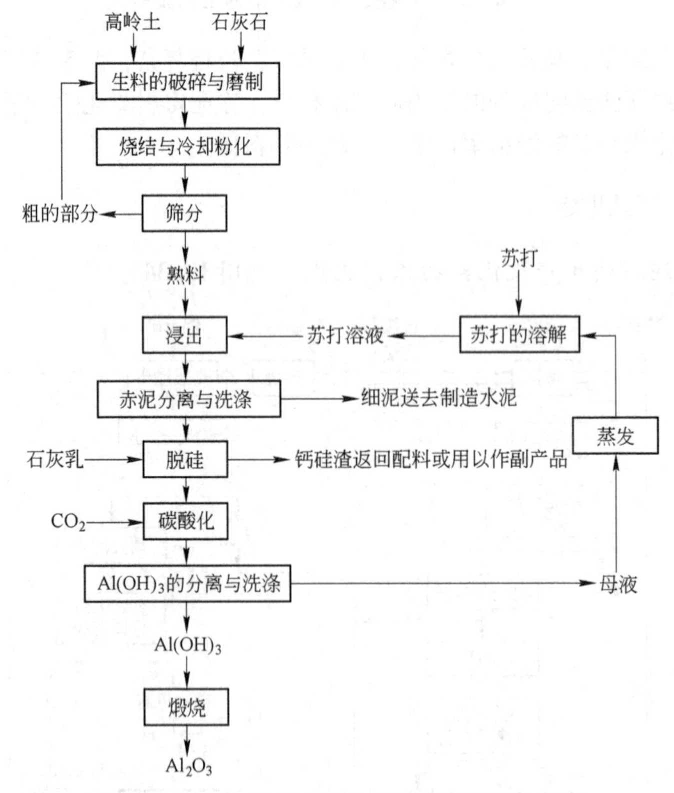

图14.35 石灰石烧结法生产氧化铝的工艺流程

14.6.1.2 石灰石烧结法的优缺点

主要优点：

（1）石灰石烧结法可从高岭土、黏土、煤灰、泥灰石（石灰石与黏土的天然混合物)、高硅铝土矿及其他含铝矿石中提取氧化铝，含铝矿物资源丰富，来源广泛；

(2) 与碱石灰烧结法比较，石灰石烧结法的熟料中不用配碱，因而碳分母液不进入烧结作业，生料可采用干法烧结，干法烧结能耗低；

(3) 熟料可自行粉化，浸出泥渣可用于制水泥；

(4) 适用于某些缺乏铝土矿资源的地区和国家。

主要缺点：

(1) 石灰石烧结法的烧结温度较高；

(2) 熟料和浸出液中的氧化铝含量低。

14.6.2 热压无氧浸出法

14.6.2.1 热压无氧浸出法生产氧化铝的工艺流程（见图14.36）

热压无氧浸出法生产氧化铝于20世纪50年代研制成功，是以高硅含铝原料生产氧化铝的方法。该法可以霞石、明矾石、黏土、钙斜长石、红柱石、绢云母、高硅铝土矿和拜耳法赤泥等为原料生产氧化铝。

如图14.36所示，霞石精矿与石灰及循环母液混合后进行热压无氧浸出，所得铝酸盐浆液进行分离和一次泥渣洗涤。洗涤后泥渣在稀碱液中进行热压无氧浸出碱，或在常压下加石灰浸出碱，其反应可表示为：

$$Na_2O \cdot 2CaO \cdot 2SiO_2 \cdot H_2O + H_2O \xrightarrow{\text{热压}} 2(CaO \cdot SiO_2 \cdot 0.5H_2O)\downarrow + 2NaOH$$

$$Na_2O \cdot 2CaO \cdot 2SiO_2 \cdot H_2O + 2CaO + H_2O \xrightarrow{\text{常压}} 2(2CaO \cdot SiO_2 \cdot 0.5H_2O)\downarrow + 2NaOH$$

洗涤后泥渣浸出碱后所得水合硅酸钙泥渣经洗涤后可用作制水泥的原料，并可制得苛性钾与苛性钠溶液。

热压无氧浸出所得铝酸盐溶液经蒸发结晶、溶解、晶种分解、煅烧产出氧化铝。

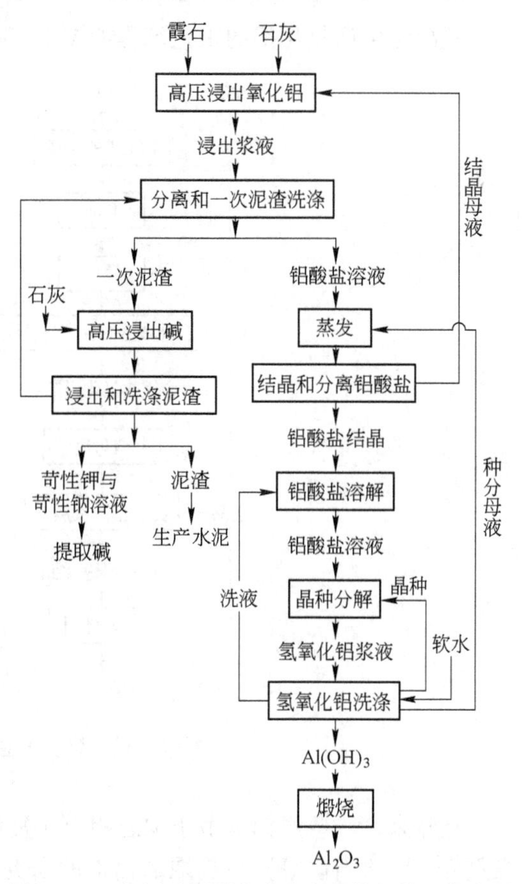

图14.36 热压无氧浸出法生产氧化铝的工艺流程

14.6.2.2 热压无氧浸出法的优缺点

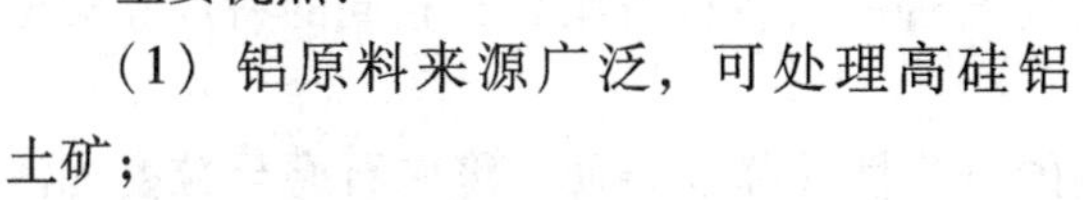

主要优点：

(1) 铝原料来源广泛，可处理高硅铝土矿；

(2) 无烧结作业；

(3) 氧化铝浸出率高达90%~92%，碱浸出率高达97%~98%，可得苛性碱；

(4) 与烧结法比较，石灰耗量可降低50%。

主要缺点：

（1）铝酸钠浸出液的浓度高，苛性比值高；

（2）母液循环量大；

（3）流程复杂，工序多；

（4）产物洗涤次数多，用水量和蒸发量大；

（5）高浓度铝酸钠浸出液的脱硅和蒸发结晶均较困难；

（6）水合硅酸钙泥渣须快速分离。

各国仍在进行深入研究，随工艺和设备的完善及环保要求日趋严格，热压无氧浸出法生产氧化铝的工艺将愈受重视。

14.6.3 酸法生产氧化铝

14.6.3.1 盐酸法生产氧化铝

盐酸法生产氧化铝的工艺流程如图 14.37 所示。

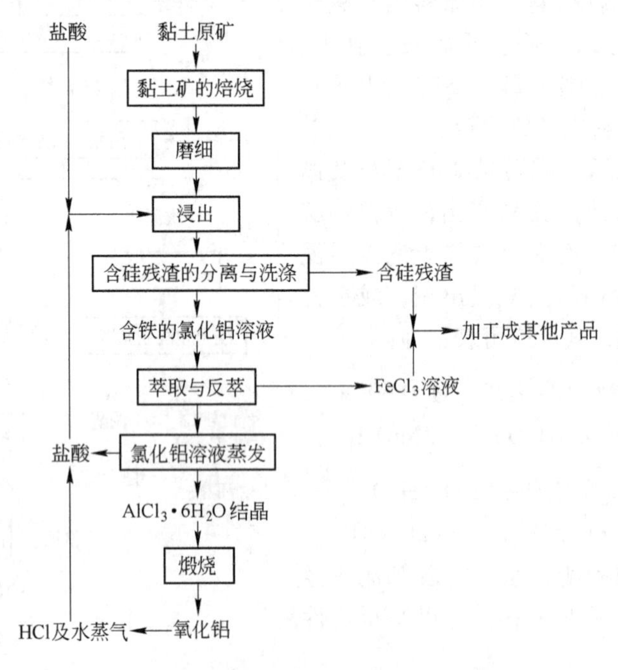

图 14.37 盐酸法生产氧化铝的工艺流程

近年来，一些产铝国由于缺乏铝土矿资源，开展了从非铝土矿资源（主要包括黏土、煤页岩、明矾石矿等）中提取氧化铝的研究工作，这些非铝土矿资源储量极其丰富，其特点是 SiO_2 含量很高。采用酸法生产氧化铝是合理的，各种方案具有相同的特点和相似的工艺流程。其中包括：

（1）矿石预处理：其目的是提高氧化铝的可溶性并除去杂质，将矿石磨至粒度和浓度合格的矿浆；

（2）酸浸：使氧化铝转入浸液中，使其与浸渣分离。酸浸可在常压或热压条件下进行；

（3）浸液除铁；

（4）铝酸钠溶液的分解和氢氧化铝的煅烧；

（5）酸的回收。

酸法中，盐酸作浸出剂最理想。

盐酸浸出生产氧化铝的优点如下：

（1）盐酸价廉易得，浸出条件较简单；

（2）水合氯化铝的含水量比其他铝盐少，无须蒸发即可结晶析出；

（3）盐酸较难分解，利于循环使用；

（4）可用中等浓度的盐酸液于50～60℃条件下浸出550～650℃焙烧后的黏土焙砂。浸出反应放热，浸出可在沸腾温度下进行。浸出2h，氧化铝的浸出率大于95%；

（5）钛化物被少量浸出，SiO_2 全部进入浸渣中；

（6）与 $AlCl_3$ 一起存在于浸液中的 $FeCl_3$ 可用萃取法彻底除去；

（7）除铁后液可用蒸发结晶法或通入 HCl 气体析出 $AlCl_3 \cdot 6H_2O$。氯化铝的溶解度随盐酸浓度的升高而降低（见表14.11）；

表14.11 盐酸溶液中氯化铝的溶解度（25℃）

平衡溶液组成/%		平衡固相
HCl	$AlCl_3$	
0	34.08	$AlCl_3 \cdot 6H_2O$
5.09	27.98	$AlCl_3 \cdot 6H_2O$
11.21	18.10	$AlCl_3 \cdot 6H_2O$
14.07	15.25	$AlCl_3 \cdot 6H_2O$
19.43	10.11	$AlCl_3 \cdot 6H_2O$
23.19	7.95	$AlCl_3 \cdot 6H_2O$
30.17	2.49	$AlCl_3 \cdot 6H_2O$
40.98	0.98	$AlCl_3 \cdot 6H_2O$

（8）$AlCl_3 \cdot 6H_2O$ 于185℃开始分解，400℃左右强烈分解。为了获得高纯度的氧化铝，煅烧温度应高于1000℃。氯化氢气体经洗涤吸收获得盐酸液，返回浸出或氯化铝结晶作业，循环使用。

盐酸法获得的氧化铝可用拜耳法再处理，被称为酸碱联合法。此时 $AlCl_3$ 浸出液无须除铁，煅烧温度也较低，以利于拜耳法浸出。

14.6.3.2 H^+ 法生产氧化铝

H^+ 法生产氧化铝的工艺流程如图14.38所示。

H^+ 法（H^+ Process）为法国彼施涅铝业公司于20世纪60年代中期为处理黏土或煤页岩而发明的一种生产氧化铝的新工艺。矿石中氧化铝的回收率可达90%，还可副产硫酸钾，Fe_2O_3、MgO 等产品。所产氧化铝中的杂质含量低于拜耳法生产的氧化铝，其能耗仅为碱石灰烧结法的50%。此法是目前被认为最有应用前景的一种酸法工艺。

矿石磨细后，在硫酸浓度为750～850g/L及沸点条件下浸出，获得硫酸铝溶液和含绿

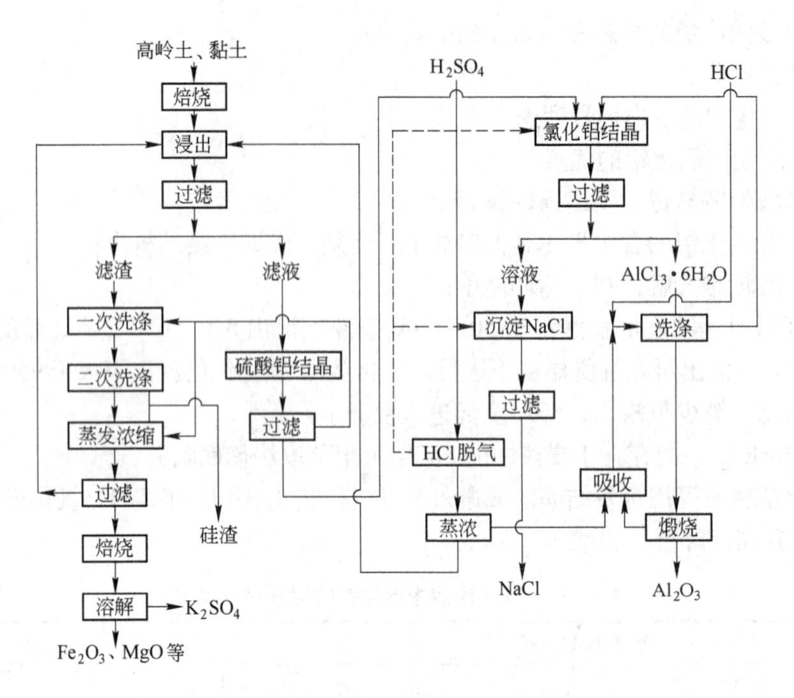

图 14.38 H^+法生产氧化铝的工艺流程

钾铁矾[$K_2SO_4 \cdot Fe_2(SO_4)_3$]、硅钛化合物等不溶浸渣。从硫酸铝溶液分离出硫酸铝结晶，将其溶解或悬浮于氯化铝洗液中并通入氯化氢气体使之饱和，析出六水氯化铝结晶。六水氯化铝在氯化氢气体饱和的硫酸溶液中的溶解度比其他氯化物的溶解度小得多，故可较完全地与其他阳离子分离。必要时可经多次结晶提纯。分离六水氯化铝结晶后母液冷却并通入氯化氢气体使之饱和，可析出氯化钠结晶。过滤后的滤液加热使氯化氢挥发，氯化氢气体可用于氯化铝结晶和除钠。母液蒸发浓缩获得的含氯化氢的二次蒸气冷凝水可用于吸收来自氯化铝热分解的氯化氢气体；蒸浓后的硫酸溶液返回浸出矿石。六水纯氯化铝结晶热分解得符合电解要求的氧化铝和氯化氢气体，氯化氢气体洗涤吸收得的盐酸可用于洗涤纯氯化铝结晶。

浸渣逆洗使 $K_2SO_4 \cdot Fe_2(SO_4)_3$ 溶解，氧化硅和氧化钛留在残渣中。洗液经蒸发浓缩，铁、钾、镁等以硫酸盐形态析出，固液分离，滤饼焙烧，绿钾铁矾中的硫酸铁分解，分解出的二氧化硫可循环使用，硫酸钾不分解，可用水溶解加以回收。不溶残渣（Fe_2O_3、MgO）可直接用于钢铁冶金。

14.6.4 以明矾石为原料生产氧化铝

14.6.4.1 氨碱法

采用氨碱法以明矾石生产氧化铝的工艺流程如图 14.39 所示。

明矾石[$(K、Na)_2SO_4 \cdot Al_2(SO_4)_3 \cdot 2Al_2O_3$]含铝的钠钾盐，为经济价值较高的含铝矿石，前苏联已建立以明矾石生产氧化铝的生产厂。明矾石矿石中的明矾石含量称为矾化率，一般为25%~60%，主要杂质为石英、高岭石、叶钠石等。从中提取氧化铝的较成熟的工艺有氨碱法、还原焙烧法和酸法。

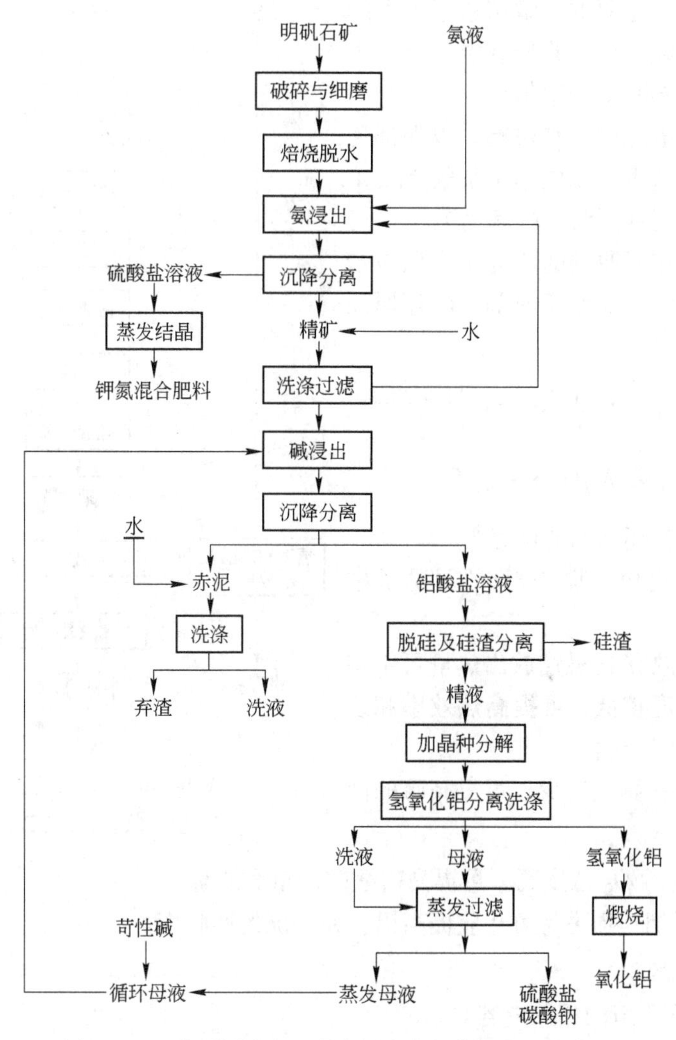

图 14.39 采用氨碱法以明矾石生产氧化铝的工艺流程

从图 14.39 可知，破碎磨细后的明矾石矿石经焙烧脱水后，用5%的氨水浸出，浸出过程的主要反应为：

$$(K,Na)_2SO_4 \cdot Al_2(SO_4)_3 \cdot 2Al_2O_3 + 6NH_4OH \longrightarrow$$
$$(K,Na)_2SO_4 + 3(NH_4)_2SO_4 + 2Al(OH)_3 + 2Al_2O_3$$

氨水浸出可在密闭容器中进行，以降低氨耗。浸液中应有 0.4% ~0.5% 的残余氨，以防止铁溶解和防设备腐蚀。浸液蒸发结晶析出氮钾混合肥料，氨浸渣可用拜耳法生产氧化铝。

14.6.4.2 还原焙烧法

还原焙烧法以明矾石生产氧化铝的工艺流程如图 14.40 所示。

从图 14.40 可知，破碎磨细后的明矾石矿石经焙烧脱水后再经还原焙烧以脱硫。以水煤气为还原剂时的还原反应为：

$$Al_2(SO_4)_3 + 3CO \longrightarrow Al_2O_3 + 3SO_2 + 3CO_2$$
$$Al_2(SO_4)_3 + 3H_2 \longrightarrow Al_2O_3 + 3SO_2 + 3H_2O$$

还原焙烧时，还原剂分解硫酸铝，可降低硫酸铝的分解温度。还原焙烧温度不应大于650℃，以免降低氧化铝的活性。

脱水与还原焙烧应分别进行，以保证还原炉气中的SO_2浓度，以便用于制取硫酸。

还原焙砂可用拜耳法生产氧化铝。

采用元素硫作还原剂的研究工作取得较大的进展。采用元素硫作还原剂时的还原反应可表示为：

$$K_2SO_4 \cdot Al_2(SO_4)_3 \cdot 2Al_2O_3 + 1\frac{1}{2}S^0 \longrightarrow$$

$$K_2SO_4 + 3Al_2O_3 + 4\frac{1}{2}SO_2$$

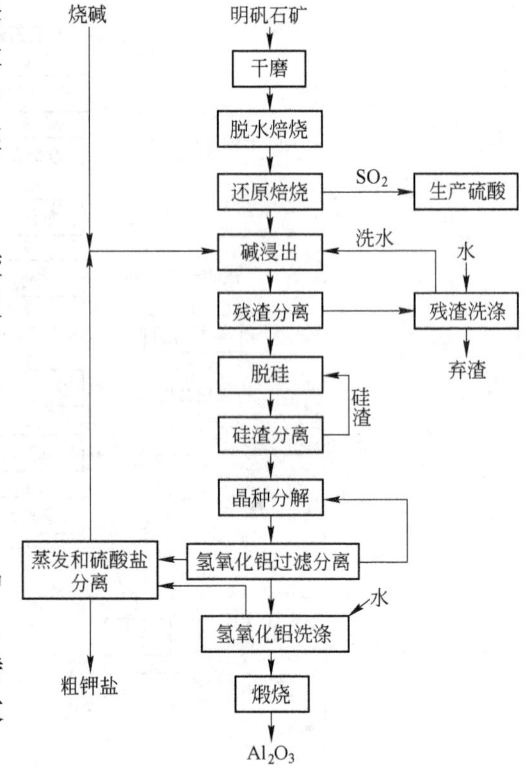

图14.40 明矾石还原焙烧法生产氧化铝的工艺流程

采用元素硫作还原剂的优点为：

（1）还原速度快，脱水焙砂在还原炉中的停留时间短；

（2）元素硫在炉内燃烧放出热量可维持炉温，硫还原温度较低，可提高热效率和改善还原焙砂的碱浸性能；

（3）还原过程副反应少，可提高硫的回收率；

（4）炉气纯，SO_2浓度高，可提高硫酸的产量和质量；

（5）可降低烟尘损失，可相应提高铝、钾、硫的回收率。

14.6.4.3 酸法

可参阅14.6.3节的相关内容。

14.7 氧化铝的电解

14.7.1 简史

金属铝的生产可分为三个阶段：

第一阶段为化学炼铝：1825年德国人韦勒（F. Wohler）先用钾汞齐，后用钾还原无水氯化铝制得金属铝。1845年法国人戴维尔（H. S. Deville）用钠还原$NaCl \cdot AlCl_3$复盐制得金属铝，并进行小规模生产。随后罗西和别凯托夫分别采回钠和镁还原冰晶石制得金属铝，并建厂用化学法炼得共约200t金属铝；

第二阶段为初期电解法炼铝：1886年美国霍尔（Hall）和法国埃鲁特（Heroult）同时分别获得利用冰晶石-氧化铝电解法制得金属铝的专利，开创了铝电解时代，最初采用小型预焙电解槽，20世纪初开始采用小型侧部导电的自焙阳极电解槽，电流强度由2kA逐渐发展至50kA以上。20世纪40年代出现上部侧电的自焙阳极电解槽；

第三阶段为现代电解法炼铝：20世纪50年代以后大型预焙阳极电解槽的出现，使电解铝技术迈向大型化、现代化发展的新阶段。

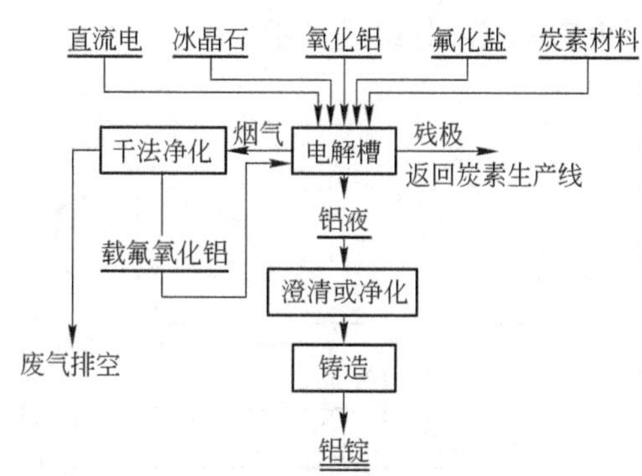

图 14.41 现代电解法炼铝的工艺流程

制取金属铝虽仅有 186 年的历史，电解法炼铝已有 125 年的历史，目前仍然采用霍尔和埃鲁特的冰晶石-氧化铝熔盐电解法，但在理论、工艺、装备和规模上均取得了巨大的进步。

现代电解法炼铝的工艺流程如图 14.41 所示。

现代电解法炼铝主要包括氧化铝、冰晶石、氟化盐、炭素材料等原料的制备及氧化铝电解两部分。

14.7.2 电解槽

120 多年来，电解槽结构有诸多变化，其中阳极结构的变化最大，其变革历程大致为：小型预焙阳极→侧部导电自焙阳极→上部导电自焙阳极→大型不连续预焙阳极和连续预焙阳极→中间下料预焙阳极。

目前，铝电解生产中采用的电解槽有四种类型：不连续式预焙阳极电解槽（预焙槽）、连续式预焙阳极电解槽、上部导电自焙阳极槽（上插槽）和侧部导电自焙阳极槽（侧插槽）。

14.7.2.1 不连续式预焙阳极电解槽（预焙槽）

现代不连续式预焙槽的结构如图 14.42 所示。

预焙槽主要由阳极装置、阴极装置和导电母线三部分组成。

A 阳极装置

阳极装置由阳极炭块组、阳极母线大梁和阳极升降机构三部分组成。

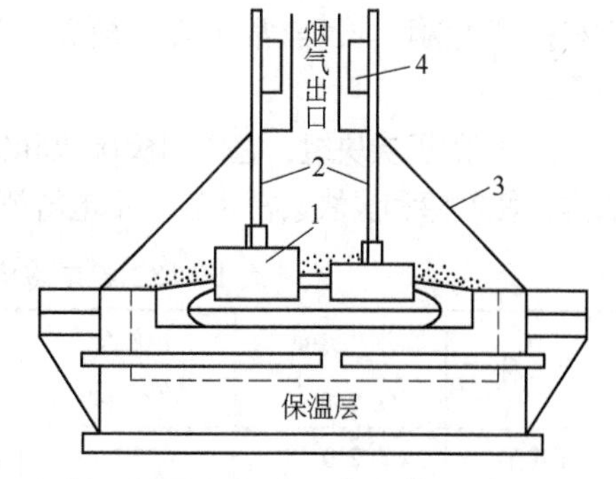

图 14.42 现代不连续式预焙槽的结构
1—预焙阳极；2—铝导杆；
3—槽罩；4—阳极母线大梁

（1）阳极炭块组：预焙槽有多个阳极炭块组，每组有 2 ~3 块预制阳极炭块。炭块、钢爪、铝导电杆组装为电解阳极。钢爪系采用高磷生铁浇铸在炭碗中，与炭块紧密黏结，铝导电杆则采用渗铝法和爆炸焊与钢爪焊接在一起。铝导电杆通过夹具与阳极母线大梁夹紧，将阳极悬挂在大梁上。预焙槽的阳极炭块组数取决于电解槽的电流强度、阳极电流密度和炭阳极块的几何尺寸。如 180kA 的预焙槽，若阳极电流密度为 0.7A/cm^2，阳极规格为 1520mm ×585mm ×535mm，则需阳极炭块 30 块，如每组 3 块，则有 10 组。

（2）阳极母线大梁和阳极升降机构：承载整个阳极的重量和将电流通过阳极输入电解槽。用铸铝制成，用升降机构带动上下移动，以调整阳极位置。

根据添加原料（氧化铝）的部位，预焙槽可分为边部加料和中间下料两种类型。中间下料预焙槽的结构如图 14.43 所示。

B 阴极装置

阴极装置由钢制槽壳、阴极炭块组和保温耐火砌体三部分组成（图 14.44）。

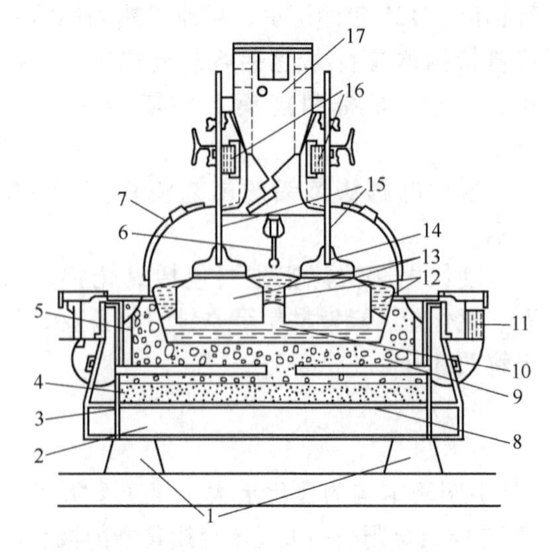

图 14.43 中间下料预焙槽的结构

1—混凝土基础；2—托架（底部有绝缘体）；3—钢壳；4—保温层；5—槽内衬；6—打壳钢梁；7—槽罩；8—阴极棒；9—铝液；10—熔盐电解质；11—阴极母线；12—面壳、炉帮、伸腿；13—阳极炭块；14—钢爪；15—导杆；16—阳极母线大梁；17—氧化铝料斗

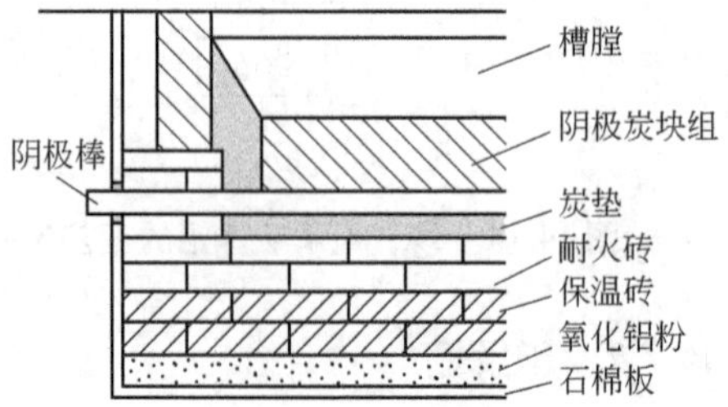

槽膛
阴极炭块组
阴极棒
炭垫
耐火砖
保温砖
氧化铝粉
石棉板

图 14.44 阴极装置结构

（1）钢制槽壳：为用钢板焊接或铆接而成的敞开式六面体，分为有底和无底槽壳，背撑式和摇篮式两种。目前常用有底槽壳，为增强槽壳强度，其四周和底部采用筋板和工字钢加固。

（2）阴极炭块组：它由阴极炭块和钢棒组成，钢棒系用高磷生铁浇铸于阴极炭块的燕尾槽内，使铁棒和炭块紧密相连。铝电解槽所用阴极炭块的品种、性能列于表 14.12 中。

表 14.12 铝电解槽所用阴极炭块的品种、性能标准

品　种	堆积密度 /g·cm^{-3}	电阻率 /Ω·cm	热导率 /J·(m·K)$^{-1}$	灰分/%	稳组常数	原　　料
无定形	2.0	30	6～12	3～8	0.6	无烟煤
石墨质	2.1	25	30～45	0.8	0.3	石油焦或沥青焦
半石墨质或石墨化	2.1	12	80～120	0.5	0.15	石油焦或沥青焦

石墨化或半石墨化炭块具有质地均匀，导电、导热性好等优点。

（3）保温耐火砌体：用各种耐火砖、保温砖砌成。在槽壳内自下向上一般砌 2～3 层石棉板，铺一层 70mm 厚的氧化铝粉，再砌 2～3 层硅藻土保温砖、2 层黏土砖、捣固（热捣或冷轧）一层炭素糊，最后按错缝方式安放阴极炭块组，炭块间的缝隙用炭糊填充捣实。槽壳与其上窗口（阴极棒引出口）各处均须用水玻璃与石棉灰的调和料密封，以免炭块与空气接触而氧化。

电解槽的四侧由外至里地砌有石棉板（或作伸缩缝）、耐火砖和侧部炭块。槽壁内衬与槽底炭块围成的空间称为槽膛，其深度一般为500～600mm。槽膛四周下部用炭糊捣固成捣斜坡，称为人工伸腿，以利于铝液收缩于阳极投影区内。

整个槽壳安装于水泥基底上，槽壳与基底间垫有电气绝缘材料，以确保安全生产。

无底电解槽的砌筑与有底电解槽相同。

C 导电母线及其配置

它包含阳极母线、阴极母线、立柱母线和槽间连接母线。它们均为大截面积的铸造铝板。此外还有阴极软母线和阴极小母线，前者用于连接立柱母线和槽间连接母线，后者用于连接阴极母线和阴极钢棒。

导电母线系统最重要的是母线的配置和母线电流密度的选择，前者取决于控制电解槽的磁场分布要求，后者则决定于电能消耗和基建投资等。母线的配置一般有纵向和横向两种方式，现代大型预焙槽多采用横向配置。图14.45为铝电解槽的母线配置实例。

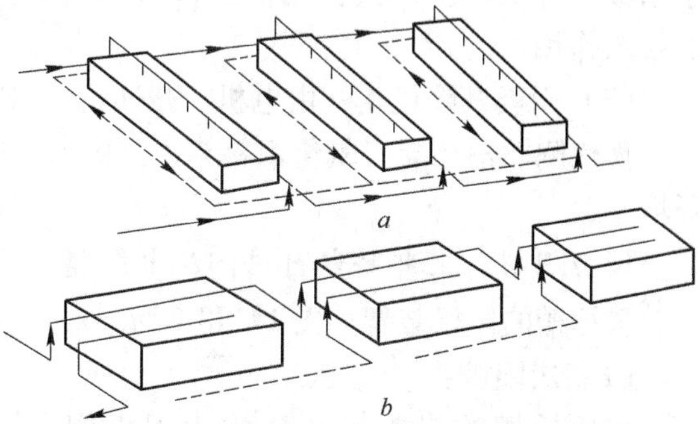

图14.45 铝电解槽的母线配置

a—双端进电；*b*—单端进电

14.7.2.2 连续式预焙阳极电解槽

此种电解槽仅用于德国个别铝电解厂，其结构如图14.46所示。

其电流强度为110～120kA，其最大特点是采用特制的炭糊将预制阳极块黏接于快耗尽的阳极上，炭糊在电解的高温下被焦化，将新旧阳极连接为一个整体。电流从侧部导入。此种电解槽与不连续预焙槽相比，无残极，阳极可连续使用，无须更换阳极；消除了因更换阳极引起的电流分布不均、阳极消耗不匀现象。其缺点是阳极接缝处电阻大、阳极结构复杂、热损失大。其技术经济指标低于不连续预焙槽。

14.7.2.3 侧部导电自焙阳极电解槽（侧插槽）

侧部导电自焙阳极电解槽（侧插槽）如图14.47所示。

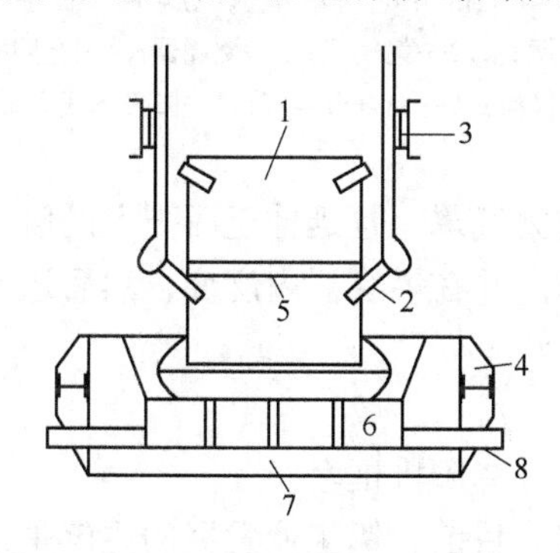

图14.46 连续式预焙阳极电解槽结构

1—阳极炭块；2—阳极棒；3—阳极母线；4—槽壳；5—炭块接缝；6—阴极炭块；7—保温层；8—阴极棒

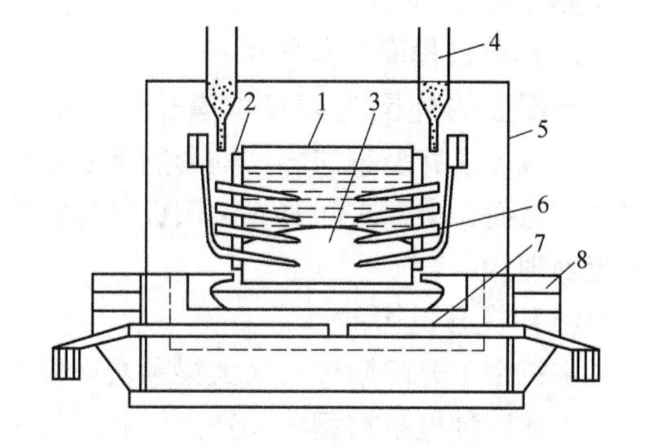

图14.47 侧部导电自焙阳极电解槽（侧插槽）

1—铝箱；2—阳极框架；3—阳极锥体（炭阳极）；4—Al_2O_3料斗；5—槽罩；6—阳极棒；7—阴极棒；8—槽钢壳

（1）炭阳极：它由炭阳极、阳极框架及阳极升降机构三部分组成。阳极外部为1～2mm厚的铝板铆制的铝箱，阳极糊从铝箱上口注入。电解时，阳极糊借本身的电阻热和电解质传递热焙烧成型，焙烧成型的部分称为阳极锥体。铝箱放置于阳极框架中。阳极棒在阳极糊烧结成型前打入，阳极棒与水平成15°～20°，共4排，上2排须在阳极糊烧结成锥体后才能使用，下2排为工作棒，与阳极小母线相连导电。电解过程中，铝箱与炭阳极（锥体）一同消耗，阳极糊不断被烧结焦化，保持锥体的稳定，故称为连续自焙阳极。

（2）阳极框架：用槽钢和钢板焊制而成，框在铝箱外围。其下部挂有“U”形吊环，用于套住阳极棒头，使阳极随其一起升降。阳极框架装有滑轮组，用钢丝绳悬挂于阳极升降机构上，其作用除升降阳极外，还能维护铝箱外形使其能经受液体糊受热的膨胀作用。

（3）阳极升降机构：由电机、减速机、滑轮组组成，用于升降阳极。

现代侧插槽还装有氧化铝料斗、阳极罩，或卷帘、吊门等，其作用是收集废气以保护环境。

14.7.2.4 上部导电自焙阳极电解槽（上插槽）

上插槽的阳极装置如图14.48所示。

（1）炭阳极：

与侧插槽的炭阳极一样均为阳极糊连续自焙而成，阳极棒垂直插至阳极锥体内。不同点在于拔棒后留下的棒孔要由上层阳极糊充填，生成“二次阳极”，故上插槽的阳极糊的流动性应比侧插槽的稍大些。阳极棒为通过爆炸焊焊接在铝合金导杆上的钢棒，钢棒须在阳极糊未烧结前插入炭阳极，其插入深度按四个水平面配置。阳极棒既作导电体，又承担整个阳极质量。

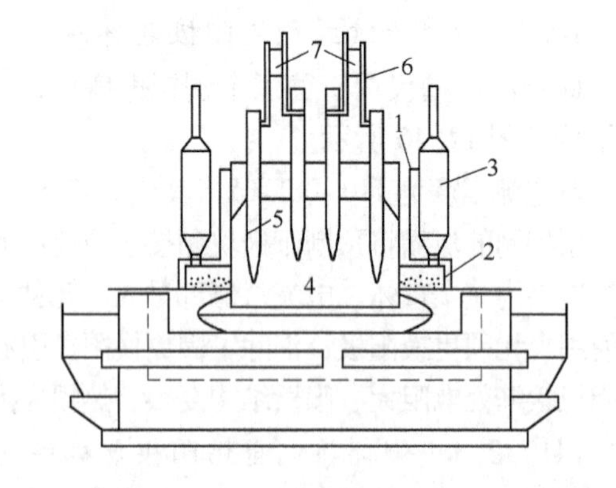

图14.48 上部导电自焙阳极电解槽（上插槽）
1—阳极框套；2—集气罩；3—燃烧器；4—炭阳极；
5—阳极棒；6—铝合金导杆；7—阳极母线大梁

（2）阳极框套与集气罩：

炭阳极的外围为阳极框套，用10mm厚的钢板焊成并型钢加固。框套的下缘四周装有铸铁集气罩，且延伸至面壳上的氧化铝料层内，将面壳上部空间密封。阳极气体汇集于集气罩内并在燃烧器内燃烧，然后送至净化系统处理。

（3）提升机构：

主机用于升降阳极母线大梁和炭阳极，副机用于升降阳极框套。

上述四种电解槽型各具特点，各厂均据实情选定。目前，铝工业发展的主流是采用大型预焙槽，其产能已占世界总产能的40%；其次为上插槽，占总产能的27%；侧插槽约占总产能的22%。

近年新建铝厂多采用大型中间下料预焙槽。

电解槽的主要技术经济指标列于表14.13中。

表 14.13 电解槽的主要技术经济指标

指 标	侧插槽	上插槽	预焙槽	连续预焙槽
电流效率/%	88	88~89	88~90	87
每千克铝电能消耗/kW·h	15	14	13	15.5

14.7.3 电解槽配置与厂房要求

14.7.3.1 电解槽配置

电解时将电解槽串联配置，组成系列，各电解槽的电流相等。电解槽的系列数和槽数取决于产能、电流强度与供电整流功率等因素。如年产 3 万吨的中型铝厂，若系列电流强度为 80kA，电流效率为 0.88，采用 150 台左右的电解槽配置成一个系列即可。

系列中的电解槽可横向排列，也可纵向排列。目前大型预焙槽多采用横向排列，纵向排列多用于中、小型电解槽系列。在厂房内既可双行配置，也可单行配置。图 14.49 为 240 台电解槽系列横向双行配置于两个厂房中的配置图。

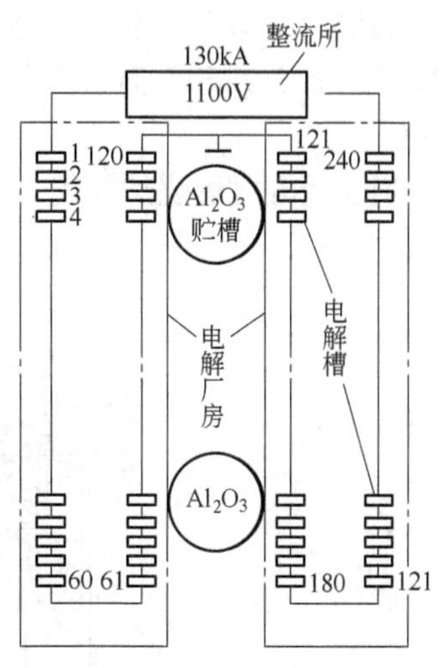

图 14.49 240 台电解槽系列横向双行配置图

14.7.3.2 电解厂房

电解厂房有双层和单层两种结构，现代大型预焙槽多采用双层结构，工作面在二楼，阴极母线系统和槽壳在一楼。采用单层厂房时，将阴极母线放在地沟中，槽壳安放在四方形的地坑内。

电解厂房应宽敞、明亮、通风良好，走道宽度应保证人员、机械的畅行无阻。多个厂房应平行配置，各厂房及铸造车间之间均有通道相连，设有氧化铝及金属铝仓库。

厂房地面用沥青砂浆铺设，电解槽与地面应绝缘，以保证电气安全。

整流装置、供电所应设在厂房的一端，以使母线配置距离最短。为使供电连续稳定可靠，应有备用电源。

电解厂房排出的废气须净化处理，厂房应远离生活区，处于常年风向的下风向。

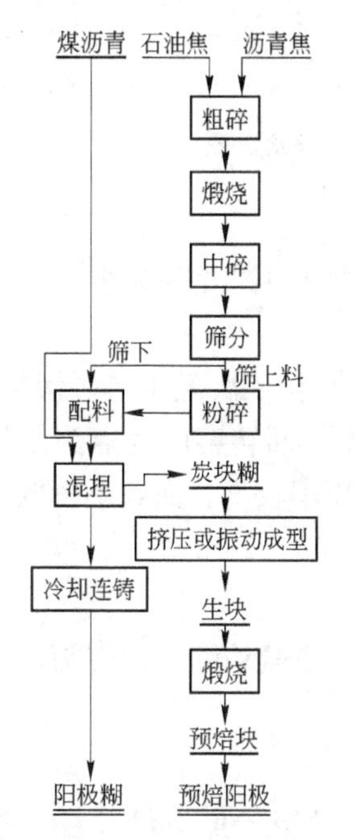

图 14.50 阳极糊和预焙阳极块的生产工艺流程

14.7.4 炭素阳极、冰晶石及氟化盐的制备

14.7.4.1 制备炭素阳极

制备炭素阳极的目的是产出阳极糊和预熔阳极块，其生产工艺流程如图 14.50 所示。

A 原料准备和煅烧

原料准备包括原料验收入库、破碎。破碎常采用齿式对辊机或颚式破碎机，破碎后的粒度为 0~70mm。

煅烧是将破碎后的石油焦或沥青焦与石油焦的混合物在隔绝空气的条件下进行高温煅烧，以除去原料中的水分和挥发分、促使单体硫和硫化合物的分解，提高煅烧料的真密度、机械强度、导电性和抗氧化性。煅烧设备可采用回转窑、罐式煅烧炉和电热煅烧炉。

采用罐式煅烧炉煅烧时，可采用顺流和逆流两种作业方式。

顺流式罐式煅烧炉主要由炉体、加料、排料和冷却装置、煤气（重油）管道、挥发分集合通道、控制阀门、空气预热室、烟道、排烟机等部分组成。原料自上至下完成预热、煅烧、冷却三个阶段。顺流式罐式煅烧炉煅烧时，煅烧带的温度须控制在1250～1380℃，低于1250℃时会降低煅烧质量和产能；煅烧温度过高，将烧坏罐体，缩短炉子寿命。

逆流式罐式煅烧炉如图14.51所示。

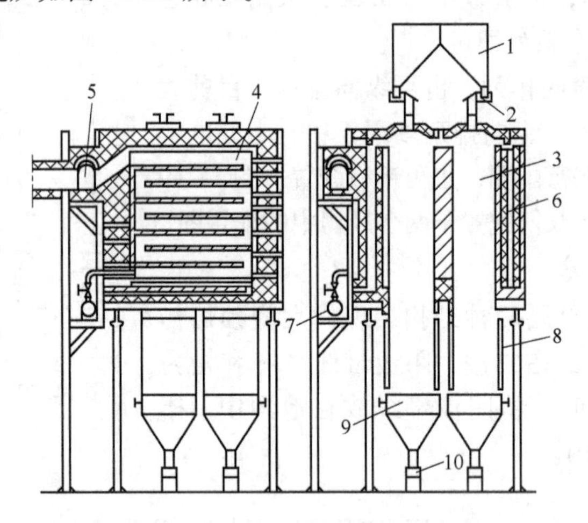

图14.51　逆流式罐式煅烧炉

1—加料贮斗；2—螺旋给料机；3—煅烧罐；4—火道；5—烟道；6—挥发分道；7—煤气管道；8—冷却水套；9—排料机；10—振动输送机

逆流式罐式煅烧炉的优点在于对原料适应性强、燃料以原料中的挥发分为主，能耗低；机械化程度高。

采用回转窑煅烧时，原料从窑尾加入，与热气流逆向运行，原料依次经预热、煅烧、冷却三个阶段，煅烧料从窑头排出。煅烧带温度为1300～1350℃。回转窑的优点为结构简单、产能高、原料适应性强和机械化程度高。其缺点是产品烧损率较高、回收率较低和维修频度较高。

B　煅烧料的破碎、细磨和筛分

将煅烧后的焦炭经中碎碎至0～20mm，然后细磨至0～1mm，经振动筛、回转筛、摇摆筛等筛分为不同的粒级，各粒级送各自料仓贮存备用。

C　配料与混捏

为了获得堆积密度较大和孔隙率较小的炭极材料，须将不同粒级的焦炭粉（粒）按一定比例进行配料，炭阳极通常的粒级配方列于表14.14中。

表 14.14 炭阳极通常的粒级配方

产品	粒级配比/%					沥青/%
	+4mm	4 ~ 2mm	2 ~ 1mm	0.15 ~ 0.074mm	-0.074mm	
阳极糊	<2	20 ± 3	15 ± 3	10 ± 3	38 ± 3	31 ± 2
预制阳极块	<2	18 ± 3	17 ± 3	10 ± 3	35 ± 3	21 ± 2

配料前预先计算各粒级的焦粉重量，据计算结果从各粒级贮仓中称取所需焦粉，再按比例配入所需沥青后送混捏作业。将不同粒级的焦粉和沥青均匀混合获得密实度较高的糊料。混捏作业一般在混捏锅中进行，有双轴搅拌混捏锅、连续混捏锅、逆流高速混捏锅和加压混捏锅等类型，混捏锅用蒸气或电加热。近年来，国内外研究的新工艺采用联苯醚、三芳基二甲烷和矿物油作加热载体。混捏温度应高于沥青的软化点（50 ~ 80℃），混捏时间常为 40 ~ 60min。此温度条件下，沥青黏度小、流动性好、可充分浸润焦粉，可保证所得糊料能压制成体积密度高、焙烧后孔度小、内部结构均匀、机械性能好的毛坯。混捏产出的炭糊经冷却成型即为阳极糊。

D 生块成型

生块成型是将混捏产出的炭糊经挤压、振动或捣固等方法制成所需形状和密度的生块。制备预焙阳极时，多采用挤压方法，挤压设备有水压机、油压机、电动丝杆压力机等，如 1500t 的油压机、1000t 和 2500t 的卧式水压机、3500t 的挤压机。挤压成型由凉料、装料、预压、挤压和产品冷却等作业组成。

凉料和预压是为了充分排除糊料中的气体以提高其密度，适当增加预压压力可提高成品密度，但成品机械强度提高不明显。3500t 油压机有抽气装置。可更充分地排除糊料中的气体。

目前，生产中已逐渐采用先进的振动成型工艺制备生块。振动成型机的构造如图 14.52 所示。主要由振动器、相应规格的模具和重锤构成。它可制备 2250mm × 750mm × 900mm、每块重达 2.5t 的大型预焙阳极生块。利用小振幅高频率（2000 ~ 3000 次/min）的振动，使炭糊获得相当大的触变速度和加速度，在炭粒的接触边界上产生应力，引起炭粒相对位移，使炭糊内部空隙不断降低，密度逐渐提高以达成型目的。

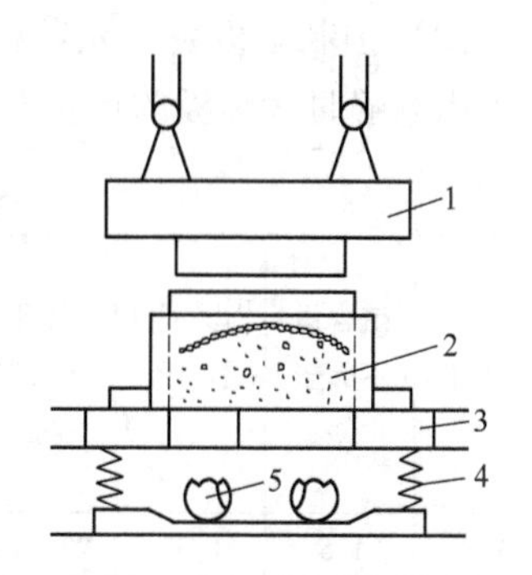

图 14.52 振动成型机的构造
1—重锤；2—成型模；
3—双轴振动台；4—减震弹簧；
5—振动器

E 生块焙烧

将成型后的生块在隔绝空气的条件下进行焙烧，使黏结剂焦化以制备合格的预制炭素阳极。生块焙烧过程中，包裹于炭粒周围的沥青经焦化后构成成品中的碳质网格层，产生桥联加固作用，故焙烧成品性能与焙烧过程中沥青的转变（析焦量）密切相关。

生块焙烧在多室连续焙烧炉（环式炉）、隧道窑中进行。现大型厂广泛采用多室炉，它有 32 室、18 室和 16 室不同类型，每室分隔为几个制品料箱（电极箱）。炉室用煤气加热，炉室上部为活动炉盖。

生块焙烧作业包括装炉、点火升温、保温、冷却、出炉、清砂和检测等工序。大型炭素阴极的最高焙烧温度为1350℃，焙烧时间达400多小时，整个焙烧作业应按规定的温度曲线进行操作。

焙烧后的炭块出炉后，清除表面的填充料（冶金焦粒），检测合格即为预制炭素阳极，组装后供电解槽使用。

铝电解使用的阴极炭块和侧部炭块的制备过程与预焙炭阳极的制备过程相同。电解槽筑炉用的粗缝糊、细缝糊的生产工艺与阳极糊相同，仅原料配方有所不同。

F 炭素阳极的质量标准

（1）阳极糊：我国阳极糊、预制块、阴极炭的质量标准列于表14.15中。

表14.15 我国阳极糊、预制块、阴极炭的质量标准

质量指标	灰分不大于/%	电阻率Ω不大于 /$mm^2 \cdot m^{-1}$	抗压强度不小于 /MPa	真气孔率不大于 /%	破损系数
阳极糊一级	0.5	80	27.0	32	
阳极糊二级	1.0	80	27.0	32	
预制阳极一级	0.5	60	35.0	26	
预制阳极二级	1.0	65	35.0	26	
阴极炭块	8	60	30.0	23	1.5

注：侧部炭块的使用条件与阴极炭块相同，故其原料、制备工艺、质量指标相同。

（2）预制阳极块（炭阳极）的质量标准。

铝电解时炭阳极的质量标准列于表14.16中。

表14.16 铝电解时炭阳极的质量标准

灰分（不大于）/%	硫含量（不大于）/%	体积密度（不小于）/$g \cdot cm^{-3}$	真气孔率（不大于）/%	空气渗透率（不大于）/$cm^3 \cdot min^{-1}$	电阻率（不大于）/$\Omega \cdot mm^2 \cdot m^{-1}$	抗压强度（不小于）/MPa	抗折强度（不小于）/MPa	脱落度（不大于）/$mg \cdot (cm^2 \cdot h)^{-1}$	氧化度（不大于）/$mg \cdot (cm^2 \cdot h)^{-1}$
0.6	1.5	1.55	23~25	1	65	32	12	20	90±10

注：脱落度和氧化度均是在CO_2气流中测定值。

14.7.4.2 制备冰晶石及氟化盐

A 酸法制备冰晶石

冰晶石的分子式为Na_3AlF_6或$3NaF \cdot AlF_3$，有人造冰晶石和天然冰晶石两种。天然冰晶石只在格陵兰岛有巨大矿床，目前铝电解用的冰晶石基本上为人造冰晶石。制备冰晶石的方法有酸法、碱法、干法和磷肥副产法等，但酸法应用最广，其制备工艺流程如图14.53所示。

酸法制备冰晶石主要作业为：

a 萤石分解

萤石精矿粉（CaF_2含量大于97%）预先干燥去水，破碎磨至90% -200目，用浓硫酸（浓度大于90%）分解萤石，硫酸用量为萤石重的1.2～1.3倍，先在螺旋混合器中混匀5min，然后送入回转窑内进行分解，窑内气相温度为（280±10）℃。分解反应可表示为：

$$CaF_2 + H_2SO_4 \longrightarrow CaSO_4 + 2HF\uparrow$$

$$SiO_2 + 4HF \longrightarrow SiF_4 + 2H_2O$$

$$SiF_4 + 2HF \longrightarrow H_2SiF_6$$

1kg SiO_2 将消耗2kg氟化氢，故萤石中的 SiO_2 含量应小于1%，碳酸钙含量应小于1.2%，因产生的 CO_2 气体对操作和环境不利。

b 氟化氢气体的吸收

从回转窑排出的氟化氢气体先经焦子塔（装冶金焦或石墨棒）降温和除去硫酸蒸气、SO_3 及 $CaSO_4$ 粉尘，再经多级水吸收塔吸收氟化氢气体。吸收塔体为钢、铅或塑料制成，内装焦炭、木格。钢制塔须内衬橡胶并用酚醛塑料灰泥作黏结剂，另衬有两层炭砖。吸收液从上而下、氟化氢气体从下而上通过吸收塔，新鲜水从最后一级加入，氟化氢浓度逐级增浓。吸收时酸液须冷却，第一级吸收塔出来的氢氟酸称为粗酸，其浓度为28%～30%。

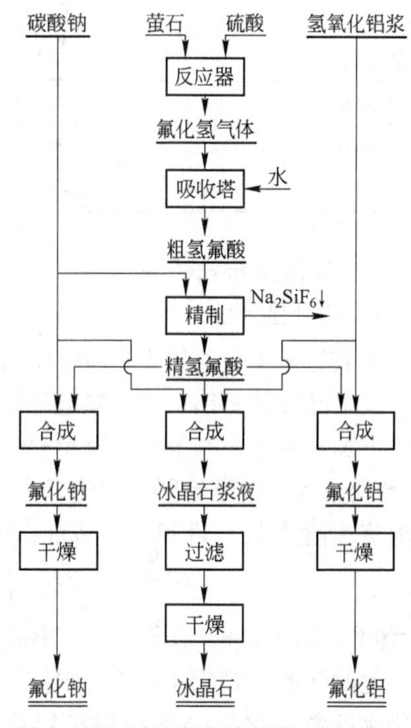

图14.53 酸法制备冰晶石、氟化铝、氟化钠的工艺流程

c 粗酸净化

粗酸中含 H_2SiF_6，其含量常为2%～10%。粗酸净化常在衬有橡胶的钢搅拌槽中进行，加入纯碱以析出硅氟酸钠。其反应为：

$$H_2SiF_6 + Na_2CO_3 \longrightarrow Na_2SiF_6\downarrow + H_2O + CO_2\uparrow$$

固液分离，可得净化后的氢氟酸溶液。

d 制备冰晶石

制备冰晶石的反应可表示为：

$$6HF + Al(OH)_3 \longrightarrow H_3AlF_6 + 3H_2O$$

$$2H_3AlF_6 + 6Na_2CO_3 \longrightarrow 3Na_3AlF_6\downarrow + 3H_2O$$

合成母液中游离氢氟酸的剩余浓度为2～3g/L，以防止 Na_2SiF_6、Na_3FeF_6 水解为 $SiO_2 \cdot nH_2O$ 和 $Fe(OH)_3$，降低冰晶石的纯度。

铝电解时的电解质为酸性，此时对冰晶石摩尔比小于3，故可直接制备酸性冰晶石，制备冰晶石时应调整氢氧化铝和纯碱的用量，使产出的冰晶石摩尔比为2.4左右。

e 成品干燥

经过滤、洗涤后的冰晶石滤饼含水15%～20%，须用回转窑在130～140℃条件下干燥脱水，干燥产品为成品冰晶石。

酸法生产1t冰晶石需消耗0.69～0.71t氢氟酸、0.29～0.30t氢氧化铝、0.8～0.9t纯碱，综合能耗为30～40kJ，相当于1.2～1.5t标准煤。

国产冰晶石的质量标准列于表14.17中。

表 14.17 国产冰晶石的质量标准

质量项目	F	Al	Na	$Fe_2O_3 + SiO_2$	SO_4^{2-}	附着水
优级品	≥54	≤15	≤31	≤0.45	≤1.5	≤0.5
一级品	≥53	≤13	≤31	≤0.45	≤1.5	≤1.0
二级品	≥51	≤12.5	≤31	≤0.6	≤1.5	≤1.5

B 其他方法制备冰晶石

a 磷肥副产法

磷酸盐矿中含氟约3%～4%，生产磷肥的废气中含 HF 和 SiF_4 气体，若将此废气回收并呈氟硅酸钠析出，再将氟硅酸钠溶于水中制备含氟为50g/L左右的溶液，在强烈搅拌条件下加入氨水使其 pH 值为 5～9，此时析出硅胶。过滤所得滤液中加入稀硫酸，调整 pH 值为5.5，加热至90℃以上，在不断搅拌条件下缓慢加入固体硫酸铝，并加入纯氯化钠溶液，搅拌 1h，可制得冰晶石。其主要化学反应为：

$$Na_2SiF_6 + 4NH_4OH \longrightarrow 2NaF + 4NH_4F + SiO_2 \cdot nH_2O$$

$$4NaF + 8NH_4F + Al_2(SO_4)_3 + 2NaCl \xrightarrow{pH=5.5,90℃以上} 2Na_3AlF_6\downarrow + 3(NH_4)_2SO_4 + 2NH_4Cl$$

此时溶液 pH 值约 1～2，须用氨水调整至 pH 值为 3～4，即可析出冰晶石。沉降分离及用水反复洗涤，经离心分离得成品冰晶石。磷肥副产冰晶石中的 P_2O_5 含量须低于 0.05%，才可用于铝电解，否则会降低电解时的电流效率。

b 碱法

将萤石精矿粉碎至小于 0.25mm，按萤石:石英粉:纯碱=1:1.3:0.7 的比例配料，然后在 900～950℃条件下进行钠化烧结，其反应为：

$$CaF_2 + Na_2CO_3 + SiO_2 \longrightarrow 2NaF + CaSiO_3 + CO_2\uparrow$$

钠化烧结可在回转窑或反射炉中进行。

烧结块粉碎后，在搅拌槽中水浸，氟化钠进入浸液中，过滤、洗涤后得氟化钠溶液，浸渣送尾矿库。用硫酸将浸液 pH 值调至 5 左右，加热至 85℃，加入热硫酸铝溶液可析出冰晶石。其反应为：

$$12NaF + Al_2(SO_4)_3 \longrightarrow 2Na_3AlF_6\downarrow + 3Na_2SO_4$$

经过滤、洗涤、干燥和粉碎，可得成品冰晶石。

除上述方法外，碱法制备冰晶石时，可将氟化钠溶液与铝酸钠溶液一起进行碳酸化分解析出冰晶石。其反应为：

$$6NaF + NaAlO_2 + 2CO_2 \longrightarrow Na_3AlF_6\downarrow + 2Na_2CO_3$$

此法制备的冰晶石含氧化铝，但不影响氧化铝电解。

此外，还可用干法制备冰晶石，可用氟化氢气体于 400～700℃条件下通过氢氧化铝、氯化钠或纯碱，在 720℃条件下进行煅烧，生成的氟铝酸，再与氯化钠反应制得冰晶石。

C 制备氟盐

铝电解除采用冰晶石外，还采用氟化铝、氟化钠和氟化镁等氟盐，需专门制备。

a 一般制备方法

氟化铝、氟化钠和氟化镁均采用氢氟酸与相应的氢氧化铝、碳酸钠和碳酸镁反应而制得。其反应为：

$$Al(OH)_3 + 3HF \longrightarrow AlF_3 \cdot 3H_2O \downarrow$$

$$Na_2CO_3 + 2HF \xrightarrow{pH=8\sim9} 2NaF \downarrow + H_2O + CO_2 \uparrow$$

$$MgCO_3 + 2HF \longrightarrow MgF_2 \downarrow + H_2O + CO_2 \uparrow$$

制得的氟化铝含3个结晶水，300℃条件下进行脱水可得含0.5个结晶水的氟化铝。在500～550℃条件下可完全脱水，但此时会产生水解反应，使氟化铝含氧化铝杂质。其反应为：

$$2(AlF_3 \cdot 0.5H_2O) + 2H_2O \xrightarrow{500\sim550℃} Al_2O_3 + 6HF$$

故常在350～400℃条件下进行脱水。

国产 AlF_3 和 NaF 的质量标准列于表14.18和表14.19中。

表14.18 国产 AlF_3 的质量标准

质量项目	F(大于)/%	Al(大于)/%	Na(不大于)/%	$SiO_2+Fe_2O_3$(不大于)/%	SO_4^{2-}(不大于)/%	H_2O(不大于)/%
一级品	61	30	4	0.4	1.4	7.5
二级品	60	30	5	0.5	1.6	7.5

表14.19 国产 NaF 的质量标准

质量项目	NaF/%	Na_2CO_3/%	Na_2SiF_6/%	SiO_2/%	Na_2SO_4/%	HF/%	H_2O/%	不溶物/%
一级品	98	0.5	0.5	0.5	0.5	0.5	0.5	0.5
二级品	94	1.0	0.8	2.0	1.0	0.5	1.0	3.0

氟化镁的质量标准为：Mg≥91%～98%，Na≤0.1%，Ca≤0.1%。

氟化钙常为精选后的萤石精矿，要求 CaF_2≥95%，CaO<2%，SiO_2<1%。

b 干法制备氟化铝

采用氟化氢气体进入流化床直接与固体氢氧化铝反应而制得氟化铝，从而省去了原酸法中的制酸、净化、氟化铝过滤、干燥等作业，降低了原料消耗和能耗，提高了产品质量（见表14.20）。干法制备氟化铝的工艺已逐渐成为制备氟化铝的主要方法。

瑞士布斯公司干法制备氟化铝的工艺流程如图14.54所示。

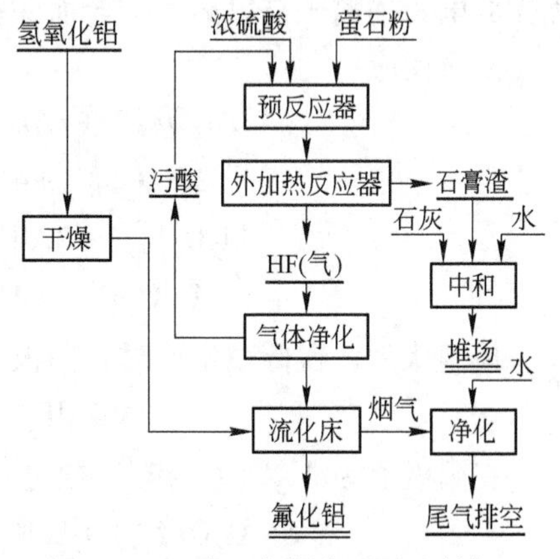

图14.54 瑞士布斯公司干法制备氟化铝的工艺流程

表14.20 酸法与干法制备氟化铝的技术经济指标

工艺方法	AlF_3/%	萤石/kg·t^{-1}	硫酸/kg·t^{-1}	标煤/kg·t^{-1}	氢氧化铝/kg·t^{-1}	排出渣/t·t^{-1}	AF_3 含水/%
酸法	85	1680	2460	776	966	4	5～7
干法	90～92	1490	1850	288	1000	2.5	0.5

14.7.5 铝电解

14.7.5.1 电极反应

目前，铝电解机理有两种观点：钠置换铝理论和铝离子直接放电理论。

A 钠置换铝理论

阴极反应：

$$2Na_3AlF_6 \longrightarrow 6Na^+ + AlF_6^{3-}$$
$$Al_2O_3 + AlF_6^{3-} \longrightarrow 3(AlOF_2)^-$$
$$6Na^+ + 6e \longrightarrow 6Na$$
$$\underline{6Na + 4AlF_3 \longrightarrow 2Al + 2Na_3AlF_6}$$
$$6Na + 4AlF_3 + 6e \longrightarrow 2Al + 2Na_3AlF_6$$

阳极反应：

$$3(AlOF_2)^- + AlF_6^{3-} \longrightarrow 1.5O_2 + 4AlF_3 + 6e$$

电解过程总反应可表示为：

$$Al_2O_3 + 1.5C \longrightarrow 2Al + 1.5CO_2$$

电解过程未消耗冰晶石，只消耗氧化铝和炭电极。

B 铝离子直接放电理论

阴极反应：

$$AlF_4^- + 3e \longrightarrow Al + 4F^- \quad (在低摩尔比时)$$
$$AlF_6^{3-} + 3e \longrightarrow Al + 6F^- \quad (在高摩尔比时)$$

负责迁移电流的钠离子不能放电，因钠离子的析出电位比铝离子负，故在阳极铝离子优先放电。钠离子与氟离子结合而保持熔体的电中性。

阳极反应：

$$2Al_2OF_6^{2-} + 2AlF_6^{3-} + C \longrightarrow 6AlF_4^- + CO_2\uparrow + 4e$$
$$2Al_2OF_6^{2-} + 4F^- + C \longrightarrow 4AlF_4^- + CO_2\uparrow + 4e$$
$$Al_2O_2F_4^{2-} + 2AlF_6^{3-} + C \longrightarrow 4AlF_4^- + CO_2\uparrow + 4e$$
$$Al_2O_2F_4^{2-} + 4F^- + C \longrightarrow 2AlF_4^- + CO_2\uparrow + 4e$$

他们认为，在低摩尔比时，阴极上为 AlF_4^- 中的 Al^{3+} 放电：

$$4AlF_4^- + 12e \longrightarrow 4Al + 16F^-$$

在阳极上为 $Al_2OF_6^{2-}$ 和 F^- 放电：

$$6(Al_2OF_6^{2-}) + 12F^- + 3C \longrightarrow 12AlF_4^- + 3CO_2\uparrow + 12e$$

在熔体中：

$$2Al_2O_3 + 8AlF_4^- + 4F^- \longrightarrow 6(Al_2OF_6^{2-})$$

电解过程的总反应可表示为：

$$2Al_2O_3 + 3C \longrightarrow 4Al + 3CO_2\uparrow$$

电解过程只消耗氧化铝和炭电极，不消耗冰晶石及氟盐。

14.7.5.2 铝电解的工艺参数

铝电解的工艺参数举例列于表 14.21 中。

铝电解的工艺参数是相互关联的，在一定时期内尽可能保持相对稳定。

表 14.21 铝电解的工艺参数举例

工艺参数	侧插槽	上插槽	预焙槽			连续预焙槽
电流强度/kA	60	100	80	130	150	110
阳极电流密度/$A \cdot cm^{-2}$	0.85~0.9	0.65	0.72	0.75	0.7	0.82~0.85
电解温度/℃	90	960	950	960	940	960
电解质摩尔比	2.7	2.7	2.6	2.7	25	—
CaF_2/%	3	5~6	6~7	2~3	2~8	—
MgF_2/%	2	—	—	4~5	—	—
槽电压/V	4.4	4.0	3.9~4.0	3.9	4.0	—
极距/cm	4.0	4.0	4.2~4.5	4.2~4.5	4.0	—
铝水平/cm	27	21~25	26	23~25	14~26	26
电解质水平/cm	16	17~19	14~16	14~16	—	22
槽底电压降/mV	450	—	—	320~360	—	—
效应系数/次·d^{-1}	0.1	1.0	0.9~1.1	0.3	—	—
电流效率/%	88	90	90.5	88	92	87
直流电耗/$kW \cdot h \cdot kg^{-1}$	15.0	14.3	13.5	13.7	13.5	15.5

14.7.5.3 铝电解槽正常生产时的外观特征

铝电解槽正常生产时，其外观特征为：

（1）火焰从火眼有力地喷出，其颜色为淡紫蓝色或稍带黄线；

（2）槽电压稳定，波动范围小；

（3）阳极四周边电解质处于沸腾状态，且很均匀；

（4）炭渣分离完全，电解质清澈透明；

（5）槽面上有完整的结壳，且疏松易打；

（6）槽内侧部炭块边有一圈电解质熔体凝固的结壳（槽帮和伸腿），它围绕在阳极四周形成近似椭圆形的槽膛（槽膛内形规整）。

铝电解槽正常生产时的槽膛内形如图 14.55 所示。

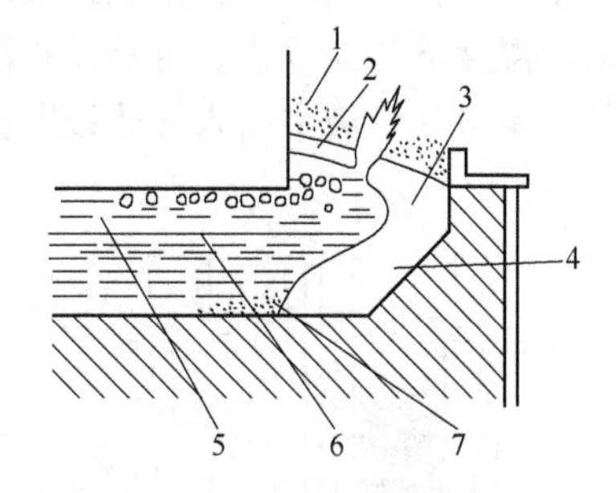

图 14.55 铝电解槽正常生产时的槽膛内形

1—面壳上的 Al_2O_3 粉；2—面壳；3—槽帮；4—伸腿；5—电解质；6—铝液；7—槽底沉淀

槽膛结壳可有效降低电耗和热耗，保护侧壁和槽底的内衬，且可使铝镜面（即阴极表面）收缩以提高电流效率。铝电解槽正常生产时，槽底无氧化铝粉沉淀或仅有少量的氧化铝粉沉淀。

14.7.5.4 铝电解槽的正常操作

铝电解槽的正常操作均由加料、出铝和阳极作业三部分组成，具体内容依槽型而异。

A 加料

铝电解槽加料的目的是保持电解质中 Al_2O_3 的浓度和电解质组成稳定，故须定时向电解槽中补加氧化铝和补充添加剂，以维持电解质熔体中 Al_2O_3 的浓度和调整电解质的冰晶石摩尔比等。

加料时，先扒开壳面上预热的氧化铝料层，再打开壳面，将预热后的氧化铝料层推入熔体中，然后在新凝固的壳面上添加一批新氧化铝，切忌将冷料直接加入电解质熔体中。加料（主要是每天第一次加料）前须取样分析电解质组成，将待添加的氟化盐添加剂与氧化铝混合均匀后铺在壳面上预热，在其上再覆盖氧化铝。电解质熔体中的 Al_2O_3 含量为5%～8%。大型槽的连续下料或点式下料时，电解质熔体中的 Al_2O_3 含量为2%～3%，此时低浓度可使氧化铝迅速熔化而不致产生沉淀或悬浮于电解质中，其电流效率可达94%。

加料时须定时定量地向电解槽中补加氧化铝，连续下料的时间间隔为20s左右，点式下料为几分钟下一次。大型槽的下料部位可在边部或炭块中间，后者无须打开槽罩。间断下料一般采用天车联合机组或地面龙门式联合机组进行。中、小型槽通常采用地爬式打壳机作业。

B 出铝

电解产出的铝液须定期定量地从电解槽中取出。两次出铝间的时间称为出铝周期，中型槽一般为1～2天，大型槽每天出一次。每次的出铝量大致等于此周期内的铝产量。

常采用真空抬包出铝，真空抬包出铝装置如图14.56所示。

抽出的铝液送往混合炉进行熔剂净化、质量调配、扒渣澄清等作业，然后送去铸造为各种形状的铝坯或铝锭。

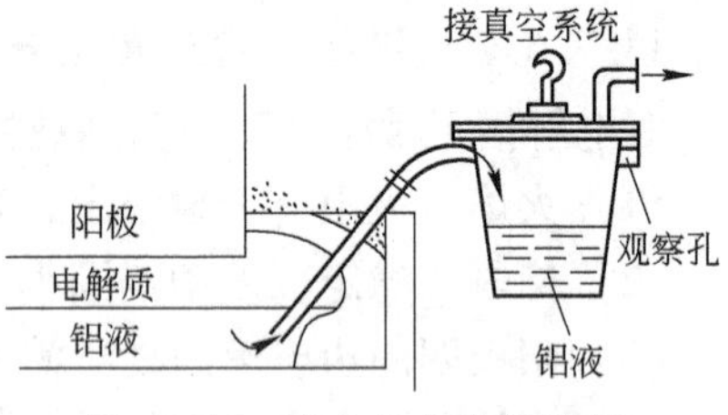

图14.56 真空抬包出铝装置

工业电解槽中取出的铝液通常含有下列三类杂质：

（1）电解时与铝一起析出的杂质，如Si、Fe、Na、Ti、V、Zn、Ga等，总量达千分之一以上；

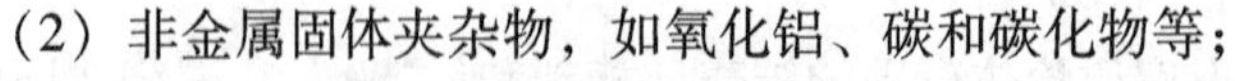

（2）非金属固体夹杂物，如氧化铝、碳和碳化物等；

（3）气体夹杂物，如氢、二氧化碳、一氧化碳、甲烷和氮气等，其中主要是氢气。

铝液净化可采用静置法和连续溶剂净化法以除去铝液中夹杂的杂质。静置法是在尽可能低的温度下长期静置，可降低铝液中氢的含量，因氢在铝液中的溶解度随温度的下降而降低。也可往铝液中通入气体以除去氢气，若通入氯气，不仅可除氢，而且可除去部分金属杂质，可吸附除去固体夹杂物和气体夹杂物。但氯气会污染环境和腐蚀设备。目前，一般采用氮气和氯气的混合气体进行净化处理，其中氮气占90%或50%，这样既保留了纯氯气的优点，又减少了氯气对环境的污染和设备的腐蚀。

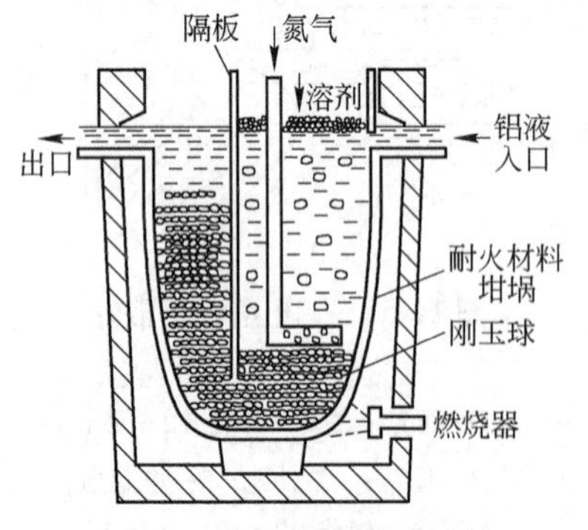

图14.57 铝液连续净化装置

铝液连续净化装置如图14.57所示。

C 阳极作业

阳极是电解槽的心脏，阳极管理极其重要。阳极作业因槽型和电流导入方式而异。

a 自焙阳极槽的阳极作业

电解过程中阳极糊借助电解高温完成阳极焙烧成自焙阳极（阳极锥体），而自焙阳极因参与电化学反应而不断消耗。因此，自焙阳极槽的阳极作业的主要任务是补充阳极糊（下糊）和转接阳极小母线（上插槽无此项工作）。首先拔出将与电解质熔体接触的阳极棒，将小母线转接到已进入锥体的阳极棒上，然后钉棒（将阳极棒钉入快要焙烧成锥体的阳极糊中），当糊体焙烧成锥体时，钉入的阳极棒便可与之保持良好接触，保证导电均匀。

自焙阳极槽的阳极作业应使阳极均匀地焙烧，将电流均匀地导入阳极，使阳极棒、阳极与各金属导体间保持良好接触以降低电压降，应保证阳极不倾斜、电解过程中不氧化、不掉块、无断层和无裂缝。

b　预焙阳极的阳极作业

预焙阳极的阳极作业的任务有三项：

（1）定期按一定顺序更换阳极块，以使新、旧阳极（未换的）能均匀地分担电流，保证阳极大梁不倾斜。80kA 的预焙阳极的更换顺序如图 14.58 所示。

（2）更换阳极后应用氧化铝将其覆盖好。

（3）阳极大梁的位置随着阳极块的消耗而降低，当降至无法再降的位置时，应抬起（升高）阳极大梁。

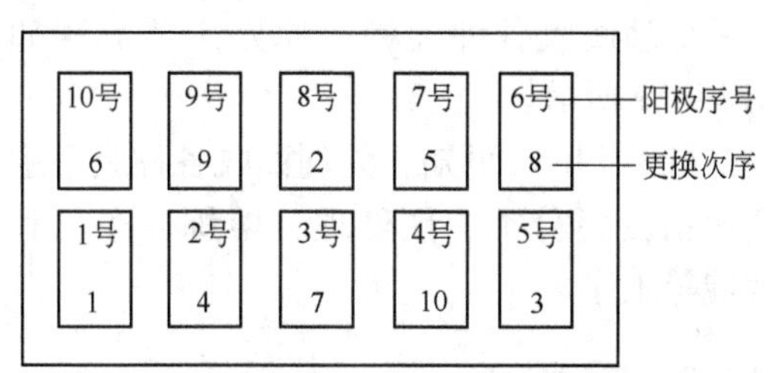

图 14.58　80kA 的预焙阳极的更换顺序

此外，电解槽的经常操作还包括熄灭阳极效应和病槽处理等。操作质量是保证铝电解生产技术条件稳定的先决条件。

14.7.5.5　电解原铝的质量标准

Na_3AlF_6-Al_2O_3 熔盐电解所得原铝的质量标准列于表 14.22 中。

表 14.22　原铝的质量标准

品　级	代号	化学成分/%					
		Al	杂质含量（不大于）				
		不小于	Fe	Si	Fe + Si	Cu	杂质总和
特 1 号铝	A_{00}	99.7	0.16	0.18	0.26	0.010	0.30
特 2 号铝	A_0	99.6	0.25	0.18	0.36	0.010	0.40
1 号铝	A_1	99.5	0.30	0.22	0.45	0.015	0.50
2 号铝	A_2	99.0	0.50	0.45	0.90	0.020	1.00
3 号铝	A_3	98.0	1.10	1.00	1.80	0.050	2.00

从表 14.22 中数据可知，原铝中的金属杂质主要为 Fe、Si、Cu，它们主要由原材料（氧化铝、氟化盐、阳极）带入，电解过程中铁工具和零件的熔化及内衬的破损及炉帮的熔化也可带入杂质。因此，采用高质量的原材料和精心操作以防杂质进入原铝中是提高原铝质量的关键。

电解原铝的质量基本上能满足国防、运输、生活日用品对金属铝的质量要求。但有些部门如无线电器件、照明反射镜、天文望远镜的反射镜、石油及化工机械设备、食品包装材料及容器等需精铝（铝含量大于 99.93% ~ 99.996%），高纯铝（铝含量大于

99.999%），甚至超高纯铝（铝含量大于6个9）。精铝比原铝具有更好的导电导热性、可塑性、反光性和耐腐蚀性，纯度愈高，其导磁性愈小，低温导电性能愈好。

精铝可通过原铝提纯制取，原铝提纯主要有三层液提纯法、凝固提纯法、区域熔炼提纯法和有机溶液电解提纯法等。

14.8　废铝的再生回收

14.8.1　处理回收各种废铝的原则工艺流程

随铝消费量的增加，产生的废铝种多、量大、来源广。再生回收废铝具有能耗低、基建投资低、污染较小、产品质量高和铝回收率高等特点。

处理回收各种废铝的原则工艺流程如图14.59所示。

从图14.59可知，处理回收各种废铝主要包括废铝分类、预处理、熔炼、净化和铸锭等工序。

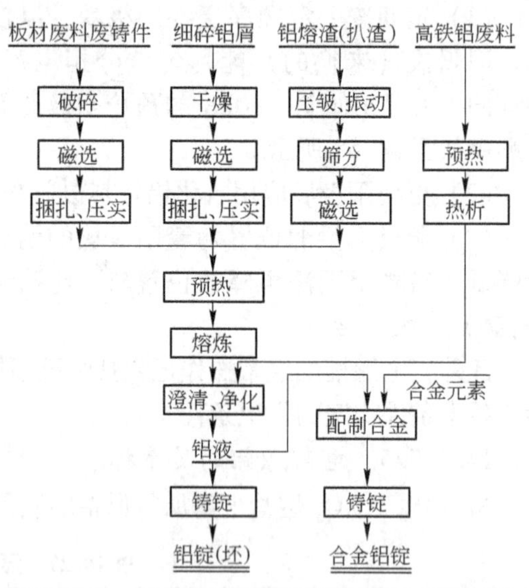

图14.59　处理回收各种废铝的原则工艺流程

14.8.2　废铝分类

铝废料可分为铝加工废料和消费铝废料（市场废料）两大类。

铝加工废料：为加工铝制品产生的边角、铝屑等。其成分较单一，再生回收流程较简单。

消费铝废料（市场废料）：消费铝废料为报废、过时的铝铸件、零部件、废弃的铝制品，如旧飞机、旧汽车、饮料罐、牙膏皮、炊具、器皿和铝包装等等。它们的主要成分为铝及其合金，但常受不同程度的污染或表面有油漆、油脂浸泡、混有铁制零件、灰尘和附着水等。回收前须按生产要求或处理工艺特点进行分类。

14.8.3　铝废料的处理

为了提高铝的回收率和企业经济效益，熔炼前须对废铝进行预处理，主要包括废铝件解体、捆扎（或打包）压实、去污（如油脂、油漆、灰尘等）和除铁等。

14.8.3.1　解体

解体是使废铝与非铝材料分离，分拣出废铝中的非铝材料，如铁制零件、非金属材料和石块等，此时也可回收有用的零部件、仪器和设备。然后采用颚式、锤式或反击式破碎机将废铝件碎成一定粒度的铝块。

14.8.3.2　除铁

铁是废铝中含量最高的杂质，可采用手选、弱磁场磁选或热析法将铁除去。

热析法适用于废铝含铁高、铁部件较大且形状复杂，与铝紧密连在一起的废铝材。利用铝的熔点比铁低得多的特点，将含铁部件的废铝材放入专门的热析炉或反射炉中，当炉内温度升至高于铝的熔点约100℃时，铝熔化流出，而铁部件仍呈固态存在，易使两者分离。但热析法得的铝液中的铁含量较高，须进一步净化除铁。

14.8.3.3 捆扎压实

破碎后的细粒铝废料、铝屑料及散状铝废料一般均须捆扎压实，使其具有一定的形状、密度和体积。捆扎压实可提高运输效率、降低机械损失、便于熔炼时装料和可降低熔炼时的氧化损失。如常将饮料罐一类的废铝压制成密度为1400~2400kg/m^{3}的铝包或捆扎铝包。捆扎压实作业一般采用专门的捆扎机、打包机或液压机完成。

14.8.3.4 废铝预热

废铝熔炼常分批进行，有时可将废铝直接加至已熔化的铝液中，故废铝熔炼前应预热以除去水分和所附着的油污。废铝常利用熔炼炉的余热进行预热，废铝预热可缩短熔炼时间，提高熔炼炉的产能和效率。

14.8.3.5 铝熔渣的预处理

铝熔渣为铝及其合金熔炼、静置和净化等作业产出的扒渣、氧化皮和沉渣等。铝熔渣中含有20%~30%的铝、各种用作熔剂的盐类及作业过程中产生的氧化物。铝熔渣处理的目的是回收熔渣中的铝和熔剂。

铝熔渣预处理的方法有干法和湿法两种。干法预处理是将铝熔渣反复碾压，用振动筛使铝与杂质分离，筛上产物常为金属铝，可直接返回熔炼作业回收铝，筛下产物送回收熔剂作业。湿法预处理是用水冲洗铝熔渣，使可溶盐（如KCl、NaCl等）溶解，洗渣经干燥、筛分、磁选后送熔炼作业回收铝。

14.8.4 废铝回收实例

14.8.4.1 从废弃牙膏皮中回收金属铝

铝软管（牙膏皮等）回收金属铝的原则工艺流程如图14.60所示。

从图14.60可知，针对牙膏皮一类废铝的特点，预处理有破碎、浸泡除油脂、洗涤、干燥和筛分等作业。熔炼作业采用三元熔剂熔炼。此工艺考虑了熔剂和其他试剂的回收，达到无污排放的目的。铝回收率大于90%，铝的纯度达99.7%。

该工艺也可用于回收其他包装废铝，如饮料罐等。

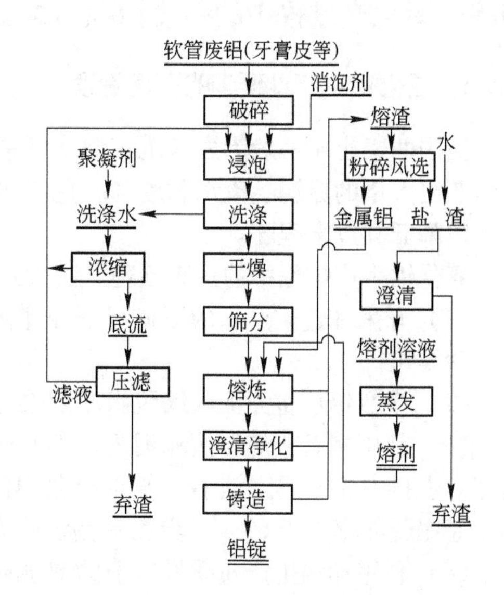

图14.60 铝软管（牙膏皮等）回收铝的原则工艺流程

14.8.4.2 利用废铝生产再生铝粉

我国某厂利用废铝生产再生铝粉的工艺流程如图14.61所示。

该流程包括熔炼和制粉两部分。废铝熔炼在竖炉中进行，竖炉结构如图14.62所示。

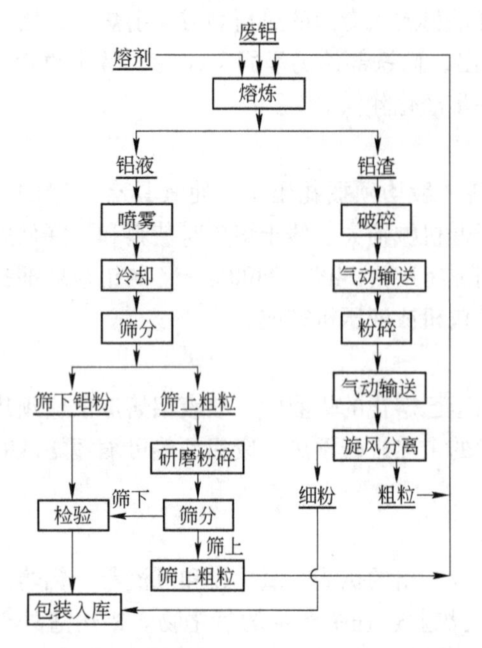

图 14.61 利用废铝生产再生铝粉的工艺流程

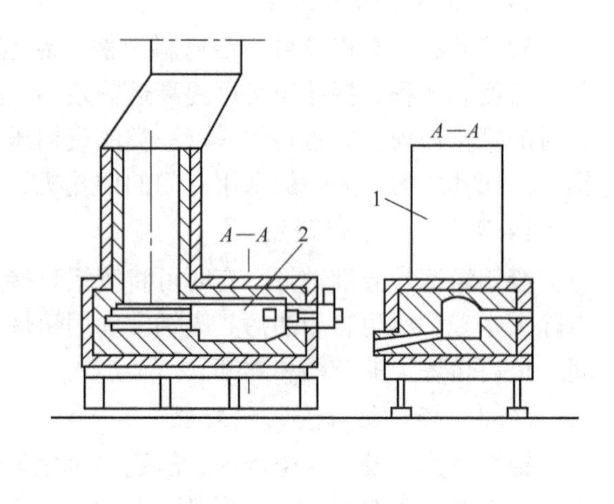

图 14.62 竖炉结构示意图

1—竖炉炉身；2—过热熔池

竖炉熔炼温度为720℃左右，熔炼时间为4h。熔炼后的铝液温度保持为720℃，即可喷雾制取铝粉。制取铝粉时，铝液直接流入漏斗，经漏斗底部 $\phi 4 \sim 6$mm 小孔进入雾化器。雾化所用的空气压力为6～6.5MPa，铝液经压缩空气吹雾后进入雾化筒，形成铝粉，并借助冷却水套迅速冷却。铝粉从筒底直接进入振动筛进行筛分，筛下产物为成品铝粉，筛上产物返回竖炉熔炼。

14.9 铝生产过程中的三废治理与综合回收

14.9.1 氧化铝生产过程中的三废治理

我国的铝土矿一般为岩溶沉积型，开采和选矿过程中产出大量的尾矿；氧化铝生产过程中产出大量的赤泥、废水和废气。它们均对环境造成一定的危害，须采取相应措施进行治理以降低其危害程度。

氧化铝生产过程中的三废治理方法大致为：

（1）开采和选矿产出的尾矿、细泥主要用于采空区的复垦和复田的充填料，严防采空区沙漠化；

（2）多数铝厂将赤泥浓缩脱水后浓浆送堆场堆存；

（3）利用碱石灰烧结法赤泥生产500号普通硅酸盐水泥，其主要问题是赤泥中碱含量高，生料中赤泥配比较小。若在赤泥中添加2%～4%的石灰，在0.6MPa条件下脱碱1h，赤泥脱碱率大于60%，赤泥中碱含量可降至1%以下；

（4）利用赤泥生产400号以上的赤泥硫酸盐水泥。赤泥硫酸盐水泥采用30%水泥熟料、50%～60%的烘干赤泥、10%～12%的煅烧石膏和4%～5%的矿渣混磨而成。是一种很有应用前景的新型建筑材料，具有水化热低、抗渗能力高、抗硫酸盐性能高等特点；

（5）赤泥可采用蒸气养护的方法制砖；

（6）焙烧排出的废气中含一定量 SO_2 有害气体，须经烟气净化后才能排空。

14.9.2 铝电解厂的烟气净化

铝电解厂烟气含有气态污染物和固态污染物：

（1）气态污染物为：阳极反应产生的 CO、CO_2、CF_4，自焙阳极烧结时产生沥青烟挥发分，氟化铝等氟化盐水解产生的氟化氢气体，原料中的杂质和 SiF_4 等。其中主要为 H_2F_2 等含氟气体。

（2）固态污染物为：主要为原材料挥发和飞扬产生的 Al_2O_3、C、Na_3AlF_6、$Na_5Al_3F_{14}$等固体粉尘。其中主要为冰晶石和吸附 HF 的氧化铝粉尘。

电解槽的污染物量列于表 14.23 中。

表 14.23 电解槽的污染物量 （kg/t(铝)）

槽 型	气态氟化物	固态氟化物	固、气氟总量	粉尘总量
上插槽	15.45	4.05	19.5	24.0
下插槽			17.5	49.7
预焙槽	8.33	8.43	16.8	44.1

铝电解厂烟气净化后回收的物质可返回生产流程利用，一般规定生产 1t 铝的污染物排放量须小于 1kg。

铝电解厂的烟气净化方法为：

（1）湿式净化法。湿式净化法采用水或碱溶液吸收 H_2F_2 气体和粉尘。其工艺流程如图 14.63 所示。

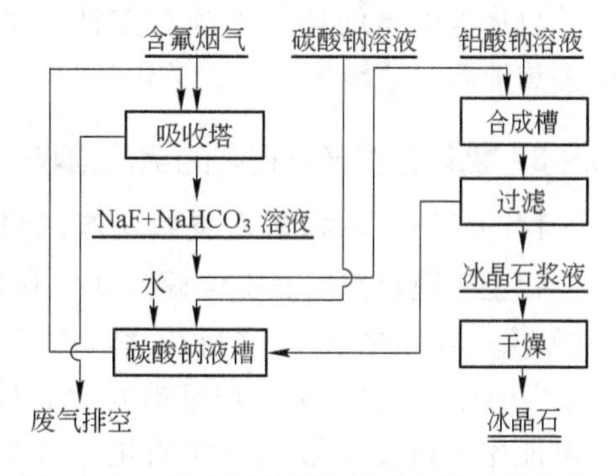

图 14.63 铝电解槽烟气湿式净化工艺流程

通常采用5%的碳酸钠溶液作吸收剂以洗涤含氟烟气。其反应可表示为：

$$2Na_2CO_3 + H_2F_2 \longrightarrow 2NaF + 2NaHCO_3$$

当洗涤液循环至 NaF 含量达 25～30g/L 时可用于制取冰晶石。其反应可表示为：

$$6NaF + 4NaHCO_3 + NaAlO_2 \longrightarrow Na_3AlF_6\downarrow + 4Na_2CO_3 + 2H_2O$$

经固液分离、干燥后，冰晶石可返回电解槽使用，滤液返回吸收塔吸收含氟气体。

净化自焙槽的烟气时，因含沥青烟，有人建议先经旋风收尘器或静电收尘器回收粉尘和焦油，然后用水吸收含氟气体。采用筛板塔时，含氟气体的吸收率大于 90%，可获得浓度为 5% 的氢氟酸溶液，可用于回收氟化物。含氟气体吸收塔出来的气体须经洗涤除去 SO_2 后才能排空。5% 的氢氟酸溶液与氢氧化铝反应可制取氟化铝，再返回电解槽使用。

20 世纪 70 年代湿式净化法是铝厂烟气的主要净化方法，但因其产生大量废水易造成二次污染，废水处理投资和成本高，已逐渐被干式净化法所代替。

（2）干式净化法。干式净化法采用比表面积大于 $35m^2/g$ 和 α-Al_2O_3 含量不超过 25%～35% 的氧化铝作吸收剂，吸收烟气中的 HF 气体和截留烟气中的粉尘。吸收了烟气中的 HF 气体的氧化铝仍为铝电解的原料。经研究，认为氧化铝吸收烟气中的 HF 气体主

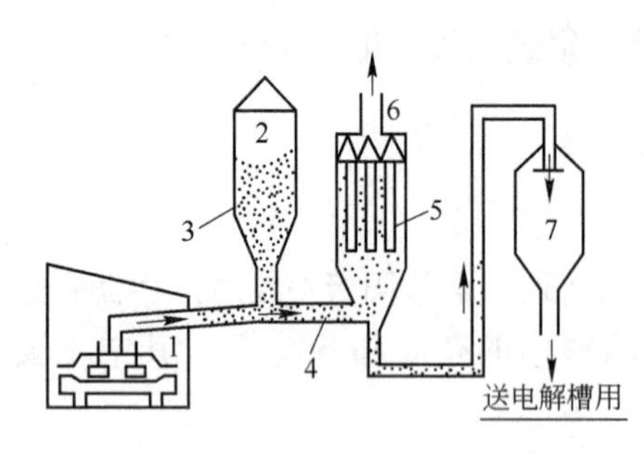

图 14.64 挪威阿尔达里铝厂的干式净化流程

1—电解槽一次烟气；2—Al_2O_3 贮槽；3—Al_2O_3；4—载氟 Al_2O_3；5—布袋收尘；6—废气出口；7—载氟 Al_2O_3 贮仓

要为化学吸附，在氧化铝表面生成表面化合物，每摩尔氧化铝可吸附 2mol HF 气体，这种表面化合物在温度高于 300℃ 条件下将转变为 AlF_3 化合物分子。其反应可表示为：

$$Al_2O_3 + 6HF \longrightarrow 2AlF_3 + 3H_2O$$

干式净化法较适用于预焙阳极电解槽的烟气净化。

挪威阿尔达里铝厂的干式净化流程如图 14.64 所示。

该厂电解槽烟气净化前的气态氟化物和固态氟化物含量各为 5.7mg/m^3，净化后气态氟化物和固态氟化物含量分别降至 0.114mg/m^3 和 0.057mg/m^3，其净化率分别为 98% 和 98.8%。

干式净化法具有流程短、设备简单、净化效率高、无废水、载氟氧化铝可直接返回电解槽等特点，为铝厂广泛应用。其主要缺点是将烟气中的铁、硅、硫、钒、磷等杂质也一起返回电解槽，并在循环中产生积累富集，对电解铝的质量和电流效率产生不良影响。

自焙电解槽的烟气中含有焦油，须预先经焚烧除去焦油后，才能采用干式净化法。

14.9.3 氧化铝生产过程中的综合回收

14.9.3.1 从碱石灰烧结法溶液中回收镓

铝土矿熟料浸出液中含镓 0.03 ~ 0.06g/L，浸出液经第一段碳酸化分解析出 85% ~ 90% Al_2O_3 和 20% Ga_2O_3，母液送第二段碳酸化分解使母液中的镓尽可能完全析出，第二段碳酸化分解富集了水合铝碳酸钠 $Na_2O \cdot Al_2O_3 \cdot 2CO_2 \cdot 2H_2O$ 和与铝类质同晶的镓（0.05% ~ 0.2%）。降低温度和加速碳分将有利于镓的共沉淀，沉淀作业须使碳酸氢钠浓度降至 15 ~ 20g/L 时结束。第二段碳酸化分解时间为 6 ~ 8h，镓的沉淀率达 95% ~ 97%。

从第二段碳酸化分解沉淀物（富集物）中回收镓的方法有：

（1）石灰法。石灰法回收镓的工艺流程如图 14.65 所示。

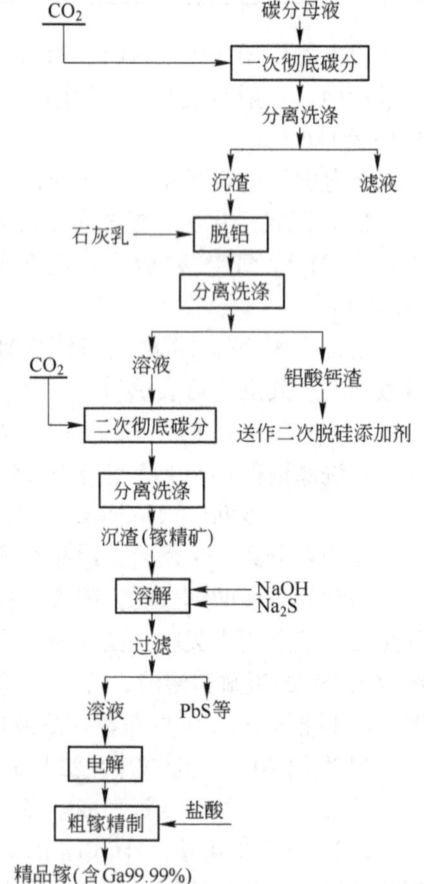

图 14.65 石灰法回收镓的工艺流程

用石灰乳处理第二段碳酸化分解沉淀物时，石灰乳分二段添加，第一段在 90 ~ 95℃ 条件下，按 $CaO:CO_2 = 1:1$（摩尔比）加入，进行苛化反应，85% ~ 90% 的镓与部分铝转入溶液中。然后第二段再按 CaO∶Al_2O_3 =3∶1 的比例加入石灰，使绝大部分铝呈水合铝酸三钙形态沉淀析出，而镓留在溶液中。固液分离水合铝酸三钙后的溶液进行第三次碳酸化分解，镓的沉淀率达95%以上。该沉淀物称为镓精矿，用苛性碱溶解，并加入适量硫化钠以沉淀铅、锌等重金属杂质，以提高镓的纯度。净化后的铝酸钠-镓酸钠溶液含 Al_2O_3 70～120g/L、Ga 2～10g/L，送电解得粗镓，粗镓用盐酸提纯后，镓的纯度可达99.99%以上。

（2）置换法。由于镓和铝在碱液中的电位分别为 -1.22V 和 -2.35V，氢在铝上的析出电位（-1.3V）与镓的析出电位相近，故用铝置换镓不经济，但采用铝镓合金作置换剂可以降低铝镓合金中铝的电位，同时还可提高氢的超电位，比单纯用铝作置换剂经济，可降低铝的耗量。铝镓合金中铝的含量以0.25%～1%为宜，可获得较高的置换率，置换时应搅拌，温度以40～45℃为宜。

（3）碳酸法。将彻底碳分的沉淀物与铝酸钠溶液（a_k 值为2.3～3）混合中和，然后进行搅拌分解，大量析出氢氧化铝，而大部分镓和一部分铝留在溶液中。分离氢氧化铝后，溶液进行深度碳酸化以制取镓精矿。镓精矿溶于苛性碱液，再用电解法或置换法制取金属镓。

（4）热压法。其工艺流程与碳酸法相似，不同点在于彻底碳分的沉淀物与苛性比值较高的铝酸钠溶液混合后通过高温压煮法（约170℃，2h）除铝，使铝转变为一水软铝石进入沉淀，镓仍留在溶液中。其他作业与碳酸法相同。

14.9.3.2　从拜耳法种分母液、循环母液或其混合液中回收镓

拜耳法种分母液中一般含镓0.1～0.25g/L，比碱石灰烧结法碳分母液中镓的含量高得多，可采用电解法或置换法直接从种分母液中提取镓，可除去富集过程及降低生产成本。

汞齐电解法从种分母液中提取镓的工艺已用于工业生产。其工艺流程如图14.66所示。

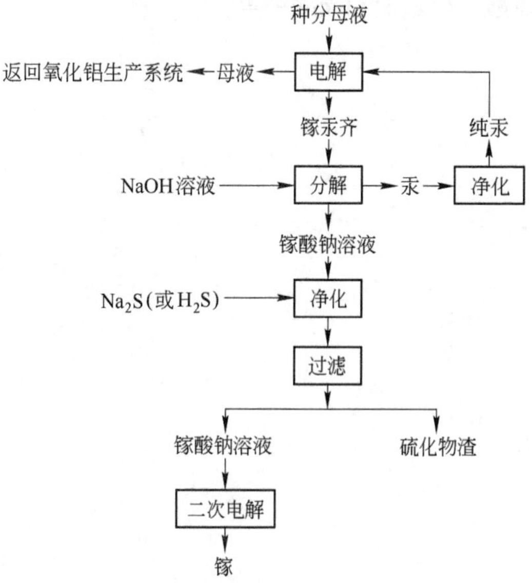

种分母液电解时采用汞阴极，镓离子在阴极析出，在搅拌条件下析出的镓扩散进入汞分生成镓汞齐（一般含镓0.3%～1%）。镓汞齐在不锈钢槽用苛性碱溶液浸出制取镓酸钠溶液（含镓10%～80%），浸出作业在近100℃和强烈搅拌的条件下进行。若镓汞齐中含有足量的 Na_2O，镓汞齐也可采用纯水作浸出剂。

浸出镓汞齐获得汞和镓酸钠溶液。汞齐返回电解作业，返回前须定期净化除去铁和积累的其他杂质。镓酸钠溶液经净化后送电解，镓在不锈钢阴极或液体镓阴极析出。电解后液返回镓汞齐浸出作业，当其杂质积累至明显影响镓的电解过程时则须净化或返至氧化铝生产系统。

图14.66　汞齐电解法从种分母液中提取镓的工艺流程

从拜耳法种分母液中回收镓时，也可采用置换法、化学法和离子交换法。当杂质含量

较高时须预先净化，否则对置换镓不利。化学法均有碳分作业，使母液中的部分苛性碱转变为碳酸碱，增加了苛化作业的处理量。

14.9.3.3 从种分母液或氢氧化铝洗液中回收钒

在自然界钒很少单独成矿，常伴生于其他矿物中，铝土矿中 V_2O_5 含量为 0.001% ~ 0.35%，明矾石中也含相当量的钒。

从种分母液或氢氧化铝洗液中回收钒可采用结晶法、溶剂萃取法和离子交换法。后两种方法未见工业应用的报道，目前工业应用较成熟的为结晶法。

钒酸钠、磷酸钠、氟化钠、硫酸钠、碳酸钠及各种杂质在铝酸钠溶液中的溶解度较大，但这些钠盐同时存在时的溶解度比它们单独存在时的溶解度要小得多，而且其溶解度随温度的降低而下降。因此，将溶液蒸发浓缩至一定浓度后再降低温度，便可结晶析出钒酸钠和磷酸钠。

将部分种分母液或氢氧化铝洗液蒸发浓缩至含 Na_2O 200 ~ 250g/L，然后冷却至 20 ~ 30℃，在此温度条件下加入钒盐作晶种并进行搅拌，便可结晶析出碱金属盐类混合物（钒精矿）。固液分离后，母液返回氧化铝生产流程。将钒精矿溶解，然后进行净化除杂，净液加入氯化铵便可制得钒酸铵（NH_4VO_3）。将钒酸铵溶于热水中，去除残渣，再进行钒酸铵再结晶。其再结晶条件为：溶液含 V_2O_5 50g/L 左右，pH 值为 6.5，结晶温度低于 20℃，加入一定量的氯化铵以提高钒的结晶率。钒酸铵结晶经过滤、洗涤后，于 500 ~ 550℃条件下煅烧即可获得纯的 V_2O_5。

还可以从其他方法生产氧化铝的母液中回收苛性碱、制水泥、钾氮混合肥、粗钾盐、硫酸、硫酸盐和碳酸钠等。

15　钽铌矿物原料的化学选矿

15.1　概述

钽、铌金属的熔点高，抗腐蚀性强，导热率高，吸气性好，热中子俘获截面小，钽铌氧化膜的整流和介电性能（尤其是钽氧化膜）好，因而钽铌被广泛用于化学、机械制造、电子、钢铁和原子能等工业部门。铌主要用于生产铌钢，用于制造各工业部门的大型设备构件、管道等，钽主要用于生产钽电容器，用于国防、宇航和民用电子工业中。

地壳中钽铌的平均含量分别为$2.1\times10^{-4}\%$和$2.4\times10^{-3}\%$，自然界中的钽铌矿物有130余种，其中有工业价值的主要有钽（铌）铁矿、黑稀金矿、易解石、烧绿石（黄绿石）、褐钇钶矿、细晶石、钽锡矿等，此外，钽铌还常存在于钛铁矿、黑钨矿、锡石、金红石等矿物中。钽铁矿和铌铁矿为类质同晶系矿物，烧绿石和细晶石也是类质同晶系矿物，其中的钽铌含量波动较大，甚至同一矿床也不尽相同。对钽铌矿床的工业要求常据矿床的地质特征、采矿的技术条件、矿石的复合程度、矿石处理工艺及矿区的地理、经济等特点而异。对钽铌砂矿床一般要求钽铌矿物总量大于$50g/m^3$，对钽铌原生矿要求钽铌氧化物总量大于0.02%，对烧绿石碱性岩、酸性岩及碱性花岗岩矿床要求氧化铌含量大于0.08%～0.1%，若为单一钽矿，一般要求氧化钽含量大于0.01%。

钽铌矿床的特点是原矿品位低，有用矿物组成复杂。钽铌矿物的密度大于4和常具有弱磁性，常用重选或强磁选的方法进行粗选以除去大量尾矿，然后采用物理选矿和化学选矿法进行精选，获得合格的钽铌矿物精矿或化学精矿。若钽铌呈单独矿物存在且嵌布粒度较粗时，用物理选矿法可得合格的钽铌矿物精矿；若钽铌矿物呈微细粒嵌布或呈类质同象形态存在于钛铁矿、黑钨矿、锡石等矿物中时，物理选矿只能起初步富集作用，粗精矿须用化学选矿法将各有用组分分离而得到各有用组分的化学精矿。因此，用化学选矿法综合回收各有用组分是钽铌矿物原料选矿的一个重要特点。

钽铌矿物原料的化学选矿一般可用电炉还原法或酸碱浸出法处理低品位钽铌原料，预先富集钽铌和综合回收各有用组分。所得钽铌富集物可用氢氟酸分解法或氯化法分别制取单一氧化物或氯化物，其原则流程如图15.1所示。

氯化分解钽铌富集物以得到单一钽铌氯化物流程的主要问题是如何提高氯化效率、各氯化物分馏及设备防腐蚀等，该法是钽铌分离的方向之一。目前，钽铌贫矿和锡渣的处理仍以电炉法较适宜，若电力充足可用此法。国内主要采用氢氟酸分解法，然后在硫酸-氢氟酸体系中萃取分离钽铌，处理贫钽铌矿物原料以制取单一的氧化物或金属粉末。

15.2　低品位钽铌矿物原料的富集

处理低品位钽铌矿物原料时，一般先用物理选矿法丢弃大量尾矿，然后用化学选矿法除杂及综合回收某些有用组分以得到钽铌富集物送后续作业制取单一钽铌氧化物或金属粉末。

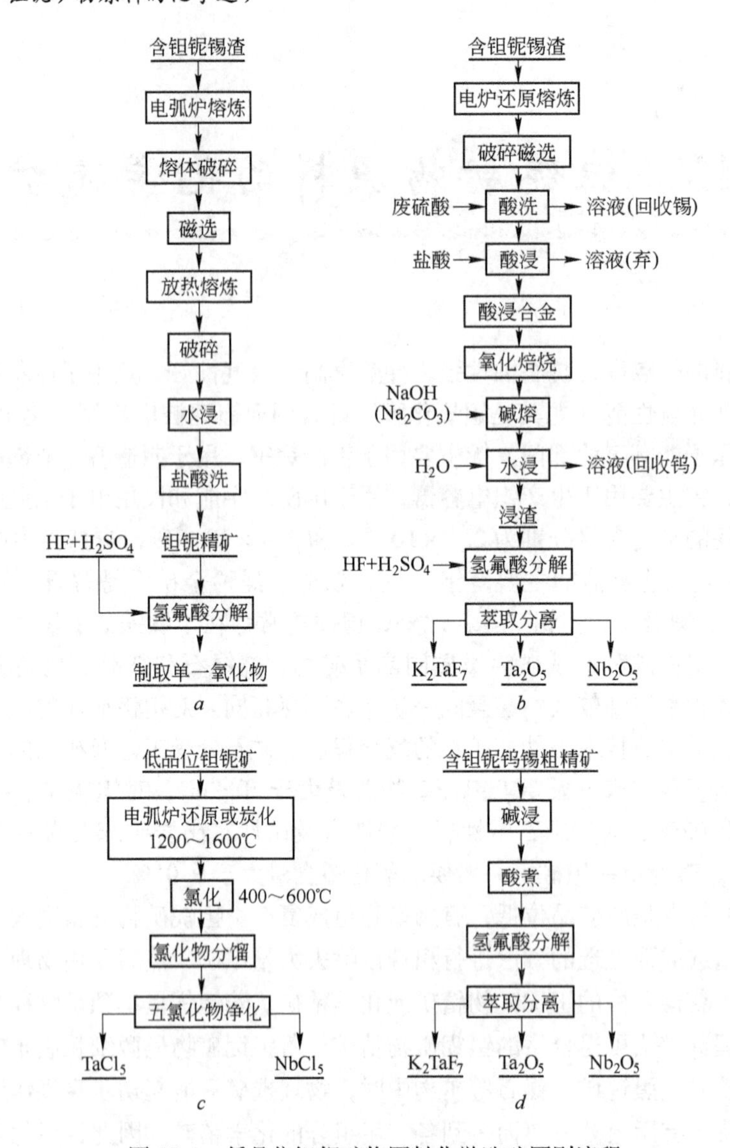

图 15.1 低品位钽铌矿物原料化学选矿原则流程

如国内某矿为气成热液含钽、铌、锆、钨、锡浸染型矿床，出露地表部分风化严重，矿体中钽铌钨锡的矿化规律有同步消长关系。原矿品位（%）为：Ta_2O_5 0.013、Nb_2O_5 0.011、WO_3 0.025、Sn 0.159、ZrO_2 0.0168、Ga 0.0028、TiO_2 0.01。原矿由 40 多种矿物组成，主要有用金属矿物为锡石（包括磁性锡石）、黝锡矿、胶态锡石、铌锰矿、锰钽矿、钽铁矿、铌铁矿、细晶石、钛钽铌矿、富铪锆石、普通锆石、黑钨矿、白钨矿及少量的金红石、独居石、磷钇矿、沥青铀矿等，脉石矿物主要为石英、钠长石、钾长石、白云母、黄玉、柘榴子石等。钽铌矿物主要为钽铌铁矿、锰钽矿、铌锰矿及少量钛钽铌矿、细晶石。它们呈微细粒状态分布于石英、钠长石粒间，与黑色锡石、富铪锆石密切共生。独立钽铌矿物中的钽铌量为钽铌总量的 50%，呈微粒嵌布或类质同象形态存在于锡石和黑钨矿中的钽铌量占钽铌总量的 30%。电子探针扫描证实，钽铌以其矿物相呈显微或超显微体状态存在于黑色锡石和黑钨矿中，其包裹粒度一般为 0.014mm，最小为 0.002mm。

该厂原矿经破碎、棒磨后用跳汰、摇床、离心机和皮带溜槽等重选设备进行粗选，得到粗粒毛精矿和细粒毛精矿。毛精矿品位（%）为：Sn 约 20、WO_3 约 10、$(Ta+Nb)_2O_5$ 4～5。毛精矿中的钽铌约 50% 呈独立矿物存在，约 40% 存在于锡石中，约 3% 存在于黑钨矿中。毛精矿采用物理选矿和化学选矿法进行精选（见图 15.2），得到钽铌钨精矿、钽铌锡渣、电铜、精锡和合成白钨等五种产品。钽铌钨精矿及钽铌锡渣的化学组成列于表 15.1 中，钽铌钨精矿中的钽铌量约占总钽铌量的 65%。试验表明，用物理选矿法无法将其分离为钽铌精矿和钨精矿，只能用化学选矿法进一步富集钽铌和综合回收其中的钨锡等有用组分，其化学选矿流程如图 15.3 所示。精选得的钽铌钨精矿及钽铌锡渣可用苏打烧结-水浸法或苛性钠溶液浸出法除钨，此时钨、磷、砷等组分进入溶液中，过滤洗涤得的浸出液可用前述的处理钨矿物原料的方法进行净化，可以合成白钨、钨酸、仲钨酸铵或氧化钨粉的形态回收钨。除钨残渣含钽、铌、锡、硅、铁、钙、镁等，可先用 7%～9% 盐酸除硅，搅拌 1.5～3min 即过滤，以防硅酸缩合而降低除硅率，除硅率一般可达 60%～70%，

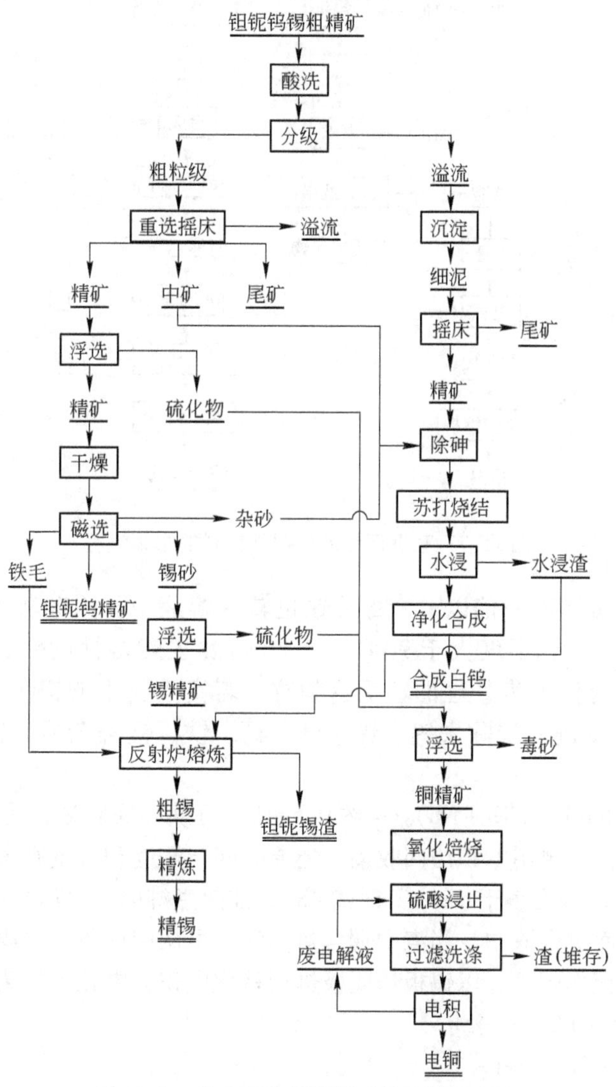

图 15.2 某选厂钽铌钨锡毛精矿精选流程

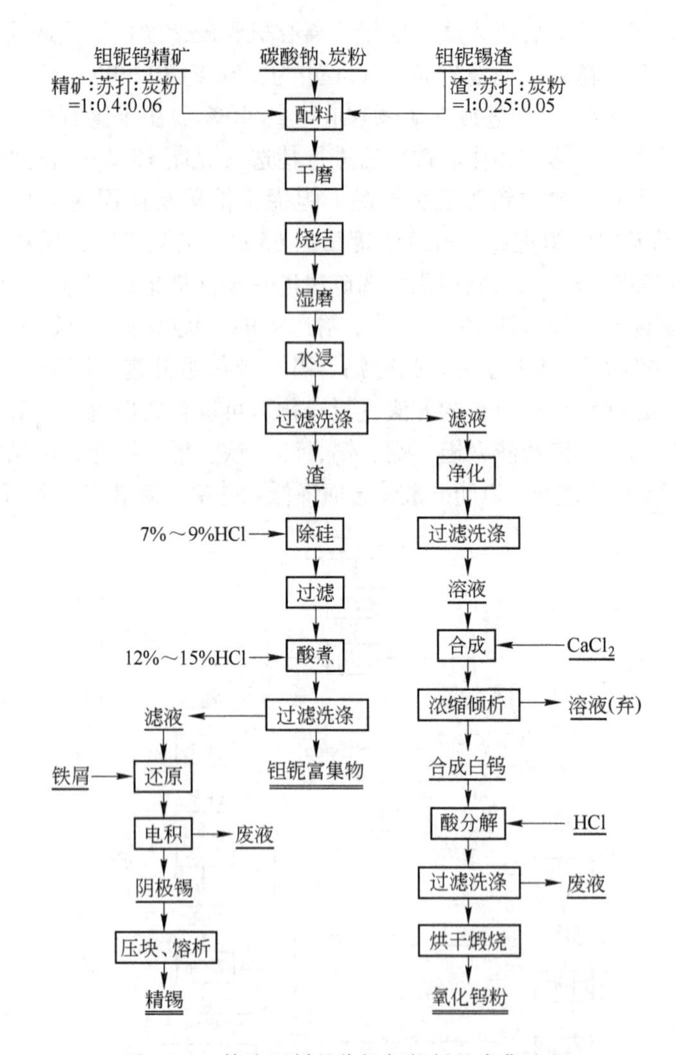

图 15.3　某选厂低品位钽铌物料的富集流程

可使渣中的钽铌含量提高一倍以上，部分锡也转入溶液中。除硅渣可用12%～15%盐酸处理，固液比为1:6，温度大于90℃，煮2h可除去酸溶性的锡、铁、钙、镁、锰、铝等杂质，过滤可得供下步处理的钽铌富集物。若富集物中的钽铌含量低，可重复上述碱浸和酸煮作业以进一步除去钨、锡、硅、钙、铁、锰等杂质。富集物中的氯根应洗净。

酸煮液含锡约6g/L，$(Ta+Nb)_2O_5$ 约0.5g/L，可从中回收锡，为此可用铁屑将液中的四价锡还原为二价，再用电积法回收锡，还原时间与酸度和温度有关。试验表明，酸度为3mol/L时需24h，酸度小于2mol/L时需48h，加热煮沸时2h即可完成还原过程，液中的铜也被还原沉析而进入渣中。当渣中铜含量高时，可从中回收铜。固液分离后的还原液送去电积锡，以铁板作阳极，以锡板作阴极进行贫化电积，电化反应为：

阴极　　$Sn^{2+} + 2e \longrightarrow Sn$

阳极　　$Fe - 2e \longrightarrow Fe^{2+}$

总反应　$Sn^{2+} + Fe \longrightarrow Sn + Fe^{2+}$

用铁板作阳极可避免在阳极析出氯气（因 $\varepsilon^{\ominus}_{Fe^{2+}/Fe} = -0.44V$，而 $\varepsilon^{\ominus}_{Cl^{-}/Cl_2} = +1.39V$）。电积时槽压为0.6～0.85V，电流密度为105A/m²，电流效率达60%以上。所得阴极锡大部分为尖状锡，少部分为泥状锡（表15.2），将其混合压块进行熔析精炼、注模可得锡锭（表15.3）。

表15.1 钽铌钨精矿及钽铌锡渣化学组成 (%)

产 品	$(Ta+Nb)_2O_5$	WO_3	Sn	Fe	SiO_2	Cu	Ti
钽铌钨精矿	约20	约40	约5	13	18.2	0.01	0.45
钽铌锡渣	9～11	5～8	4～5	9	23.4	0.01	3.6

表15.2 贫化电积时阴极锡的组成 (%)

产 品	Sn	As	Cu	Fe
尖状锡	98.445	0.006	0.45	0.036
泥状锡	92.734	0.011	0.175	0.56

表15.3 锡锭组成

成 分	Sn	As	Cu	Fe	Bi	Pb	Sb	S
含量/%	99.496	0.007	0.375	0.045	0.006	0.04	0.002	0.02

15.3 钽铌富集物的分解与分离

工业上曾用碱熔法分解钽铌精矿和钽铌富集物，然后用分步结晶法净化和分离钽铌。目前，主要用氢氟酸分解法分解钽铌精矿或钽铌富集物，随后采用氢氟酸-硫酸体系萃取的方法进行净化和分离钽铌，用氨沉法从反萃液中制得单一钽铌氧化物或用冷却结晶法制得氟络盐晶体以制取金属粉末。某矿处理钽铌富集物的工艺流程如图15.4所示。物理选矿产出的低品位钽铌毛精矿用化学选矿法除去钨、锡、硅、铁、锰、钙、镁等杂质后，所得钽铌富集物的组成为：$(Ta+Nb)_2O_5$ 30%～50%、WO_3 约2%、Sn约4%、SiO_2 约6%、Fe约5%，其他杂质小于1%。现采用氢氟酸分解，随后从硫酸-氢氟酸体系中萃取净化和分离钽铌，从反萃液中氨沉制得单一氧化物或用冷却结晶法制取氟钽酸钾晶体以制取金属钽粉。

富集物中的钽铌主要呈氧化物或钽（铌）酸盐形态存在，氢氟酸分解时，几乎所有的矿物均被分解，主要反应为：

$$Ta_2O_5 + 14HF \longrightarrow 2H_2TaF_7 + 5H_2O$$

$$Nb_2O_5 + 14HF \longrightarrow 2H_2NbF_7 + 5H_2O$$

$$Na_2Ta_2O_6 + 16HF \longrightarrow 2H_2TaF_7 + 6H_2O + 2NaF$$

$$Na_2Nb_2O_6 + 16HF \longrightarrow 2H_2NbF_7 + 6H_2O + 2NaF$$

操作时先将40%～60%浓氢氟酸加入衬铅搅拌槽中，然后缓慢地加入钽铌富集物，按固液比为1:2.5计算，加料时间约1.5h，再搅拌分解2h。分解终了调整酸度，使矿浆中氢氟酸浓度为5.5～6mol/L，硫酸为7.5mol/L，总酸度约12mol/L，调酸后的矿浆送高位槽。有时可用氢氟酸和硫酸混合液作浸出剂以提高浸出速度和浸出率。

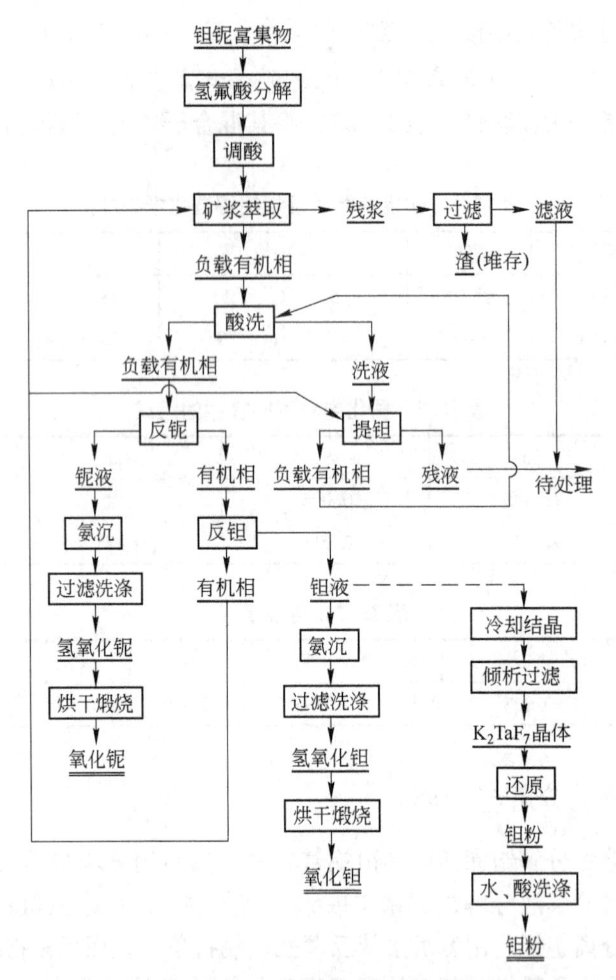

图 15.4 某矿氢氟酸分解钽铌富集物萃取分离流程

常用仲辛醇在氢氟酸-硫酸体系中直接从矿浆中萃取钽铌。仲辛醇具有密度小(0.8193)、沸点高（178.5℃）和不溶于水等特点。仲辛醇萃取时易分层、单耗较小。当料液中（$(Ta+Nb)_2O_5$ 含量约150g/L、酸度为12mol/L、相比（O/A）为1∶0.8的条件下经七级逆流萃取，有机相中（$(Ta+Nb)_2O_5$ 含量可达130～140g/L，残渣和残液中的钽铌总量均小于0.5g/L。矿浆萃取在聚氯乙烯板制的箱式混合澄清器中进行，澄清室中的斜板坡度为30°，混合室与澄清室的容积比为1∶4。搅拌器采用桨叶式，互成90°。实践表明，仲辛醇对钽铌的萃取率与矿浆浓度无关，且能适应原料中钽铌和杂质含量的变化，锡、钨、铁的萃取率随料液酸度、相比的增大而增大，且与料液中的钽铌含量有关。锡铁的萃取率还随料液中氯根含量的增大而显著提高，而且被仲辛醇萃取的氯化锡不易反萃下来，因此，应预先将富集物中的氯根洗净。萃取时应控制料液酸度和相比，适当控制有机相饱和度，以达到最大的净化效果。

负载有机相用3.5～3.65mol/L H_2SO_4 +2.3～2.5mol/L HF溶液，在相比（O/A）为0.35的条件下经十二级洗涤以洗去有机相中的锡、钨、铁等杂质。被洗下的部分钽铌用有机相从洗水提取钽铌，提钽相比为1∶0.8，十级，酸洗和提钽作业皆在清液萃取的混合-澄清器中进行。酸洗后的负载有机相用0.8～0.85mol/L硫酸，在相比（O/A）为1∶0.8

的条件下经十二级反萃铌，所得铌液组成（g/L）为：Ta_2O_5 0.1、Nb_2O_5 95 ~ 140、H_2SO_4 1.8 ~ 2.0、HF 3.8 ~ 4.5。反铌后的有机相用离子交换水反萃钽，相比（O/A）为 1:1.1，十六级，所得钽液组成（g/L）为：Nb_2O_5 < 0.1，H_2SO_4 0.2，HF 1.5 ~ 1.8，循环有机相中 $(Ta+Nb)_2O_5$ 小于 0.5g/L。

在 pH 值为 8 ~ 9 的条件下用氨分别从铌液和钽液中析出氢氧化铌和氢氧化钽，烘干煅烧可得氧化铌和氧化钽粉。该厂除继续生产氧化铌外，已将生产氧化钽改为生产金属钽粉，即从钽液中冷却结晶析出氟钽酸钾晶体，然后用金属钠还原法生产电容器钽粉。氟钽酸钾结晶时，可用碳酸钾或氯化钾作结晶钾盐。为了得到含碳量低的粗针状氟钽酸钾结晶，选用氯化钾作结晶钾盐较适宜。冷却结晶时所得晶体的粒度主要与料液中的氧化钽浓度、氢氟酸浓度、温度、氯化钾用量等因素有关。钽浓度以 30g/L 为宜，浓度太高不经济。晶体粒度随氢氟酸浓度的提高而增大，当氢氟酸浓度小于 0.5mol/L 时，晶体呈絮状和细粒状，且有部分水解为氧化物。温度影响结晶率，操作时先将钽液和氯化钾溶液预热至 75 ~ 80℃，混合后搅拌 15min 左右，然后静置缓慢冷却至室温。氯化钾浓度为 200g/L，溶解后应过滤以除去杂物，用量一般过量 5% ~ 10%。在一定范围内，钽的结晶率随氯化钾用量的增加而提高。结晶母液可返回用于反萃钽，以节省氯化钾和提高钽液中的氢氟酸浓度。若结晶母液不返回钽，则应设法从母液中回收钽。得到的氟钽酸钾晶体可用无水酒精洗涤，干燥后采用金属钠还原法（终温为 920℃）制得钽粉：

$$K_2TaF_7 + 5Na \longrightarrow Ta + 5NaF + 2KF$$

反应时放出的热量约为 1506.24kJ/mol K_2TaF_7（1504.8kJ/mol K_2TaF_7），此热量足以使反应自发进行。当反应器中的炉料加热至 400 ~ 450℃ 时，反应即遍及整个炉料。反应器中以氩气作保护气体以防止钽粉氧化，反应完成后缓慢冷至室温。所得钽粉先用水洗涤以除去氟化钠和氟化钾，然后用 12% 的盐酸洗涤以除去铁、氧等杂质，再经热处理和筛分分级后，即可将产品调配包装出厂。

16 难选中矿的化学选矿

物理选矿过程中常产出部分难选中矿，若用化学选矿法对其进行单独处理，不仅可提高主流程的选别指标，而且可综合回收中矿中的各有用组分，可显著提高选厂的经济效益。

16.1 钼中矿的化学选矿

选厂产出的钼中矿可大致分为硫化钼中矿和氧化钼中矿两类。化学选矿法处理难选钼中矿的原则流程如图16.1所示。此流程宜用于处理含钼6%~12%，含铜2.5%的难选钼中矿。氧化焙烧温度为550~600℃，使硫化钼转变为三氧化钼，其他硫化物转变为相应的氧化物和硫酸盐，焙砂中硫化钼含量小于0.2%~0.4%。焙砂和氧化钼中矿采用浓度为8%~10%的碳酸钠溶液进行浸出，浸出温度为85~90℃，浸渣中钼含量小于0.7%。浸液用新焙砂中和至pH值为8~8.7。过滤后的滤液在80~90℃条件下，用氯化钙溶液沉钼，母液中钼含量可小于0.6~0.7g/L，可用离子交换法从母液中回收钼和铼。过滤、洗涤和干燥后的产品组成为：Mo约40%，Ca小于22%~24%，S 0.2%~0.5%，P 0.1%~0.2%。若将滤液酸化至pH值为1.5~2.0，用氯化铵作沉淀剂可得四钼酸铵$(NH_4)_2 \cdot 4MoO_3 \cdot 2H_2O$，钼的沉淀率可达99.5%，沉淀物中的钼含量大于36%。处理难选钼中矿除可产出钼酸钙、钼酸铵、三氧化钼、四钼酸铵盐外，还可用浓缩结晶法或中和法从钼酸铵溶液中析出仲钼酸铵晶体。

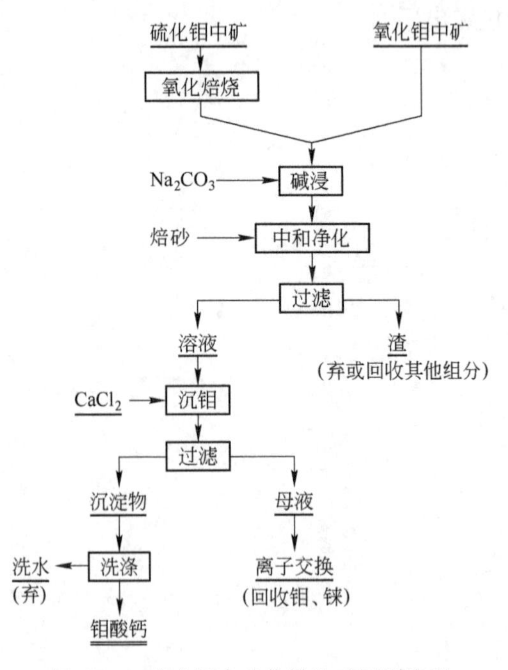

图16.1 难选钼中矿化学选矿原则流程

此外，可用热压氧浸法浸出硫化钼中矿，浸出温度为200℃，使硫化钼氧化并溶于碳酸钠溶液中，浸液净化除去硅、铜、锑、硫酸钠后，可用氢、一氧化碳或金属钼使钼酸钠还原呈二氧化钼形态析出，且可从母液中回收钼和铼。处理钼含量为6%的中矿时，钼和铼的回收率分别为96%和90%。处理钼含量小于6%的中矿时，可用苏打（或苛性钠）、次氯酸钠或氯的混合液作浸出试剂，浸出温度宜小于40℃，可用离子交换法净化和回收钼，钼的回收率可达90%。

国内杨家杖子钼选厂产出部分泥含量高和组分较复杂的难选钼中矿，为了不恶化浮选主流程的选别指标，于1966年建成钼中矿化学选矿系统，采用苛性钠和次氯酸钠混合液作浸出剂，在温度低于50℃，Mo∶NaClO＝1∶(9～10）的条件下浸出2h，钼的浸出率可达85%～90%，固液分离洗涤后，用盐酸将浸液pH值调至5～6，加入氯化钙（用量为理论量的120%），加热至沸（100℃）。恒温10～20min，沉淀率可达95%～97%，钼的总回收率为80%～85%，化学精矿中钼含量为35%～40%。

钼含量为0.4%～32%的黄铁矿钼中矿，可在粒度大于0.1mm于700～800℃条件下进行还原焙烧（隔绝空气下），黄铁矿转变为磁黄铁矿，钼铁氧化物被硫化为相应的硫化物，焙砂可用磁选和浮选法处理，可获得高质量的钼精矿和磁黄铁矿精矿。

若钼中矿中的钼呈硫化钼形态存在，但含易浮的磁黄铁矿和碳质化合物时，可在低温条件下进行氧化焙烧，使磁黄铁矿氧化和脱除矿粒表面的浮选药剂，焙砂再磨或直接进行浮选，使钼易与铁、碳等组分分离，可得合格的钼精矿。

16.2 铋中矿的化学选矿

国内外单一的铋矿床极少，铋基本完全产于多金属矿中，主要工业铋矿物为辉铋矿、泡铋矿和自然铋，常与其他金属硫化矿物共生在一起。我国铋资源丰富，主要来源于钨、铅和锡选厂的综合回收产品，上述选厂常产出含铋、铅、锡、钨、钼、铜的混合硫化矿或中矿，其中铋含量约1%～15%。硫化铋和自然铋易被黄药类捕收剂捕收，还可用烃类油作捕收剂，辉铋矿不被氰化物抑制，因此，常用氰化物抑制其他硫化矿物而浮铋的方法获得铋含量大于15%的铋矿物精矿。但辉铋矿和方铅矿不易分离，辉铋矿与黄铜矿的分离也不完全，互含较高，致使铋的回收率较低，如我国各钨选厂，采用浮选法分离铜铋和铋铅时，铋的回收率一般均低于30%，有的甚至低于20%。

近几年来采用浮选-化选-重选联合流程处理难选铋中矿的试验研究和生产实践取得了较大的进展，处理的原则流程如图16.2所示，根据含铋混合硫化矿中矿的性质，可用盐酸、硫酸与食盐混合液、氯化铁与盐酸混合液、稀硝酸液或液氯作浸出剂，将易氧化的辉铋矿、方铅矿等分解使铋、铅进入溶液，黄铁矿、黄铜矿、辉钼矿和钨矿物等留在浸渣中。为了充分利用氧化浸液中的剩余浸出剂，可将其进行还原浸出，还原浸渣返回氧化浸出，以提高铋、铅的浸出率。由于铋、铅矿物被分解，氧化浸渣中的铜、钼、硫、钨的含量相应提高了，矿物表面较清洁，其天然可浮性的差异较原中矿提高了，采用常规的硫化矿浮选分离药方可获得单一的钼精矿、铜精矿和硫精矿，浮选尾矿送摇床选别可得合格的钨精矿。还原浸液经冷却结晶可析出氯化铅晶体，母液经水解沉淀或金属置换使铋呈氯氧铋（BiOCl）、氢氧化铋（$Bi(OH)_3$）、碳酸铋或海绵铋的形态析出。沉铋母液经再生后可返回氧化浸出作业使用。

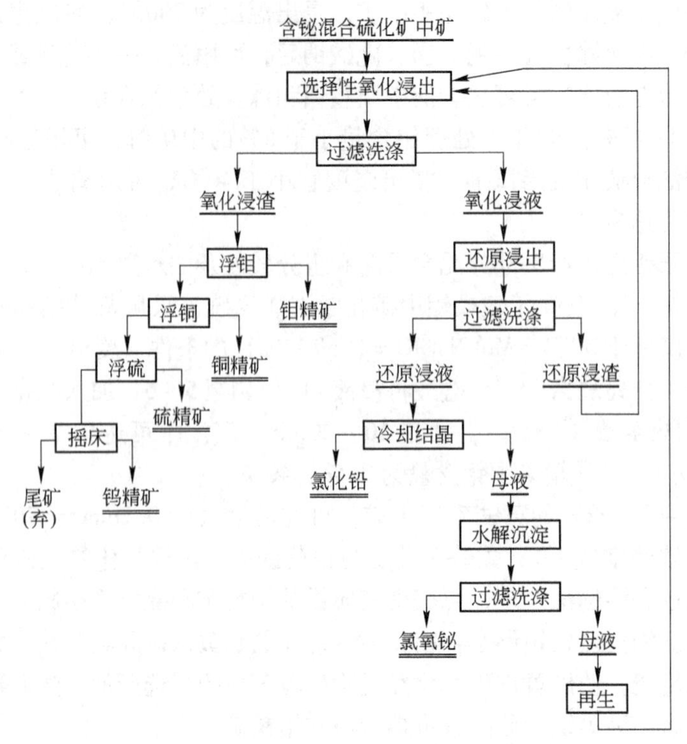

图 16.2　难选含铋中矿化学选矿原则流程

我国云锡选厂产品含锡、砷、铁的铋中矿，其组成为：Bi 8% ~15%、Sn 3% ~4%、As 18% ~22%、Fe 15% ~20%、Au 20g/t、Ag 200g/t、S 8% ~10%。该厂采用三氯化铁和盐酸混合液作浸出剂进行二段逆流浸出。氧化浸出条件为：Fe^{3+} 30g/L、HCl 120g/L、固液比为 1∶4，常温浸出 4h。还原浸液组成（g/L）为：Bi^{3+} 50、Fe^{2+} 25 ~28、Fe^{3+} 0.27、Sn^{2+} 0.035、As^{3+} 0.57、Cu^{2+} <0.01、Ag^{+} 0.0001、Cl^{-} 230、HCl 11.75。铋的浸出率为 80% ~90%。采用隔膜电积法回收浸液中的铋，以石墨板作阴、阳极，以微孔塑料布作隔膜套、阴极装在隔膜套内。阴极液组成（g/L）为：HCl 40 ~50、Bi 40 ~70。阳极液组成（g/t）为：Fe^{2+} 30 ~40。电流密度为 200 ~300A/m^2，温度为 55 ~60℃，槽压为 2 ~2.3V，所得海绵铋含铋约 85%，含氯约 5%。海绵铋易氧化，为隔绝空气须保持在酸性液中，然后熔铸为铋锭。

钨选厂或铅锌铜多金属矿选厂常产出含铋混合中矿。难选铋中矿一般含铜 10% ~15%，含铋 1% ~5%。可用浸出法或氯化挥发法进行铜铋分离。浸出时可用氯化铁与盐酸混合液、硫酸与食盐混合液、盐酸、稀硝酸或液氯作浸出剂。硫酸与食盐混合液浸出条件为：H_2SO_4 80g/L、NaCl 150g/L、110℃、常压浸出 6h。盐酸浸出条件为：HCl 5% ~10%，终了 pH 值为 0.5 ~0.8、95 ~100℃、常压浸出 5h，铋的浸出率达 96% ~98%。氯化铁与盐酸混合浸出液组成（g/L）为：Fe^{3+} 约 30，HCl 5%（pH <0.5）。浸出液中铋含量较高时，可以氯氧铋或碳酸铋的形态沉淀析出。浸出液中铋含量较低时，沉淀物中铋含量低，试剂消耗量大，此时可用铁置换法沉铋，沉淀物中铋含量为 10% ~70%。用沉淀法或置换法得的铋化学精矿中含有较多杂质，用萃取法可得铋含量较高的化学精矿。

16.3 难选锡中矿的化学选矿

钨、锡选厂产出的锡钨中矿可用苏打烧结-水浸法或苛性钠溶液浸出法使钨呈钨酸钠转入溶液中，然后以合成白钨、钨酸、仲钨酸铵或氧化钨粉的形态回收浸液中的钨。钨浸出渣的处理视锡含量的高低而异，若锡品位高，可直接以锡矿物精矿出厂；若锡品位较低，可用重选法富集为相应的锡精矿。

锡选厂产出的低品位难选锡中矿可用烟化法处理。如云锡公司处理残坡积砂锡矿的重选段常产出低品位的难选矿泥中矿，粒度为74～100μm，其化学组成为：Sn 3%～5%、Pb 1.5%～2.0%、Fe 42%～45%、As 0.4%～0.5%、SiO_2 7%～9%、Al_2O_3 3%～4%、CaO 1.5%～2.0%、MgO 0.5%、H_2O 15%～20%。该公司采用烟化法处理这部分锡中矿，其原则流程如图16.3所示，烟化炉进料可用锡中矿先经反射炉熔化呈液态进入烟化炉或采用部分固态进料。当烟化炉处理能力大而熔化炉能力不足时，可采用部分固体进料方式。锡中矿烟化是在温度高于1200℃的适当还原气氛条件下，用硫化剂（黄铁矿）将炉料熔融体中的锡硫化而呈硫化亚锡挥发，然后被氧化呈二氧化锡尘粒进入烟尘中，经收尘系统所得烟尘锡中的锡含量（或锡铅合计）大于50%。烟尘锡经反射炉熔炼可得粗锡。烟化渣中锡含量小于0.07%。烟化时各组分的挥发率为：Sn 97%～98%，Pb、In、Bi为98%～99%，Zn、As为60%～80%。硫化剂黄铁矿的用量为矿重的7%～15%，煤耗为35%～59%，有时加入石英砂作熔剂。当收尘率为97%时，锡的回收率可达95%。由于烟化时铁和二氧化硅（主要来自粉煤）的造渣作用，使烟化渣中氧化硅的含量高达21%～26%，虽然其中铁含量大于50%也难于综合利用。目前认为烟化法宜用于处理锡品位为5%～10%的锡中矿，其中铁含量以不高于20%～30%为宜，可含硫化物。

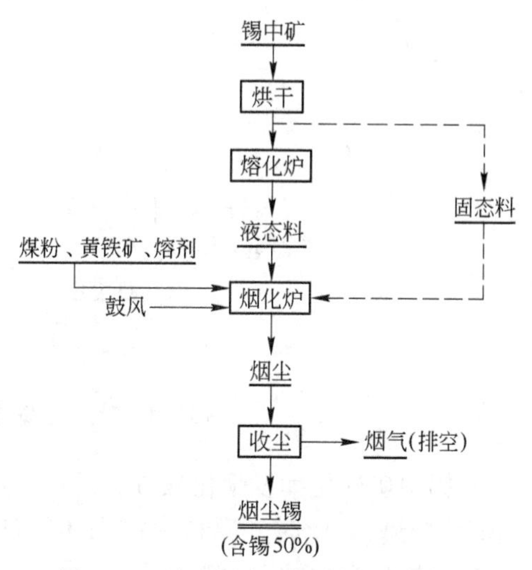

图16.3 难选锡中矿烟化原则流程

处理锡石氧化矿和残坡积砂锡矿选厂常产出难选的锡-铁中矿，铁矿物中还常伴生呈微细粒矿物或离子状态存在的铅、锌、铜、砷、铟、铋、镉等多种金属。目前处理这种难选锡-铁中矿的较适宜方法为高温氯化挥发法，其原则流程如图16.4所示。难选锡-铁中矿配以氯化剂（氯化钙）、还原剂（焦粉或煤粉）和黏合剂（细泥，中矿含泥可不加），经制粒干燥，制成直径为10～18mm的球团，在1000～1050℃和还原气氛条件下进行固态高温氯化挥发，各组分的挥发率为：Sn 93%～96%、Pb 96%～98%、Zn 80%～85%、In 85%～90%、Bi >95%、Cd 75%～85%。收尘率大于95%，锡的回收率为82%～85%，铅为86%～90%。焙烧球团经脱砷后可作炼铁原料。目前认为高温氯化挥发法处理锡-铁中矿时，中矿中锡品位宜大于1.2%，锡铅合计应大于3%，铁含量宜大于45%；且炉料应具有较高的软化点，以利于操作。炉料中的硅铝和钙镁的比例能满足自熔性球团矿的要求。

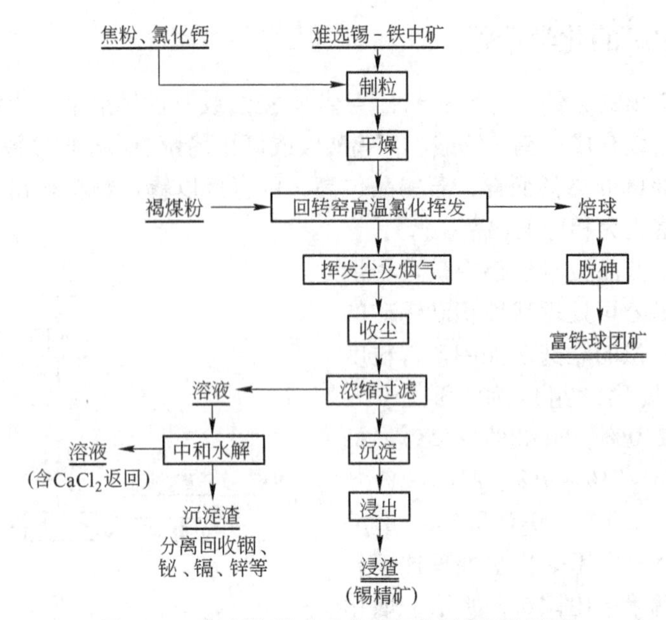

图 16.4　难选锡-铁中矿高温氯化挥发原则流程

除锡中矿硫化挥发烟化法外，还可采用还原挥发烟化法处理低品位的锌、铅矿物原料（如炼铅炉渣）。此时，原料中加入还原剂（煤粉、焦粉），在 1150 ~ 1300℃ 的高温条件下，锌、铅化合物被还原为金属，并呈气态挥发。然后在烟道中被氧化为氧化锌而富集于烟尘中，原料中的铅、锡、铟、镉及部分锗也一起进入烟尘中而得到回收。

17 离子吸附型稀土矿的化学选矿

17.1 概述

稀土元素（共 17 个）在地壳中的含量为 153g/t，远大于铜（100）、铅（16）、锌（50）、锡（40）等常见金属在地壳中的含量，但稀土元素较为分散，独立矿床较少。稀土元素中的铈组元素的克拉克值为 101g/t，钇组元素的克拉克值为 47g/t，因此，轻稀土元素较重稀土元素的量大。稀土元素主要集中于岩石圈中，海水及植物中的含量甚微。在各类岩石中稀土元素的分布不均，主要富集于花岗岩、碱性岩、碱性超基性岩及与它们有关的矿床中。

目前已知的稀土矿物及其亚种约有 150 种，若将含稀土元素的矿物计算在内则至少有 250 种以上，其中有 50 多种工业矿物，但作为稀土元素主要来源的矿物在自然界只有十几种，工业意义最大的是氟碳铈矿、独居石、磷钇矿、褐钇铌矿及钛铀矿。

稀土矿床分内生和外生两大类。内生矿床中，稀土矿物一般与重晶石、萤石、碳酸盐、硅酸盐和铁矿物等易浮和密度较大的矿物共生，多数稀土矿物的相对密度较大（一般为 4 ~5），性脆易碎（如氟碳铈矿等），嵌布粒度细，一般具弱磁性。因此，内生矿石一般均采用浮选或重选-浮选联合流程产出稀土矿物精矿。外生稀土矿床一般系内生稀土矿床经地壳变迁、风化和水洗、搬运等作用而形成的次生稀土矿床，它可分为稀土风化壳矿床、坡积和冲积砂矿床及海滨砂矿三类，其中以海滨砂矿的工业意义最大。稀土砂矿因产地不同而性质各异，但其选别原则流程大致相同，一般在矿床附近用扇形溜槽及其类属设备（圆锥选矿机等）、跳汰机、螺旋选矿机、摇床、溜槽等重选设备进行粗选，获得密度大于 4 的重矿物精矿（重砂），其中除稀土矿物外，还含有铁矿物（磁铁矿、赤铁矿和褐铁矿）、钛矿物（钛铁矿、金红石、白钛石等）和锆英石，有时还含金、锡石、铌铁矿、钽铁矿等，以及电气石，石榴子石及少量石英。重砂精矿一般采用浮选、磁选、电选为主的联合流程进行精选，获得稀土及其他有用组分的矿物精矿。稀土风化壳矿床系内生稀土矿风化的残余矿床，根据其风化程度可分为全风化和半风化两类。全风化矿床的矿物解离完全，选别前不用破碎、磨矿。半风化矿床的矿物解离不完全，但矿质疏松，选别前只需轻微破碎、磨矿即可使矿物解离。这类稀土矿石含泥量高，稀土元素较分散，有的甚至呈稀土离子吸附于风化的花岗岩类矿物中形成离子吸附型稀土矿床。稀土风化壳矿石的选别流程据稀土存在形态而异，若稀土元素呈单矿物形态存在，其选别流程与砂矿相似，先用重选法得粗精矿，然后采用磁选、电选为主的精选流程产出稀土和其他有用的矿物精矿。若稀土元素呈离子吸附形态存在，则只能采用化学选矿法处理，产出稀土化学精矿。若稀土元素呈单矿物和离子吸附形态存在，则可采用物理选矿和化学选矿的联合流程获得稀土矿物精矿和稀土化学精矿。

我国稀土资源极为丰富，储量和生产量均居世界首位，我国的稀土矿床具有储量大、分布广、矿种全、类型多等特点。我国稀土矿床的主要工业类型为沉积变质-热液交代型铌-稀土-铁矿床及各类风化壳矿、砂矿等。沉积变质-热液交代型铌-稀土-铁矿床为国内轻稀土元素的巨大原料基地，风化壳矿为重稀土元素的主要来源，独居石精矿主要来自砂矿。稀土元素中的钪尚未发现独立的矿床，除沉积变质-热液交代型铌-稀土-铁矿床中拥有较大的钪储量可备利用外，目前钪主要来自钨矿石的综合回收产物。

我国的风化壳离子吸附型稀土矿储量大，分布广，矿种全，已成为我国的重要稀土资源。

17.2 离子吸附型稀土矿的化学选矿

离子吸附型稀土矿的原岩主要为含矿花岗岩，此类稀土矿中90%的稀土元素呈离子形态吸附于黏土矿物（高岭土、云母、埃洛石等）表面，独立的稀土矿物只具有非常次要的意义。在内生矿床的全风化过程中，各个稀土元素常分带富集，因而此类矿中的稀土配分情况因产地而异。一般可据稀土配分情况分为重稀土型（钇与重稀土含量高）、轻稀土型（富镧少铈轻稀土高）及中钇富铕型（钇介于前两类间，但铕高于前两类）三种（表17.1）。

表 17.1 离子吸附型稀土矿中单一稀土相对含量

稀土氧化物	重稀土型/%	轻稀土型/%	稀土氧化物	重稀土型/%	轻稀土型/%
La_2O_3	4.1～4.2	36.1	Dy_2O_3	7.2～9.5	2.6
CeO_2	2.4～4.1	4.4	Ho_2O_3	1.6～3.2	<0.4
Pr_6O_{11}	1.2～1.5	8.7	Er_2O_3	4.3～5.1	1.2
Nd_2O_3	5.3～6.4	25.9	Tm_2O_3	0.3～0.7	0.1
Sm_2O_3	2.4～2.7	5.1	Yb_2O_3	3.3～4.2	0.9
Eu_2O_3	<0.18	0.5	Lu_2O_3	0.4～0.7	<0.1
Gd_2O_3	6.5～7.3	4.8	Y_2O_3	53～65	13.5
Tb_4O_7	1.1～1.6	0.6			

风化壳层厚度约10～40m，矿化最大深度约20m，原矿似泥土，手捏成团，撒之成粒状，主要含高岭土（约30%～45%）、钾长石（约20%～35%）、石英（约20%～40%）及云母（约3%～4%）、稀土含量低（约0.05%～0.3%）（表17.2），50%以上的稀土赋存于产率为24%～32%的-0.074mm粒级中。采用常规的物理选矿法无法使稀土富集为相应的稀土矿物精矿。

表 17.2 离子吸附型稀土矿的化学组成

成 分	含量/%		成 分	含量/%	
	重稀土型	轻稀土型		重稀土型	轻稀土型
$R_{Ex}O_y$	0.136	0.2	Cu	—	0.006
ThO_2	<0.01	<0.006	Fe	1.15	2.39
U	<0.006	—	Mn	0.041	0.078
Nb_2O_5	痕	0.0055	K_2O	—	4.25

续表 17.2

成　分	含量/%		成　分	含量/%	
	重稀土型	轻稀土型		重稀土型	轻稀土型
Ta_2O_5	痕	0.0008	Na_2O	—	1.40
$(Zr、Hf)O_2$	—	0.065	CaO	0.006	微
TiO_2	—	0.504	MgO	<0.089	0.481
BeO	—	<0.00137	Al_2O_3	14.74	16.58
Pb	<0.025	0.031	SiO_2	—	67.25
WO_3	<0.002	—	P	<0.002	0.006
As	0.014	0.02	S	<0.002	—
Bi	<0.002	—	烧失量	—	5.20

处理离子吸附型稀土矿只能采用化学选矿法，主要作业为矿石渗浸、浸液处理和试剂再生回收等，最终产品为混合稀土氧化物或分组后的稀土氧化物（图 17.1 及图 17.2）。

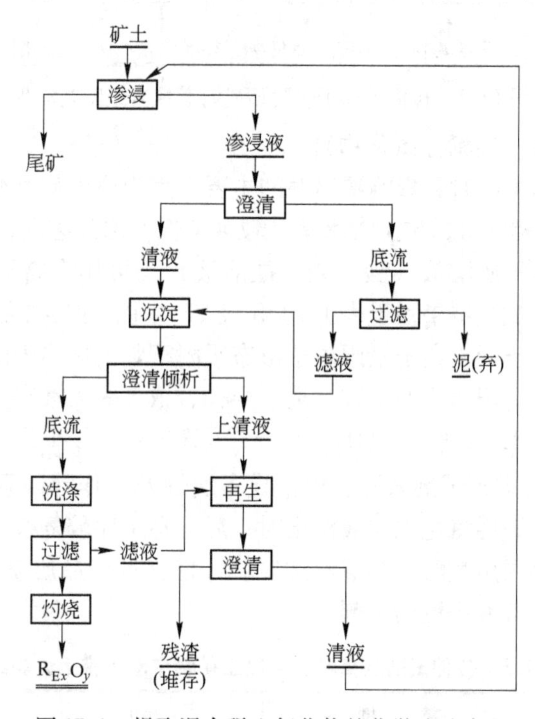

图 17.1　提取混合稀土氧化物的化学选矿流程

离子吸附型稀土矿石的浸出实质上是个离子交换过程，实际是用适当浓度的浸出剂（实为淋洗剂）将被吸附的稀土离子淋洗下来，因而服从离子交换吸附规律，吸附和淋洗是可逆过程。可采用动力学浸出法（渗浸法）和静力学方法（搅浸法）进行浸出，动力学浸出时，稀土离子的浓度不仅存在于矿土与溶液的界面处，而且存在于矿土层和溶液间，因而动力学浸出可减少浸出剂耗量，缩小浸液体积，提高浸液中稀土含量和提高浸出率。目前，各离子吸附型稀土矿普遍采用渗滤池浸或就地渗滤浸出的方法浸出含稀土的矿土，采用草酸直接沉淀法或碳酸氢铵沉淀法产出混合稀土氧化物或萃取分组-草酸沉淀

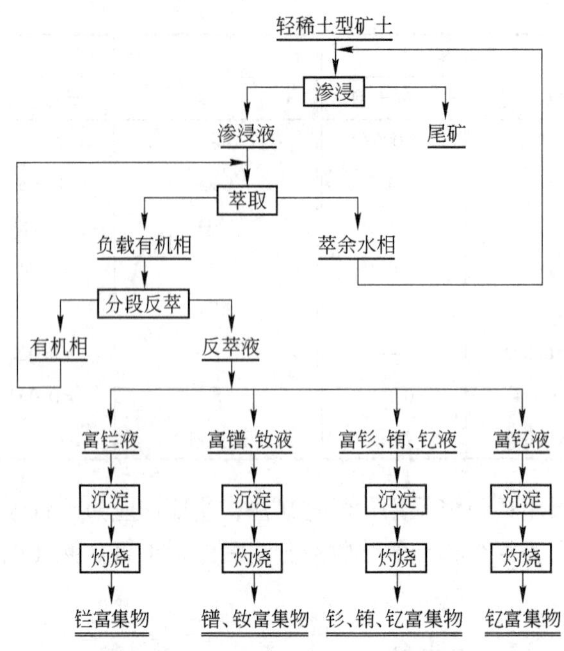

图 17.2 轻稀土离子吸附型矿石萃取分组工艺流程

法产出分组稀土氧化物（轻稀土氯化物）。

浸出离子吸附型稀土矿时，影响浸出率的主要因素为浸出剂类型、浸出剂浓度、浸出剂 pH 值、矿土中离子相含量，矿土含水量及粒度特性，渗浸速度，浸出时间等。

适当浓度的各种电解质溶液（酸、碱、盐溶液）均可作为离子吸附型稀土矿石的浸出剂，不同试剂的浸出试验结果列于表 17.3 和表 17.4 中。从表中数据可知，各种钠盐和铵盐的浸出率较高。由于稀土离子呈阳离子形态吸附于黏土矿物表面，浸出过程服从阳离子交换规律，其交换势与阳离子的价数，离子半径、浓度等因素有关。在相同条件下，存在下列交换吸附顺序：$Tl^{+} > K^{+} > NH_4^{+} > Na^{+} > H^{+} > Li^{+}$；$La^{3+} > Ce^{3+} > \cdots > Lu^{3+} > Fe^{3+} > Al^{3+} > Ca^{2+}$。考虑到试剂来源、价格设备腐蚀及操作等因素，工业上可采用氯化钠或硫酸铵作浸出剂。采用氯化钠溶液浸出时，后处理工序较复杂，草酸钠与稀土呈难溶复盐共沉淀，初烧产物须用微酸水溶液水洗复烧才能保证产品质量，而且食盐单耗较高，故工业上宜采用硫酸铵溶液作浸出试剂。

表 17.3 各种试剂从高岭土类黏土矿物中浸出稀土试验结果

试　剂	浓　度	pH 值	浸出率/%
盐　酸	2%	0.5	52.92
硫　酸	2%	0.5	76.09
氯化铵	1mol/L	5.0	94.72
硝酸铵	1mol/L	6.0	94.66
氯化钠	1mol/L	5.4	97.53
氯化钾	1mol/L	5.4	92.99
柠檬酸三铵	0.5mol/L	4.5	95.18
酒石酸钾钠	0.5mol/L	7.7	98.06

续表 17.3

试　剂	浓　度	pH 值	回收率/%
碳酸钠	1mol/L	13	92.51
碳酸钾	1mol/L	13	92.69
碳酸铵	1mol/L	9	91.42
硫酸铁	1%	2.5	70.00
硫酸亚铁	1%	2.5	67.00
自然水		7.2	0
磁化水		7.2	0
乙　醇	95%		0

表 17.4　各种电解质溶液浸出吸附型重稀土矿石试验结果

试　剂	浓　度	pH 值	浸出率/%
硫　酸	2%	0.5	76.1
盐　酸	2%	0.5	52.9
氯化铵	1mol/L	5.0	94.7
醋酸铵	1mol/L	6.0	94.7
氯化钠	1mol/L	5.4	97.5
氯化钾	1mol/L	5.4	93.0
柠檬酸铵	0.5mol/L	4.5	95.2

用电解质溶液作浸出剂时，稀土浸出率随试剂浓度的提高而上升（图 17.3），浸出剂浓度愈高，浸出时间愈短，浸液中稀土含量愈高，但浸液中其他杂质的含量也相应增大。从图 17.3 的曲线可知，硫酸铵的浸出效率高于氯化钠。因此，工业上可用 1.5% ~3.5% $(NH_4)_2SO_4$ 溶液代替 5% ~7% NaCl 溶液作浸出剂，这可大大降低浸出剂的单耗。

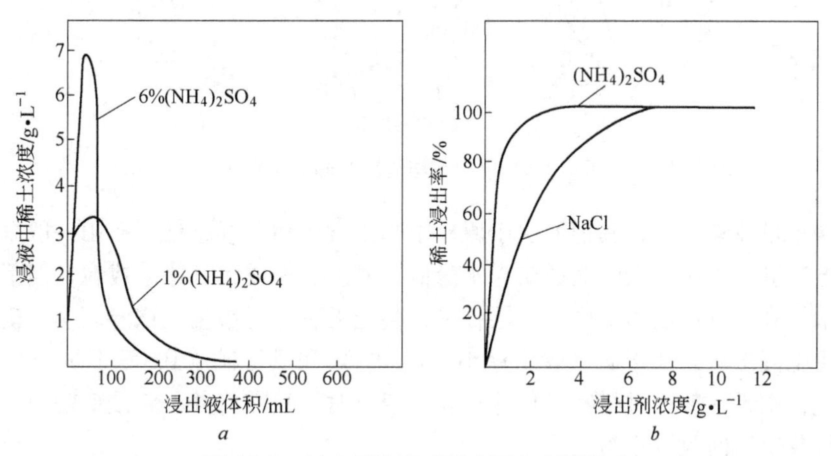

图 17.3　浸出剂浓度对稀土浸出率的影响

浸出剂的 pH 值对浸出率有较大的影响（表 17.5），且影响后续过程的操作。由于稀土离子的水解 pH 值为 6 ~7.5，故浸出剂 pH 值宜小于 6.0，否则，部分稀土离子会水解析出。但 pH 值太低，将增加非稀土杂质的浸出率。工业上浸出剂的 pH 值以 4.5 ~5.5 为宜，此时浸液中钙、镁、铝等杂质含量较低。

表 17.5　浸出剂 pH 值对浸出率的影响

$(NH_4)_2SO_4$ 溶液 pH 值	1.01	2.01	3.0	4.01	5.02	6.06	7.02	8.05
稀土浸出率/%	75.68	78.0	88.40	96.20	89.78	83.53	72.30	52.21

渗浸速度与矿层厚度、原矿粒度组成及含水量等因素有关。浸出时的离子交换非常迅速，在保持一定的渗浸速度条件下，适当提高矿层厚度可降低浸出液固比，提高浸液浓度和提高浸出率（表 17.6）。渗浸时间一般为 10 ~18h（图 17.4），矿层高度为 1m 左右，浸出液固比一般为：矿土: 浸出液: 顶补水 =1: 0.6: 0.1，稀土浸出率可达 90% 以上。

表 17.6　矿层高度与浸出率的关系

序　号	矿层高/cm	浸出液固比	液固比为 1:1 时浸出率/%
1	11	2.5:1	75.0
2	23	2.3:1	82.3
3	35	2.0:1	87.6
4	46	1.6:1	96.8
5	58	1.4:1	99.0

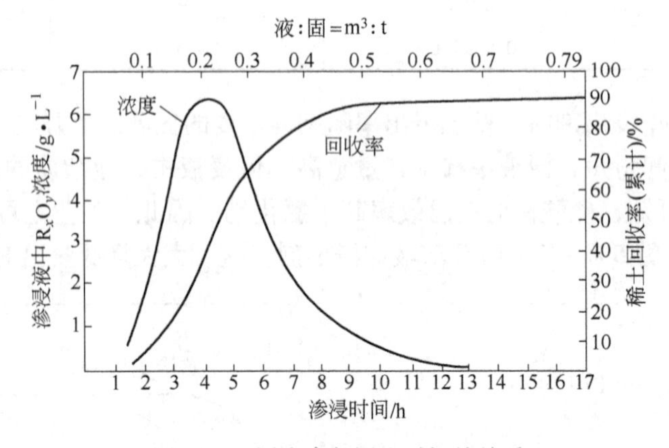

图 17.4　浸出率与浸出时间的关系

原矿含水量波动较大，其值取决于原矿中黏土含量和气候条件。矿山一般采用露天人工挖掘的方法进行采矿，天晴时原矿含水量低，矿土手捏成团，撒之成粒，但下雨天采得的矿土含水量高，可使浸矿池中的矿层板结，甚至无法进行渗浸。试验表明，矿土含水量高会降低稀土浸出率，风干矿（含水量小于 2.5%）和烘干矿（105℃下烘干）的浸出率相等，因此，雨天一般不进行浸矿作业。就地浸出时，只需打井，将浸矿剂引入井中，从矿体下部打巷道以回收浸出液。

浸出剂浓度一定时，浸出温度对浸出率的影响甚微。因此，离子吸附型稀土矿的浸出率随季节的变化较小，除雨天和冬季结冰外，一年四季皆可进行露天渗滤池浸或就地渗浸。

采用上述方法只能浸出离子吸附相中的稀土离子，无法浸出矿物相中的稀土组分，因此，离子吸附相中稀土含量愈高，占的比例愈大，稀土的浸出率愈高，矿土愈疏松多孔，浸出剂愈易扩散，稀土的浸出率也愈高。

目前工业上主要采用草酸直接沉淀或萃取分组后草酸沉淀的方法处理渗浸液。草酸沉淀时的主要反应为：

$$2R^{3+} + 3H_2C_2O_4 + xH_2O \xrightarrow{pH=1.5 \sim 2.5} R_2(C_2O_4)_3 \cdot xH_2O \downarrow + 6H^+$$

$$Ca^{2+} + H_2C_2O_4 \xrightarrow{pH=5 \sim 6} CaC_2O_4 \downarrow + 2H^+$$

$$2Na^+ + H_2C_2O_4 \longrightarrow Na_2C_2O_4 \downarrow + 2H^+$$

沉淀时一般将浸出液 pH 值调至 1.5～2.5，然后加入草酸饱和液，其量为 $R_2O_3:H_2C_2O_4 = 1:(1.3 \sim 2.5)$，澄清静置 24h，放出上清液，沉淀洗涤数次，澄清后，沉淀物经过滤、甩干，再送去灼烧。采用食盐水浸出时，由于大量草酸钠共沉淀使初次灼烧物中的混合稀土总量仅 65%～70%，须用微酸性水洗涤除去钠盐，再经复烧才能获得稀土总量大于 92%的混合稀土氧化物。若用硫酸铵作浸出剂，草酸沉淀物经一次灼烧可得稀土总量达 94%左右的混合稀土氧化物。草酸沉淀后的上清液及滤液的 pH 值约 1.5，含有相当量的草酸根离子，须加碱（或碳铵）将 pH 值调至 5.5～6.0，使草酸根呈草酸钙沉淀析出，此时，溶液中的草酸根浓度可降至 40mg/L 左右，补加适量的浸出剂后可返回浸出作业使用。

轻稀土型稀土矿的特点是铈低、镧钕高、钐铕钆的相对含量也较高。为了充分利用此类型稀土资源，目前工业上采用萃取分组的方法处理吸附型稀土矿的渗浸液。萃取时采用 1mol/L P_{204}-磺化煤油溶液将稀土全部萃入有机相，萃余水相补加浸出剂后全部返回浸矿作业使用。负载稀土的有机相用不同浓度的盐酸溶液分级反萃，分别获得富镧、富镨钕、富钐铕钆和富钇的反萃液，分别进行草酸沉淀可得四种富集物，其组成列于表 17.7～表 17.10 中。

表 17.7　镧富集物组成

成　分	TR_2O_3	La_2O_3	CeO_2	其他 $R_{E2}O_3$	杂　质	放射性比强度
含量/%	>97	>70	<1.0	<25	<3	<18.5（Bq/kg）

表 17.8　镨钕富集物组成

成　分	TR_2O_3	Pr_6O_{11}	Nd_2O_3	其他 R_2O_3	杂　质	放射性比强度
含量/%	>97	>18	>65	<12	<2.5	<1850（Bq/kg）

表 17.9　钐铕钆富集物组成

成　分	TR_2O_3	Sm_2O_3	Eu_2O_3	Gd_2O_3	其他 $R_{E2}O_3$	杂　质
含量/%	>98	>38	6～10	>28	<25	<2

表 17.10　重稀土富集物组成

成　分	TR_2O_3	Y_2O_3	Tb_4O_7	Dy_2O_3	Ho_2O_3	其他 $R_{E2}O_3$	杂　质
含量/%	>97	60～65	3～4	19～20	2～3	<12	<3

重稀土型稀土矿的渗浸液可用 15%环烷酸，10%混合醇，75%磺化煤油作萃取剂，以盐酸洗液洗涤负载有机相，采用分馏萃取法使钇尽量回到萃余水相，水相富含钇，用草

酸沉淀，灼烧草酸沉淀物可得氧化钇含量大于99%的氧化钇产品。洗涤后的负载有机相用稀盐酸液反萃，反萃液经草酸沉淀，灼烧沉淀物可得含少量钇的非钇混合稀土氧化物。

草酸直接沉淀法和萃取-草酸沉淀法具有工艺简单、易行的特点，尤其是萃取分组-草酸沉淀法可以大大提高矿山经济效益，并为下一步稀土分离创造较有利的条件。

离子型稀土矿浸液草酸直接沉淀法虽工艺成熟、指标可靠，但由于浸液稀土含量低（约0.6～1.0g/L），致使草酸耗量高，直接沉淀率低，使生产成本高，稀土总回收率较低，浪费了宝贵的稀土资源。为了解决生产上存在的上述主要问题，有关单位进行了大量的试验研究工作，采用相应的碱试剂（如碳酸氢铵，苛性钠或碳酸钠等）直接或分步沉淀的方法可以代替草酸沉淀法。但碱沉淀法只适用于处理稀土含量高、杂质含量低的浸出液，而处理稀土含量低、杂质含量高的浸出液时，由于大量杂质共沉淀，灼烧物中的稀土总量一般只80%～85%，同样也存在沉淀剂耗量高，沉淀率较低的缺点。据报道也可采用碱沉淀—浮选—过滤法代替草酸直接沉淀法，此时采用苛性钠作沉淀剂，在R_2O_3∶NaOH＝1∶（1～1.2）的条件下直接沉淀稀土，然后用脂肪酸类捕收剂浮选沉淀物，沉淀物过滤、灼烧可得混合稀土氧化物。此法较碳铵沉淀法优越，产品质量高些，沉淀物易过滤，但试剂耗量及生产成本较高，产品质量较难保证，只适用于稀土含量高、杂质含量低的浸出液的处理，无法推广应用于一般离子型稀土矿浸出液的处理。

为了克服草酸直接沉淀和碱试剂直接或分步沉淀工艺所固有的试剂耗量高、生产成本高、沉淀率较低的缺点，黄礼煌教授于1988年研制了浸出—浓缩—沉淀工艺，该工艺的原则流程如图17.5所示，浸出液经浓缩作业可得稀土含量高、杂质含量低的富稀土液和稀土含量极低、杂质含量相对较高的贫稀土液。富稀土液可用碱试剂或草酸沉淀，沉淀物经过滤、洗涤、灼烧可得混合稀土氧化物，贫稀土液、沉淀上清液和洗液合并、补加一定量浸矿剂后可返回渗浸

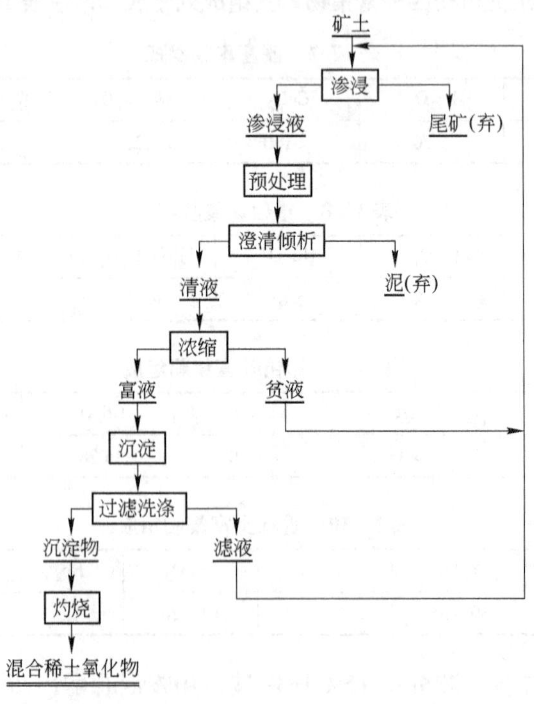

图17.5　渗浸—浓缩—沉淀工艺原则流程

作业使用。浓缩作业可使稀土浓度增加 40 ~ 60 倍，富液中的杂质含量相对降低，在碳酸氢铵单耗为 2 ~ 2.4 的条件下沉淀灼烧物中的稀土总量可达97%左右，产品中的铝含量可小于0.1%，产品质量较相应的草酸直接沉淀工艺的高。试验表明，该工艺具有流程短、稳定性高、易操作，试剂耗量低（试剂成本仅为草酸工艺的 1/4）、回收率高（回收率可提高 10% ~ 15%）、沉淀物易过滤，试剂易再生回收，不排污、产品纯度高等一系列优点，目前认为是代替草酸直接沉淀工艺和碱试剂直接或分步沉淀工艺的较理想的工艺路线（此新工艺曾获得专利）。

17.3 混合型稀土风化壳矿石的选别

混合型稀土风化壳矿石中的部分稀土呈离子吸附相，而部分稀土则呈单稀土矿物相存在。如我国中南某风化壳矿床，原矿中稀土呈矿物相、离子吸附相、类质同相及固体分散相等状态存在，主要稀土矿物为磷钇矿，其次是独居石（表 17.11），还含少量的锆英石、钛铁矿、锐钛矿、磁铁矿和褐铁矿等，脉石矿物主要为石英，其次为高岭石类黏土、钾长石、黑云母等，原矿含 R_2O_3 为 0.044%，其中钇组占 67.62%（Y_2O_3 占 47.73%）、铈组占 32.38%。

表 17.11 某风化壳矿床中稀土存在形态及其分布

稀土赋存状态	矿　物	矿物含量 /%	单矿物中 $R_{E2}O_3$/%	合原矿品位 $R_{E2}O_3$/%	占有率 /%	稀土赋存相 /%
矿物相	磷钇矿	0.02754	60.20	0.01658	37.68	63.84
	独居石	0.01716	67.06	0.01151	26.16	
离子吸附相	高岭石类黏土	≤27.70	0.0415	0.01052	23.91	28.64
	黑云母	4.78	0.0436	0.00208	4.73	
类质同相	高岭石类黏土	≤27.70	0.0065	0.0018	4.09	7.52
	钾长石	26.63	0.00107	0.00028	0.64	
	黑云母	4.78	0.00116	0.00055	1.25	
固体分散相	石　英	39.32	<0.00175	0.00068	1.54	
合　计			—	0.044	100.00	100.00

根据原矿性质，采用物理选矿和化学选矿的联合流程（图 17.6）。由于为全风化矿床，矿物解离较好，原矿经筛分（筛孔为1mm）丢弃产率为50.73%的脉石矿物，稀土占有率为 17.48%，-1mm 物料分级重选获得 R_ExO_y 为 0.811% 的重砂精矿，回收率为 41.93%。重砂精矿采用重-磁流程精选，先用弱磁选除去杂铁，然后进行重-磁选别，获得稀土矿物精矿，R_ExO_y 品位为 32.46%，回收率为 39.51%。

-1mm 粒级的重选尾矿及分级溢流，采用渗浸-草酸沉淀-灼烧工艺处理获得混合稀土氧化物，其中 R_ExO_y 含量为 59.40%，回收率为 12.72%，稀土总回收率为 52.23%（表 17.12）。

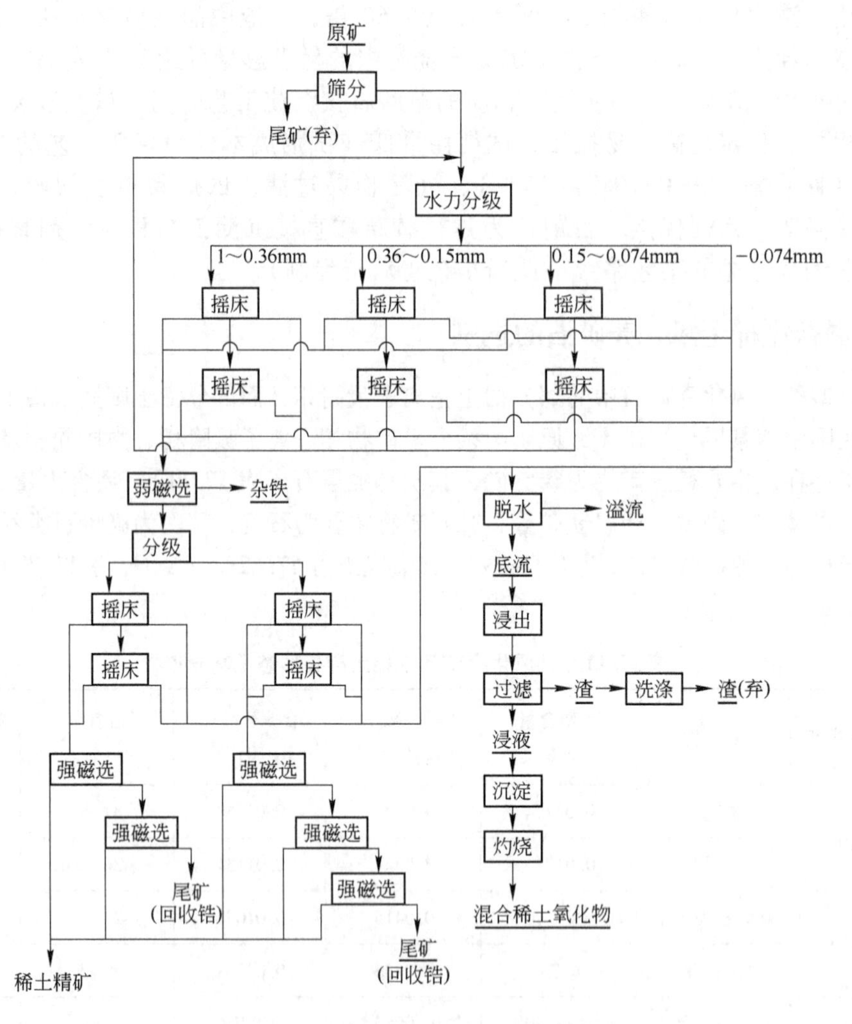

图 17.6 某磷钇矿风化壳矿石选别流程

表 17.12 某全风化稀土矿选别试验指标

<table>
<tr><th colspan="2" rowspan="2">产　品</th><th colspan="2">产率/%</th><th colspan="3">品位/%</th><th colspan="2">回收率/%</th></tr>
<tr><th>个别</th><th>累计</th><th>$R_Ex O_y$</th><th>平均</th><th>Y_2O_3</th><th>$R_Ex O_y$</th><th>累计</th></tr>
<tr><td colspan="2">+1mm 级别</td><td>50.734</td><td></td><td>0.015</td><td></td><td></td><td>17.48</td><td>17.48</td></tr>
<tr><td rowspan="4">重砂精矿</td><td>稀土精矿</td><td>0.053</td><td></td><td>32.46</td><td rowspan="4">0.811</td><td>10.24</td><td>39.51</td><td rowspan="4">41.93</td></tr>
<tr><td>磁选尾矿</td><td>0.121</td><td></td><td>0.262</td><td></td><td>0.73</td></tr>
<tr><td>精选尾矿</td><td>2.053</td><td></td><td>0.0335</td><td></td><td>1.57</td></tr>
<tr><td>杂　铁</td><td>0.025</td><td>2.252</td><td>0.208</td><td></td><td>0.12</td></tr>
<tr><td colspan="2">重选中矿</td><td>3.991</td><td></td><td>0.0388</td><td></td><td></td><td>3.56</td><td></td></tr>
<tr><td colspan="2">重选总尾矿</td><td>43.023</td><td></td><td>0.0375</td><td></td><td></td><td>37.03</td><td></td></tr>
<tr><td colspan="2">原　矿</td><td>100.00</td><td></td><td>0.0435</td><td></td><td></td><td>100.00</td><td></td></tr>
</table>

18 非金属矿物原料的化学选矿

18.1 石墨精矿的化学处理

石墨选厂浮选精矿的品位常为90%左右，有时达94%～95%。有些特殊用途要求石墨精矿的品位大于99%。为了使石墨精矿的品位大于99%，可用化学选矿法对石墨精矿进行提纯。石墨精矿中的主要杂质为硅酸盐矿物及钾、钠、钙、镁、铁、铝等的化合物，它们呈细粒浸染于石墨鳞片中。可用碱熔-水浸法、酸浸法和高温挥发法除杂提纯。

碱熔-水浸法是将石墨精矿与碱（苛性钠）按一定比例混合，然后在500～800℃条件下熔融，此时精矿中的硅、铝、铁等杂质转变为相应的水溶性化合物，主要反应为：

$$SiO_2 + 2NaOH \longrightarrow Na_2SiO_3 + H_2O$$

$$Al_2O_3 + 6NaOH \longrightarrow 2Na_3AlO_3 + 3H_2O$$

$$Fe_2O_3 + 2NaOH \longrightarrow 2NaFeO_2 + H_2O$$

冷却后进行水浸，硅酸钠溶于水，铝酸钠和铁酸钠在弱碱性介质中水解，析出高度分散的氢氧化物沉淀，固液分离和洗涤后，再用盐酸液浸出以除去铁和铝。经洗涤、脱水干燥后，可获得高碳石墨。国内某石墨矿采用此法制取高碳石墨，该矿采用浓度为50%的苛性钠，按照NaOH∶石墨=1∶0.8的比例混匀，在500～800℃温度下熔融，冷却至100℃后水浸1h，水浸渣洗涤后再用盐酸浸出，盐酸用量为矿重的30%。酸浸渣洗涤后经固液分离、干燥，得高碳石墨，精矿中石墨品位可从88%～89%增至97%～99%，石墨回收率88%～89%。

高温挥发法是基于石墨的升华点高（4500℃）和其他杂质的挥发点较低的特点。操作时将石墨精矿置于挥发炉中加热至3000℃左右，沸点较低的杂质挥发。此法可得品位大于99%的高纯石墨精矿。为了提高石墨的纯度，可向挥发炉中通入惰性气体或加入其他试剂（如氟利昂12），使杂质挥发物随气体逸出。

18.2 金刚石精矿的化学处理

金刚石矿经粗选、精选得粗精矿、粗粒的粗精矿可用手选的方法获得金刚石精矿，但粒度小于1mm的细粒金刚石粗精矿手选劳动强度太大，此时可用碱熔-水浸法进行精选提纯，其实质与石墨精矿的碱熔-水浸提纯相似。操作时，将金刚石精矿与固体苛性钠按一定比例混合，再在600～660℃条件下熔融，使硅酸盐脉石转变为水溶性的硅酸钠，水浸熔融物，脱水后可得金刚石精矿。国内某金刚石矿用此法处理 -1 +0.2mm 粒级的金刚石粗精矿和进行尾矿检查。操作时按金刚石∶苛性钠=1∶（3～10）的比例混合，在600～650℃温度下熔融。熔融温度不宜太高，否则会因细粒金刚石燃烧或熔于碱中而显著降低金刚石的回收率。熔融时间以25～45min为宜。熔融物直接进入水中浸出，用脱水筛脱水后可得金刚石产品，金刚石的回收率可达99%。

18.3 高岭土精矿的化学选矿除杂

高岭土在选厂用碎解、淘洗、分级等方法可除去高岭土中的粗粒杂质，产出能满足一般工业要求的高岭土精矿。但高岭土精矿常被微粒的氧化铁杂质所污染而呈不同程度的褐黄色，降低了产品的白度。为了提高产品的白度，常用浸出法除去其中的氧化铁杂质。

漂白高岭土可用酸浸法或盐浸法。酸浸时可用硫酸、盐酸、氢氟酸、草酸或亚硫酸作浸出剂。盐浸时可用连二亚硫酸钠或连二亚硫酸锌作浸出剂。最常用的是盐浸法。盐浸时，氧化铁杂质转变为可溶性的亚铁盐或稳定的配合物，固液分离后可得纯白色的优质高岭土精矿。

国内某瓷土公司采用亚硫酸电解法除铁，原矿经破碎、磨粉、制浆后，用水力旋流器分级以除去粗粒杂质，获得浓度为7.5% ~10%的高岭土泥浆，其中氧化铁含量为1.96% ~2.29%。此泥浆进入吸收槽并通入二氧化硫气体，至矿浆中亚硫酸浓度达1% ~1.25%后再送入电解槽，通入直流电进行电解，亚硫酸在阴极被还原为连二亚硫酸，然后与氧化铁作用生成可溶性亚硫酸亚铁。泥浆过滤洗涤，可得优质瓷土。滤液和洗水经碳酸钙处理后外排。

18.4 磷矿的化学选矿

国内外除少数五氧化二磷含量较高的磷矿可直接用于生产磷肥外，多数磷矿石的品位（P_2O_5）均小于30%，其中相当一部分甚至小于20%。目前高碳酸盐型磷矿石的选矿方法主要是煅烧-消化法。焙烧碳酸盐型磷矿石时，可使其中的碳酸盐焙解而有脱碳作用，可除去磷矿石中的有机质，可降低氧化铁和氧化铝在酸中的溶解度，改善矿石结构构造。因此，煅烧-消化工艺可提高精矿中的五氧化二磷的含量和改善后续工艺的工艺操作。随着低品位碳酸盐型磷矿的发现和开采，近年来，煅烧-消化工艺有了很大的发展，除北非、中东等国外，美国、俄罗斯、印度等国也相继采用了此工艺，如摩洛哥的胡里布加磷矿用6台ϕ2m×30m回转窑在温度为900℃条件下煅烧1.5h，原矿含二氧化碳4% ~5%，五氧化二磷31% ~34%，煅烧后含五氧化二磷33% ~35%，二氧化碳可降至1%以下（未经水洗）。1965年安装了一台处理能力50t/h的沸腾炉，煅烧温度为900℃，在第二层冷至300℃，进入贮斗后加水消化，通过脉冲洗涤可得五氧化二磷含量为36%的磷精矿。阿尔及利亚磷矿是北非著名磷矿之一，原矿品位为：P_2O_5 24.6%、CO_2 6% ~15%、SiO_2 3% ~4%。属难选磷矿石，该矿用三座立式沸腾炉（每台煅烧30t/h）煅烧，煅烧矿迅速用水冷却，使石灰消化在沉降槽中形成料浆，再送入脉冲选矿柱，经水力分级、水力旋流器和离心机脱水后，含水10%的精矿经回转干燥筒干燥，可得优质精矿，其组成为：P_2O_5 34%、CO_2 1.5%、H_2O 1.0%，五氧化二磷的回收率为80%左右。

国内某碳酸盐型磷矿组成为：P_2O_5 30.07%，MgO 3.5%，I 0.006%。主要脉石矿物为白云石和少量硅酸盐，对该类型矿石采用煅烧-消化工艺进行了扩大试验，原矿碎至-10mm,在回转窑中于1000 ~1100℃条件下煅烧80 ~100min，在水温为50℃，固液比为1的条件下进行消化，可得五氧化二磷含量大于37%，氧化镁含量小于1.5%的优质磷精矿，五氧化二磷回收率约95%。煅烧时90%以上的碘进入烟气中，烟气经水吸收和氯气氧化可制得粗碘，精制可得精碘，碘的回收率达74%。提碘后的尾气返回用于消化尾浆的碳化处理，使氢氧化物转变为碳酸盐，使滤渣更适于堆存。

参 考 文 献

［1］黄礼煌．化学选矿．北京：冶金工业出版社，1990.
［2］黄礼煌．稀土提取技术．北京：冶金工业出版社，2006.
［3］方兆珩．浸出．北京：冶金工业出版社，2007.
［4］翟秀静等．还原与沉淀．北京：冶金工业出版社，2008.
［5］杨重愚．轻金属冶金学．北京：冶金工业出版社，2010.
［6］黄礼煌．金银提取技术（第3版）．北京：冶金工业出版社，2011.

冶金工业出版社部分图书推荐

书　　名	作　者	定价(元)
中国冶金百科全书·选矿卷	本书编委会	140.00
中国冶金百科全书·采矿卷	本书编委会	180.00
中国实用矿山地质学(上)	汪贻水　彭　觥	115.00
中国实用矿山地质学(下)	彭　觥　汪贻水	145.00
采矿学(第2版)	王　青	58.00
采矿概论(高校教材)	陈国山	28.00
采矿知识问答	徐忠义	24.00
选矿概论(本科教材)	张　强	12.00
选矿试验研究与产业化	朱俊士	138.00
重力选矿技术(职业技能培训教材)	周晓四	38.00
浮游选矿技术(职业技能培训教材)	王　资	30.00
磁电选矿技术(职业技能培训教材)	陈　斌	29.00
地下采矿技术(职业技能培训教材)	陈国山	36.00
露天采矿技术(职业技能培训教材)	陈国山	36.00
井巷施工技术(职业技能培训教材)	李长权	26.00
磁电选矿	王常任	35.00
钼矿选矿(第2版)	马　晶	28.00
选矿知识问答(第2版)	杨顺梁	22.00
选矿知识600问	牛福生	38.00
复杂难处理矿石选矿技术	孙传尧	90.00
碎矿与磨矿技术问答	肖庆飞	29.00
探矿选矿中各元素分析测定	龙学祥	28.00
选矿厂设计	冯守本	36.00
金银提取技术(第2版)	黄礼煌	34.50
金银冶金(第2版)	孙　戬	39.80
难浸金矿提金新技术	夏光祥	12.00
中国黄金生产实用技术	本书编委会	80.00
炭浆提金工艺与实践	王　俊　张全祯	20.00
矿业经济学(本科教材)	李祥仪	15.00
冶金矿山地质技术管理手册	中国冶金矿山企业协会	58.00